DJURHÅLLNING OCH BETESDRIFT

DJUR, MÄNNISKOR OCH LANDSKAP I VÄSTRA ÖSTERGÖTLAND
UNDER YNGRE BRONSÅLDER OCH ÄLDRE JÄRNÅLDER

Petersson, Maria. 2006. *Djurhållning och betesdrift. Djur, människor och landskap i västra Östergötland under yngre bronsålder och äldre järnålder.* (Animal Husbandry and Organised Grazing. Animals, people and landscape in western Östergötland during the Late Bronze Age and Early Iron Age). Linköping.
284 pp., 167 figs. ISBN 13: 978-91-7209-414-7, ISBN 10: 91-7209-414-1

Abstract

This thesis focuses on animal husbandry and organised grazing in western Östergötland during the Late Bronze Age and Early Iron Age. The primary aim is to investigate how animal husbandry was organised from a practical perspective. The thesis consists of a series of analyses of different source-material groups that illuminate various aspects of prehistoric animal husbandry. The source material from archaeologically investigated sites reveals that only a small number of the three-aisled longhouses had a byre area. The livestock were mainly kept outdoors, in winter as well as in summer. The animal bones from settlements show that the species composition was partly dependent on the natural preconditions. Further, more beef was consumed and more horses were found at high-status settlements than at those of lower status. From the period 1000 BC–BC there are isolated hearths and hearth groups in central Östergötland that previously could not be connected to a specific archaeological context. In the author's opinion, these sites represent bases in a system of well-organised grazing. It was here that shepherds and animals rested, ate and drank, and probably also overnighted. Many of the sites were used repeatedly during the entire period in question. The landscape of the organised grazing consists of the entire landscape where livestock and people were active during grazing. In this landscape there are stone fence systems which show a strong connection to the settlement structure formed during the Late Iron Age, and parts of the systems seem to be medieval. They may also have elements from the Early Iron Age. The distribution of graves from the Late Bronze Age and Early Iron Age coincides with the stone fence systems. A special type of site that has one or two graves, with particular kinds of superstructures, is linked to these areas. In historical time these areas comprised the central production grounds for animal husbandry, and it is clear that the areas functioned as central grazing grounds as far back as the Late Bronze Age.

Keywords: *Organised grazing, animal husbandry, byre, pastoral landscape, shepherds, livestock, stone fence systems, hearths, four-sided stone-setting, source value, animal bones, Iron Age.*

Maria Petersson
Uppsala universitet, Institutionen för arkeologi och antik historia, Box 626, 751 26 Uppsala och
Riksantikvarieämbetet, UV Öst, Roxengatan 7, 582 73 Linköping. E-post maria.petersson@raa.se

DJURHÅLLNING OCH BETESDRIFT

DJUR, MÄNNISKOR OCH LANDSKAP I VÄSTRA ÖSTERGÖTLAND UNDER YNGRE BRONSÅLDER OCH ÄLDRE JÄRNÅLDER

MARIA PETERSSON

Riksantikvarieämbetet

UPPSALA UNIVERSITET

Riksantikvarieämbetet
Box 5405, 114 84 Stockholm
Tfn 08-5191 8000 (växel)
www.raa.se

Riksantikvarieämbetet UV
Nätbokhandel kundservice:
Tfn 031-334 29 05
Tfn 031-334 29 04
Fax 031-334 29 01
kundservice@arkeologibocker.se
www.arkeologibocker.se

Uppsala universitet
Institutionen för arkeologi och antik historia
Box 626, 751 26 Uppsala
Tfn 018-471 0000 (växel)
www.uu.se

OMSLAGSBILD Nötkreaturens spår i snön. Foto Göran Billeson.

PRODUKTION/GRAFISK FORM Britt Lundberg.

GRAFIK Lars Östlin.

FOTO Göran Billeson, Bengt Elfstrand (RAÄ), Göran Gruber (RAÄ), G. Jakobsson (1922, Nordiska museet), Karin Lindeblad (RAÄ), Metria, Nationalmuseum, Jan Norrman, Maria Petersson (RAÄ), Halvor Vreim, Gunilla Wickman-Nydolf.

ENGELSK ÖVERSÄTTNING Laura Wrang.

TRYCK LTAB Linköpings Tryckeri AB, 2006.935

DISTRIBUTION Avhandlingen distribueras genom Riksantikvarieämbetet, UV´s nätbokhandel samt Uppsala universitet.

1:1
ISBN 13: 978-91-7209-414-7
ISBN 10: 91-7209-414-1

INNEHÅLL

De bruna hjälplinjerna markerar olika rubriknivåer.

Foto Göran Billeson.

FÖRORD

Det är nu drygt tio år sedan jag påbörjade mina doktorandstudier. Under flera år varvades arbetet som fältarkeolog med korta, intensiva avbrott för studier. Min handledare, Bo Gräslund, har under hela avhandlingsarbetet stött min forskningsinriktning, givit konstruktiva synpunkter och uppmuntrat till självständigt arbete, något som har betytt mycket för avhandlingens färdigställande och för vilket jag varmt vill tacka.

Under de senaste åren har jag under en period innehaft en doktorandtjänst vid Uppsala Universitet samt också givits möjligheten att kunna arbeta med avhandlingen inom ramen för ordinarie tjänst vid Riksantikvarieämbetet, UV Öst, Linköping. Huvuddelen av avhandlingsarbetet, liksom studie- och konferensresor har emellertid finansierats med bidrag från skilda fonder och stiftelser. Bidrag har tacksamt erhållits från Berit Wallenbergs Stiftelse, Gunvor och Josef Anérs Stiftelse, Claes och Greta Lagerfelts Stiftelse, Stiftelsen Montelius minnesfond, Lennart J Häggströms Stiftelse, Mårten Stenbergers stipendiefond, Rydbergs fond och i arbetets slutfas mottogs tacksamt Vitterhetsakademiens forskningsstipendium 2005. Vid spridda besök i Uppsala har jag haft förmånen att kunna övernatta i Kungliga Gustav Adolfs Akademiens för svensk folkkulturs gästlägenheter, något som underlättat och för vilket jag är mycket tacksam. I detta sammanhang vill jag också nämna min arbetsgivare och mina närmaste chefer som generöst beviljat tjänstledighet.

Det arkeologiska materialet är centralt i denna avhandling och viktigast är en serie undersökningar i västra Östergötland. Det rör sig om länets första större undersökningar av fossil åkermark under åren 1994–96 samt undersökningen av den stora Abbetorpsboplatsen åren 1997–98. Här vill jag varmt tacka alla de personer som deltog i nämnda undersökningar och särskilt de kollegor som ingick i ledningen för Abbetorpsundersökningen.

Jag vill också tacka nuvarande och tidigare arbetskamrater vid UV Öst i Linköping för många intressanta diskussioner och värdefulla synpunkter. Stimulerande samtal om olika arkeologiska spörsmål bland doktoranderna i Uppsala har också fört mitt arbete framåt. För givande diskussioner av agrara frågor vill jag tacka Aadel Vestbö-Franzén och Ellen-Anne Pedersen samt medlemmarna i UV:s gamla agrara nätverk.

Arkeologer och arkivpersonal på Östergötlands länsmuseum, Linköping och särskilt Viktoria Björkhager tackas varmt för hjälp med arkivsökningar och information rörande äldre undersökningar. Även kollegor runt om i Sverige som har svarat på frågor och skickat rapporter och liknande, något jag är mycket tacksam för.

De möjligheter till utbyte med utländska kollegor och resor som doktorandtiden bjudit på har varit mycket givande. I detta sammanhang vill jag särskilt tacka Felicia Markus för möjligheten att medverka i undersökningarna i Enby, Estland. Vidare tackas Janicke Zethener och Esa Mikkola för inspirerande samtal i Orijärvi. Jag är också tacksam mot Stiftelsen San Michele för den möjlighet till arbetsro som en månadslång vistelse på Capri gav.

Jag vill tacka de personer som engagerat läst och kommenterat enstaka kapitel av detta arbete; Berit Sigvallius, Hans Göthberg, Mats Widgren, Ola Kyhlberg och Cecilia Lidström Holmberg. Felicia Markus, Lars Z Larsson och Anders Kaliff har läst hela avhandlingstexten och tackas för värdefulla synpunkter. Ett särskilt varmt tack riktas till Karin Lindeblad som engagerat läst hela avhandlingen både i ett tidigt och sent skede och kommit med konstruktiva synpunkter rörande struktur, språk och innehåll.

Här vill jag också varmt tacka Britt Lundberg för avhandlingens formgivning och hennes engagerade arbete för att tidsplanen skulle kunna hållas. Lars Östlin tackas för arbetet med figurerna.

Jag vill också tacka mina vänner för uppmuntran under hela avhandlingsarbetet och särskilt Gudrun Karlsson, Christina Ohlsson och Kenneth Persson som också varit behjälpliga med praktiska frågor.

Det största tacket vill jag dock rikta till mina föräldrar, min mor Brita och min bortgånge far Åke, som genom åren alltid uppmuntrat, stött och hjälpt mig. Boken tillägnas dem.

Linköping 2006-03-08

Maria Petersson

KAPITEL I

INLEDNING

Syftet med detta arbete är att studera och beskriva djurhållningen samt dess organisation under yngre bronsålder och äldre järnålder med utgångspunkt i ett mångfacetterat arkeologiskt material. Den inriktning man haft på boskapsskötsel och jordbruket i stort har inverkat på en hel rad andra aspekter av forntida liv utan att för den skull vara determinerande. Detta arbete syftar därför även till att belysa djurhållningens roll i det förhistoriska samhället.

Landskap, djur och människor utgör de tre komponenterna i alla betessystem. Landskapet sätter ramarna i kombination med människors och djurs behov. Människor och djur kan förändra landskapet så att ramarna för vad som är möjligt förändras. En viss markanvändning i ett område kan inskränka vad som senare blir möjligt men också ändra förutsättningarna för markanvändningen i gynnsam riktning. Det kan t ex gälla jordkvalité som gradvis förbättrats genom svedjebruk och betesdrift och som skapar förutsättningar för odling i ett senare skede. Investeringar i form av stenhägnader, byggnader och förbättrad jordkvalité kan låsa fast en viss markanvändning under en lång tid, samma sak kan gälla för markägande och fasta dispositionsrätter över mark liksom de regler för arv som gällt. Motsatt förhållande kan också gälla. I extensiva odlingssystem utan gödsling kan en yta som odlats under ett eller ett par år t ex inte odlas igen på många år.

Det geografiska område mina analyser omfattar är i första hand ett område söder och öster om Väderstad samhälle i västra Östergötland (fig 1–2). Beroende på källmaterialets karaktär har jag i några fall utvidgat analysområdet till att omfatta större områden i västra Östergötland eller hela länet. Valet av analysområde beror på att jag under 1990-talet var projektledare för flera av Riksantikvarieämbetets större arkeologiska undersökningar som föranleddes av väg E4:s ombyggnad mellan Mjölby och Väderstad. På de flesta lokaler framkom enstaka härdar som inte kunde knytas till någon speciell arkeologisk kontext. En detaljerad analys visade att härdarna sannolikt hade samband med välorganiserad betesdrift under yngre bronsålder och äldre järnålder, något som väckte mitt intresse för att mer i detalj studera olika aspekter av den forntida djurhållningen under denna period. Källmaterialet har alltså fått bestämma de tidsperioder mina analyser kommit att omfatta.

Avhandlingen är uppbyggd av en serie relativt fristående analyser av olika källmaterialgrupper som belyser skilda aspekter av den forntida djurhållningen. Källmaterialet kan hänföras till tre skilda arkeologiska kontexter:

- Boplatserna, de fasta punkter där människorna bott och där hus funnits.
- Betesdriftens platser, belägna på varierande avstånd från boplatserna.
- Betesdriftens landskap, vilket är hela det landskap där tamdjur och människor rört sig i samband med betesgången.

Var för sig belyser de skilda källmaterialgrupperna någon eller några aspekter av djurhållningen men när resultaten vägs samman framträder en mera heltäckande och nyanserad bild.

Boplatserna har varit de fasta punkter varifrån djurhållningen initierats och styrts under perioden ifråga. De utgör också de platser i landskapet till vilka många aktiviteter förbundna med djurhållningen fokuserats. Här har huvuddelen av de produkter djurhållningen frambringat förädlats och konsumerats. Boplatsernas utformning med avseende på djurhållningen kan också ge information rörande de delar av djurhållningen som inte fokuserats till boplatserna. Boplatserna kommer följaktligen att kunna innehålla mycket och varierat material som relaterar till olika aspekter kopplade till djurhållningen. De är därför intressanta att studera ur ett djurhållningsperspektiv och här finns tidigare forskning att bygga vidare på. De treskeppiga långhusens funktionsindelning är en sådan fråga. Forskningen har varit fokuserad på huruvida lång-

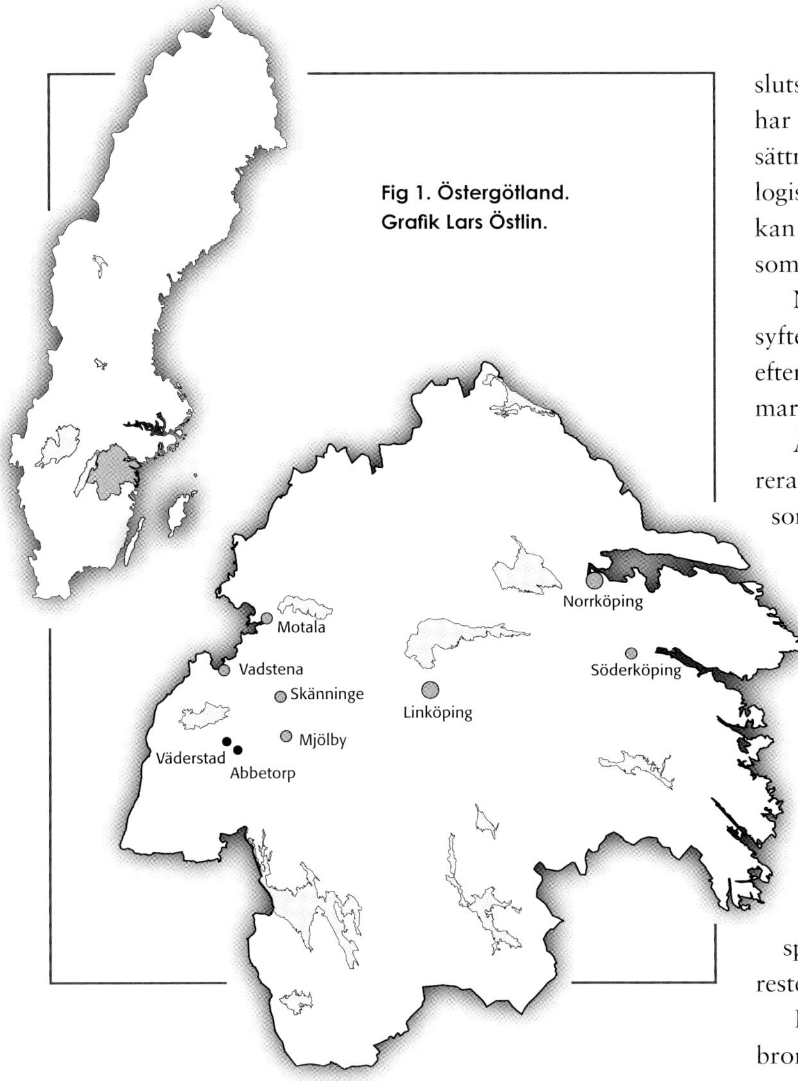

Fig 1. Östergötland. Grafik Lars Östlin.

husen innehållit en fähusdel där djuren vinterstallats eller ej. Kriterier för fähus har diskuterats. Källmaterial ur vilka man hämtat argument har varit de arkeologiska spåren av husen, makrofossilanalyser samt fosfatanalyser. I detta arbete har jag ägnat ett kapitel åt boplatsernas utformning med avseende på djurhållning och då särskilt undersökt i vilken grad de treskeppiga långhusen i Östergötland har innehållit spår som kan relateras till husdjurshållningen.

Tidigare forskning finns också inom den osteologiska disciplinen. Där har man studerat vilka arter som finns representerade på boplatser samt dessas ålders- och könsfördelning i syfte att dra slutsatser kring djurhållningsstrategier och djurhållningens inriktning. Källmaterialet har utgjorts av ben från arkeologiskt undersökta boplatser. Ett problem för perioden yngre bronsålder – äldre järnålder i Östergötland är att djurbenen överlag är dåligt bevarade varför mera långtgående slutsatser rörande djurhållningen sällan har dragits. Därför har det varit viktigt att söka fastställa om djurbenssammansättningen över huvud taget har någon relation till övrigt arkeologiskt material och om det således är en materialkategori som kan integreras i den arkeologiska tolkningen i högre grad än som nu ofta sker.

Någon analys av fyndmaterial från östgötska boplatser i syfte att ytterligare belysa djurhållningen har inte genomförts, eftersom det skulle krävt en arbetsinsats som ligger utanför ramarna för denna avhandling.

Även om de arkeologiska spåren av djurhållningen koncentreras till boplatserna är det ändå landskapet, inte boplatserna, som utgjort grunden för djurhållningen. Här har djuren betat och vistats huvuddelen av året. Publicerade studier av historiska betessystem visar att betesdriften kan lämna spår i landskapet i form av olika anläggningar som tillkommit för att underlätta för djur och människor. Spåren koncentreras ofta till vissa, specifika platser som utgör betesdriftens replipunkter dit man återkommit vid upprepade tillfällen. Med grund i de publicerade studierna diskuteras vilka de arkeologiska kriterier skulle kunna vara för dessa platser. Ett kapitel är utformat som en fallstudie, där dessa kriterier applicerats på ett material från västra Östergötland. För att undersöka fenomenets spridning geografiskt och kronologiskt har jag även undersökt resten av Östergötland med avseende härpå.

Landskapet i västra Östergötland har från och med yngre bronsålder varit starkt präglat av betesdrift, något som inte minst pollenanalyser visar. Den forntida markindelningen och markanvändningen är däremot mindre känd eftersom fossila åkrar och spår av hägnader saknas från såväl yngre bronsålder som förromersk järnålder. Med hjälp av det inventerade fornlämningsbeståndet har jag undersökt om sådan äldre markanvändning ändå kan spåras.

I avhandlingen kombineras mikro- och makronivå, analyser av företeelser som är resultatet av en enstaka handling paras med landskapsanalyser som omfattar kilometerstora områden. I samband med varje nytt källmaterial som tagits upp till behandling har jag ställts inför frågor rörande källkritik och källvärde. Därför inleds avhandlingen med en principiell diskussion av hur arkeologiskt källmaterial skapas och av faktorer som påverkar källvärdet. Ett genomgående tema i avhandlingen är också vardagsliv och arbete både på och utanför boplatserna. Den aspekt av landskapet jag valt att studera är följaktligen vardagens och arbetets landskap.

Fig 2. Övergångsbygden mellan slätt och skog i västra Östergötland. Foto Jan Norrman.
Transition area between plains and forest in western Östergötland.

KAPITEL 2

ARKEOLOGISKT KÄLLMATERIAL

I föreliggande arbete spelar det arkeologiska källmaterialet en framträdande roll. Eftersom det av flera olika skäl är av varierande typ och kvalité är källkritik en central komponent. Särskilt tydligt blir det när källmaterialet utgörs av rapporter över arkeologiska undersökningar. För att kunna värdera ett arkeologiskt källmaterial är det viktigt att känna till de olika faktorer som påverkar och formar dess tillkomst. Den grundläggande faktorn, som sätter ramar för vidare arbete är det konkreta materialet dvs de konkreta spåren av tidigare handlingar. Inom de gränser som de konkreta spåren sätter är det arkeologen som skapar det arkeologiska källmaterialet med hjälp av såväl teori som praktiskt arbete. Nedan följer en kort presentation av två aspekter av kunskap som jag benämner teoretisk kunskap och praktisk kunskap eller kunskap i handling. Vidare diskuteras de konkreta spåren och de primärtolkningar som skapas vid den arkeologiska undersökningen samt olika faktorer som påverkar ett materials källvärde.

TEORETISK KUNSKAPSTRADITION

Bo Gräslund har definierat arkeologisk teori utifrån dess uppgift: *"Teorins uppgift är att anvisa de principiella utgångspunkterna för den arkeologiska analysen och tolkningen"* (Gräslund 1989:47), en definition som jag ansluter mig till. Ändamålsenlig teori utgår enligt Gräslund alltid från en empirisk bas. I detta arbete analyseras den empiriska basen för antaganden rörande forntida husdjurshållning, något som leder till hypoteser rörande utformningen av djurhållning och betesdrift, vilka arkeologiska spår som kan kopplas till dessa aktiviteter samt betesdriftens påverkan på landskapet. Hur djurhållningen påverkat den forntida människans vardag belyses också. Arkeologisk tolkning bygger på analogislut som kan gälla "historiskt kända samhällen, recenta reliktsamhällen, moderna samhällen, mänskligt beteende och mänsklig biologi, personlig erfarenhet, experimentella data, yttre miljö, naturlagar, etc, etc" (Gräslund 1990:121). Gräslund poängterar att "utan sådana analogier, medvetna eller omedvetna, skulle arkeologen inte kunna skapa sig någon som helst bild av det forntida samhället" (Gräslund 1989:48).

Vid en arkeologisk undersökning är en av de faktorer som påverkar arbetet det teoretiska ramverk som en projektplan utgör. Där specificeras frågeställningar som undersökningen förväntas kunna ge svar på eller belysa och som samtidigt anses relevanta utifrån de valda utgångspunkterna. Under utgrävningens gång modifieras frågeställningar och teoretiskt ramverk utifrån fornlämningens beskaffenhet.

Det är mindre än tio år sedan man regelbundet började formulera vetenskapliga målsättningar inför större exploateringsundersökningar i skrift – tidigare var det endast vid s k forskningsgrävningar som sådana upprättades. Detta betyder inte att äldre exploateringsundersökningar saknat vetenskapliga ambitioner men så länge dessa inte formulerats i skrift har de varit mindre stringenta och mer beroende av den enskilda projektledarens kompetens. De kunde då också i mindre grad omfattas av samtliga deltagare i en undersökning.

PRAKTISK KUNSKAPSTRADITION ELLER KUNSKAP I HANDLING

Filosofen Bengt Molander har i boken "Kunskap i handling" försökt att "skapa en filosofisk kunskapsteori för den levande kunskapen". Syftet var att boken skulle vara givande för "personer som försöker få kunskaps- och vetenskapsteoretiskt grepp om sina egna praktiska kunskapstraditioner" (Molander 2000:10). Molander har varit starkt influerad av amerikanen Donald Schön (1983, 1987). De begrepp som Molander ger i sin beskrivning av praktisk yrkesutövning och hur denna sida av ett yrke lärs ut (och lärs in) ger analytiska verktyg för en beskrivning och analys av arkeologiskt fältarbete.

En vanlig uppfattning inom västerländsk vetenskap och filosofi är att praktik är underordnad teori och att praktiken styrs av teorin (Molander 2000:9). Den praktiska kunskapen är ofta tyst i så måtto att den inte givits status som verklig kunskap (Molander 2000:44). Inom arkeologin har det fått till följd att man inte till fullo tagit hänsyn till fältarbetets roll i skapandet av arkeologisk kunskap. Har man tillgång till analytiska verktyg för att beskriva fältarbetet öppnar sig också möjligheten att på ett mera systematiskt sätt utveckla detta.

Molander menar istället att teoretisk respektive praktisk kunskap inte är två åtskilda storheter och han väljer att inte söka avskilja en speciell praktisk kunskapskategori. Han ser istället all kunskap som likställd och integrerad och väljer att tala om "levande kunskap" (Molander 2000:9). Den teoretiska kunskapstraditionen förmedlas genom litteratur, föreläsningar och genom diskussioner kollegor emellan. Den praktiska kunskapstraditionen kan inte läras ut i form av "teori" eftersom kunskapen finns i handlandet, inte i någon bakomliggande teori. Den förmedlas främst genom föredöme, övning och personlig erfarenhet. Detta har ibland kallats "tyst kunskap". Molander menar dock att ingen verksamhet är helt tyst och föredrar att kalla den "kunskap-i-handling" (Molander 2000:38ff och där anförd litteratur).

Istället för att använda teoretisk kunskap respektive praktisk kunskap som analytiska kategorier väljer Molander att tala om två aspekter av kunskap, *orienteringskunskap* respektive *förfogandekunskap*. Begreppet orienteringskunskap innefattar mer än enbart teoretisk kunskap. Det handlar om överblick, kunskap på ett mera övergripande plan och kan t ex grunda sig i teoretiska idéer. Orienteringskunskap ska kunna ge helhetsförståelse, hjälpa en att orientera sig och ta sig fram på ett bra sätt samt vara handlingsledande. Den ger riktning och förståelse av vad som är viktigt och hjälper en att se slutmålet (Molander 2000:164). Den andra kunskapssfären, kallad förfogandekunskap, innebär att det man har kunskap om står till ens förfogande i och med att man besitter kunskapen. Sådan kunskap är t ex instrumentell kunskap, dvs man vet hur man ska göra i en viss situation och kan göra det. Förfogandekunskap säger i sig själv inget om mål; den klassificerar, namnger och avbildar utsnitt ur verkligheten. Den ena kunskapssfären handlar om överblick, den andra om tillgång till strategier som leder i bestämda riktningar. En person som omfattar båda dessa sidor på ett kompetent sätt i sin yrkesutövning kallar Molander "den kunniga praktikern". Som ny yrkesutövare kommer uppmärksamheten ständigt att vara skärpt, allt är nytt och därmed unikt och viktigt. Med tiden kommer mer och mer att gå på rutin, något som ger tillfälle till vila i handling och tid till reflektion. Uppmärksamheten kan allteftersom röra sig friare och man lär sig att se bättre. Därmed kommer man lättare att kunna identifiera de tillfällen under arbetets gång då avgörande beslut måste fattas (Molander 2000:163ff). Hur den kunniga praktikern kommer fram till beslut rörande det praktiska arbetet beskrivs nedan. Förmodligen är det en bra beskrivning hur beslut fattas rörande även andra frågor i arbetet.

Den kunniga praktikern karaktäriseras bl a av att hon har gedigen erfarenhet av sitt yrkes praktiska sida. Med tiden har hon skaffat sig "en repertoar av exempel, bilder, tolkningar och handlingar. Vissa av dem har hon tagit över från sin verksamhetsgemenskap, till exempel en yrkesgemenskap, andra bygger på hennes egna erfarenheter. Hon har ofta också tillgång till formulerad teori och dito regler, men de är sekundära i den meningen att de kan komma in först efter problemgrundning, meningsskapande och problemformulering. När en praktiker skapar mening i en situation som hon ser som unik ser hon den *som* något som redan finns i hennes repertoar ... Men den kunniga praktikern ser i princip också varje situation som unik ... Den bekanta situationen blir mönster eller förebild för tolkningen av den nya situationen. Praktikern inte bara ser situationen, hon handlar som i en annan situation" (Molander 2000:138). Molander pekar också på vikten av reflektion-i-handling som jag tolkar som ett slags testande av olika praktiska möjligheter – inte bara ett tänkande.

TEORI OCH PRAKTIK INOM FÄLTARKEOLOGI

Inom fältarkeologi är teori och praktik oupplösligt förbundna. Det är genom mänskliga handlingar – den arkeologiska utgrävningen – som källmaterialet skapas (se också Gräslund 1989:48). Den praktiska sidan av fältarkeologi ger ett självständigt bidrag till resultatet som är mer än bara en respons på teoretiska målsättningar. Arkeologisk teori förmedlas genom böcker, föreläsningar och diskussioner med kollegor medan den praktiska kunskapstraditionen – kunskap i handling – bara kan förmedlas genom deltagande i arkeologiskt fältarbete. Som vi har sett ovan omfattar denna aspekt långt mer än bara metoder. Det handlar om att komma dithän som fältarkeolog att man självständigt kan bedöma skilda företeelser och fatta beslut angående arbetets utformning. Bedömningsgrunder kan delvis läras ut i samband med fältarbetet men för att kunna applicera dessa på ett relevant sätt behöver man ha skaffat sig "en repertoar med bilder", som Molander formulerar det. Man kan t ex inte läsa sig till kunskap om hur ett undersökningsobjekt i detalj ska vara beskaffat för att en viss undersökningsmetod skall vara att föredra framför en annan eller varför en viss anläggning bör specialdokumenteras vid en viss undersökning men inte en annan. Ändå är detta kunskap som kan läras ut, och som lärs in genom deltagande i praktiskt arbete. En uttalad strategi för hur detta skall ske förtydligar och underlättar processen och kan vara ett sätt att höja kvalitén på det arkeologiska fältarbetet (jfr Schön 1987).

Om utgångspunkten är att praktik är underordnad teori och styrs av teorin blir det svårt att argumentera för en självständig praktisk kunskapstradition inom arkeologin. De tolkningar som görs i fält är i hög grad förbundna med den praktiska kunskapstraditionen. Kanske finns här en av förklaringarna till att de som är bärare av den praktiska kunskapstraditionen varit så dåliga att framhålla värdet av den. En annan förklaring är säkert att fältarkeologi som yrke är relativt nytt - tidigare var fältarkeologi något man ägnade sig åt under en kortare period, som ett tidigt steg i karriären. Vi har i alla händelser varit dåliga på att analysera själva kunskapstraditionen men också de grundläggande tolkningarna och alla de arbetsmoment som är förbundna med dem. Fältarkeologins praktiska sida har ofta reducerats till diskussion av fältmetod.

Ian Hodder myntade begreppet reflexiv arkeologi i slutet av 1990-talet (Hodder 1997:693). Vad han gjorde var snarast att sätta ord på en trend som redan existerat en tid på arkeologisk gräsrotsnivå bland fältarkeologer och som inneburit att kategorier och kriterier ifrågasatts och omdefinierats. Mycket av dessa tankegångar finns redovisade i arkeologiska rapporter med liten läsekrets, en del också i artiklar. De metoder som använts i dessa är i mångt och mycket traditionella arkeologiska metoder. Inspirationen har till dels hämtats från postprocessuell arkeologi som inneburit en mängd nya tolkningsmöjligheter. Många har också inspirerats av de möjligheter som öppnat sig genom datoriserat fältarbete och som inneburit en förenkling av jämförelser innehållande många variabler. Det datoriserade fältarbetet har även inneburit att undersökningarna blivit överskådliga redan under fältarbetsfasen och att resultat kan påverka undersökningens fortsatta uppläggning i högre grad än tidigare. Inspirationen till omdefiniering av kategorier har också för många sitt ursprung i ett dagligt umgänge med de konkreta spåren vid skilda undersökningar. Sedan några år tillbaka finns en trend att i högre grad utgå från det arkeologiska materialet när en plats tolkas (Artelius 2000, Fahlander 2003, Gansum 2004) och i mindre grad applicera teorier som berör tolkningar på makronivå på det enskilda arkeologiska objektet. Trenden har sitt ursprung bland, och bärs upp av, personer som har sin bakgrund inom fältarkeologi.

Hodder beskriver reflexiv arkeologi som just nedbrytandet och ifrågasättandet av kategorier och gränsdragningar (Hodder 2000:10). Med reflexivitet avser han huvudsakligen självreflexivitet dels hos den enskilda arkeologen dels hos arkeologer som grupp (se också Chadwick 2003). Hodder menar att man skall undersöka de effekter arkeologiska antaganden och handlingar har på de olika grupper involverade i den arkeologiska processen inklusive andra arkeologer och grupper av icke-arkeologer (Hodder 2000:9). Till reflexivitet har Hodder för övrigt också kopplat kontextualitet, interaktivitet och multivokalitet. Man kan notera att i sin inriktning på reflexivitet har Hodder valt att knyta an till en trend av introspektion som funnits inom akademisk arkeologi under en tid och som karaktäriserats av att forskaren som individ stått i centrum (Hegardt 1997:64).

Om man jämför det arbete som sker och skett på gräsrotsnivå bland grävande arkeologer med de metoder som Hodder förespråkat ser man stora skillnader, både i arbetssätt och i synen på det arkeologiska fältarbetet. Det som har skett och sker på gräsrotsnivå skulle lätt kunna inordnas i kategorin kunskap i handling och den metod som används är ofta reflektion i handling. Det arkeologiska materialet inspirerar till både tolkning och handling. Arbetena här har skett utan någon samlad programförklaring och många olika arbetssätt och tolkningar har testats. Hodder står för en mera akademisk väg, där intellekt och teori är överordnade och kommer före praktik. Han menar i sin programförklaring från 1997 att "the key point is that excavation method, data collection and data recording all depend on interpretation" (Hodder 1997:693). En svaghet i Hodders reflexiva arkeologi är att han inte grundat den i en modell för utgrävningsarbetet där praktiken givits en explicit och rättvisande roll, något han också kritiserats för (G Lucas 2001). Även de försök som gjorts att applicera Hodders arbetssätt inom svensk arkeologi har präglats av bristen på en adekvat modell för den arkeologiska fältarbetsprocessen (Berggren & Burström 2002).

Synsättet med två aspekter av kunskap, orienteringskunskap och förfogandekunskap, är klargörande när man analyserar det arkeologiska fältarbetet. Det ankommer på de personer som utför undersökningen att omvandla de teoretiska frågeställningarna till konkret och specialdesignat undersöknings- och dokumentationsarbete - ett utmärkt exempel på en situation där såväl orienterings- som förfogandekunskap krävs. Det ankommer också på fältarkeologen att identifiera de tillfällen under undersökningen när t ex skilda teoretiska frågeställningar bör aktualiseras. Vissa frågor kan, på grund av en fornlämnings beskaffenhet, kanske endast belysas vid ett par, tre tillfällen under en undersökning. Andra nyckelsituationer kan handla om var en profil bör placeras eller när man bör byta undersöknings- eller dokumentationsmetod.

Ett belysande exempel på de två aspekterna av kunskap är den utveckling som skett inom arkeologin i Sverige under senare åren vad gäller fossil åkermark. I början av 1990-talet saknades till stor del orienteringskunskap i ämnet, såväl bland undersökande arkeologer som beslutande myndigheter, något som till stor del berodde på att odlingshistoria inte ingick i den arkeologiska utbildningen. Man hade ingen uppfattning om lämningarnas närmare tolkning, datering eller potential som arkeologiskt källmaterial. Generellt saknades också förfogandekunskap. Det fanns en stor osäkerhet kring hur fornlämningarna lämpligast skulle undersökas, svagheten i olika undersökningsmetoder etc. Resultatet blev att få undersökningar kom till stånd. Sedan dess har skett en dramatisk kunskapsökning och undersökningar av denna typ av objekt förekommer nu allmänt.

Molander beskriver den kunniga praktikern som en enskild individ. Det arkeologiska fältarbetet är emellertid till sin karaktär ett lagarbete, där alla deltagare arbetar mot ett gemensamt mål. Val av undersöknings- och dokumentationsstrategi och tolkningar, även mycket avancerade, är ofta ett resultat av samarbete och diskussioner kollegor emellan. Här skiljer sig fältarbete åt från traditionell humanistisk forskning och liknar mer naturvetenskaplig, med sina forskarlag. Trots detta menar jag att Molanders beskrivning av den kunniga praktikern är i hög grad relevant för fältarkeologin och klargörande när det gäller förståelsen av hur det arkeologiska källmaterialet skapas.

DET PRIMÄRA KÄLLMATERIALET

Det konkreta materialet och det arkeologiska objektet består av de spår av forntida handlingar som bevarats till våra dagar. Spåren utsätts från första början för naturliga omvandlingsprocesser s k "N-transforms" (Schiffer 1987) såsom kemisk nedbrytning och bioturbation. Redan från det att spåren avsatts kan de också ha varit utsatta för kulturella omvandlingsprocesser s k "K-transforms" (Schiffer 1987) som lett till att de omformats eller helt utplånats. Sådana processer kan vara städning, utjämning av jordytor, plöjning m m. Upprepade vardagshandlingar avsätter i bästa fall regelbundet återkommande spår, som borde kunna vara mera lättidentifierade ur arkeologiskt perspektiv än spår av enstaka handlingar inom vardagssfären. Sådana återkommande vardagshandlingar kan ha förekommit under en lång tidsperiod och vara ett resultat av praxis (Cornell & Fahlander 2002, Fahlander 2003, S Larsson 2000). De forntida boplatserna har varit fokus för mycket av samtida handlingar. De arbetsuppgifter som utförts här har i mycket inneburit repetitiva handlingar som utförts på bestämda platser inom boplatsområdet. Även förhistoriska gravar kan ses som ett uttryck för praxis (Artelius 2000, Gansum 2004). I gravar är de arkeologiska avtrycken av de enskilda handlingarna ofta tydligare än på boplatserna – upprepade handlingar på samma plats har inte på samma sätt förryckt och förstört spåren.

För att kunna beskriva den arkeologiska undersökningsprocessen, det dokumentationsmaterial och de tolkningar den alstrar definierar jag här de begrepp jag använder. *Det konkreta materialet* är oftast rester efter forntida mänskliga handlingar men här ingår också ibland lämningar av naturliga processer. Med *primärtolkning* avses den grundläggande tolkningarna som görs av det konkreta materialet i samband med fältarbetet och även i rapportskrivningsskedet. Tolkningarna kan relatera till olika skalnivåer. Med tolkning på *mikronivå* avses tolkningar som berör primärtolkningsnivån. Med tolkning på *makronivå* avses tolkning som relaterar till en högre nivå än primärtolkningsnivån (jft Fahlander 2003). En enda lokal ligger sällan ensam till grund för sådana tolkningar. Talar vi istället om fasta fornlämningar som är synliga ovan mark, betecknar jag själva fornlämningarna som ett konkret material. De kategoriseringar och beskrivningar som finns i t ex fornminnesregistret betecknar jag som primärtolkningar.

En vanlig arkeologisk exploateringsundersökning innebär att det konkreta materialet, det arkeologiska objektet, tas bort. Borttagandet sker i en viss ordning – oftast kronologiskt bakvänd - och med avsikt att frilägga det som bedöms som särskilt informationsbärande. Informationen gäller såväl mera allmänna frågor rörande tillkomsthistoria, som mer specifika. För de allmänna frågorna stöder sig arkeologen på en konsensus om en minsta acceptabel nivå för undersökning, tolkning och dokumentation. "Forskare inom en gemenskap är i hög grad eniga om vad som utgör en föredömlig lösning av ett problem eller en forskningsuppgift även om de inte kan komma överens om ett sätt att exakt beskriva eller definiera vari det föredömliga består ... Denna enighet om problemlösningarna, liksom överhuvudtaget en gemensam förståelse av teorier och regler för problemlösning, grundas i en gemensam repertoar av förebildliga problemlösningar" (Molander 2000:192).

Till fältarbetet knyts också primärtolkningar av skilda anläggningar, lager och anläggningskomplex (som t ex hus). Primärtolkningar innebär en tolkning av det konkreta materialet som arkeologen undersöker. De innebär ett försök att på en mikronivå förstå forntida handlingar. De bildar ett grundläggande underlag för vidare tolkning. I undersökningssituationen försöker man ta reda på vilka anläggningar som hör ihop och bildar en tolkningsbar struktur (hus, hägnad etc). Primärtolkningarna är själva essensen av fältarbetet och det mål som alla val av undersökningsstrategi, allt beskrivande, mätande och avbildande i ett första steg syftar till. Projektplanens vetenskapliga målsättningar kommer att vara ledande för undersökningens uppläggning i stort och färgar även primärtolkningarna. Den mängd forskning som under senare år berört arkeologins teoretiska sida har ofta handlat om tolkningar på makronivå och primärtolkningarna har sällan problematiserats.

Förvånansvärt lite finns skrivet om primärtolkningar och det arbete som skapar dessa i nyare arkeologisk litteratur. Frans Herschend har dock berört dessa frågor med ett delvis annat fokus än det här redovisade (Herschend 1988, 1998). Ett annat undantag är den debatt rörande medeltida kulturlager som förts med utgångspunkt i det s k Harris matrix (Harris 1979, S Larsson 2000). En motsvarande debatt saknas rörande den typ av förhistoriska boplatser vi oftast undersöker, vilka är belägna i nutida åkermark och saknar stratigrafiskt särskiljbara lager.

De kriterier vi använder för att identifiera olika anläggningar varierar mellan olika undersökningar och är dessutom ofta inte definierade. Ofta anses också primärtolkningsarbetet avslutat i och med att man kunnat inordna en anläggning i en viss kategori, medan detta ofta inte har mer än generell relevans för ursprunglig funktion. Alltför snabbt vänder man sig till den vidare arkeologiska kontexten för att söka tolkningen innan den information som den enskilda anläggningen eller lagret kan ge är på långa vägar uttömd. Vi har inte ens prövat att undersöka den mångfald av variabler som skulle kunna leda oss vidare med primärtolkningarna med de metoder som idag står oss till buds. Jag menar inte att man på varje undersökning skall göra allt som idag är möjligt men det finns all anledning att testa någon eller några nya infallsvinklar. Det behövs också mer forskning som är kopplad till fältarbetet och som riktar in sig på primärtolkningen och därmed förbundna variabler. Detta skulle kunna vara en väg mot mera stringenta primärtolkningar och en allmän höjning av kvalitén på dessa.

När fornlämningen undersöks dokumenteras valda utsnitt av den och vissa typer av data insamlas. "Även vid den mest noggranna och vetenskapliga fältundersökning sker ett urval till förmån för de observationer och det sakmaterial, som bedöms som väsentligt, medan annat förbigås. Ty i många fornlämningar, t ex boplatser med rika kulturlager, finns det en i det närmaste obegränsad mängd fakta förborgad. ... Problemet ligger bland annat i källpubliceringen, i överförandet av sakmaterialet till ord, siffror och bilder. Genom detta förfarande undergår nämligen primärmaterialet genom olika urvals- och överföringsprocesser en så betydande omvandling, att en arkeologisk publikation alltid representerar källmaterialet i ett mer eller mindre beskuret och omtolkat skick" (Gräslund 1974:9). Det är viktigt att poängtera att de tolkningar som sker under fältarbetets gång påverkar urvalet av vad som skall undersökas och hur. Tolkningar ingår med andra ord i den process som leder till att delar av det konkreta materialet ej kommer att undersökas utan endast förstöras.

Genom att t ex använda slumpvisa urvalssystem vid undersökningar har man ibland ansett sig kunna producera ett neutralt material. Samma sak gäller för standardiserade system för dokumentation av vissa variabler. Det bästa man kan hoppas att uppnå är att vissa data kommer att referera till ungefär samma egenskaper hos det arkeologiska objektet och att olika undersökningar därmed kan jämföras med avseende på detta – men knappast mer. En neutral primärtolkningsprocess och ett neutralt primärtolkat material existerar inte.

Val av utgrävningsmetoder, dokumentationsstrategier och tolkningar på primär eller annan nivå beror på de undersökande arkeologernas teoretiska och praktiska färdigheter. Allt detta leder i undersökningsprocessen fram till att ett primärtolkat material kommer att skapas. Detta material är oupplösligt förbundet med alla dessa variabler. Dessutom är materialet oupplösligt förbundet med just den tolkning som gjorts. En dokumentation som generellt syftat till att ge en rättvisande bild av en fornlämning har t ex mindre chans att svara på specificerade frågor än en undersökning där ett mål varit att belysa just dessa. En undersökning som syftat till att belysa vissa aspekter kanske inte kommer att kunna belysa andra, trots att möjligheten härför ursprungligen fanns. Man har tvingats välja bort det ena för att kunna studera det andra. Dokumentationen, inklusive rapporten kommer att ligga som ett filter mellan fornlämningen och läsaren.

Av beskrivningen av det arkeologiska fältarbetet framgår hur viktiga de personer är som utför undersökningen av ett arkeologiskt objekt och därmed skapar det primärtolkade arkeologiska materialet. För att uppnå ett optimalt resultat behövs både orienteringskunskap och förfogandekunskap, både teori och praktik. Det framgår också att teori inte är överordnad praktik eller vice versa. Alla primärtolkningar är subjektiva vilket betyder att ett neutralt dokumentationsmaterial eller neutrala rapporter inte existerar. Det arkeologiska objektet sätter emellertid ramar för primärtolkningarna. Undersökning innebär en radikal reduktion av det konkreta materialet i och med de urval som görs och den omvandling som sker när objektets fysiska egenskaper omvandlas till text och siffror.

KÄLLVÄRDET

Med källvärde avser jag ett visst utgrävt materials förmåga att belysa en viss frågeställning. Källvärdet beror delvis på det konkreta materialet – olika arkeologiska objekt har skilda förutsättningar att belysa olika frågor. Källvärdet beror också på primärtolkningens kvalité. Denna kan bero på den enskilda forskaren i förhållande till det arkeologiska objektet i fråga – en person kan vara duktig fältarkeolog eller specialist på en viss period och därför göra ett bättre arbete med ett visst arkeologiskt objekt. Källvärdet beror också på hur dokumentation och primärtolkningar kommit till – överdriven tidspress och dåligt väder är exempel på faktorer som inverkar negativt.

Källvärdet kan hänga samman med vad man vill använda materialet till och på vem som använder det. Ett material kan ha olika källvärde för olika forskare. En viktig faktor är om den eller de frågor en forskare studerar är de frågor det konkreta materialet utgrävdes för att belysa. Ett material där undersökningen specialdesignats för att belysa vissa frågor har ett mycket högre källvärde för just dessa frågor än annat material där fokus legat på andra teman eller där man önskat ge en allmänt rättvisande dokumentation av en fornlämning. Materialet är också beroende av när det producerats. Frågeställningar, teori, utgrävningsmetoder, tekniska hjälpmedel, användandet av naturvetenskapliga metoder, synen på fältarbetet, allt detta är i högsta grad tidsbundet och formar det primärtolkade arkeologiska materialet. Dessa och andra tidsbundna variabler sätter gränser för dess potential. Därför måste var tids arkeologer göra sina egna undersökningar. Endast med hjälp av äldre undersökningar går det inte att besvara nya frågor.

En forskare som är väl förtrogen med den praktiska sidan av fältarkeologi och hur primärtolkningar kommer till, har lättare att på ett rättvisande sätt bedöma källvärdet hos rapporter och dokumentationsmaterial från undersökningar hon själv ej deltagit i. Ofta kan det vara mycket svårt utan denna erfarenhet, eftersom mycket av undersöknings- och dokumentationsmetod liksom tolkningar (särskilt på primärnivå) tas för givet under en viss period och inte specificeras i dokumentationsmaterialet.

Det specifika källvärdet för ett material påverkas också av om en forskare deltagit i den undersökning hon beforskar eller ej. Om så är fallet, kan dokumentation och rapport i viss mån tjäna som minnestekniska hjälpmedel. En sådan forskare har tillgång till minnet av iakttagelser, diskussioner, tolkningsalternativ och en mängd annan information som aldrig formaliserats. För den forskare som inte deltagit i den undersökning hon beforskar kommer dokumentation och rapport alltid att enbart fungera som ett filter mellan forskaren och de konkreta spåren. Den forskare som deltagit i den undersökning hon beforskar kommer att kunna vara friare i förhållande till detta källmaterial, friare i meningen säkrare. Hon kommer att veta orsaker till val, även där ingen orsak redovisas i rapporten. Hon kommer att känna till gränserna för vad materialet kan användas till. Säkra tolkningar kommer att kunna föras längre eftersom förbehållen är kända. Hon kommer att veta vilka slutsatser som är mycket väl underbyggda och varför, liksom vilka som är mindre säkra.

AVHANDLINGENS KÄLLMATERIAL

I samband med breddningen av väg E4 i västra Östergötland ansvarade jag för undersökningar av fyra lokaler med sammanlagt ett tiotal fossila åkerytor samt utredning och förundersökning som berörde ytterligare fyra lokaler (Petersson 1996, 2001a, Petersson m fl 1995). Dessa undersökningar var del i ett metodutvecklingsarbete, något som innebar att utförliga projektplaner rörande såväl metod som resultat upprättades inför varje steg; utredning, förundersökning och undersökning (Petersson & Elfstrand u å). Efter varje steg utvärderades resultaten såväl vad gällde tolkning som metod. Den mest framträdande metodiska komponenten var totalavbaning av stora ytor fossil åkermark. Övriga komponenter var sökschakt genom de fossila åkerytorna för noggranna profilstudier, provtagning särskilt i profilerna, kartstudier vid upprepade tillfällen samt dokumentation med lodfoto av hela de avbanade ytorna. I förhållande till traditionell undersökningsmetodik av fossil åkermark med sökschakt ger metoden ett material där en mängd källor till osäkerhet har eliminerats (se vidare Petersson 1999a, 1999d, 2001a). Sedan tidigare var det känt att enstaka härdar ofta framkommer vid undersökningar av fossil åkermark. Inför de aktuella undersökningarna bestämdes att särskild uppmärksamhet skulle ägnas dessa och att man skulle söka fastställa deras funktion. Det antogs att dessa antingen var kopplade till åkerbruket eller härrörde från trädesperioder och hängde samman med boskapsskötsel.

Ett område med ett stort och välbevarat stensträngssystem söder om Väderstads samhälle kom också att beröras av arkeologiska undersökningar, då den nya vägsträckningen skar rakt genom detta. De arkeologiska undersökningar som utfördes i detta område samlades i det s k Väderstadprojektet. Jag deltog i karteringen av Väderstadssystemet och var projektledare för för- och slutundersökningarna i dess östra del (L Z Larsson m fl 1996, Ericsson m fl 1999, Petersson 2004a). Även inför dessa för- och slutundersökningar upprättades projektplaner som regelbundet följdes upp. Projektplanerna innehöll såväl vetenskapliga mål som diskussion av de metoder som kunde användas för att nå dessa mål. I stensträngssystemets östra del omfattade undersökningarna stensträngar, fossil åkermark, en boplats samt ett rituellt område med ett gravfält och spår av offeraktiviteter (Petersson 2004a). Även dessa undersökningar omfattades av metodutvecklingsarbetet vad gällde fossil åkermark. För boplatsen definierades följande övergripande frågor att studera; datering och kronologi, ekonomi, inre organisation samt roll och plats i stensträngslandskapet. Med ekonomi avsågs i första hand jordbruksekonomi, dvs djurhållning och åkerbruk, där analyser av makrofossil, pollen, markkemi och osteologi bedömdes som relevanta metoder att belysa denna i kombination med en landskapsanalys där stensträngarna skulle spela en framträdande roll. Därför skulle t ex alla stensträngar som påträffades dateras. Den inre organisationen relaterar till alla de anläggningar som kommer fram vid en undersökning och deras inbördes förhållande. Redan i projektplanen stipulerandes att härdar och gropar skulle "specialstuderas med avseende på funktion i kombination med läge på boplatsen". Hus i de fall det fanns bevarade golvlager avsågs studeras minutiöst. Undersökningens inriktning kan sammanfattas med begreppet jordbruksekonomi där resultat från mikro- och makronivå samspelar (Petersson 2004a).

De undersökningar jag nu beskrivit utgör avhandlingens kärna. Det är från arbetet med dessa jag hämtat de idéer och teman som avhandlingen kretsar kring. Dessa teman har funnits med redan i planeringsstadiet, något som betyder att undersökningarna utformats för att belysa dem. Härifrån finns således ett källmaterial som är extra väl ägnat för att användas i forskning kring frågor rörande bl a härdar, djurhållning och ekonomi. Lika viktigt är att jag själv är djupt förtrogen med detta material eftersom jag deltagit i planering, genomförande och rapportering av undersökningarna. Dokumentation och rapport kan tjäna som minnestekniska verktyg. Av dessa orsaker har jag låtit övergångsbygden mellan slätt och skog i västra Östergötland utgöra det område jag utgår från – mitt fallstudieområde. Skillnaden att använda detta källmaterial och rapporter från undersökningar jag inte medverkat i har varit påtaglig. I de sistnämnda saknas ofta information rörande vissa av de aspekter jag analyserat. En slags mellanställning intar de undersökningar jag följt genom upprepade besök och där man använt liknande metoder och frågeställningar som vid mina egna undersökningar. Ett exempel är de ännu opublicerade undersökningarna i de västra delarna av stensträngssystemet i Väderstad (Ericsson & Franzén 2006), ett annat är undersökningarna vid Järnstad (Björkhager, Ohlsén & Ranheden 2002).

KAPITEL 3

LANDSKAP OCH BEBYGGELSEUTVECKLING

I detta kapitel summerar jag kort huvuddragen i Östergötlands förhistoria med särskild tonvikt på västra Östergötland (fig 3). Avsikten är att beskriva de sammanhang där djurhållningen ingått. Därför har jag valt här att koncentrera mig på bebyggelsen och landskapet. Framställningen bygger på arkeologiskt undersökta lokaler eftersom de analyser som presenteras i avhandlingen bygger på sådant material. Det saknas för övrigt mera omfattande analyser av bebyggelseutvecklingen i Östergötland där inventerat fornlämningsbestånd använts som källmaterial. Vissa lokaler återkommer i flera av de följande analyserna och dessa presenteras, för att undvika upprepning, mera ingående i detta kapitel. Jag har koncentrerat denna framställning till den lokala nivån och undvikit att diskutera politisk historia som representerar en högre organisationsnivå (se dock Kaliff 1999a). Att den sociala organisationen på en lokal nivå inte är oberoende av den politiska utvecklingen är jag dock medveten om. I beskrivningarna av landskapet har jag använt mig framför allt av pollenanalytiska resultat. Framställningens kronologiska tyngdpunkt ligger i perioden brons- och järnålder.

BEBYGGELSEUTVECKLINGEN I ÖSTERGÖTLAND

För att spåra allmänna trender i bebyggelseutvecklingen i Östergötland har jag använt mig av den sammanställning av boplatsers datering som utfördes av Rikard Hedvall (Hedvall 1995), för övrigt den enda sammanställning över undersökta boplatser i Östergötland som existerar. Sammanställningen – fortsättningsvis kallad Hedvalls diagram eller Hedvalls sammanställning – avser alla boplatser som undersökts i Östergötland av Riksantikvarieämbetets undersökningsverksamhet (UV) under åren 1967–93, sammanlagt 108 stycken (fig 4). Det finns flera källkritiska problem med att använda Hedvalls sammanställning. Ett är att han har hämtat dateringarna av boplatserna ur de s k slutredovisningarna – en kort beskrivning av undersökningen som upprättas när det tolkade resultatet föreligger. Här anges dateringarna ofta endast till de förhistoriska perioderna. I många fall grundar sig periodangivelserna på ganska exakta dateringsmetoder, ^{14}C-analys och fynddatering, men i underlagsmaterialet finns också lokaler där dateringarna grundar sig på anläggningarnas utseende och fyndmaterial som inte kunnat preciseras närmare, något som gäller framför allt perioden yngre bronsålder – äldre järnålder. En bidragande orsak till att dessa mera svävande dateringar är att Östergötland (och Mellansverige) saknar keramikkronologi för just denna period. Ett annat problem är att dateringsintervallen i absoluta årtal för de olika förhistoriska perioderna har hunnit att ändras under den period undersökningarna i diagrammet utförts men även sedan Hedvalls sammanställning publicerades. Till stor del beror det på att kalibreringskurvan för ^{14}C-dateringar har ändrats. Framför allt påverkar det bronsåldern som Hedvall satt till 1600 f Kr till 500 f Kr och där den yngre bronsåldern börjar 1000 f Kr. I ny forskning används ofta 1700 f Kr som datering på bronsålderns inledning (t ex Kristiansen 1998) men man ser också 1800 f Kr som periodgräns. Övergången mellan äldre och yngre bronsålder sätts numera allmänt till 1100 f Kr (Kristiansen 1998, Borna-Ahlkvist 2002, Browall 2003) även om man fortfarande ser gränsen 1000 f Kr. Spridningen av de boplatser som ingår i Hedvalls diagram utgör en annan möjlig felkälla. Boplatserna koncentreras till landskapets centrala delar, där de flesta exploateringsundersökningar skett. Ytterligare ett problem är förbundet med själva boplatsbegreppet, som omfattar lokaler av mycket varierande karaktär. Jag återkommer till detta senare. Sammantaget betyder detta att det finns anledning att göra en ny, kvalitativt inriktad bearbetning av de östgötska boplatsernas datering som även omfattar nyare undersökningar och där man tar hänsyn till de källkritiska faktorer jag nämnt. Detta arbete ligger dock utanför ramen för min avhandling. Jag har istället valt att använda Hedvalls sammanställning och även behålla de absoluta dateringar av de olika förhistoriska perioderna som Hedvall använt sig av. Det måste poängteras att Hedvalls sammanställning trots allt ger en generell bild på grund av det stora antalet undersökningar som den omfattar. Utifrån Hedvalls sammanställning har jag gjort en bearbetning som visar antalet anlagda respektive övergivna boplatser per århundrade (fig 5). Det betyder att jag även hänvisats till att använda de periodgränser som Hedvall angivit.

Vad gäller östgötskt gravmaterial har Catharina Nilsson (1987) gjort en sammanställning av dateringen för gravfält i Östergötland undersökta under tidsperioden 1967–84. Många av gravfälten är fynddaterade, något som betyder att dateringarna är betydligt snävare än boplatsernas datering i de fall dessa är ^{14}C-daterade. Lisa Larsson har gjort en sammanställning av dateringen för alla undersökta gravfält och gravar i Linköpingstrakten (L K Larsson 2005). Med utgångspunkt i dessa två sammanställningar har ett diagram upprättats, omfattande dateringen av 40 undersökta gravlokaler (39 gravfält och en gravgrupp om fyra gravar) (fig 6). Med denna sammanställning som utgångspunkt har jag gjort en bearbetning som visar antalet anlagda respektive övergivna gravfält per århundrade (fig 7). Sammanställningen av undersökta gravlokaler kompletterar den bild av bebyggelseutvecklingen som boplatsmaterialet ger.

Fig 3. De viktigaste av platserna som diskuteras i kapitlet. Grafik Lars Östlin.
Map of the sites discussed in this chapter.

Senneolitikum och äldre bronsålder

Jordbrukets introduktion utgör startskottet för en ännu fortgående, storskalig omdaning av landskapet. De företeelser som behandlas i denna avhandling blir tydliga först under senneolitisk tid i de skilda material jag studerat. Företeelserna – ett omdanande av landskapet som utgått från människan men skett framför allt genom djurhållning och åkerbruk – har funnits ända sedan början av neolitikum. Skalnivån förfaller ha ändrats på ett avgörande sätt från senneolitikum i och med att bebyggelsen blivit mer stationär och åkerbruket på allvar tagit fart, något som Stig Welinder bedömt hänger samman med en ökad användning av årder (Welinder 1998:186f).

Om vi ser till det östgötska materialet tillkom vid övergången till senneolitikum fyra nya boplatser i Hedvalls sammanställning (fig 4–5) och fem äldre boplatser fortsätter att existera medan endast en äldre boplats överges i periodövergången. Vid övergången till äldre bronsålder tillkommer sju boplatser, åtta av de äldre boplatserna fortsätter att existera, medan fem försvinner i periodövergången. Utifrån dessa data framstår perioden senneolitikum – äldre bronsålder som stabil och expansiv. Det verkar som nya boplatser kan passas in i en befintlig struktur som verkar väletablerad vid bronsålderns början. Få boplatser med hus från senneolitikum respektive äldre bronsålder har undersökts i Östergötland (se dock Karlenby 1996, M Larsson 1996a, Borna-Ahlkvist m fl 1998).

I Östergötland finns 54 hällkistor, den karaktäristiska gravformen för senneolitikum, liksom enstaka flatmarksgravar. Här finns också flera av den äldre bronsålderns karaktäristiska drag; högar, hällristningar och särpräglade bronser (M Larsson 1997a). Östergötland uppfattas allmänt som den nordligaste utlöparen av den sydskandinaviska storhögstraditionen (Å Hyenstrand 1984) och högarna dateras övervägande till äldre bronsålder (Browall 2003:70, Kaliff 1999a). Parallellt med de individualistiskt orienterade höggravarna finns också mera kollektivt orienterade urnegravar i brandgravskick redan under äldre bronsålder (t ex Stålbom 1994).

Senneolitikum och äldre bronsålder är den period då kulturlandskapet blev boskaps- och betespräglat. För Danmark anges tredje och andra årtusendet före Kristus som husdjursbrukets storhetstid. Pollenanalytiska tolkningar ligger till grund för påståendet (Kristiansen 1988:81). Hans Göransson (1989) har, utifrån pollenanalyser från Alvastraområdet i västra Östergötland, tolkat jordbruksekonomin under hela neolitikum och äldre bronsålder, som grundad på skottskogsbruk. Skogen fälldes inom ett mindre område och säd såddes mellan lövträdsstubbarna. Näringsämnen, framför allt kväve, frigjordes när skogen avverkades. Ur stubbarna av lind, ek, al, hassel och även alm sköt snabbt nya skott upp, vilka snart bildade pollenproducerande skottskogar (Göransson 1989:398). Omloppstiden för skottskogarna har varit ca 20 år. Det är dock inte nödvändigt att tänka sig att en skottskog främst genererats i odlingssyfte. Förfarandet gör att också betet förbättras och även lövfodertäkten bör ha varit viktig i skottskogarna. Under senneolitikum menar Göransson att skottskogsbruket utvecklats till ett dominerande utnyttjande och gynnande av hassel. Under äldre bronsålder fortsätter det senneolitiska hasselskottskogsbruket och extensivt betade arealer ökar. I pollendiagram ökar vissa betesgynnade arter liksom stoftflykten, som tyder på att det funnits vegetationsfria ytor (Göransson 1989:400). Vid en rad undersökningar av fossil åkermark i västra Östergötland har röjningskol daterat till perioden senneolitikum/äldre bronsålder. Röjningskolet indikerar att man brandröjt på många platser men om syftet främst varit att förbättra betesmarken eller om man också odlat i områdena är svårt att

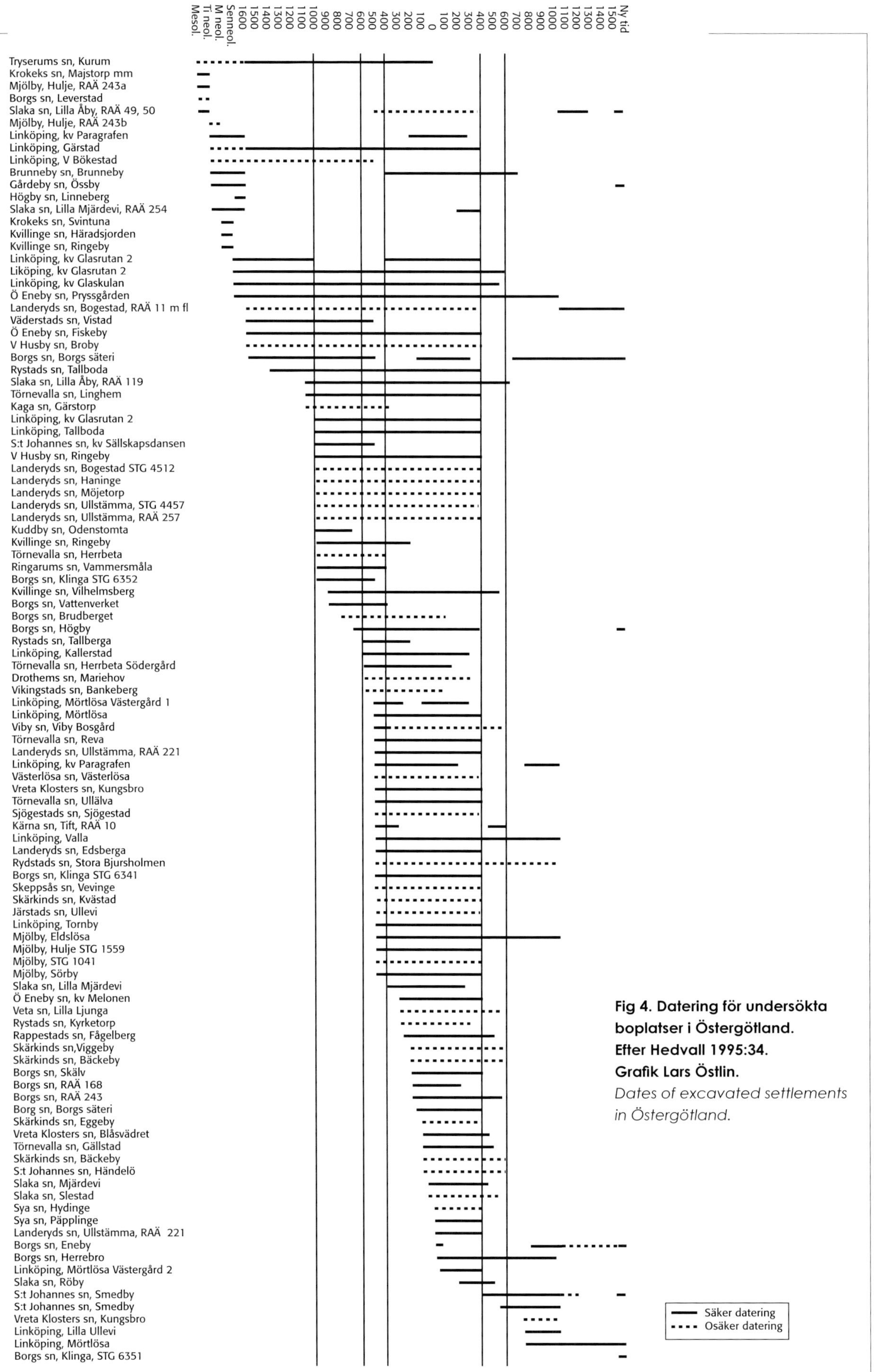

Fig 4. Datering för undersökta boplatser i Östergötland. Efter Hedvall 1995:34. Grafik Lars Östlin.
Dates of excavated settlements in Östergötland.

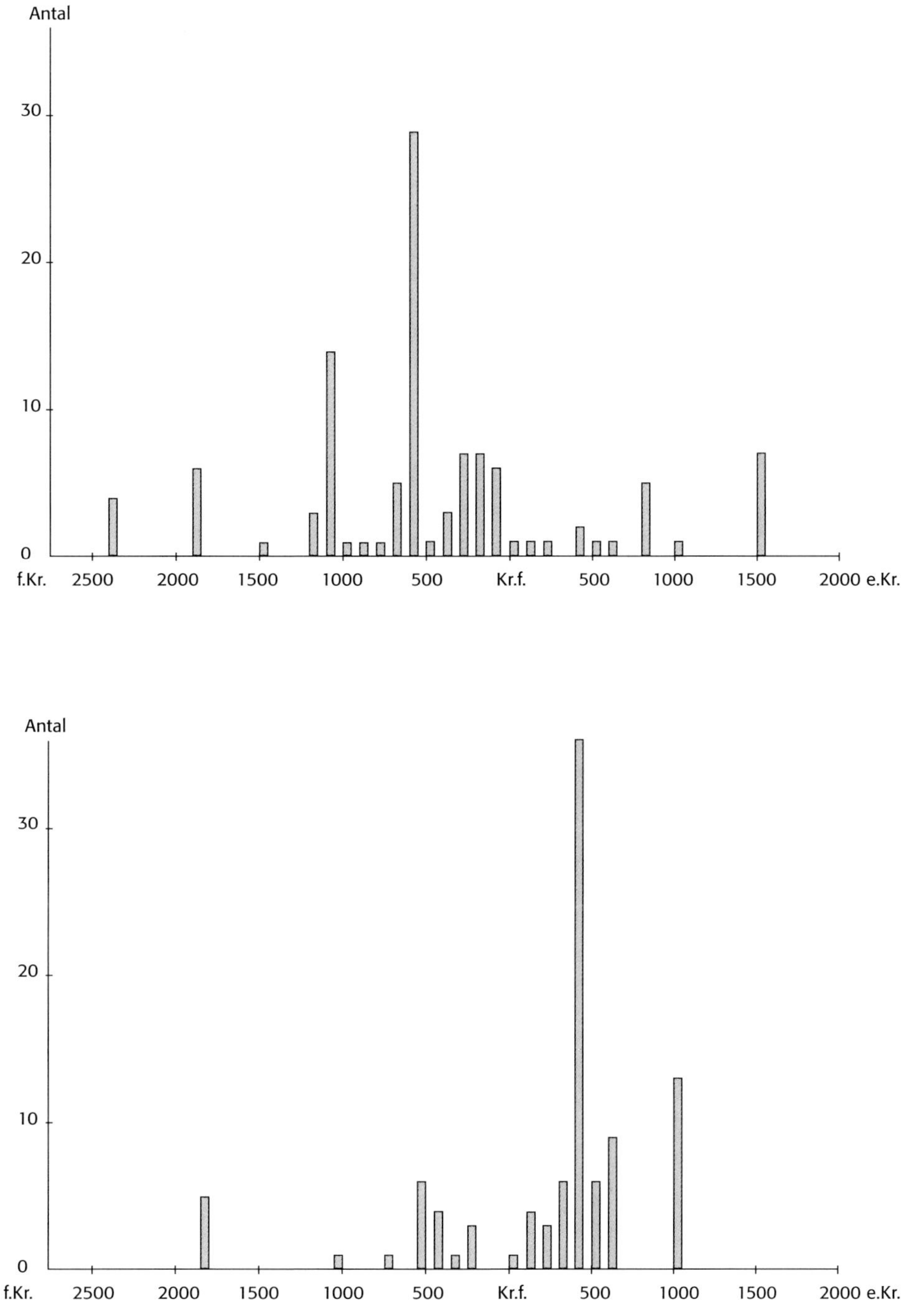

Fig 5. Östgötska boplatsers anläggningstid (över) respektive övergivandetid (under). Efter Hedvall 1995:34. Grafik Lars Östlin.
Time of formation (above) and time of abandonment (below) for settlements in Östergötland.

avgöra (Petersson 2001a). Från Alvastratrakten ger gravar, boplatser och lösfynd en bild av att hela området varit utnyttjat under senneolitikum, även den låglänta marken med tunga jordar (Browall 2003:62ff).

Äldre bronsålderns samhälle har uppfattats som strängt hierarkiskt. Stormän och hövdingar kopplas samman med stora gravhögar, hällristningar och exotiska bronsföremål. Stormännen kontrollerade produktionen, långväga varuutbyten och kulten i samhället (t ex Kristiansen 1998). Samhällstolkningar med betoning på lokalsamhället har dock också framförts (P Skoglund 2005). Browall har i Alvastratrakten identifierat ett geografiskt mönster med hällristningar med bilder koncentrerade till Vätterkusten i väster, skärvstenshögar till övergångsbygden i öster och gravhögar till åsryggarna i det mellanliggande slättlandet (Browall 2003:85f). Detta rumsliga mönster kan spegla bronsåldersbosättningens struktur i stora drag. Medan bosättningar med gårdar eller byar fanns över hela landskapet kring Alvastra låg de gårdar som tillhörde det övre skiktet i den lokala boplatshierarkin främst på slättlandets höjdområden vid Heda och Ödeshög, där merparten av de stora gravhögarna fanns. Browall menar att gravhögarna i slättlandets centrala delar kan tänkas markera de stora gårdarnas lägen under både äldre och yngre bronsålder, med den bästa marken för bosättning, boskapsdrift och odling. Öster om Alvastra, i övergångsbygden, finns flertalet skärvstenshögar och många skålgropslokaler. Browall ser dessa i sammanhang med en kraftig expansion av bebyggelse under yngre bronsålder (Browall 2003:86).

Yngre bronsålder

I övergången mellan äldre och yngre bronsålder ca 1100–900 f Kr anlades enligt Hedvalls sammanställning (fig 4–5) 18 nya boplatser medan endast en upphörde. Av tidigare existerande boplatser hade elva platskontinuitet genom hela yngre bronsålder. Dessa långlivade boplatser talar om stabilitet samtidigt som den stora mängden nyetablerade boplatser indikerar att detta var ett av de mest expansiva förhistoriska skedena vad gäller bebyggelseexpansion, överflyglat endast av skedet kring övergången mellan brons- och järnålder. Detta står i stark kontrast till t ex Uppland där ett karaktäristiskt drag för många bosättningar från yngre bronsålder och början av äldre järnålder är att de enbart funnits en kortare tid på samma plats (Göthberg 2000:140). Man bör dock hålla i minnet att landskapet i Uppland starkt påverkats av landhöjningen genom att stora nya markområden under denna period torrlagts. I Östergötland har landhöjningen inte alls i samma utsträckning påverkat förutsättningarna för bosättning under perioden.

Samtidigt som en mängd nya boplatser etablerades i övergången mellan äldre och yngre bronsålder, anlades flera nya gravfält, varav en stor del kom att användas ända in i romersk järnålder (C Nilsson 1987:94f) (fig 6–7). Majoriteten av kända gravar från yngre bronsålder är urnebrandgravar/-gropar under flat mark, som i regel är fattiga på metallföremål. Exempel på undersökta gravfält från perioden är Ringeby utanför Norrköping (Kaliff 1995, 1997). Ringeby har under yngre bronsålder varit en ö som använts som begravningsplats från ca 1000 f Kr. Här fanns också spår av ett kulthus samt andra rituella aktiviteter. Vid Klinga utanför Norrköping undersöktes ett gravfält med ett hundratal gravar, daterade från äldre bronsålder till romersk järnålder. Även här fanns spår av andra rituella aktiviteter (Stålbom 1994).

Under yngre bronsåldern ökade de öppna betesmarker betydligt i västra Östergötland liksom i Götaland i stort (Göransson 1989:400, Lagerås & Regnell 1999:264 och där anförd litteratur). En jämförelse visar att Östgötaslätten avskogades kring 700–600 f Kr, något senare än de skånska kustslätterna som avskogades 1000–800 f Kr (Welinder 1998:193). Pollendiagrammen från Östergötland visar en ökning av gräspollen och en minskning för lind och hassel. Intressant är att stoftflykten, som vittnar om öppna, vegetationsfria ytor, bli betydande fr o m yngre bronsålder. I ett pollendiagram från östra Östergötland har registrerats en ökning i stoftflykt kring 700 f Kr (Widgren 1983:92). Göransson menar att stoftflykten torde avslöja att åkerarealen nu ökat och pollendiagram från västra Östergötland visar att sädesodlingen ökade under yngre bronsålder. Göransson menar också att man nu kan ha börjat att odla i områdena söder om slättområdet (Göransson 1989:400). En annan möjlighet är att stoftflykten under perioden framför allt berott på en intensifiering av betesdriften, ett förhållande som antytts i en artikel av Lagerås och Regnell (1999). Ett förlopp med en expansion mot mera marginella områden och en intensifiering av resursutnyttjandet under yngre bronsålder är ett fenomen som iakttagits runt om i Norden. Husdjurshållningen anses representera den primära ekonomiska grunden för detta förlopp (t ex Prescott 1993, Kristiansen 1988, Svensson 1998: 166).

Flera forskare har hävdat att ett nytt agrartekniskt komplex bestående av gödslade åkrar, skalkorn och vinterstallade husdjur slår igenom mera allmänt under yngre bronsålder (Björhem & Säfvestad 1993:356, Borna-Ahlkvist 2002, Engelmark 1998). Samtidigt har det rests invändningar mot en sådan förklaring. Kunskap om gödsling har troligen funnits sedan neolitikum (Welinder 1998:141), gödsel kan tillvaratas utan fähus och ett ökat inslag av ogräs i säden behöver inte bero på gödseltillförsel utan kan bero på ändrad skördeteknik (Lagerås & Regnell 1999:119ff). Sammantaget innebär det att vad som tidigare tolkats som en ganska snabb introduktion av ett nytt agrartekniskt komplex (Myrdal 1988), nu verkar ha varit en utdragen process (Göthberg 2000:143). Welinder bedömer trots det att ökningen av jordbruket i de mellan- och nordsvenska landskapen under yngre bronsålder var beroende av skalkorn, som ger hyggliga skördar på gödslade åkrar och på sämre jordmåner i moränområden (Welinder 1998:194). Detta kan antagligen kopplas till de förändringar i föremålsbeståndet på boplatserna som skedde under yngre bronsålder (Borna-Ahlkvist 2002:167). På Fosieboplatsen utanför Malmö var malstenslöpare betydligt vanligare under senare delen av yngre bronsålder än tidigare. Från samma tid förekommer lövknivar använda vid foderinsamling samt silkärl som kan ha använts vid osttillverkning (Borna-Ahlkvist 2002:167).

Welinder menar att det är rimligt att anta att yngre bronsålderns gårdar var uppbyggda kring samma slags jordbruk som äldre järnålderns gårdar i stora delar av landet. Han nämner fähus, fodertäkt i lövängar och gödslade permanenta åkrar som hörnstenar i detta jordbruk (Welinder 1998:192). Resultaten från den stora undersökningen vid Pryssgården nära Norrköping i Östergötland styrker Welinders antagande i så måtto att yngre bronsålderns och äldre järnålderns gårdar visar stora likheter sinsemellan (Borna-Ahlkvist m fl 1998, Borna-Ahlkvist 2002). Pryssgårdsboplatsen låg under bronsåldern på ett smalt näs mellan Östersjön och sjön Glan (Borna-Ahlkvist 2002:179). Hällristningarna vid Himmelstalund, liksom det stora gravfältet vid Fiskeby med gravar från yngre bronsålder till och med vikingatid (Lundström 1970) ligger också nära boplatsen. Vid Pryssgården undersöktes i mitten av 1990-talet ett ca 90 000 m^2 stort utsnitt ur ett minst 2,3 km^2 (2 300 000 m^2) stort område med boplatslämningar. Inom den undersökta ytan fanns boplatslämningar från neolitikum till medeltid med tyngdpunkten i yngre bronsålder och äldre järnålder. Bronsålderns bebyggelse har blivit föremål för en djupare analys (Borna-Ahlkvist 2002) medan övriga tidsåldrar ej specialstuderats. Från äldre bronsålder fanns ett mesulahus och tre treskeppiga långhus. Från yngre bronsåldern fanns 18 treskeppiga långhus och elva småhus eller grophus. Kring husen fanns koncentrationer av anläggningar, särskilt gropar med ett rikt keramikmaterial men också andra nedgrävda anläggningskategorier. Under äldre bronsålder verkar varje gård ha haft ett relativt stort resursområde till sitt förfogande och avståndet mellan gårdarna kan ha varit 500–1000 m. Bebyggelsen har enligt Borna-Ahlkvist förmodligen bestått av stora ensamliggande gårdar (Borna-Ahlkvist 2002:135). Under den äldre delen av yngre bronsålder fanns två samtidiga gårdar inom Pryssgårdsundersökningens område. Avståndet mellan gårdarna var knappt 150 m. Den ena gården bestod av ett långhus och ett verkstadshus och den andra av ett långhus och ett fyrstolpehus. Under senare delen av yngre bronsålder har det skett en inre kolonisation och det har funnits tre samtidiga gårdar. Två av gårdarna har nu legat med ca 70 m avstånd medan den tredje legat ca 150 m från närmsta granne, dvs samma avstånd som tidigare. Två av gårdarna bestod av endast ett (treskeppigt) hus medan den tredje bestod av två treskeppiga hus. Både under äldre och yngre bronsålder har husen upprepade gånger återuppbyggts på ungefär samma plats (Borna-Ahlkvist 2002:13ff) och denna platskontinuitet fortsätter även in i äldre järnåldern (Borna-Ahlkvist 1998:150ff). Pryssgårdsundersökningen visar att det skett en sammandragning av bebyggelsen under yngre bronsålder, vilken lett till att byar uppkommit (Borna-Ahlkvist 2002:171). I en nyligen gjord analys av Ulleviområdet i Linköping menar Ann-Lili Nielsen att det arkeologiska boplatsmaterialet antyder en social stratifiering redan från bronsålderns mitt, ca 1000 f Kr, då ett av de treskeppiga husen skiljer ut sig genom sin storlek (30 m) (A-L Nielsen 2005).

I detta arbete används begreppen boplats och gård. Med boplats avses här (för brons- och järnålder) en plats med spår av mänsklig bosättning i form av hus. Det kan finnas flera hus och flera samtidiga gårdar på en boplats. Termen är närmast operationell och relaterar till arkeologiska lämningar, inte till en forntida social verklighet. Med by avses minst två oberoende gårdar som varit förbundna i särskilda samarbetsformer och med gemensamma intressen (Fallgren 1993:61 och där anförd litteratur). På de äldsta svenska kartorna var en by två eller flera gårdar vilka gick under samma namn. Fallgren menar att en stor del av den svenska förhistoriska bebyggelsen tillhört byar. Han jämför den förhistoriska öländska bebyggelsen med historiska klungbyar. Avstånden mellan gårdarna i en by menar han kan vara långa (Fallgren 1993). Arkeologiskt blir sådana byar svåra att belägga. Jag använder därför inte termen by om förhistorisk bebyggelse annat än i undantagsfall, när en sådan tolkning underbyggs av fornlämningsmaterialet.

Delar av en boplats undersöktes vid Vistad i Väderstads socken i västra Östergötland (T B Larsson 1993, T B Larsson & Hulthén 2004). Boplatsen var belägen i kanten av Östgötaslätten, 1,2 km från Abbetorpsboplatsen som är en av de centrala lokalerna i mina analyser. Boplatsen låg inom det område jag valt ut för en specialstudie i kap 8, dess tolkning är kontroversiell och jag återkommer vid upprepade tillfällen till lokalen. Av dessa anledningar har jag valt att här beskriva platsen tämligen ingående.

Vistadboplatsen ^{14}C-daterades till yngre bronsålder med tyngdpunkt i perioderna V och VI, 900–500 f Kr. Det undersökta området, 1950 m^2, låg på en liten, jordbunden bergsklack men fornlämningsområdet omfattar också angränsande delar av den platta omgivande slättmarken. Platsen saknar utmärkande topografiska drag, medan en dominerande höjdsträckning finns ca 500 m öster om Vistad. På bergsklacken vid Vistad finns fem hällristningsytor med älvkvarnar och en fotsula. I åkermarken omedelbart nedanför berghällen påträffades i början av 1900-talet 66 knackstenar, tre yxämnen, fem fragmentariska skafthålsyxor och två mejslar, samtliga av bergart (T B Larsson 1993:68). Av Fornminnesregistret att döma framkom de inom ett väldigt begränsat område.

Vid undersökningarna åren 1988–90 framkom huslämningar som i en tidig tolkning presenterades som två ordinära treskeppiga hus (T B Larsson 1990), men senare omtolkades till minst fem små, kvadratiska, enskeppiga hus med takbärande väggar. T B Larsson menade att boplatsen sannolikt hade varit

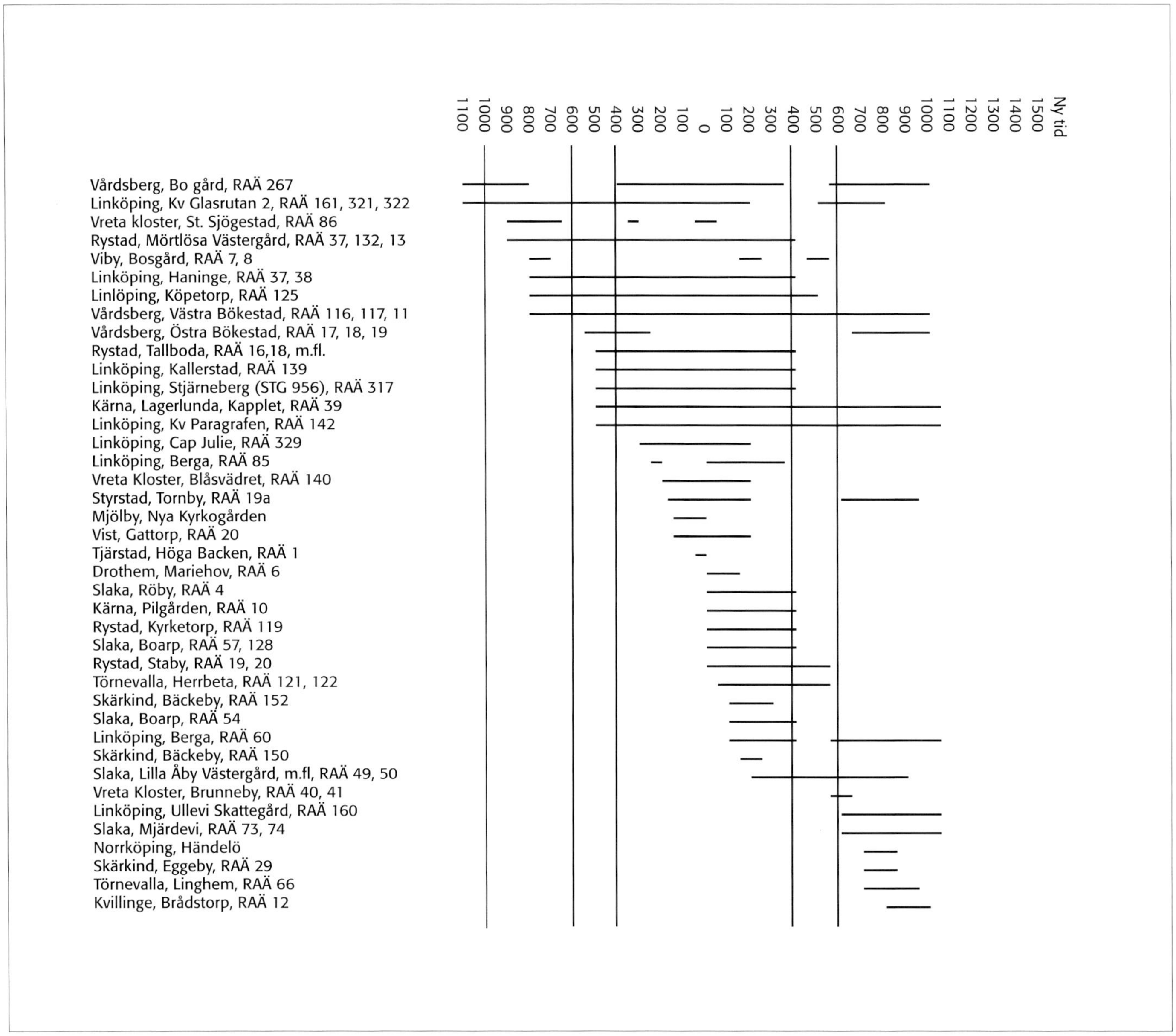

Fig 6. Datering för undersökta gravfält i Östergötland. Efter C Nilsson 1987:93 och L K Larsson 2005:75. Grafik Lars Östlin.
Dates of excavated cemeteries in Östergötland.

omgiven av en ringformig palissad av stående timmer (T B Larsson 1993:145). I nedgrävningen för palissaden framkom en keramikskärva, vilken liknade keramik som tillvaratogs uppe på bergsklacken. Denna skärva ligger till grund för dateringen av palissaden. Indikationer tolkad som spår av palissaden framkom i två schakt. Varken tolkning eller datering får anses säkerställda. Analyser har visat att keramiken från platsen var dels av lokal tillverkning, dels tillverkad enligt främmande tradition men det fanns också importerade kärl av former och funktioner som tidigare varit okända från svenskt sammanhang (T B Larsson & Hulthén 2004:37). Här fanns också rester av fyra ovala kupolugnar med lerkupol. Fyra företeelser vid Vistad har framhållits som typiska för Lausitzkulturen nämligen palissaden, de rektangulära husen, kupolugnarna samt keramik av Lausitztyp, tillverkad på kontinentalt område (T B Larsson & Hulthén 2004:32). År 1993 tolkade T B Larsson boplatsen som hövdingasäte för Östergötlands västra centralbygd under yngre bronsålder och de svinben som framkom tolkades som spår av större festligheter (T B Larsson 1993:111). Tolkningen är starkt influerad av Elman Services teori om social utveckling i ett evolutionärt perspektiv, där hövdingadömen förekommer som ett utvecklingssteg (Service 1971).

I samarbete med Birgitta Hulthén som analyserat keramikmaterialet från Vistad har T B Larsson delvis omtolkat platsen (T B Larsson & Hulthén 2004). De menar nu att platsen inte hyst en permanent bosättning. Huvudargumentet för att bosättningen inte varit permanent är att grov hushållskeramik

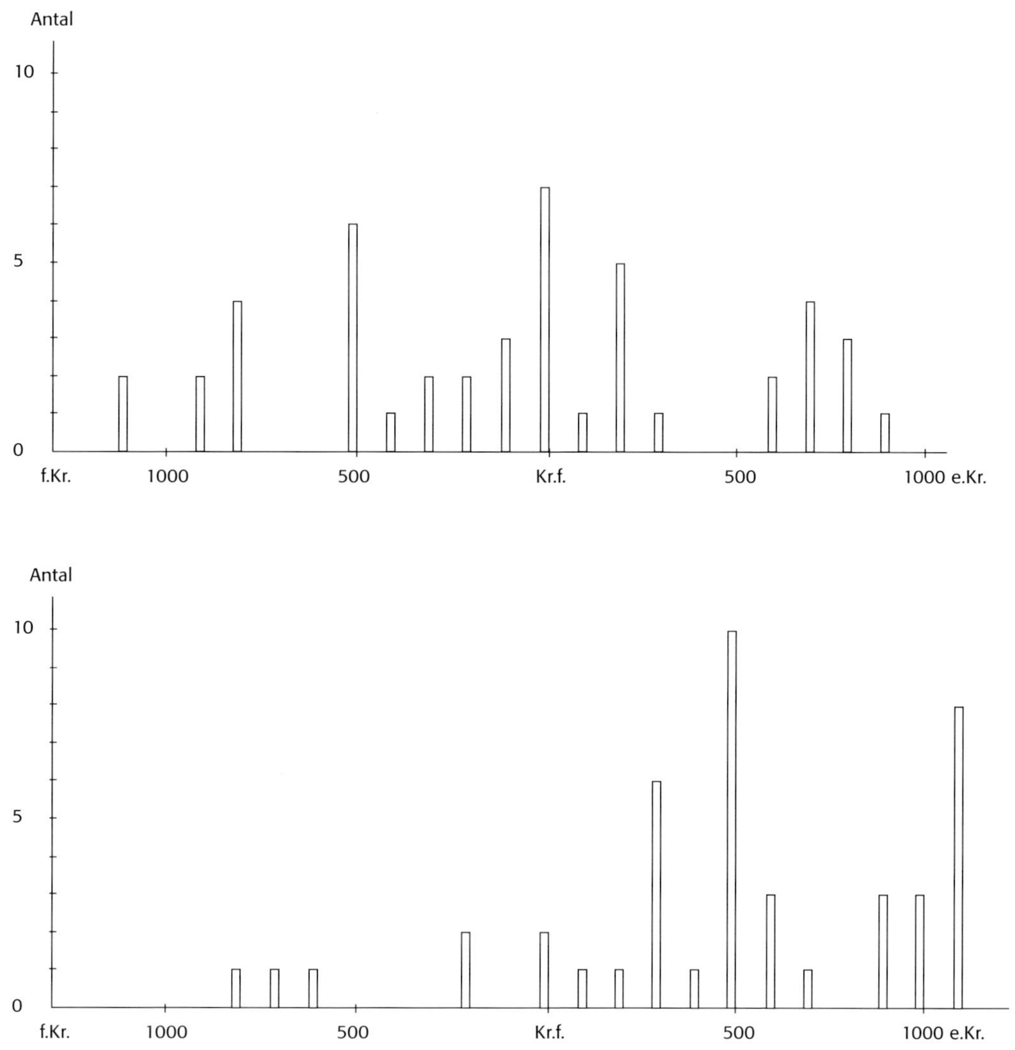

Fig 7. Östgötska gravfälts anläggningstid (över) respektive övergivandetid (under). Efter C Nilsson 1987:93 och L K Larsson 2005:75. Grafik Lars Östlin. *Time of formation (above) and time of abandonment (below) for cemeteries in Östergötland.*

som kokkärl och förrådskärl, som brukar karaktärisera bronsåldersboplatser i Sverige, saknas. Istället hävdar man att Vistad besökts regelbundet och återkommande under en period av 200–300 år av personer som har kommit från Lausitzkulturens områden, beläget i dagens Polen, forna Östtyskland och norra delarna av Tjeckien. Syftet med besöken har varit att prospektera efter metaller, mera bestämt järn. Vid Vistad fanns på ugnarnas botten spår av järnslagg. Ugnar samt närbelägna härdar har tolkats som använda i en process där järnmalmens kvalité undersökts. Spår av regelrätt järntillverkning eller smide framkom ej vid undersökningen. Palissaden, menar man, har tjänat som vindskydd från de starka vindarna från slätten men även verkat exkluderande. Främlingarna har under sina besök levt sitt eget avskilda liv bakom palissaden under en lokal aristokratis beskydd. Kontakterna med lokalbefolkningen inskränkte sig till den lokala aristokratin, i vars intresse det legat att kunskapen om järnet inte spridits till gemene man. Genom dessa kontakter har aristokratin vunnit makt, prestige och esoterisk kunskap medan främlingarna fått möjlighet att föra hem eftertraktad järnråvara (T B Larsson & Hulthén 2004). Larsson och Hulthén menar att bronsålderns Östergötland genom familjeallianser kontrollerats av en handfull hövdingar. Vistad tillhörde enligt detta synsätt "det politiska paraply" som utgjordes av aristokratin i västra slättområdet i Östergötland (T B Larsson & Hulthén 2004:53f).

Vistadlokalen framstår genom sin tolkning som fullständigt avvikande inom östgötsk bronsålder. En orsak härtill är den särpräglade keramiken som nu alltså fått en djupare analys.

En bidragande orsak, som handlar om fyndens kontext, är också att tolkningen enbart grundar sig i de undersökta 1950 m^2. I de två smala schakt som togs upp i den plana åkermarken nordväst om Vistadkullen framkom boplatslämningar inklusive stolphål. I åkermarken norr om kullen har iakttagits skärvsten och ett totalt 100x100 m stort område har markerats som boplats i Fornminnesregistret. Kanske härrör de fynd som tidigare gjorts invid skålgropshällen från ett boplatsområde norr om kullen. De undersökta 1500 m^2 uppe på kullen tillhör alltså sannolikt en större arkeologisk kontext. Oavsett om man anser att palissaden är tolkad på ett tillförlitligt sätt med säker datering eller ej, och här finns onekligen vissa frågetecken, inverkar det endast marginellt på en tolkning som tar hänsyn till lokalens alla kända komponenter.

Den yngre bronsålderns boplatser verkar regelmässigt ha varit uppdelade i skilda ytor som var och en haft sin specifika funktion. Den utgrävda ytan verkar sålunda utgöra en sådan specifik del av en större boplats. Fast bosättning med långhus verkar ha varit lokaliserad till den plana ytan nedanför kullen. Fynden från undersökningen på kullen pekar mot att området haft såväl en hantverksaspekt som en rituell aspekt. Den rituella aspekten uttrycks av skålgroparna och den ristade fotsulan. Ansamlingen av stenföremål nedanför den ristade hällen kan, om uppgiften kring fyndomständigheterna stämmer, vara depositioner.

Järnhantverk är den enda hantverksaktivitet som säkert belagts vid Vistad (T B Larsson & Hulthén 2004). På flera platser har inom sådana ytor avsedda för speciella funktioner framkommit enklare byggnader med takbärande väggar, inte olika Vistadhusen vad gäller principkonstruktion. Att inga fynd av slaggklumpar gjorts vid Vistad, behöver inte betyda att järn inte tillverkats eller bearbetats här utan kan bero på det begränsade utgrävningsområdet. Just järnframställning och -bearbetning omges i många kulturer med magiska föreställningar, och norrön mytologi visar att så ibland varit fallet även i Norden. Platser som varit viktiga ur rituell aspekt visar sig ofta innehålla spår av järnframställning eller -bearbetning (Hed Jakobsson 2003). Ole Stilborg har påpekat att inom ytor med spår av järnhantverk förekommer ofta finkeramik av olika typer men generellt inte vardagsvara (Stilborg muntl). En parallell till området vid Vistad, om än något senare i tid (förromersk järnålder), är det stora område (ca 10 000 m^2) avsatt för speciella aktiviteter som var knutet till den stora gården som framkom vid Abbetorp (Gruber m fl 2004a).

Vistads nära kontakter med Lausitzkulturens område verkar helt klarlagda. Det behöver emellertid inte röra sig om upprepade besök av råvaruexpeditioner från nuvarande Centraleuropa. I stället kan den hänga samman med kontakter av den typ Anders Kaliff skisserar för Östergötland under perioden – giftermålsallianser bland den högsta eliten som även involverat större grupper av människor och inneburit att grupper av tjänare, hantverkare och andra personer också flyttat (Kaliff 2001). Han framhåller också att det kan ha funnits resande hantverkare och köpmän vid denna tid.

Förromersk och romersk järnålder

Övergången mellan yngre bronsålder och äldre järnålder, 600–500 f Kr framstår i Hedvalls diagram (fig 4–5) som en expansiv period då 34 nya boplatser anlades. Av redan existerande boplatser har 22 haft kontinuitet över förändringsperioden och in i järnåldern medan endast sex övergavs. Detta är en av de perioder under förhistorien där fornlämningsmaterialet tydligast talar om förändring vad gäller bebyggelsestrukturen (den andra är perioden 400–600 e Kr). Samtidigt är förändringen inte så genomgripande att äldre boplatser generellt har behövt flyttas. Under 400-talet f Kr anlades endast fyra boplatser – en avgjord nedgång jämfört med tidigare. Under perioden från 200-talet f Kr fram till Kr f anlades sammanlagt 20 stycken, medan endast några få övergavs. Det verkar som att bygdens förtätning liksom expansionen ut i mark där tidigare ej funnits boplatser åter tagit fart under dessa århundraden. Under århundradena närmast efter Kristi födelse anlades ytterligt få boplatser (endast någon per århundrade), något som skulle kunna tyda på en relativ stabilitet vad gäller bebyggelse men kanske även samhälle i stort.

Undersökningarna inom stensträngssystemet i området söder om Väderstads samhälle i västra Östergötland har kastat ljus över perioden. Abbetorpsboplatsen (RAÄ 288 m fl i Rinna socken och RAÄ 241 m fl i Väderstads socken), varav ca 20 000 m^2 undersöktes, har tolkats som två gårdar, en stor och en liten (Petersson 2002, Petersson 2004a). Den stora gården har haft platskontinuitet från 400 f Kr–400 e Kr, med tyngdpunkt i 400 f Kr–100 e Kr inom undersökningsområdet, medan det från den lilla gården bara finns spår tillhöriga den sistnämnda perioden. Till den stora gården har hört ett större treskeppigt bostadshus med tre avdelningar och med svagt konvex stolpsättning varigenom ett stort, representativt mittrum med härdarna placerade längs ena väggen skapats. Gårdstunet har varit stort och funktionsuppdelat. Ett område med ett hundratal härdar tolkades som ett område för vardagsmatlagning under sommarhalvåret. Vidare fanns ett område för specialiserad matlagning innehållande bl a ugnar. Området har ursprungligen varit inhägnat. Åtskilt från bostadshuset genom en flack bäckravin, fanns ett område som använts för specialiserat hantverk som smide och vidare sädesrostning, eventuellt ölbryggning m m. Här fanns ett mindre treskeppigt hus med två avdelningar, en bostadsavdelning och en ekonomidel samt även en enkel byggnad som kopplades till hantverket och framför allt smidet. I anslutning till detta område, men utanför den undersökta ytan, fanns vad som tolkades som ett rituellt område med ett skålgropsförsett block. Den undersökta boplatsen vid Ryd (RAÄ 281 i Väderstads socken) bedömdes eventuellt också kunna ha tillhört den lokala boplatshierarkins övre skikt (Helander & Zetterlund 2001).

Den lilla gården vid Abbetorp låg ca 75 m från den stora, ursprungligen åtskild från denna genom ett sankstråk med en bäck i. Till gården hörde ett mindre treskeppigt långhus med två avdelningar, en liten, inhägnad gårdsplan med härdar och kokgropar i dess ena kant samt en brunn. I omedelbar anslutning till huset har funnits en mindre, välgödslad åker. Den stora gården bedömdes ha tillhört det övre skiktet i en lokal boplatshierarki. Den mindre gården bedömdes ha stått i beroendeställning till den stora och ha varit en av flera underordnade gårdar. Vid tiden för Kristi födelse har tillkommit flera underordnade gårdar i områden varav en var den undersökta vid Lugnet (RAÄ 280 i Väderstads socken) som upphörde kring 400 e Kr (Ericsson & Österström 1999). Liksom den lilla gården vid Abbetorp saknade gården vid Lugnet spår av specialaktiviteter. För den möjliga boplatsen vid Fridhem kan social tillhörighet ej avgöras (Stålbom 1997).

I stensträngssystemet söder om Väderstad i västra Östergötland verkar alltså de större gårdar som etablerats i början av järnåldern ha tillhört den lokala boplatshierarkins toppskikt. Samtidigt har mindre underlydande gårdar också etablerats. Senare, kring Kristi födelse (eller århundradena före), har ytterligare mindre gårdar etablerats, vilka stått i beroendeställning till äldre och större boplatser. Detta verkar som en användbar modell för bebyggelseutvecklingen ur ett socialt perspektiv även i andra delar av Östergötland. I Tornbyområdet i Linköping går t ex samma mönster igen (A-L Nielsen 2005). Här har funnits ett stort centralt boplatsområde med två gårdar under århundradena kring Kristi födelse och näst-följande århundraden. Spår av olika specialiserade aktiviteter, liknande den stora gården vid Abbetorp finns. I närliggande områden som undersökts har framkommit spår av mindre gårdar utan spår av specialaktiviteter.

Det har allmänt ansetts att stensträngssystemen i Östergötland har varit i bruk under mellersta järnålder, ca 100–600 e Kr (Lindquist 1968, Widgren 1983, 1997). Stensträngssystemen i östra Östergötland är stora sammanhängande system där "inhägnade ytor för bete, slåtter eller åker klart åtskiljs från större områden med utmark" (Widgren 1997:40). Större undersökningar av stensträngssystem har utförts vid Halleby (Lindquist 1968, Baudou 1973) och Fläret i Skärkinds socken (Widgren 1983). Man har menat att samtidigt med stensträngssystemen har anlagts boplatser som systemen varit knutna till (Lindquist 1968, Widgren 1983, 1997). I Hedvalls diagram, som får anses spegla ett generellt mönster, karaktäriseras dock århundradena närmast efter Kristi födelse av att ytterligt få boplatser tillkommit. Widgren menar att stensträngssystemen framför allt radikalt ändrat förutsättningarna för boskapsskötseln; "inhägnade ängsmarker, betesfållor ... och fägator som möjliggjort en daglig transport av djuren mellan betesmarker och fähus. Slåttern har intensifierats och bedrivs nu på mindre begränsade ytor ... samtidigt som utmarkerna enligt pollendiagrammen förefaller att ha varit hårt utnyttjade till bete. Landskapet låses fast i en struktur som inte längre möjliggör flyttningar av åker och bebyggelse i samma omfattning" (Widgren 1997:56). Widgren har bedömt storleken på hägnadslagen som "större än de historiska byarna, men mindre än de historiska socknarna" (Widgren 1998:292). Han föreslår att stensträngssystemen i första hand representerar en intensifiering för att skapa en överproduktion av boskapsprodukter

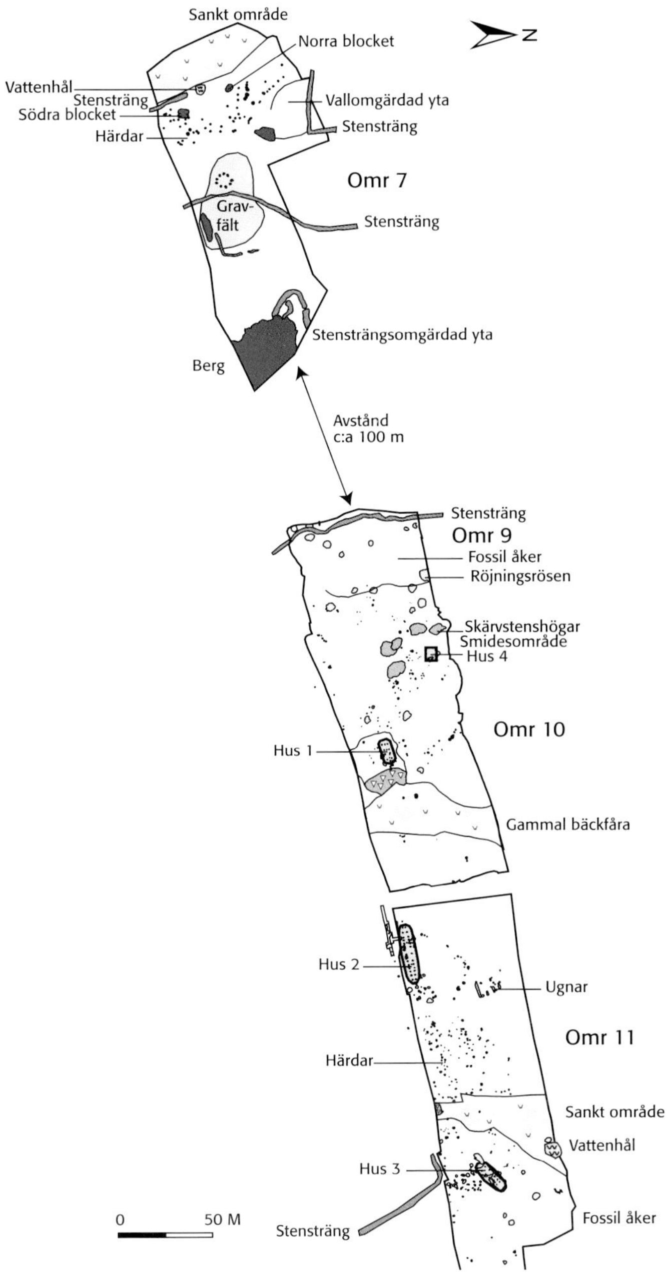

Fig 8. Område 7, 9, 10 och 11. Abbetorpslokalen, Rinna och Väderstads socknar, Östergötland. Skala 1:4000. Grafik Lars Östlin.
Areas 7, 9, 10 and 11. The Abbetorp site, Rinna and Väderstad Parishes, Östergötland.

i vissa områden och i andra hand att det ökade behovet av spannmål för lokalt behov framtvingats av en lokalt stark befolkningstillväxt i ett centralområde (Widgren 1997:56). Det förstnämnda alternativet knyter an till Ulf-Erik Hagbergs idé att läder och hudar varit viktiga exportprodukter, med romarriket som avnämare (Hagberg 1967, Kaliff 1999a, 2001).

Den massiva bebyggelseetableringsfas som Hedvalls diagram visar i övergången mellan yngre bronsålder och äldre järnålder har sin motsvarighet i gravmaterialet. Under denna period tillkommer ett flertal gravfält. Hälften av dessa var i kontinuerligt bruk fram till slutet av äldre järnålder och knappt hälften till vikingatidens slut. De många bebyggelseetableringarna under århundradena före Kristi födelse har också sin motsvarighet bland gravfälten, då många gravfält etablerades under denna period (fig 6–7). Under de två århundradena efter Kristi födelse anlades många gravfält, något som dock ej har sin motsvarighet i nyanlagda boplatser.

I Uppland har Hans Göthberg iakttagit att en tendens till mer stationär placering av bebyggelsen gör sig gällande först från slutet av förromersk och äldre romersk järnålder, då flera hus kan avlösa varandra på i stort sett samma plats (Göthberg 2000:235). Under de senaste årens undersökningar har emellertid flera boplatser med stationär bebyggelse från och med förromersk järnålder framkommit men det är omöjligt att säga hur stor andel av bebyggelsen dessa utgjort (Göthberg muntl). Samtidigt fanns bosättningar med mera rörligt bebyggelsemönster fram till folkvandringstid. Göthberg sätter bosättningarnas ökade tendens till stationär placering från och med slutet av förromersk järnålder i samband med en fastlåsning av åker- och betesmark och en introduktion av permanenta, intensivt odlade åkrar (Göthberg 2000:141ff).

Pollendiagram för Alvastrabygden visar att redan i en tidig del av förromersk järnålder sker en expansion med en röjning av stenigare moränmarker och en ökning av betesarealerna (Göransson 1989:400f). Här finns således en motsvarighet till den expansiva period som Hedvalls diagram visar. Större volymer säd odlas än tidigare, något som kan betyda att odlingen sker på fler platser än tidigare. I slutet av förromersk järnålder ökar granen snabbt, delvis som en följd av röjning och betning på utmarkerna (Göransson 1989:400f). Beskrivningen av landskapets vegetation stämmer väl överens med bebyggelseutvecklingen i så måtto att en slags expansion av bygden verkar ske. Däremot verkar pollenanalyserna inte spegla graden av omvälvning som det arkeologiska materialet indikerar. Under romersk järnålder fortsätter den utveckling (eller förändring) av vegetationen som tagit sin början under förromersk period (Göransson 1989:402).

Hans Browall har, som tidigare nämnts, analyserat bebyggelseutvecklingen under bronsålder ur ett rumsligt perspektiv (Browall 2003:85f). Han menar att skärvstenshögarna och skålgropslokalerna i övergångsbygden mellan skog och slätt öster om Alvastra skall tolkas som spår av en kraftig bebyggelseexpansion under yngre bronsålder. En sammanställning visar emellertid att huvuddelen av skärvstenshögarna i Östergötland tillhör förromersk och romersk järnålder (Gruber & Larsson 2006). De östgötska skålgropslokalerna återfinns framför allt i miljöer där huvuddelen av fornlämningsbeståndet dateras till äldre järnålder. Så fanns t ex en häll med skålgropar i omedelbar anslutning till Abbetorpsboplatsen, som anlagts i början av förromersk järnålder (Petersson 2004a). Det är alltså möjligt att dessa fornlämningar pekar mot att den stora bebyggelseexpansionen ut i den s k övergångsbygden kan ligga framför allt i övergången mellan brons- och järnålder snarare än i övergången mellan äldre och yngre bronsålder. Samtidigt kan en expansion till tidigare mera extensivt utnyttjade trakter inte förklara alla nya boplatser. Förloppet måste också ha inneburit en förtätning av bebyggelsen, något som t ex Tornbyområdet i Linköping visar (A-L Nielsen 2005).

Det är högst sannolikt att en viktig variabel bakom de stora bebyggelsemässiga förändringsperioderna under förhistorien varit sociala förändringar. Det kraftiga förändringsförloppet i övergången yngre bronsålder/förromersk järnålder kan delvis ha sin orsak i att personer som inte tidigare bildat egna hushåll i separata bostäder nu har kunnat göra det. Flera undersökta gårdar som etablerats under perioden har varit stora och hört hemma i de lokala hierarkiernas övre skikt, många gårdar har varit medelstora och hört hemma i det sociala mellanskiktet och har även etablerats små gårdar, sannolikt i beroendeställning till större. Den sociala ordningen verkar alltså redan ha varit fastslagen när de nya boplatserna etablerades. Detta understryks av det stora antalet äldre boplatser som har kontinuitet genom förändringsprocessen.

Den modell för social organisation på ett lokalt plan som förefaller troligast är att det inom ett område funnits en eller ett par större gårdar med flera små, underlydande gårdar som inte nödvändigtvis varit självförsörjande. Detta förhållande kunde beläggas inom Väderstadssystemet (Petersson 2002, 2004a). Det kan också ha funnits mindre (medelstora), relativt självständiga gårdar i ett sådant system, gårdar där antalet underlydande enheter varit få eller helt saknats. Kanske är den gård vid Ullevi utanför Linköping som inte flyttar till bytomten under 500–600-talet, när den stora gården på bytomten etableras, utan stannar på den gamla boplatsen just en sådan gård (Lindeblad & Tagesson 2005a).

Yngre järnålder och medeltid

Övergången mellan äldre och yngre järnålder representerar utifrån ett bebyggelseperspektiv en av de största förändringarna under förhistorisk tid. Under perioden 400–650 e Kr övergavs 59 av äldre järnålderns boplatser. Ser vi istället till anlagda boplatser i fig 4–5 tillkom två under 400-tal, en under 500-tal samt fem vid vikingatidens ingång. Endast sex boplatser fortsatte att existera genom hela förändringsperioden, utan att beröras vad gällt rumslig belägenhet. Detta motsvarar i stort sett den samtidiga utvecklingen i Uppland, mellersta Norrland, Öland, Gotland och södra Skåne (Göthberg 2000:147 och där anförd litteratur). Göthberg påpekar samtidigt de källkritiska problemen som är förbundna med datering av övergivandefaser. Han menar att förändringen kan ha börjat i slutet av romersk järnålder och pågått in i tidig vendeltid (Göthberg 2000:147f).

Övergivandet av äldre järnålderns boplatslägen har sin motsvarighet i gravmaterialet. Ett stort antal gravfält övergavs i perioden ca 400–600 e Kr och fig 6–7 antyder att det är den period när flest gravfält övergivits. Övergivandet av äldre gravfält verkar dock ha tagit sin början redan under 300-talet e Kr, då många gravfält övergivits. I perioden 500-tal till 700-tal har även många nya gravfält anlagts. Det finns endast några få gravfält som har kontinuitet genom förändringsperioden. Dessa har i regel anlagts i början av järnåldern och upphörde först i och med kristendomens inträde. Det finns ett återkommande rumsligt samband mellan de medeltida bytomterna och gravfält av yngre järnålderskaraktär.

I Östergötland menar man att pollendiagrammen visar otvetydiga tecken på en nedgång av betestrycket under 400–600-talen (Pedersen & Widgren 1998:309ff). Många forskare har tolkat in en nedgång i odlingsintensiteten under folkvandringstid i pollendiagrammen (Göransson 1989:402 och där angiven litteratur) och folkvandringstiden har tolkats som en krisperiod med förklaringar som krig, pest och klimatförsämringar (Pedersen & Widgren 1998:313 och där angiven litteratur, Göransson 1989:402). Snarare än en generell nedgång för åkerbruk och djurhållning i landet i stort, menar Pedersen och Widgren (1998) att det handlar det om en ojämn regional utveckling.

Undersökningar av medeltida bytomter indikerar att bebyggelsen påbörjat flytten från äldre järnålderns lägen till lägen på eller intill bytomterna under århundradena kring 500 e Kr (T Carlsson m fl 2001, Lindeblad & Nielsen 1997, Lindgren-Hertz 1997, A-L Nielsen 2005). Man har antagit att flytten av gårdarna inneburit att den tidigare utspridda bebyggelsen koncentrerats till bytomterna. I Östergötland har endast få bytomter undersökts, något som i så fall kan förklara varför så få av yngre järnålderns boplatser är kända. I Uppland verkar omfattande omstruktureringar ha skett i vissa områden, med början i folkvandringstid, och bebyggelsen har koncentrerats till en plats från tidigare mycket utspridda lägen. Flyttningen kan, menar Göthberg, ha varit ett led i etablering, utökning eller omstrukturering av storgårdar (Göthberg 2000:231ff). Widgren har testat hypotesen om omstruktureringarna av bebyggelsen var en följd av tvåsädets införande men konstaterade att så ej var fallet (Widgren 1983:124). Inte heller hypotesen om utsugning av äldre järnålderns åkerjordar verkar vara en bra förklaring till varför bebyggelsen flyttade (Widgren 1997:50). Samtidigt måste påpekas att ett mindre antal bytomter har sitt ursprung i tidigare perioder – alla boplatser har med andra ord inte flyttat.

Bebyggelseförändringen antas av vissa forskare hänga samman med en ökad stratifiering av samhället. Widgren vill se äldre järnålderns hägnadslag (i Östergötland) som lokala gods som under yngre järnålder fortsättningsvis brukas som huvudgårdar i ett godssystem. En annan tolkning är att den godsliknande strukturen från äldre järnålder bryts ner och de enskilda normalgårdarna framträder som egna produktionsenheter, vilka inordnats i andra maktstrukturer där kopplingen till produktionens organisering inte är lika tydlig (Widgren 1998:294). Anders Kaliff har tolkat förändringen som ett tecken på en begynnande centralmakt med påverkan av importerat idégods, som genomför en planerad omstrukturering av det östgötska landskapet (Kaliff 1999a:143).

Vid vikingatidens början anlades enligt Hedvalls diagram fem nya boplatser med kort varaktighet, de verkar ha existerat endast under vikingatiden (fig 4–5). Några av de åsyftade undersökningarna gjordes i omedelbar anslutning till medeltida bytomter. I flera fall har senare undersökningar visat att bebyggelsen i själva verket endast flyttat marginellt till lägen inom själva bytomterna, kring år 1000. Samtidigt ändrades vegetationen och en kraftig expansion av en skedde i västra Östergötland samt en minskning av ek (Göransson 1989:404f). Enen är karaktäristisk för betesmarker och ”magra eller dåligt hävdade slåtterängar av hårdvallstyp”. Ökningen tolkade Göransson som att dessa båda typer av marker, och särskilt betesmarkerna, ökat i areal. Han poängterade boskapsskötseln i sin tolkning av vikingatid och menade att boskapshjordarna vid denna tid varit stora (Göransson 1989:405).

Ytterligare en större bebyggelseförändring är synlig i det arkeologiska materialet – enligt fig 4 och 5 övergavs 13 boplatser vid övergången vikingatid/tidig medeltid. Under tidigmedeltid förefaller det som en reglering skett inom redan existerade byar. Ett sådant förlopp har iakttagits vid Ullevi utanför Linköping, där det tidsfästes till perioden 1000–1100-tal (Carlsson m fl 2001, A-L Nielsen 2005). Kanske har regleringen varit kopplad till en omarrondering av marken och upptagandet av större åkerarealer, möjligen i samband med en övergång till tvåsäde. Ann-Lili Nielsen menar att det sannolikt rör sig om den tomtreglering som nämns i Östgötalagen från 1200-talet ”huru by skall ligga i laga läge” (A-L Nielsen 2005). Vid Borg utanför Norrköping skedde en motsvarande reglering på 1000-talet (Lindeblad & Nielsen 1997:60).

I medeltidens början har enligt pollendiagrammen skett en ytterligare ökning av sädesodlingen och skogsmarksbränderna ökade starkt (Göransson 1989:405). För Alvastrabygden menar Göransson att man högst sannolikt nu svedjat områden på stenigare moränmarker söder om slätten. Detta avspeglas även i det arkeologiska materialet. Vid undersökningar av fossila odlingsytor i övergångsbygden mellan slätt och skog i västra Östergötland har det visat sig att ett extensivt markanvändningssystem med odling omväxlat med långvarigt bruk som betesmark tar sin början just vid denna tid på många platser (Petersson 2001a, 2004a). Ytor har svedjats och sannolikt odlats under någon säsong eller två. Detta har fått till följd att betet förbättrats under en följd av år. Så småningom har man åter svedjat och odlat på samma platser. Särskilt frekvent har dessa tillfällighetsodlingar varit under perioden från sent 1400-tal till mitten av 1600-talet (Ericsson 2004, Petersson 2001a, 2004a, Ulfhielm 1998).

SAMMANFATTNING

Min sammanställning av olika typer av källmaterial som alla berättar om bebyggelseutveckling och landskapsutnyttjande uttrycker stor samstämmighet när det gäller att peka mot förändringsperioder. I materialet urskiljs följande förändringsskeden:

- Perioden senneolitikum – tidig bronsålder när landskapsutnyttjandet ändrades med markant ökat svedjebrännande samtidigt som endast få nya boplatser tillkommit.

- Övergången mellan äldre och yngre bronsålder när antalet boplatser ökade och processen med ett öppnande av landskapet accelererade markant, samtidigt som betestrycket ökade. Även nya gravfält anlades.

- Övergången mellan yngre bronsålder och förromersk järnålder, ca 600–500 f Kr, som representerar en av de största förändringarna av bebyggelsemönstret i och med att en stor mängd nya boplatser anlades. Under samma period anlades också ett stort antal nya gravfält. Pollenanalyserna visar att betesmarkerna ökat i omfång, odlingens omfattning ökat och man tagit i bruk moränmarkerna söder om Östgötaslätten. Den bild pollenanalyserna ger motsvarar på intet sätt den omfattande förändring de arkeologiska kälorna indikerar. Kanske är det boplatsernas läge och antal, inte markanvändningen som framför allt ändrats.

- Perioden 200-tal f Kr till Kr f är återigen en expansionsperiod med många nyanlagda boplatser. Under samma period anlades också många nya gravfält.

- Perioden ca 100–200-tal e Kr är den period flera forskare räknar som den huvudsakliga anläggningsperioden för stensträngssystemen och de boplatser som var förbundna med dessa. I Hedvalls sammanställning finns dock inga nytillkomna boplatser under denna period. Ett mindre antal gravfält har emellertid tillkommit.

- Perioden 400–600 e Kr när många av den äldre järnålderns boplatser övergavs och nya etablerades, sannolikt på samma platser där de medeltida bytomterna återfinns. Samtidig finns flera exempel på att boplatser ej flyttat utan behållit äldre järnålderns lokalisering även under yngre järnålder och medeltid. Detta är också en period när en mängd gravfält övergivits. Omstruktureringen kombineras med en nedgång i odlingsindikationerna i pollendiagrammen samt ökning av betesarealerna. Återigen avspeglar inte pollenanalyserna förändringens omfattning, så som den framträder i det arkeologiska materialet. Kanske är det återigen så att förändringen mer omfattat bebyggelsen än landskapets utnyttjande.

- Övergången mellan vikingatid och tidig medeltid när ett ganska stort antal boplatser övergavs, varav många anlagts vid vikingatidens ingång. Samtidigt har skett en reglering av befintlig bybebyggelse inom bytomterna. Ett stort antal gravfält övergavs under denna period, ett förlopp som dock tagit sin början redan under 800- och 900-talet. Perioden karaktäriseras av en markant ökning av sädesodling och skogsbränder, tolkat som tecken på nyodling och svedjning.

KAPITEL 4

DJURBEN FRÅN BOPLATSER

Detta arbete behandlar djurhållning i förhistorisk tid. Jag har valt att börja med att undersöka vilka djur denna djurhållning omfattat, om tamdjursstockens sammansättning varierat mellan olika platser och under olika perioder samt vad det i så fall kan bero på.

Ben från tamdjuren nöt, får/get, gris och häst förekommer på alla de lokaler analysen i detta kapitel omfattar, varför dessa arter fått stå i fokus. I analysen används två i stort sett oberoende variabler. Den ena är osteologiskt analyserade djurbensmaterial från olika typer av östgötska lokaler. Inledningsvis diskuteras frågor som direkt påverkar det osteologiska materialet med tyngdpunkt på kulturella faktorer. Möjligheten finns att dessa lämnat arkeologiska spår. Den andra variabeln är själva den arkeologiska tolkningen av de lokaler från vilka de osteologiska materialen härrör, alltså lokaltyp. Dessa är ordinär boplats, högstatusboplats, hantverksplats och rituell plats (dock ej gravar eller gravfält). I slutet av kapitlet finns en sammanställning där tolkningen av samtliga platser som ingår i undersökningen diskuteras. En tredje aspekt i min undersökning är kronologisk där jag dels anlagt ett långtidsperspektiv, dels delat upp materialet efter kronologiska perioder.

Slutsatsen blir att de faktorer som starkast påverkat djurbenens sammansättning för det första är typen av lokal, oavsett datering. Särskilt tydlig är den höga andelen nöt och häst på högstatusboplatserna. För det andra har de naturliga förutsättningarna starkt påverkat artsammansättningen, något som framgår av en jämförelse mellan västra och mellersta Östergötland. Den kronologiska variabeln kan användas för att spåra utdragna förlopp som ej har sin grund i enskilda lokaler utan återspeglar generella trender. Endast ett sådant allmänt omvittnat förlopp kunde beläggas, nämligen den vikingatida/tidigmedeltida ökningen av andelen svin.

DET OSTEOLOGISKA MATERIALET

Ett djurbensmaterial från en boplatsundersökning har potential att belysa en rad olika frågor. Om man så vill kan de delas in i två forskningsfält, ett osteologiskt och ett arkeologiskt. Det förstnämnda handlar om spörsmål av zoologisk natur, det senare om arkeologiska frågeställningar av varierande art där djurbenen är en viktig pusselbit. Min utgångspunkt är att djurbenen i hög grad är ett uttryck för kulturella variabler och att det är ett material som måste ges en arkeologisk tolkning och integreras bland övriga tolkningar, inte enbart förvisas till en bilaga (jfr Solli 1989).

Det osteologiska materialets representativitet

Det finns emellertid viktiga källkritiska aspekter förbundna med det osteologiska materialets representativitet. Principerna är desamma som för allt arkeologiskt fyndmaterial men frågan om representativitet blir mera påtaglig i samband med det osteologiska materialet eftersom det är så uppenbart att endast en bråkdel av ursprunglig mängd finns kvar idag (jfr Schiffer 1987).

Berit Sigvallius har beskrivit ett benmaterials öde från levande fauna till osteologiskt fyndmaterial i sex steg ("svinnstegen") (Sigvallius 1996a).

1. Den levande faunan
Alla djur som lever på platsen.

2. Den döda faunan
Alla djur som dör på platsen; självdöda vilda djur, jaktbyten och husdjur.

3. Den deponerade faunan
Alla hela, eller delar av, kadaver som blir kvar på platsen.

4. Den fossila faunan
Alla djurdelar som finns kvar fram till den arkeologiska undersökningen.

5. Den insamlade faunan
Alla ben som blir tillvaratagna vid den arkeologiska undersökningen.

6. Den identifierade faunan
Alla ben som kan identifieras.

Maria Vretemark har på ett tydligt sätt sammanfattat de mera betydande sorteringsfaktorerna på vägen mellan boskap, ben och identifierade fragment, med betoning på kulturella faktorer (Vretemark 1997:30 och där anförd litteratur), något som utgör ett bra komplement till Sigvallius svinnstege.

1. Slakten och den primära styckningen.
2. Sekundär styckning.
3. Konservering, tillagning, olika former av förädling.
4. Konsumtion.
5. Avfallshantering.
6. Exponering för trampning, gnagare, väder och vind.
7. Nedbrytningsprocesser i jorden.
8. Utgrävningsmetodik.
9. Analysens tekniska nivå.

Djurbenens deposition – kulturella faktorer

Vid undersökningar i det vikingatida Hamwih, våra dagars Southampton, utfördes osteologisk analys av 50 000 benfragment. Man drog slutsatsen att detta endast utgjorde 1% av det ursprungliga antalet ben som funnits på platsen (Wigh 2001:45 och där anförd litteratur). Benmaterialet från Birka har liknats vid Hamwih i bevarandegrad. I jämförelse med yngre järnålder är oftast benmaterial från äldre järnålderns boplatser mycket dåligt bevarade och utgör förmodligen endast en bråkdel av yngre järnålderns antagna 1%.

Ben från olika djurarter bryts ned med olika hastighet och olika mycket beroende på benens hårdhet och storlek. Ben från skilda delar av ett djur och från djur av olika åldrar bryts också ned olika snabbt av samma anledningar. De kulturella faktorerna, det mänskliga handlandet, kommer att ytterligare medverka till att djurbensmaterialet inte kommer att vara representativt för de djur som en gång levde på platsen, eller det kött som en gång åts där. Huvuddelen av alla ben som hittas på boplatser torde vara slaktavfall och rester av måltider. En mindre del kan också vara spår av rituella depositioner (Stålbom 1998b).

Slakt och styckning

Var djuren har slaktats och styckats kommer att inverka på sammansättningen och spridningen av djurbensmaterialet på en undersökt boplats. På självförsörjande boplatser är det vanligt att djuren har slaktats, styckats och ätits och ben från alla kroppsdelar kommer då att ursprungligen ha deponerats. Djur kan också ha slaktats och styckats på en boplats för konsumtion annorstädes. Vanligast är att de köttrika delarna blivit föremål för avsalu och dessa kommer att vara överrepresenterade på konsumtionsplatsen. På lokaler där djuren fötts upp och slaktats kommer det i stället att finnas en överrepresentation av köttfattiga extremiteter och huvuden (Vretemark 1997:31).

Det första fallet är typiskt för boplatser med självhushåll. Alla kroppsdelar av ett djur kommer att vara representerade på sådana boplatser. Kaliff har påpekat att slakt är ett av de områden där ritual och funktion sammansmälter och att slakt

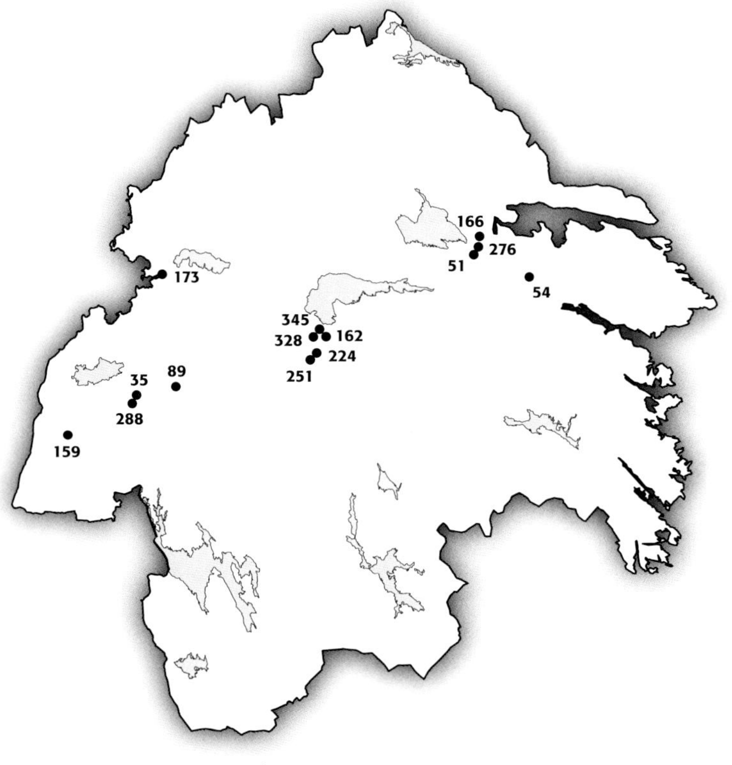

Fig 9. De lokaler som ingår i undersökningen är markerade med respektive nummer i Fornminnesregistret, se vidare fig 10. Grafik Lars Östlin. *The sites included in the investigation. The numbers are ancient monument registration numbers (RAÄ), see further fig. 10.*

i många traditionella samhällen sker med utgångspunkt i mer eller mindre fastställda regler enligt mönster som har sin grund i religiösa och/eller magiska föreställningar (Kaliff 1999b:76). Om man av tradition utfört slakt inom vissa ytor på en boplats, skulle detta kunna vara avläsbart i ett arkeologiskt material genom en överrepresentation av perifera, köttfattiga delar av djur som ben och huvuden (Vretemark 1997:31, Pedersen & Widgren 1998:371f).

Matlagning

Det arkeologiska materialet från undersökta boplatser i södra och mellersta Sverige tyder på att det på ett generellt plan funnits påtagliga skillnader i hur maten tillagades under yngre bronsålder, äldre järnålder och yngre järnålder.

Större kokgropar verkar främst höra till bronsåldern även om de också förekommer under äldre järnålder (Aspeborg 1997:16, Björhem & Säfvestad 1993:154). Under äldre järnålder förkom generellt fler härdar på boplatser än i både tidigare och senare perioder (Aspeborg 1997:15, L Carlie 1999:73). Huvuddelen av dessa förefaller ha varit nedgrävda (Petersson 2004d). På yngre järnålderns boplatser saknas på det hela taget nedgrävda härdar och det verkar som att matlagningen till största delen har flyttat inomhus, där stora uppbyggda centralhärdar, s k eldpallar, funnits. Man har i allt större omfattning använt grytor och kittlar av järn samt stekpannor och stekspett (Pedersen & Widgren 1998:392).

Den stora skillnaden mellan kokgropar och nedgrävda härdar är att man i de förstnämnda värmer upp stenarna i en separat härd medan man i de senare värmer upp stenarna i samma grop som matlagningen sker. För övrigt verkar matlagningen i de två anläggningstyperna ha varit tämligen likartad. Maten verkar oftast ha tillretts på en bädd av heta stenar, eller kringpackad med heta stenar. Möjligen har det i och med de nedgrävda härdarna blivit vanligare att koka mat i kokkärl eftersom elden här kan underhållas (i motsats till kokgroparna). Det förekommer härdar som har en plan sten i botten, lämplig som underlag för ett kokkärl. Matlagning i kokkärl bör ha inneburit att köttet varit mera finstyckat för att få plats i kokkärlen. Den stora förändringen vad gäller matlagning verkar ha skett under yngre järnålder och möjligheten finns att benmaterialet från denna period skiljer sig åt från äldre material.

Måltiden

Själva måltiden kan också påverka djurbensmaterialet, dels dess spridning på en boplats men också dess bevarandegrad. Var måltiden intogs, ute eller inne, vilka som åt tillsammans och hur man ätit är sådant som kan ha påverkat vad som blivit kvar och slutligen blivit till arkeologiska lämningar. Det finns få mänskliga aktiviteter som omges av så många tabun, regler och sedvänjor som måltiden och maten.

Avfallet

En viktig faktor som påverkat benmaterialets bevarande är hur människorna hanterat matresterna efter att maten ätits upp. Om benen blivit liggande på markytan har hundar och gnagare haft fri tillgång till dem. Nedbrytningsprocesser orsakade av mikroorganismer i förening med syre verkar när benen ligger på markytan och mycket lite blir kvar. Om benen legat övertäckta utan syretillförsel kommer de överlag att vara bättre bevarade.

Arkeologiska undersökningar visar att djurben och annat avfall hanterats i enlighet med viss praxis som växlat under förhistorien. Gropar på boplatser i Sydskandinavien ökar markant i frekvens under yngre bronsålder för att minska igen under förromersk järnålder (Björhem & Säfvestad 1993:116). Under bronsåldern har boplatserna städats noggrant och seden har varit att slänga djurben och annat avfall i gropar på boplatsen, något som förklarar varför det ofta finns stora, välbevarade benmaterial från bronsåldersboplatser. Ibland verkar det som avfallet varit sorterat och att praxis eller rituella hänsyn styrt var de skilda typerna av avfall kommit att slutligen deponeras samt hur och var de deponerats (Kaliff 1999b, Stålbom 1998b).

Under äldre järnåldern har boplatserna också städats noggrant men sedvänjan att slutdeponera avfallet i stora gropar har upphört. De benmaterial som finns bevarade är oftast små och består av starkt fragmenterade och brända ben. De arkeologiska undersökningarna visar inte tydligt vart benen tagit vägen. En tänkbar förklaring är att benen använts som bränsle (Bergvall m fl 1986). De ger hög och långvarig värme och bränns till stoft i stor utsträckning. Detta skulle också kunna förklara varför så stor andel av benen från äldre järnålderns boplatser är brända. Vanlig matlagning bör inte ge brända ben i någon större utsträckning eftersom benen då skyddas av det kringliggande köttet. Att elda med ben eller att elda upp ben, kan också vara ett led i en medveten renhållningsstrategi. Ett medeltida exempel på detta förfarande finns från Saxholmens borg, belägen på en liten ö i norra Vänern, där det fanns spår av brända ben inom ett litet område (Sigvallius muntl). En annan möjlighet är att de renhållningsstrategier som tillämpats under äldre järnåldern inneburit att benen kommit att bli liggande på markytan, något som sannolikt medfört att de bevarats i liten utsträckning. Ulf Stålbom (1998b) menade att avfallet under förromersk och romersk järnålder ofta lagts ovan jord i horisontellt sammanhängande lager. Ytterligare en förklaring till att så lite ben hittas på äldre järnålderns boplatser kan vara att ben – brända och obrända – förts ut på åkrarna som gödningsmedel, antagligen tillsammans med övrigt boplatsavfall. Det har regelbundet observerats att fossila åkerjordshorisonter från bl a äldre järnålder innehållit boplatsavfall, och att en del av detta varit ben. Hur konsekvent man tillvaratagit boplatsavfallet för gödsling är omöjligt att bedöma. Jag håller det emellertid för mycket troligt att detta varit en av huvudanledningarna till avsaknaden av djurben på äldre järnålderns arkeologiskt undersökta boplatser.

Sammanfattningsvis kan konstateras att var benen på forntida boplatser slutgiltigt kommit att bli liggande beror på en hel kedja orsaker; hur djuren styckats, det sätt på vilket matlagningen skett, uppfattningar kring måltidens utformning, sedvänjor rörande avfallshantering inklusive uppfattningar om rent och orent, synen på strövande djur på boplatsen, för att nämna några.

Den arkeologiska undersökningens inverkan på benmaterialet

Den strategi som väljs vid en arkeologisk undersökning kommer att i hög grad påverka det osteologiska materialets sammansättning och potential och är således ett utmärkt exempel på hur arkeologen skapar sitt eget källmaterial (se kap 2). Ibland, men långt ifrån alltid, formuleras särskilda strategier för det osteologiska materialet. Om benmaterialet och frågor som man anser kan belysas med hjälp av detta är prioriterade, kommer såväl det insamlade materialet som dokumentationen kring detta att se annorlunda ut (och vara mera fullödigt) än om detta inte alls är prioriterat. Metodvalet för insamlingen är också mycket viktigt och styrs i hög grad av föregående punkt. I ena änden av skalan tillvaratas alla ben vid en undersökning och alla jordmassor vattensållas i finmaskiga nät. Även små ben kommer att insamlas, vilket innebär att djur som fisk, fågel och gnagare kommer att bli representerade. Ofta väljs en, som man hoppas representativ, del av undersökningsytan ut för vattensållning. Vid förhistoriska boplatsundersökningar (förutom stenålder) har det inte varit vanligt att jordmassorna vattensållats i syfte att hitta djurben. Istället används ofta hackbord där jordmassorna öses upp och genomsöks. Min genomgång av analyserade östgötska benmaterial från boplatser visade att flera benmaterial är så små att de inte är representativa, något som allvarligt minskar deras källvärde eftersom de då endast duger till att konstatera förekomst av vissa djurarter men inte med säkerhet fragmentandelarna. Vid undersökningar där man bestämt sig för att samla in ben borde man försöka anpassa arbetsmetoderna så att materialen blir så stora att de blir representativa i någon mening och bättre kan användas för jämförelser. En annan aspekt som kan påverka benmaterialet är de enheter i vilka materialet insamlas. Ibland kan man se att enheterna är så stora att de inte är relevanta och ibland så små att materialet blir oöverskådligt.

Osteologiska jämförelsemetoder

Osteologisk analys omfattar artbestämning inklusive bestämning av anatomiskt element. Man brukar också göra ålders- och könsbestämning. Med hjälp av ålders- och könsprofiler för de olika arterna, finns möjlighet att bestämma husdjurstockens sammansättning och därav djurhållningens inriktning på en detaljnivå som inte är möjlig med enbart artbestämning av benfragmenten. Skilda strategier för djurhållning kan ge skild köns- och åldersfördelning bland djuren, även om proportionerna mellan arterna är desamma. Djurhållningen kan antingen vara inriktad mot köttproduktion eller mot sekundära produkter (eng *secondary products*), som man får av djuren utan att döda dem; mjölk, ull, hår, dragkraft och liknande (Sherratt 1981). Ofta har man försökt att samtidigt maximera kött och sekundära produkter.

För att kunna dra slutsatser som bygger på artsammansättningen hos ett djurbensmaterial är kvantifiering av artmängd och anatomisk mening nödvändig (Vretemark 1997:32). Det finns en mängd metoder för jämförelser. De två vanligaste jämförelsemetoderna är MNI eller MIND (Minimum Number of Individuals) och NISP eller fragmentmetoden (Number of Identified Specimens Per taxon). Jag har därför valt att mera ingående beskriva dessa två metoder. Ibland används också totala vikten per art (Wigh 2001:44, Vretemark 1997:33).

En fördel med NISP-metoden är att den är enkel eftersom den endast kräver att antalet fragment från varje art räknas. Detta kan sedan uttryckas i procent av totala antalet fragment. På så sätt beskrivs de relativa proportionerna av olika arter inom den undersökta lokalen. Metoden har emellertid flera nackdelar och fastän den registrerar ett benmaterials sammansättning är det osannolikt att metoden kan ge en tillförlitlig indikation på de relativa proportionerna mellan de olika arterna eller deras slaktvikt (Hambledon 1999:34, Pedersen & Widgren 1998:365). Man menar att såväl naturliga orsaker som kulturella sedvänjor gör att materialet snedvrids (Hambledon 1999:34, Vretemark 1997:33), men oavsett detta illustrerar metoden trender i djurbensmaterialet "som går att förklara på olika sätt" (Vretemark 1997:35). Inom svensk arkeologi används för boplatsmaterial nästan uteslutande fragmentmetoden. De underlagsmaterial jag har arbetat med redovisar också alltid dessa uppgifter, varför jag valt att använda dessa värden i min analys av östgötska material.

MNI är minsta antal individer som kan ha givit upphov till de element som är representerade i materialet. Ett element är en fördefinierad anatomisk enhet som kan vara ett helt ben eller en hel tand eller del av ett ben eller en tand. Till skillnad från NISP räknas ej alla identifierade exemplar utan endast de som representerar ett icke upprepningsbart element, dvs endast de fragment som omöjligtvis kan ha kommit från samma ben. Vid beräkning tar man hänsyn till att kroppen har två sidor och dividerar i förekommande fall med två (Hambledon 1999:34). Metoden är komplex och olika beräkningssätt existerar men allt tyder på att detta har liten effekt på jämförbarheten mellan olika lokaler. MNI har, enligt Hambledon, några fördelar jämfört med NISP vad gäller komparativa studier; den hindrar överrepresentation av arter med många ben i skelettet. Metoden reducerar också problemet med skild fragmenteringsgrad för olika arter och vid olika lokaler, men innebär ändå att resultaten blir snedvridna (Hambledon 1999:35, Vretemark 1997).

ÖSTGÖTSKA LOKALER MED DJURBENSMATERIAL

För att hitta boplatsundersökningar i Östergötland där osteologiska analyser förtagits, har jag gått igenom arkivet vid Östergötlands länsmuseum samt det rapportarkiv som finns på RAÄ, UV Öst i Linköping fram till och med år 2004. Jag har också gått igenom Arkeologi i Sverige för åren 1968–1990 (utgiven av RAÄ), där de skilda årens undersökningar kort refererats. Endast undersökningar med osteologiska material som bedömts som stora nog för att vara någorlunda representativa, har inkluderats. I urvalet har medtagits boplatser som bedömts ha agrart präglad ekonomi, dvs gårdar eller byar. Den tidsperiod undersökningen omfattar är yngre bronsålder till och med äldre medeltid (fig 9–10). Medeltida stadsmaterial har alltså exkluderats, eftersom deras vittnesbörd om djurhållning på landsbygden är indirekt och svårbedömd. Material som omfattar alltför långa tidsperioder och där kortare perioder ej kunnat isoleras har också uteslutits, t ex en undersökning i kvarteret Glasrutan i Linköping som omfattade perioden ca 2500 f Kr–ca 600 e Kr (Karlenby 1996). Genomgången visade att det finns flera större undersökningar där benmaterial framkommit men där inga osteologiska analyser företagits. Vidare finns flera större undersökningar där inget, eller mycket lite, benmaterial framkommit. Den tabell jag till sist kunnat sammanställa omfattar 17 osteologiska material från 14 lokaler omfattande perioden yngre bronsålder till tidig medeltid.

Socken	RAÄ nr	Lokal	Datering	Referens, arkeologisk undersökningsrapport	Referens, osteologisk rapport
Borg	276	Borgs säteri	700-tal–ca 1550 e Kr	Lindeblad & Nielsen 1997	Jonsson 1997
Borg	51	Herrebro	600–1000 e Kr	Lindeblad & Nielsen 1993	Evanni 1989, Hedelin 1990
Högby	89	Hulje	Äldre romersk järnålder	T Carlsson m fl 1997	Sigvallius 1996b
Linköping	328	Kv Glasrutan NV	200 f Kr–400 e Kr	Hörfors & Persson 1995	Wigh 2004b
Linköping	345	Stora Ullevi bytomt	Vikingatid–högmedeltid	Lindeblad & Tagesson 2005b	Wigh 2000, 2004a
Linköping	162	Kv Glaskulan	Romersk järnålder, folkvandringstid	A-L Nielsen 1999	Menander 1999
Motala	173	Strandvägen 1	Ca 670–1300 e Kr	T Carlsson 2004a	Sigvallius 2001
Rinna, Väderstad	288 m fl	Abbetorp	Förromersk järnålder–folkvandringstid	Petersson 2004a	Sigvallius 2000
Slaka	224	Mjärdevi	Romersk järnålder, folkvandringstid (tyngdpunkt)	Elfstrand 2005a, Elfstrand & Hennius 2006	Wigh 2002
Slaka	251	Lambohov	Förromersk järnålder (äldre och mellersta)	M Larsson 1993a	F Johansson 1993
Stora Åby	159	Järnstad	100 f Kr–550 e Kr	Schönbeck muntl, 2001	Sigvallius 1998
Tingstad	54	Gullborg	300–500 e Kr	Nordén 1938	Hedelin 1987
Väderstad	35	Vistad	1000–400 f Kr	T B Larsson 1993	T B Larsson 1993
Östra Eneby	166, 167	Pryssgården	Yngre bronsålder	Borna-Ahlkvist m fl 1998	Jonsson 1996

Fig 10. De lokaler som ingår i undersökningen. *The sites included in the investigation.*

Lokalernas tolkning

I detta avsnitt diskuteras kort de kriterier som legat till grund för klassificeringen av de lokaler som ingått i min undersökning. För en mera utförlig diskussion av tolkningen lokal för lokal hänvisas till beskrivningen i slutet av detta kapitel. Här återfinns också utförliga källhänvisningar. Tolkningarna utgår från fornlämningarnas karaktär och fornsaksmaterialet men är också influerade av senare års forskning. De typer av lokaler jag identifierat är:

- Högstatusboplatser.
- Ordinära boplatser.
- Hantverksplatser.
- Rituella platser.

Tidigare presenterade analyser av social tillhörighet har ofta byggt på gravmaterial och status har följaktligen knutits till enskilda individer eller grupper av individer på gravfält. Lotte Hedeagers inflytelserika modell bygger t ex på kombinationsanalyser av gravgods (Hedeager 1989). Mats Widgren (1998) har presenterat en modell för nivåindelning av äldre järnålderns boplatser, vilken bygger på gårdstunets storlek och utformning, byggnadernas karaktär, det uppskattade antalet stallade djur i långhusens fähusdel samt enstaka praktfynd. Charlotte Fabech och Jytte Ringtved (1995) har publicerat en ofta citerad modell för nivåindelning av boplatser från yngre järnålder som ibland även applicerats på äldre järnålder. Denna bygger nästan uteslutande på fornsaksmaterialet och mycket av det hänför sig till gravarna, inte boplatserna. Per Ethelberg har presenterat modeller för social organisation under äldre och yngre romersk järnålder som förutom gravmaterialet i hög grad bygger på bebyggelsens utformning och fornlämningsbilden (Ethelberg 2003:274ff).

Fornsaksmaterialet som tillvaratagits på de östgötska boplatserna från särskilt äldre järnålder förefaller oftast vara tämligen ensartat och de vanligaste fyndkategorierna verkar vara ben, bränd lera och keramik. Fynd av speciell karaktär, liknande de som använts i andra undersökningar som indikationer på hög status, förekommer sällan i dessa kontexter. Det finns påtagliga svårigheter att knyta specifika gravar till boplatserna. Få djupare analyser har utförts av de fyndmaterial från boplatser som trots allt finns (se dock Stålbom 1998a). Det har heller inte funnits möjlighet att utföra sådana analyser inom ramen för denna avhandling.

Mina analyser av skilda material i samband med detta arbete pekar emellertid mot att status i hög grad uttrycks genom en boplats utformning. Jag har tagit fasta på variabler som bebyggelsens utformning och varaktighet samt fynd av massmaterialkaraktär. En viktig skillnad är att högstatusboplatserna har en mer komplex utformning av gårdstunet, där skilda aktiviteter har sina tydligt åsatta områden. De ordinära boplatserna saknar spår av specialiserade aktiviteter och själva gårdstunet är betydligt mindre.

Med *högstatusboplats* avses här en boplats som tillhört det övre skiktet i en lokal boplatshierarki. Jag vill återigen betona att analyserna i detta arbete begränsas till den lokala nivån. Högstatusboplatsernas eventuella roll på en regional nivå tar jag inte ställning till, inte heller deras eventuella inbördes rangordning. I mitt material finns sex högstatuslokaler, område 10 vid Abbetorp i Rinna och Väderstads socknar (Petersson 2004a), kvarteret Glasrutan NV i Linköping (Hörfors & Persson 1995), Järnstad i Stora Åby socken (Schönbeck muntl), kvarteret Glaskulan i Linköping (A-L Nielsen 1999) samt den tidigmedeltida fasen vid Borgs säteri i Borgs socken (Lindeblad & Nielsen 1997). Högstatusboplatser kännetecknas av:

- Lång platskontinuitet, ofta från slutet av yngre bronsålder till början av yngre järnålder.
- Stort gårdstun.
- Flera hus på tunet.
- Stort bostadshus (långt).
- Halliknande rum i bostadshuset (ibland).
- Funktionsuppdelat gårdstun, där det ofta funnits:
  - stort härdområde för vardagsmatlagning, där en stor andel av härdarna innehåller cerealier som är spår av sädesrostning
  - område för specialiserat hantverk med härdar, ofta med spår av järnhantering och sannolikt ölbryggning, ibland med en enklare byggnad kopplad till hantverket
  - ibland också område för specialiserad matberedning, ofta med ugnar och specialiserade anläggningar, sannolikt för förråds- och festmatlagning.
- Rituellt område, ofta innehållande en skålgropslokal, med härdar och spår av offer. Ofta finns också spår av järnframställning eller -bearbetning och ibland kulthus. Gravar i traditionell mening ingår normalt inte i dessa områden.
- Makrofossilmaterialet innehåller en stor andel vete (i förhållande till korn) bland cerealierna.

Med *ordinär boplats* avses en boplats med agrar inriktning och en social position som inte tillhör det övre skiktet i en lokal boplatshierarki. Arkeologiskt sett har vi en dålig bild av hur boplatser/gårdar på botten av hierarkien ser ut och vad som skiljer dem från en boplats mitt i hierarkien. Vi känner inte till självständiga uttryck för låg status i den förhistoriska materiella kulturen. Man har istället sett det som avsaknad av högstatusuttryck i det arkeologiska materialet (Fabech & Ringtved 1995:14). I praktiken betyder det att alla boplatser som inte tillhör toppskiktet har samlats i denna grupp eftersom det inte är möjligt att särskilja bland olika nivåer på ett tillförlitligt vis. I mitt material finns fem ordinära boplatser, Pryssgården i Östra Eneby socken (Borna-Ahlkvist m fl 1998), Lambohov (RAÄ 251) i Slaka socken (M Larsson 1993a), område 11 vid Abbetorp i Rinna och Väderstads socknar (Petersson 2004a), Hulje i Högby socken (T Carlsson m fl 1997) samt Mjärdevi i Slaka socken (Elfstrand 2005a, Elfstrand & Hennius 2006). Ordinära boplatser karaktäriseras av:

- Att kort platskontinuitet kan förekomma.
- Små gårdstun (i förhållande till högstatusboplatser), vilka saknar spår av de specialiserade aktiviteter som karaktäriserar högstatusboplatserna, som specialiserat hantverk och matberedning.
- Ett hus på tunet.
- Huset är förhållandevis litet (kort).
- Härdar och kokgropar ligger ofta samlade i kanterna av husets gårdsplan eller utanför ett ca 10 m brett anläggningsfritt område utanför husets södra långsida.
- Korn utgör den största delen bland cerealierna i makrofossilmaterialet.

Med *hantverksplats* avses en plats med spår av specialiserat hantverk. Sannolikt har de platser som här avses periodvis fungerat som marknadsplatser. I materialet finns två sådana lokaler, Herrebro i Borgs socken (Lindeblad & Nielsen 1993) och Strandvägen 1 i Motala (T Carlsson 2004a). Vid Herrebro framkom spår av pärltillverkning, smidesverksamhet samt ben- och hornhantverk. Man har antagit att hantverksplatsen vid Herrebro endast varit säsongsvis använd samt att den stått under beskydd av gården vid Borg. Även vid Strandvägen 1 i Motala tillvaratogs fynd som vittnade om specialiserat hantverk. Handelsaspekten var tydligare i fyndmaterialet vid Strandvägen än vid Herrebro eftersom här framkom mynt och en vikt. De personer som huvudsakligen uppehållit sig vid dessa båda platser har jag antagit varit hantverkare och liknande. Personer med högre status som besökt platserna antar jag snarare övernattat och ätit vid de högstatusplatser som kontrollerat de båda hantverksplatserna. Maten som konsumeras vid hantverksplatser antar jag anslutit till ordinär föda i området och jag bedömer att den sannolikt förts in från kringliggande bosättningar och avspeglar dessas ekonomi. Benmaterialet från både Herrebro och Strandvägen 1 har därför förts till kategorin ordinära boplatser i mina statistiska beräkningar.

Med *rituell plats* avses en plats där spåren av rituella aktiviteter är den starkaste tolkningsbara variabeln. Ritualerna ifråga definieras först och främst som religiösa men även profana aktiviteter kan förekomma. Det religiösa och det profana har delvis överlappat varandra (Kaliff 2003, Sundqvist 2003). Gravar eller gravfält har ej räknats till denna grupp. I materialet finns fyra rituella platser, Vistad i Väderstads socken (T B Larsson 1993), Gullborg i Tingstads socken (Nordén 1938), område 7 vid Abbetorp i Rinna och Väderstads socknar (Petersson 2004a) samt den vikingatida fasen vid Borgs säteri (Lindeblad & Nielsen 1997). Ofta verkar järnhantverk vara knutet till dessa platser. Den rituella platsen vid Vistad har tolkats som ett specialiserat rituellt område inom en högstatusboplats och samma sak gäller för Borgs säteris vikingatida fas. Ett nära rumsligt sammanhang mellan rit och hög status finns således på dessa två platser. Det rituella området vid Abbetorp låg inte på en boplats men gravfältet i området har bedömts vara knutet till en högstatusenhet, så kopplingen mellan hög status och kult finns även här. Fornborgen Gullborg har jag tolkat som en renodlat rituell plats, utan fast bosättning. De fyndkategorier som finns representerade från Gullborg förekommer också på andra rituella platser. Enda undantaget är de vävtyngder som framkom i stort antal. Många av fynden har karaktären av högstatusobjekt. Även vid Gullborg finns en koppling mellan hög status och kult. Sambandet här uttrycks dock sannolikt inte, som på de andra platserna, genom omedelbar geografisk närhet. Djurbenens sammansättning på rituella platser kan vara ett uttryck för olika strategier. Sammansättningen kan spegla ekonomin även om benen deponerats i rituellt syfte, eller på annat sätt haft samband med riten. Benens sammansättning kan också sakna koppling till ekonomi och får då antas spegla föreställningar som legat bakom riterna. Vid Abbetorp, Borgs säteri och Gullborg verkar benmaterialen i stor grad utgöra rester av gemensamma måltider som varit en del av riterna (jfr Hultgård 1996).

I diagrammet nedan sammanfattas lokaltyp och datering för de benmaterial som ingår i undersökningen. Observera att benen från Herrebro och Strandvägen i Motala i fortsättningen, av skäl som angivits ovan, räknas till gruppen ordinära boplatser, varför denna i fortsatta bearbetningar omfattar sju lokaler.

Lokaltyp	Yngre bronsålder	Förromersk järnålder	Romersk järnålder/ folkvandringstid	Vendel-/ vikingatid och tidig medeltid	Summa
Ordinär boplats	1	2	2	0	**5**
Högstatusboplats	–	1	3	2	**6**
Rituell lokal	1	–	2	1	**4**
Hantverksplats	–	–	–	2	**2**
Summa	**2**	**3**	**7**	**5**	**17**

Fig 11. Typ av lokal och datering för benmaterialen i undersökningen. *Type of site and dates of bone materials in the investigation.*

JÄMFÖRELSER INOM ÖSTERGÖTLAND

I detta avsnitt undersöker jag vilken information djurbenen från de ovan beskrivna lokalerna i Östergötland ger angående djurhållningen.

Undersökningen omfattar djurbensmaterial som härrör från agrara miljöer dvs från gårdar och byar, från och med yngre bronsålder till och med tidigmedeltid. De östgötska djurbensmaterialen från särskilt äldre järnålder är överlag mycket starkt nedbrutna och dåligt bevarade. Så är även fallet för benen från Pryssgården, från yngre bronsålder. Detta visar sig bl a genom att andelen tänder är mycket hög. Tänderna är den del av skelettet som är mest motståndskraftigt mot nedbrytning, och förutom tänder innehåller dessa material mest små fragment av brända ben. Ofta kan endast hälften av benen bestämmas till art och kroppsdel medan få ålders- eller könsbestämningar kan göras. Relevanta MNI-beräkningar kan heller inte utföras pga den starka fragmenteringsgraden. Redovisningarna består oftast av listor med kortfattade kommentarer. Det har därför varit naturligt att använda fragmentmetoden (NISP) för jämförelser mellan de olika lokalerna. Vid de osteologiska analyserna har man ibland arbetat med delvis skilda kategorier. Förutom de nyss nämnda djuren har man ibland även använt kategorierna nöt/häst och får/get/svin. Det förekommer att dessa kategorier omfattar 45% av alla artbestämda djurbensfragment (t ex Wigh 2004b). I min undersökning har jag valt att endast jämföra fragmentandelarna för de stora köttproducenterna nöt, får/get, svin samt häst. Eftersom andelen tänder är mycket hög på vissa boplatser, men i övrigt varierande, har jag valt att också göra en jämförelse som bara omfattar artbestämda tandfragment, något som redovisas med siffrorna inom parentes i tabellen. I några fall blir materialet alltför litet när endast tandfragmenten räknas och i dessa fall redovisas ej dessa procentandelar i tabellen.

I tabellen (fig 12) har jag valt att ordna lokalerna i tidsordning med den äldsta först. På så vis framträder tydligare eventuella likheter och skillnader som är av kronologisk natur.

Statistiska analyser av artfördelning bland tamdjur

Med procentandelarna i fig 12 (*observationer*) som underlag har jag gjort en statistisk bearbetning av respektive tamdjursart (fig 13). Bearbetningen syftar till att undersöka vad som är normala, höga och låga värden för respektive djurart i ett långtidsperspektiv. Långtidsperspektivet har valts eftersom jag vill undersöka möjligheten av konstans under perioden. De statistiska värdena som relaterar till långtidsperspektivet används senare som jämförelse.

Sammanställningen visar att andelen av de olika djurarterna varierar kraftigt. I undersökningarna har jag valt att betrakta intervallet mellan undre och övre kvartil (Q_1 respektive Q_3) som normalt och kallat detta *normalintervallet* (jfr E Hyenstrand 1996:33). Värden lägre än Q_1 och högre än Q_3

Lokal	Antal artbestämda fragment	Nöt %	Får/get %	Svin %	Häst %	Andel tänder %	Datering	Lokaltyp
Vistad, Väderstads sn (RAÄ 35)	8500	23	42	30	4	Okänd*	1000–400 f Kr	Rituell plats
Pryssgården, Östra Eneby sn (RAÄ 166 och 167)	419	48 (51)	32 (32)	12 (8)	8 (8)	70	Yngre bronsålder (tyngdpunkt)	Ordinär boplats
Lambohov, Slaka sn (RAÄ 251)	264	39 (33)	30 (19)	22 (26)	9 (21)	26	Äldre och mellersta förromersk järnålder	Ordinär boplats
Omr 10, Abbetorp, Rinna sn (RAÄ 288 m fl) stora gården	62	77 (80)	3 (2)	2 (–)	18 (19)	95	400 f Kr–140 e Kr	Högstatusboplats
Omr 11, Abbetorp, Rinna sn (RAÄ 288 m fl) lilla gården	93	50 (39)	2 (–)	10 (10)	39 (51)	76	400 f Kr–240 e Kr	Ordinär boplats
Kv Glasrutan NV, Linköping (RAÄ 328)	139	27 (25)	42 (11)	30 (59)	1 (4)	32	200 f Kr–400 e Kr	Högstatusboplats
Järnstad, Stora Åby sn (RAÄ 159)	1095	60 (79)	25 (12)	2 (1)	14 (8)	72	100 f Kr–550 e Kr (tyngdpunkt 100 f Kr–450 e Kr)	Högstatusboplats
Hulje, Högby sn (RAÄ 89)	537	38 (31)	36 (40)	21 (24)	4 (5)	57	Äldre romersk järnålder	Ordinär boplats
Kv Glaskulan, Linköpings stad (RAÄ 162)	71	46 (48)	25 (25)	18 (16)	10 (10)	94	Romersk järnålder och folkvandringstid (tyngdpunkt)	Högstatusboplats
Mjärdevi, Slaka sn (RAÄ 224)	642	44	37	14	5	Okänd*	Romersk järnålder och folkvandringstid (tyngdpunkt)	Ordinär boplats
Gullborg, Tingstads sn (RAÄ 54)	229	47	35	11	7	Okänd*	300–500 e Kr (tyngdpunkt kring 400 e Kr)	Rituell plats
Omr 7, Abbetorp, Rinna sn (RAÄ 288 m fl) rituellt område	575	72 (72)	3 (4)	2 (1)	23 (23)	88	200–550 e Kr	Rituell plats
Herrebro, Borgs sn (RAÄ 51)	1120	44 (39)	22 (27)	16 (14)	18 (20)	46	600–1000 e Kr	Hantverksplats
Hus 5, 6, och 9, Borgs säteri, Borgs sn (RAÄ 276)	1883	64 (60)	9 (8)	15 (16)	11 (16)	22	Vikingatid (700-tal–1000-tal)	Rituell plats
Hus 14, Borgs säteri, Borgs sn (RAÄ 276)	377	55 (61)	12 (17)	11 (12)	22 (10)	16	1300-tal e Kr	Högstatusboplats
Strandvägen 1, Motala (RAÄ 173)	146	55 (51)	16 (15)	28 (34)	1 (–)	49	Yngre järnålder och tidig medeltid (670–1300 e Kr)	Hantverksplats
Stora Ullevi bytomt, Linköping, (RAÄ 345)	316	33	36	27	4	Okänd*	Sen vikingatid och tidig medeltid	Högstatusboplats

Fig 12. Lokalerna är ordnade i tidsföljd med den äldsta lokalen först. I de fall där dateringen anges i absoluta årtal syftar detta på ramarna för ^{14}C-dateringar med 1 sigmas noggrannhet. Procentandel beräknad på hela respektive benmaterial anges först i varje ruta och inom parentes anges procentandelen beräknad för enbart tänder. Efter T B Larsson 1993, Jonsson 1996, F Johansson 1993, Sigvallius 2000, Wigh 2004b, Sigvallius 1998, Sigvallius 1996b Menander 1999, Wigh 2002, Hedelin 1987, Evanni 1989, Hedelin 1990, Jonsson 1997, Sigvallius 2001, Wigh 2000, Wigh 2004a i angiven ordning. * = Framgår ej av osteologisk rapport eller publikation.
The sites in the table are arranged in chronological order with the oldest site first. When dates are given in absolute years, they refer to the margins for ^{14}C dating with 1-sigma precision. The percentage of the entire bone material is shown first in each square, and the percentage when only teeth are included is shown within parentheses.

Arter	Variationsområde	Undre kvartil	Övre kvartil	Median	Kvartilavvikelse
Nöt	23–77	38,5	57,5	47	9,5
Får/get	2–42	10,5	36	25	12,75
Svin	2–30	10,5	24,5	15	7
Häst	1–39	4	18	9	7

Fig 13. Statistisk bearbetning av de 17 benmaterialen i undersökningen. Värdena i tabellen avser procentandelar och är beräknade på värdena i fig 12. *Statistical analysis of the 17 bone materials in the investigation. The values in the table express percentages and are calculated after values in fig. 12.*

kallas här *förhöjda* respektive *sänkta* värden och dessa betraktas som avvikande. Jag har genomgående valt att redovisa *median* (Md) snarare än medelvärde, beroende på att populationerna är mycket små (för beräkningsformler och definitioner se för övrigt Byström 2005). I följande avsnitt undersöks om variationerna i värden kan vara av kronologisk natur. Jag undersöker också om variationerna i värden hänger ihop med naturgivna förutsättningar. Därefter undersöks om/hur normala, förhöjda respektive sänkta värden hänger ihop med lokalernas arkeologiska tolkning.

Kronologiska variationer i benmaterialens sammansättning

I denna del av min analys undersöker jag om det finns kronologiska variationer i benmaterialens sammansättning. Variationer mellan de kronologiska perioderna skulle kunna peka mot mera långsamma skeenden som uppfattas först i mera svepande sammanställningar. Analysen omfattar samtliga benmaterial som redovisats i fig 12.

	Art	Median	Observationer
Fig 14 a.	Nöt	35,5	23, 48
	Får/get	37	32, 42
	Svin	21	12, 30
	Häst	6	4, 8
Fig 14 b.	Nöt	50	39, 50, 77
	Får/get	3	2, 3, 30
	Svin	10	2, 10, 22
	Häst	18	9, 18, 39
Fig 14 c.	Nöt	46,5	38, 44, 46, 47, 60, 72
	Får/get	30	3, 25, 25, 35, 36, 37
	Svin	12,5	2, 2, 11, 14, 18, 21
	Häst	8,5	4, 5, 7, 10, 14, 23
Fig 14 d.	Nöt	55	35, 44, 55, 55, 64
	Får/get	16	9, 12, 16, 22, 36
	Svin	16	11, 15, 16, 27, 28
	Häst	11	1, 4, 11, 18, 22

Fig 14. Samtliga benmaterial, fördelade på olika tidsperioder. Värdena i tabellen avser procentandelar och är beräknade på värdena i fig 12. *All the bone materials, divided into different time periods.*

a. Bronsålder. *Bronze Age.*
b. Förromersk järnålder. *Pre-Roman Iron Age.*
c. Romersk järnålder och folkvandringstid. *Roman Iron Age and Migration Period.*
d. Vendel-/vikingatid och tidig medeltid. *Vendel Period/Viking Age and Early Middle Ages.*

Yngre bronsålder

Från yngre bronsålder finns två östgötska benmaterial, Vistad och Pryssgården (fig 14a). Artfördelningen bland tamdjuren vid Pryssgården ansluter till fördelningen på Fosieboplatsen utanför Malmö (från bronsåldern), där nöt utgjorde 56%, får/get 28% och svin 16% (Björhem & Säfvestad 1993:81). Vid Apalleboplatsen i Uppland från yngre bronsålder utgjorde nöt 40%, får/get 45% och svin 15% av tamdjursbenen (Ullén 1988). Andelen hästben ligger vanligen på ungefär 5% på yngre bronsålderns boplatser, även om det finns några lokaler med en andel på 20–28%, där häst har hållits som slaktdjur (Welinder 1998:106).

En jämförelse från danskt och skånskt område av boplatser från den tidigare respektive senare delen av yngre bronsålder visar att andelen nöt är betydligt mindre i den yngre gruppen samtidigt som andelen får/get är högre. I den yngre gruppen ligger andelen nöt i regel mellan 43 och 47%, får/get mellan 30 och 38 % och gris mellan 13 och 20% (Kristiansen 1988:86 och där anförd litteratur). Olika förklaringar till den relativa ökningen av får/get har givits. Kristian Kristiansen menar att landskapet blivit allt mer betespåverkat, något som så småningom medfört att landskapets foderproduktion drastiskt minskat. En naturlig följd av detta, menar Kristiansen, är att minska nötboskapsbeståndet och öka andelen får och get (Kristiansen 1988:88). Björhem och Säfvestad föreslår att ökningen av får/get i slutet av bronsåldern utgör en anpassning till förändrade klimatbetingelser med kallare och fuktigare klimat (Björhem & Säfvestad 1993:82). På Öland och Gotland har en mycket stark ökning av andelen får/get påvisats under första årtusendet före Kristus (D Carlsson 1979, Pedersen & Widgren 1998). Pedersen och Widgren ser ökningen av får/get som ett sätt att öka totalproduktionen. "Jämfört med nötboskap ställer fåren inte samma krav, vare sig på vinterfoder eller på stall. Genom att fåren delvis betar andra växter än nötkreaturen utnyttjar de också andra nischer i landskapet" (Pedersen & Widgren 1998:368).

Artfördelningen vid Vistad avviker från artfördelningen vid Pryssgården. Bland undersökningens lokaler liknar den mest den tidigmedeltida gården vid Stora Ullevi.

Äldre järnålder och folkvandringstid

Under äldre järnålder fortsatte den generella ökning av andelen får/get i kombination med en minskning av andelen nöt som påbörjades under yngre bronsåldern och i Sverige var förloppet särskilt uttalat på Gotland och Öland (D Carlsson 1979, Pedersen & Widgren 1998:368f). Under första århundradet efter Kristus var fårullen i Danmark och Norge av en primitiv typ som bara anses vara några få utvecklingssteg från det vilda mufflonfårets. Under århundradena efter Kristi födelse har dock fårraserna i Danmark förädlats i syfte att få fram finare ull (Hedeager 1988:161) och från 300-talet kan man belägga en rad specialiserade ulltyper. Vid Eketorp på Öland tyder utslaktningsmönstret för får, med en stor andel äldre får, på att fårhållningen varit inriktad mot ull (Pedersen & Widgren 1998:368). Ett ökat inslag av får skulle, enligt Pedersen och Widgren, i tiden efter Kristi födelse förklaras med ökad efterfrågan på specialiserade ullprodukter, medan den tidiga ökningen, under yngre bronsålder, förklaras i ekologiska termer; en tidigare outnyttjad ekologisk nisch började utnyttjas (Pedersen & Widgren 1998:368). Kristiansen menade istället att en ekologisk kris inleddes kring 1000 f Kr, då skogsbetena efterhand försvann och avlöstes av mera improduktiva, hårt betade och skoglösa marker (dk *overdrev*), vilket vid övergången till äldre järnålder ledde till en fullständig omläggning av både driftsformer i jordbruket och hela samhället (Kristiansen 1988:107).

För hela perioden yngre bronsålder och äldre järnålder finns flera lokaler i Sydsverige med en andel nöt på drygt 50%, får/get ca 30%, svin ca 10% och häst ca 5% (Pedersen & Widgren 1998:367). I jämförelse med medianvärdet för de östgötska boplatserna under samma period (nio lokaler) är den stora skillnaden att andelen häst är högre – 10% (fig 14b–c). Även medianvärdet för romersk järnålder/folkvandringstid, liksom för hela äldre järnålder, ansluter till dessa siffror.

Yngre järnålder och tidig medeltid

Endast de kronologiska grupperna romersk järnålder/folkvandringstid respektive vendel-/vikingatid och tidig medeltid är stora nog för att kunna utgöra ett mera tillförlitligt jämförelsematerial (fig 14d). Fördelningen mellan olika typer av lokaler är också nära nog den samma. En jämförelse mellan de två grupperna visar en mindre ökning av nöt, svin och häst i vendel-/vikinga- och tidigmedeltid kombinerat med en rejäl minskning av får/get. I den senare perioden finns också några få lokaler som har höga andelar svin, kring 30%, något som inte finns i den föregående perioden.

Janken Myrdal (1999) har gjort en sammanställning av fördelningen mellan tamdjursarterna (enligt fragmentmetoden) från landsbygdsutgrävningar i Sverige, från perioden 1000–1300 e Kr. De undersökta byarna ligger i Mälardalen, Västergötland och Skåne. Den vanligaste fördelningen var omkring 40% nöt, 30% får/get och 30% svin (Myrdal 1999:40f). Jämfört med vad som angivits som normalfallet under yngre bronsålder – äldre järnålder (Pedersen & Widgren 1998:367) märks framför allt en rejäl ökning av andelen svin. I norra Västergötland dominerade nötboskapen ännu mer, med 60–80% (Myrdal 1999:40f). På Falbygden, kring Billingens södra delar, var andelen får högre. Maria Vretemark har framfört naturmiljön som tänkbar förklaring till skillnaderna i artsammansättning (Vretemark 1997:68f). Hon angav att den relativa andelen av svin i mellansvenskt landsbygdsmaterial från yngre järnålder/medeltid i allmänhet understiger 20% (Vretemark 1991). "På samma sätt är andelen mer än 30% på lokaler, som haft flera funktioner, och där verksamheten inte i första hand varit jordbruk, t ex stadsmiljöer eller förvaltningscentra" (Vretemark 1991:80). Exempel på detta är kungsgårdarna Fornsigtuna i Uppland och Gårdstånga i Skåne (Vretemark 1991:80) samt Hovgården på Adelsö i Uppland med en andel svin som närmar sig 40% (Wigh 2001:102). Det finns också exempel på en lägre andel svin vid kungsgårdar (Vretemark 1997:69). På några stormansgårdar från vikingatid och medeltid ligger andelen svin kring 30% men vid Granby-Hyppinge i Uppland endast knappt 20% (Vretemark 1991, 1997, Wigh 2001). Av såväl Wigh som Vretemark framgår att andelen hästben hos ordinära landsbygdsmaterial ofta ligger kring 5% och häst har regelbundet ingått i kosten (Wigh 2001:117, Vretemark 1991:81). Det finns också platser där andelen hästbensfragment ligger högre, som t ex Pollista i Uppland med 16% (Vretemark 1991:81).

Sammanfattningsvis kan sägas att det finns stor spännvidd i fragmentandelen tamdjursben under den period jag undersökt. Samtidigt kan konstateras att om extrema värden undantas finns en stor konstans för nöt, där medianvärdet för andelen nötfragment ligger mellan ca 45 och 55% samt för svin där medianvärdet ligger mellan 10 och 21%. Störst variation finns för får/get med medianvärden mellan 3 och 37%. Det låga värdet är från förromersk järnålder och det höga från yngre bronsålder. Det förlopp med en gradvis stegring av andelen får/get från yngre bronsålder med maximum i romersk järnålder som andra forskare pekat på, kan inte beläggas i det östgötska materialet. Den ökning av andelen svin i vikingatid/tidig medeltid som belagts i andra material, uttrycks i det östgötska materialet genom en högre andel lokaler med andelar av svin kring 30% än i tidigare perioder. Samtidigt finns flera lokaler med tämligen låga andelar, varför medianvärdet inte påtagligt avviker från föregående period. För häst varierar värdena mellan 6 och 18%. Förklaringarna till detta verkar inte vara kopplade till kronologin.

Tamdjursarternas fördelning på olika typer av lokal

Resultaten av undersökningen i föregående avsnitt antyder att sammansättningen av djurbensmaterialen från boplatserna i liten omfattning förklaras av kända förlopp som sträcker sig över långa tidsperioder. I detta avsnitt undersöker jag därför om artsammansättningen istället har att göra med typen av lokal. Även här anläggs ett långtidsperspektiv i och med att alla lokaler av en viss typ tagits med i sammanställningen, oberoende av datering.

Nöt

Fördelningen av värdena i fig 15 visar att högstatuslokalerna och de rituella platserna uppvisar den största variationsvidden för andelen nöt, 50 respektive 49. I gruppen ordinära boplatser uppgår variationsvidden endast till 17. Medianvärdet för an-

Lokaltyp	Median	Observationer
Ordinär boplats	44	38, 39, 44, 44, 48, 50, 55
Högstatusboplats	50,5	27, 33, 46, 55, 60, 77
Rituell plats	55,5	23, 47, 64, 72

Fig 15. Fördelningen av andelen nötfragment på olika typer av lokaler. Värdena i tabellen avser procentandelar och är beräknade på värdena i fig 12. *The total amount of bovine fragments, divided among different types of sites.*

delen nöt är lägst för de ordinära boplatserna, medan högstatusboplatserna och de rituella platserna har högre medianvärde. Man kan dock konstatera att skillnaden är måttlig. Ett stort antal av de ordinära boplatserna har också en förhållandevis låg andel nöt, medan högstatusboplatserna har en tydlig tyngdpunkt i förhöjda värden (jämfört med alla observationer för nöt, se fig 13). Från de rituella platserna är hälften av värdena förhöjda i förhållande till hela populationen nötvärden.

Sammanställningen av alla observationer för nöt i undersökningen (fig 13) visar att bland de nio benmaterialen i normalintervallet finns sex som härrör från ordinära boplatser, bland de sänkta värdena finns två ordinära boplatser, en högstatusboplats samt en rituell plats och bland de förhöjda värdena finns två rituella platser samt två högstatusboplatser.

Osteologen Berit Sigvallius har uppmärksammat mig på att nöt varit den stora köttproducenten på alla de lokaler min studie omfattar. Fragmentmetoden är inte bara ett sätt att beskriva storleksförhållandet mellan arterna på en lokal. I nästa steg av metoden ligger antagandet att andelarna speglar den deponerade faunan på platsen. Ibland hävdas att vikten hos fragmentandelarna bättre speglar den ursprungliga slaktvikten än antalet fragment. Båda räknesätten förefaller helt hypotetiska när det gäller så små djurbensmaterial som det är fråga om här. Av en storleksuppskattning av nötkreatur från Danmark att döma, förefaller djuren ha haft ungefär samma storlek under bronsålder och förromersk järnålder som under 1500-talet (Kristiansen 1988:87). Myrdal (1999) har beräknat slaktvikten för olika djur på 1500-talet. Slaktvikten för kor uppskattades till 50–60 kg och för oxar och stutar till 70–90 kg, för vuxna får under 10 kg och för svin i regel 20–30 kg (Myrdal 1999:255). Som framgår motsvarades en ko av sex får i köttvikt. Sigvallius har omräknat fragmentandelarna i fig 12 till slaktvikt, med användande av Myrdals viktuppskattningar för 1500-talsdjur som approximation för förhistoriska förhållanden. Beräkningen visar att nöt på samtliga lokaler torde ha varit den stora köttproducenten (Sigvallius muntl).

Den stora andelen nötbensfragment på högstatusboplatserna kan vara ett uttryck för att mer kött här ingick i mathållningen än på andra boplatser. Redan från förromersk tid har man visat att det på danskt område finns en reell skillnad i födointaget som medfört att personer ur högre sociala skikt fått större kroppslängd än andra. Personer som har begravts i rika gravar har varit längre än de som begravts med få eller inga gravgåvor (Jansen Sellevold m fl 1984:241ff). Undernäring eller svält under uppväxten bidrar till en liten kroppslängd som vuxen. Särskilt pojkar påverkas, då de inte, i motsats till flickor, kan återhämta förlorad växt under perioder med rik-lig tillgång på föda (Jansen Sellevold m fl 1984). De personer som begravts i de rika gravarna har som grupp betraktat varit förskonade från återkommande episoder av svält eller undernäring. En generellt sett större kroppslängd kan ha varit ett uttryck för hög status som var väl avläsbart för samtiden.

Den höga andelen nöt på boplatserna i de lokala hierarkiernas toppskikt kan också till en del bero på att man ofta slaktade nötkreatur eftersom man ofta var många som skulle äta. Gästabud och fester har ansetts vara viktiga, inte minst för att befästa en social ordning. Givmildhet med mat hos socialt högtstående män är ett drag som framhålls som positivt på runstenarna (Backe m fl 1993:337ff)

Det skulle också kunna visa att nötkött värderades högre än svin och får/get och att även det slags kött man åt hade en social dimension, inte bara mängden. Man talar ofta om att mängden djur och särskilt storfä i sig kan vara en mätare på social status. Gudrun Dahl och Anders Hjort (1976) menar att alltför mycket intresse har fokuserat på boskapens sociala värde, utan hänsyn till hushållens behov av föda. "It can safely be said that a myth has developed outside anthropological circles which centers around this value system but does not take account of the basic precondition clearly stated by social anthropologists that the social value of cattle is supplementary to the productive aspects of the herds; milk, meat and blood. The myth even today widely believed in states that pastoralists see as their goal to keep large herds *per se* in order to achieve high social status in their society" (Dahl & Hjort 1976:16f). De bägge forskarna menar istället att andra faktorer ligger i grunden; variationer i väderlek såväl i ett kort som längre tidsperspektiv, leder till ojämn tillgång på bete och även vatten. För ett hushåll som förlitar sig på boskap är det nödvändigt att ha en marginal mot risken att boskapshjorden dör av hunger, törst eller epidemier. De framhåller också att det antal djur som krävs för att bibehålla kontinuerlig produktion över en längre period är mycket större än det antal djur som omedelbart används under en viss period. "It could also be argued that the social value system primarily reflects these economic/ecological aspects" (Dahl & Hjort 1976:17).

Från förhistorisk tid finns flera företeelser som tolkats som ett uttryck för den betydelse och särställning nötkreatur intog. I äldre bronsålder svepte man t ex vid hövdingabegravningar de döda i en kohud (Kristiansen 1988:88). Ett annat exempel, från äldre romersk järnålder, är förekomsten av krumknivar i rika kvinnogravar i Östergötland. Dessa är tolkade som läderknivar (Elfstrand 1995, Hagberg 1967, Kaliff 1999a). Man har antagit att bakom fenomenet ligger romarrikets behov av läder för t ex sandaler för soldater. I Östergötland (och annorstädes) har enligt denna teori funnits en uppfödning av nötkreatur för avsalu (Hagberg 1967). Det är sambandet med en av de sekundära produkterna från djuren som fått uttrycka status i kvinnogravarna. Om det endast är de sekundära produkterna som sålts bör köttet ha konsumerats på plats. Ett sådant scenario kan ha resulterat i en ökad köttkonsumtion på de platser som var indragna i handeln med Rom. Gravarna antyder att det var gårdar med hög ställning i den lokala boplatshierarkien.

Jag har endast stött på ett exempel där man i ett arkeologiskt material kopplat en hög andel nötfragment till hög status. Det är boplatsen Kirkebjerget vid Voldtofte på Sydfyn i Danmark med datering till äldre delen av yngre bronsålder (Kristiansen 1988:87f). Andelen nötbensfragment låg på 82,3%, får/get 4,7%, svin 11% och häst 1,9%. Alla nötkreatur var slaktade i vuxen ålder, något som enligt Kristiansen visar att inriktningen legat på mjölkproduktion och även användning som dragkraft. De får som funnits på platsen har inte räckt till för ullbehovet utan textilprodukter har man kunnat hämta från omkringliggande gårdar. Arkeologiskt karaktäriserades Kirkebjerget som ett stort hövdingasäte med tillhörande furstliga begravningar. Kristiansen skrev att man här måste uppfatta den stora nötbesättningen som ett uttryck för de speciella ekonomiska möjligheter man hade att hålla och utfodra en stor hjord djur. Det är enligt Kristiansen ingen tvekan om att en familjs och en bygds rikedom först och främst mättes i antalet nötkreatur både under denna period och i äldsta järnålder (Kristiansen 1988:87f). Den stora gården vid Abbetorp, som låg några århundraden senare i tid än Kirkebjerget, kan vad gäller artfördelning ses som en parallell.

De förklaringar jag här föreslagit till den höga andelen nötbensfragment på högstatusboplatser, är att det ingått mera kött och kanske även andra animalier i dieten där, liksom att det var ett ideal att vara givmild med mat, något som resulterat i att mer kött konsumerats på högstatusboplatserna också av denna orsak. Skillnaden i tillgång på föda har varit så betydande mellan personer med hög status och personer från ordinära boplatser att det avspeglat sig i skillnader i kroppslängd (jfr Jansen Sellevold m fl 1984).

De rituella platserna visar stor variation för andelen nöt, men har ett högt medelvärde. Vid Vistad fanns den lägsta andelen nöt överhuvudtaget i hela materialet och andelen är också mycket låg i jämförelse med andra lokaler. Gullborg ligger inom ramarna för normalintervallet i fig 13 och ansluter i detta mest till de ordinära boplatserna. Den vikingatida fasen vid Borgs säteri liksom det rituella område 7 vid Abbetorp hade höga värden. Det rituella området vid Abbetorp ansluter till andelen nöt inom område 10 i Abbetorp, som tillhört den stora gården.

Får/get

Av fig 16 framgår att variationsvidden för andelen får/get är liknande på de olika typerna av lokaler och ligger på 35–39. Medianvärdet för andelen får/get är högst för de ordinära boplatserna medan högstatusboplatserna har en något lägre andel och de rituella platserna ligger ytterligare något lägre. En samlad analys av andelen får/get (med de 17 materialen i fig 12 som underlag) visar att bland de nio benmaterialen i normalintervallet finns fem från ordinära boplatser, tre från högstatusboplatser och en från en rituell plats. Bland de sänkta värdena finns en högstatusboplats, en ordinär boplats och två rituella platser och bland de förhöjda värdena finns en ordinär boplats och en rituell plats. Med andra ord verkar såväl en förhöjd som en sänkt andel får/get utmärka högstatusboplatser och rituella platser medan ordinära boplatser framför allt återfinns i normalintervallet.

Typ av lokal	Median	Observationer
Ordinär boplats	30	2, 16, 22, 30, 32, 36, 37
Högstatusboplats	25	3, 12, 25, 25, 36, 42
Rituell plats	21,5	3, 9, 35, 42

Fig 16. Fördelningen av andelen får/getfragment på olika typer av lokaler. Värdena i tabellen avser procentandelar och är beräknade på värdena i fig 12. *The total amount of sheep/goat fragments, divided among different types of sites.*

Svin

Av fig 17 framgår att den minsta variationsvidden för andelen svin hittas i gruppen ordinära boplatser, medan högstatusboplatserna och de rituella platserna liknar varandra med större variationsvidd. Medianvärdena för de olika lokaltyperna ligger mycket väl samlade. Sammanställning av alla observationer för svin (fig 13) visar att bland de nio benmaterialen i normalintervallet finns fem från ordinära boplatser, två från högstatusboplatser och två från rituella platser. I klassen sänkta värden finns två högstatusboplatser, en rituell plats och en ordinär boplats. Förhöjda värden finns från en ordinär boplats, en rituell plats och två högstatusboplatser.

Vid Vistad från yngre bronsåldern uttrycktes platsens särställning enligt T B Larsson (1993) genom en hög andel svin och får/get (samt en låg andel nöt och häst). Den höga andelen gris (30%) tolkades som ett tecken på festande på platsen. Festandet kopplades till de strategier hövdingar använt för att erövra och visa status och knyta allianser (T B Larsson 1993). Jämfört med de 12% svinben som fanns på den samtida Pryssgårdsboplatsen, som representerar en normalboplats i regionen under perioden, var andelen förvisso hög. Bland de högstatuslokaler som ingått i min undersökning har andelen svin på flera av dem varit mycket låg. I rituella sammanhang spelar fester och ätande alltjämt en viktig roll, varför en sådan tolkning av djurbenens artfördelning kan vara lika relevant. Det finns exempel på att artsammansättningen i rituella kontexter är annorlunda än i vanliga boplatssammanhang (Backe m fl 1993:332, fig 4).

För yngre järnålder och tidig medeltid brukar man föra fram svin som en markör för hög status på landsbygden. Vid kungsgårdar och stormansgårdar är ofta andelen svinbensfragment 30% eller mer (Vretemark 1997:69ff). För den medeltida kungsgården Borgs vidkommande låg andelen svin på 11% medan den vikingatida/tidigmedeltida storgården Stora Ullevi hade 27% svinben.

Typ av lokal	Median	Observationer
Ordinär boplats	16	10, 12, 14, 16, 21, 22, 28
Högstatusboplats	14,5	2, 2, 11, 18, 27, 30
Rituell plats	13	2, 11, 15,30

Fig 17. Fördelningen av andelen grisfragment på olika typer av lokaler. Värdena i tabellen avser procentandelar och är beräknade på värdena i fig 12. *The total amount of pig fragments, divided among different types of sites.*

Häst

Av fig 18 framgår att den största variationsvidden för andelen häst finns i gruppen ordinära boplatser. På högstatusboplatserna och de rituella platserna är variationsvidden betydligt mindre. Medianvärdet är lägst för de ordinära boplatserna och högst för högstatusboplatserna medan de rituella platserna ligger mitt emellan, men spridningen är liten. Det är påfallande hur ett stort antal av de ordinära boplatserna som har en låg andel häst. Bland de fem lokaler som hade 1–4% hästben (i princip gruppen sänkta värden) fanns två ordinära boplatser, en rituell plats och två högstatusboplatser. Bland de fem lokaler som hade 18–39% hästben (i princip gruppen förhöjda värden) fanns två ordinära boplatser, två högstatusboplatser och en rituell plats. Den ordinära boplatsen i Abbetorps område 11 finns bland lokaler med förhöjda värden. Jag menar att dominansen hos den närbelägna, stora gården bl a visat sig genom att man hållit mycket hästar även på den lilla gården. Det är intressant att notera att det rituella området vid Abbetorp finns i gruppen med förhöjda värden för andelen hästben. Här följs den rituella platsen och högstatusgården åt. Man måste här ha i åtanke att den mycket höga andelen häst vid Abbetorp till en del kan ha sin grund i bevaringsförhållandena.

Vid Abbetorp, område 7, 10 och 11, och den medeltida fasen vid Borgs säteri (och i mindre mån vid Järnstad) uttrycks platsens särställning bl a genom en hög andel hästbensfragment (och nöt). Trots att lokalerna spänner över ca 1000 år är uttrycket för en plats högt i den lokala boplatshierarkien inom regionen ändå densamma. Kanske hör den höga andelen häst samman med att männen i dessa samhällsskikt med början i förromersk järnålder hade en roll som krigare och ingått i följen till lokala härskare (Hedeager 1989). Från och med förromersk järnålder är ryttarkonsten belagd i skandinaviskt material och sporrar har hittats i flera vapengravar från perioden (Stenberger 1971:347). Detta tyder på att beridna krigare spelat en roll även i Skandinavien redan då. I Snorres Edda finns drygt åttio namngivna djur – huvudsakligen är dessa hästar – något som visar hästens speciella roll (Jennbert 2002:106). Kristina Jennbert har också visat att det finns ett långvarigt samband mellan hästar och ledande och dominanta grupper i samhället. I Snorres texter är hästar enligt Jennbert ett uttryck för en aristokrati (Jennbert 2002:121). Annelie Sundkvist har diskuterat behovet av få fram passande djur för ryttarna under yngre järnålder (Sundkvist 2001). Sundkvist argumenterar, med exempel ur isländska sagor och historiska paralleller från senare tid för, att hästuppfödningen sannolikt skedde med hästhjordar i utegångsdrift och periodvis med mycket lite mänsklig inblandning. Behoven av bra hästar har varit de samma såväl tidigare som senare och man kan anta att gårdar som representerar de samhällsskikt där beridna krigare funnits också hållit fler hästar än de gårdar som ej tillhört dessa skikt. Det verkar som detta uttrycks även i djurbensmaterialet genom stor andel hästben bland tamdjursbenen.

För hästbenen finns således ett mycket specifikt arkeologiskt och historiskt sammanhang som skulle kunna förklara deras förekomst på en viss typ av boplatser. I och med att fenomenet omfattar hela tidsperioden från förromersk järnålder till och med medeltid kan samma förklaringsmodell användas. Dock måste jag här påpeka att det också kan ha funnits andra förklaringar till en hög andel av hästkött. Man kan t ex tänka sig att bruket att ha häst som köttdjur kan ha funnits inom vissa områden också under äldre järnålder.

Sammanfattningsvis kan konstateras att det verkar finnas faktorer kopplade till typen av lokal och dess position i den lokala boplatshierarkin, vilka påverkat artsammansättningen. Dessa faktorer verkar ha existerat under hela perioden yngre bronsålder – tidigmedeltid

Typ av lokal	Median	Observationer
Ordinär boplats	8	1, 4, 5, 8, 9, 18, 39
Högstatusboplats	12	1, 4, 10, 14, 18, 22
Rituell plats	9	4, 7, 11, 23

Fig 18. Fördelningen av andelen hästfragment på olika typer av lokaler. Värdena i tabellen avser procentandelar och är beräknade på värdena i fig 12. *The total amount of horse fragments, divided among different types of sites.*

Ordinära boplatser från olika tidsskeden

I detta avsnitt gör jag en kronologisk undersökning av djurbensfördelningen hos gruppen ordinära boplatser. Detta är den enda grupp lokaler som har nog stor kronologisk spridning för att kronologiska jämförelser ska kunna genomföras.

I fig 19 presenteras fördelningen av andelen av de olika djurarterna på alla de sju ordinära boplatserna. I fig 20 presenteras samma data uppdelat på skilda tidsperioder. Det finns endast få lokaler från varje period, varför materialet som bäst kan ge en fingervisning om kontinuitet respektive tidsbundna förändringar i husdjursbeståndet på de ordinära boplatserna.

För nöt ligger andelarna samlade inom ungefär samma spann för alla fyra perioderna. För får/get är andelen mycket varierande också inom de enskilda tidsperioderna. För får/get är andelen högst under romersk järnålder/folkvandringstid och påtagligt lägre under vendel-/vikingatid/tidigmedeltid. Andelen svin är högst under vendel-/vikingatid/tidig medeltid och lägre i de tidigare perioderna. Häst verkar möjligen ha haft en högre andel under bronsålder och förromersk järnålder än senare, även om det finns ett enstaka högt värde i vendel-/vikingatid/tidigmedeltid.

Djurart	Variationsområde	Median
Nöt	38–55	44
Får/get	2–37	30
Svin	10–28	16
Häst	1–39	8

Fig 19. Fragmentandel av skilda husdjursarter från de sju ordinära boplatserna (oavsett datering). Värdena i tabellen avser procentandelar och är beräknade på värdena i fig 12. *Percentage of fragments of various domestic animals at the seven ordinary settlements (regardless of dating).*

Regionala variationer

I mitt material är det endast för perioden äldre järnålder/folkvandringstid som det finns ett nog stort material för att man skall kunna undersöka eventuella regionala variationer. I materialet finns en grupp lokaler från västra respektive centrala Östergötland.

Från västra Östergötland finns tre lokaler (med fyra djurbensmaterial) belägna i övergångsbygden mellan slätt och skog, nämligen Abbetorp (område 10 och 11), Järnstad och Högby (fig 21). Abbetorp område 10 och Järnstad utmärker sig genom en hög andel nötkreatur kombinerat med en mycket låg andel svin. Den lilla gården vid Abbetorp (område 11) bedömdes ha varit indragen i den stora gårdens djurhållningsstrategier, vilket tar sig uttryck i en mycket hög fragmentandel häst (men en normalstor andel nöt, antagligen beroende på att nöt inte konsumeras efter högstatusmönster på den lilla gården). Vid den stora gården i Abbetorp verkar fokus ha legat nästan enbart på nöt och häst medan det vid Järnstad också finns en större andel får (25%). Det är tänkbart att fragmentandelarna vid dessa lokaler uttrycker en regional djurhållningsstrategi, förslagsvis kopplad till naturförhållandena med läget mellan slätt och skog och tillgång till vidsträckta skogsbeten på båda platser. För både Abbetorps och Järnstads del finns aspekten av högstatusbosättning som kan tänkas förstärka bilden av den lokala djurhållningen med mycket nötkreatur. Högby har

Arter	Median	Observationer
Nöt	55	38, 50, 60, 77
Får/get	24,5	2, 3, 25, 36
Gris	6	2, 2, 10, 21
Häst	16	4, 14, 18, 39

Fig 21. Fyra djurbensmaterialen från tre lokaler i västra Östergöltand. Värdena i tabellen avser procentandelar och är beräknade på värdena i fig 12. *Four animal bone materials from three sites in western Östergötland.*

Arter	Median	Observationer
Nöt	41,5	30, 39, 44, 46
Får/get	33,5	25, 30, 37, 42
Gris	20	14, 18, 22, 30
Häst	7,5	1, 5, 9, 10

Fig 22. Fyra djurbensmaterial från lokaler i centrala Östergötland. Värdena i tabellen avser procentandelar och är beräknade på värdena i fig 12. *Four animal bone materials from sites in central Östergötland.*

Djurart	Observationer yngre bronsålder	Observationer förromersk järnålder	Observationer romersk järnålder/folkvandringstid	Observationer vendel-/vikingatid/tidig medeltid
Nöt	48	39, 50	38, 44	44, 55
Får/get	32	2, 30	36, 37	16, 22
Svin	12	10, 22	14, 21	16, 28
Häst	8	9, 39	4, 5	1, 18

Fig 20. Fragmentandel av skilda husdjursarter från de ordinära boplatserna under olika perioder. Värdena i tabellen avser procentandelar och är beräknade på värdena i fig 12. *Percentage of fragments of various domestic animals at the ordinary settlements during different time periods.*

en artfördelning som helt skiljer sig från dessa tre djurbensmaterial och som ansluter till genomsnittet för perioden.

Från centrala Östergötland finns fyra lokaler belägna i norra och nordvästra Linköping med analyserade djurbensmaterial från perioden förromersk järnålder – folkvandringstid nämligen RAÄ 251 i Slaka, kvarteret Glaskulan respektive kvarteret Glasrutan NV i Linköping samt Mjärdevi i Slaka (fig 22). För nöt ligger samtliga observationer i gruppen inom normalintervallet, och huvudsakligen också för häst. För får/get och gris ligger de flesta värdena högre än medianvärdet och för gruppen får/get är hälften förhöjda (jfr fig 13).

En lokal inriktning på djurhållningen mot nötkreatur under äldre järnålder kunde spåras på två lokaler i västra Östergötland med liknande topografiskt läge på gränsen mellan skogsbygd och slätt. I mellersta Östergötland utmärker sig några boplatser för en betydligt högre andel får/get och en något högre andel svin, något som eventuellt också uttrycker en lokal inriktning på djurhållningen.

Naturens inverkan?

I nordvästra Linköping finns två benmaterial från äldre järnålder och ett från yngre järnåldern, där lokalerna ligger med ett avstånd av mindre än 500 m (fig 23). Här har man haft tillgång till exakt samma betesmarker – de sanka strandängarna vid sjön Roxen – under bägge tidsperioderna. En jämförelse kan visa eventuella förändringar i djurhållningen/kosthållet som inte beror på de naturgivna förutsättningarna utan kulturella faktorer kopplade till kronologi.

Spridningen av värden är förvånansvärt likartad för de två tidsperioderna. Någon egentlig skillnad föreligger inte. Den ökning av svin som är omvittnad från andra undersökningar i yngre järnålder/tidigmedeltid kunde inte beläggas på en lokal nivå. Här verkar istället de naturgivna förutsättningarna i hög grad ha styrt.

Karaktäristik av skilda djurbensmaterial

De undersökningar jag hittills gjort tyder på att det är relevant att diskutera fragmentandelarna av olika tamdjursarter hos landsbygdsmaterial i förhållande till arkeologiska variabler, som kan studeras vid arkeologiska undersökningar. En av de faktorer som starkast styr fördelningen av fragmentandelarna för tamdjursarterna verkar vara typen av lokal. Inom tidsspannet yngre bronsålder – tidigmedeltid verkar den kronologiska aspekten i mycket vara underordnad. Här sammanfattar jag vad som karaktäriserar djurbensmaterialet på skilda lokaltyper samt diskuterar olika tänkbara förklaringar.

Ordinära boplatser

Ordinära boplatser karaktäriseras i ett långtidsperspektiv av att andelen nöt ligger inom normalintervallet med tyngdpunkt i dess lägre hälft eller är sänkt. Även andelen får/get ligger

Arter	Observationer äldre järnålder	Observationer yngre järnålder/tidig medeltid
Nöt	27, 46	33
Får/get	25, 42	36
Gris	18, 30	27
Häst	1, 10	4

Fig 23. Artfördelningen på två näraliggande lokaler från äldre järnnålder respektive yngre järnålder/tidigmedeltid. Värdena i tabellen avser procentandelar och är beräknade på värdena i fig 12. *Distribution of species at two, closely situated sites from the Early Iron Age and the Late Iron Age/Early Middle Ages, respectively.*

oftast inom normalintervallet med dragning åt dess övre hälft och samma förhållande gäller för andelen svin. Andelen häst ligger inom normalintervallet med övervikt inom dess lägre hälft, eller är sänkt. Om olikstora gårdar ingår i materialet bland de ordinära boplatserna, som man väl får förmoda, verkar artsammansättningen ha varit densamma hos gårdar av olika storlek och på skilda samhällsnivåer i regionen under en mycket lång period (den högsta nivån undantagen). Det som har varierat är istället antalet djur som totalt sett funnits hos gårdar på skilda nivåer i boplatshierarkien. Det är tänkbart att, förutom i de högsta skikten, har artfördelningen varit likadan och att det är i *antalet* djur som skillnaden ligger. Ett sådant förhållande skulle inte visa sig i ovanstående tabell och inte heller i djurbensmaterialet från en boplats.

Högstatusboplatser

Högstatusboplatser karaktäriseras under perioden yngre bronsålder till tidigmedeltid av en hög andel nöt, där huvuddelen av värdena finns inom den övre halvan av normalintervallet eller är förhöjda. Dessa platser karaktäriseras också av en hög andel häst där de flesta värden återfinns inom den övre halvan av normalintervallet eller är förhöjda. Högstatusboplatserna utmärks vidare av en ganska jämn spridning av andelen får/get med övervikt inom normalintervallet samt en uttalat låg andel svin med flera försänkta värden.

Den högre andelen nöt har jag satt i samband med en annorlunda kost jämfört med de ordinära boplatserna. Man har sett ett samband mellan romersk import och många gravgåvor och stor kroppslängd hos de gravlagda, såväl män som kvinnor. Resultaten avser förromersk och romersk järnålder i Danmark (Jansen Sellevold m fl 1984). Den stora kroppslängden har i sammanhanget tolkats som att dessa individer sluppit upprepade svältepisoder och undernäring under uppväxten. Jag tolkar det större inslaget av nötbensfragment på dessa boplatser som en indikation på att animalier utgjort en större andel av kosten. Isländska sagor visar också att stora hjordar av nötboskap varit förbundna med storgårdar och en källa till social prestige (Sturluson 1992, 1993, 1994). Det har också varit förbundet med hög prestige att vara givmild med mat (Backe m fl 1993). Det verkar rimligt att tänka sig att animalier dels konsumerats i samband med fester av olika slag på högstatusboplatserna (jfr Hultgård 1996), men även att den dagliga kosten innehållit ett större inslag av animalier.

Hästen har allt sedan äldre bronsålder och fram till den yngsta järnåldern varit förbunden med betydelsefulla gudar och människor, något som uttrycks både i texterna och i det arkeologiska materialet (Jennbert 2002:121). Från och med yngre järnåldern förbinds den i skriftliga källor med ett aristokratiskt krigarideal men redan tidigare intar den en särställning bland djuren i gravarna. Att högstatusboplatser innehåller större andel av hästben förklaras sannolikt av detta samband.

Rituella platser

De rituella platserna utmärks inte på samma sätt som grupperna ordinära boplatser och högstatusboplatser av en karaktäristisk djurbenssammansättning. Det finns rituella platser som följer de ordinära boplatserna i sammansättning av husdjursben – en sådan är fornborgen Gullborg. Det finns också rituella platser som följer högstatusboplatserna i bensammansättning. Exempel på detta är det rituella område 7 vid Abbetorp som följer den stora gården i område 10. Det finns också rituella lokaler som i sin sammansättning av husdjursben fullständigt avviker från andra lokaler, som Vistad.

Vid det vikingatida Borg ansluter andelen får/get, svin och i viss mån nöt till fördelningen vid den efterföljande kungsgården i Borg – undantaget är andelen hästben som var mindre på den rituella platsen. Fullständigt avvikande var däremot de depositioner av svinkäkar som strukturerats efter djurens kön – ett exempel på att fyndomständigheterna kan vara lika viktiga som fragmentandelarna. Avvikande var också de ben av vilda djur som hittades på gårdsplanen framför kulthuset. Jennbert menar att de vilda djuren får en mer aktiv roll i rituell praxis först under den yngre järnåldern (Jennbert 2002:114).

Hög andel häst framförs ofta som en generell indikator på förhistoriska rituella platser. Andelen hästbensfragment är i mitt material något högre på rituella platser än ordinära boplatser, något som kanske hänger samman med de rituella platsernas koppling till högstatusboplatser, där den högsta andelen hästben återfinns.

Förklaringen till att artsammansättningen på de rituella platserna verkar vara skenbart utan system är sannolikt att olika principer styrt hur husdjuren inkluderats i rituell praxis. En princip som är mycket tydlig är att man tagit av de djur man haft i ungefär de proportioner de utgjort av husdjursstocken. Abbetorp och Gullborg bedömer jag vara exempel på denna praxis. Ingen av dessa lokaler uppvisade heller något i övrigt anmärkningsvärt benmaterial. Även vid Borg verkar det vara denna princip som styrt vad gäller husdjuren, möjligen med undantag för häst. Vid Abbetorp och Borg är de närliggande bosättningarna som torde ha försett de rituella platserna med husdjur dessutom högstatusboplatser och här finns således en koppling mellan hög status och rituell plats.

Den andra principen har inneburit att särskilda djur favoriserats i rituella sammanhang (jfr Backe m fl 1993:332, fig 4). Denna princip verkar ha legat bakom artfördelningen vid Vistad. Här var fördelningen av tamdjursben avvikande från såväl ordinära boplatser som högstatusboplatser. De naturgivna förutsättningarna liknar Abbetorp, där tyngdpunkten har legat på nöt, och det finns anledning att anta att inriktningen varit liknande även vid Vistadboplatsen. Det rituella området vid Vistad representerar således ett urval med en stor andel av svin och får/get. Det måste dock påpekas att trots detta är det nöt som varit det absolut dominerande köttdjuret vid Vistad liksom vid alla andra lokaler i min undersökning.

Hantverksplatser

Benmaterialet från Herrebro ansluter i sin sammansättning mest till de ordinära boplatserna/byarna från yngre järnålder/tidig medeltid. Värdena ligger inom normalintervallet för samtliga här undersökta tamdjursarter. Vid Herrebro finns i jämförelse med det vikingatida Borg en betydligt lägre fragmentandel av nöt och en högre andel får/get, svin och häst. En tänkbar orsak till fördelningen kan vara att de personer som uppehöll sig vid Herrebro inte hade någon framträdande social position varför maten mer liknade den man åt på ordinära boplatser än högstatusboplatser (vilket också var vad som inledningsvis antogs). Strandvägen 1 i Motala hade en anmärkningsvärt hög andel svin. Detta kan vara ett utslag av lokalens närhet till stadslik miljö men fördelningen ansluter i detta hänseende till den samtida högstatusmiljön Stora Ullevi utanför Linköping.

SAMMANFATTANDE DISKUSSION

I detta kapitel har jag redovisat statistiska bearbetningar av djurbensmaterial från 14 lokaler Östergötland. Det visar sig att det finns statistiska trender som blir synliga först när ett större material bearbetas. Det finns också enskilda lokaler som faller utanför det generella mönstret och där förklaringen ligger i andra faktorer. Samtidigt som de statistiska trenderna är mycket belysande har de begränsat förklaringsvärde för enskilda lokaler – åtminstone kan ett samband inte förutsättas. Detta förhållande beror sannolikt på att det kan finnas flera olika förklaringar till samma fenomen. Ibland är det uppenbart att flera förklaringar samverkar. Förklaringarna till fördelningen av tamdjursarterna är alltså komplexa. De är extra svårpenetrerade eftersom lokala och kronologiska sammanställningar som kunnat tjäna som jämförelsematerial saknas för stora delar av landet.

En viktig förklaring till fördelningen av tamdjursarterna på olika lokaler ligger utan tvekan i lokalernas sociala karaktär.

Den ordinära boplatsen, som sannolikt omfattat gårdar av varierande storlek vilka dock ej kan särskiljas i det arkeologiska materialet, verkar i huvudsak ha haft samma proportioner mellan husdjuren oavsett husdjursstockens storlek. Andelen nöt har varit förhållandevis låg, medan andelen får/get och svin har varit hög i förhållande till högstatusboplatserna. Andelen häst har varit förhållandevis låg. Högstatusboplatser utmärks av hög andel nöt och häst samt låga andelar svin och en ganska genomsnittlig spridning på andelen får/get. Den höga andelen nöt ses som ett uttryck för en stabilare matförsörjning där man sluppit upprepade svältperioder, något som resulterat i en större kroppslängd jämfört med resten av befolkningen. Likaså kan regelbundet återkommande fester ha bidragit till den höga andelen nötben. Den höga andelen häst kan kopplas till den speciella position hästen haft alltsedan äldre bronsålder (Jennbert 2002) och åtminstone från förromersk tid och framåt till ett manligt krigarideal som kommit till uttryck just bland samhällets övre skikt. På de rituella platserna märks två strategier; dels ansluter djurbensmaterialets fördelning till näraliggande boplatser – man har tagit av de djur som funnits och i liknande proportioner, dels finns exempel på att ett urval med preferens för vissa arter skett.

En annan faktor som inverkat på sammansättningen av djurben på landsbygden är de naturgivna förutsättningarna. När speciella förutsättningar funnits visar det arkeologiska materialet att dessa utnyttjats.

På en generell nivå finns kronologiska skillnader som får anses vara ett uttryck för kulturella förändringar. Här tänker jag framför allt på den ökning av andelen svin som noterats i vikingatida/tidigmedeltida material. Intressant är dock att notera att landsbygdens boplatser visar på mer konstans än förändring i ett långtidsperspektiv från yngre bronsålder till tidigmedeltid.

I alla de material som här presenterats kan man emellertid konstatera, att som köttproducent dominerar nötkreatur genom hela förhistorien och medeltiden, eftersom mängden kött från nöt är så mycket större än den som kan fås från svin eller får. Detta gäller även om nötkreaturen var väsentligt mindre än idag, och det gäller samtliga här relaterade material, fast i olika stor utsträckning. Exakt hur mycket kött som kunde fås från förhistoriska djur av de tre arterna kan knappast beräknas eftersom domestikationen innebar en väsentlig förändring av djurens kroppsstorlek, där nöt och svin påverkats betydligt mer än får.

Många har påpekat möjligheten att fragmentandelar av de skilda tamdjursarterna i de starkt nedbrutna material jag har arbetat med huvudsakligen har sin orsak i skilda bevaringsförhållanden. För det östgötska materialet, eller strängt taget för osteologiskt material över huvud taget, skulle ett sådant orsakssamband medföra att osteologisk analys av material av den typen blir meningslösa i annat syfte än att konstatera vilka djurarter som finns representerade på en boplats. Jämförelser mellan olika lokaler blir också meningslösa om detta är huvudförklaringen till materialets sammansättning. Min undersökning har emellertid visat att det finns ett samband mellan djurarternas sammansättning och den arkeologiska tolkningen även när dåligt bevarade benmaterial analyserats (jfr Vretemark 1997:35). Djurbensmaterialet kan diskuteras i termer av arkeologiska förklaringar och variationerna kan ges meningsfulla förklaringar. Mitt material är begränsat, men pekar mot att även starkt nedbrutna djurbensmaterial är meningsbärande i ett arkeologiskt perspektiv.

LOKALERNA I UNDERSÖKNINGEN
– TOLKNING OCH DJURBENSMATERIAL

Nedan följer en mera ingående presentation av de skilda lokalerna och deras tolkning. Eftersom jag i flera fall argumenterar för en tolkning som skiljer sig från den som tidigare framförts, har jag valt att göra detta avsnitt tämligen utförligt. Presentationen av de skilda lokalerna sker i tidsordning och är upplagd på följande sätt:

Först presenteras den arkeologiska tolkningen, något som bygger på undersökningsrapporter, artiklar och i några fall där rapport ännu saknas, muntliga uppgifter från undersökningsansvarig arkeolog. Härefter presenteras undersökningsmetodik med avseende på djurbensmaterialet. Husdjurshållningens inriktning grundad dels på artfördelning, dels på mera kvalitativa data som köns- och åldersbedömningar presenteras. Dessvärre är det endast få lokaler där mera omfattande slutsatser rörande dessa frågor har kunnat dragas. Artdiversiteten är den sista variabel som diskuteras här och den innefattar även de vilda djuren. Beskrivningarna av de osteologiska resultaten grundar sig, där inget annat angivits, på de osteologiska rapporterna.

Vid **Vistad** i Väderstads socken (RAÄ 35) undersöktes delar av en boplats från yngre bronsålder med tyngdpunkt i perioderna V och VI, 900–500 f Kr (T B Larsson 1993). Av sin undersökare tolkades den ursprungligen som en befäst boplats av en typ som är relativt vanligt inom den mellaneuropeiska Lausitzkulturen men som saknar paralleller inom skandinavisk arkeologi (T B Larsson 1993). Jag har tolkat Vistad som en boplats med komplexa lämningar och med en plats i det översta skiktet i en lokal boplatshierarki. Den undersökta ytan låg inom ett område som förefaller ha varit avsatt för rituella aktiviteter med ett betydande inslag av specialiserat hantverk (se vidare kap 3).

Från Vistad har ca 8500 ben analyserats och 2/3 av dessa artbestämts. Av 1993 års publikation (T B Larsson 1993) framgår inte direkt vilken metod som använts för benens insamling. Det osteologiska materialet från Vistad är mycket välbevarat, bl a tack vare markens höga kalkhalt. Nästan alla ben är obrända. De kommer framför allt från två anläggningar; en förrådsgrop (A52) samt nedgrävningen för palissaden (A70) som delat den undersökta ytan i flera delar (T B Larsson 1993:73ff).

Tamdjursbenen från Vistad bestod till 30% av svinben. T B Larsson menar att "svinhållningen vid Vistad skulle kunna utvärderas i termer av köttreserv för större festligheter eller som ett tecken på gårdens (innevånarnas) status och rikedom ... den antropologiskt välkända roll som dessa djur vanligen spelar vid ceremonier och större fester hos stamsamhällen och hövdingadömen är intressant i sammanhanget" (T B Larsson 1993:111). Som jag ser det kan djurbensmaterialet från Vistad antingen avspegla artfördelningen på boplatsen i stort eller också vara snedvriden i förhållande till denna som en följd av det undersökta områdets speciella karaktär med starkt rituellt inslag.

Fördelningen av benen från olika kroppsregioner för tamdjuren är mycket jämn och antyder att samtliga led från slakt och styckning till konsumtion har ägt rum på boplatsen (T B Larsson 1993:76ff). Bland nötkreaturen har över 60% slaktats först i vuxen ålder. Får/get har ungefär lika mycket ungdjur (juvenil) som äldre (adult) i benmaterialet, vilket tyder på ett relativt jämt uttag av slaktdjur ur hela populationen. För svinen finns en tendens till ökad avslaktning av unga djur och gruppen juvenil är större än gruppen adult. T B Larsson refererar till en grupp mellaneuropeiska boplatser som utmärks av en motsvarande hög andel av svinben, där de flesta svin slaktats före 2,5 års ålder. Häst diskuteras inte i publikationen. Inget i benmaterialet tyder på jakt av kronbärande vilt. Däremot har fågel som änder, grågås och sädgås jagats, liksom bäver (T B Larsson 1993:73ff).

Vid **Pryssgården** i Östra Eneby socken (RAÄ 166 och 167) undersöktes delar av en boplats med lämningar från neolitikum till medeltid (Borna-Ahlkvist m fl 1998). Tyngdpunkten i dateringen låg i yngre bronsålder med betydande inslag av äldre järnålder med bevarade hus och gårdsstrukturer. Kring husen fanns koncentrationer av anläggningar, särskilt gropar med ett rikt keramikmaterial men också andra nedgrävda anläggningskategorier (Borna-Ahlkvist m fl 1998) (se vidare kap 3).

Benmaterialet härstammar framför allt ur gropar från yngre bronsålder. Därför hänförs allt det osteologiska materialet till denna period. Anläggningarna snittades och grävdes lagervis, där lager fanns. I normalfallet undersöktes endast anläggningens ena halva. Vissa komplicerade anläggningar och anläggningar med mycket fynd undersöktes i sin helhet. Jordmassorna sållades i regel. Bevaringsförhållanden var inte gynnsamma för obrända ben och benmaterialet representerar endast en mycket liten och skevt fördelad andel av de benrester som ursprungligen deponerats på boplatsen (Jonsson 1996). Trots detta bedömdes fördelningen av djurarter som normal och representativ för perioden. Proportionerna mellan nöt, får/get och gris överensstämde väl med resultaten från Fosie IV-undersökningen i Skåne från samma period (Björhem & Säfvestad 1993, Borna-Ahlkvist m fl 1998).

Från **Lambohov** i Slaka socken finns osteologiskt undersökta material från två närliggande boplatser. Lokalerna utgjorde rester av en stor (RAÄ 252) och två små (RAÄ 251) gårdar från förromersk järnålder vilka legat på 350 m avstånd från varandra (M Larsson 1993a).

Vid **RAÄ 251** undersöktes lämningar av två små samtidiga gårdar från mellersta och senare delen av förromersk järnålder. Här fanns två treskeppiga hus, båda med orientering öst-väst och belägna med 20 m avstånd från varandra. Mellan husen fanns ett anläggningsfritt område och öster om husen fanns ett aktivitetsområde till vardera huset. Inom aktivitetsområdena fanns härdar, kulturlager, skärvstensflak samt en ugn. Två brunnar påträffades också (M Larsson 1993a).

Vid undersökningen användes ej såll men fynden samlades upp mycket noggrant och på det viset kom många småfragment med. Djurbenen var starkt fragmenterade (F Johansson 1993:37).

Från platsen tillvaratogs 3,4 kg ben, varav 60% artbestämdes (F Johansson 1993:37ff). Detta är ett av de få benmaterial från äldre järnåldern (förromersk järnålder) i Östergötland som är så välbevarat att det går att dra slutsatser angående djurhållningens strategier med utgångspunkt i det. Materialet i sin helhet utgörs av matrester och slaktavfall och alla ben utom ett härstammar från tamdjur, detta enda var ett ben av hare. Fredrike Johansson, som utfört den osteologiska analysen, drar slutsatsen att man täckte sitt köttbehov nästan uteslutande genom slakt av husdjur. Husdjuren slaktades, styckades och förbrukades på platsen, något som visas av att såväl slaktavfall som matrester fanns i materialet (F Johansson 1993:40).

I slaktåldersfördelningen kan avläsas en förstärkt höstslakt (F Johansson 1993). Av de sju nötkreaturen som MIND-beräkningen gav, slaktades tre innan de hade blivit fullvuxna. Ett djur slaktades första, andra respektive tredje hösten/vintern. Mer än hälften av nötkreaturen uppnådde dock vuxen ålder och flera har blivit så gamla att tänderna blivit mycket nerslitna (F Johansson 1993:40). Johansson pekar på nötkreaturens betydelse som dragkraft och gödselproducenter i sammanhanget. Bland grisarna slaktades en individ vid en ålder av 6–10 månader och ett annat ungdjur av gris blev mindre än 2 år gammalt. Minst tre djur blev ca 3 år gamla och ett blev ändå äldre. Tydligast var höstgallringen hos fåren: det hittades rester av minst en individ som slaktats inför första vintern och fyra eller fem som slaktats inför den andra. Endast tre fullvuxna individer påträffades och inte heller de har blivit särskilt gamla. Slaktåldrarna för de minst tre hästar som hittades låg mellan 8 och 16 år, något som visat att de i första hand hållits för transporter och eventuellt som lastdjur (F Johansson 1993:37ff).

Vid **RAÄ 252** undersöktes lämningar av en större gård från äldre och mellersta förromersk järnålder (M Larsson 1993a). Undersökningen omfattade 1500 m^2 och det bedömdes att detta utgjort hela boplatsområdet. Här framkom spår av ett treskeppigt långhus och söder härom fanns en gårdsplan med en kokgrop, en grupp med ett tjugotal härdar samt spridda stolphål. Benmaterialet från RAÄ 252 insamlades på samma sätt som vid RAÄ 251 men omfattar endast 11 artbestämda fragment.

Från platsen finns rester av minst två nötkreatur, en kalv och en vuxen individ. Vidare finns en eller två grisar som slaktades vid 2–3 års ålder samt en eller två vuxna får/getter. Trots att materialet är litet, ger det ett liknande intryck som RAÄ 251 vad gäller djurhållningen (F Johansson 1993:41).

Vid **Abbetorp**, RAÄ 288 m fl i Rinna socken och RAÄ 241 m fl i Väderstads socken, undersöktes delar av en boplats omfattande lämningar av en stor och en liten gård samt ett rituellt område med ett gravfält och en offerplats (Petersson 2004a). Den kronologiska tyngdpunkten för de två gårdarna låg inom tidsperioden 400 f Kr–100 e Kr och för det rituella områden i yngre romersk järnålder och folkvandringstid. Den stora gården bedömdes ha tillhört toppskiktet i en lokal boplatshierarki. Det rituella området har sannolikt varit kopplat till denna gård. Den lilla gården bedömdes ha stått i beroendeställning till den stora (se vidare kap 3).

Djurbenen inom område 10 knyts till den stora gårdens hushåll och djurbenen inom område 11 till den lilla gården. Djurbensmaterialet från det rituella området (område 7) kommer enbart från offerkontexten.

Djurbenen i område 10 och 11 insamlades vid fingrävning med grävsked och liten hacka. I område 7 vattensållades jordmassorna från det rituella området kring stenblocken och i sankmarken i finmaskigt såll.

Benmaterialet från Abbetorp (gravfältet undantaget) uppgår till 3,2 kg (Sigvallius 2000). Materialet är mycket starkt fragmenterat. Andelen tandfragment uppgår till 90% eller mer, med små variationer mellan områdena. Slutsatser angående kroppsdelsrepresentation har därför ej kunnat dragas och könsbestämningar har heller inte kunnat utföras.

Kvarteret Glasrutan NV i Linköping (RAÄ 328) undersöktes 1992 (Hörfors & Persson 1995). Här framkom ett ungefär 800 m^2 stort område med ett 40-tal härdar, ett tiotal kokgropar samt några sotfläckar, sannolikt spår av ytterligare härdar. Området har tolkats som inhägnat. Ca 20 m norr om härdområdet fanns rester av två långhus, daterade till folkvandringstid.

Rester av flätverksgärdsgårdar som avgränsat härdområdet i norr och söder framkom. I väster var avstånden långa och oregelbundna mellan stolp- och käpphålen och tolkningen som flätverksgärdsgård förefaller osäker, kanske rör det sig om spår av en senare gärdsgård med gles stolpsättning. Det fanns även tydliga hägnadsspår innanför den yttre begränsningen. Ett tiotal härdar har också legat utanför inhägnaden. Härdar och hägnadsrester ^{14}C-daterades till perioden 400 f Kr–400 e Kr (en enstaka härd också till yngre bronsålder). En vägbank med fyllning av mindre stenar ledde mot området från söder med riktning ungefär mot en öppning i hägnaden. Norr om öppningen inne i härdområdet fanns ett härdfritt stråk som visade att härdarna respekterat vägsträckningen. Den härdfria vägsträckningen anslöt i norr till ett avsnitt där vägen varit hägnad på ömse sidor med trästängsel och hägnadsresterna var särskilt välbevarade utefter vägens västra kant. Vägen förefaller ha passerat genom området med härdar med riktning mot de folkvandringstida husen. Mellan härdområdet och husen fanns ett i det närmaste anläggningsfritt område. Den norra hägnaden var i stort sett parallell med husen och skulle kunna utgöra kanten av ett inhägnat gårdstun (se vidare kap 7). Vägen verkar ha lett till gårdsbebyggelsen och att den varit hägnad pekar mot att den kunnat fungera som fägata.

Med hjälp av utformningen av härdarna, hägnaderna och vägen går det att urskilja flera skeden. Spridda kolsplitter som insamlades under hela vägbanken ^{14}C-daterades till 1730–550 f Kr. Undersökarna menar att det skulle kunna röra sig om kol från en brandhorisont som föregått vägbyggandet. Vägfyllningen innehöll en liten andel skärvsten, något man menar härrörde från de intilliggande härdarna (Hörfors & Persson 1995:29f). Sannolikt har vägen haft en lång livstid, eftersom härdar och hägnader tar hänsyn till den.

Ann-Lili Nielsen föreslår att härdområdet skulle ha varit ett *vi*, dvs ett heligt område (A-L Nielsen 2005). Flera argument för detta framförs. Det fanns få härdar på boplatsen för övrigt – härdarna var samlade till detta specifika område, där det inom den antagna inhägnaden fanns 30 härdar och åtta kokgropar. Det saknades spår av byggnader inom härdområdet. Fyndsammansättningen talar enligt Nielsen för att platsen inte utgjort en ordinär bosättning, eftersom den största mängden fynd utgjordes av brända och obrända ben. Hon menar att den jämförelsevis stora mängden ben i relation till den centrala bosättningens (605 g i härdområdet och 745 g i den centrala bosättningens) är en antydan om att djur i större omfattning och under en mer begränsad period har ingått i något som kan vara rituella handlingar inom det hägnade området. Tyngst verkar dock väga det faktum att området tolkats som inhägnat i kombination med det faktum att det finns en väg som hon menar leder *fram till* det (A-L Nielsen 2005). Denna utformning av heliga områden är inte känd från andra platser i Sverige.

Jag bedömer att tolkningen av området som ursprungligen helt inhägnat vilar på alltför bräcklig grund, bl a för att den västra begränsningen inte förefaller ha samma karaktär som den norra och södra och att man därför inte utan vidare kan anta att de är samtida. Det finns vidare inget som talar för att hägnadsresterna avsett inhägna just härdområdet. Den tydligaste lämningen i området var vägen, dels i den stenlagda sträckning som har lett fram till området, dels i den sträckning där den lett *genom* området med riktning mot den folkvandringstida bebyggelsen. Vägen har fungerat strukturerande för såväl härdarnas placering som hägnadernas dragning. Att man i nedgrävda anläggningar påträffat huvuddelen av fynden från en boplats belägen i åkermark plöjd i sen tid kan betecknas som normal och förväntad fyndspridning.

Jag ansluter mig snarast till Hörfors och Perssons tolkning av området, som en del av en boplats (Hörfors & Persson 1995). Det är mycket vanligt att högstatusboplatser från äldre järnålder innehåller grupper av härdar, belägna på visst avstånd från själva bebyggelsen, där skilda härdgrupper haft skilda ändamål och jag har tolkat det aktuella härdområdet som en sådan härdgrupp. Vanligast verkar vara att härdarna haft samband med matlagning och specialiserad matberedning. Det finns även exempel på att områden av sistnämnda typ varit inhägnade (Gruber 2004:99ff).

Ben tillvaratogs vid grävning av anläggningar m m. Anläggningarna undersöktes till hälften med skärslev. Om anläggningarna var små undersöktes hela med skärslev. Vissa ytor handrensades för att söka belägga ytterligare hägnadskonstruktioner. Större anläggningar undersöktes i sin helhet. Ingen särskild strategi för benens insamling anges i rapporten. Från härdområdet analyserades 0,6 kg ben i samband med en sammanställning och bearbetning av undersökta boplatser i västra Linköping (A-L Nielsen 2005). Av 770 fragment kunde 252 artbestämmas (33%) (Wigh 2004b). Endast däggdjursben förekom i materialet, ej fisk eller fågel. De artbestämda fragmenten tillhör alla tamdjur. Åldersbestämt material kom från fullvuxet nöt, vuxna hästar samt både gamla och unga individer av gris och får/get (Wigh 2004b).

Vid **Järnstad** i Stora Åby socken (RAÄ 159) undersöktes ett boplatsområde omfattande flera områden med anläggningar, åtskilda av anläggningstomma ytor (Schönbeck muntl). Totalt avbanades 36 000 m^2. Centralt fanns ett område med lämningar av två treskeppiga hus, ett fyrstolpehus och ett möjligt fyrstolpehus, kokgropar, härdar, ugnar och ett kulturlager. I anslutning till de treskeppiga husen fanns hägnadsrester i form av käpphål. Området daterades till ca 100 f Kr–ca 550 e Kr med tyngdpunkt i 100 f Kr–ca 450 e Kr. Från detta område härrör de flesta benen och många framkom i gropen A10166. I en annan del av den undersökta ytan fanns rester av ett treskeppigt hus med datering till romersk järnålder samt en grupp med järnugnar, daterade till folkvandringstid och vendeltid (Schönbeck 2001:129ff). I åkermarken norr om det undersökta området finns skärvsten och jorden är mörk av sot och kol, något som indikerar att boplatsområdet fortsätter här. Att boplatsområdet dels varit stort, dels varit indelat i olika ytor med olika funktion, där ett varit avsatt för järnframställning, antyder att Järnstadboplatsen kan ha tillhört det övre skiktet i en lokal boplatshierarki.

I regel grävdes hälften av anläggningarna ut med skärslev, varvid fynd och ben tillvaratogs. Enstaka gropar med mycket fynd grävdes ut i sin helhet. Kulturlagren grävdes ut i 2x2 m stora rutor och jordmassorna från dessa sållades.

Vid Järnstad tillvaratogs 4,3 kg ben, varav drygt hälften identifierades (Sigvallius 1998). Nästan alla ben var brända (4,2 kg). Från nöt och häst förekom ben från de flesta kroppsregioner, men tandfragment utgör största mängden. Även för får och get förekom ben från alla kroppsregioner. Från gris finns mest tänder men även ben från fötter och övre delen av främre extremiteter. Benmaterialet visar att tamdjuren hållits, slaktats och konsumerats vid Järnstad. Enstaka fågelben fanns i materialet men de tillhör sannolikt ej tamhöns.

Vid **Hulje** i Högby socken (RAÄ 89) undersöktes delar av en boplats som daterades till äldre romersk järnålder (T Carlsson m fl 1997) belägen på en lokal höjdplatå. Boplatsspår fanns inom hela det 10 000 m^2 stora undersökningsområdet som endast utgjorde ett utsnitt av hela boplatsen. Inom platåns centrala delar påträffades tre säkra huslämningar från äldre järnålder. Två utgjordes av treskeppiga långhus från tidig romersk järnålder och en mindre enskeppig byggnad dateras typologiskt till övergången mellan yngre bronsålder och förromersk järnålder. Ytterligare ett, icke typbestämt, hus daterades till övergången mellan förromersk och romersk järnålder. Vidare fanns ett 90-tal härdar, åtta kokgropar, härd- och kokgropssystem, gropsystem samt tre brunnar.

Vid Hulje tillvaratogs 5,3 kg obrända och brända djurben (Sigvallius 1996b). Benmaterialet härrör från en enda anläggning, ett gropsystem (A4554). Gropsystemet undersöktes med handverktyg varefter jordmassorna undersöktes på hackbord. Fyllningen i gropsystemet vattensållades inte. Gropsystemet omfattade en yta av ca 11x13 m och bestod av en mängd gropar, 0,8–3,7 m i diameter, där de djupaste var ca 1,4 m (T Carlsson m fl 1997:40f, Kaliff 1999b, 2001). ^{14}C-prov visar att anläggningen använts under hela äldre romersk järnålder. I gropsystemet fanns en regelbunden stratigrafi med tydligt urskiljbara lager. Lagerbildningen antas ha varit liknande i alla gropar. Sotiga brandlager indikerade bl a att man bränt direkt i groparna. Tre tolkningsförslag för gropsystemet framfördes i rapporten (T Carlsson m fl 1997). 1. Groparna har tillkommit som täktgropar för lerklining för väggar samt lergolv i hus under bronsåldern. 2. Groparna har grävts för att vara avfallsgropar och är spåren av reglerad avfallshantering. 3. Groparna har tillkommit som mottagare av rituella depositioner. Tolkningen är av betydelse för om man skall anse att materialet är representativt för en boplats vid denna tid eller om det skall anses vara särskilt utvalt i offersyfte. Anders Kaliff har påpekat att dessa två kategorier snarare griper in i varandra än står i motsatsförhållande (Kaliff 1999b, 2001). Detta synsätt innebär att ett offrat material inte behöver avvika från vad som skulle tolkas som avfallsrester. Kaliff menar i detta sammanhang att platsen och gropsystemet är ett exempel på hur religiösa föreställningar och vardagsliv interagerar, snarare än exempel på en renodlad kultplats (Kaliff 1999b:85). Kaliff menar också att de härdar som framkom i anslutning till gropsystemet vid Hulje skall tolkas som en del av den rituella kontexten på platsen (Kaliff 1999b). Platsen kan ej ses som ett exempel på reglerade eldkultplatser av den mycket specifika typ som Raymond Thörn beskrivit (se kap 7) varför dessa ej kommer att vidare diskuteras. Undersökarna menar att den procentuella artfördelningen av tamdjur rimligen bör avspegla djurhållningen på platsen (T Carlsson m fl 1997:41ff). Jag har tolkat Hulje som en ordinär boplats och djurbenen som representativa härför.

Kvarteret Glaskulan i Linköping (RAÄ 162) har dateringsmässig tyngdpunkt i romersk järnålder och folkvandringstid (A-L Nielsen 1999). Undersökningen omfattade totalt ca 37 000 m^2. Med början i förromersk järnålder fanns tecken på metallhantering i området. Under romersk järnålder och folkvandringstid utnyttjades det som verkstadsplats för framför allt järnsmide men även, i mindre omfattning, bronsgjuteri. Spåren utgjordes av ett hundratal härdar, några ässjor, en ugn samt två mindre huskonstruktioner, kanske smedjor. Området har tolkats som del av en boplats där husen har legat utanför undersökningsområdet, i kvarteret Glasrutan 2 (se Karlenby 1996). Området förefaller ha varit avsatt för aktiviteter av speciell typ, framför allt specialiserat hantverk. Förekomsten av sådana områden på en boplats har jag tolkat som en indikation på att boplatsen hör hemma i det övre skiktet av en lokal boplatshierarki.

Flertalet ben fanns inom delområdena I och V. De arkeologiska lämningarna i delområde I bestod av ett 700 m^2 stort och intill 0,7 m tjockt kulturlager (A-L Nielsen 1999). I delområde V bestod de av ett ca 500 m^2 stort kulturlager. Kulturlagren grävdes för hand i 2x2 m stora rutor. Dessa grävdes i 0,10 m tjocka skikt ned till ren lera eller morän och jordmassorna från varje skikt gicks igenom på hackbord. Anläggningar som t ex härdar och stolphål grävdes ut med handverktyg. Endast halva anläggningarna undersöktes. Benmaterialet var starkt fragmenterat, varför det inte genomgått någon närmare analys. En preliminärbedömning av materialet för att se vilka djurarter som var representerade gjordes dock (Menander 1999). Endast 71 fragment kunde artbestämmas, för lite för att materialet skall anses vara statistiskt representativt.

Vid **Mjärdevi** i Slaka socken (RAÄ 224) undersöktes 3250 m^2 med odlingslämningar daterade från förromersk järnålder till medeltid med tyngdpunkt i romersk järnålder och folkvandringstid (Elfstrand 2005a, Elfstrand & Hennius 2006). I området framkom en mängd härdar, särskilt på och intill ett impediment. Lokalen tolkades som ett område med anknytning till en boplats, antingen som en boplatsutkant eller som ett område för speciella aktiviteter. Huvuddelen av området har varit brukat som åkermark i flera skeden, de tidigaste under förhistorisk tid (Elfstrand 2005a, Elfstrand & Hennius 2006). Till synes orörda härdar låg på olika nivåer i de förmodade odlingslagren. Härdarna låg spritt och området hade inte karaktären av härdområden kopplat till en högstatusbosättning. Benen i odlingslagren härrör troligen från en närbelägen boplats och bör då ha påförts åkern i samband med gödsling med boplatsavfall. Jag har tolkat dem som härrörande från en ordinär boplats, även om det naturligtvis är svårt att avgöra. De skulle också kunna ha samband med aktiviteter vid härdarna, även om det verkar mindre troligt. Namnet Mjärdevi antyder att det kan ha funnits ett *vi*, dvs forntida heligt område, i närheten men det fanns inga tecken i det arkeologiska materialet på att det legat inom det undersökta området.

Ben tillvaratogs dels i anläggningarna (dvs härdar och stolphål), dels i odlingslagren. Anläggningar grävdes i regel ut till hälften med skärslev och de fynd som då påträffades tillvaratogs. I kulturlagren insamlades fynden vid maskinschaktning. Primärt försökte man vid maskinschaktningen följa stratigrafin och ta bort ett lager i taget. Ofta var detta dock inte möjligt. Med maskin schaktades då bort skikt om 5–10 cm över hela ytan. Efter en sådan schaktning avsöktes den exponerade ytan noga efter fynd och ben som då mättes in med sitt exakta läge. Sju provrutor om 1x1 m grävdes i lagren. Även här grävdes artificiella skikt om ca 10 cm när inga lager var synliga. Jordmassorna gicks igenom på hackbord. Den kompakta leran har gjort att ben bevarats, samtidigt som de splittrats vid senare tiders jordbruk.

Vid Mjärdevi påträffades 6,3 kg ben, varav 5,2 kg identifierades till art eller djurgrupp (Wigh 2002). Från undersökningen finns ben från alla kroppsregioner av djuren, något som tyder på att materialet representerar slakt, styckning och konsumtion. Majoriteten av benen av nöt kom från fullvuxna individer. Endast två fragment kom från ej helt fullvuxna individer (Wigh 2002:21). I materialet fanns ben från 5 galtar och en sugga, alla vuxna djur. Dessutom fanns ett svin yngre än 3,5 år. För får/get fanns käkar av ett fjolårslamm, ca 1,5 år gammalt samt en 3–4 år gammal individ. Troligen har utslaktning av får/get skett regelbundet och större utslaktningar har skett vid djurens första eller andra höst. Ben av en icke fullvuxen häst, yngre än 4 år, samt en äldre häst med slitna tänder fanns i materialet (Wigh 2002).

Gullborg i Tingstad socken (RAÄ 54) är en fornborg från 300–500 e Kr med dateringsmässig tyngdpunkt kring 400 e Kr (Olausson 1987:404). Fornborgen ligger på toppen av ett berg, omgivet av flack odlingsbygd. Den begränsas på ena sidan av bergsbranten och på den andra sidan finns spår av en ca 125 m lång, vinkelböjd mur med en ursprunglig bredd av ca 8 m och en ursprunglig höjd av ca 1,5 m. Det inhägnade, flacka krönpartiet omfattar ca 75x40 m eller 0,3 ha. Inom den centrala platån tog Bror Schnittger år 1909 upp 8 schakt med en sammanlagd yta av 210 m^2. Enligt Schnittger var stora delar av platån täckta av kulturlager, innehållande kol- och sotblandad jord med många stora stenar men uppgifter om eventuell stratigrafi saknas. Den publicerade planen (Nordén 1938) visar emellertid att schakten varit placerade i jordfyllda skrevor på platån och att väl hälften av ytan innanför muren bestått av berg i dagen. Det finns inga uppgifter om att hus eller andra anläggningar skall ha framkommit i undersökningsschakten. Fynden utgjordes av en liten spirallagd guldten, tre bronsfibulor, två hårnålar av ben, en glasskärva tillhörig mynningskanten av en glasbägare med inslipade ovaler, ett halsfragment av en flaska, ett fragment av slidbeslag till ett svärd, tre spjutspetsar, knivar, beslag – både hela och fragmenterade, slagg, slip- och brynstenar, ett skifferredskap av stenålderstyp, en malsten, en marleka, en lie, broddar till kreatur, hästskosöm, ca 130 fragment av vävtyngder såväl trissformade som pyramidformiga, keramikskärvor tillhöriga stora förrådskärl, mindre kärl samt silkärl (ibland kallade perforerade kärl). Här framkom också sönderslagna ben av kreatur (Nordén 1938:282, Olausson 1987:401f, Schnittger 1909). Fynden tillhör huvudsakligen kategorierna smycken, glasbägare, vapen, beslag, jordbruksverktyg inklusive brynen, vävtyngder och keramikkärl.

Arthur Nordén har med hänvisning till kulturlagren och fynden, tolkat Gullborg som ett av de bästa exemplen bland de östgötska fornborgarna på bebyggelse av mera långvarig karaktär och av större befolkningsomfattning (Nordén 1938:339). Vävtyngder har hittats i större antal vid undersökningar av östgötska fornborgar och särskilt på Vikbolandet. Michael Olausson har i sin tolkning tagit fasta på fynden av vävtyngder vid Gullborg. Han menar att Gullborg varit en befäst gård tillhörig den sociala eliten (Olausson 1987:406f, jfr också Widgren 1998). På platsen har fokus, enligt Olausson, legat på textilhantverk med ull som råvara. Ann-Lili Nielsen menar att fynden härstammar från en elitmiljö men framhåller också att platsen kan ha haft någon form av "kultisk funktion" (A-L Nielsen 1996:87f). Som argument härför anför hon att namnet Gullborg kan ha kultisk anknytning. Skärvan av en glasbägare, fingerringen och vapenfynden uppfattar hon som uttryck för en elitär miljö (A-L Nielsen 1996:87f). Nielsen ansluter sig för övrigt till Olaussons idé om en permanent bebodd gård tillhörig elitskiktet.

Besök på platsen ger vid handen att platån på bergets topp där gården antas ha legat är mycket ojämn med stora ytor av berg i dagen och med många skrevor. Det är mycket svårt att föreställa sig var ett långhus skulle kunna ha legat. Dessutom är krönplatån svåråtkomlig på grund av den branta sluttningen i alla riktningar. Närmaste tänkbara plats för ett långhus ligger på de plana markerna nedanför berget med fornborgen, som närmast ca en halv kilometer från det inhägnade krönet.

Fyndmaterialets sammansättning liknar inte det vi känner från vanliga boplatser, varken från tidigare, samtida eller något senare perioder i Östergötland. Föremålsrepertoaren liknar mest den från offerplatser och gravar. Just kombinationen med djurben, skärvor av glasbägare, pärlor, keramik från såväl hela som fragmenterade kärl samt silkärl känner vi från offerkontexter i södra och mellersta Sverige från romersk järnålder/folkvandringstid (Arbman 1945, A Carlie 1998, Lindqvist 1910, Petersson 2004a, Stjernquist 1985). Silkärl förekommer i liten utsträckning på ordinära boplatser, däremot på offerplatser av olika typer (Stilborg muntl). Vapen som offer känner vi från de stora vapenofferfynden (Hagberg 1967). Särskilt på folkvandringstida gravfält i Småland och Östergötland finns ofta fynd som saknar anknytning till specifika gravgömmor och som tolkas som offrade på gravfälten (Nordman 1997:126). Speciellt knivar förekommer nedstuckna i jorden antingen i gravarna eller utanför. Samma sak gäller för fibulor av olika typ, som kan förekomma i anslutning till gravöverbyggnaderna eller också helt utan anknytning till specifika gravar (Petersson 2004a). En annan typ av offerfynd representeras av Käringsjön. Här har keramik och alldagliga jordbruksredskap av trä som årder och räfsor offrats i en myr (Arbman 1945, A Carlie 1998). Offerfyndens spridning kan enligt Anne Carlie sättas i samband med solens rörelser på himlavalvet vid uppgång och nedgång under vår och höst och fynden tolkas som spår av en fredlig agrarbefolknings offer i samband med fruktbarhetskult (A Carlie 1998). Spår av järnhantverk förekommer ofta på platser med rituell karaktär (jfr Lindeblad & Nielsen 1997) och järnslagg hittas ofta i gravar.

För att hitta paralleller till fyndsammansättningen i Gullborgsmaterialet måste man söka sig till den rituella sfären. Platsen i sig, en taggig bergstopp utan större sammanhängande plana ytor, talar också mot en tolkning som permanent bosättning. Den enda fyndgrupp som saknar motsvarighet bland rituellt färgade fyndkontexter är vävtyngderna. Sådana framkom i ett mindre hantverkshus på en delvis undersökt boplats (RAÄ 84:3, Linköping) med anläggningstid kring Kr f (Hörfors 2002:182ff) men förekommer för övrigt i fornborgarna i Östergötland. Å andra sidan är antalet vävtyngder och vävtyngdsfragment från Gullborg exceptionellt. Detta styrker en tolkning som ligger utanför vardagssfären. Utifrån dessa iakttagelser och jämförelser tolkar jag Gullborg i rituella termer, som en plats med lokal betydelse i religionen. Min tolkning ansluter sig till A-L Nielsens, men i motsats till henne bedömer jag att det inte funnits någon permanent bosättning på platsen.

Exakt vilken strategi som använts vid insamlingen av benmaterialet vid Gullborg framgår ej av publicerat material. Benen från Gullborg analyserades av Helena Hedelin och ingick i projektet

”Upplands fornborgar” (Hedelin 1987). Analysresultaten presenterades i en C-uppsats i osteologi. Den sammanlagda vikten av analyserade ben uppgick till 5,3 kg. Materialet utgjordes av 1278 fragment och andelen fragment identifierade till art och kroppsdel uppgick till 22%. En mindre del kunde ålders- och könsbestämmas och MIND-beräkningar presenterades.

Borgs säteri i Borgs socken (RAÄ 276) är platsen för en gård med arkeologiskt undersökta lämningar från 700-talet till 1500-talet e Kr (Lindeblad & Nielsen 1997, Lindeblad 1996, A-L Nielsen 2001). De arkeologiska undersökningarna omfattade 6500 m^2 där det ställvis förekom metertjocka kulturlager. Gården vid Borg har från 700-talet, när den först syns i det arkeologiska materialet, varit en stormannagård sannolikt med lokal betydelse och den ingår i en samling av centralplatsindikerande lokaler (Lindeblad 1996). I Borg fanns enstaka hus samlade kring en gårdsplan, ett område som var platsen för hedniska ritualer fram till 1000-talet. Detta område var åtskilt från själva bostadsdelen med ett grävt, stenfyllt dike. Under 900-talet märks en formlig explosion av kultiska ceremonier på platsen och en timmerbyggnad uppfördes mitt på gårdsplanen. I byggnaden fanns ett stenfundament, troligen för en gudabild och i byggnaden hittades två amulettringar. På gårdsplanen fanns två järnframställningsugnar och utanför husets västra del, intill en bergsklack fanns en depå med 98 amulettringar (inklusive halvfärdiga ringar). Hela gårdsplanen var full med ben från slaktade tamdjur som kor, hästar, grisar, katter och hundar. En ovanligt stor del av benen var från skallar och andra köttfattiga delar av djuren. Det här förstärker bilden av att det rör sig om matoffer förknippade med offermåltider (A-L Nielsen 2001:201). Hundarna var i storlek från knähundar upp till vargstorlek och ett tiotal individer fanns representerade. I åtminstone ett fall har det kunnat konstateras att hunden har blivit halshuggen och på två fragment finns även huggspår vid bäckenpartiet på hunden. Dessa iakttagelser tolkar Nielsen som spår av rituell slakt (A-L Nielsen 2001:201). Intressant är djurbenens spridning. Hundbenen fanns framför allt koncentrerade väst och nordväst om amulettringarna. Benen av gris var uppdelade efter kön. Ben från suggor låg nära amulettringarna medan ben av galtar var mera spridda över gårdsplanen (Lindeblad 1996:68), dock med koncentration till de två järnframställningsugnarna (A-L Nielsen 2001:201). Strax utanför kultbyggnaden låg en genomborrad örnklo, använd som amulett. På gårdsplanen fanns en mängd ben från vilda djur bl a kronhjort, grävling, räv och varg. När det hedniska blotet och ceremonierna upphörde på 1000-talet har kulthuset monterats ner och ytan övertäckts med ett tjockt lager grus (A-L Nielsen 2001:201). Benen från det vikingatida Borg härrör från den rituella kontexten. På 1000-talet flyttades bebyggelsen österut. Arkivalier visar att gården på 1300-talet fungerat som en kungsgård. Kungsgården dominerades av ett bostadshus med fönster av glas. Fynd som betonade platsens högreståndskaraktär gjordes i form av sporrar, armborstpilar och delar av ringbrynjor liksom skärvor av rhenländska vinkannor och glasbägare. Fynd av vardaglig karaktär framkom också (Lindeblad & Nielsen 1997). Benen från det tidigmedeltida Borg härrör från denna profana högstatuskontext.

Från Borgs säteri valdes ca 75 kg djurben ut för analys (Jonsson 1997). Materialet utgörs av ca 8000 fragment där ca 70% identifierades till art och kroppsdel. Även ålders- och könsbestämningar utfördes. Den anatomiska representationen för köttdjur i de olika områdena i Borg liknar den man kan finna på andra samtida lantgårdar (Jonsson 1997). Några slutsatser för övrigt angående djurhållningen vid Borg dras ej i den osteologiska rapporten.

Herrebro i Borgs socken (RAÄ 51) har tolkats som en säsongsmässigt använd marknadsplats där de tydligaste arkeologiska lämningarna talar om specialiserat hantverk (Lindeblad & Nielsen 1993). Platsen är belägen vid Norsån, ett vattendrag som har förbindelse med Glan, och daterades till yngre järnålder. En dateringsmässig tyngdpunkt ligger i 700-talet. Dateringar från platsen omspänner dock perioden från tiden för Kristi födelse till tidigmedeltid. Undersökningarna omfattade 5650 m^2. Lokalen var belägen i kanten av det forna Herrebrokärret. Här fanns ett 250 m^2 stort kulturlager, rester av en mindre stenpir ut i kärret samt spår av en enklare bodbyggnad eller vindskydd. De flesta anläggningarna utgjordes dock av härdar, gropar och kokgropar. Fynden visar på pärltillverkning och smidesverksamhet. Indikationer på ben- och hornhantverk finns och även spår av att reparationsarbete på båtar förekommit. Man har antagit att den undersökta gården vid Borgs säteri (RAÄ 276) legat bakom hantverksplatsen och marknaden (Lindeblad & Nielsen 1993).

Kulturlagret (där djurbenen framkom) grävdes för hand i 2x2 m stora rutor. Dessa grävdes i 0,10 m tjocka stick och jordmassorna från varje stick gicks igenom på hackbord.

Vid Herrebro tillvaratogs 17,9 kg ben och benen är välbevarade (Evanni 1989, Hedelin 1990). En stor del av rörbenen och även vissa andra ben är märgspjälkade och visar spår av styckning. Av de ben som härrör från häst och nöt finns ben från alla kroppsdelar men största delen utgörs av slaktavfall, dvs tänder, mellanfotsben, tå- och vristben. Även från svin och får/get finns alla kroppsdelar representerade. Detta talar för att man såväl slaktat som förtärt djuren på platsen. Eftersom Herrebro tolkats som en säsongsvis använd marknadsplats talar det för att djuren har förts hit levande.

Majoriteten av nötkreaturen var vid slakttillfället minst 1,5 år och flera var över 3 år. Endast få var slaktade före 1,5 års ålder. Från får/get finns enstaka ben som härrör från lamm eller killing. De övriga är från djur äldre än 1–2 år. Ett ben kom från ett djur som var äldre än 2,5 – 3 år. De flesta svinen var över 1–2 år vid slakt, men yngre än 3,5 år. Några fragment härrör från spädgris som slaktats före 1 års ålder. Alla hästar i materialet har varit gamla när de slaktades eftersom alla åldersbestämda hästben var fuserade (Evanni 1989, Hedelin 1990).

Strandvägen i Motala (RAÄ 173) var en lokal med huvudsakligen mesolitiska lämningar, vilka överlagrades av ett fossilt odlingslager som täckte en stor del av den mesolitiska boplatsen (T Carlsson 2004a, 2004b). Från odlingslagret finns ett benmaterial som tillhör yngre järnålder och tidig medeltid (med ^{14}C-dateringar från perioden 670–1300 e Kr). Från det fossila odlingslagret finns ett fyndmaterial jämte enstaka anläggningar som tolkats som tecken på specialiserat hantverk som järnsmide och bronsgjutning. Vidare framkom högmedeltida mynt samt ett viktlod, vilket tyder på att det här även bedrivits handel, kanske har här funnits en säsongsvis använd marknadsplats (Lindeblad 2006). I det medeltida skriftliga källmaterialet nämns hantverkstomter i Motala och Karin Lindeblad bedömer att dessa legat på Strömmens södra strand, nära undersökningsområdet. Ytan har uppodlats först under nyare tid. Benmaterialet kan således ha samband med en hantverksplats där handel också bedrivits.

Benen i det fossila odlingslagret tillvaratogs från 1x1 m stora enheter som omfattade hela lagrets tjocklek. Jordmassorna vattensållades.

Från Strandvägen analyserades 0,8 kg ben från vikingatid med inslag av tidig-/högmedeltid (Sigvallius 2001). Från nöt utgörs benmaterialet huvudsakligen av tänder men benfragment från alla övriga kroppsdelar finns representerade. Förhållandet var likartat för gris. För får/get utgjordes hälften av benmaterialet av tänder. Av övriga kroppsdelar fanns mest fragment från bakre extremiteter. Från häst fanns ett mellanfotsben och en halskota som eventuellt härrör från häst. Bland övriga djur fanns hund, katt, hare, tamhöns och fågel företrädda (Sigvallius 2001).

Stora Ullevi i Linköping (RAÄ 345) var den by som under medeltiden hade de flesta tomterna i området kring Linköping, femton tomter uppdelade på två klungor, s k holmar. Tre tomter på den östra holmen berördes av arkeologiska undersökningar som år 1998 omfattade ca 6500 m^2 (T Carlsson m fl 2001) och år 2003 omfattade drygt 1000 m^2 (Lindeblad & Tagesson 2005a, 2005b).

Undersökningarna vid Stora Ullevi visade att bebyggelsen etablerades på själva bytomten under folkvandringstid. Man har antagit att det varit den ledande gården i området som flyttat hit. Delar av denna äldre bosättning har tidigare undersökts i olika etapper (A-L Nielsen 2005). Bostadshus från folkvandringstid och vendeltid saknades inom undersökningsytan vid Stora Ullevi, men brunnar och andra anläggningar visar att dessa bör finnas i närheten. Under sen vendeltid/tidig vikingatid ändrades sannolikt gårdsstrukturen och från och med denna tid fanns lämningar efter ett enskeppigt långhus med takbärande väggar samt ekonomibyggnader inom undersökningsområdet (Lindeblad & Tagesson 2005a). Bebyggelsen hade också resulterat i upp till 0,8 m tjocka kulturlager. Karin Lindeblad har antagit att denna tidiga bebyggelse utgjorts av en enda gård och att denna varit efterföljaren till den äldre järnåldersgård som varit belägen ca 500 m öster om bytomten. Hon menar att det exklusiva fyndmaterialet från sen medeltid indikerar en högstatusmiljö inom tomt A vid Stora Ullevi och hon tolkar detta tillsammans med bebyggelseutvecklingen som ett tecken på att det legat en gård som dominerat området på Stora Ullevis östra holme redan under förhistorisk tid (Lindeblad muntl). Under tidig medeltid har husen på bytomten ersatts med nya på ungefär samma plats som tidigare och husen i områdets norra del har fått ändrad orientering. Under 1200-talets början har en reglering skett och bebyggelsen anpassats efter det tomtsystem som framgår av de äldsta kartorna. Jag har bedömt att benmaterialet från Stora Ullevi tillhör en högstatusbosättning.

Kulturlagren undersöktes lagervis där stratigrafiska lager var urskiljbara medan partier utan tydlig stratigrafi undersöktes i artificiella skikt. Kulturlagren indelades i 1x1 meter stora rutor för insamling av fynd och ben. De urskiljbara lagren grävdes för hand med skärslev medan de övriga lagren undersöktes på hackbord. Jordmassorna sållades ej. Benmaterialet har med utgångspunkt i stratigrafier kunnat hänföras till skilda perioder.

I samband med 1998 års undersökning vid Stora Ullevi utfördes osteologisk analys av 10,7 kg ben, varav 7,6 kg identifierades till art (Wigh 2000). Till perioden senvikingatid/tidigmedeltid hörde lager 6 samt A7143 och A7400 med sammanlagt 1,5 kg artbestämda ben. Från 2003 års undersökning analyserades ca 5,5 kg ben, varav ungefär 5 kg identifierades till art (Wigh 2004a). Till den tidigmedeltida perioden hörde grupp 11, 15 och 21 med sammanlagt 2 kg artbestämda ben. I min sammanställning har jag adderat benen från de två undersökningarna för perioden senvikingatid/tidigmedeltid. Stora Ullevi bör då ännu ha varit en agrar bosättning, opåverkad av närheten till staden. Under 1200-talet fanns nämligen ingen tätort där stadsbebyggelsen i Linköping senare hittas (Tagesson muntl). Bebyggelse vid domkyrkan kan ha funnits efter kontinentalt mönster men inga arkeologiska spår härav finns ännu. Linköping fick formella stadsrättigheter först på 1280-talet och först kring år 1300 dyker stadsgårdar, stadstomter m m upp i arkivalier och arkeologiskt material (Tagesson muntl).

Artfördelningen mellan fragment av nöt, får/get och svin är relativt jämn. Majoriteten av nöt har slaktats vid vuxen ålder och Wigh tolkar nötkreaturshållningen som inriktad på mejeriprodukter medan köttproduktionen varit sekundär. Det var de uttjänta mjölkkorna som slaktades. Wigh (2004a) bedömer att gruppen får/get mestadels bestått av får och att majoriteten blivit slaktade på hösten som årslamm eller fjolårslamm. Enligt Wigh tyder detta utslaktningsmönster på att fårskötseln varit inriktad på mejeriproduktion, då lammen inte gav mycket ull eller kött. Med ledning av representation av olika kroppsdelar hos nöt och får antar Wigh (2000) att nöt och får slaktades och konsumerades på platsen. En majoritet av svin slaktades innan två års ålder när de nått optimal slaktvikt i förhållande till kostnaderna för föda och skötsel. I materialet fanns flera galtar än suggor och Wigh bedömer att en större andel suggor slaktats vid tidig ålder. Det fanns en relativt stor andel häst bland djurbenen från Stora Ullevi jämfört med samtida städer som Sigtuna och Birka. Wigh menar att häst regelbundet har ingått i kosten vid Stora Ullevi (Wigh 2002, 2004a).

KAPITEL 5

DJURHÅLLNING PÅ GÅRDEN

I föregående kapitel undersöktes hur proportionerna mellan husdjursarterna nöt, får/get, gris och häst varierat på olika typer av lokaler och möjliga orsaker till variationerna diskuterades. I detta kapitel undersöks i vilken mån djurhållningen avseende dessa djurarter påverkat utformningen av östgötska boplatser under yngre bronsålder, äldre järnålder och folkvandringstid. Benämningarna djuren, tamdjuren och husdjuren syftar i denna text på omnämnda djurarter. Analyserna omfattar såväl de arkeologiska spåren av djurhållningen kopplade till långhusen, som de ikringliggande områdena (fig 24). En boplats utformning med avseende på djurhållningen ger ledtrådar till hur man ska föreställa sig att den övergripande djurhållningsstrategin kopplad till den boplatsen gestaltat sig och vilken inriktning den haft. Resultaten från detta kapitel ligger till grund för vidare resonemang i kommande kapitel.

Under den tid vi känner från historiska källor har djurhållningen vintertid oftast koncentrerats till själva gårdarna och här till fähusen. En tidig och detaljerad källa från 1500-talets mitt och senare hälft är bevarade kungsgårdsräkenskaper från södra och mellersta Sverige. Dessa visar att det vanligaste var att kungsgårdarnas boskap hölls stallade i fähus mellan 24 och 30 veckor om året och att det vanligaste var 28 veckor. Boskapshållningen var inriktad på mjölkproduktion för vidareförädling till smör (Björnhag & Myrdal 1994:77). Frågan om när man började vinterstalla husdjuren i fähus och vilka de arkeologiska indikationerna på detta egentligen är har givit upphov till en livlig debatt under 1990-talet (t ex L Carlie 1999, Engelmark 1992, Olausson 1998, Pedersen & Widgren 1998:253ff, Viklund 1998a, Viklund m fl 1998), och är något jag bygger vidare på i denna delundersökning. Forskningen har huvudsakligen varit koncentrerad till de treskeppiga långhusen, vilka man menar ibland innehållit en fähusdel. Frågan kompliceras av att säkra spår av båsindelning saknas före romersk järnålder i Sverige, varför man sökt hitta andra indicier för fähus (Olausson 1998). Områdena kring husen, gårdstun och utanför liggande områden har i liten grad dragits in i dessa diskussioner (se dock L Carlie 1999).

Istället för att söka fastställa om fähus funnits eller ej, och i så fall specificera vad som avses med fähus, antyder min undersökning att det är mera relevant att tolka spåren av djurens närvaro i husen utefter en glidande skala, där ena ytterligheten är långhus med tydlig fähusdel och den andra långhus dit djuren sannolikt saknat tillträde. I slutet av kapitlet presenteras exempel ur det östgötska materialet på skilda lösningar för djurhållningen. Redan från förromersk järnålder finns exempel på långhus med särskilda byggnadstekniska lösningar vilka jag kopplat till djurens stallning. Ett möjligt exempel finns också från yngre bronsålder. Från tiden kring Kristi födelse finns de första långhusen med fähusdel där spåren antyder att djurhållningen liknat fähusdrift från historisk tid. Min undersökning av spåren i husen pekar mot att utegångsdrift varit den förhärskande djurhållningsstrategin under hela den period jag undersökt - yngre bronsålder till och med folkvandringstid.

VARFÖR STALLADES DJUREN?

Det finns skriftliga källor som visar på en utbredd utegångsdrift för nöt även i kallt klimat (Zimmermann 1999). De gotländska russen har av tradition strövat fritt utomhus, för att infångas och tämjas vid behov. Detta verkar vara ett system för hästhållning som funnits i Skandinavien redan under yngre järnåldern (Sundkvist 2001). Även gris och får kan leva utomhus större delen av året utan att ta skada. Moderna studier visar att djurens hälsa blir bättre i utegångsdrift och djuren härdigare (Zimmermann 1999).

Fähusdrift, eller en strategi där djuren vistas mycket inomhus, medför avsevärt merarbete och en rad nya problem som måste lösas. Det största kanske är att man behöver samla in vinterfoder som sedan måste lagras så att det inte förstörs. Mängden foder beror på hur länge djuren vistas inomhus. Från historisk tid finns många källor som pekar mot att fähusdrift inneburit att djuren systematiskt fått mindre foder under vintern – man har velat att så många djur som möjligt skulle överleva vintern (se t ex Øye 1998:48). Detta har inneburit att de djur som överlevde vintern varit i dålig kondition när våren kom. Vattenförsörjning för djuren under vintern måste ordnas. Det vanligaste har nog varit att man fört ut djuren till vattning varje dag. Utgödsling är en annan fråga som måste

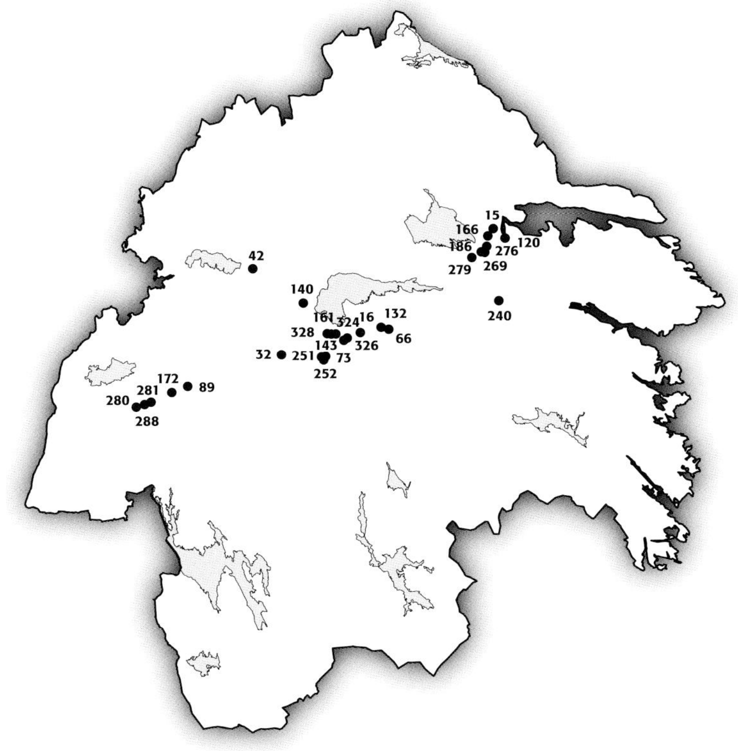

Fig 24. De lokaler som ingår i undersökningen är markerade med respektive nummer i Fornminnesregistret, se vidare fig 33. Grafik Lars Östlin. *The sites included in the investigation. The numbers are ancient monument registration numbers (RAÄ), see further fig. 33.*

lösas. Stallning under längre perioder ger en fuktigare inomhusmiljö, framför allt i fähusdelen men kanske även i resten av huset. Djuren kan få problem med klövar respektive hovar på fuktigt underlag, ett förhållande som varit känt sedan länge (Zimmermann 1999:306 och där anförd litteratur). Av gödsel och urin utvecklas ammoniak, metan och andra s k jordgaser (Mårtensson & Svala 1998:92f). Man försöker förhindra processerna genom att tillföra färskt strö. Ammoniakångorna är skadliga att inandas för såväl djur som människor. Lunginflammation och kronisk astma kan utvecklas. Djuren påverkas också särskilt negativt av mögelsporer (Mårtensson & Svala 1998). Sjukdomar som TBC sprids lättare mellan djur som står tätt ihop i fähusen. Zoonoser, dvs parasitära sjukdomar som är överförbara från djur till människor torde öka drastiskt i och med regelrätt fähusdrift (Borna-Ahlkvist 2002:114 och där anförd litteratur). Det finns alltså uppenbara nackdelar med att välja fähusdrift framför utegångsdrift, det torde medföra ett stort merarbete och sannolikt även ökad ohälsa hos djur och människor. Haio Zimmermann (1999) har på ett klarläggande sätt sammanfattat såväl för- som nackdelarna.

Varför går man då över från utegångsdrift till fähusdrift? Olika forskare ger olika förklaringar och orsakssambanden kan grovt indelas i tre kategorier; de som huvudsakligen har med åkerbrukets behov att göra, de som har med djurhållning och djurens behov att göra samt mera komplexa förklaringar av icke- deterministisk natur.

Janken Myrdal (1988) har anlagt ett bredare perspektiv för att förklara jordbruksproduktionens omvandling i Norden vid vår tideräknings början. Han räknar med flera samverkande faktorer som han benämner "det agrartekniska komplexet". Han menar att de olika delarna i produktionsomvandlingen gynnade varandra och ett komplex av fähus, slåtter med järnlie och räfsa, gödsling och mera permanenta åkrar samt årder med separat bill efter hand infördes under denna tid. Myrdal karaktäriserar förloppet kring Kristi födelse som en övergång från utegångsdrift till fähusdrift, som han menar ersätter utegångsdriften i Norden vid den här tiden (Myrdal 1988:193ff). Andra forskare räknar också med en sådan fullständig övergång från utegångsdrift till fähusdrift ungefär vid samma tid (Göthberg 2000:231), eller något senare (Widgren 1983, Pedersen & Widgren 1998). Göthberg räknar med att det dessförinnan funnits övergångsformer (Göthberg 2000:231). Kristian Kristiansen (1988) menar att man börjat experimentera med vinterstallning av djur under bronsålderns slutfas och att fähusdriften blev dominerande kring 500 f Kr i Danmark. Han ser orsaken till fähusdrift i att man under en lång tid överutnyttjat naturresurserna och sugit ut marken. Fähusdrift ses som ett sätt att med hjälp av gödsel återställa åkrarnas bördighet (Kristiansen 1988:104f).

I Skåne visade makrofossilanalyser på förändringar inom sädesodlingen under mellersta bronsålder, omkring 1000 f Kr (Engelmark 1992, 1993, S Gustafsson 1995). Förändringarna har av vissa forskare tolkats som delar av ett nytt agrartekniskt komplex, där komponenterna var gödslade åkrar, skalkorn, fähus med vinterstallade djur, ängar och insamling av vinterfoder (Engelmark 1998, Viklund 1998b). Det antagna orsakssambandet beskrivs nedan. Fasta åkrar med gödslad ensädesodling av korn anlades, där skalkorn blev den viktigaste grödan. Skalkorn behöver stora mängder lättlösliga näringsämnen, främst kväve (i form av gödsel), för att ge skälig avkastning. Antalet nitrofila (kväveälskande) ogräsarter ökade markant vid början av järnåldern, något som ansetts bero på introduktionen av gödseljordbruk. Dåtidens människor började också skära säden nere vid marken istället för högre upp. Forskare har menat att gödselinsamlingen effektiviserades genom att djuren hölls i fähus och Roger Engelmark (1998) menar att man generellt sett stallat husdjuren från och med yngre bronsålder i stora delar av Sverige. För djurens foder nämner han särskilt hö och menar att de förhistoriska slåttermarkerna har utgjorts av naturliga strandängar och myrmarker (Engelmark 1998). Gödseln i husens fähusdel har lämnat spår i marken i form av förhöjda fosfatvärden i jämförelse med husens bostadsdel, liksom andra markkemiska förändringar (Linderholm 1998). I fähusen finns också spår av djurens foder i form av makrofossiler. I bostadsdelen finns istället spår av mat och matförvaring i form av förbrända sädeskorn (Engelmark 1998, Viklund 1998b). Genom en kombination av makrofossilanalys och markkemisk analys av långhus anser man det vara möjligt att avgöra om ett hus innehållit fähusdel eller inte (Engelmark 1998, Linderholm 1998, Viklund 1998b). Viklund ger exempel på att fähusdel i långhus från mellersta och yngre bronsålder belagts med denna metod (Viklund 1998b:20). Vid Fosie IV tydde det arkeobotaniska materialet enlig Stefan Gustafsson på att gödselbruk infördes under mellersta bronsåldern (S Gustafsson 1995:23). Andra indikationer på fähus saknades i det arkeologiska materialet (Björhem & Säfvestad 1993, S Gustafsson 1995).

Sambandet mellan att skalkornet blivit dominerande, införandet av gödseljordbruk och förekomst av nitrofila ogräs har emellertid ifrågasatts (Lagerås & Regnell 1999:267f). Man menar att makrofossilerna istället kan vara beroende av skördeteknik – om bara axen skördades kom inte ogräsen med in till boplatserna. Därmed ställer man sig också tveksam till att skalkornets genombrott verkligen speglar en introduktion av gödsling, samt också om det finns ett samband mellan gödslingens införande och långhusens utveckling (Lagerås & Regnell 1999). Stig Welinder menar också att det makrofossila materialet tyder på att det funnits gödslade åkrar åtminstone sedan äldre delen av mellanneolitikum även om stallgödsel kom i regelbunden användning först vid övergången mot yngre bronsålder (Welinder 1998:141).

Det har ofta framförts att en klimatförändring mot kallare väder vid början av järnåldern, den s k fimbulvintern, medfört att man blivit tvungen att stalla djuren vintertid för att de annars inte skulle överleva kylan. Nyare klimatforskning har visat att denna beskrivning av klimatet inte stämmer (Pedersen & Widgren 1998:246ff och där anförd litteratur). Myrdal påpekar också att klimatet i stora delar av Norden inte utgör något hinder för att bedriva utegångsdrift med nötboskap (Myrdal 1988:195). Zimmermann (1999) menar ändå att klimatet varit en viktig faktor i övergången till fähusdrift. Andra förklaringar (eller delförklaringar) till fähusdrift har varit att fler djur skulle överleva vintern om de stallades och att man alltså totalt sett behövde ha färre djur (Myrdal 1988:195). Orsaken kan ha varit att man ville skydda djuren mot boskapsstöld genom att hålla dem inomhus (jfr A T Lucas 1989), att djuren blir friskare om de får vara i fähus (Algers 1998:116), något som det mesta dock talar emot, samt att det skett en förändring i synen på djur som medfört att man så småningom kunde tänka sig att ha dem i samma hus som människorna (Åhrlin 1999). Det har också hävdats att djuren i långhusets fähusdel gav värme till bostadsdelen. Försök har visat att värmeeffekten är ytterst begränsad (J Nielsen 2002:9).

En drivkraft för att gå över till fähusdrift kan höra samman med en rationellare mjölkhushållning (Pedersen & Widgren 1998:254f). Ett flertal belägg för fähus från äldre och mellersta bronsålder finns från Nordsjöns södra kust – Holland, Nordtyskland och Jylland (Olausson 1998:31). Vind och kyla minskar mjölkavkastningen, något som ses som en förklaring till det tidiga genombrottet för fähus här. Stallningen anses här ha effektiviserat och utvecklat mjölkhanteringen (Myrdal 1988:195, Olausson 1998:32).

Lennart Carlie har på ett befriande sätt flyttat fokus i debatten från antingen – eller i fråga om fähus till ett mera differentierat synsätt. Han menar att tolkningen av fähus/stall i ena delen av långhus (företrädesvis den östra) i alltför hög grad influerats av några få danska fynd (L Carlie 1999:106). ”Under förromersk järnålder finns [hus med synliga stall/fähus] belagda enbart vid Gröntoft och Hodde medan övriga lokaler som finns refererade i litteraturen uppvisar huslämningar där spår efter stall/fähus och en eventuell båsindelning är mer svårtolkad. Under romersk järnålder föreligger inga tydliga spår efter bås i en eventuell stall-/fähusdel i husen. Från folkvandringstid men också under senare delen av yngre järnålder är det enbart från Vorbasse som man har registrerat bås, dock i ett begränsat antal hus. Under folkvandringstid rör det sig om knappa tiotalet och under vendeltid – vikingatid tre stycken ” (L Carlie 1999:106). Per Ethelbergs presentation av Sønderjyllands bebyggelse visar att det finns ytterligare belägg för båsindelning från förromersk järnålder och senare (Ethelberg 2003), men Carlies kritik är fortfarande relevant.

Carlie vänder sig också mot ett maximerande sätt att beräkna antalet djur som kan ha fått plats i husens ekonomidel – i flera beräkningar har man räknat med att ekonomidelen varit helt fylld av djur (Løken 1987, Pederson & Widgren 1998). Carlie visar att det i södra Halland i de flesta fall saknas spår av förrådsutrymmen för den volym foder som skulle krävas för stallning av ett så stort antal djur, antingen fodret förvarats i en vind ovanpå ett antaget fähus eller i en separat byggnad. Han visar också att foderinsamlingen skulle vara ett alltför omfattande arbete för det antal personer han beräknar har bott på gårdarna (L Carlie 1999:127f). För min undersökning är detta extra relevant under yngre bronsålder och förromersk järnålder. Lien (kortlie) finns först belagd från de första århundradena efter Kristus och innan dess var man hänvisad till skära och lövkniv för fodertäkt (Pedersen & Widgren 1998: 352ff). Man får antagligen räkna med att eventuellt vinterfoder då innehållit en betydande andel löv (jfr Regnell 2003), något som medfört att volymen måste ha varit större än när det enbart rört sig om hö. Carlie menar också att, om antalet djur i husens ekonomidelar maximeras, kommer transport och spridningen av gödseln på åkrarna att överstiga vad en utvidgad kärnfamilj kan rå med. Om trälsystemet var fullt utvecklat under romersk järnålder skulle dock arbetet med såväl höskörd som gödselhantering vara utförbart. Carlies slutsats blir emellertid att fähusdelen av långhusen utgjort ”en tillfällig förvaringsplats dit man kunnat hämta in fritt strövande boskap vid utsatta tillfällen. Detta kan gälla vid extrem väderlek men också när djuren passerar känsliga perioder i livscykeln. Lika-

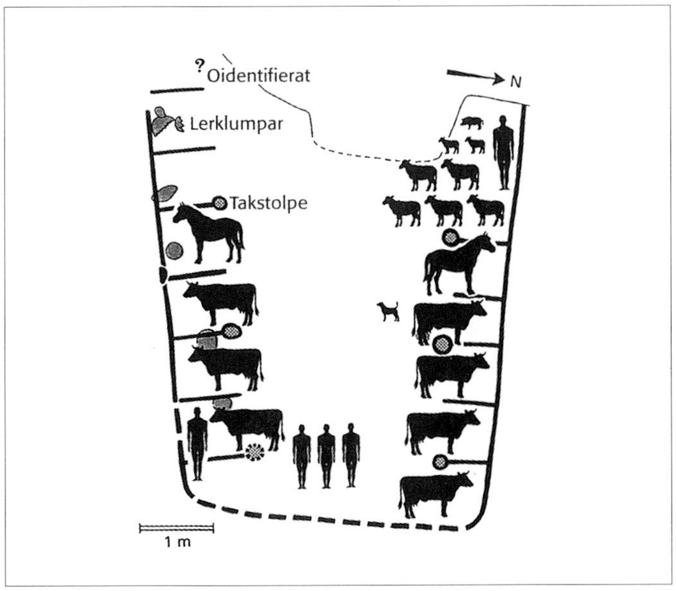

Fig 25. Fähusdelen i det förromerska långhuset vid Nørre Tranders, Ålborg, Danmark med de innebrända djuren. Skala 1:100. Efter J Nielsen 2002:7. *The byre section in the longhouse that burned down with livestock inside. Dated to the pre-Roman Iron Age and located at Nørre Tranders, Ålborg, Denmark.*

ledes kan man ha låtit de mest värdefulla djuren, såsom avelsdjur och dragdjur, ha sin plats i stall eller fähus" (L Carlie 1999:129).

Ett nedbränt långhus från förromersk järnålder i Nørre Tranders, Ålborg, Danmark med fynd av minst 19 innebrända husdjur i fähusdelen styrker Carlies antagande. Här fanns ben av två hästar, sju vuxna nötkreatur som varit 1,5–6 år gamla, en hundvalp, en spädgris, fem vuxna får varav tre dräktiga samt två nyfödda lamm eller foster (fig 25) (J Nielsen 2002). Nötkreaturen kunde inte könsbestämmas, såväl mjölkkor som oxar och tjurar kan alltså ha funnits här vid branden. Åldersfördelningen bland djuren visar att det inte bör ha varit gårdens hela bestånd. Endast dräktiga eller nylammade tackor har vistats i fähuset, något som visar att huset brunnit på våren, och att fler får måste ha funnits någon annanstans. Inga kalvar fanns bland nötkreaturen, utan även dessa bör ha uppehållit sig någon annanstans. De två hästarna däremot kan ha utgjort hela hästbeståndet (J Nielsen 2002).

KÄLLMATERIALET

Det källmaterial jag har använt i min undersökning är rapporter och i enstaka fall opublicerat dokumentationsmaterial från undersökta boplatser i Östergötland från yngre bronsålder, äldre järnålder och folkvandringstid. Materialet excerperades från Östergötlands länsmuseums arkiv och rapportarkivet vid RAÄ, UV Öst i Linköping under juli 2002. Sedan dess har endast utförts några få arkeologiska undersökningar i länet som berört forntida hus och dessa är i skrivande stund inte publicerade. Den excerpering som gjordes i samband med projektet Hus & Gård ingår också. En artikel av Ragnhild Fernholm (1987a) har givit ytterligare information. Vissa kompletteringar har skett med hjälp av ATA. Det var först under 1980-talet som arbetsrutinerna hade förändrats så att man regelmässigt hittade förhistoriska boplatser som ej var synliga ovan mark (Fernholm 1987a). Det var också då som metoden att undersöka stora sammanhängande boplatsytor slog igenom. När matjordslagret banades av med maskin kom regelmässigt fram spår av förhistoriska långhus. De två arkiv jag excerperat är tämligen heltäckande för perioden från och med 1980-talet, varför en fullständig genomgång av ATA inte bedömdes nödvändig.

Det finns flera orsaker till att det östgötska husmaterialet från den period jag undersökt har varit svårbehandlat. En orsak är att bevarandegraden hos lämningarna har varit så varierande. De variabler jag valt att undersöka kan sällan studeras hos ett och samma hus, utan jag har fått försöka pussla ihop en bild med hjälp av de fragmentariska spår som finns i skilda hus.

Ytterligare en orsak är att frågeställningar rörande den grundläggande jordbruksekonomin och dess konkreta utformning, djurens plats på boplatserna, husens funktionsindelning, avfallshantering och liknande sällan stått i fokus, något som fått till följd att ett adekvat källmaterial för att belysa sådana frågor inte skapats vid alla arkeologiska undersökningar. Undersökningsmetoderna har inte varit anpassade till att få fram ett material som belyser dessa frågor. Ofta har man avstått från såväl fosfatkartering av boplatserna och husen, som makrofossilanalyser. Även dokumentationen kan vara bristfällig om man i efterhand vill studera frågor av denna typ. Det förekommer att man inte av rapporterna kan utläsa hur skilda anläggningar antas ha ingått i huskonstruktionerna och det kan ibland vara svårt att t ex bedöma graden av omstolpning när det inte framgår vilka stolpar man bedömt ingår i takbärande bockar. Problemen med undersökningsmetoder och dokumentationsmaterial som varit dåligt anpassade för de aktuella frågeställningarna är inte unikt för Östergötland. Det framhålls ofta att såväl undersökningsmetoder som dokumentation behöver specialanpassas för dessa frågor (Viklund 1998b:21, Linderholm 1998:26, Olausson 1998:33f, Zimmermann 1999:316).

En tredje orsak till att materialet kan vara svårbearbetat beror på att den debatt som förts angående fähus länge var fokuserad på frågan om fähus funnits eller inte i långhusen. Med fähus har man då avsett en ladugårdsliknande del i långhusen, där modellen för djurhållningens utformning hämtats från sentida bruk. Detta kan ha medfört att andra spår som skulle kunna ha samband med djurhållningen antingen inte observerats och registrerats eller också givits helt andra tolkningar och därmed kan vara svåra att urskilja i undersökningsrapporterna. Jag vill istället formulera frågan på ett annat sätt nämligen: Hur har djurhållningen gestaltat sig i långhusen och hur är de arkeologiska spåren av detta beskaffade? Min undersökning syftar alltså inte endast till att identifiera fähus utan jag vill istället se i vilken mån djuren varit närvarande i långhusen och på boplatserna. Jag föreställer mig att det är mera fruktbart att arbeta med en glidande skala än ett antingen eller förhållande.

FÄHUS – NÅGRA INFLYTELSERIKA EXEMPEL

Det är framför allt tolkningarna av fähusdelar i treskeppiga långhus från två skilda områden och perioder som blivit modeller för hur arkeologiskt material tolkas med avseende härpå. Därför har jag valt att här presentera dessa mera ingående.

Vid Östersjökusten i norra Tyskland och anslutande områden i Danmark har framkommit spår av en särskild fähusdel med båsindelning i de treskeppiga långhusen redan från äldre och mellersta bronsålder (Ethelberg 2000:191ff). Båsspåren är ibland rännor som är vinkelräta mot husets långsida, ibland stolpar där båssidorna gjorts fast (Ethelberg 2000:178). Även stolpsättningen skiljer bostadsdelen från fähusdelen. I bostadsdelen är stolpsättningen glesare medan den är tätare och mera regelbunden i fähusdelen. Som orsak till den tidiga fähusdriften just här har anförts fukt och vind (Olausson 1998:32). I övriga Sydskandinavien anser vissa forskare att fähusdel i långhus först uppträder från och med yngre bronsålder, ca 1000–700 f Kr (Olausson 1998, Tesch 1993, Viklund 1998b). Östersjökustens långhus med fähusdel från äldre och mellersta bronsålder har ofta används som modell för förhållandena i yngre bronsålder i andra delar av Norden. Säkra båsspår saknas i Sverige från bronsåldern (Olausson 1998), men man har ibland menat att konstruktionsdetaljer som en tätare och mera regelbunden stolpsättning i långhusens ekonomidel är ett starkt argument för en tolkning som fähusdel (Tesch 1993:209).

I den inhägnade förromerska byn Hodde på Jylland, Danmark har funnits fähusdel i 41 av de 46 långhusen (Hvass 1985). I 41 av långhusen låg bostaden i husets västra ände och i fem var förhållandet det motsatta. I Hodde var det möjligt att särskilja bostadsdel från fähusdel med hjälp av stolpsättningen. I bostadsdelen var stolpsättningen i regel gles men regelbunden och utgjordes ofta av två bockar. I fähusdelen stod stolparna ofta tätare och nästan alltid mera oregelbundet. På denna punkt skiljer sig fähusdelarna i de förromerska långhusen från dem i äldre bronsålderns långhus, vilka istället karaktäriserades av en tätare och mera regelbunden stolpsättning. Stolparna i såväl bostadsdel som fähusdel var ofta omstolpade (Hvass 1985:110ff). Flera av husen har haft motstående ingångar mitt på långväggarna. Mellan ingångarna har funnits ett särskilt ingångsrum med väggar såväl mot bostaddel som fähusdel. Ingångsrummen har varit knutna till hus med fähusdel. I de tolv långhus där ingångsrum fanns hade elva fähusdel. I ett tillfälle har ingångsrummet haft stensatt golv. I fähusdelarna fanns rännor efter båsens skiljeväggar, normalt med ett mellanrum på 0,7–0,8 m. I sju hus fanns kulturlagerrester i fähusdelen. Kulturlagren var rester av fähusdelens golvlager som har legat djupare än bostadsdelens. Hvass tolkar det som att fähusdelens golvnivå successivt sänktes genom slitage. I tre fall fanns mindre stenfyllda gropar (ca 0,5 m i diameter) i fähusdelarnas mittskepp, tolkade som dräneringsgropar. De danska lokalerna Hodde och Gröntoft har ofta använts som modell för hur djurhållningen var utformad under äldre järnålder (Hvass 1985, Olausson 1998:43). Hodde har varit en inhägnad by och utgör i så måtto ett undantag från de flesta bosättningar under perioden.

KRITERIER FÖR DJURENS NÄRVARO I LÅNGHUSEN

Husens funktionsindelning har diskuterats av många forskare. Med utgångspunkt i regionala husmaterial har man analyserat skilda variabler (t ex Hvass 1985:99ff, Myhre 1980:261ff, Olausson 1998:34, Ramqvist 1983:153). Här koncentrerar jag mig på spår av husdjurens varierande grad av närvaro i långhusen med intresset fokuserat på den s k ekonomidelen (L Carlie 1999, Borna-Ahlkvist 2002). Funktionen hos andra rum berör jag endast i den mån de är av betydelse för mina resonemang kring djurhållningen. När man jämför hus från olika geografiska områden och perioder ser man snabbt att t ex utformningen av husens ekonomidelar skiljer sig åt. Önskar man bra diagnostiska kriterier för djurens närvaro i husen måste de grundas på regionala förhållanden.

Med utgångspunkt i tidigare forskning (Ethelberg 2000 och 2003, Hvass 1985, Olausson 1998, Pedersen & Widgren 1998, Viklund 1998b) och det östgötska materialet har jag nedan angivit kriterier som kan vara indikationer på tamdjurens närvaro i långhusen (här benämnda djurindikationer), och framför allt i ekonomiavdelningen, under yngre bronsålder, äldre järnålder och folkvandringstid. Jag har sedan testat i vad mån kriterierna är användbara. Flera kriterier grundar sig på att man åstadkommer särskilda byggnadstekniska lösningar i ett hus om man har för avsikt att regelbundet stalla djuren i en del av det. Ett annat övervägande är att djurens närvaro i en del av huset verkar nedbrytande på byggnadskonstruktionen. En tredje grupp av kriterier hänger samman med gödsel och gödselhantering, dvs de konkreta lämningarna efter de levande djuren.

- Avsaknad av härd eller liten härd i husets ena del.
- Båsspår i ekonomidelen.
- Tätare och mer regelbunden stolpsättning i ekonomidel.
- Tätare och mera oregelbunden stolpsättning kombinerat med högre grad av omstolpning i ekonomidelen än i bostadsdelen.
- Mellanvägg mellan bostadsdel och ekonomidel.
- Separat ingång till ekonomidelen.

- Lergolv eller stenbroläggning inne i fähuset eller i anslutning till detta.
- Försänkt golv i ekonomidelen.
- Gödselränna eller gödsel-/latringrop i ekonomidelen.
- Kulturlagerrester i och utanför ekonomidelen.
- Förhöjd fosfathalt.
- Fyndspridning.
- Spridning av växtrester (makrofossil).
- Hus byggda i en sluttning där ekonomidelen ligger lägst.

I det följande diskuterar jag de skilda variablerna och deras möjliga koppling till djurhållningen.

Avsaknad av härd

Michael Olausson har angivit avsaknad av härd eller liten härd som ett kriterium på fähusdel i långhus (1998:34). De flesta forskare anser att härden är den starkaste indikationen på husets bostadsdel – avsaknad av härd blir följaktligen en indirekt indikation på var husets ekonomidel legat (t ex Hvass 1985:108, Myhre 1980:263, Ramqvist 1983:153). På detta vis har jag, i ett första steg, använt härdarna i husen.

Under bronsålder låg ekonomidelen oftast i husens östra del även i Östergötland. Vid Pryssgårdsboplatsen utanför Norrköping låg samtliga treskeppiga långhus från bronsåldern orienterade inom ett intervall från västnordväst – östsydöst till helt öst – väst (Borna-Ahlkvist 2002:57) och efter vad man kan utläsa av publicerade planer är förhållandena desamma under äldre järnålder (Borna-Ahlkvist 1998:150ff). Härdarna från yngre bronsålder ligger nästan alltid i den västra delen av husen.

Under äldre järnålder kan man i det östgötska materialet se att de strikta idéerna om väderstreck luckrats upp och det finns fler hus med avvikande orientering. Husens ekonomidelar kan också återfinnas såväl i väster som öster även om det sistnämnda varit vanligast. I hus med tre större avdelningar fanns den största härden ofta i mittrummet som kan tolkas som ett rum med mera offentlig funktion. Ibland finns spår av flera mindre härdar i dessa rum och de har då ofta legat i ena sidoskeppet. Mittrummet har haft ingång utifrån. Innanför mittrummet har funnits ett rum av mera privat karaktär som ibland tolkats som bostad, ibland som förrådsrum för framför allt säd (Viklund 1998a:118). Ingången till bostadsrummet har varit från mittrummet och det har saknat separat ingång utifrån. Det tredje rummet, på andra sidan mittrummet, har tolkats som husets ekonomidel. I denna har man velat se fähuset. Det finns också hus där fähusdel och ekonomidel legat i husens mittsektion (t ex Ramqvist 1983:158).

Avsaknad av härd (eller liten härd) ser jag mest som ett operationellt verktyg för att lokalisera husets bostadsdel. Att ingen härd finns i ekonomidelen säger ingenting om tolkningen med avseende på husdjuren.

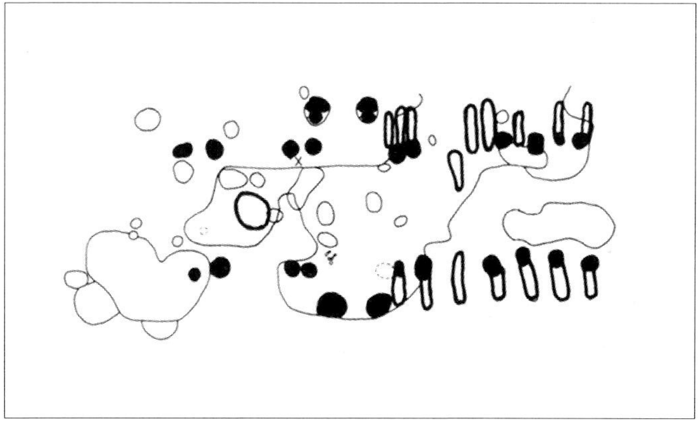

Fig 26. Fähusdel med båsindelning i långhus från förromersk järnålder. Hus XXX, Hodde, Jylland. Efter Hvass 1985:111. Skala 1:200.
Byre section with partitions for stalls, pre-Roman Iron Age. House XXX, Hodde, Jutland.

Båsspår

Från svenskt område saknas båsspår från tiden före romersk järnålder och från romersk järnålder förekommer de endast i några få fall (Olausson 1998), medan det som nämnts finns danska exempel dels från äldre bronsålder men också från förromersk tid och framåt (Ethelberg 2000, 2003) (fig 26). I Östergötland saknas spår av båsindelning i långhusen från såväl bronsålder som äldre järnålder och folkvandringstid. Bås kan ha funnits utan att ha lämnat några tydliga arkeologiska spår, något som betyder att de har varit utformade på annat sätt än de danska (och varit sämre förankrade i marken). En annan möjlighet är att bås faktiskt inte funnits. Djuren kan ha stått uppbundna mot väggen utan att båsskiljen funnits. Det kan också ha funnits större boxar som varit förankrade i de takbärande stolparna. Ytterligare en möjlighet är att husets ekonomidel inte varit inredd för djuren.

Eftersom flera välbevarade hus med tydlig ekonomidel, men utan båsindelning, undersökts i Östergötland, räknar jag med att båsindelning faktiskt ofta saknats. Hade bås funnits borde de ha lämnat tolkningsbara spår, särskilt som fähusfrågan fått mycket uppmärksamhet under senare år, och således varit aktuell på några av de större undersökningarna i underlagsmaterialet. Om bås saknas och djuren inte varit uppbundna med huvudena mot väggen innebär det att även det saknas förutsättningar även för gödselränna.

Tätare och mer regelbunden stolpsättning

Ofta har man använt tätare och mer regelbunden stolpsättning som ett kriterium för fähusdelen i långhus såväl för bronsålder som äldre järnålder (t ex Tesch 1993). Trots avsaknaden av båsspår tänker man sig oftast att båsen varit fastsatta i de takbärande stolparna i fähusdelen och att detta är anledningen till stolpsättningens utformning. Ett problem är att en stor del av yngre bronsålderns hus har tätare och mera regelbunden stolpsättning i ekonomidelen utan att detta kombineras med

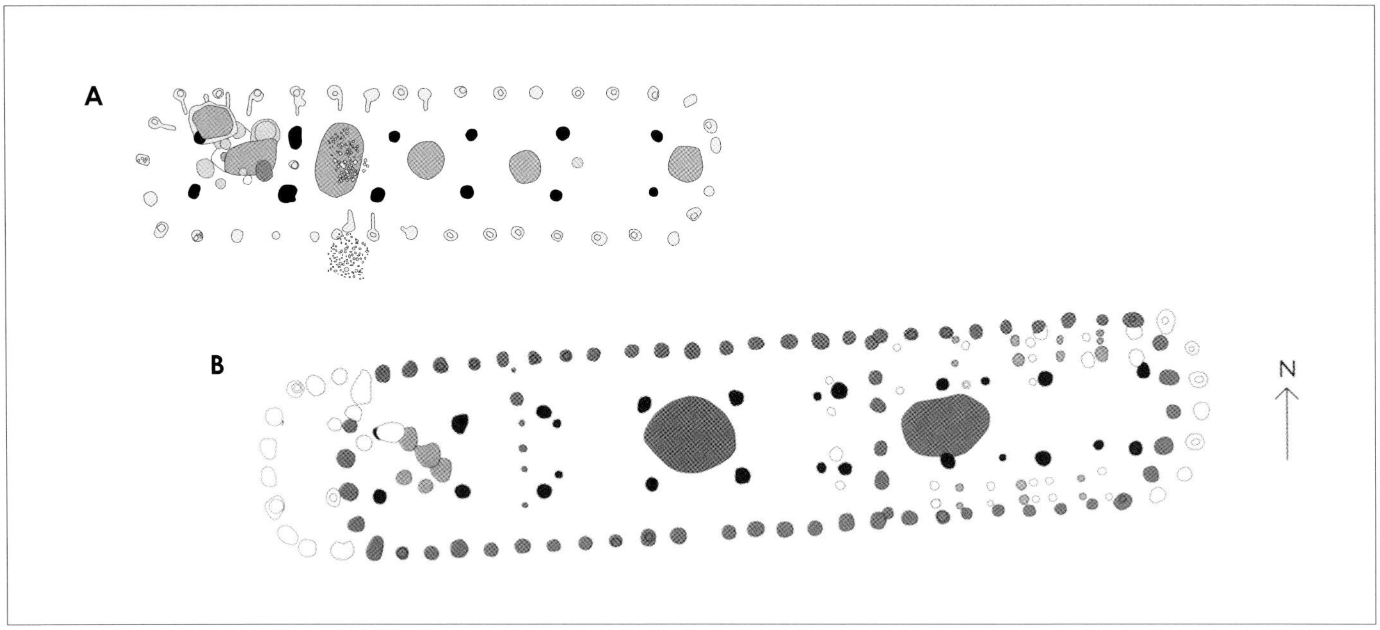

Fig 27. Fähusdel med båsindelning i långhus från äldre och mellersta bronsålder, Nordslesvig, Danmark. a. Brdr. Gram I. b. Brdr. Gram IV, fas 1. Efter Ethelberg 2000:178. Skala 1:200. *Byre sections with partitions for stalls, Early and Middle Bronze Age, North Schleswig, Denmark.*

andra indikationer. En likhet i en enda variabel, som dessutom bara utgör ett indirekt indicium, kan knappast anses vara nog bevis på en komplex företeelse som vinterstallning av husdjur i Östergötland (fig 27). Det finns även exempel på denna typ av stolpsättning i senare perioder men samtidigt finns också annan utformning av fähusdelens stolpsättning (Ethelberg 2003).

Pedersen och Widgren nämner att fähusdelen vid järnålderns mitt i Sverige oftast skilde sig från bostadsdelen genom att de takbärande stolpparen stod på ett mindre och jämnare avstånd. "Det berodde på att stolpsättningen var anpassad till båsens bredd" (Pedersen & Widgren 1998:417). Såväl Pedersen och Widgren (1998) som Olausson (1998) har tillmätt den tätare och mera regelbundna stolpsättningen ett högt bevisvärde. Ett annat skäl till den tätare stolpsättningen kan vara den bärande konstruktionen behövde vara extra stark just på grund av att det fanns ett förrådsloft över denna husdel (L Carlie 1999:124ff).

Tätare och mera oregelbunden stolpsättning kombinerat med högre grad av omstolpning

När djuren regelbundet vistas i en speciell del av ett hus kommer denna att bli fuktigare än resten av huset (Mårtensson & Svala 1998:89, Raihle 1995) och träet här kommer att ruttna fortare. Djuren utsätter också stolparna för mekaniskt slitage. Stolparna i fädelen av huset kommer att behöva bytas ut fortare än i människornas, redskapens och förrådens delar av huset och det är möjligt att man behövt bygga om hela fähusdelen vid upprepade tillfällen (Raihle 1995). Detta kommer att visa sig arkeologiskt genom att det i djurens del av huset kommer att finnas förhållandevis fler omstolpningar av takbärande stolpar och genom att takbockarna kommer att vara mera oregelbundna på grund av detta. Detta kriterium för fähusdel är motsatt till det som anfördes i föregående avsnitt.

Spår av omstolpning förutsätter till att börja med att husen har haft en så lång livslängd att ombyggnad och reparation blivit aktuella. Hans Göthberg har sammanställt bedömningar av husens användningstid under yngre bronsålder och äldre järnålder. Uppskattningarna varierar från 30 till 300 år (Göthberg 2000:82). Helène Borna-Ahlkvist (2002) menar att husens livslängd under bronsålder i Pryssgården varit mellan 50 och 75 år. När det varit generationsskifte på en gård menar hon att ett nytt bostadshus uppförts. Borna-Ahlkvist var i denna tolkning inspirerad av Fokke Gerritsen (1999) som menade att stolparna i järnålderns hus maximalt haft en livslängd på 25 till 40 år och att ett nytt hus byggts när ett nytt hushåll bildats. Frans Herschend har bedömt att hus från förromersk järnålder allmänt har kunnat användas 50–75 år innan de behövde repareras eller ersättas (Herschend 1999:82). Eje Ahrén har uppgett att ekstolpar börjar ruttna efter 90 år (Arén 1992:122). Göthberg (2000) har noterat att under yngre bronsålder och förromersk järnålder har ombyggnad av hus varit relativt ovanliga för att bli vanligare under romersk järnålder. Göthberg menar därför att användningstiden för hus varit kortare under yngre bronsålder och förromersk järnålder, "kortare än 100 år, möjligen ner mot 50–75 år" (Göthberg 2000:109).

Gisela Ängeby (1999) har redovisat ett helt annat synsätt på det sydsvenska husets livslängd under järnåldern. Hon menar att huset haft viktiga funktioner "som markör av historisk och hävdvunnen identitet" för befolkningen i ett område. Vid Orred, Fjärnås socken i Halland undersöktes väldaterade huslämningar, som Ängeby genom ett ingående källkritiskt resonemang visar har haft en livslängd på ca 200 år. Ett av de tre husen som avlöst varandra på platsen kan t o m ha haft en brukningstid på 500 år (Ängeby 1999:10 och där anförd litteratur). Allmogens lerklinade hus har i historisk tid kunnat stå i minst 300 år om de underhölls (Björhem & Säfvestad 1993:143). De förromerska/tidigromerska hus 2 och 3 vid Abbetorp i Rinna och Väderstads socknar, bedömer jag torde ha haft en livslängd på flera hundra år. Grunden till detta är ^{14}C-dateringar från husen och från de ikringliggande områdena som har direkt samband med husen, spår av kontinuerlig återanvändning av vissa anläggningar samt inte minst de bevarade kulturlagrens omfattning. Jämförelser med andra, mindre väl bevarade östgötska boplatser visar spår av liknande förhållanden. Husens livslängd varierar sannolikt under olika perioder och i olika områden.

Fenomenet med ett ökat antal ombyggnader av husen under romersk järnålder (Göthberg 2000:109) behöver inte tolkas som att husen då haft en längre livslängd än tidigare. Användningstiden kan ha varit ungefär lika lång under den äldre som den yngre perioden. Det ökade antalet ombyggnader under romersk järnålder kan istället tolkas som att djuren oftare och under längre tid vistades inne i husen och att det varit vanligare att husen haft en fädel än i tidigare perioder. Detta bör ha medfört att husen fortare behövde repareras. Jan Raihle (1995) har undersökt ladugårdar från 1700- och 1800-talet med hjälp av arkivalier och byggnadsinventeringar av ännu stående hus i Jämtlands län. Här stod djuren uppbundna med huvudena mot väggen. Detta medförde att väggarna ständigt var fuktiga av djurens andedräkt. I fähuset kokades sörpa, den tidens kraftfoder, något som bidrog till fukten, särskilt som ventilation saknades i fähusen. De stora gödselhögarna vid fähusens gavlar orsakade också stora fuktskador. Arkivalier visar att livslängden för fähus i Norge under 1700-talet var 10–20 år och på 1800-talet ansågs 30 år som en genomsnittlig livslängd för fähusen. Förhållandena i Jämtland och Härjedalen ansluter väl till detta. Det finns ett exempel från år 1812 på ett fähus i Hammerdal som ruttnat så mycket på sju år att det behövde ersättas. Särskilt fähusen hade kort livslängd, trots att utvalt virke användes, medan stallen stod längre (Raihle 1995:51f).

Mellanväggar

Spår av mellanväggar i treskeppiga långhus visar att det funnits skilda rum som sannolikt haft skilda funktioner. Min undersökning av yngre bronsålderns, äldre järnålderns och folkvandringstidens hus i Östergötland visar att husen ofta har spår av en eller två mellanväggar i form av stolphål eller rännor. Ibland har också funnits spår av en särskild ingångs-

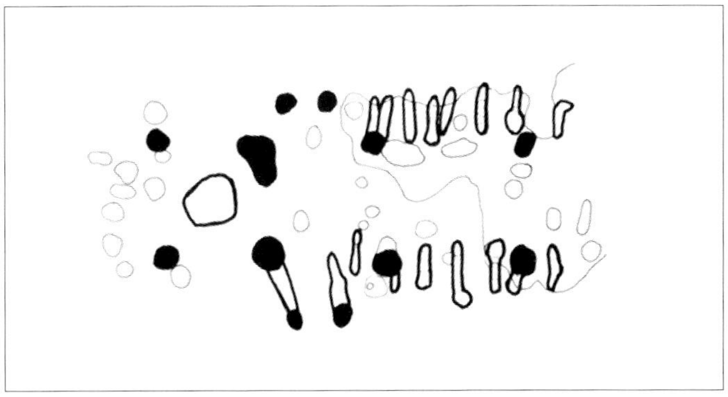

Fig 28. Skiljeväggar kring ingångsavdelningen. Hus XI, Hodde, Jylland. Efter Hvass 1985:109. Skala 1:200. *Partition walls near the entrance section.*

avdelning med motstående dörrar på husets långväggar, något som observerats under perioden från andra landsändar (t ex L Carlie 1999:125, Liedgren 1992:151f). En mellanvägg kan skilja bostadsdelen i ett hus från ekonomidelen. Särskilt tydligt blir denna åtskillnad där ekonomidelen har separat ingång.

Separat ingång

Separat ingång till ekonomidelen har i princip varit utformad på två olika sätt, båda vanliga. I ena fallet har det funnits en separat ingångsavdelning med motstående dörrar. Det är inte ovanligt att golven i sådana ingångsavdelningar haft stenbroläggning. Ibland finns också spår av väggar, vilka visar att ingångsavdelningen utgjort ett eget, smalt rum (fig 28). Härifrån bör ha funnits separata dörrar till bostadsdel respektive ekonomidel. I Halland verkar det ha varit vanligt att de motstående dörrarna på husens långsidor legat något förskjutna, något som betyder att ingångarna till bostad respektive ekonomidel kan ha varit fullständigt separerade (L Carlie 1999).

Det finns också exempel på att bostadsdel respektive ekonomidel haft helt separata ingångar utifrån. Ytterligare en typ av lösning finns där ingången är placerad i så att man kunnat gå antingen till bostads- eller ekonomidelen från i princip samma ingång i ena långväggen.

Om djuren stått mycket inne i fähusdelen har separat ingång varit praktiskt särskilt i samband med utgödsling. Sannolikt har man fört djuren till vatten varje dag snarare än att bära in vatten till dem och separat ingång till fähusdelen har då underlättat djurens in- och utpassage.

Lergolv eller stenbroläggning

I flera fall har framkommit spår av lergolv i långhusens ekonomidel. I något fall fanns stenbroläggning i husets ingångsdel och eventuellt i delar av ekonomiavdelningen. Att ett lergolv skulle indikerat att djur gått där är långsökt – leran kommer att bli fuktig av djurens urin och golvet skulle bli kladdigt. Tänker man sig däremot leran som underlag för ett trägolv kanske av halvkluvna stockar blir bilden mera sannolik. Trä-

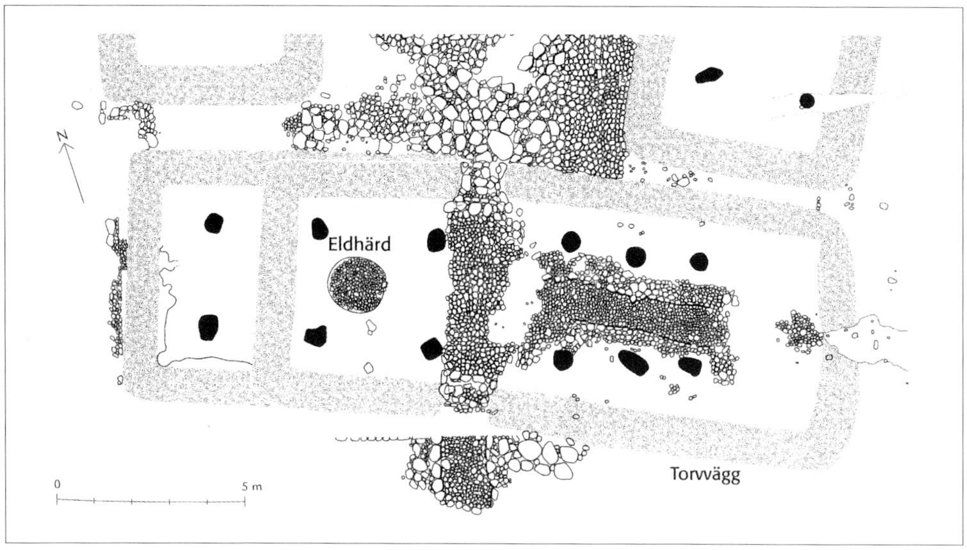

Fig 29. Stenbroläggning i ingångsavdelning och i fähusdelens mittgång. Archsum Melenknop på ön Sylt, Nordtyskland. Efter Ethelberg 2003:175 och där anförd litteratur. Skala 1:200. *Stone paving in the entrance section and the aisle of the byre. Archsum Melenknop on the island of Sylt, northern Germany.*

golvet innebär framför allt att det blir enklare att gödsla ut och att djurens klövar och hovar håller sig friskare. Själva det faktum att ett golv har byggts i husets fädel antyder att djuren tillbringat förhållandevis mycket tid i ekonomidelen, som i ett sådant fall bör ha haft en primärfunktion som fähusdel.

Man har också tolkat lergolv som rester av tröskgolv, något som naturligtvis är möjligt. Däremot finns ingen koppling mellan tröskning och förhöjda fosfater (växtdelar innehåller inte särskilt mycket fosfater). I flera av de östgötska husen har det just i den del där lergolvet funnits också registreras förhöjda fosfathalter varför en tolkning som tröskgolv torde vara mindre relevant här. Det finns också exempel på att lergolv har funnits i husens bostadsdelar. Lergolv är alltså ingen entydig indikation på fähusdel utan måste kombineras med andra indikationer.

Det fanns också spår av stenbroläggning inne i något eller några hus. Särskilt fanns de i hus som har haft en ingångsdel varifrån man haft tillträde såväl till ekonomidel/fähusdel som bostadsdel. I Hodde kopplades en sådan stenbrolagd ingångsdel företrädesvis till de hus som innehöll fähusdel (Hvass 1985) och exempel finns även från andra områden (fig 29) (Ethelberg 2003:175).

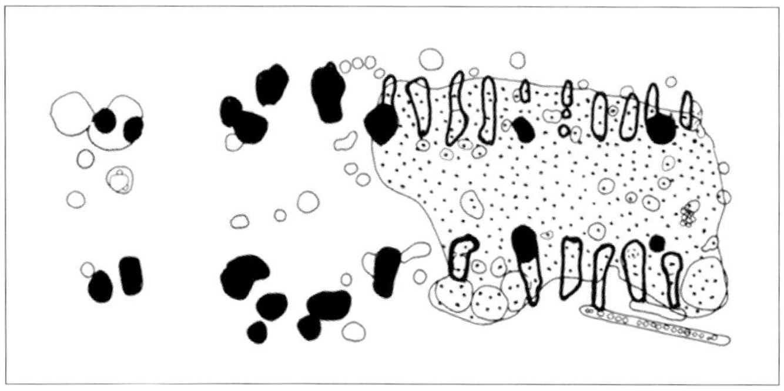

Fig 30. Försänkt golv i fähusdelen. Hus LVI, Hodde, Jylland. Efter Hvass 1985:115. Skala 1:200. *Sunken floor in the byre area. House LVI, Hodde, Jutland.*

Försänkt golv

I Hodde låg fähusdelens golvnivå ibland djupare än bostadsdelens (Hvass 1985). Hvass menar att detta berott på slitage av golvet i fähusdelen som successivt nått allt lägre nivå. Bevarade kulturlager, eller golvrester som begränsas till ekonomidelen, skulle enligt detta resonemang användas som en indikation på fähusdel (fig 30). Det förekom i några fall i det östgötska materialet kulturlagerrester som skulle kunna ges en sådan tolkning.

Gödselränna eller gödsel-/latringrop

I långhusens fähusdelar fanns i Hodde avlånga gropar längs mittaxeln, vilka kopplades till gödselhanteringen (fig 31) (Hvass 1985). I totalt 17 av de östgötska långhusen fanns gropar i husens ekonomidel. Tolv av dessa hus daterades till yngre bronsålder och fem till förromersk järnålder. Alla dessa hus med ett undantag framkom vid Pryssgården i Östra Eneby socken (Borna-Ahlkvist m fl 1998). Husen från yngre bronsålder innehöll stora och djupa gropar i husens ekonomidelar och i nio fall låg dessa gropar i mittskeppet. Groparna i de förromerska husen låg i husens östra del. En av groparna undersöktes närmare. Den låg i hus 189 i Pryssgården, daterat till yngre bronsålder. Gropen var 7x3 m och upptog hela mittskeppet (fig 32). Flera tolkningsalternativ presenterades; ett nedsänkt golv, en flack källargrop eller en gödselränna (Borna-Ahlkvist 2002:115). Karin Viklund och Johan Linderholm menar att gropen på grund av förhöjda fosfatvärden skall tolkas som en gödselgrop (Viklund & Linderholm 1996:6f, Viklund 1998b:20). Borna-Ahlkvist (2002) anser denna tolkning märklig eftersom gropen låg intill ett antal gropar som ansetts vara olika slags förråd. Hon menar istället att gropen i hus 189, liksom övriga gropar skall tolkas som källar- eller förrådsgropar, något som enligt henne utesluter att djuren haft tillträde till denna del av huset (Borna-Ahlkvist

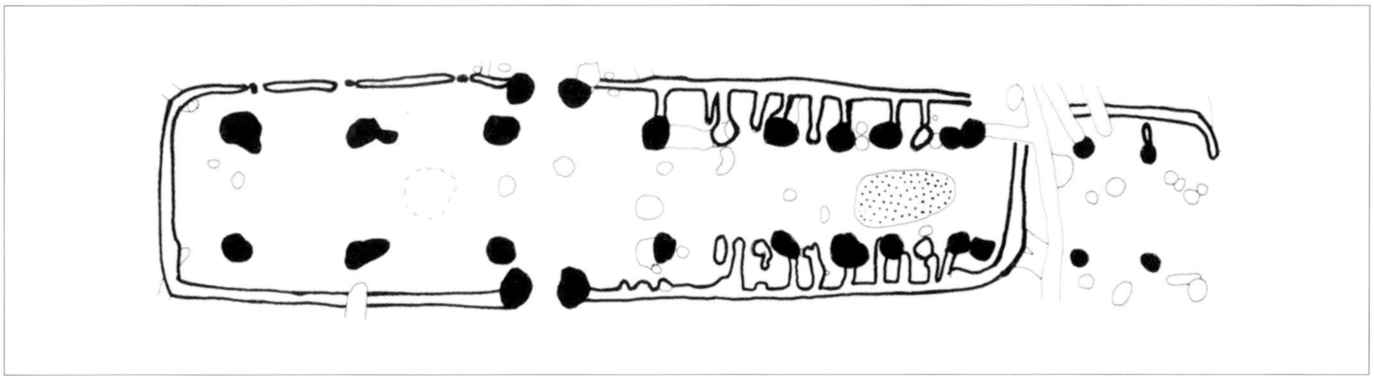

Fig 31. **Gödselgrop i fähusdelen. Hus I, Hodde, Jylland. Efter Hvass 1985:105. Skala 1:200.** *Manure pit in the byre area. House I, Hodde, Jutland.*

2002:115, se också Welinder 1998:125). Om groparna i husens ekonomidel inte tolkas som gödselgropar under bronsåldern, och jag är enig med Borna-Ahlkvist att en sådan tolkning blir märklig, anser jag att samma resonemang också bör gälla för förromersk tid. Förråds- och källargropar i husens ekonomidelar utesluter att de samtidigt använts som fähusdel, eller att djuren över huvud taget haft tillträde till denna del av huset.

Kulturlager i och utanför ekonomidelen

När djuren tillbringar längre sammanlagd tid i ett fähus kommer gödsel att bli ett problem som måste lösas. För att enkelt kunna gödsla ut har det säkert varit praktiskt att ha en direkt utgång från fähusdelen i långhusen. Gödselhögen har ofta lagts upp strax utanför fähusdelen av långhusen, nära fähusdelens ingång. Arkeologiskt visar det sig som kulturlagerrester i närhet till långhusets ekonomidel, ibland i kombination med förhöjda fosfathalter där gödseln lagrats. Ett exempel från äldre romersk järnålder finns från Åshusby, RAÄ 186 i Norrsunda socken, Uppland. I och utanför den västra delen av hus II fanns en knappt 200 m^2 stor yta med ett distinkt lager tolkat som rester av gödsel, kopplat till fähusdrift i långhusets västra del. Lagret var 0,1 m tjockt och anmärkningsvärt kompakt i jämförelse med omgivande kulturlager (Dunér & Mutikainen 1998:47ff). Ethelberg redovisar ett exempel på fosfatkartering av en hel gårdstomt från yngre romersk järnålder och folkvandringstid där gödselstaden utmärkte sig genom förhöjda fosfatvärden (Ethelberg 2003:268).

Spridning av fosfater

Många boplatser karaktäriseras av förhöjda fosfatvärden jämfört med omgivningen, men det finns också många boplatser där fosfatvärdena inte avviker från omgivningen (Hedman 1992). På grund av detta förhållande har fosfatkartering i syfte att lokalisera förhistoriska boplatser minskat avsevärt i Sverige. Fosfatkartering har också använts för funktionsanalys av förhistoriska hus. Under en period användes metoden regel-

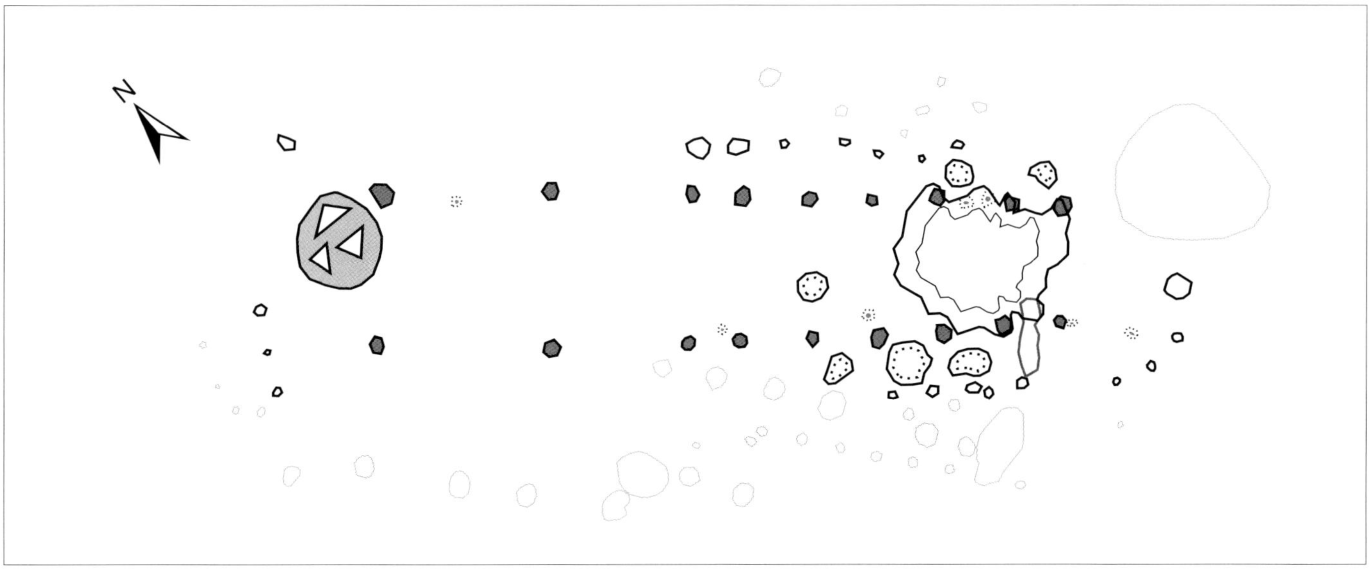

Fig 32. Förrådsgrop i ekonomidelen. Hus 189, Pryssgården, Östra Eneby socken, Östergötland. Efter Borna-Ahlkvist 1998:203. Skala 1:200. Grafik Lars Östlin. *Storage pit in the barn area, House 189, Pryssgården, Östra Eneby Parish, Östergötland.*

mässigt men under senare år alltmer sällan. En anledning kanske är att det finns få utvärderingar av just denna aspekt av metoden. En annan anledning kan vara att metoden är statistisk till sin natur och att det finns många källkritiska aspekter att ta hänsyn till när man använder den i diskussioner av funktionsindelning av hus. Min undersökning av östgötska fosfatkarterade hus visar att metoden kan ge ett värdefullt bidrag till en funktionsanalys av såväl förhistoriska hus som boplatsytor. Detta är anledningen till att jag i detta avsnitt diskuterar fosfatmetoden på ett så ingående vis.

Hög fosfathalt i en del av ett treskeppigt långhus brukar ofta ses som indikation på fähusdel (E Hyenstrand 1996:29). Birgit Arrhenius har i en artikel diskuterat ursprunget för höga fosfathalter på förhistoriska boplatser. Hennes slutsats blev att det framför allt är exkrementer och hushållsavfall som ger höga halter. Särskilt ben ger höga fosfathalter (Arrhenius 1990: 63ff). Eva Hyenstrand nämner urin, eldning och rester av viss matberedning (t ex fisk, slaktavfall och ben) som källor till höga fosfathalter medan säd, vegetabilier och frukt innehåller lite fosfater (E Hyenstrand 1996:29). Spridning av låg respektive hög fosfathalt på boplatser har också ofta kunnat kopplas till strategier för avfallshantering.

På Helgö fanns ett fosfatlager under golvlagret i en stallbyggnad. Fosfaterna som bildat järnfosfat gjorde att lerlagret, under den grusfyllning som bildade golvet, blivit grönfärgat. Grönfärgningen upphörde direkt där väggrännan började (Arrhenius 1990:63ff). Ofta är inte spåren lika tydliga. Linderholm (1998) ger ett räkneexempel på hur hög fosfathalt som skulle ackumuleras i fähusets golv om sex kor stallades under fem vintermånader under en period av 50 år. Han menar att fosfathalten blir tio gånger högre än naturligt förekommande halter (Linderholm 1998:23f). Sådana höga halter har inte uppmätts i fähusdelarna hos östgötska långhus, där fosfathalterna ibland kan vara en halv gång så höga, ibland dubbelt eller tre gånger så höga som i bostadsdelarna.

Provan (1971) diskuterade resultaten av fosfatkarteringen av den folkvandringstida gården vid Ullandhaug i Stavanger i relation till områdets och husens arkeologiska tolkning. Det är intressant att notera att hus 1, tolkat som ett möjligt fähus, inte fick särskilt höga fosfatvärden. I hus 3, ett ca 40 m långt treskeppigt långhus, fanns de högsta fosfatvärdena i husets bostadsdel i söder. Lägre värden fanns i husets norra del, tolkad som fähusdel. Värdena var dock höga i jämförelse med ytorna utanför huset. Provan sammanfattar resultaten: ”det verkar som om de högsta fosfatvärdena i och ikring gårdens hus är ett resultat av mänsklig aktivitet och bara i mindre utsträckning ett resultat av gödseleffekt från tamdjuren” (Provan 1971:44, min översättning).

Björhem och Säfvestad (1993) var kritiska till fosfatmetodens användbarhet. De lyckades inte få fram tydliga indikationer på att det funnits fähusdel i långhusen vid Fosie IV-boplatsen utan menade att ”det rör sig om något av en arkeologisk myt när man hävdat att förhöjda fosfathalter i delar av hus skall kopplas samman med en stalldel” (Björhem & Säfvestad 1993:40). Eva Hyenstrand (1996) har gjort en utvärdering av fosfatkarteringar från boplatsen RAÄ 82, Kumla i Härads socken, Sörmland. Inuti husen var fosfatvärdenas spridning inte sådan att den kunde tolkas som ett argument för fähusdel. Ett mönster med förhöjda fosfatvärden utanför ena halvan av en av långväggarna eller ibland en sammanhängande förhöjning utanför en del av långväggen och en del av gaveln, observerades däremot vid ett flertal fosfatkarterade hus vid Härads. Hyenstrand var kritisk mot fosfatmetoden som ensam diagnostisk metod vid funktionsanalys av hus. Hon menade att man måste ha en arkeologisk tolkning av funktionen och först då kan fosfatanalysen bedömas (E Hyenstrand 1996). Hon diskuterade inte vilka konsekvenser de låga fosfathalterna inne i husen kan få för bilden av djurens närvaro i husen. Häradsboplatsen är en lokal som ändå väl illustrerar problemen med tolkning av fosfatkartering. Boplatsen hade en lång användningstid och vid flera tillfällen låg hus på varann eller mycket nära. Det är ofta svårt att veta till vilket skede de förhöjda fosfathalterna skall föras.

I min undersökning av östgötska långhus diskuterar jag framför allt förhöjda fosfatvärden som kan ha samband med husdjur och djurhållning. I husens bostadsdel var fosfatvärden ofta förhöjda kring härden. Där kan de vara ett resultat av matlagningsaktiviteter, köksavfall och av värmen som alstrats kring härden och medfört att fosfaterna mineraliserats (Arrhenius 1990:63). Höga fosfathalter behöver inte bara betyda närvaro av de faktorer som ger de högsta fosfatvärdena. Fosfathalten i gödsel är mindre hög än i t ex ben men förekomsten av gödsel förutsätts vara rumsligt konstant om man har en fähusdel i ett långhus. Mindre fosfatalstrande ämnen under en lång tid kan också ge höga uppmätta fosfathalter. Höga fosfathalter i husets ekonomidel tolkar jag primärt som en indikation på att djuren haft tillträde hit och till stor del exkluderats från övriga delar av huset.

Ett problem som inte diskuterats i någon större utsträckning i samband med enskilda fosfatkarteringar är att fosfaterna är odaterade (se dock E Hyenstrand 1996). Man vet ofta inte om de härrör från de boplatsaktiviteter man önskar studera eller är tidigare eller senare än dessa. När det gäller karteringar av hus och deras kringområde finns möjlighet att knyta fosfaterna till ett visst hus och dess aktiviteter. Om fosfaternas spridning har rumsligt samband med husets ytterväggar, mellanväggar eller någon annan relevant konstruktionsdetalj kan man anta att det finns samtidighet mellan fenomenen (se också Björhem & Säfvestad 1993:36f). För att kunna visa på samvariation med vägglinjer krävs att en zon kring huset är fosfatkarterat. Flera av de utförda fosfatkarteringarna i Östergötland bortfaller ur mina diskussioner eftersom provtagningen varit alltför begränsade till ytan inne i huset och det är omöjligt att avgöra om fosfatspridningen relaterar till aktiviteter kopplade till huset eller ej.

Fosfaternas samvariation med vägglinjer, mellanväggar, bevarade golvlager eller andra relevanta konstruktionsdetaljer är de kriterier jag har använt när jag bedömt fosfatkarteringarna av hus från äldre järnålder i Östergötland (inga hus från yngre bronsålder eller folkvandringstid har fosfatkarterats). I de fall där fosfatspridningen inte verkar ha samband med husen har jag inte tagit upp fosfatkarteringarna i min diskussion.

Det finns ytterligare ett källkritiskt problem förbundet med fosfatkarteringar, nämligen det sätt på vilket resultatet presenteras (Hedman 1992, E Hyenstrand 1996). Ola Kyhlberg (1993) har visat hur viktigt det är att klassindelning av fosfatvärdena görs enligt mera sofistikerade statistiska metoder. I det östgötska materialet finns klassindelningar som skett med intuitiva metoder, indelning där intervall av regelbundet omfång använts (0–50, 51–100 etc) samt indelning där kvartilerna använts som klassgränser. Resultat där intuitiv klassindelning använts, där värdena i de olika klasserna delvis överlappar varann, är svårbedömda. När regelbundna intervall används nivelleras resultatet och läget för de höga och låga värdena framgår inte fullt ut. I några fall har fosfatvärdena i rapporten angivits på en plan, utan att någon klassindelning gjorts. I dessa fall har jag gjort klassindelning med kvartilerna som klassgränser.

Fyndspridning

Michael Olausson nämner spridning av fynd som användbar för att belägga fähusdel i långhus (Olausson 1998:34). Fyndspridningen är oftast ett indirekt belägg, eftersom de flesta fynden brukar hittas i bostadsdelen. Även djurbenen kan användas i funktionsanalys av hus. Ylva Bäckström noterade t ex att ben som bedömdes ha legat öppet och utsatts för mekanisk och kemiska nötning var koncentrerade kring ingången till hus 1 vid Norra Gärdet i Gamla Uppsala samt till husets sydvästra hörn intill härden (Bäckström 2000:46). Att man med hjälp av fynden kunnat lokalisera bostadsdelen i ett hus betyder emellertid inte att den andra delen av huset varit fähusdel, utan endast att här finns ännu en metod att lokalisera husets ekonomidel genom uteslutningsmetoden. Konkreta föremålsfynd som genom sin karaktär klart utpekar själva fähusdelen känner jag inte till från svenskt område.

Fyndspridningen har i ett fall kunnat användas för att identifiera bostadsdelen i ett av de östgötska husen. Däremot har den ej kunnat användas som direkt indikation på fähusdel. Huvuddelen av husen i min undersökning har framkommit i plöjd åkermark, där eventuella golvlager varit bortplöjda. De enda fynd som brukar förekomma i sådana sammanhang finns i anläggningar som grävts ner så djupt att de kommit att delvis bevaras under ploggången. Det har heller inte funnits möjlighet att analysera de fynd som ändå finns tillvaratagna inom ramen för detta arbete.

Spridning av makrofossiler

Spridning av makrofossiler har använts för att belägga fähusdel i långhus. Man antar härvid att i den del av huset där matlagning skett kommer det att finnas mycket cerealier i stolphål och på golvet. Samma sak gäller de delar av huset där sädesförråd funnits. I fähusdelen antar man att frön av foderväxter kommer att förekomma (Viklund 1998a:110ff, 1998b:14ff). Metoden fungerar bäst på boplatser där det finns få eller bara en bebyggelsefas. Exempel på detta är Gene i Ångermanland och Trogsta i Hälsingland (Ramqvist 1983, Liedgren 1992). På lokaler med lång platskontinuitet och komplicerad stratigrafi kan det vara problematiskt att använda makrofossiler för funktionsbestämning av hus (Ranheden 1996).

Bland de östgötska husen finns endast två, där spriding av makrofossil studerats och endast ett där det fanns tillräckligt med brända fröer för att ge ett relevant resultat.

Hus byggda i sluttning

Det förekommer att treskeppiga hus hittas i sluttningar. Ekonomidelen har då vanligen legat i husets lägsta del. Man har menat att ekonomidelarna innehållit fähus och att man byggt i sluttning för att gödselvatten inte skulle vara till olägenhet i bostadsdelen, utan rinna nedför sluttningen (Olausson 1998:43). I en del fall där hus legat i en sluttning verkar det ha funnits ett vågrätt trägolv inne i huset. Vid undersökningarna i Arninge i Täby socken, Uppland, framkom t ex otvetydiga spår av att så måste ha varit fallet (Hamilton 2001). Stolphålen var skodda med platta stenar som stack upp ungefär lika mycket över nedgrävningskanten och visade var husets golvnivå legat.

SPÅREN AV DJURHÅLLNINGEN PÅ DE ÖSTGÖTSKA BOPLATSERNA

Underlagsmaterialet till denna analys kommer från 27 undersökta boplatser i Östergötland (fig 33–34). I analysen ingår 97 treskeppiga långhus och 45 av dessa kommer från en och samma lokal – Pryssgården i Östra Eneby socken.

I fig 34 redovisas fördelningen av hus på olika perioder med avseende på tyngdpunkten i husets datering samt antal och andel som innehöll spår av husdjur enligt de ovan diskuterade kriterierna.

Många av de östgötska husen verkar ha haft tudelad planlösning. Den del som inte tolkats som bostadsdel benämns här ekonomidel. Det är vanligt att bostadsdelen skiljs från ekonomidelen genom en ett par meter bred ingångsdel, där det ofta funnits motstående dörrar på husets långväggar. Ibland finns spår av väggar på ömse sidor om ingångsdelen. Ett mindre antal hus har innehållit minst tre större rum, eventuell ingångsavdelning oräknad. Endera gavelrummet verkar ofta ha fungerat som ekonomidel men det kan vara svårt att avgöra vilket. Ibland kan också mittsektionen ha fungerat som ekonomidel.

Socken	RAÄ nr	Lokal	Hus nr	Dateringens tyngdpunkt	Längd	Härd (bostadsdel)	Tät o regelb stolpsättning	Omstolpning/ oregelb stolpsättning	Mellanvägg	Separat ingång	Lergolv eller stenbroläggning
Borg	186	Högby	I	RJ	18	–	–	–	–	–	–
Borg	186	Högby	II	RJ	19	X (SÖ)	–	–	–	–	–
Borg	269	Skälv	1	ÄRJ	11,5	–	–	–	–	–	–
Borg	269	Skälv	2	ÄRJ	11,5	–	–	X (1 av 4)	–	–	Stenbroläggning utanf Ö gavel o delvis i hus
Borg	269	Skälv	3	ÄRJ	–	–	–	–	–	–	–
Borg	276	Borgs säteri	1	FRJ	14,5	X (NÖ)	–	–	–	–	–
Borg	276	Borgs säteri	2	FRJ	9	–	–	–	–	–	–
Borg	276	Borgs säteri	3	FRJ	–	–	–	–	–	–	–
Borg	279	Klinga	1	FRJ/ÄRJ	–	–	–	–	–	–	–
Borg	279	Klinga	2	FRJ/ÄRJ	10	–	–	–	–	–	–
Borg	279	Klinga	3	YBRÅ	–	–	–	–	–	–	–
Borg	279	Klinga	5	YBRÅ	–	–	–	–	–	–	–
Brunneby	42	Kårgården	1	FRJ	25,5	–	–	Oreg	X	X	X
Brunneby	42	Kårgården	3	FRJ	24,5	X (mitt o V)	–	–	X	X	X
Hogstad	172	Lilla Ljuna	–	RJ	16	X (ÖSÖ)	–	–	X	–	–
Högby	89	Hulje	I	ÄRJ	19	X (V)	–	X (5 av 6), oreg	X	X	–
Högby	89	Hulje	II	ÄRJ	17,5	X (V)	–	–	–	–	–
Kvillinge	15	Vilhelmsberg	2	RJ	–	–	–	–	–	–	–
Linköping	143	Paragrafen	I	FRJ	29	X (NNV)	–	X (antal kan ej bedömas), oreg	X	Evt	Stenbroläggning i ing avdeln, i mitten
Linköping	143	Paragrafen	II	FRJ	30	X (VSV)	–	X (1 el 2 av 8 i ÖNÖ)	X	X	–
Linköping	161	Glasrutan 2	A2	YBRÅ	–	–	–	–	–	–	–
Linköping	161	Glasrutan 2	A5	FRJ	16,5	X (N)	–	X (1 av 5)	–	–	–
Linköping	161	Glasrutan 2	A6	FRJ	13	–	–	–	X	–	–
Linköping	161	Glasrutan 2	C1	YBRÅ	–	X (NÖ)	–	–	–	Evt	–
Linköping	161	Glasrutan 2	E1	RJ	18	X (mitten)	–	–	–	–	–
Linköping	161	Glasrutan 2	E3	RJ	16,5	–	–	–	–	–	–
Linköping	161	Glasrutan 2	E5 (C8)	YBRÅ	–	X (mitten)	–	–	–	X	–
Linköping	324	Tornby	1	FRJ	20	–	–	X (2 av 6), oreg	X	–	X
Linköping	324	Tornby	2	RJ	11,5	X (mitten)	–	–	–	–	–
Linköping	324	Tornby	5	RJ	12	–	–	–	–	–	–
Linköping	326	Kallerstad	1	RJ	27	X (mitten)	–	X (2 av 4)	–	X	–
Linköping	326	Kallerstad	2	ÄRJ	22,5	–	–	–	–	–	–
Linköping	326	Kallerstad	3	RJ	20	X (NÖ)	–	X (3 av 6), oreg	–	X	–
Linköping	326	Kallerstad	4	FRJ	14,5	–	–	–	–	–	–
Linköping	328	Glasrutan NV	I	RJ	–	–	–	–	–	–	–
Linköping	328	Glasrutan NV	II	FVT	–	–	–	–	–	–	–

Fig 33. De 97 långhus som ingår i analysen (tabellen fortsätter t o m sid 77). *The 97 longhouses included in the analysis.*

…nkt golvnivå	K-lager utanför	Förhöjd fosfat	Förhöjd fosfat i ekonomidel	Fyndspridning	Spridning av växtdelar	Sluttning	Andra indikationer	Antal djurindikationer	Fähusdel
	–	–	–	Keramik ind bost del	–	–	–	0	–
	–	–	–	–	–	–	–	0	–
	–	–	–	–	–	–	–	0	–
	–	–	–	–	–	–	–	2	–
	–	–	–	–	–	–	–	0	–
	–	–	–	Husoffer ind bost del	–	–	–	0	–
	–	–	–	–	–	–	–	0	–
	–	–	–	–	–	–	–	0	–
	–	–	–	–	–	–	–	0	–
	–	–	–	–	–	–	–	0	–
	–	–	–	–	–	–	–	0	–
	–	–	–	–	–	–	–	0	–
	K-lager N om V gavel	I VNV (ek) o mitt	Ja	–	–	–	–	6	Ja
	–	I Ö (ek)	Ja	–	–	–	–	4	Ja
	–	–	–	–	–	–	–	1	–
	Kring hela Ö halvan av huset	–	–	–	–	–	–	4	Ja
	S om huset	–	–	–	–	–	Analogi m Hulje, hus I	1	Ja
	–	–	–	–	–	–	–	0	–
	–	SSÖ (ek)	Ja	–	–	–	–	3	Ja?
	Utanför ÖNÖ gavel	I mitten, ngt i Ö-del o utanför Ö gavel	Ja	–	–	X (Ö-delen lägre)	–	6	Ja
	–	–	–	–	–	–	–	0	–
	–	–	–	–	–	–	–	1	–
	–	–	–	–	–	–	–	1	–
	–	–	–	Fyndkonc markerar bost del	–	–	Källargrop i NÖ (bost)	0	–
	–	–	–	–	–	–	–	0	–
	–	–	–	–	–	–	–	0	–
	–	–	–	–	–	–	–	1	–
	–	Utmed N-väggen o i Ö-del	Ja	–	–	–	–	4	Ja
	–	I mitten kring härden	Nej	–	–	X (SV-del lägre)	–	0	–
	–	–	–	–	–	–	–	0	–
	–	Innanför N vägglinjen i bost o i V-delen	Nej	–	–	–	–	2	–
	–	I mitten av huset (bost) o längs S-väggen	Nej	–	–	–	–	0	–
	–	Spridda höga fosfatvärden	Ja	–	–	–	–	2	–
	–	I NV	Nej	–	–	–	–	0	–
	–	–	–	–	–	–	–	0	–
	–	–	–	–	–	–	–	0	–

…= Yngre bronsålder. FRJ= Förromersk järnålder. ÄRJ= Äldre romersk järnålder. YRJ=Yngre romersk järnålder. RJ=Romersk järnålder. FVT=Folkvandringstid.

Socken	RAÄ nr	Lokal	Hus nr	Dater-ingens tyngdpunkt	Längd	Härd (bostadsdel)	Tät o regelb stolp-sättning	Omstolpning/ oregelb stolp-sättning	Mellan-vägg	Separat ingång	Lergolv eller sten-broläggning
Norrköping	120	Kv Sällskapsdansen	–	YBRÅ	–	X (NÖ)	–	–	–	–	–
Rappestad	32	Fågelberget/Fålåsa	B	RJ	15,5	–	–	–	X	X	–
Rinna & Väderstad	288	Abbetorp	1	FRJ	12	X (V)	–	X (2 av 7), oreg	X	–	–
Rinna & Väderstad	288	Abbetorp	2	FRJ	31	X (mitt o Ö)	–	X (1 av 8)	X	X	–
Rinna & Väderstad	288	Abbetorp	3	FRJ	14	X (NÖ)	–	X (1 av 10)	–	X (i SV gaveln)	–
Rystad	16	Tallboda	–	YBRÅ	–	X (mitten)	–	–	–	–	–
Rystad	132	Mörtlösa V	1	RJ	23,5	X (mitten)	–	X (2 av 4 i V), oreg	X	X	–
Slaka	73	Mjärdevi	–	YRJ	18	X (V)	–	–	–	–	–
Slaka	251	Lambohov	1	FRJ	12,5	-	–	–	–	–	–
Slaka	251	Lambohov	2	FRJ	16	X (Ö)	–	–	–	–	–
Slaka	252	Lambohov	1	FRJ	25	X (ÖNÖ)	–	–	–	–	–
Törnevalla	66	Linghem	1	RJ	–	-	–	–	X	X	Stenbroläggning i och utanför ingångsavd i
Vreta kloster	140	Blåsvädret	–	RJ	20	X (mitt o Ö)	–	X (3 av 6)	–	X	–
Väderstad	280	Lugnet	–	YRJ	10,5	-	–	–	–	–	–
Väderstad	281	Ryd	1	FRJ	9	-	–	Evt	–	–	–
Västra Husby	240	Götavirke	1	FRJ	11	X (mitten)	–	–	–	–	–
Östra Eneby	166	Pryssgården	150	YBRÅ	–	X (NV)	X	–	Evt	–	–
Östra Eneby	166	Pryssgården	151	FRJ	20	–	–	–	Evt	X	–
Östra Eneby	166	Pryssgården	154	FRJ	20	X (V)	–	–	Evt	–	–
Östra Eneby	166	Pryssgården	155	YBRÅ	–	X (mitten)	X	–	–	–	Stenpackning i mitt till Ö (ek)
Östra Eneby	166	Pryssgården	156	ÄRJ	26	X (Ö, V o mitten)	–	–	–	–	–
Östra Eneby	166	Pryssgården	157	RJ	19,9	X (mitt o NV)	–	–	X	X	–
Östra Eneby	166	Pryssgården	158	FRJ	18,5	–	–	–	X	–	–
Östra Eneby	166	Pryssgården	161	YBRÅ	–	–	X	–	–	–	–
Östra Eneby	166	Pryssgården	163	FVT	–	X (Ö)	–	–	–	–	–
Östra Eneby	166	Pryssgården	166	YBRÅ	–	–	–	–	X	–	–
Östra Eneby	166	Pryssgården	168	YRJ	22,5	X (mitt–Ö)	–	–	–	–	–
Östra Eneby	166	Pryssgården	170	YBRÅ	–	X (V)	–	–	X	–	–
Östra Eneby	166	Pryssgården	171	FRJ	19,5	X (mitten)	X (V)	–	Evt	–	–
Östra Eneby	166	Pryssgården	172	YBRÅ	–	X (NV)	–	X (minst 1), oreg	X	– (ingångsrum)	–
Östra Eneby	166	Pryssgården	173	YRJ	16	X (V)	–	–	–	–	–
Östra Eneby	166	Pryssgården	174	YBRÅ	–	X (NV)	–	–	X	–	–

…kt golvnivå	K-lager utanför	Förhöjd fosfat	Förhöjd fosfat i ekonomidel	Fyndspridning	Spridning av växtdelar	Sluttning	Andra indikationer	Antal djurindikationer	Fähusdel
	–	–	–	–	–	–	–	0	–
	–	–	–		–	–	–	2	–
	Utanför hela, ligger på k-lager	Kring härd o fläckvis i bost del, utefter S-väggen i ek del	Nej	–	–	X (Ö-del lägre)	–	3	–
	–	I N vägglivet	Nej	–	–	X (V-del lägre)	–	4	–
	Utanför SV gaveln, utmed N-väggen i ek och bost	Utanför SV gaveln o utmed N-väggen i ek o bost	Nej	–	Mest cerealier i bost	–	Skärmtak utanför SV gaveln	4	–
	–	–	–	–	–	–	–	0	–
	–	–	–	–	–	–	–	3	Ja
	–	–	–	–	–	–	–	0	–
	–	-	–	–	–	–	–	0	–
	–	I V-delen (ek)	Ja	–	–	–	–	0	–
	Ca 4 m S om husets mitt – Ö	I VSV delen (ek)	Ja	–	–	–	–	2	Ja?
	–	–	–	–	–	–	–	3	–
	–	–	–	–	–	–	–	2	Ja?
	–	–	–	–	–	–	–	0	–
	–	I N-delen	Ja	–	–	–	–	1	–
	–	–	–	–	–	–	–	0	–
	–	–	–	–	–	–	Källargrop i SÖ (ek)	1	–
	I NÖ-delen och utanför denna	–	–	–	–		Förrådsgrop i NÖ (ek)	2	Ja
	–	–	–	–	–	–	Förrådsgrop i Ö (ek)	0	–
	–	–	–	–	–	–	Källargrop i SÖ (sidoskeppet)	2	–
	–	–	–	–	–	–	Förrådsgropar i mitt och Ö	0	–
	–	NV-delen	Nej	–	–	–	–	2	–
	–	–	–	–	–	–	–	1	–
	–	–	–	–	–	–	Källargrop och förrådsgrop i Ö (ek)	1	–
	–	–	–	–	–	–	Hårdbränt lergolv i Ö (bost)	0	–
	–	–	–	–	–	–	Källargrop i SÖ (ek) stenpackning i NV (bost)	1	–
	–	–	–	–	–	–	–	0	–
	–	–	–	–	–	–	Källargrop i V, förrådsgrop i Ö	1	–
	–	–	–	–	–	–	Källargrop i Ö, förrådsgrop i V	1	–
…vlager i nästan …Ö-delen (ek)	–	–	–	–	–	–	Förrådsgrop i sidoskeppet i SÖ (ek)	3	Ja?
	–	–	–	–	–	–	Golvrest intill härd i V (bost) förrådsgropar i V	0	–
	–	–	–	–	–	–	Förrådsgrop i Ö (ek) golvlager i hela V-delen (bost)	1	–

Socken	RAÄ nr	Lokal	Hus nr	Dateringens tyngdpunkt	Längd	Härd (bostadsdel)	Tät o regelb stolpsättning	Omstolpning/ oregelb stolpsättning	Mellanvägg	Separat ingång	Lergolv eller eller stenbroläggning
Östra Eneby	166	Pryssgården	175	YBRÅ	–	–	x	–	_	–	–
Östra Eneby	166	Pryssgården	176	ÄRJ	13	X (mitt–NÖ)	–	–	X	–	–
Östra Eneby	166	Pryssgården	179	YBRÅ	–	–	–	–	–	–	–
Östra Eneby	166	Pryssgården	180	FVT	–	X (mitten)	–	–	–	–	–
Östra Eneby	166	Pryssgården	183	YRJ	–	X (NÖ)	–	X (1 av 4)	–	–	–
Östra Eneby	166	Pryssgården	185	YBRÅ	–	–	X	–	–	–	–
Östra Eneby	166	Pryssgården	187	YBRÅ	–	X (NV)	X	–	–	–	–
Östra Eneby	166	Pryssgården	189	YBRÅ	–	X (NV)	X	–	–	–	–
Östra Eneby	166	Pryssgården	190	FVT	–	–	–	–	–	–	–
Östra Eneby	166	Pryssgården	193	ÄRJ	22	–	–	–	X	–	–
Östra Eneby	166	Pryssgården	194	YBRÅ	–	–	X	–	–	–	Stenpackning i SÖ (ek) o mitt
Östra Eneby	166	Pryssgården	195	YBRÅ	–	–	X	–	–	–	–
Östra Eneby	166	Pryssgården	196	YRJ	28,5	X (mitten)	–	X (2 av 6 i SÖ)	X	–	–
Östra Eneby	166	Pryssgården	197	ÄRJ	14	–	–	–	–	–	–
Östra Eneby	166	Pryssgården	198	FRJ	18	X (NV)	–	–	–	–	–
Östra Eneby	166	Pryssgården	199	YBRÅ	–	X (NV)	X (SÖ)	–	–	–	–
Östra Eneby	166	Pryssgården	201	YBRÅ	–	X (NV)	X (SÖ)	–	–	–	–
Östra Eneby	166	Pryssgården	203	FVT	–	X (Ö)	–	–	X	–	–
Östra Eneby	166	Pryssgården	207	FVT	–	–	–	–	X	–	–
Östra Eneby	166	Pryssgården	208	FVT	–	–	–	–	X	X	–
Östra Eneby	166	Pryssgården	210	YBRÅ	–	X (NV)	X (SÖ)	–	–	–	–
Östra Eneby	166	Pryssgården	211	YBRÅ	–	X (NV)	X (SÖ)	–	–	–	–
Östra Eneby	166	Pryssgården	214	FRJ	22	X (mitt-SÖ)	X (NV)	X (1 av 8 alt 3 av 10)	–	–	–
Östra Eneby	166	Pryssgården	216	FVT	–	–	–	–	–	–	–
Östra Eneby	166	Pryssgården	222	FVT	–	X (S o mitt)	–	X (1 av 4)	–	–	–
Östra Eneby	166	Pryssgården	235	FRJ	28	X (NÖ o SV)	–	X (antal kan ej bedömas)	–	–	–
Östra Eneby	166	Pryssgården	239	YBRÅ	–	–	–	–	–	–	–
Östra Eneby	166	Pryssgården	241	FVT	–	X (NV o mitt)	–	Oreg	–	–	–
Östra Eneby	166	Pryssgården	247	FRJ	22	–	–	–	X	–	–

Mina analyser gäller i hög grad djurens närvaro i husens ekonomidelar. Det är även tänkbart att djur ibland uppehållit sig i husens bostadsdel även om jag menar att praktiska hänsyn sätter gränser för hur omfattande djurens närvaro kan vara i det rum där maten tillagas. Till de utrymmen där födoämnen lagrats bedömer jag det mindre sannolikt att djur överhuvud taget haft tillträde.

I drygt hälften av de 97 husen fanns en eller flera härdar som jag antagit indikerar var i huset bostadsdelen funnits och i ytterligare ett fall indikerades bostadsdelen av fyndspridningen.

I de östgötska husen från yngre bronsålder var utformningen ofta tämligen likartad och med utgångspunkt i stolpsättningens tudelning samt placeringen av källar- eller förrådsgrop kunde bostads- respektive ekonomidel identifieras i ytterligare några hus. I fig 36 visas en sammanställning av företeelser jag menar skulle kunna indikera djurens närvaro och vilka registrerats i 55 av de analyserade östgötska långhusen. Avsaknad av härd i ekonomidelen räknas inte som en indikation på djurens närvaro, utan är mer att betrakta som ett verktyg för att lokalisera ekonomidelen/-delarna. Det finns dessutom hus

…sänkt golvnivå	K-lager utanför	Förhöjd fosfat	Förhöjd fosfat i ekonomidel	Fyndspridning	Spridning av växtdelar	Sluttning	Andra indikationer	Antal djurindikationer	Fähusdel
	–	–	–	–	–	–	Källargrop i hela Ö-delen (ek) golvlager i V (bost)	1	–
	–	–	–	–	–	–	–	1	–
	–	–	–	–	–	–	Förrådsgropar i V	0	–
	–	–	–	–	–	–	–	0	–
	–	–	–	–	–	–	–	1	–
	–	–	–	–	–	–	–	2	–
	–	–	–	–	–	–	Förrådsgropar i SÖ (ek)	1	–
	X (väster om huset - ej unders)	–	–	–	–	–	Källargrop i SÖ (ek)	2	–
	–	–	–	–	–	–	–	0	–
	–	–	–	–	–	–	–	1	–
	–	–	–	–	–	–	–	2	–
	–	–	–	–	–	–	Förrådsgropar i NV (bost)	1	–
	–	–	–	–	–	–	–	2	–
	–	–	–	–	–	–	–	0	–
	–	–	–	–	–	–	Förrådsgrop i SÖ (ek)	0	–
	–	–	–	–	–	–	–	1	–
	–	–	–	–	–	–	–	1	–
	–	–	–	–	–	–	–	1	–
	–	–	–	–	–	–	–	1	–
	–	–	–	–	–	–	–	2	–
	–	–	–	–	–	–	–	1	–
	–	–	–	–	–	–	–	1	–
	–	–	–	–	–	–	–	2	–
	–	–	–	–	–	–	–	0	–
	–	–	–	–	–	–	Stenbroläggning i ingång till bost	1	–
	Kulturlager över husets mittdel	–	–	–	–	–	–	2	–
	–	–	–	–	–	–	–	0	–
	–	–	–	–	–	–	–	1	–
	–	–	–	–	–	–	Källargrop i NÖ (ek?)	1	–

där även ekonomidelen innehåller en eller flera härdar. Denna variabel har därför inte inkluderats i sammanställningen. För indikationerna fyndspridning och spridning av växtdelar saknas analyser av dessa variabler i mitt underlagsmaterial.

De byggnadstekniska lösningarna som underlättar djurens närvaro, liksom de påfrestningar som deras närvaro utgjort på byggnaderna har givit arkeologiska spår. Tätare och mera regelbunden stolpsättning i husets ekonomidel fanns hos 13 av de totalt 19 långhusen från yngre bronsålder vid Pryssgården, medan denna företeelse helt saknades hos de övriga sju husen från perioden belägna på andra lokaler. Om man anser att denna variabel har något bevisvärde skulle det betyda att man genomgående utformat husen för att hysa husdjur vid Pryssgården, men att man på andra platser i Östergötland huvudsakligen haft andra lösningar för djurhållningen. I elva av Pryssgårdshusen från yngre bronsålder fanns stora djupa gropar i husens ekonomidelar och i nio fall låg groparna i mittskeppet. Borna-Ahlkvist menar att groparna ska tolkas som källar- eller förvaringsgropar, något som enligt henne utesluter att djuren haft tillträde till denna del av huset (Borna-Ahlkvist 2002:115).

Socken	RAÄ nr	Lokal	Datering	Referens
Borg	186	Högby	Romersk järnålder, folkvandringstid	Lindeblad 1995
Borg	269	Skälv	Äldre romersk järnålder	Kaliff 1993
Borg	276	Borgs säter	Förromersk och romersk järnålder	Lindeblad & Nielsen 1997
Borg	279	Klinga	800–400 f Kr, 200 f Kr–250 e Kr	Skjöldebrand 1996a
Brunneby	42	Kårgården	Förromersk och äldre romersk järnålder	M Larsson 1994
Hogstad	172	Lilla Ljuna	Romersk järnålder	M Larsson 1997b
Högby	89	Hulje	Förromersk och äldre romersk järnålder	T Carlsson m fl 1997
Kvillinge	15	Vilhelmsberg	Förromersk och romersk järnålder	Petersson & Ulfhielm 2000
Linköping	143	Paragrafen	Förromersk järnålder	Helander & Zetterlund 1995
Linköping	161	Glasrutan 2	Bronsålder, äldre järnålder, folkvandringstid	Karlenby 1996
Linköping	324	Tornby	Förromersk och äldre romersk järnålder	Wickman-Nydolf & Nydolf 1999b
Linköping	326	Kallerstad	Förromersk och romersk järnålder	Wickman-Nydolf & Nydolf 1999a
Linköping	328	Glasrutan NV	Folkvandringstid	Hörfors & Persson 1995
Norrköping (St Johannes fg)	120	Kv Sällskapsdansen	Yngre bronsålder	M Larsson 1990a
Rappestad	32	Fågelberget/Fålåsa	Romersk järnålder	Hedman u å
Rinna, Väderstad	288 m fl	Abbetorp	Förromersk och romersk järnålder	Petersson 2004a
Rystad	132	Mörtlösa Västergård	Romersk järnålder	Fernholm 1987a, Göthberg m fl 1995
Rystad	16	Tallboda	Yngre bronsålder	Äijä m fl 1996
Slaka	251	Lambohov	Förromersk järnålder	M Larsson 1993a
Slaka	252	Lambohov	Förromersk järnålder	M Larsson 1993a
Slaka	73	Mjärdevi	100–400 e Kr	Ekberg 1979
Törnevalla	66	Linghem	Romersk järnålder	Hinze & Larsson 1985, Syse 1996
Vreta Kloster	140	Blåsvädret	Romersk järnålder	Fernholm 1982a, 1987a
Väderstad	280	Lugnet	120–550 e Kr	Ericsson & Österström 1999
Väderstad	281	Ryd	Förromersk järnålder	Helander & Zetterlund 2001
Västra Husby	240	Västra Husby	Yngre bronsålder, tidig järnålder	A-L Nielsen 1998
Östra Eneby	166 och 167	Pryssgården	Bronsålder, järnålder	Borna-Ahlkvist m fl 1998

Fig 34. De östgötska lokaler som ingår i analysen. *The sites in Östergötland included in the analysis*

Period	Totalt antal hus	Varav antal hus vid Pryssgården	Antal hus med djurindikationer	Andel hus med djurindikationer (%)
Yngre bronsålder	26	19	18	69
Förromersk järnålder	29	8	18	59
Romersk järnålder	32	9	15	47
Folkvandringstid	10	9	4	40
Summa	**97**	**45**	**55**	**57**

Fig 35. Undersökningens hus fördelade på tidsperioder. *Houses in the investigation, divided into time periods.*

I och med att det finns hus med en utformning av stolpsättningen som man menat vara en bra indikation på fähusdel, där det förefaller osannolikt att djuren någonsin haft tillträde till husens ekonomidelar, faller den täta och regelbundna stolpsättningen som bra indikation på fähusdel. För Östergötlands del får stolpsättningen istället tolkas som ett uttryck för framför allt yngre bronsålderns byggnadstradition på Pryssgårdsboplatsen. Endast ytterligare två exempel finns på hus med tätare och mera regelbunden stolpsättning i ekonomidelen. De framkom vid Pryssgården och tillhör förromersk järnålder, vilket visar att traditionen delvis levt kvar även under denna period. Kanske var orsaken att man velat förstärka stolpsättningen i ekonomidelen på grund av att utrymmet under taket tjänat som förråd. Det har ofta framhållits att den tätare och regelbundnare stolpsättningen skulle vara en bra indikation på fähusdel i långhus (eller i vart fall husens ekonomidelar) även under förromersk och romersk järnålder (Olausson 1998, Pedersen & Widgren 1998, Ethelberg 2003).

Variabel	Yngre bronsålder	Förromersk järnålder	Romersk järnålder	Folkvandringstid	Totalt i antal hus
Tätare och regelbunden stolpsättning i ekonomidelen	13	2	–	–	**15**
Omstolpning och/eller oregelbunden stolpsättning i högre utsträckning i ekonomidelen	1	10	8	2	**21**
Mellanvägg mot ekonomidelen	4	10	9	3	**26**
Separat ingång till ekonomidelen	1	6	8	1	**16**
Lergolv eller stenbroläggning i eller i anslutning till ekonomidelen	2	3	2	–	**7**
Försänkt golvnivå i ekonomidelen	2	–	–	–	**2**
Kulturlager utanför huset (särskilt utanför ekonomidel)	1	7	2	–	**10**
Förhöjd fosfathalt i ekonomidelen	–	7	–	–	**7**
Beläget i sluttning med ekonomidelen lägst	–	3	1	–	**4**

Fig 36. Antal belägg för skilda djurindikationer. *Number of indications of livestock.*

Ethelbergs studie av hus från Sønderjylland visar emellertid att fähusdelens stolpsättning varierat i skilda områden och verkar ha styrts av lokala traditioner (Ethelberg 2003). För Östergötlands del visar min undersökning att det inte är en bra indikation, varken under yngre bronsålder eller äldre järnålder, eftersom den är alltför sällsynt och dessutom verkar vara kopplad till en distinkt lokal byggnadstradition, inte till en speciell djurhållningsstrategi.

Omstolpning och/eller oregelbunden stolpsättning i ekonomidelen är en vanlig företeelse i långhus från förromersk och romersk järnålder. Omsatta takbärande stolpar i ekonomidelen verkar vara en god indikation på att djur tillbringat längre tider här. Där en stor andel av stolparna satts om eller man kan se att hela ekonomidelen byggts om skall man antagligen räkna med att det rört sig om en regelrätt fähusdel. När det endast rör sig om enstaka omstolpningar måste man väga samman andra indikationer och man måste räkna med att omstolpningar kan ha förekommit även i hus dit djuren saknat tillträde. Även oregelbunden stolpsättning kan vara ett resultat av omstolpning.

Ekonomidelen har ofta varit försedd med vägg mot övriga huset. Spår av mellanvägg fanns hos 26 av de undersökta husen, dvs ungefär en fjärdedel. Flera av de hus som hade mellanväg innehöll en tydlig fähusdel men mellanvägg förekommer även i hus där andra spår av husdjuren saknats. Flera av de undersökta husen vid Pryssgården visade att mellanvägg är en byggnadsteknisk lösning som inte behöver ha samband med djurhållningen. I dessa hus fanns en stor och djup källargrop i husets ekonomiavdelning samtidigt som en mellanvägg skilt husets ekonomidel från resten av huset. Enbart mellanvägg är alltså ingen användbar indikation på djurens närvaro i ekonomidelen. Det har uppenbarligen funnits andra anledningar till att vilja avskilja bostadsdelen från det övriga huset (och även dela in det i ytterligare avdelningar). Däremot är det sannolikt rimligt att förvänta sig mellanvägg när det rör sig om långhus med regelrätt fähusdel och i flera av de välbevarade långhusen med tydlig fähusdel fanns spår av mellanväggar.

Det är mycket vanligt att det funnits en separat ingång till ekonomidelen och detta förekom i 16 fall. Har djuren regelbundet uppehållit sig i husets ekonomidel är detta den mest praktiska lösningen för djurens in- och utpassage. En separat ingång är också det mest praktiska när det gäller uttransport av gödsel. Det är också en av de variabler som karaktäriserar de flesta av de långhus med fähusdel som jag identifierat i det östgötska materialet. Samtidigt måste man hålla i minnet att separat ingång till ekonomidelen inte behöver ha något som helst samband med djurhållningen, utan företeelsen kan finnas även på hus där ekonomidelen haft helt andra funktioner.

I sju fall har det funnits rester av golv i husens ekonomidelar eller i anslutning till dessa. I två hus från yngre bronsålder rör det sig om stenbroläggningar, där den ena även omfattat husets ingångsdel. I ett hus från förromersk järnålder fanns stenbroläggning i ingångsdelen och i ett hus från romersk järnålder är det möjligt att stenbroläggningen utanför och i ingången skall ses som en indikation på var husets ekonomidel legat. I ett hus från äldre romersk järnålder fanns en stenbroläggning utanför husets östra gavel som sträckte sig cirka en meter in i huset. Det är möjligt att det här funnits en ingång i gaveln, kanske framför allt för in- och utpassage av djur. I tre hus från förromersk järnålder fanns lergolv (tolkade som underlag för trägolv), i ett av husen i kombination med en stenbroläggning.

I två hus från yngre bronsålder från Pryssgården, fanns spår som skulle kunna tolkas som försänkt golv, där nötning av djurens klövar i kombination med utgödsling så småningom resulterat i att golvnivån i fähusdelen blivit lägre än i bostadsdelen. I det ena fallet låg ett kulturlager i husets ekonomidel och ingångsdel. Mot tolkningen som fähusdel talar förekomsten av förrådsgropar i ekonomidelen (Borna-Ahlkvist 2002: 115). I det andra fallet fanns ett golvlager i husets sydöstra del, vilken bedömdes som ekonomidelen.

Spår av gödsel i form av kulturlager utanför ekonomidelen fanns i tre fall. I samtliga fall kombineras denna indikation med andra tecken på att djuren tillbringat relativt mycket tid inomhus. Det är möjligt att det i samtliga fall rör sig om långhus med fähusdel, även om ett av fallen kan vara tveksamt. I ytterligare ett fall fanns ett område med kulturlager cirka fyra meter från huset. Tolkningen här är inte given eftersom husets västra del är tolkad som ekonomidel med förhöjda fosfatvärden, medan kulturlagret låg utanför husets mitt och östra del, tolkade som dess bostadsdel.

Kraftigt förhöjd fosfathalt i och utanför husens ekonomidelar bör teoretiskt sett ha samma starka bevisvärde som kulturlagren eftersom det ju rör sig om spår av samma företeelse. Problemet med fosfatkarteringarna är att det ofta är svårt att fastställa att fosfathalterna verkligen härrör från aktiviteter kopplade till husen. Det finns också alternativa källor till höga fosfathalter. Trots dessa betänkligheter har jag funnit sju fall där höga fosfathalter torde ha sitt ursprung i att djuren tillbringat en hel del tid i husens ekonomidelar. Fosfathalter från olika lokaler kan egentligen inte jämföras, så på så sätt går det inte att gradera intensiteten i djurhållningen inomhus.

Det var få lokaler där det fanns uppgifter om husen låg i sluttningar eller ej. I ett fall låg ekonomidelen lägst och i det fallet fanns andra indikationer, bl a spår av gödselhög som tydde på fähusdrift.

Tamdjurens varierande grad av närvaro i de östgötska långhusen

Fig 37 är en sammanställning av antalet indikationer på husdjursnärvaro i det analyserade husmaterialet. Jag har här inte skilt på olika typer av indikationer utan alla har givits samma dignitet.

I var och en av grupperna med 1–4 djurindikationer finns hus dit husdjuren sannolikt saknat tillträde liksom hus som haft särskilda byggnadstekniska lösningar för att djuren enklare skall kunna vistas inomhus. I hus med sex djurindikationer har tamdjuren sannolikt vistats regelbundet. Enbart antalet indikationer kan inte vara vägledande för tolkningen utan man måste också göra en kvalitativ bedömning av enskilda variablers beviskraft i varje enskilt fall.

Fig 37 visar att andelen hus med djurindikationer verkar vara sjunkande från yngre bronsålder till romersk järnålder. I gruppen av hus med endast en indikation finns emellertid tio med tät och regelbunden stolpsättning. Detta har redan tidigare visats vara ett uttryck för en lokal byggnadstradition (vid Pryssgården) och inte en företeelse som varit kopplad till djurhållningen. Undantas dessa är andelen hus med djurindikationer lägst under bronsålder för att sedan stiga och vara ungefär konstant under förromersk och och romersk järnålder. Lika många av husen med en djurindikation hade mellanvägg, något som inte heller varit en lösning förbehållen hus med hög djurnärvaro. I ett mindre antal hus fanns också spår av omstolpningar som jag bedömt som en bra indikation på djurnärvaro. Bland husen med endast en indikation finns också hus som hus 2 vid Hulje där jag i analogi med hus 1 på denna lokal tolkat huset som innehållande fähusdel.

Bland husen med två djurindikationer var de två vanligast förekommande enskilda indikationerna separat ingång och omstolpning/oregelbunden stolpsättning med sju exempel vardera, följt av tät och regelbunden stolpsättning, mellanvägg samt kulturlager i ekonomidelen och utanför denna. De två vanligaste kombinationerna av djurindikationer var mellanvägg och separat ingång samt omstolpning och separat ingång med tre exempel vardera. Tät och regelbunden stolpsättning och stenbroläggning i ekonomidelen fanns i två fall. Alla övriga kombinationer förekom endast en gång. De vanligaste indikationerna i gruppen med två indikationer behöver inte ha något samband med djurhållningen utan kan lika gärna ha andra orsaker. Det finns dock hus där övriga indikationer pekar mot en hög husdjursnärvaro.

Fem hus hade tre djurindikationer. Vanligast var mellanvägg följt av omstolpning, stenbroläggning och separat ingång. Alla de fem husen hade mellanvägg och i fyra av dem uppvisade ekonomidelarna spår av omstolpning. I ett av husen tolkades indikationerna som tecken på fähusdel, där den förhöjda fosfathalten i ekonomidelen och utanför denna bidrog starkt till tolkningen.

Antal indikationer på djurens närvaro i husens ekonomidelar	Totalt antal hus (97 hus)	Yngre bronsålder (26 hus)	Förromersk järnålder (29 hus)	Romersk järnålder (32 hus)	Folkvandringstid (10 hus)
0	41	8	11	17	5
1	28	13	6	5	4
2	16	4	4	7	1
3	5	1	2	2	–
4	5	–	4	1	–
5	–	–	–	–	–
6	2	–	2	–	–
Antal hus med djurindikationer	56	18	18	15	5
Andel hus med djurindikationer (%)	58%	69%	59%	47%	50%

Fig 37. Antal djurindikationer i långhus från olika perioder. *Number of livestock indications in longhouses from different time periods.*

Fem hus hade fyra djurindikationer. I fyra av de fem husen fanns omstolpning/oregelbunden stolpsättning, mellanvägg och separat ingång. Två hade också kulturlager utanför husens ekonomidelar. Tre av husen bedömdes ha innehållit fähusdel och två hade förhöjd fosfathalt i ekonomidelarna. Ytterligare ett av husen har haft ett skärmtak utanför ekonomidelen, vilket kopplats till djurhållningen. Bland husen med fyra djurindikationer fanns ett som djuren sannolikt aldrig tillåtits komma in i. Detta visar att även ett större antal indikationer inte behöver innebära att ett långhus ekonomidel tolkas som fähusdel – allt beror på typen av indikationer och kontexten.

Två långhus hade sex djurindikationer och jag har bedömt att de innehållit fähusdel. I båda dessa hus fanns också omstolpningar eller oregelbunden stolpsättning i ekonomidelen, mellanvägg, separat ingång, förhöjd fosfathalt i ekonomidelen och kulturlagerrester utanför densamma, tolkat som spår av gödselhög. Husen beskrivs mera ingående i slutet av kapitlet (Paragrafen hus II och Kårgården hus 1).

Jag tolkar det varierande antalet indikationer på djurens närvaro delvis som ett resultat av att de undersökta husen med enstaka undantag har legat i plöjd åkermark. Många av de variabler jag angivit försvinner sannolikt med djup plöjning och ofta har endast de takbärande stolparna, eller i något fall delar av väggarna, återstått. Så var fallet för ca ¼ av de östgötska husen. Sönderplöjning kan emellertid inte vara den enda förklaringen till variationerna i materialet. Vid Hoddeboplatsen fanns såväl långhus med som utan fähusdel (Hvass 1985), något som visar att man inte enbart kan skylla på bortplöjning när man inte hittar spår av fähusdel. Omstolpning eller ombyggnad ser jag som ett starkt kriterium för att djuren vistats under längre perioder i husens ekonomiavdelningar. Denna variabel bör kunna spåras även hos mycket sönderplöjda hus. Också ingångarna går ofta att spåra i sådant material eftersom de ibland omgivits av extra kraftiga stolpar. Även stolphål tillhöriga mellanväggar kan bevaras trots överplöjning. Bortplöjda kulturlager är ofta synliga som infiltrationslager i steril undergrund.

Sammantaget betyder det att variationen i antalet husdjursindikationer i hela materialet troligen avspeglar en faktisk forntida variation i djurhållningsstrategi. Däremot behöver inte antalet indikationer hos ett enskilt hus betyda att djurhållningen inte varit intensivare än vad källmaterialet kan visa. Husen visar att djurhållningen på boplatserna varit mycket varierad. Det finns gårdar där djur sällan eller aldrig fått vistas inne i husen och det finns också gårdar där långhusen innehållit regelrätta fähusdelar vilka haft speciella byggnadstekniska lösningar. Häremellan finns ett helt spektrum av varierande grad av inomhusvistelse för djuren. Generellt sett förefaller det dock som det vanligaste varit att djuren inte varit inne i husen i så hög grad att man sett sig förorsakad att underlätta detta genom särskilda byggnadstekniska lösningar. Djuren har heller inte varit inne så mycket att de lämnat spår, i de flesta fall.

Fähusdel i östgötska långhus

Hittills har jag undersökt förekomst och frekvens av enskilda husdjursindikationer hos de östgötska långhusen. Jag har också undersökt antalet indikationer per hus och vilka kombinationer som är vanligast förekommande. Med utgångspunkt i detta har jag sökt dra slutsatser angående de skilda indikationernas bevisvärde rörande husdjursnärvaro i husens ekonomidelar, något som ligger till grund för denna diskussion rörande långhusens fähusdel. Med fähusdel avser jag i denna framställning det särskilda rum som husdjuren har haft i de förhistoriska långhusen, där de regelbundet och under längre tid vistats under vinterhalvåret. Jag har bedömt att det kan ha funnits fähusdelar i tolv långhus.

Antal husdjursindikationer	Andel tolkade fähus (%)
1	4
2	12
3	60
4	60
5 (saknas)	–
6	100

Fig 38. Andelen långhus med tolkad fähusdel i relation till antalet djurindikationer i husen. *Percentage of longhouses interpreted as containing byre sections in relation to the number of livestock indications in them.*

Tolkade fähusdelar finns i långhus med endast en djurindikation men även i hus med fler indikationer. Ju fler indikationer desto större är andelen långhus med tolkad fähusdel. Samtidigt säger den statistiska utsagan inget om det enskilda fallet. Här måste istället de enskilda djurindikationernas beviskraft bedömas.

De indikationer jag bedömer har störst beviskraft är sådana som utgår från konkreta spår av djuren själva. Ett försänkt golv i husets ekonomidel är en sådan stark indikation. Golvet antas ha slitits ned genom djurens trampande samt genom utgödsling. Att det bedöms som en stark indikation beror på att det finns få andra processer som kan tänkas ge samma resultat. En annan stark indikation är spår av en gödselhög utanför husets ekonomidel, antingen i form av kulturlagerrester eller i form av distinkt förhöjd fosfathalt inom ett begränsat område. Även förhöjd fosfathalt i husets ekonomidel ses som en stark indikation. En så stark indikation som de nu nämnda bedömer jag endast behöver kombineras med ytterligare en bra indikation för att man ska kunna göra en tolkning som fähusdel för husets ekonomidel.

Nästa grupp innehåller bra indikationer på fähusdelar men de har något svagare bevisvärde än den första gruppen. Till denna grupp räknar jag stenbroläggning i husets ekonomidel. Stenbroläggningen kan vara ett sätt att hindra golvets slitage.

Jag har också föreslagit en speciell tolkning för de lergolv som framkommit i ekonomidelen på några hus, att de tjänat som underlag för ett trägolv. Syftet skulle vara att underlätta utgödsling och minska slitaget på markunderlaget. Båda indikationerna innebär en byggnadsteknisk lösning som syftat till att underlätta djurhållningen.

En aspekt av fähusdrift torde vara att när djuren tillbringar längre sammanhängande perioder inomhus kommer ekonomidelen att vara utsatt för mer slitage och snabbare förruttnelse. Jag har antagit att detta lett till att bärande stolpar oftare behövt bytas ut i fähusdelen och att hela fähusdelen ibland fått rivas och återuppbyggas, medan bostadsdelen kunnat förbli intakt. Antagandet styrks av det arkeologiska materialet, t ex hus I i Hulje där de flesta takbärande stolparna i fähusdelen var utbytta (i motsats till bostadsdelen). Omstolpning och oregelbunden stolpsättning ser jag följaktligen som en stark indikation på djurens närvaro. Samtidigt finns andra tänkbara orsaker för omstolpning som inte behöver vara kopplade till djurhållningen, varför bedömningen måste ske från fall till fall. Man ser t ex ofta en högre grad av omstolpning i anslutning till bostadsdelens härd, något jag bedömer ej vara relaterat till djurhållningen.

Det finns också en grupp byggnadstekniska indikationer som ofta förekommer i långhus med fähusdelar men som samtidigt är vanliga i övriga hus och även i hus dit djuren saknat tillträde. Dessa är mellanvägg och separat ingång till ekonomidelen. Jag betraktar dessa som generella lösningar som inte specifikt kopplats till husdjurshållningen. De har således inget eget avgörande bevisvärde.

Sammanfattningsvis kan konstateras att det finns en kvantitativ aspekt rörande de kriterier jag använt i min tolkning av fähusdel i långhusen genom att andelen hus med fähusdel stiger med antalet djurindikationer (fig 38). Samtidigt går det inte att peka på ett visst antal indikationer som kriterium för fähusdel. Den kvalitativa aspekten, dvs typen av indikation kommer alltid att väga tyngre, och ett färre antal indikationer kan då räcka för en tolkning som fähusdel. Även den arkeologiska kontexten i stort kan bidra till tolkningen.

Fähusdelarnas utformning

Från bronsålder finns ett långhus med möjlig fähusdel från Östergötland (fig 39). Från förromersk järnålder finns fem långhus med säkra fähusdelar och två långhus med möjliga fähusdelar. Fähusdelarna från förromersk järnålder utmärks av att de på det hela taget saknat omstolpningar. I flera fähusdelar har funnits golvbeläggning, antingen stenbroläggning eller lergolv som jag föreslår ska tolkas som underlag för trägolv t ex av halvkluvna stockar. De förromerska långhus där fähusdelar har belagts var till övervägande delen hus med tre större avdelningar. Fähusdelen har legat såväl i den mellersta delen som i ena änden. Att husen haft tre avdelningar betyder att de hört till de större under perioden. Det finns också exempel på hus med liknande utformning och storlek men där fähusdel saknats.

Från romersk järnålder finns tre långhus med säkra fähusdelar och ett långhus med möjlig fähusdel. Utmärkande för fähusdelarna från romersk järnålder är att de ofta har hög andel av omstolpningar och att fähusdelen är mycket tydlig, samtidigt som den verkar ha varit byggnadstekniskt skild från bostadsdelen. Detta kan vara ett resultat av att fähusdelen har rivits och återuppbyggts under bostadsdelens brukningstid men, kanske mera troligt, vara ett resultat av en byggnadsteknisk lösning som underlättat genomgripande reparationer som endast berört fähusdelen. Sådana hus ger intrycket av att ha bestått av två separata, hopfogade delar. I dessa hus har det ofta funnits en separat ingång till fähusdelen eller ibland en gemensam ingång som verkar ha lett både till fähus- och bostadsdel utan att man behövt gå in i bostaden för att komma till fähuset.

Lokal	Datering	Antal indikationer	Maximalt antal djur i fähusdelen	Husets totala längd, gavel till gavel (m)
Pryssgården, hus 172 (möjligt fähus)	Yngre bronsålder	3	Minst 8 (skadat mittparti)	19,0
Kårgården, hus 1	Förromersk järnålder	6	16	25,5
Kårgården, hus 3	Förromersk järnålder	4	12	24,5
Paragrafen, hus II	Förromersk järnålder	6	8/12	30,0
Pryssgården, hus 151	Förromersk järnålder	2	8	20,0
Tornby, hus 1	Förromersk järnålder	4	8	20,0
Paragrafen, hus I (möjligt fähus)	Förromersk järnålder	3	26	29,0
RAÄ 252, hus 1 (möjligt fähus)	Förromersk järnålder	2	12/18	25,0
Hulje, hus 1	Äldre romersk järnålder	4	8	19,0
Hulje, hus 2	Äldre romersk järnålder	1	12	17,5
Mörtlösa Västergård	Romersk järnålder	3	4/10	23,5
Blåsvädret (möjligt fähus)	Romersk järnålder	2	4–6	20 (?) skadat i Ö gavelpartiet

Fig 39. Långhus med fähusdel i Östergötland. *Longhouses with byre sections in Östergötland.*

En av de stora skillnaderna mellan de förromerska och romerska långhusen med fähusdel är att spåren av fähusdelarna är mer diversifierade och tydligare från romersk järnålder. Omstolpning är ett av de vanligaste kriterierna i romersk järnålder medan det är ovanligt i förromersk järnålder. Detta tyder på stora skillnader i utformningen av fähusdriften och talar starkt för att djuren under förromersk järnålder vistats så kort sammanlagd period inomhus att huskonstruktionerna inte tagit stor skada. Ett tolkningsalternativ kan vara att husen bara haft så lång livslängd som fähusdelarna. Det finns dock inga andra skäl som talar speciellt för detta. Ett ökat antal ombyggnader och omstolpningar i romersk järnålder har även observerats i Uppland (Göthberg 2000:109). Jag tolkar även detta som ett tecken på ökad fähusdrift, något som pekar mot att trenden inte är lokalt begränsad till Östergötland.

Fähusdriften under romersk järnålder har, antagligen mer än under förromersk järnålder, liknat djurhållningen i historisk tid med djur som vistats längre perioder i fähusdelarna under vintrarna. Parallellt med fähusdrift har funnits ren utegångsdrift, men också strategier där djuren fått vistas i husens ekonomidel i varierande omfattning utan att det för den skull funnits särskilda byggnadstekniska lösningar härför. Raihles undersökning av ladugårdar från 1700- och 1800-talet visade att stallen hade betydligt längre livslängd än fähusen, dvs hästar orsakar inte på samma sätt som nötkreatur att husen ruttnar (Raihle 1995:52). Det kan betyda att i de fähusdelar där själva byggnadskonstruktionen inte påverkats av djuren har funnits en högre andel hästar. Möjligen kan fähusdelarna från förromersk järnålder ha innehållit högre andel hästar – det skulle kunna vara en delförklaring till att de genomgående har färre omstolpningar och spår av ombyggnader.

Fähusdelarnas storlek

I fig 40 sammanfattas resultaten från några undersökningar av antalet stallade djur i rekonstruerade fähusdelar i långhus från svenskt område. Dessa utgör ett jämförelsematerial till mina undersökningar.

Pedersen och Widgren (1998) hänför de äldsta kända långhusen med fähusdel i Sverige till perioden 200 f Kr–200 e Kr. Dessa fähusdelar upptog förhållandevis stor del av husen och hade oftast plats för maximalt 12–20 djur, men periodens största fähusdelar (som ej ingår i den i fig 39 redovisade undersökningen) kunde hysa 24–40 djur. Man anger ett aritmetiskt medelvärde till 15,7 djur. Under perioden 200–600 e Kr kunde fähusdelarna rymma från 4 till 24 båsplatser med ett aritmetiskt medelvärde på 14,6 och ett medianvärde på 14 (Pedersen & Widgren 1998:426ff). Beräkningarna är utförda enligt den metod som beskrivits av Trond Løken (1987:83) och som även jag använt här. En båsplats har för nöt eller häst beräknats uppta 1 meter av fähusdelens längd och man har räknat med en rad djur utefter vardera långväggen. De resultat Pedersen och Widgren redovisar grundar sig på 42 undersökta hus från Skåne, Öland, Gotland, Östergötland, Uppland och Mellannorrland. Av husen tillhör 6 förromersk järnålder och 36 romersk järnålder och folkvandringstid (Pedersen & Widgren 1998:434). Michael Olausson (1998) har undersökt förekomst av fähusdel i långhus i framför allt Mälardalen. Han har angivit medelvärdet för antalet djur i långhus med fähusdel från förromersk järnålder till 11,5–14,0 djur och från romersk järnålder – folkvandringstid till 10,0–13,2 djur i periodens äldre del och 10,0–16,0 i periodens yngre del (Olausson 1998:45f). Pedersen och Widgren (1998) redovisar det rekonstruerade antalet båsplatser för fähusdelarna i 24 långhus från järnålderns mitt. Husens storlek visar en normalfördelad kurva runt ett typvärde på 25–29 m men "kurvan över antalet stallade djur [visar] att det funnits två distinkta klasser av fähusstorlekar. Hus med 10 respektive 18 båsplatser dominerar materialet" (Pedersen & Widgren 1998: 427). Man har alltså inte kunnat se utanpå husen hur många stallade djur de innehållit. Det har varit vanligt att de två typstorlekarna av gårdar funnits i närheten av varandra. Som ett exempel på detta anges RAÄ 251 och 252 i Slaka socken, Östergötland (Pedersen & Widgren 1998:427f). Samtidigt måste framhållas att Pedersen och Widgren inte har samma nyanserade beviskrav för fähusdel som jag använt här. Man har t ex räknat med att hus 2 vid RAÄ 251 i Slaka har innehållit en fähusdel trots att den enda indikation som fanns var förhöjd fosfathalt i ekonomidelen och fosfatkarteringen endast omfattade själva huset, varför fosfaternas samhörighet med huset är svårbedömd.

	Pedersen & Widgren 1998			Olausson 1998		Petersson	
Period	Variationsområde	Median	Medelvärde	Variationsområde	Medelvärde	Variationsområde	Median
Förromersk järnålder	12–20	–	15,7	6–18	11,5–14,0	8–26	12
Romersk järnålder/ folkvandringstid	4–24 (perioden 200–600 e Kr)	14	14,6	8–16 (äldre del) 8–24 (yngre del)	10,0–13,2 (äldre del) 10,0–16,0 (yngre del)	8–12	6

Fig 40. En jämförelse av antalet stallade djur i olika undersökningar. Samtliga siffror avser antal djur. *A comparison of the number of stabled animals in different investigations.*

Om antalet djur i de östgötska fähusdelarna från förromersk järnålder maximeras i beräkningen enligt Løkens beräkningsmodell (Løken 1987) ger det 8–26 djur med medianvärde på 12. Om antalet djur i fähusdelarna från romersk järnålder maximeras ger det 4 – 12 djur med medianvärde på 6 (fig 40). Spridningen vad gäller antalet djur är större i förromersk än i romersk järnålder och det finns fler hus i romersk järnålder som endast innehåller få djur. Andra undersökningar har dokumenterat motsatt tendens med en mindre spridning i längdfördelningen hos fähusdelen i förromersk och romersk järnålder än i yngre romersk järnålder och folkvandringstid (Göthberg 2000: 131, Olausson 1998:45, Pedersen & Widgren 1998:426f).

I min undersökning är medianvärdet för antal djur i långhusens fähusdel betydligt mindre i romersk än förromersk järnålder. Det kan finnas flera förklaringar till detta. En kan vara att det bara varit på en del av de större gårdarna som djuren överhuvud taget stallades under förromersk järnålder. Fähusdriften har i alla händelser varit mindre intensiv under förromersk än romersk järnålder med kortare sammanlagd tidsperiod i fähusdelen, något som kan betyda att skillnaden mellan fähus- och utegångsdrift under perioden inte är särskilt dramatisk. Fosfatkarteringarna antyder att djuren har vistats i ekonomidelarna även på de mindre gårdarna men här finns inga spår av särskilda arrangemang för djuren. Kanske har djuren varit så få att man inte sett någon anledning till att göra särskilda byggnadstekniska arrangemang för dem. Kanske har de dessutom varit inne i liten omfattning och därför inte lämnat mycket spår efter sig. En annan förklaring skulle kunna vara att fähusdriften har varit mera utbredd under romersk järnålder och då omfattat även mindre gårdar. Under romersk järnålder är det också tänkbart att det på de stora gårdarna kan ha förekommit separata fähus. Göthberg redovisar en vanligt förekommande romersk och folkvandringstida gårdsform i Uppland med ett större och ett mindre treskeppigt hus (Göthberg 2000:94ff). Sekundärhuset tolkas dock som att ha haft en kok- eller bostadsfunktion, eller i andra fall som ett förrådshus.

Medianvärdet för antal djur i långhusens fähusdel under förromersk järnålder i Östergötland är något lägre än de medelvärden som angivits av Pedersen och Widgren (1998) och Olausson (1998). För romersk järnålder är de östgötska värdena betydligt lägre. Ett problem med sådana jämförelser är att de nämnda forskarna använt andra kriterier än jag för vad som räknats som fähus. Generellt sett har man haft mindre nyanserade beviskrav – hus där djurens närvaro endast varit svagt manifesterad har genom analogislut ändå antagits innehålla fähusdel medan min fähuskategori endast innehåller hus där tolkad fähusdel har flera och starka indikationer. Däremot har samma beräkningsmetod för antalet stallade djur använts (Løken 1987).

Husens längd

Sammanställningen i fig 41 tyder på att de långhus som innehöll fähusdel under förromersk järnålder generellt sett var betydligt längre än husen utan fähusdel. Samma tydliga skillnad verkar ha funnits också under romersk järnålder, även om medianvärdena (Md) ligger mycket nära varann. De förromerska husen med fähus återfinns uteslutande bland husen som var längre än Md och fyra var också längre än övre kvartil (Q_3). Ett av de romersk långhusen med fähus låg strax under Md för längd, två låg i intervallet mellan Md och Q_3 medan endast ett hus var längre än Q_3. Tendensen är alltså att husen med fähusdel i förromersk järnålder återfinns nästan uteslutande i periodens längsta hus, medan de i romersk järnålder återfinns i de normallånga husen, i intervallet mellan Q_1 och Q_3 (fig 42). Detta kan möjligen antyda att på de östgötska gårdarna med de längsta husen har det i romersk järnålder funnits separata fähusbyggnader, något som inte gick att utläsa av undersökningsrapporterna. Detta skulle kunna bero på att få sådana hus berörts av undersökning och att de som eventuellt undersökts saknat tydliga djurindikationer pga stark överplöjning. Det är heller inte säkert att de stora gårdarna har haft varken fähusdel i långhusen eller separat fähus. Kanske har deras djurhållning varit inriktad mot utegångsdrift. Kanske har djuren som tillhörde de stora gårdarna hållits i fähus vid de underlydande gårdarna. Här kan man notera att även i de tidigaste skriftliga källorna i Norden förknippas stormannagårdar med mycket djur.

Jag är benägen att knyta fenomenet med fähusdel i långhus till hög social status under förromersk järnålder. Hus högt upp i lokala boplatshierarkier hade oftare fähusdel än andra. Det finns flera tänkbara förklaringar till hur det faktiska sambandet sedan sett ut. Vid gårdarna högst upp i hierarkien har funnits större andel häst och nöt i djurbensmaterialet (se kap 4). Det

	Alla långhus, längd (m)				Långhus med fähusdel, längd (m)	
Period	Variationsområde	Md	Q_1	Q_3	Variationsområde	Md
Förromersk järnålder	9–31	18,5	12,75	24,75	20–30	25,0
Romersk järnålder	10,5–28,5	18	13,5	22,5	17,5–23,5	19,5

Fig 41. Husens längd. Undersökta östgötska hus. *Length of the houses. Excavated houses in Östergötland.*
Md = Median *Median.*
Q_1 = Undre kvartil *First quartile.*
Q_3 = Övre kvartil *Third quartile.*

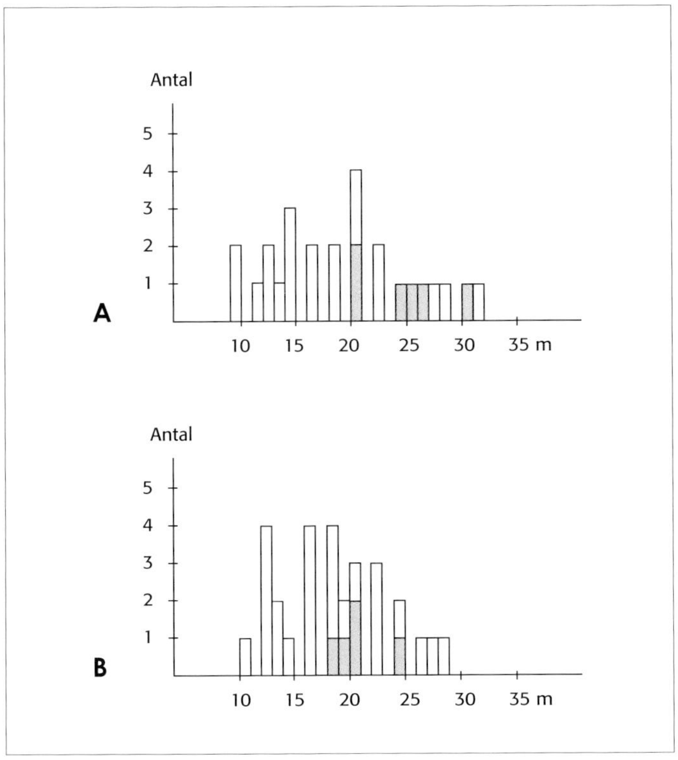

Fig 42. De östgötska husens längd. A. Förromersk järnålder. B. Romersk järnålder. Grafik Lars Östlin. *Length of the houses in Östergötland. A. Pre-Roman Iron Age. B. Roman Iron Age.*

har alltså funnits proportionellt sett fler storfä och därmed ett större antal sådana som man kan ha velat skydda. Det kan också vara så att man på de stora gårdarna har haft en intensivare mjölkhushållning än på andra gårdar, i kombination med större antal nöt. Många kor kan då ha vistats inne under delar av vintern.

Separata fähus

Ett alternativ till att använda långhusets ekonomidel som fähusdel är att bygga separata fähus. De arkeologiska kriterierna bör bli ungefär desamma för separat fähus som för fähusdel. Vid Borgs säteri undersöktes en gård från förromersk – äldre romersk järnålder (Lindeblad & Nielsen 1997:25ff). Ett större treskeppigt långhus antas ha innehållit bostaden men några spår som kunde sättas i samband med djuren fanns inte i den antagna ekonomidelen. Ungefär tio meter nordväst om detta fanns spår av ett mindre, treskeppigt hus som legat i vinkel mot det större. Även detta hus saknar djurindikationer av ovannämnda typer. I Uppland förekommer samma utformning av gårdsbebyggelsen under romersk järnålder och folkvandringstid. I det lilla huset har man velat placera kok- eller bostadsfunktion och i andra fall har det tolkats som ett förrådshus (Göthberg 2000:98). Tänkbart är att det varit det hus dit djuren tillåtits komma in och alltså tjänat som en typ av fähus. Vid Abbetorp i Rinna och Väderstads socknar undersöktes en stor gård från förromersk – tidig romersk tid, till vilken knöts två långhus (Petersson 2004a). Det stora långhuset hade spår av tre rum och antagen representativ funktion i mittrummet. I detta hus fanns inga spår av husdjuren. Det lilla långhuset låg ett åttiotal meter från det stora. Huset verkar ha innehållit en bostadsdel men djuren kan periodvis haft tillträde till dess ekonomidel, även om det inte fungerat som fähus i historisk bemärkelse.

Från romersk järnålder finns två lokaler i Östergötland där man menat att det funnits separata fähus. Hus 3 och hus 4 vid Halleby i Skärkinds socken har tolkats som separata fähus (Baudou 1973:108). För hus 4 motiverades antagandet med att det saknade härd, innehöll få fynd samt att det kopplades direkt samman med en stensträng. Även hus 3 var fyndfattigt. Ett hus vid Fläret i Skärkinds socken tolkades också som fähus (Widgren 1983:49ff). Tolkningen grundade sig på husets placering i anslutning till en öppning i stensträngen med anslutande hålväg/fädrev. Det är omöjligt att avgöra om något av de nu nämnda husen uppvisar några av de variabler jag menar bör finnas i arkeologiskt tolkade fähus.

Hus dit djuren haft tillträde men där fähusdel saknats

När långhusen med fähusdel räknas bort återstår en grupp hus med indikationer på att djuren vistats inomhus. Bland husen med en djurindikation fanns endast ett där denna kan räknas som stark, nämligen huset från Ryd i Väderstads socken som hade förhöjda fosfatvärden i ena delen av huset. Eventuellt var också några takbärande stolpar i denna del omsatta.

Bland det femtontal hus med två djurindikationer som återstod när långhusen med fähusdel undantogs var mellanvägg, separat ingång och omstolpning/oregelbunden stolpsättning i ekonomidelen de vanligaste indikationerna. Särskilt det sistnämnda kan antyda att djuren ibland vistats inomhus medan de förstnämnda också kan vara av mer allmän karaktär. I ett hus från romersk järnålder kombinerades omstolpning/oregelbunden stolpsättning med stenbroläggning utanför husets gavel och i ett förromerskt hus kombinerades omstolpning med kulturlager över husets mittdel.

Från yngre bronsålder fanns fyra hus med två djurindikationer. Den ena variabeln hos dessa långhus var tät och regelbunden stolpsättning i ekonomidelen, vilket tidigare visats vara ett uttryck för lokal byggnadstradition och ej en indikation kopplad till djurhållningen. I två fall kombinerades denna indikation med stenpackning över husets mitt- och ekonomidel, i ett fall med ett icke undersökt kulturlager utanför huset samt i ett fall med ett golvlager i nästan hela ekonomidelen, möjligen rester av ett försänkt golv. Eftersom endast den ena av indikationerna i dessa hus verkar kunna vara kopplad till djurhållningen har husen ej tolkats som innehållande fähusdel.

I ett hus med tre djurindikationer fanns mellanvägg och separat ingång. Utanför ingången fanns en stenbroläggning, vilken

Socken	RAÄ nr	Lokal	Hus nr	Dateringens tyngdpunkt	Orientering	Fosfatindikationer hög djurnärvaro/ fädel	Fosfat korrelerar med vägglinje	Fosfat korrelerar med mella vägg
Brunneby	42	Kårgården	1	FRJ	ÖNÖ–VSV	Ja (mitt)	Kan ej avgöras	Nej
Brunneby	42	Kårgården	3	FRJ	ÖNÖ–VSV	Ja (ÖNÖ)	Ja, trol	Nej
Linköping	143	Paragrafen	I	FRJ	NNV–SSÖ	Ja	Nej	Nej
Linköping	143	Paragrafen	II	FRJ	NÖ–SV	Ja (NÖ) +gödselhög	Ja	Ja
Linköping	324	Tornby	1	FRJ	VSV–ÖNÖ	Ja	Ja	Nej
Linköping	324	Tornby	2	RJ	VSV–ÖNÖ	Nej	Ja, trol	Nej
Linköping	326	Kallerstad	1	RJ	VSV–ÖNÖ	Nej	Nej, trol inte	Nej
Linköping	326	Kallerstad	2	RJ	VSV–ONO	Nej	Ja	Nej
Linköping	326	Kallerstad	3	RJ	SV–NÖ	Nej	Ja, halvbra	Nej
Linköping	326	Kallerstad	4	FRJ	SV–NÖ	Nej	Nej	Nej
Rinna & Väderstad	288	Abbetorp	1	FRJ	Ö–V	Nej	Ja (i Ö)	Nej
Rinna & Väderstad	288	Abbetorp	2	FRJ	Ö–V	Nej	Ja	Nej
Rinna & Väderstad	288	Abbetorp	3	FRJ	NÖ–SV	Nej	Ja	Nej
Slaka	251	Lambohov	2	FRJ	ÖNÖ–VSV	Kan ej bedömas	Kan ej bedömas	Nej
Slaka	252	Lambohov	1	FRJ	SV–NÖ	Ja (SV)	Kan ej avgöras	Ja (en)
Väderstad	281	Ryd	1	FRJ	N–S	Ja (N)	Ja	Nej
Östra Eneby	166	Pryssgården	157	YRJ	NV–SÖ	Kan ej bedömas (ev V)	Ja, kanske i NV	Nej

Fig 43. Fosfatkarterade hus från äldre järnålder i Östergötland. För förkortningar se fig 33.
Houses from the Early Iron Age in Östergötland for which there are phosphate analyses.

indikerar ett område utsatt för hårt slitage, kanske kopplat till djurhållningen. I ytterligare två hus med tre respektive fyra indikationer har djuren sannolikt haft tillträde till ekonomidelen.

Det fanns några hus som hade förhöjda fosfatvärden i det ena sidoskeppet i ekonomidelen. En möjlig tolkning av detta fenomen kan vara att det funnits en kätte för djuren utefter ekonomidelens enda långvägg och att förhöjningen alltså har samband med djurhållningen. Tolkningar som inte förbinder den förhöjda fosfathalten med djurhållningen är också tänkbara.

Det samlade intrycket av många av långhusen med två eller fler djurindikationer vilka ej tolkats som innehållande fähusdel är att djuren företrädesvis haft tillträde till husens ekonomidelar men att de inte tillbringat någon längre tid där, utan att det endast handlat om utvalda djur och särskilda tillfällen. Varken separat ingång eller mellanvägg kan heller bedömas ha en absolut koppling just till husdjur. Bra enstaka djurindikationer fanns även i hus som hörde till de kortare under förromersk och romersk järnålder. Detta visar att djuren kunnat vistas inne även på de mindre gårdarna under perioden.

Hus dit tamdjuren inte haft tillträde

I flera fall finns konkreta spår eller omständigheter som talar för att djuren överhuvudtaget inte tillåtits komma in i vissa hus. Det finns också en stor mängd hus där indikationer på djurens närvaro i husen fullständigt saknas. I en del fall beror det säkert på att spåren försvunnit med plöjning men i vissa av dessa verkar det som att djuren inte haft någon plats inne i husen.

Som tidigare nämnts fanns ett flertal hus med källar- eller förrådsgropar i husens ekonomidelar, framför allt vid Pryssgårdsboplatsen. Groparnas tolkade funktion bör effektivt ute-

Fosfat korrelerar med andra konstruktions-detaljer	En Fas	För liten yta provtagen	Fosfat hör ihop med huset	Fosfatspridning	Antal djur-indikationer exkl fosfat	Fähusdel
Ja, lergolv	Ja	Nej	Ja	Höga fos i mittavd o innanför V-gavlen	5	Ja
Ja, ingång + golv	Ja	Nej	Ja	Höga fos i Ö-delen	3	Ja
Ja? omstolpning	Ja?	Nej	Ja?	Höga fos i S-delen	2	Ja?
Nej	Ja	Nej	Ja	Höga fos i mittavd o utanför Ö-del	5	Ja
Ja, delvis lergolv	Ja	Nej	Ja	Hög fos i husets norra halvdel o i Ö	3	Ja
Ja, dörröppning	Ja	Nej	Ja	Hög fos i mitten (bost del m härd)	0	–
Nej	Nej?	Nej	Ja	Hög fos längs N-väggen i bost del o fläckvis hög i V-delen	2	–
Nej	Ja?	Nej	Ja	Hög fos i mittavd och längs S långväggen Ö-delen	0	–
Ja, omstolpning	Nej?	Ja?	Ja? (svårbedömt)	Spridda höga fos i hela huset, konc i SV	2	–
Nej	Nej	Ja	Nej	Låg fos i mittavd, hög fos i Ö-del och utanför denna	0	–
Nej (med härd i bost)	Ja	Nej	Ja	Fläckvis höga fos i hela huset, konc utmed S-väggen i ek del	4	–
Nej	Ja	Nej	Ja	Hög fos längs N-väggen	4	–
Ja, skärmtak	Ja	Nej	Ja	Hög fos längs ek delens N-vägg och utanför Ö-gaveln	4	–
Nej	Ja	Ja	- (kan ej bedömas)	Höga fos i V-delen (ek)	0	–
Nej	Ja	Ja	Ja	Höga fos i V-delen (ek)	0	Ja?
Nej	Ja	Nej	Ja	Höga fos i N-delen (ek?)	0	–
Nej	Nej, 3 hus på samma ställe	Ja	– (kan ej bedömas)	Höga fos i NV-del	2	–

sluta att djuren över huvud taget haft tillträde till denna del av husen (Borna-Ahlkvist 2002:115, Welinder 1998:125).

Hus 2 vid Abbetorp var bostadshus i en stor gård och har haft tre avdelningar. Mittrummet har sannolikt haft representativ karaktär och den del som bedömdes som ekonomidel saknade starka indikationer på djurens närvaro. Djuren verkar ha saknat tillträde till huset, en tolkning som stöds av fosfatspridningen. Istället verkar djuren vid behov ha kunnat vistats i hus 1 vid Abbetorp, tolkat som ett sekundärhus tillhörigt den stora gården.

Det finns också tre hus med förhöjda fosfathalter i bostadsdelen av husen men ej i övriga delar. Det är möjligt att djuren vid enstaka tillfällen tillåtits komma in i bostäderna men mer sannolikt är ändå att de flesta djur helt saknat tillträde till dessa hus. De förhöjda fosfathalterna har istället sannolikt samband med matlagningen.

Fosfatkarteringarna

Finns det något sätt att utvärdera och framför allt kvantifiera resultaten? Ger husmaterialet, trots sin fragmentering och dåliga bevarandegrad, ändå en fingervisning om proportionerna emellan å ena sidan långhus med fähusdel och hus där djuren regelbundet vistats och å andra sidan hus dit djuren saknat tillträde eller bara tillåtits komma in i mycket sällan? Fosfatkarteringarna ger oss en variabel som är oberoende av andra arkeologiska observationer och som ger viss möjlighet att utvärdera de arkeologiska tolkningarna.

Det finns 17 fosfatkarterade långhus från äldre järnålder i Östergötland och det är endast äldre järnåldern som är möjligt att utvärdera (fig 43). Som jag tidigare nämnt är ett stort problem att fosfater är odaterade. Om fosfatspridningen har samband med husens konstruktionsdetaljer som vägglinjer, mellanväggar, ingångar, lergolv, stenläggningar eller hänger samman med avdelningar med många omstolpningar har jag bedömt det som att fosfaterna har samband med husen. För 14 av de östgötska husen bedömdes att det fanns ett samband mellan byggnaden och fosfatspridningen och i ytterligare två hus fanns ett möjligt sådant samband.

I sju av husen var fosfathalten förhöjd i husets ekonomidel och i fem av dessa hus fanns ytterligare indikationer på djurens närvaro i ekonomidelen. Flera av dessa hus tolkades som innehållande fähusdel. I ytterligare ett hus var fosfathalten förhöjd i dess enda del. De arkeologiska spåren kunde inte utvisa om detta var ekonomi- eller bostadsdelen.

I tre hus koncentrerades istället den förhöjda fosfathalten till husets bostadsdel och i ytterligare ett hus fanns en tendens till sådan fosfatspridning. Denna spridningsbild för fosfater kan bero på de kemiska processer där hög värme resulterar i höga fosfathalter (Arrhenius 1990:63) och den förhöjda fosfathalten i bostadsdelen beror då framför allt på matlagningsaktiviteter. Möjligheten finns också att den kan bero på att man tillåtit vissa djur att komma in i detta utrymme. Det kan röra sig om utsatta djur som t ex flaskuppfödda lamm men också andra mindre djur.

I fem hus fanns ett stråk av förhöjd fosfathalt utmed ena långväggen och en tendens härtill i ytterligare ett hus. I fyra fall rör det sig om förhöjd fosfathalt utefter den norra långväggen. Ola Kyhlberg (muntl) har föreslagit att det kan bero på att husets nordvägg varit mest väderutsatt och att lerkliningen fortare rasat ner och husets nordvägg därmed omklinats oftare. Kyhlberg menar att den förhöjda fosfathalten har sin grund i den gödsel som ingått i lerkliningen. I de fall det endast rör sig om ena långväggen i ekonomidelen kan förhöjd fosfathalt ha orsakats av att där har funnits en kätte för djuren. Anneli Sundkvist (1998) har noterat samma fenomen i ett fosfatkarterat hus i Västmanland. Hon föreslår att fosfatspridningen tyder på en uppdelning av djurslag inne i fähusdelen. I den del där fosfaterna var lägre föreslår hon att djuren, sannolikt nötkreatur, varit uppbundna, något som förenklat utgödslingen. I den del där fosfatvärdena var höga har djuren gått fria i en box eller kätte. Dyngan har på så sätt trampats ner i marken, vilket har försvårat utgödslingen. "I senare tid har ofta grisar, får, getter och kalvar vistats lösgående i boxar" (Sundkvist 1998:170f). Sundkvists tolkning av fosfatkarteringen stämmer väl överens med fynden i det nedbrunna huset i Nørre Tranders där fåren haft en egen kätte medan nöt och hästar stått uppbundna i bås med huvudena mot väggen (J Nielsen 2002). I några hus fanns också, i tillägg till sist beskrivna spridningsmönster, fläckvis höga fosfatvärden, spridda i huset utan tolkningsbart mönster.

En jämförelse mellan fosfatkarteringarnas resultat och antalet djurindikationer kan tjäna som en ömsesidig kontroll av de båda metoderna att spåra djurens närvaro i långhusen. Resultaten av fosfatkarteringarna understöder min bedömning av de byggnadstekniska indikationerna som starka signaler på djurens närvaro i husens ekonomidelar. Resultaten pekar också mot att hus som saknar indikationer ofta inte heller haft fähusdel eller att djur förekommit i någon större utsträckning i sådana hus. Bland de sju hus som hade förhöjd fosfathalt i ekonomidelen tolkades fem som innehållande fähusdel och två som innehållande möjliga fähusdelar. Husen i denna grupp hade respektive 0, 2, 3, 3, 5 och 5 övriga djurindikationer (förutom förhöjd fosfathalt). Inget av de tre hus som istället hade förhöjda fosfathalt koncentrerad till bostadsdelen tolkades som innehållande fähusdelar. Husen i denna grupp hade 0, 0 och 2 övriga djurindikationer. Bland de sex hus som hade förhöjd fosfathalt utefter ena långväggen fanns ett hus tolkat som innehållande fähusdel (delvis pga att det också hade förhöjd fosfathalt i ekonomidelen). I övriga hus bedömdes djurens närvaro ha varierat. Antalet övriga djurindikationer i denna grupp var 0, 2, 3, 4, 4 och 4. Som utvärdering av de bägge metoderna för att söka uppskatta graden av djurens närvaro kontrasteras husen med förhöjd fosfathalt i husets ekonomidel mot husen med förhöjd fosfathalt i bostadsdelen. Jämförelsen antyder att båda metoderna verkar vara ganska goda mätare på djurens närvaro i husen. Det är dock rimligt att anta att det bland de starkt sönderplöjda husen finns en andel hus där de arkeologiska indikationerna på djurens närvaro fullständigt utraderats. Vissa av de fosfatkarterade husen antyder rentav att detta skulle kunna vara fallet.

Sammanfattningsvis kan konstateras att i en förvånansvärt hög andel av de fosfatkarterade husen fanns ett påvisbart samband mellan husets konstruktion och fosfatspridningen, något som visade att fosfatkarteringen var relevant för tolkningen av aktiviteter förbundna med huset. Ett försök till nyanserad tolkning av fosfatkarteringarna visar att de är en värdefull pusselbit i diskussioner rörande den forntida djurhållningen (se också Zimmermann 1999).

DJURHÅLLNINGEN OCH BOPLATSERNAS UTFORMNING

I några fall är det mycket påtagligt att även områdena i anslutning till husen, ja hela boplatserna utformats med djurhållningen i åtanke. Ett sådant exempel fanns vid den lilla gården vid Abbetorp i Rinna och Väderstads socknar. Vid det förromerska hus 3 var inte endast byggnaden utan hela gårdstunet utformat med tanke på djurhållningen. Huset har legat i norra kanten av en inhägnad gårdsplan där vardagsmatlagning försiggått. Från skärmtaket har funnits en hålväg som lett ut från gårdsområdet utan att djuren har behövt beträda gårdsplanen. Djuren har alltså varit utestängda från gårdsplanen framför huset, något som även indikeras av fosfatkarteringen. Bakom huset har funnits en mindre åker. Denna bör också ha varit inhägnad även om inga spår härav framkom (fig 44).

Vid Hulje har området norr om hus 1, från tiden kring Kristi födelse, varit delat i två delar, en större för människorna och en mindre för djuren (T Carlsson m fl 1997). Det fanns spår av en hägnad som anslutit till husväggen vid sidan om ingången till fähusdelen. På människornas sida av stängslet fanns flera härdar och på djurens sida fanns spår av en gödselhög i form av kulturlagerrester (fig 49). Vid Järnstad i Stora Åby socken fanns spår av liknande arrangemang (T Carlsson 1999:35). En trähägnad har lett till det romartida husets norra långvägg och verkar ha anslutit mot ingången och delat in gårdsplanen norr om huset i två delar. I den större delen, som verkar ha varit reserverad för människorna fanns en brunn och enstaka andra anläggningar (fig 64). Hägnaden är ett starkt argument för att djuren haft regelbundet tillträde till husets ekonomidel. Undersökningen är dock ännu inte rapporterad varför den inte ingår i min analys av de treskeppiga långhusen.

LOKALA LÖSNINGAR FÖR DJURHÅLLNING

Lika väl som det finns kronologiska skillnader i djurhållningen finns det lokala skillnader. Ofta har man löst djurhållningen på liknande sätt på samma boplats under en längre tidsperiod. I de fall man har flera gårdar på en boplats kan man även se kontinuitet inom de enskilda gårdarna. Detta förhållande har uppmärksammats i Pryssgården för bronsåldern (Borna-Ahlkvist 2002). I detta avsnitt ger jag några exempel på sådana lokala strategier.

Vid Lambohovslokalerna (RAÄ 251 och 252 i Slaka socken) som låg ca 400 m från varann, tydde mycket på att djuren i alla husen tidvis haft tillträde till ekonomidelarna (M Larsson 1993a). Det var endast i det stora huset som det verkar ha funnits fasta arrangemang för djuren i ekonomidelen.

Vid Abbetorp, där två gårdar låg nära varann, verkar man inte haft för vana att släppa in djuren i husen (Petersson 2004a). Till det stora hus 2 har djur antagligen aldrig haft tillträde. Till hus 1 och 3 kan djur ha haft tillträde utan att husen därför haft regelrätta fähusdelar. Osteologisk analys visar att de dominerande djurarterna varit nöt och häst. Bristen på fähusdel understöder idén att hästhållningen skett genom utegångsdrift på ett sätt liknande det som beskrivits av Annelie Sundkvist för senare perioder (2001). Även nötkreaturen har i huvudsak vistats ute. Djurhållningen vid Abbetorpsboplatsen säger något om hur djur uppfattades. De var utestängda från hela den representativa huvudbyggnaden. Möjligen är detta ett generellt drag hos stora gårdar. I hus 1 och hus 3 vid Abbetorp fanns kulturlager i och kring husen något som kan vara ett resultat av djurens närvaro. I hus 3 kunde vi se att djuren hade ett skärmtak vid gaveln där de kunde söka skydd. Djuren var exkluderade från gårdsplanen framför huset som varit inhägnad. Gränsen mellan skärmtaket och huset var flytande, något som antagligen visar att i de tillfällen djur fick komma in i huset var deras ingång genom gaveln. I hus 1 fanns en tydlig mellanvägg som avskärmade bostadsdelen från ekonomidelen. Inga spår av arrangemang enbart förbundna med djurhållning fanns i detta välbevarade hus. Hus 1 är tolkat som sekundärhus på den gård där hus 2 varit huvudbyggning. De personer som bott i hus 1 har sannolikt haft en underordnad ställning, kanske tjänstefolk eller trälar.

Vid Hulje fanns två hus som sannolikt var samtida (T Carlsson m fl 1997:22). Husen har i det närmaste identisk utformning och båda husen har innehållit fähusdel.

I Pryssgården fanns en typ av hus som innehöll flera avdelningar. I husens ekonomidel fanns en förråds- eller källargrop. Typen fanns såväl under yngre bronsålder som förromersk järnålder. Borna-Ahlkvist (2002) menar att djuren aldrig haft tillträde till dessa hus, en åsikt som förefaller mera rimlig än att groparna fungerat för gödseluppsamling (Viklund 1998b:20).

METODISKA SLUTSATSER

En kombination av skilda variabler har använts för att bedöma djurens varierande grad av närvaro i de treskeppiga långhusen. Härdens placering, stolpsättningen samt spridning av makrofossiler och i ett enstaka fall fyndspridning användes för att i ett första steg lokalisera bostadsdelen. Graden av omstolpning, mellanväggar och ingångarnas placering hänger samman med byggnadstekniska lösningar som mera direkt relaterar till djurens närvaro i husens ekonomidelar. Kulturlagerrester utanför ekonomidelen samt spridning av fosfater är faktorer som hänger samman med gödselns hantering och lagring. Några av dessa indikationer sammanfaller med de kriterier Olausson (1998) uppställt för fähusdel i treskeppiga långhus. Min undersökning visar dessutom att det är kombinationen av variabler som är intressant, snarare än enskilda variabler, om man vill diskutera djurhållningen på ett nyanserat sätt.

Flera av de kriterier som brukar framföras som indikationer på fähusdel i treskeppiga långhus visade sig inte vara relevanta för det östgötska materialet. Tätare och mera regelbunden stolpsättning i ekonomidelen var en sådan, ofta betraktad som ett av de starkaste kriterierna för fähusdel såväl för yngre bronsålder som äldre järnålder. Min undersökning visade att det var omöjligt att avgöra om det funnits fähusdel eller inte enbart med hjälp av denna variabel. Under yngre bronsålder verkar husen generellt ha byggts enligt denna formel vid Pryssgården och byggnadstraditionen har fortlevt in i förromersk järnålder. De variabler jag istället vill föra fram som starka diagnostiska verktyg är för det första de konkreta spåren efter djuren själva. Det är spår av gödselhögar utanför husens ekonomidelar, förhöjd fosfathalt inne i ekonomidelarna och försänkt golvnivå i ekonomidelen som ett resultat av djurens trampande i kombination med utgödsling. För det andra finns de variabler som är ett resultat av att byggnaden bryts ned mycket fortare om djurens vistas inomhus, mest beroende på ökad fukt. Främst är det graden av omstolpning, som visade sig särskilt tydligt i romersk järnålder och som jag bedömer

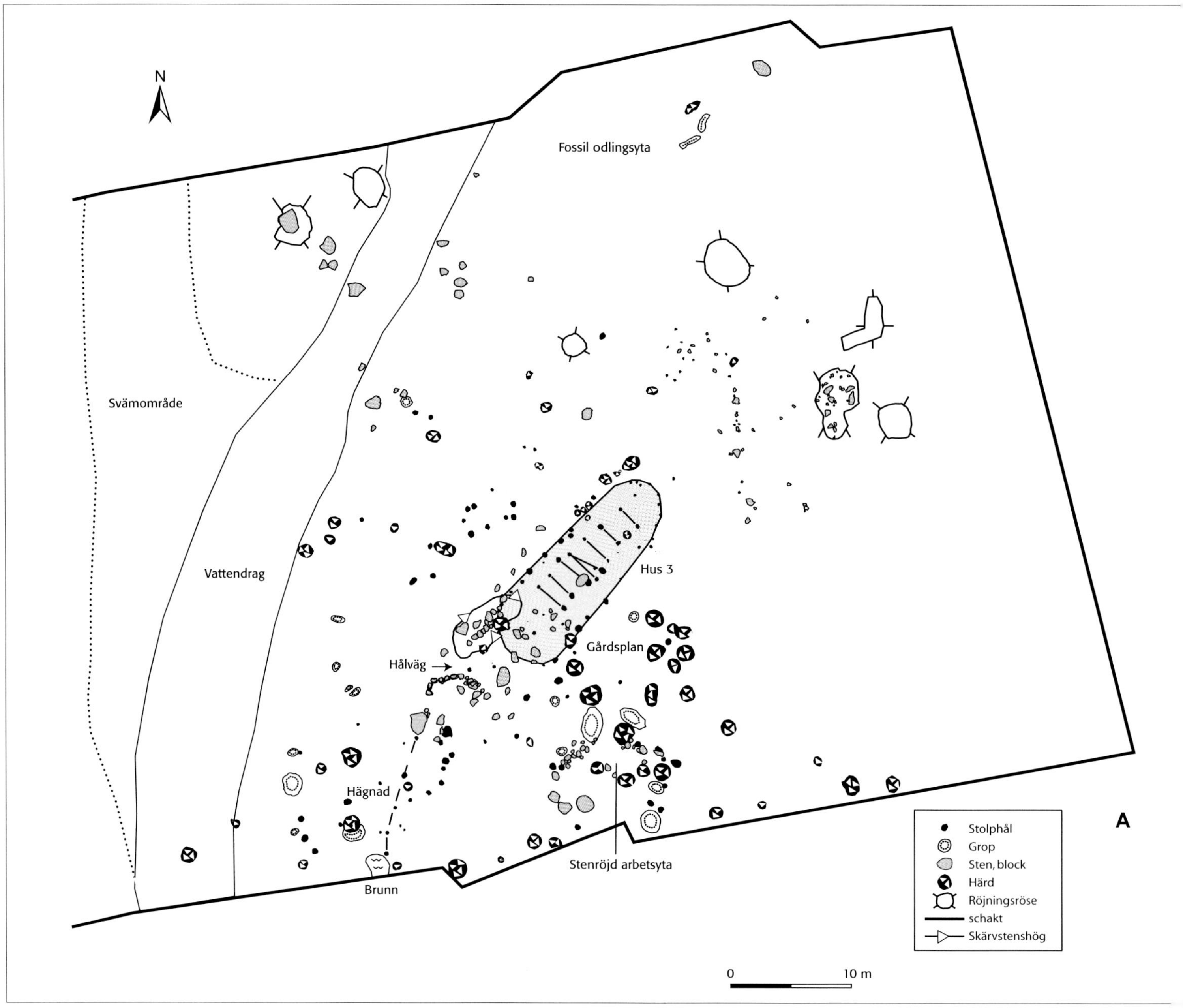

Fig 44. Området med hus 3, Abbetorp, Rinna och Väderstads socknar. Boplats utformad med djurhållningen i åtanke. A. Anläggningarna, skala 1:200. Efter Petersson 2004a:111. B Fosfatkartering. Gruber & Petersson 2004:113. Grafik Lars Östlin.
Settlement that was planned with animal husbandry in mind. Area with house 3, Abbetorp, Rinna and Väderstad Parishes.

som en mycket värdefull variabel. Användbarheten hänger till viss del samman med att det är en variabel som är lätt identifierbar i ett arkeologiskt material och något som kan vara möjligt att identifiera även i starkt sönderplöjda hus. För det tredje finns byggnadstekniska lösningar som syftar till att minimera djurens slitage på utsatta golvpartier samt underlätta deras in- och utpassage i huset. En sådan indikation är de spår av lergolv som fanns i flera av de förromerska husen. När andra variabler relaterade till djurhållningen vägs in visade det sig att lergolv fanns i två av de ekonomiutrymmen som tolkades som fähusdelar. I ett fall fanns lergolvet i bostadsdelen och möjligen är det så i ytterligare ett hus. Lergolv är alltså en variabel som inte har en otvetydig tolkning vad gäller husens funktionsindelning. Stenbroläggning i ekonomidelen eller ingångsavdelningen har syftat till att göra inomhusmiljön torrar och verkar i flera fall kunna ha haft samband med att djuren tillbringat mycket tid i husens ekonomidelar.

Min undersökning visar att de variabler som skulle kunna indikera fähusdel i långhus är olika för skilda perioder. Att döma av den litteratur som finns rörande fähusdel i långhus, varierar indikationerna även regionalt. Detta är inte oväntat med tanke på att man i Sønderjylland inom ett område stort som Östergötland från äldre romersk järnålder belagt fyra regioner med skilda byggnadstraditioner (Ethelberg 2003:165ff).

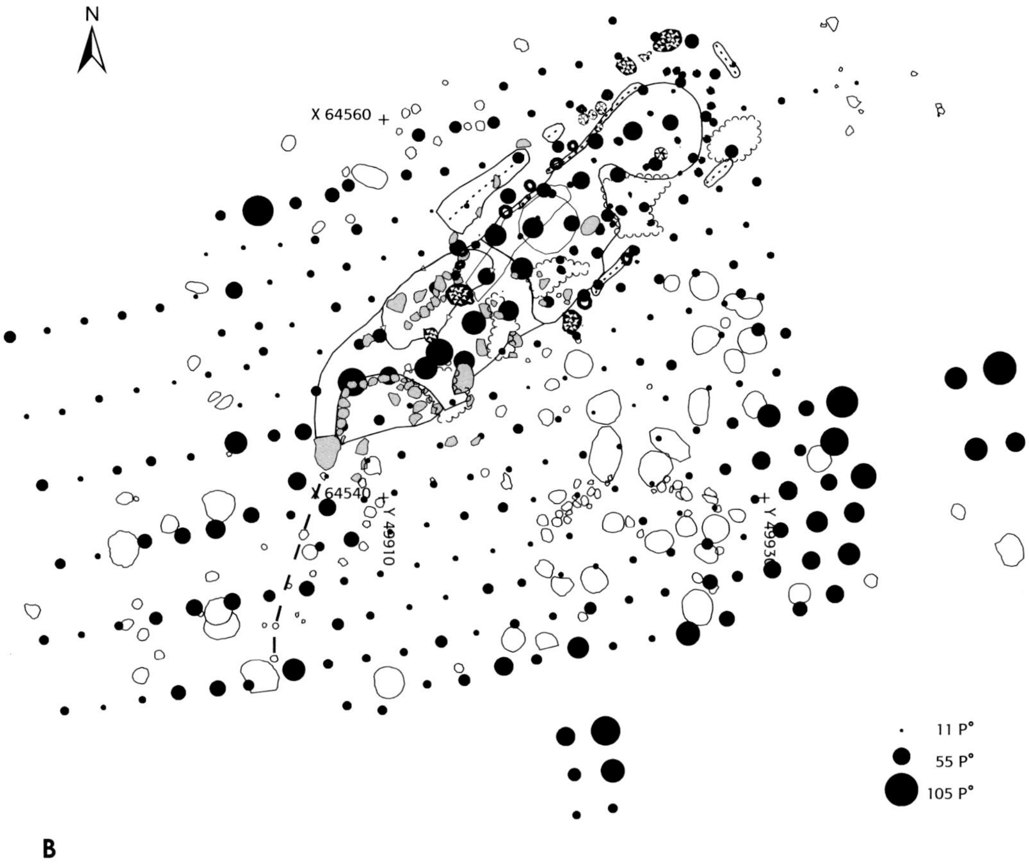

Om man ska tolka ett utrymme i ett treskeppigt långhus som fähusdel behöver man ha flera indicier som pekar mot denna tolkning, även om det finns variabler som har ett större bevisvärde än andra. Samspelet mellan olika variabler visar också att det funnits en mängd olika strategier för djurhållningen på boplatserna och i husen. Likväl som det funnits fähusdelar i husen, har det funnits långhus dit djuren inte haft tillträde. I många långhus har inga regelrätta fähusdelar funnits men djuren har ändå vistats här, antingen i ekonomidelarna eller ibland som det verkar, i hela husen. Det ställer stora krav på den som utför den arkeologiska undersökningen att dels anpassa fältarbete och -metoder efter ett så vitt spektrum av möjliga tolkningar, dels att skapa ett dokumentationsmaterial som kan svara mot detta. Min undersökning visar dessutom att det finns information som är viktig för forskningen rörande husens funktionsindelning i nästan alla huslämningar, även starkt sönderplöjda. En förutsättning är dock att metoder och dokumentation anpassas så att informationen verkligen utvinns. Det källmaterial jag använt mig av – rapporter över undersökningar där treskeppiga hus framkommit – har varit av varierande kvalité med avseende på mina frågeställningar. I vissa rapporter framgår inte tydligt vilka stolpar som bedömts ingå i takbärande bockpar, något som omöjliggör bedömning av omstolpningar. I vissa rapporter redovisas inte omstolpningar när stolparna satts nära varann. I andra är det svårt att utläsa vilka anläggningar förutom stolphål som har bedömts tillhöra ett hus. Under en period har få eller inga fosfatkarteringar gjorts av hus och denna variabel har således inte kunnat vägas in vid en bedömning av djurhållningen. Om man önskar studera djurhållningen på boplatserna, och därmed den samhällsekonomiska basen, pekar resultaten av min undersökning mot en rad variabler man bör ägna uppmärksamhet såväl vid undersökning som dokumentation och primärtolkning.

SAMMANFATTNING

I detta kapitel har jag undersökt djurhållningen på boplatser i Östergötland under yngre bronsålder, äldre järnålder och folkvandringstid. Speciellt har jag granskat i vad mån djuren vistats inne i de treskeppiga långhusen, och särskilt då ekonomidelen av husen. Med utgångspunkt i befintlig arkeologisk forskning och jämförelser med etnologiskt material rörande djurhållningens påverkan på träbyggnader, har jag valt ut ett antal arkeologiskt observerbara variabler som skulle kunna vara kopplade till djurens närvaro i treskeppiga hus. I stället för att ansluta till den debatt som rört fähusdel i långhusen och kriterier härför, har jag valt att diskutera djurens närvaro i husen efter en flytande skala.

En bedömning av omfattningen av fähusdel i långhus och andra strategier där djuren tillbringar mycket tid inomhus blir följaktligen att detta haft mindre omfattning under yngre bronsålder och äldre järnålder i Östergötland. Endast drygt 10% av de undersökta husen hade tolkningsbara fähusdelar och fähusdriften i förromersk järnålder var dessutom av mer extensiv natur än senare. Det faktum att endast ca 30% av husen hade mer än en djurindikation avspeglar en förhistorisk verklighet även om det finns en viss andel hus där spåren måste ha utplånats genom plöjning. Resultaten pekar mot att utegångsdrift bör ha varit det vanligaste under yngre bronsålder och hela äldre järnåldern i Östergötland.

De djur som periodvis tillbringat kortare tider i husens ekonomidelar bör ha varit djur som befunnit sig i en utsatt fas av livet t ex nyfödda djur. Det kan dessutom ha varit särskilt värdefulla djur som dragare och avelsdjur. Vid extrem väderlek har sannolikt de flesta djuren hämtats in men innevistelsen har då haft begränsad tidsomfattning (jfr L Carlie 1999). Inte heller i långhusens fähusdelar har hela husdjursstocken fått plats, något som visas av de innebrända djuren från Nørre Tranders (J Nielsen 2002). Här har sannolikt värdefullare djur som mjölkkor, ridhästar, oxar och en del småfä haft sina platser under vintern men en stor del av djuren har sannolikt betet utomhus även vintertid, antagligen med hjälp av stödutfodering.

Min test av variablerna visar att vissa indikationer på djurens närvaro i långhusen är starkare än andra. Med hjälp av de kriterier jag uppställt har identifierats ett långhus med möjlig fähusdel från yngre bronsåldern, från förromersk järnålder fem långhus med säkra fähusdelar och två med möjliga fähusdelar och från romersk järnålder tre långhus med säkra fähusdelar och ett med möjlig fähusdel. I de folkvandringstida långhusen kunde inga fähusdelar urskiljas. Det folkvandringstida materialet omfattar endast tio långhus varför det måste bedömas som mindre representativt, särskilt som inget riktigt välbevarat hus finns i gruppen.

Förutom långhusen med fähusdel finns en grupp om högst ett tjugotal långhus, där djuren i varierande omfattning haft tillträde till husens ekonomidelar. I dessa fall har ekonomidelen vanligen haft separat ingång och varit åtskild från bostadsdelen med en mellanvägg.

Det finns också exempel på långhus där djuren vistats i ekonomidelen utan att denna för den skull haft särskilda arrangemang härför, åtminstone finns inga arkeologiska spår av detta. I enstaka fall är det tänkbart att djuren kunnat uppehålla sig i husets bostadsdel. Särskilt har väl detta gällt vissa djur och speciella omständigheter. Det finns också ett flertal långhus dit djuren saknat tillträde. I en grupp långhus från yngre bronsålder och förromersk järnålder fanns källargropar i husens ekonomidelar. I ett annat fall hade huset representativ karaktär, där mittrummet kan ha varit en föregångare till hallbyggnaderna. Trots att en stor ekonomidel funnits talar allt mot att djuren haft tillträde dit. I huvuddelen av alla långhushus fanns inga spår av att djuren vistats inne i husen, något som visar att detta i alla händelser inte skett regelmässigt och dessutom varit av liten omfattning.

Kriterierna för fähusdel i långhus från förromersk respektive romersk järnålder skiljer sig delvis åt. Detta menar jag beror på att fähusdriften varit olika under de två perioderna. Fähusdriften under romersk järnålder har sannolikt haft många gemensamma drag med fähusdrift under historisk tid. Särskilt är det slående hur djurhållningen bidragit till att själva fähusdelen ruttnat och måst lagas eller rent av rivas och byggas upp på nytt. Under förromersk period verkar den sammanlagda tid djuren tillbringat i husens fähusdel ha varit betydligt kortare, något som visas genom att djuren inte på samma sätt medverkat till att fähusdelen ruttnat. Kanske har även artsammansättningen skilt sig åt mellan de två perioderna.

Under förromersk järnålder förekommer fähusdel företrädesvis i periodens längsta hus, något jag tolkar som att fähusdel varit kopplade till gårdar med hög status. Under romersk järnålder finns huvuddelen av tolkade fähusdelar i normallånga hus. Jag tolkar det som att fähusdrift då oftare förkommer på gårdar med en plats mitt i den lokala hierarkien. Det är möjligt att det på de största gårdarna, högst upp i de lokala hierarkierna, nu kan finnas separata fähus, eller i varje fall separata ekonomibyggnader dit djuren haft tillträde. Tendensen att i de verkliga högstatusbosättningarna skilja människorna från djuren kan spåras redan till förromersk järnålder (om än bara med ett exempel i det östgötska materialet).

Med hjälp av de fosfatkarterade husen har jag sökt kontrollera den del av mina resultat, som grundar sig på arkeologiska observationer. Bland de fosfatkarterade långhus där djuren satt spår eller där man haft byggnadstekniska lösningar som syftat till att underlätta djurhållningen hade de flesta också förhöjd fosfathalt i ekonomidelen. Bland de fosfatkarterade långhus som saknade byggnadstekniska indikationer, saknade huvuddelen också förhöjd fosfathalt i ekonomidelen, även om det belades i några av husen. Av detta kan man sluta sig till att djuren på det hela taget inte haft tillträde till de hus som saknat byggnadstekniska spår kopplade till djurhållningen, eller i varje fall att omfattningen varit mycket begränsad, sannolikt ändå mer begränsad än Lennart Carlie (1999) menat. Utegångsdrift verkar ha varit den förhärskande strategin under såväl yngre bronsålder som äldre järnålder och folkvandringstid, och kanske även senare. Uppdelningen mellan djur och människa som vissa forskare velat se som en ideologisk fråga verkar inte vara kronologiskt bunden. Inte heller verkar uppdelningen i särskilda rum för människor och djur ha varit så fast som man ibland velat göra gällande. Olausson menar med utgångspunkt i de varierande beläggen för fähus och fähusdel i treskeppiga långhus att införandet av fähusdrift i Norden är ett långsamt och regionalt ojämnt förlopp (Olausson 1998:49f) och den samlade bilden av östgötsk djurhållning stöder detta antagande. Påtagligt är också att lösningarna för djurhållning har varit mindre fastlåsta och mer varierade än vad som tidigare antagits.

EXEMPEL PÅ DE SKILDA DJURHÅLLNINGSSTRATEGIERNA I ÖSTGÖTSKA LÅNGHUS

I detta avsnitt presenteras några representativa exempel ur det östgötska materialet som illustrerar de skilda djurhållningsstrategier jag diskuterat ovan.

Långhus med möjlig fähusdel från yngre bronsålder

Hus 172 vid Pryssgården i Östra Eneby socken (Borna-Ahlkvist m fl 1998) var det enda hus från bronsålder där det fanns spår som möjligen kan tyda på en fähusdel (fig 45). Huset var uppdelat i två större rum vilka åtskilts av ett smalt ingångsrum med spår av mellanväggar. Husets nordvästra del med två härdar tolkades som bostadsdel med gles stolpsättning. I sydöst var stolpsättningen tätare och takbockarna kortare. Ingångspartiet och en stor del ekonomidelen täcktes av ett golvlager. Det kan kanske tolkas som spår av ett försänkt golv och är i så fall en indikation på att ekonomidelen fungerat som fähusdel. Utanför ingången fortsatte kulturlagret, och det kan eventuellt här tolkas som rester av gödselupplag utanför huset. I ekonomidelens nordöstra sidoskepp fanns en stor och en liten förrådsgrop, något som talar mot en tolkning som fähusdel. En tolkning av ekonomidelen som fähusdel förutsätter en förändrad användning under husets livstid. Borna-Ahlkvist (2002) menar att förrådsgropar i ekonomidelen utesluter en tolkning som fähusdel, och indikerar därmed att man bedömt lagret som samtidigt med groparna.

Långhus med fähusdel från förromersk järnålder

Hus 3 vid Kårgården i Brunneby socken (M Larsson 1994) föreföll av stolpsättningen och spår av två mellanväggar att döma, att ha varit uppdelat i tre rum (fig 46). I husets mellersta del fanns två härdar. I dess östra del fanns ett lergolv som täckte såväl mitt- som sidoskepp. Lergolvets begränsning sammanföll med den ena mellanväggen. Fosfatkarteringen gav höga fosfathalter i den östra avdelningen. Ytan med höga fosfatvärden sträckte sig ca 2 m väster om mellanväggen och lergolvet. Omstolpningarna var inte koncentrerade till någon viss del av huset. Något kulturlager fanns inte i husets närhet. De två indikationer som talar för att djuren haft sin givna plats i husets ekonomidel i öster är dels lergolvet, dels förhöjningen i fosfatvärden. Ett liknande förromerskt hus med tre avdelningar och med lergolv i ekonomidelen var hus 1 vid Kårgården i Brunneby (M Larsson 1994). Hus 1 i Tornby, Linköping hade hög andel av omstolpningar i ekonomidelen samt rester av ett lergolv i denna del av huset (Wickman-Nydolf & Nydolf 1999b). Det förefaller som även detta hus haft tre avdelningar men tolkningen är inte helt säker.

Det förromerska hus 2 i kvarteret Paragrafen i Linköping (Helander & Zetterlund 1995:27ff) saknade välbevarade konstruktionsdetaljer som stöder en tolkning av ekonomidelen som fähusdel (fig 47). Huset har varit ca 33 m långt och den inre stolpsättningen tydde på att huset har haft minst tre avdelningar. Det fanns spår av två troliga ingångar, en i den västra och en i den östra avdelningen. Den mellersta och västra avdelningen har åtskilts av en mellanvägg och i den västra avdelningen fanns en härd. Ekonomidelen har sannolikt funnits i mitten eller i den östra delen. Huset låg i en svag östsluttning. Fosfatkarteringen visade på en tredelning av huset med lägst fosfater i väster och högre i mittdelen och i öster. I öster har troligen funnits en ingångsavdelning,

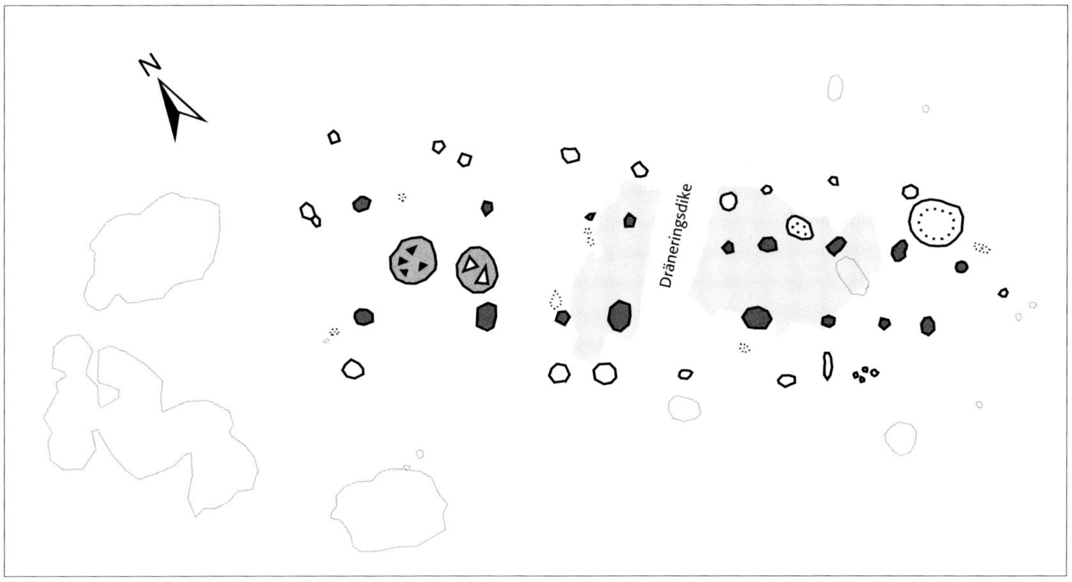

Fig 45. Långhus med möjlig fähusdel från bronsåldern. Hus 172, Pryssgården, Östra Eneby socken. Efter Borna-Ahlkvist 1998:190. Skala 1:200. Grafik Lars Östlin. *Longhouse with possible byre section from the Bronze Age.*

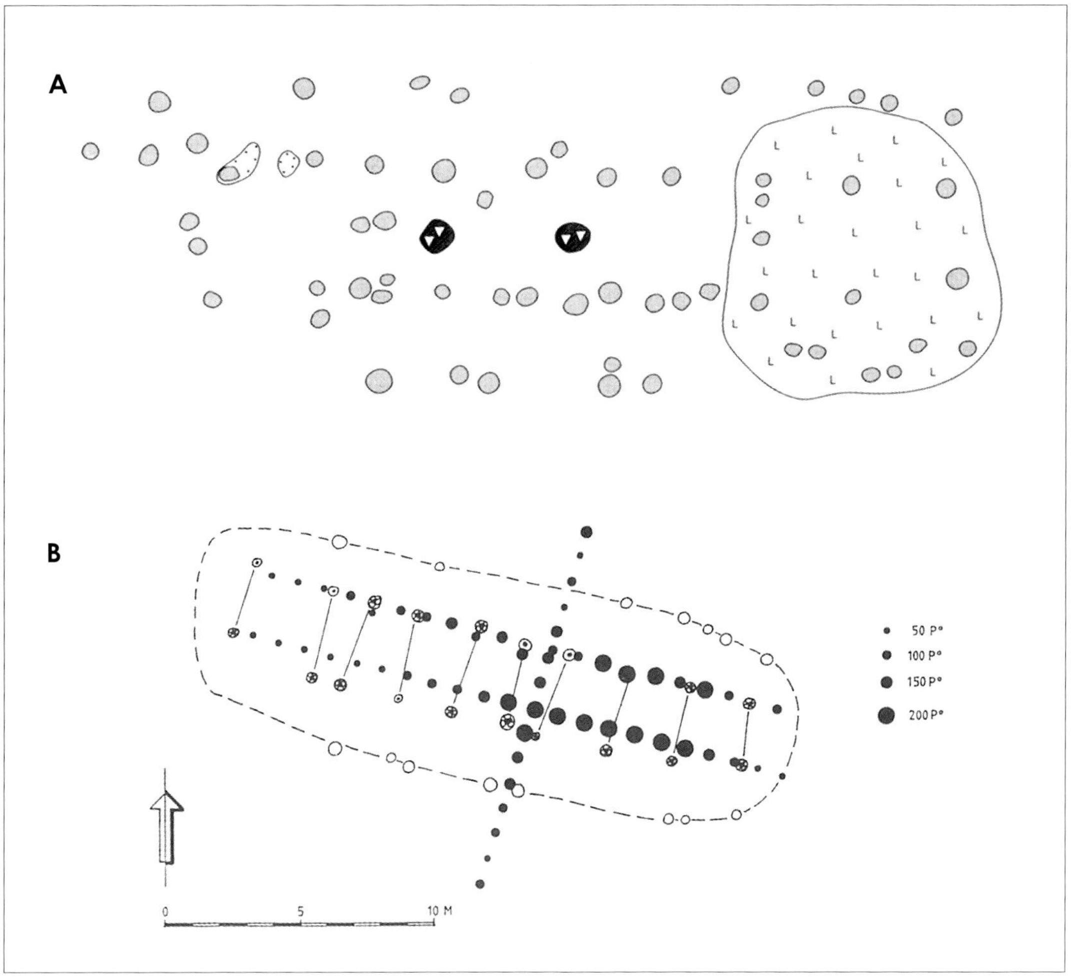

Fig 46. Långhus med fähusdel från förromersk järnålder. Hus 3, Kårgården, Brunneby socken. A. Stolpsättning, skala 1:200. Efter Götberg m fl 1995:159. B. Fosfatkartering. Efter M Larsson 1994:25. Grafik Lars Östlin. *Longhouse with byre section from the pre-Roman Iron Age. House 3, Kårgården, Brunneby Parish.*

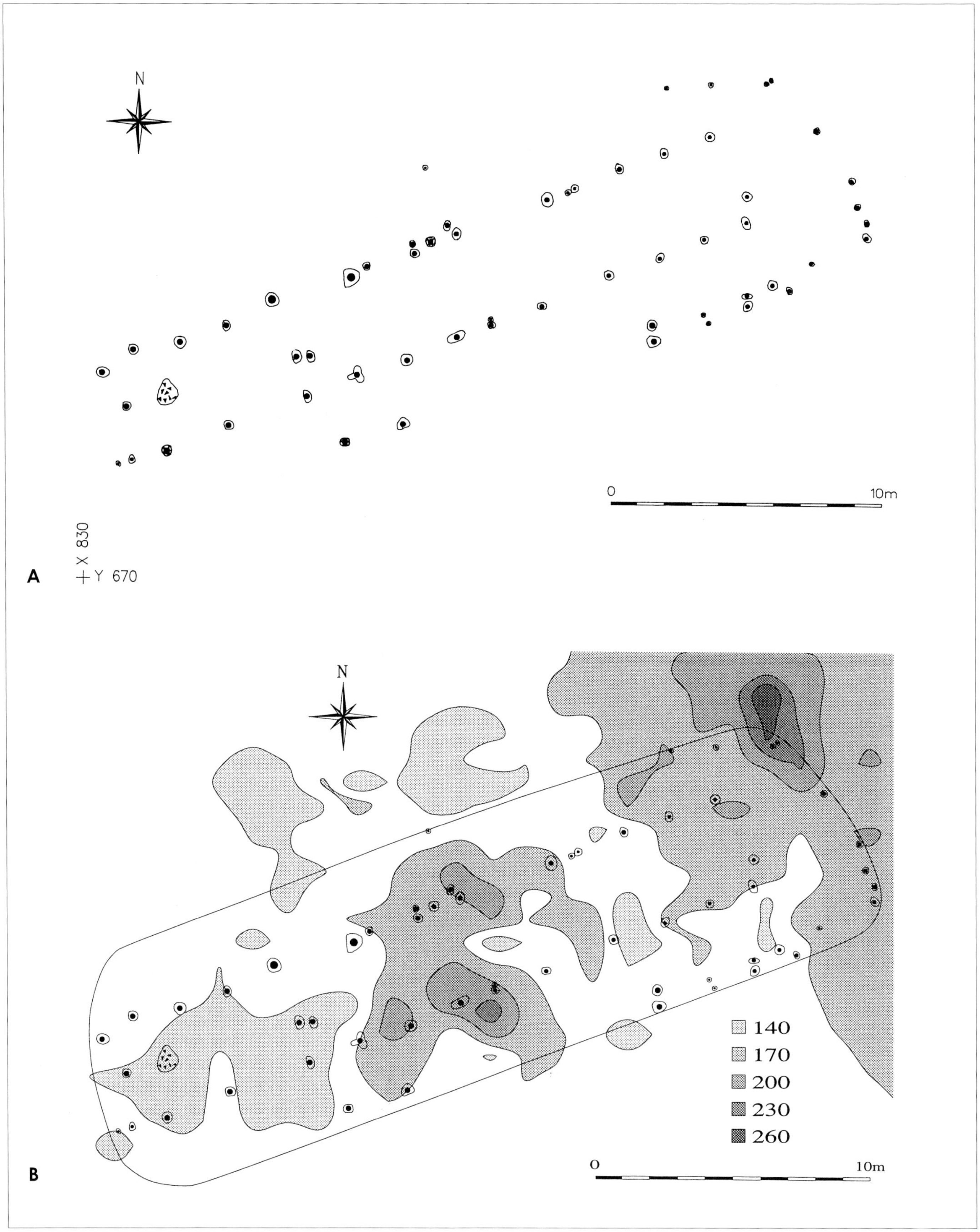

Fig 47. Långhus med fähusdel från förromersk järnålder. Hus 2, kvarteret Paragrafen, Linköping. A Stolpsättning. B. Fosfatkartering. Efter Göthberg m fl 1995:171 och Helander & Zetterlund 1995:37ff. Skala 1:200. Grafik Lars Östlin. *Longhouse with byre section from the pre-Roman Iron Age. House II, kv. Paragrafen, Linköping. A. Layout of posts. B. Phosphate analysis.*

antagligen med motstående dörrar. Här var fosfathalten låg. De högsta fosfatvärdena fanns utanför huset i anslutning till den nordöstra gaveln. Detta tolkar jag som spår av en gödselhög, några kulturlagerrester som kunde ges en sådan tolkning fanns inte. Omstolpningar fanns framför allt i husets mittdel. Fosfaternas spridning kan tolkas som att djuren regelbundet vistats i husets mellersta eller östra del. Det är vanligt att mittavdelningarna tjänat som bostad, och matlagning skulle kunna vara en alternativ förklaring till den förhöjda fosfathalten här. Genom en ingång på den norra långväggen har gödsel forslats ut ur huset och samlats vid den östra gaveln. Den primära tolkningen av huset är att det innehållit fähusdel i östdelen. Att ekonomidelen saknade omstolpningar kan tyda på en kortare användningstid eller på att djuren tillbringat kortare tid inomhus än vid Huljehusen. Hus 151 i Pryssgården företer likheter med hus 2 i kvarteret Paragrafen främst genom att ett kulturlager låg över husets ekonomidel samt utanför ingången till ekonomidelen.

Det förromerska hus 1 i kvarteret Paragrafen i Linköping (Helander & Zetterlund 1995:27ff) verkar ursprungligen ha innehållit två större avdelningar (fig 48). I dess mitt fanns en stenbroläggning som har tolkats som golv i husets ingångsavdelning. I anslutning till denna fanns spår av en mellanvägg som skilt bostadsdel från ekonomidel. I bostadsdelen i husets norra del, fanns en härd belägen i närheten av ingångsavdelningen. I ekonomidelen fanns ett virrvarr av stolphål, något som kan tyda på en hög frekvens av omstolpningar och eventuellt ombyggnationer. Fosfatkarteringen visar på förhöjd fosfathalt inom en yta i husets södra del. De två sistnämnda faktorerna bidrog starkt till tolkningen som fähusdel.

Långhus med fähusdel från romersk järnålder

Från äldre romersk järnålder finns ett mycket bra exempel på ett långhus med regelrätt fähusdel, hus 1 vid Hulje i Högby socken (T Carlsson m fl 1997:23ff) (fig 49). Huset har innehållit två avdelningar, åtskilda av en mellanvägg. I bostadsdelen i husets västra del fanns en härd. Stolpsättningen var regelbunden och tät i ekonomidelen samt glesare och med mera oregelbundet bockavstånd i bostadsdelen. I ekonomidelen var fem av sex takbärande stolpar omstolpade, men endast en av fem i bostadsdelen. Det verkar ha funnits en separat ingång till fähusdelen på husets norra långsida. Runt om ekonomidelen fanns kulturlagerrester, tolkade som spår av gödsel som förts ut ur fähusdelen. Vid fähusdelens ingång fanns spår av en hägnad som anslutit mot huset och hindrat djuren tillträde till gårdsplanen framför bostadsdelen, där ett par härdar fanns. De arkeologiska spåren var så entydiga och många att jag inte tvekar att kalla fähusdelen för spår av regelrätt fähusdrift i sentida mening. Det närbelägna och sämre bevarade hus 2 vid Hulje hade i stort sett samman planlösning som hus 1 och är tolkat som en direkt parallell till detta hus.

Huset från Mörtlösa Västergård i Rystads socken, daterat till romersk järnålder, har varit 24 m långt och är tolkat som ett långhus med fähusdel (fig 50). Någon tryckt rapport finns inte utan jag har använt de publicerade ritningarna (Göthberg m fl 1995:173, Fernholm 1987a:72f) som dock inte inkluderar husets kringområde. Husets stolpsättning tyder på att det innehållit minst tre avdelningar och den västra gaveln, med ett eller två takbärande stolppar, var skild från resten av huset genom en mellanvägg. I husets mitt låg en stor härd och väster härom fanns ytterligare två små härdar. Det västra rummet har haft separat ingång. Tydliga spår av någon mera ingång var inte bevarade, men ytterligare ingång eller ingångar bör ha funnits. I mittrummet kring den stora härden hade fem takbärande stolpar omstolpats, liksom två nära de små härdarna. I den västra delen fanns många stolphål och det verkar som man satt helt nya takbockar här åtminstone ett par gånger. De indikationer som fanns på att husets västra del kan ha fungerat som fähusdel är med andra ord separat ingång, mellanvägg och omstolpning. De bevarade stolphålen tycks visa att många av de takbärande stolparna i husets centrala delar blivit omstolpade medan dess västra del blivit direkt ombyggd. Jag har bedömt detta som goda indikationer på en fähusdel. Huset från Blåsvädret i Vreta Klosters socken (Fernholm 1982a, 1987a:70) liknade huset från Mörtlösa Västergård i planlösning och genom en hög grad av omstolpning i dess västra del. Det senare bedömdes därför möjligen ha innehållit fähusdel.

A

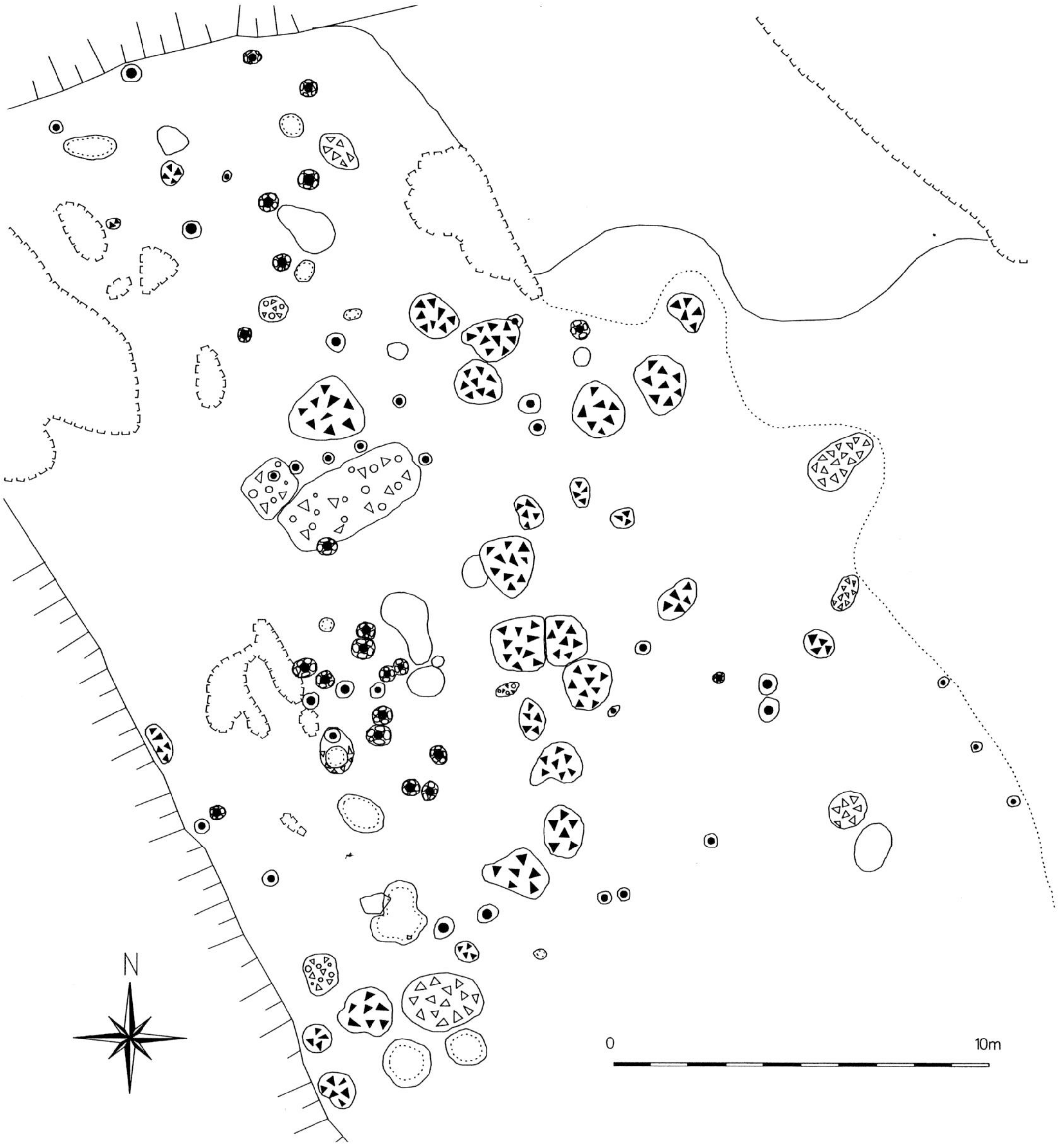

Fig 48. Långhus med möjlig fähusdel från förromersk järnålder. Hus 1, kvarteret Paragrafen, Linköping. A. Stolpsättning. B. Fosfatkartering. Efter Helander & Zetterlund 1995. Skala 1:200. Grafik Lars Östlin.
Longhouse with possible byre section from the pre-Roman Iron Age. House I, kv. Paragrafen, Linköping. A. Layout of posts. B. Phosphate analysis.

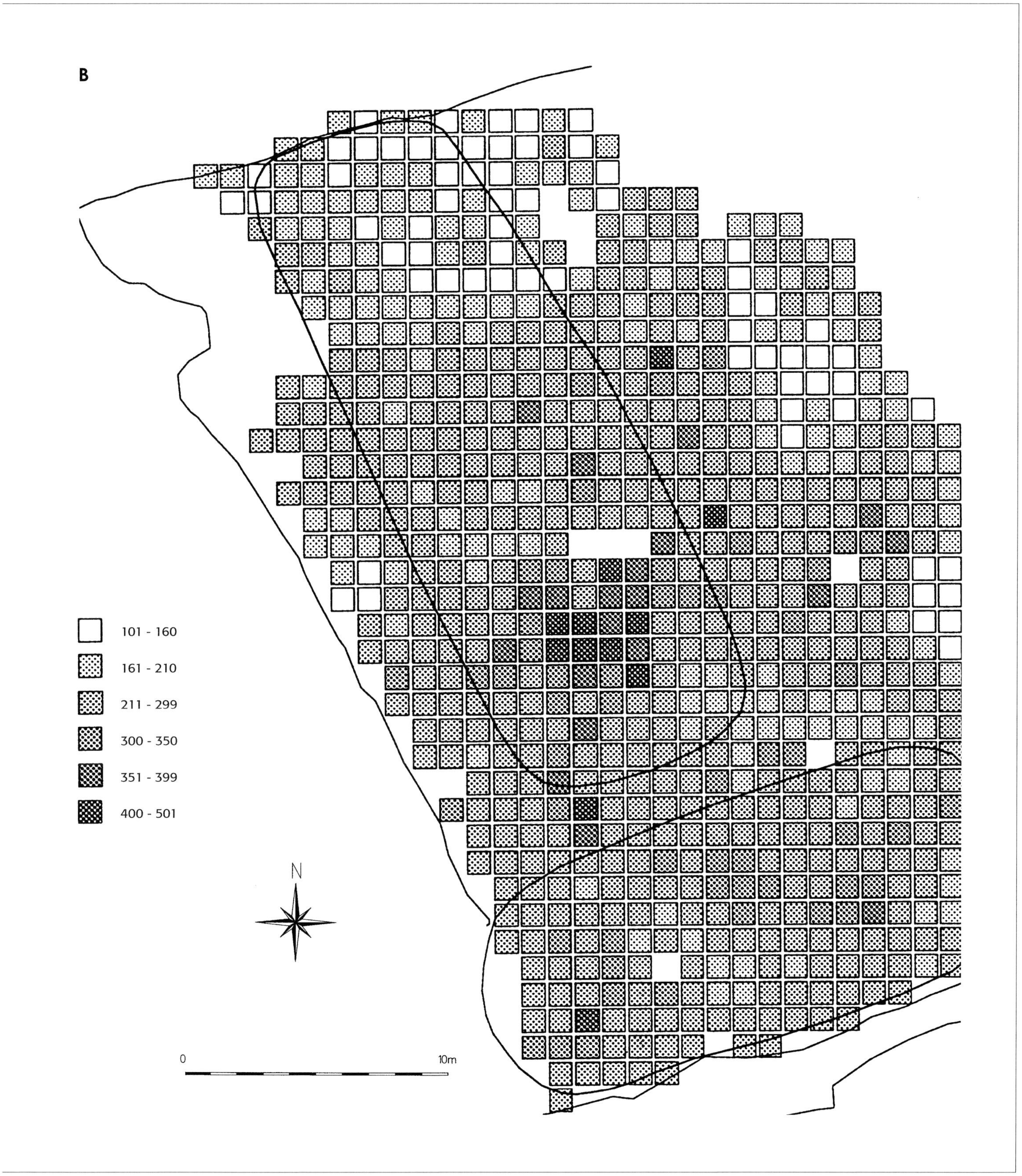
B
101 - 160
161 - 210
211 - 299
300 - 350
351 - 399
400 - 501
N
0
10m

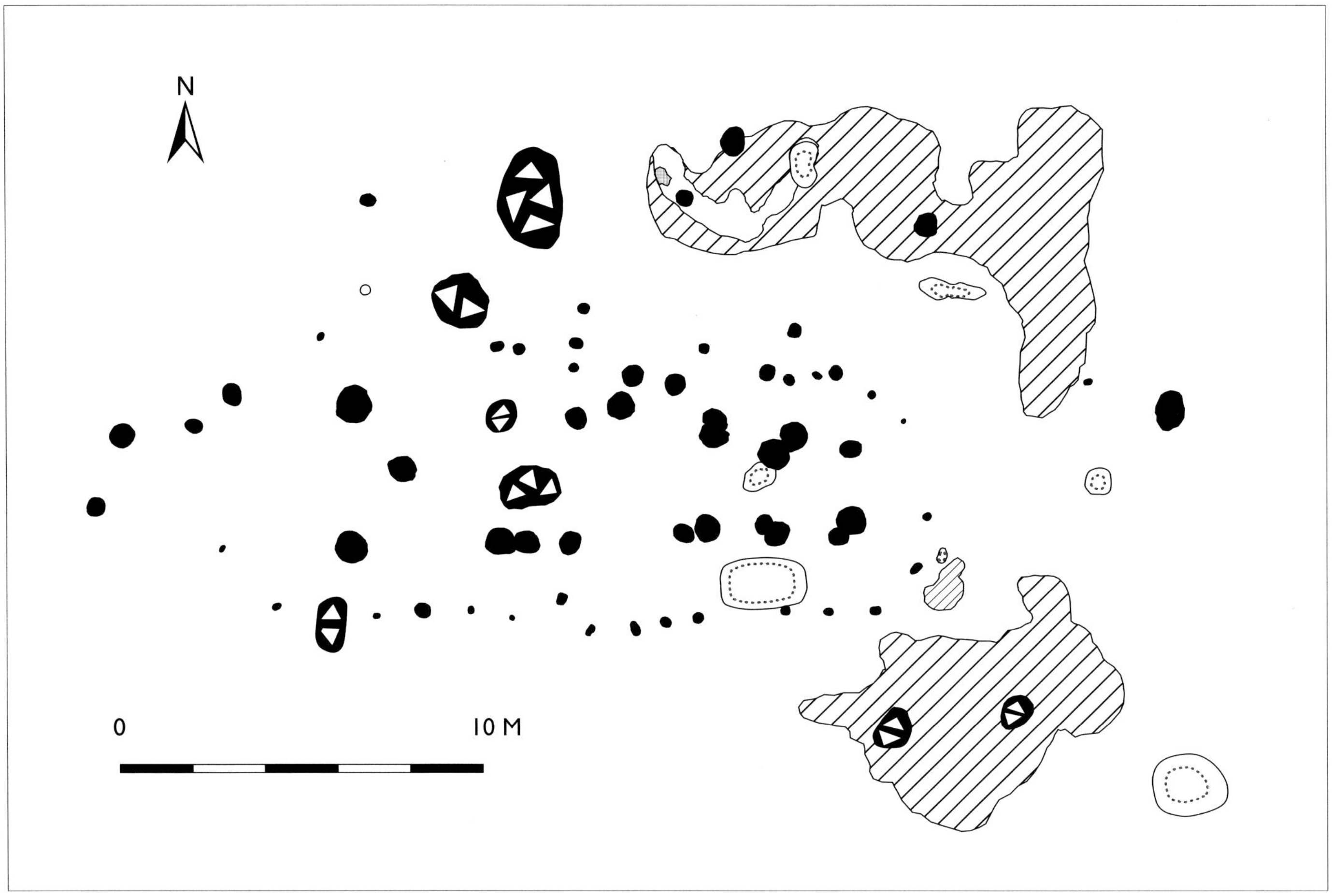

Fig 49. Långhus med fähusdel från romersk järnålder. Hus 1, Hulje, Högby socken. Efter T Carlsson m fl 1997:24. Skala 1:200. Grafik Lars Östlin. *Longhouse with byre section from the Roman Iron Age. House 1, Hulje, Högby Parish.*

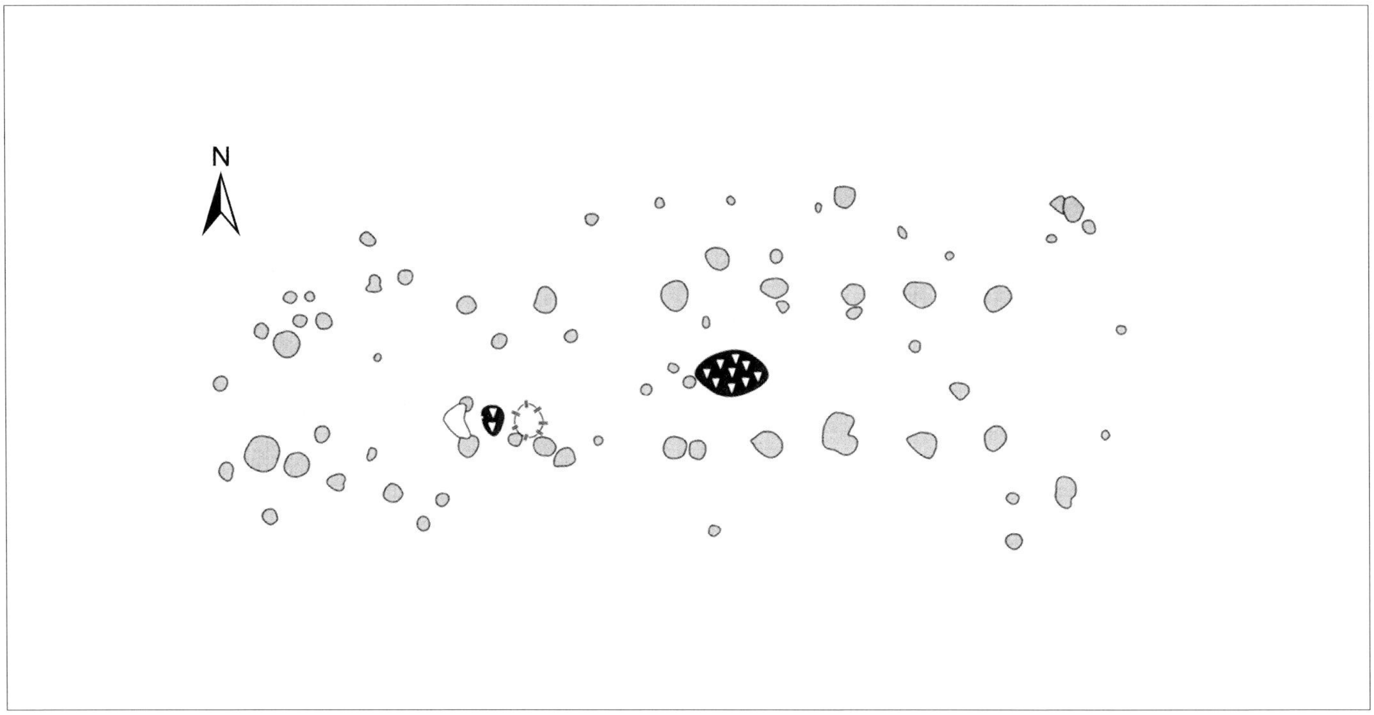

Fig 50. Långhus med fähusdel från romersk järnålder. Mörtlösa Västergård, Rystad socken. Efter Göthberg m fl 1995:173. Skala 1:200. Grafik Lars Östlin. *Longhouse with byre section from the Roman Iron Age. Mörtlösa Västergård, Rystad Parish.*

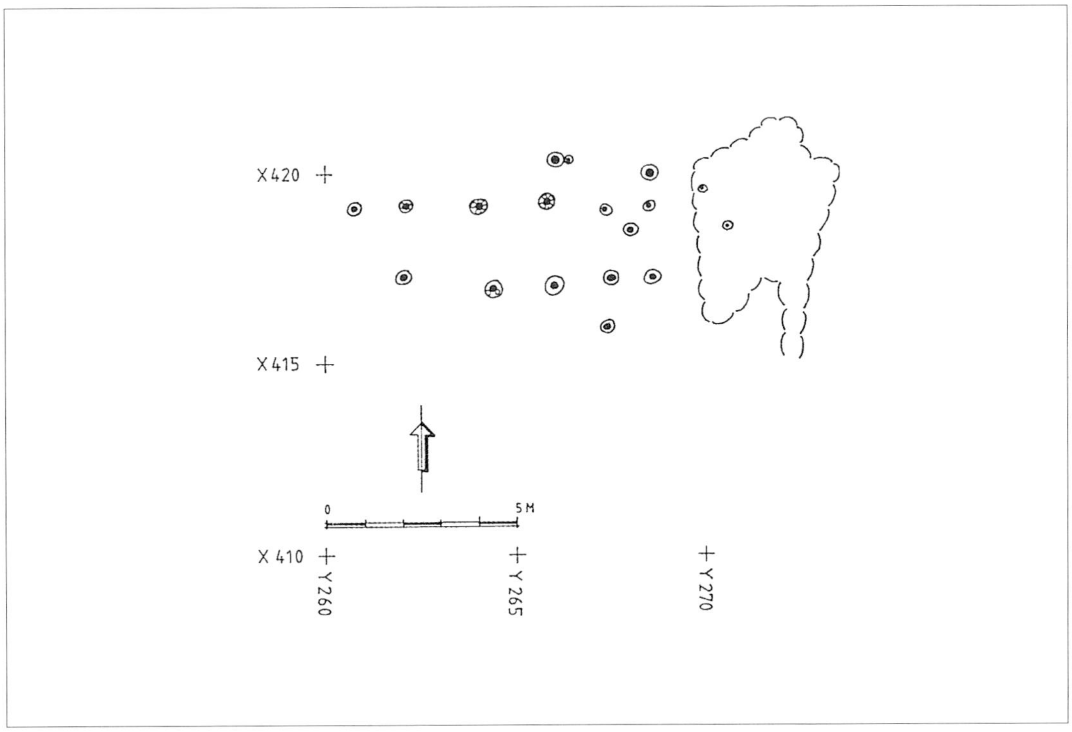

Fig 51. Hus dit djuren haft tillträde men där fähusdel saknats. Hus 2, Skälv (RAÄ 269), Borgs socken. Efter Kaliff 1993:32. Skala 1:200. Grafik Lars Östlin. *House which livestock had access to but which lacked a byre section. House 2, Skälv (RAÄ 269), Borg Parish.*

Långhus dit djuren haft tillträde men där fähusdel saknats

Hus 2 vid Skälv i Borgs socken daterades till äldre romersk järnålder och har varit ca 12 m långt. I husets östra del hade en av fyra takbärande stolpar satts om. Utanför husets västra gavel fanns en 4x5 m stor stenläggning som också sträckte sig ca 1 m in i huset. Det är möjligt att detta ska tolkas som en indikation på att det funnits ingång i husets gavel och att stenbroläggningen tillkommit för att skapa en yta som inte trampas sönder genom djurens in- och utpassage. Detta tyder på att ekonomidelen redan från början byggts med avseende på husdjuren, även om man inte avsett att skapa en regelrätt fähusdel (fig 51). En liknande lösning med en ingång till en ekonomidel dit djuren ibland haft tillträde fanns också i hus 3 vid Abbetorp.

Det föreföll av stolpsättningen att döma som om det romartida hus 1 i Kallerstad (RAÄ 326) i Linköping hade haft tre avdelningar (Wickman-Nydolf & Nydolf 1999a). Huset verkar ha haft en ingång i söder till det östra och mellersta rummet och en ingång i norr till det mellerst och västra rummet (fig 52). Husets mellersta del tolkades som bostadsdel och där fanns en härd. Både den östra och den västra delen kan ha fungerat som ekonomidelar. Om djuren haft någon av dessa som sin speciella del går inte att avgöra utifrån bevarade spår. Det fanns spridda höga fosfatvärden på olika ställen i huset och en serie höga värden utefter den norra långväggen i bostadsdelen samt den östliga delen. Det sistnämnda kan kanske tyda på att det här funnits kättar för vissa av djuren, men tolkningen är långt ifrån klar, då ett alternativ kan vara att de höga värdena har sin orsak i att norrväggen varit mest väderutsatt. Några säkra indikationer på djurens närvaro fanns ej. Kanske har de sporadiskt uppehållit sig inomhus eller också helt saknat tillträde till hus 1 i Kallerstad.

Det förromerska hus 1 vid Abbetorp i Rinna och Väderstads socknar bedömdes som ett sekundärhus i den gård där hus 2 var huvudbyggnad (Gruber m fl 2004). Huset låg i en östsluttning. Det var 12 m långt och hade två tydliga avdelningar med spår av en mellanvägg. På södra långväggen fanns en ingång som givit tillträde till båda avdelningarna. Bostadsdelen med härd låg i väster och ekonomidelen i öster (fig 53). Huset var ytterst välbevarat med intakt golvlager. Två stolpar i ekonomidelen var omstolpade och en i bostadsdelen. Fyndspridningen gav inga ledtrådar till funk-

A

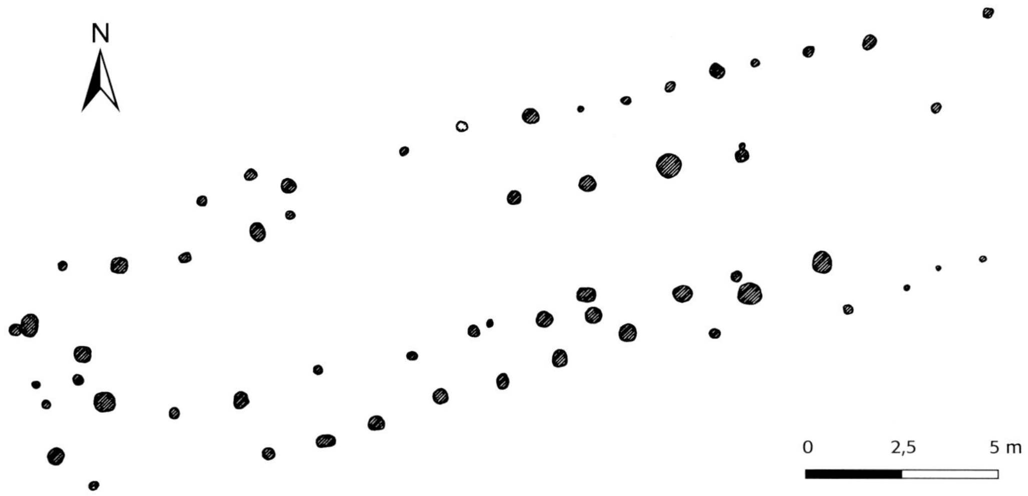

B

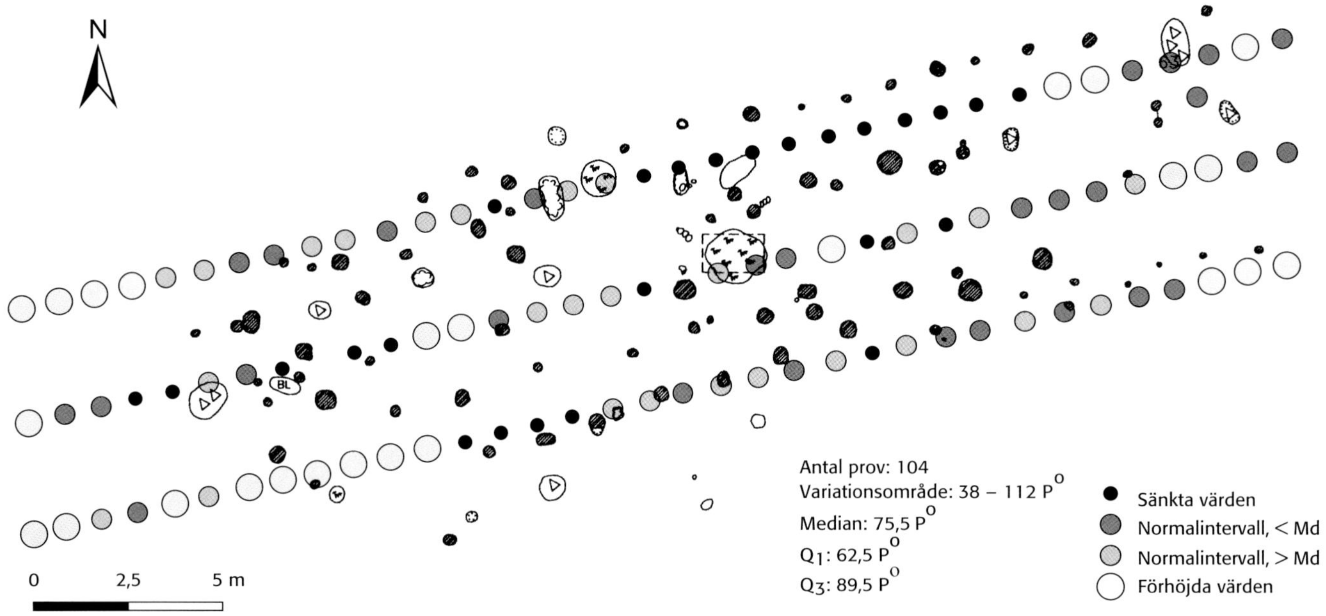

Fig 52. Långhus dit djuren haft tillträde men där fähusdel saknats. Hus 1, Kallerstad (RAÄ 326), Linköping. A. Stolpsättning. B. Fosfatkartering. Efter Wickman-Nydolf & Nydolf 1999a:16f. Skala 1:200. Grafik Lars Östlin. *House which livestock had access to but which lacked a byre section. House 1, Kallerstad (RAÄ 326), Linköping. A. Layout of posts. B. Phosphate analysis.*

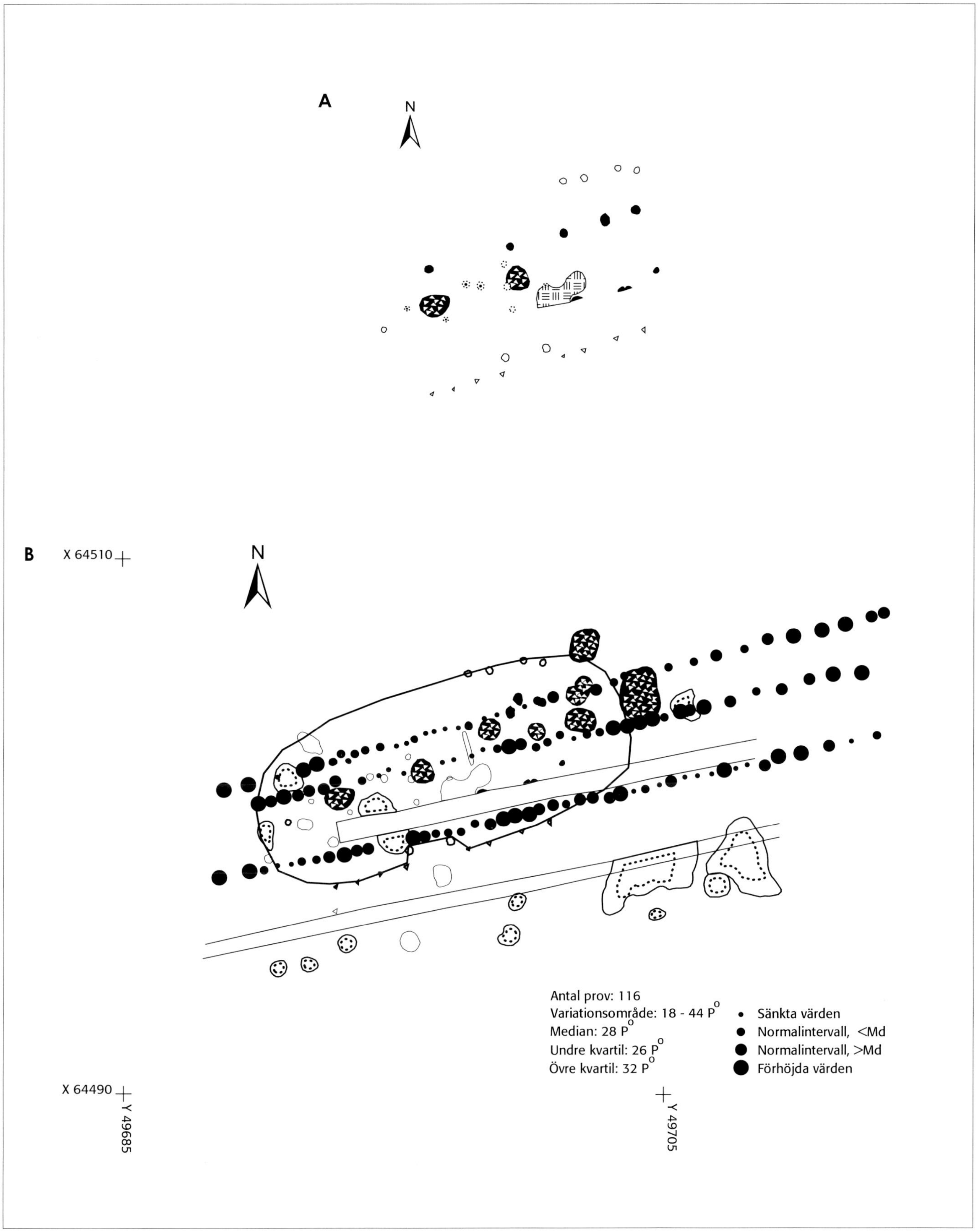

Fig 53. Långhus dit djuren haft tillträde men där fähusdel saknats. Hus 1, Abbetorp, Rinna socken. A. Stolpsättning. B. Fosfatkartering. Efter Gruber & Österström 2004:149 och Gruber & Petersson 2004:131. Skala 1:200. Grafik Lars Östlin. *House which livestock had access to but which lacked a byre. House 1, Abbetorp, Rinna and Väderstad Parishes. A. Layout of posts. B. Phosphate analysis.*

tionsindelningen. Innanför ingången var fosfathalterna låga. I anslutning till härden och ekonomidelens södra innervägg var de höga. För övrigt var fosfathalterna i huset fläckvis höga, fläckvis låga. Nedanför huset, öster om det, var fosfatvärdena höga i ett större område. Framför huset (söder om det) fanns en gårdsplan med härdar. I analogi med hus 3 är det föga troligt att djuren haft tillträde till denna gårdsplan, särskilt som hela området tolkats som ett hantverks- och matberedningsområde. Det är fullt möjligt att djuren haft tillträde till husets ekonomidel, men den uppvisade inga säkra tecken på att ha fungerat som fähusdel – någon permanent plats i ekonomidelen har djuren troligen inte haft. Kring och i hela huset fanns ett kulturlager. Det är möjligt att det delvis bildats med ett tillskott av gödsel, något som kan tyda på att det är i hus 3 djuren på gården trots allt fått komma in ibland.

Hus 3 vid Abbetorp var mycket välbevarat och låg i mark som aldrig varit plöjd (Gruber 2004). Huset var ca 16 m långt och uppdelat i två avdelningar, den östra bostadsdel och den västra ekonomidel (fig 44). I bostadsdelen fanns en härd och makrofossilanalys gav mycket sädeskorn i denna husdel. På södra långväggen fanns en ingång med tillträde till bägge avdelningar. Utanför

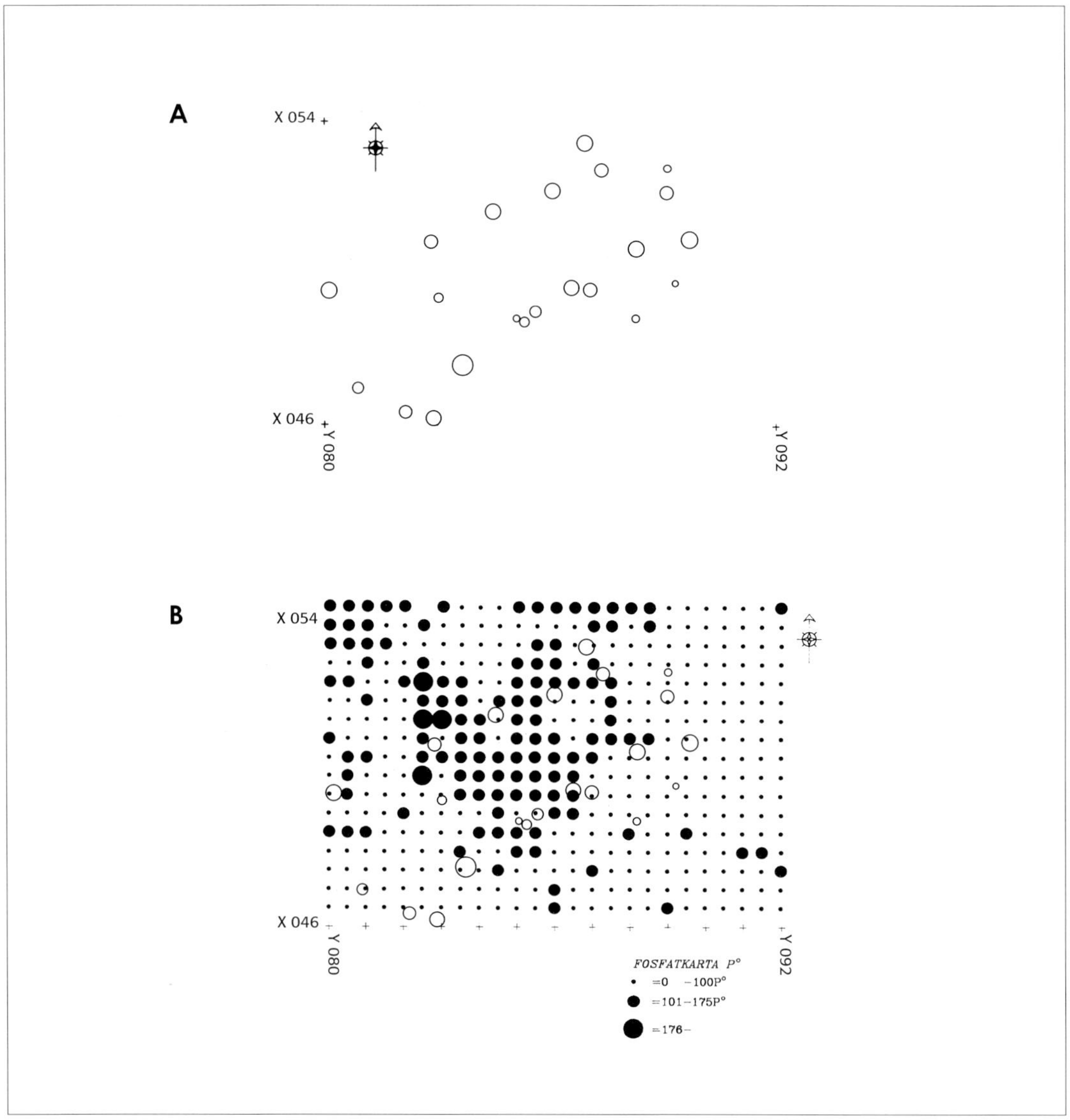

Fig 54. Långhus dit djuren saknat tillträde. Hus 2, Tornby (RAÄ 324), Linköping.
A. Stolpsättning. B. Fosfatkartering. Efter Wickman-Nydolf & Nydolf 1999b. Skala 1:200. Grafik Lars Östlin.
House which livestock did not have access to. House 2, Tornby (RAÄ 324), Linköping. A. Layout of posts. B. Phosphate analysis.

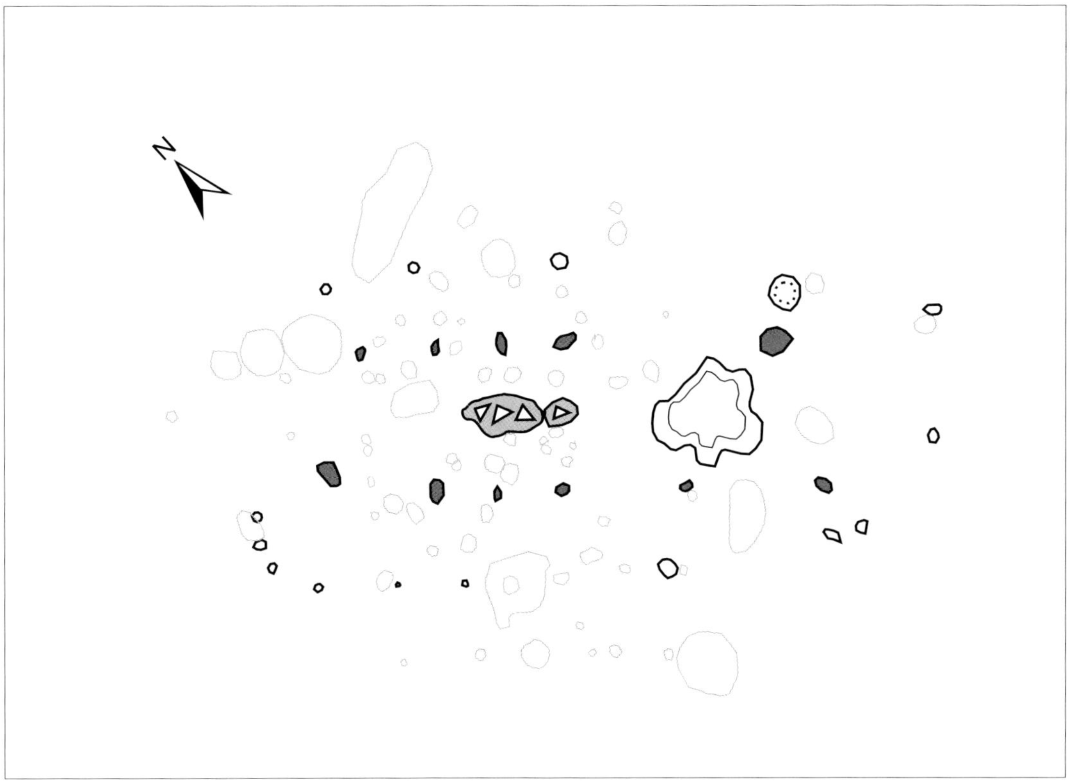

Fig 55. Långhus dit djuren saknat tillträde. Hus 198, Pryssgården, Östra Eneby socken. Efter Borna-Ahlkvist 1998:214. Skala 1:200. Grafik Lars Östlin. *House which livestock did not have access to. House 198, Pryssgården, Östra Eneby Parish.*

ingången fanns en gårdsplan med härdar och kokgropar samt en stenröjd yta som troligen haft ett vindskydd kring sig. Gårdsplanen har varit inhägnad och fosfatkarteringen visar att djuren inte haft tillträde dit. Fosfatvärdena i husets norra del var höga, såväl i bostadsdelen som ekonomidelen. Högst var de direkt utanför husets västra gavel, där det fanns stolphål tolkade som spår av ett skärmtak eller liknande som sannolikt anslutit mot huset (Gruber 2004:103ff). Den östra gaveln var rundad och har varit solid. En passage med en hålväg ledde till ytan med skärmtak och den västra gaveln. Under skärmtaket har djuren ibland kunnat söka skydd och de tjocka kulturlagren här talar för att så har skett. Om de haft tillträde till huset har det inte avsatt några spår inne i huset men gavelns utformning antyder att så ibland varit fallet. Hustypen med en solid gavel och en mera öppen framkommer regelbundet vid undersökningar. Ibland förklaras spåren med att huset är mera sönderplöjt i ena änden – man antar då att båda gavlarna haft samma utformning. Det mycket välbevarade hus 3 vid Abbetorp visar att spåren redovisar de faktiska förhållandena och att även asymmetriskt utformade hus förekommit (jfr Ethelberg 2003). Den mindre solida gaveln har sannolikt hyst en direkt ingång till husets ekonomidel.

Långhus dit djuren inte haft tillträde

Hus 2 i Tornby i Linköping (RAÄ 324) (Wickman-Nydolf & Nydolf 1999b) var ett långhus som kan ha innehållit två avdelningar. I husets mitt låg en härd som antogs indikera bostadsdelen (fig 54). Av härdens placering i förhållande till ingången att döma bör östdelen ha varit ekonomidel. Ungefär mitt på den södra långväggen har funnits en ingång. De förhöjda fosfatvärdena var framför allt koncentrerade till husets bostadsdel samt området innanför ingången. Ekonomidelen uppvisade inga omstolpningar. Jag har därför bedömt att hus 2 i Tornby är ett exempel på ett hus dit djuren saknat tillträde. Fosfatspridning och andra indikationer hos hus 2 i Tornby liknade hus 2 i Kallerstad.

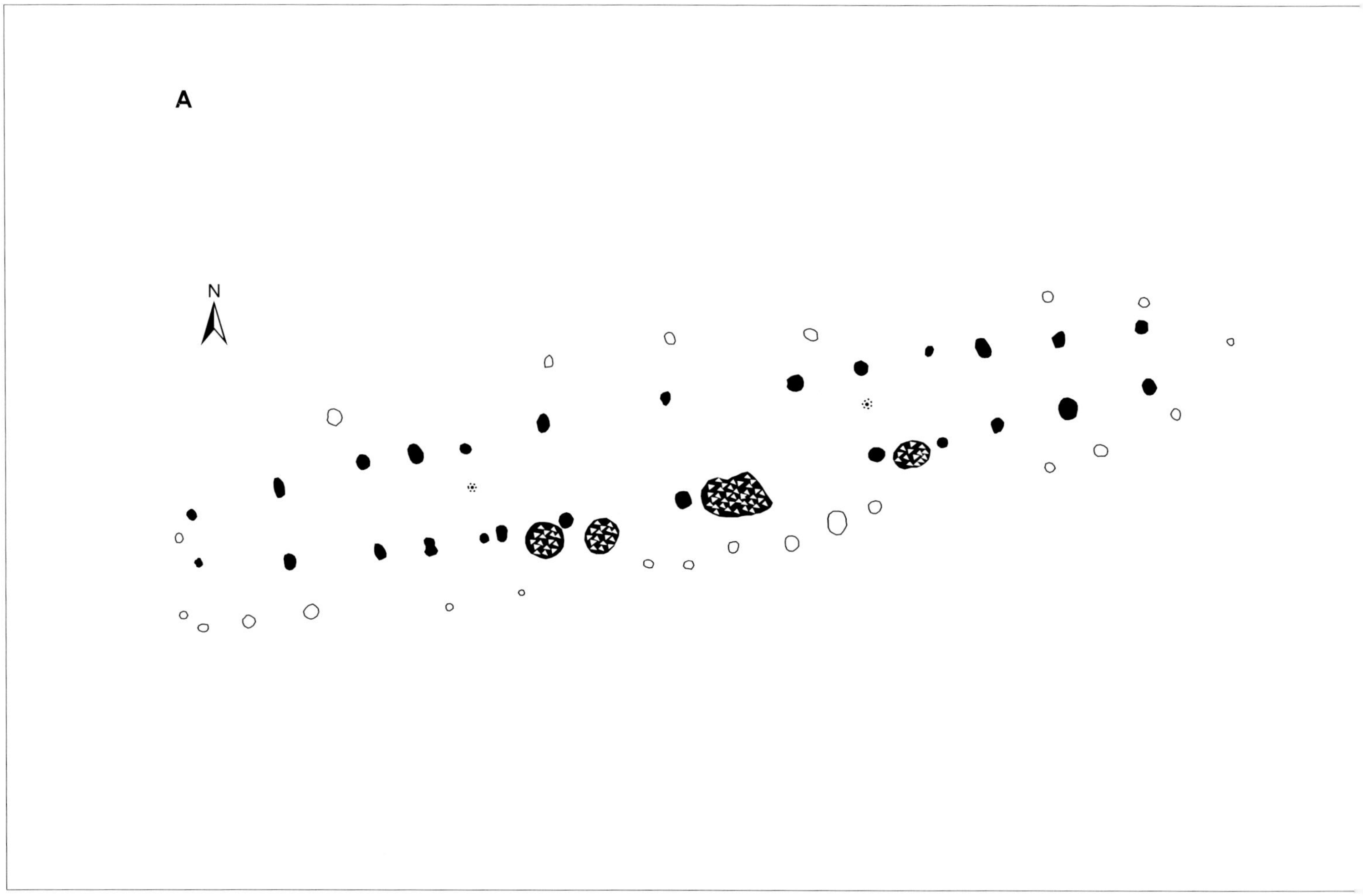

Fig 56. Långhus dit djuren saknat tillträde. Hus 2, Abbetorp, Rinna och Väderstads socknar. A. Stolpsättning, skala 1:200. Efter Gruber & Österström 2004:150. B. Fosfatkartering. Efter Gruber & Petersson 2004:132. Grafik Lars Östlin. *House which livestock did not have access to. House 2, Abbetorp, Rinna and Väderstad Parishes. A. Layout of posts. B. Phosphate analysis.*

Hus 198 vid Pryssgården i Östra Eneby socken (Borna-Ahlkvist m fl 1998) från förromersk järnålder är ett exempel på ett hus dit djuren saknat tillträde (fig 55). Huset var 18 m långt. Det verkar ha varit indelat i två större rum, bostad och ekonomidel som kan ha åtskilts av en ingångsdel. I bostadsdelen fanns två härdar. I ekonomidelens mittskepp fanns en stor källargrop som effektivt bör ha hindrat djurens tillträde till denna husdel.

Hus 2 vid Abbetorp (RAÄ 288 m fl) i Väderstads socken (Gruber 2004) är ytterligare ett exempel på ett hus med en helt annan utformning, dit djuren saknat tillträde (fig 56). Huset var 29 m långt och byggt i en västsluttning. Det hade konvex och regelbunden stolpsättning och var indelat i tre avdelningar. Spår av mellanväggar fanns. I mittdelen fanns flera härdar och en mindre härd fanns också i östdelen. Denna del har haft representativ karaktär och kan kanske ses som en föregångare till den yngre järnålderns hallbyggnad. Den östra delen verkar ha fungerat som bostadsdel av mera privat karaktär. Husets ekonomidel har funnits i väster. Denna uppvisar ingen högre grad av omstolpning än övriga delar av huset. Fosfatkarteringen visade förhöjda fosfatvärden utefter den norra vägglinjen. Ursprunget skulle kunna vara den lerklinade väggen, där kliningen kan ha innehållit gödsel. Inne i huset fanns inga förhöjningar av fosfatvärdena. Huset har fungerat som bostadshus på en gård högst upp i en lokal boplatshierarki och varit av sådan karaktär att djur saknat tillträde till det.

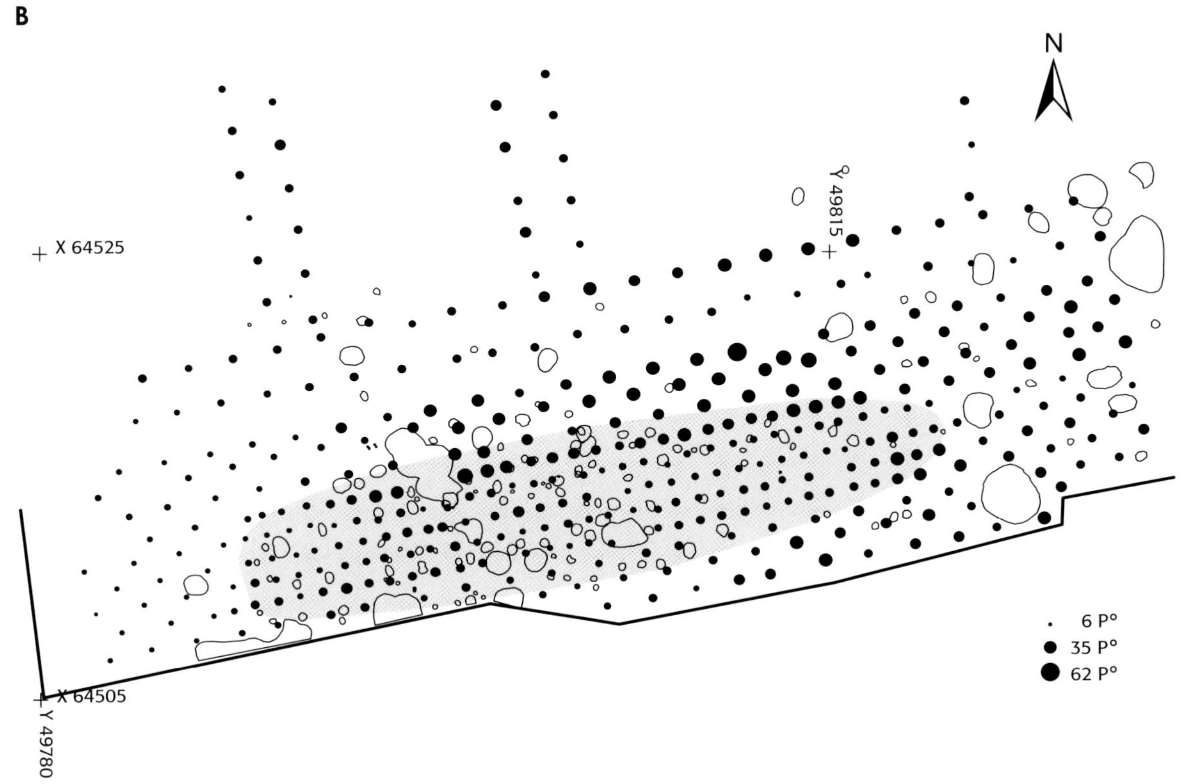
B
N
X 64525
Y 49815
X 64505
Y 49780
6 P°
35 P°
62 P°

KAPITEL 6

BETESDRIFT I ETNOLOGISKA, ETNOGRAFISKA OCH ETNOARKEOLOGISKA KÄLLOR

Av undersökningen i föregående kapitel framgick att det saknas fähusdel i de flesta långhus i Östergötland under yngre bronsålder, äldre järnålder och folkvandringstid och att husdjuren sannolikt till övervägande del har vistats utomhus såväl sommar som vinter.

Hur har då betesdriften i Östergötland varit utformad under yngre bronsålder och äldre järnålder? Det finns inget som tyder på att större sammanhängande hägnadssystem funnits i västra Östergötland under yngre bronsålder eller förromersk järnålder. Det är möjligt att de äldsta delarna av vissa stensträngssystem har tillkommit under romersk järnålder och många stensträngssystem torde också innehålla betydande inslag från senare perioder. Landskapet förefaller att under huvuddelen av den period som här står i fokus ha varit ohägnat. Avsaknad av hägnader i de områden där djuren betat, betyder antingen att husdjuren strövat fritt, kanske med rörligheten begränsade av olika typer av hinderdon, eller att det funnits herdar som fört djuren i vall. Med tanke på rovdjursfaran har det senare sannolikt varit det vanligaste under förhistorisk tid i Sverige.

Få arkeologiska studier berör förhistorisk betesdrift i Norden annat än i förbigående (se dock Prescott 1993). Det finns emellertid utförliga beskrivningar av betesdriften och dess organisation under historisk tid i Skandinavien (Reinton 1955, 1957, 1961, Szabó 1970), liksom beskrivningar av betessystem i fjärran länder (Cribb 1991, Dahl & Hjort 1976).

Jag har här valt att mera ingående beskriva tre olika betessystem och deras plats i den lokala jordbruksekonomin med utgångspunkt i några få monografier som tecknar hela ekonomin och markutnyttjandet, snarare än att försöka pussla ihop en bild utifrån en rad skilda artiklar och uppsatser. Jag har bedömt att den heltäckande ansatsen varit viktigare än att studieobjektet varit skandinaviskt. Med utgångspunkt i dessa studier diskuterar jag i slutet av kapitlet vilka fenomen inom förhistorisk betesdrift som skulle kunna avsätta arkeologiska spår och hur dessa skulle kunna gestalta sig. Detta kommer att vara en nyckel i mina fortsatta diskussioner kring betesdriften i Östergötland framför allt under yngre bronsålder och äldre järnålder.

KÄLLORNA

En studie jag funnit mycket användbar är en etnoarkeologisk undersökning av pastoral nomadism i Främre Orienten utförd av arkeologen Roger Cribb (1991). Studiens etnoarkeologiska inriktning gör den särskilt intressant eftersom tonvikten ligger på observationer av fenomen som lämnar fysiska spår. De naturgivna förutsättningarna för betesdrift i Främre Orienten idag och mellersta Sverige under förhistorisk tid är vitt skilda, och även om många fenomen i Cribbs studie som kan ha haft sina motsvarigheter i svensk förhistorisk betesdrift kan man inte använda Främre Orientens betesdrift som modell för betesdrift i Östsverige under förhistorisk tid.

Inom svenskt område fanns under medeltid och nyare tid (här ibland kallat historisk tid) tre olika typer av organisation av betesdriften, knutna till geografiskt skilda områden (Szabó 1970):

1. Områdena norr om fäbodgränsen där det i storbyarna fanns gemensamt ordnad betesgång.

2. Den mellansvenska skogsbygden med privata djurvaktare (herdar) som utgjordes antingen av gårdens eget folk eller av lejd arbetskraft.

3. De forna danska provinserna (även benämnda de södra bylandskapen) med yrkesherdar.

För fäboddriften har jag använt mig av norrmannen Lars Reintons mycket ingående studie av norsk säterdrift under 1700–1900-talet som huvudkälla (Reinton 1955, 1957, 1961). Reinton beskriver särskilt hur olika sätertyper fungerat i årscykeln samt hur arbetet på dem varit organiserat. I hans beskrivningar finns invävd mycket information angående betesdriftens landskap.

Betesdriften i de forna danska provinserna har behandlats av etnologen Mátyás Szabó (1970). Särskilt fokus har legat på herdeväsendets varierande organisation. Den mellansvenska skogsbygdens betesorganisation nämns av Szabó, men har inte ägnats något mera ingående studium. Att jag ändå tar upp den beror på att Szabó menar att den representerar ett mycket gammalt sätt att bedriva betesdrift.

Både Reintons och Szabós studier ansluter till en äldre etnologisk forskningstradition där arbetets organisation stod i centrum. Konkreta upplysningar om exakt hur sysslorna utfördes saknas ibland, något som gör att det kan vara svårt att föreställa sig vilka arkeologiska spår olika sysslor skulle kunna lämna. Cribbs studie är här ett värdefullt komplement.

Djuren, människorna och betesmarkerna (inklusive vatten) är de tre grundläggande faktorerna i alla betessystem (Cribb 1991, Prescott 1993). Alla betessystem är organiserade med utgångspunkt i dessa grundläggande faktorer och vissa komponenter kommer att likna varandra. Man kan dock inte utgå från att förhistorisk betesdrift varit organiserad på samma sätt som under historisk tid eller nutid. Beskrivningarna av skilda betessystem har därför tjänat som inspiration i min studie av förhistoriskt bete i Östergötland snarare än som källa till konkreta modeller för betesdriften. De aspekter jag betonar i min genomgång av de skilda betessystemen är framför allt sådana som kan tänkas avsätta arkeologiskt tolkningsbara spår.

FRÄMRE ORIENTENS NOMADER

Arkeologen Roger Cribb (1991) har utfört en djuplodande etnoarkeologisk studie av pastoral nomadism i Främre Orienten, grundad på fältarbeten i Turkiet kompletterade med litteraturstudier för angränsande områden, som jag här refererar i korthet. Cribbs etnoarkeologiska inriktning betyder att han lagt särskild vikt vid att beskriva de fysiska spåren av nomadlivet, med särskild inriktning på nomadlägret. Han beskriver arbetsmoment, sedvänjor, social organisation samt visar med exempel hur dessa faktorer kan inverka på de fysiska spåren av nomadernas liv. Detta gör Cribbs studie särskilt intressant. Jag har inte hittat någon annan undersökning där det så systematiskt och grundligt diskuteras vilka typer av arkeologiska spår ett pastoralt levnadssätt kan komma att avsätta. Pastoralister definieras här som "those who are dependent chiefly on their herds of domestic stock for subsistence" (Cribb 1991:17 och där anförd litteratur) dvs de som huvudsakligen är beroende av sina husdjur för sin försörjning. Det system Cribb mest ingående beskriver faller inom ramen för s k transhumans, en term som han förbehåller en typ av djurhållning som utnyttjar de säsongsvisa variationerna i betestillgång (Cribb 1991:19).

Vintertid uppehåller sig nomaderna Cribb studerat i byar vid havet i Turkiet och på våren flyttar de upp i bergen. Tillvägagångssättet medför att gräsväxten i bergen också kan utnyttjas. För de flesta nomader är det tillgången på vinterbeten som är det största problemet och som sätter gränser för hur många djur man kan ha (Cribb 1991:135). I de områden Cribb studerade bestod tamdjurshjordarna av får och getter. Dessa arter hämtar sin föda ur olika ekologiska nischer och kompletterar varandra som betesdjur även vad gäller beteende. Fårens parningstid, som är mer under människornas kontroll än getternas, infaller mellan juli och september och lammen föds under senvintern mellan januari och mars. Resultatet blir fårahjordar med distinkta ålders- och könsstrukturer som varierar med årstiderna, strukturer som alltså till stor del är ett resultat av människans ingripande. Syftet är att styra tillgången av vissa pastorala produkter (mjölk, kött, hudar) till vissa årstider. Vår och sommar är således högsäsong för beredning av mjölkprodukter och lammens antal reduceras systematiskt för att människan istället ska kunna ta tillvara fårens mjölk. Jämfört med större djur som t ex nöt är riskfaktorn högre för att en hjord av får och get decimeras genom faktorer som vattenbrist och sjukdom, men detta uppvägs av möjligheten för snabbare återhämtning för hjorden beroende på den högre årliga fertiliteten hos får och get jämfört med nöt. De hjordar som innehåller högst andel av hondjur klarar sig dessutom bäst vid en serie motgångar. I Khuzistan (Främre Orienten) är t ex två år av fem katastrofår och kan resultera i förlusten av mer än hälften av husdjursstocken. Andra etnografiska källor pekar på samma sak (Cribb 1991).

I Främre Orienten ligger det normala antalet får och getter för ett nutida hushåll mellan 50 och 100 djur. Djuren vallas antingen i hjordar bestående av det enskilda hushållets djur eller också slår man ihop djuren från flera hushåll. Ett hushåll med 200 får behöver minst en äldre man som herde, en yngre man som ser efter lammen, en vuxen man att ta hand om kor och packdjur, två till tre kvinnor eller flickor för mjölkning och hushållsarbete samt dessutom en till två män för odling. Optimal balans finns bara vid vissa tillfällen i familjecykeln. Sättet att lösa det är att utöka kärnfamiljen. Varje son som gifter sig orsakar att fårhjorden minskas genom brudköp men å andra sidan får man in en ny arbetare i familjen. Strategin som tillämpas här är i regel att sönerna får gifta sig sent.

Cribb (1991) ger exempel på att vallningen i Främre Orientens pastorala samhällen kan lösas i skilda system. För det första kan man se en egalitär lösning. Som exempel härpå ges Basserifolket med självförsörjande hushåll och kooperativ vallning. Två till fem familjer slår ihop sina hjordar och får till en hjord om 200–400 djur som man själva sköter om. Om hjordarna blir större måste herdar lejas. För det andra finns en stratifierad lösning av vallningen som t ex bland Qashqaifolket. Här har man stora hjordar och herdar anställs av de olika kärnfamiljerna. Många är anställda som herdar under hela livet. Herdar och jordbruksarbetare står långt ner på den sociala skalan. Fler personer kan vara nomader i ett stratifierat än i ett egalitärt system. För det tredje kan man se en feodal lösning av vallningen som t ex hos Keigiserna i Centralasien. Rika hushåll låter här fattigare hushåll ta hand om sina hjordar. Ibland finns här årligen ombesörjd tilldelning av betesrättigheter, ibland är betesrättigheterna ärftliga. För det fjärde finns en kommersiell lösning av vallningen som t ex hos Yörukfolket i södra Turkiet. Betesdriften ingår här i en kapitalistisk marknadsekonomi.

Själva betesrättigheterna kan vara individuellt ägda. De kan också vara föremål för regelbunden omfördelning (Cribb 1991:48). Hur en nomadboplats i Främre Orienten kommer att se ut i termer av arkeologiska lämningar beror bl a på hur rätten till betesmark är organiserad. Om en grupp har lång dispositionsrätt till en viss betesmark bygger man gärna fasta installationer på en fast sommarlägerplats. Disponerar man däremot betesmarken endast under en kortare period (t ex en säsong) bygger man bara ett minimum av förvaringsplattformar och härdar. Osäkerhet rörande tillgång till betesmark resulterar i ett högst instabilt bosättningssystem, med liten kontinuitet från ett år till nästa. Nomadboplatser kännetecknas i alla händelser arkeologiskt av tunn stratigrafi. Kulturlager kan vara begränsade till området kring utomhushärden och avfallsområdena (Cribb 1991:80ff).

Nomadernas materiella kultur

Nomadernas materiella kultur kan, enligt Cribb, bäst förstås om analysen tar utgångspunkt i tre huvudaspekter:

1. Den första aspekten berör i hur hög grad komponenter av den materiella kulturen finns permanent på en lokal eller flyttas från en plats till en annan (eng. *fixtures – portables*, ungefär fasta installationer och bärbara föremål). De viktigaste variablerna här är funktion, storlek och vikt.

2. Den andra aspekten omfattar skalan från beständigt till förgängligt material (eng. *durables – perishables*). Föremål av förgängligt material kommer sannolikt att kontinuerligt förnyas snarare än att flyttas från plats till plats, men det är inte särskilt troligt att dessa föremål kommer att dyka upp som arkeologiskt material.

3. Den tredje aspekten berör föremåls värde. Värdet mäts i termer av svårighet eller kostnad för att förvärva eller ersätta dem (eng. *valuables – expendables*). Värdefulla föremål kommer troligen att bevaras och transporteras från plats till plats. Det är mer sannolikt att föremål med litet värde – förbrukningsartiklar – kommer att slängas bort på en plats. Om de är gjorda av beständigt material kommer de att bli bevarade i en arkeologisk kontext.

Cribb ger mattan som exempel på ett föremål som är bärbart, förgängligt och dyrbart. Mattan är ett föremål som ej syns i det arkeologiska materialet. Härdar är ett exempel på en företeelse av beständigt material, som förbrukas samt har lågt värde. Härdar är specifika för varje enskild lokal och är synliga i det arkeologiska materialet (Cribb 1991:69).

Man kan här notera att föremål som specifikt är förbundna med vallningen till största delen lyser med sin frånvaro. Vallning är en aktivitet som praktiskt taget inte kräver några verktyg.

Cribb berättar att; "The most obvious evidence of pastoral activity on most nomad camps I visited – apart from stone corralls, bones and deposits of animal droppings – was perishable wool clippings, bits of cloth (for tying legs during shearing) and small bottles which had contained veterinary preparations" (Cribb 1991:69).

Nomadlägrens placering i landskapet

De flesta nomadläger är placerade i terrängen med människans behov för ögonen (Cribb 1991). De kan ligga på plan mark med vindskydd i form av berg eller liknande. De placeras även i raviner och torra bäckfåror liksom på avsatser i branta sluttningar. En annan lokaliserande faktor är vatten, och lägren ligger nära ett vattningsställe för djuren (inom 500 m). Tillgång till bränsle är också lokaliserande för lägerplatserna. Det är vanligast att själva lägerplatsen inte omges av buskar – detta

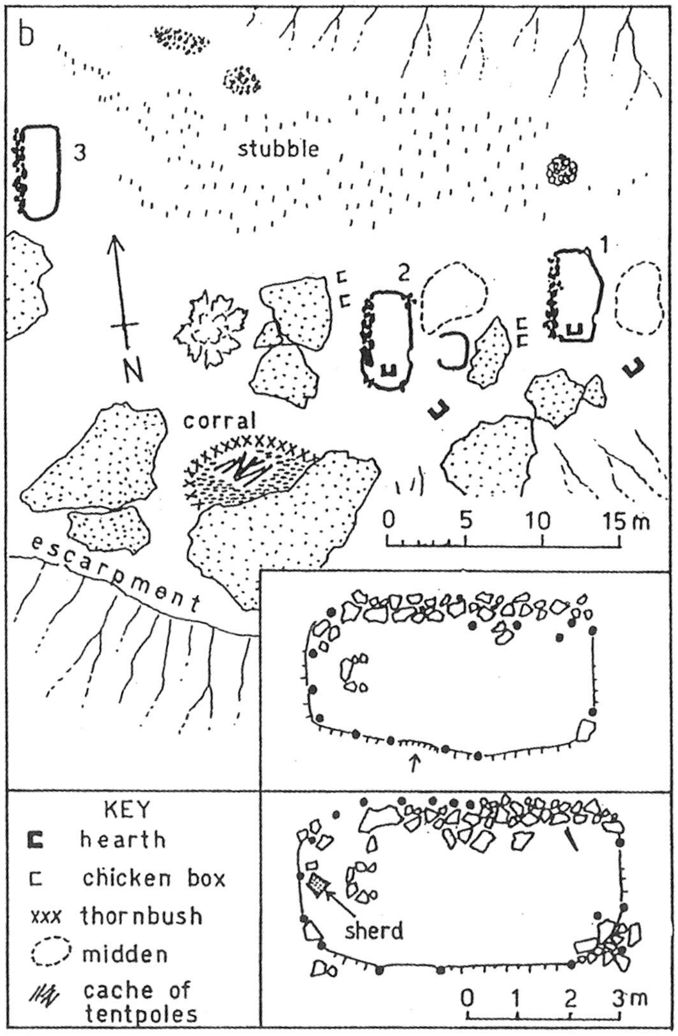

Fig 57. Planer över nomadtält, från läger belägna inom några kilometer från varann. Dispositionen av utrymmet inne i tältet är liknande även om tälten har varit utformade enligt olika principer. Efter Cribb 1992:169. *Plans of nomad tents, from camps situated a few kilometres from each other. The spatial arrangement inside the tents is similar even though the tents are constructed in different ways.*

bränsle har redan använts upp vid tidigare besök på platsen. Däremot brukar det finnas inom bekvämt gångavstånd. Bränsle behövs dels för matlagningen i härdarna men också i samband med att mjölkprodukter bereds. Nomadlägren ligger också i kanten av betesmarken, ej mitt i den. Cribb sammanfattar nomadlägrens terrängläge i sitt studieområde: De ligger inom 500 m från en källa, 200 m ö h, över odlingsgränsen, på kanten av betesmarken, i en dalgång eller i lä från klippa eller liknande, vetter åt söder, nära vattningsställe för djuren, inget bränsle finns närmast lägret men i en ravin eller liknande i närheten (Cribb 1991).

Bildandet av lägergrupper bestäms av antalet djur per hushåll och hur många djur betet räcker till. Det finns sommarläger med mellan fyra och 20 tält, ibland med bara ett. Den minsta storleken på en hjord för effektiv skötsel är 250 får och getter. Människorna inom ett läger är oftast släkt. Ibland visar tältets storlek dess ägares sociala rang. Hövdingens tält är då störst. Ju närmare hövdingens tält ett annat tält står på lägerplatsen, desto högre social rang har dess innehavare (Cribb 1991).

Nomadlägret

På nomadernas lägerplatser kan vi förvänta oss att finna spår av dels de aktiviteter som är särskilt förbundna med djuren och deras skötsel och behov, dels de som hör samman med människornas liv. De aktiviteter som brukar förekomma är å ena sidan generella, som daglig matlagning, lagning av utrustning och liknande. Å andra sidan finns specifika aktiviteter kopplade till djurhållningen som mjölkning, beredning av mjölkprodukter som ost- och yoghurttillverkning, klippning av får, märkning och kastrering, slakt och styckning av slaktade djur samt eventuellt skilda konserverande åtgärder för att ta till vara köttet (Cribb 1991).

I Främre Orienten bor nomaderna av tradition i tält. Till varje nomadtält hör ett närområde som är ca 20x10 m och som kan delas in i två delar; å ena sidan bostadszon inklusive tältet, en liten förgård framför tältet samt, å andra sidan, övriga anläggningar såsom utomhushärd och avfallszonen där skräpet slängs. Tältets ideala orientering är öst-väst och för det omgivande närområdet nord-syd. I norra delen ligger själva bostadsytan och i den södra avfallsytan. Vid bostaden sker tillagning och konsumtion av mat. Hushållsavfall begränsas till själva bostaden (dvs tältet) och dess omedelbara närhet. Aktiviteter som hör ihop med djurhållningen är mera spridda och kan grovt delas in i tre koncentriska zoner – boskapsinhägnader nära tälten, platser för styckning av slaktade djur samt boskapsinhägnader på visst avstånd från tälten (Cribb 1991:124) (fig 57).

Tältet

Tältdukarna är av tyg (filtade eller vävda) och de hålls uppe av trästommar eller käppar. De kan dessutom vara förankrade i marken med rep och tältpinnar. Ofta hålls tältduken också

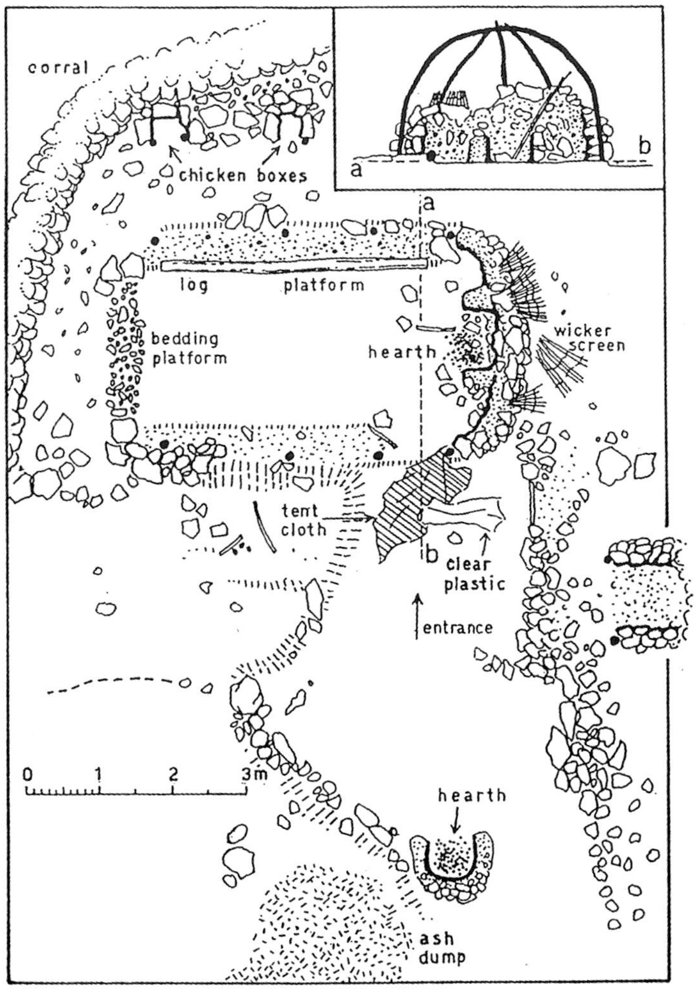

Fig 58. Plan över tältläger med härdar både inne i tältet och utanför. Inomhushärden används för brödbak, att koka te och röka kött. Utomhushärden används för grövre sysslor som att koka vatten i kittlar etc. Sanaydin Yayla, södra Turkiet. Efter Cribb 1992:94.
Plan of camp, with hearths both inside and outside the tent. The indoor hearth is used for baking bread, making tea, and smoking meat. The outdoor hearth is used for heavier chores such as boiling water in cauldrons, etc. Sanaydin Yayla, southern Turkey.

nere av stenar. Det förekommer att tälten placeras på en uppbyggd stengrund. Tältduken hör till de föremål som tas med vid flyttningarna och sätts upp på de olika platserna. Käppar och ramverk lämnas ofta kvar på de olika platserna och används år från år (Cribb 1991).

Inne i tälten finns ofta uppbyggda plattformar, använda för förvaring och som sängar. Plattformarna ligger ofta utefter ena kortväggen och är ibland lerbestrukna eller helt av lera. Vid kortvariga vistelser byggs plattformar av grenar och kvistar. Plattformarna av sten är vanliga och enligt Cribb det vanligast spåret efter beduinläger, ibland tillsammans med ruiner av inhägnader för får.

Där tält placeras i sluttningar och man avsett bo ett tag har golven jämnats ut genom att man grävt en avsats in i sluttningen och den terrasskant som uppstått har ofta stenskotts.

Ytterligare terrasser kan byggas framför tälten. Ett dräneringsdike grävs ibland i boplatsytans överkant. Om bosättningen på platsen är lång och regelbundet återkommande brukar man jämna till golvet eller till och med avjämna det med lera. Bland Shahsevanfolket grävs ett grunt dike mellan ingången och den tältpinne som står mitt i tältet.

Det är vanligt att tältet omges av en risflätad vägg som fungerar som vindskydd. Det är också mycket vanligt att en stenmur byggs kring tältet. Stenmurarna syftar till att utestänga kalla vindar på vinterläger eller sommarläger på höga höjder. Tälten i lägren är ofta uppsatta längs en öst-västlig axel så att solen går från ena änden till andra. Ibland påverkar också vindriktning tältens orientering. Ofta följs sluttningens kurva och tältöppningarna är ofta vända åt samma håll.

Golvytan i ett vanligt nomadtält är liten och därför välorganiserad. Denna organisation är alltid en avspegling av den sociala organisationen och bestämmer var människor ska sitta och var ägodelar ska ligga. Tältytan är ofta indelat i en mans- och en kvinnosida och ibland finns också en liten avdelning för djur (Cribb 1991:84ff) (fig 58).

Tillredning, förvaring och konsumtion av mat

Till varje nomadtält hör två till tre härdar. Ofta finns på sommarlägerplatsen en liten härd inomhus, där man kokar te, och en större härd utomhus, för matlagning och -beredning. Även på de lägerplatser som används kortvarigt, under flyttning, finns härdar. Ibland finns stora, nedgrävda keramikkärl som i t ex Kurdistan används för brödbak. Det är inte ovanligt med fasta installationer för förvaring i tältens närhet. Det kan röra sig om en sädesbinge eller keramikkärl för sädesförvaring nära tälten. Bingar för sädesförvaring liksom tröskgolv kan också finnas i åkrarnas närhet. Det kan också finnas förvaringshyddor av sten nära tälten. Inom lägret finns också en särskild yta avsatt som slaktplats för tamdjur och efterföljande styckning (Cribb 1991).

Cribb anser att det användes mer keramik hos forna tiders nomader än nu. Han skiljer på små kärl av finkeramik och större kärl av vardagsvara. De förstnämnda tas med vid flyttningarna. Det är mera sannolikt att de stora keramikkärlen som används för matlagning och förvaring lämnas kvar på de olika lägerplatserna som fasta installationer. De kommer lättare att gå sönder eller överges och det är större sannolikhet att just denna kategori kommer att ingå i det arkeologiska materialet (Cribb 1991:76). Jämfört med en fast bosättning kan man förvänta sig mindre mängd keramik hos nomader, att färre keramiktyper kommer att finnas samt att det arkeologiska materialet kommer att innehålla relativt många fragment av stora krukor och få av småkärl.

Det enda typ av stenföremål Cribb observerade i ett nomadläger var handkvarnar. Dessa utgjorde fasta installationer. För den tid när stenteknologi var förhärskande betyder det möjligen att nomadboplatser är mera synliga i det arkeologiska materialet än senare (Cribb 1991:79) – även om sådana tolkningar sällan ges (se dock L Larsson 1994).

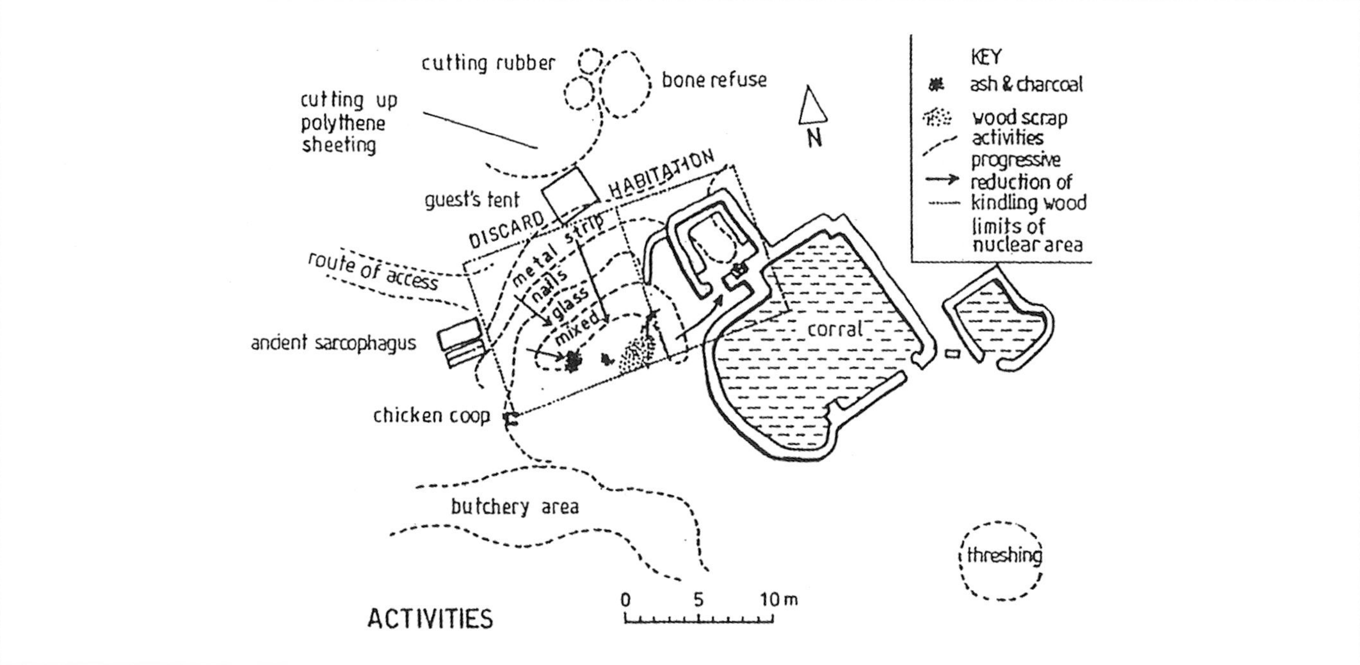

Fig 59. Skilda föremålskategorier koncentreras i zoner som bildar koncentriska cirklar kring utomhushärden inom ett 10x20 m stort område på ett nutida nomadläger. Området flankeras av zoner för specialiserade aktiviteter (som polyetenhantverk och styckning). Efter Cribb 1992:131.
In a nomad camp of recent time, different categories of objects are concentrated in zones that form concentric circles around the outdoor hearth within an area 10x20 m large. Flanking this area are zones for specialised activities (e.g., polyethylene handcraft and butchering).

Fyndspridning, avfall och avfallshantering

Cribb har studerat spridningen av skilda fyndgrupper i ett nutida nomadläger omfattande en familj. Fynden visade att det finns såväl generella som specialiserade zoner inom ett läger. Fynden bildar koncentriska cirklar kring utomhushärden (fig 59) (Cribb 1991:131). I ett övergivet nomadläger noterade Cribb att varje familj hade en egen avfallshög i anslutning till sitt tält. I en studie av spridningen av djurbensfragment såg Cribb att det fanns avgränsade områden nära tälten, där avfall slängdes. Cribb ytplockade och registrerade fynd från några lokaler. Han såg att det grundläggande spridningsmönstret kan beskrivas som en serie stora bågar kring en central yta som sammanföll med askdumpen (Cribb 1991:176).

Inhägnader för djuren

Det kan ibland finnas anledning att samla djuren i inhägnader nära bostaden. Inhägnaderna är vanligen byggda av sten. Det finns också sådana av lera. Vissa har tak av tältduk. De är svåra att skilja från bostäderna men saknar härdar och plattformar. Dessutom finns det spillning från djuren i dem. I de läger som används under flyttning, och där man stannar mycket kort tid, används ris och taggbuskar för att bygga inhägnader.

Sammanfattande kommentarer

Cribbs arbete innehåller många beskrivningar av de materiella spåren av olika pastorala arbetsmoment, seder och bruk, något som saknas i mer etnologiskt inriktade arbeten. Trots de stora skillnader som föreligger mellan dagens förhållanden i Främre Orienten och förhistorisk tid i Sverige, finns många arbetsuppgifter som måste ha varit gemensamma även om de lösts på varierande sätt. Cribb poängterar att om man ska använda etnografiska analogier är ett grundläggande krav att man behandlar samma geografiska region (Cribb 1991:227). Här är jag helt enig med Cribb – det går inte att omedelbart modellera svensk forntida betesdrift i ett relativt platt landskap som västra Östergötland, efter Främre Orientens transhumans i ett starkt nivåskiftande landskap med vitt skilda ekologiska zoner och ett betessystem uppbyggt kring detta. Trots detta innehåller Cribbs studie resonemang som är direkt överförbara till förhistoriska förhållanden i Norden. Det finns också fenomen som inte är omedelbart överförbara men som jag funnit inspirerande och tankeväckande i studiet av forntida betesdrift i Östergötland.

FÄBODDRIFT I NORGE OCH SVERIGE

Fäbodområdet i Norden innefattar hela Norge och Sverige från fäbodgränsen, som går från norra Bohuslän över södra Värmland till norra Uppland, upp till Norrbottens kustland. Enstaka fäbodar, i Norge och delar av Sverige benämnda sätrar, har förekommit söder om fäbodgränsen men spår efter ett allmänt fäbodbruk i Sydsverige är ytterligt osäkra (Eles 1975:233).

Etnologen Lars Reinton har på ett mycket ingående sätt beskrivit norsk säterdrift under 1700-, 1800- och 1900-talet (Reinton 1955, 1957, 1961). Jag har använt hans studie som huvudkälla i detta avsnitt, kompletterad med information rörande svenska förhållanden från mindre heltäckande studier (Eles 1975, Montelius 1977, Szabó 1970). Många av de fenomen som beskrivs från fäbodområdet har sina direkta paralleller i de södra bylandskapens betesorganisation, men är mer ingående beskrivna för det förstnämnda området, varför beskrivningen av fäboddriften kommit att bli förhållandevis lång.

I Norge var sätrar i allmänt bruk ännu år 1900 och vid mitten av 1800-talet hade ca 50 000 norska gårdar sätrar, något som Reinton anser representera ett säterklimax (Reinton 1955:9). Reintons framställning bygger på svar från frågelistor samt egna observationer. Reinton definierar sätrar enligt följande: Det är ett ställe där djuren betar, där djuren blir mjölkade, där mjölken tas omhand på plats, där det finns permanent husly för människorna, där betesmarkerna fristående måste kunna försörja en produktionsenhet på daglig basis och där insamling och förvaring av foder och mat för vintern betonas (Reinton 1955).

John Frödin menade att fäbodväsendet tjänade "en starkt specialiserad och välorganiserad mjölkhushållning, som har till ändamål att förse bygdens invånare med vinterföda genom att med boskapen som hjälpmedel förvandla den rikliga gräsväxten på sommarbetena till hållbara mjölkprodukter" (citerad genom Montelius 1977:7).

Under sommaren fanns nästan obegränsat med föda till djuren, men under vintern var tillgången på föda begränsad. Insamlandet av vinterfoder var därför av mycket stor betydelse och i fäbodområdena togs ibland det mesta vinterfodret på fäbodarna (Montelius 1977:44f).

Under vintern var det mycket vanligt att djuren svältfodrades, något som motiverades av att man ville att så många djur som möjligt skulle överleva vintern. Någon avkastning räknade man inte med utan den var koncentrerad till sommarmånaderna. Ju fler djur som kunde fås att överleva vintern, desto mera mjölk och mjölkprodukter fick man under sommaren (Eles 1975:231ff, Montelius 1977:13ff). Betessäsongen upphörde i september och i oktober företogs höstslakt, då de djur som inte kunde födas över vintern slaktades.

I det svenska fäbodområdet uppger Szabó att vallkullorna vistades i fäboden mellan 10 juni och 10 september, alltså endast tre månader per år (Szabó 1970:219f). Kullornas anställningstid sammanföll här ej med betessäsongen, som var betydligt längre. År 1935 var betessäsongen för storboskapen i Rogaland i Norge 138 dagar men i vissa delar av Østlandet endast 81 dagar (Reinton 1955:19). Sätervistelserna kunde år 1907 variera mellan 121 dagar i norska Leikanger i Sogn till 23 dagar i Mandal i Østfold (Reinton 1955:91).

Säterbrukstyper

Reinton (1955) skiljer på säterbrukstyper och sätertyper. Dessa benämningar ansluter till John Frödins kategorisering av det svenska fäbodväsendet (Montelius 1977:10 och där anförd litteratur). Säterbrukstyper avser inriktning och utformning på säterbruket. Sätertyper avser funktionen, dvs en viss säters funktion i ett system av oftast flera sätrar kopplade till varje gård. De tre huvudtyperna för säterbruk, som fanns i var sina särskilda områden i Norge (Reinton 1955:21ff), är mjölksäterbruk, fullsäterbruk och slåttersäterbruk.

Mjölkplatser – "grinder" och "leger"

På norskt område finns en mycket intressant företeelse som Reinton nämner på tal om olika säterbrukstyper. Dess norska benämning är oftast *"grinder"*. Det var en plats i utmarken, på gränsen till inmarken eller ett litet stycke härifrån, där man mjölkade. Platsen har varit inhägnad. Man gick hit morgon och kväll och mjölkade, varefter man bar hem mjölken (fig 60). Företeelsen är känd från Eddadiktningen och de isländska sagorna (Reinton 1955:21). Det har också, framför allt i västra Norge, funnits många ställen där mjölkplatserna i utmarken varit oingärdad. Dessa platser kallades på norska *"leger"*. Gårdar som hade brant väg till betesmarken hade sådana "leger", så att djuren sparades den tunga vägen ner till hemgården vid varje mjölkningstillfälle (Reinton 1955:22).

Halvfäbod, fullsäter och slåttersäter

Det norska begreppet *mjölksäter* motsvarar halvfäbod i Sverige. Med mjölksäter avses en säter som ligger så nära hemgården att mjölken kunde föras hem dag för dag och vidareförädlas vid hemgården. En säterkulla kunde bära högst 24 liter, vilket motsvarade mjölken från 3–4 bra kor eller högst 8–10 sämre djur. Ofta låg kullan över på mjölksätern några nätter och klövjade hem avkastningen av boskapen (Reinton 1955:25ff). Mjölksätrarna utmärktes av att husen på sätern var små. På många ställen fanns ingen ladugård utan bara ett rum, uppmurat under säterboden (Reinton 1955:34). I säterboden fanns sovrum, kök och mjölkrum. Ofta saknades slåttervall och därmed också hölada på mjölksätern.

Vid fullsäterbruk bodde säterfolket på sätern under hela fäbodsäsongen. Man förädlade mjölken på plats och flyttade härifrån på hösten (Reinton 1955:29). Detta var huvudtypen av säterbruk i Norge. På fullsätrarna fanns vanligen relativt bra hus. Ofta hade säterbodarna två eller flera rum. Vanligen fanns också sätervallar med hölador och på vissa ställen små logar. Även ladugårdar har funnits (Reinton 1955:34).

Slåttersäterbruk hade som huvudinriktning att bedriva säterslåtter och hedslåtter för att samla vinterfoder till djuren. Slåttersätrar till flera gårdar kunde ligga ihop. Djuren skickades upp hit när slåttern skulle påbörjas och man turades om att valla samtligas djur för att så många som möjligt skulle kunna

Fig 60. Grinder. Storestøyl, Neverdal, Valle, Setesdal, Norge. Foto Halvor Vreim. Efter Reinton 1955:22. *Pen. Storestøyl, Neverdal, Valle, Setesdal, Norway.*

arbeta med höet. Höet förvarades i lador vid sätrarna och kördes hem vintertid. Det kunde också stackas vid sätern eller förvaras under bergsöverhäng. Husen på slåttersätrarna var särskilt små. De skulle bara tjäna som krypin under de veckor folket låg här och slog höet. Det fanns sällan ladugård på slåttersätrarna. Ofta hade varje gård flera slåttersätrar som slogs i tur och ordning (Reinton 1955:29f).

I Norge har även funnits getsäterbruk och fårsäterbruk. Dessa sätrar låg gärna i bergig terräng utanför andra betesområden, där getter gjorde minst skada på skog och slåttermarker (Reinton 1955:32ff).

Säterdriftens organisation

Med begreppet sätertyper avser Reinton (1955) sätrarnas funktion. De viktigaste var hemsäter och sommar- eller långsäter.

Hemsäter var den säter som brukades vår och/eller höst (Reinton 1955). När den bara användes om våren kallades den vårsäter, vilket var det vanligaste. Sommar- eller långsäter var en säter där man bodde hela sommaren eller åtminstone högsommaren. Långsätern var i Norge ofta en fjällsäter. Det finns också skogssätrar, belägna i skogsmark (Reinton 1955:37ff).

Ofta låg de norska sätrarna i grupper med flera sätrar av samma typ (Reinton 1955). Det har varit vanligt att gårdarna i Norge haft två eller flera sätrar. Före 1850 var flersäterbruk vanligare än senare. Anledningen till att ha flera sätrar ligger i höjdskillnaderna som ofta finns inom en gård. Med en hemsäter kunde man vinna två veckors bete om våren och tre om hösten. Det hände att hemsätern låg bara några hundra meter från hemgården och ibland kunde den ligga på lägre nivå än hemgården. Man kunde också ha flera sätrar av samma typ (Reinton 1955:51ff).

Avståndet till sommarsätrarna var i medeltal 3–15 km men skillnaden i höjd var mera avgörande för hur mödosam vägen till sätern var. Vägarna kunde vara såväl branta som farliga. Vid flyttning till och från sätrarna övernattade man i det fria. Då gjorde man upp en eld "og både folk og fe krulla seg kring bålet" (Reinton 1955:241).

Det finns många olika system för hur man flyttat mellan hemgården och sina olika sätrar. I enklaste fall har man bara haft en säter dit man flyttade om försommaren (sv buföring) och varifrån man flyttade hem i mitten eller slutet av september (sv hembuföring). Ibland avbröts sätervistelsen under några veckor mitt i sommaren och man flyttade hem för att ta hand om höskörden vid hemgården. När man hade flera sätrar var det mycket vanligt att tillbringa några veckor på våren på hemsätern innan man flyttade till sommarsätern. På hösten kunde man ibland åter sitta några veckor på hemsätern. Fanns mellansäter ingick denna i flyttschemat. Ofta fanns flera sommarsätrar. Man kunde då antingen bo på alla dessa under en sommar eller alternera år från år. Vid bete gödslades sätervallen naturligt, något som gav ökad höskörd (Reinton 1955:78ff).

Större och tyngre föremål lät man på de flesta ställen stå kvar på sätern från år till år. Sådant var byttor, tråg, ämbar, smörkärnor, kittlar och grytor men framför allt den stora kittel som på norska kallades "*bukittelen*" eller ibland "*primkittelen*" och som man kokade messmör i. Denna grävdes ibland ner i en rasbrant med sten när man lämnade sätern för året (Reinton 1955:261ff).

Reinton menade att fjällsäterbruket i Norge tillkom i en period av varmare klimat. Flersätersystemet, menade han, har tillkommit senare under en period av sämre klimat när fjällsätervistelsen blev för kort. Reinton menade därför att hemsätrarna tillkommit under klimatförsämringen i århundradet före Kristi födelse. Hemsätrarna är således, enligt Reinton, yngre än långsätrarna (Reinton 1955:77). Av skriftliga källor, bl a ett brev från år 1340, framgår att flersätersystemet förekom redan före digerdöden (Reinton 1955:51ff). I Sverige är sätrar belagda från värmländskt område från vikingatid och redan vid denna tid finns i den efterlämnade bebyggelsen spår av två olika betesorganisationer på sätrarna, en gemensam och en där varje gård har sin egen vallare (Svensson 1998).

Arbetet på sätern

På sätern arbetade både kvinnor och män, men kvinnorna ansågs vara de viktigaste eftersom det var deras uppgift att sköta djuren och ta hand om mjölken. Vallare har i historisk tid mest varit barn och ungdomar men när förhållandena var svårare övertogs arbetet av vuxna män. Vallarens uppgift har varit att leda djuren till bete och vakta dem mot rovdjur.

Säterkullan

Den viktigaste personen på den historiska sätern var en kvinna, kallad säterkulla eller fäbodjänta, på norska *budeia*. Hon mjölkade, skötte djuren och tog hand om mjölken. Bönderna räknade säterbruket som den kanske viktigaste ekonomiska faktorn i gårdshushållet och därför hade man helst bondhustrurna som säterkullor. Det förekom också att det var en av de äldre döttrarna i familjen men vanligt var också att en kvinna anställdes för detta arbete (Reinton 1955:298). Ibland var säterkullan ensam på sätern med djuren men ofta hade hon en vallare med sig. Detta var särskilt fallet när får och getter var med på sätern (Reinton 1955:283ff).

Reinton räknar med ett normalfall där en kulla kunde ha hand om 18–20 kor eller om de bara hade getter, 20–25 djur (Reinton 1955:333). I Gudbrandsdalen hade en säterkulla hand om 7–15 kor på sätrar utan får och getter. När det fanns både stor- och smådjur hade en kulla hand om ca 9 kor och 18 getter. I Valdres hade en kulla hand om 7–9 kor eller vid blandad djurhållning, 6–7 kor och 10–15 getter (Reinton 1955:320f). På norska Vestlandet hade en gård om fem kor eller fler egen säterkulla (Reinton 1955:207). Det var mycket vanligt att flera gårdar hade sina sätrar på samma ställe. Flera kullor kunde då samarbeta om djurhållet. Ibland kunde också flera djurägare vid samma säter gå ihop om en säterkulla som då framställde mejeriprodukter separat av de enskilda ägarnas mjölk (Reinton 1955:330).

I Sverige försiggick vallningen i skogsmark och alltför stora hjordar kunde inte hållas samlade. Det var vanligt att de olika gårdarna hade var sina vallare och var sina byggnader på fäbodvallen. Det förekom likaså att flera gårdar gick ihop i ett fäbodlag och anställde en fäbodjänta som med hjälp av en liten pojke kunde ta sig an ett 20-tal kor. Kvinnan skötte mjölkberedningen och pojken vallningen. Med ytterligare en pojke till sin hjälp kunde en bodjänta hinna med att ta rätt på mjölk efter 40–50 kor (Szabó 1970:203).

Det vanliga var att djuren fördes till sätern för mjölkning och att de mjölkades ute på sätervallen. Äldre källor visar att man i början av 1800-talet och tidigare ofta mjölkade såväl kor som getter tre gånger per dag. Då gick man på de flesta ställen ut i betesmarken och mjölkade djuren vid middagsmjölkningen. Vid mjölkplatsen kunde finnas en liten bod att ha smör, ost och mese i men det vanliga var att mjölken bars hem till sätern och förädlades där (Reinton 1955:302).

Korna på sätern mjölkades två gånger om dagen liksom i senare tid får och getter. Sysslan föll huvudsakligen på säterkullan (Reinton 1955:299). Lammen förseddes med dihinder eller skildes från tackorna. På vissa ställen mjölkades fåren endast en gång per dag och lammen fick vara hos tackorna och dia under natten (Reinton 1955:170f).

De tre viktigaste produkterna som framställdes av mjölken på sätrarna var smör, ost och mesprodukter [no. *prim*] (Eles 1975). Framställningen av dessa var säterkullans viktigaste arbete. Mjölken silades upp i tråg och fick stå i mjölkboden någon dag för att gräddsättningen skulle bli fullständig. Grädden kärnades till smör. Ofta räckte inte en dags grädde att kärna av utan man sparade grädden och kärnade en gång i veckan. Skummjölken ystades varvid mjölken vanligen löptes med naturell kalvlöpe. Nästa steg i arbetet var hopkokning av vasslan efter ystningen till messmör eller mesost. Detta innebar varje dag många timmars eldande och rörande innan vätskan var tillräckligt indunstad (Eles 1975:248). I Sør-Trøndelag räknade man med en vedåtgång på 1,2 m^2 per ko och sätersäsong. För fem mjölkgetter behövdes lika mycket ved som för en mjölkko (Reinton 1955:250). I hela denna process var det bara restprodukten vid kärningen, kärnmjölken som inte blev helt utnyttjad. Den gavs som kalvfoder, användes som dryck eller grötväta och en del blandades in i vasslan (Eles 1975:248). Från år 1852 finns uppgifter rörande genomsnittlig avkastning från en ko under en sätertid på 12 veckor i Gudbrandsdalen, Hallingdal och Telemark. Man räknade med att en ko som kalvat på våren gav 18 kg av vardera smör, ost och mesprodukter (Reinton 1955:196). År 1890 räknade man med att en get under en sätervistelse på 90 till 100 dagar gav 1 våg ost motsvarande 18 kg, fördelat på 9 kg brunost och 9 kg vit ost. Bra getter kunde ge 22 kg totalt (Reinton 1955:202).

Vallaren

Den andra gruppen människor som arbetade med djuren på sätern var vallarna [no. *geitare*]. Dessa förde djuren i bete, såg till så de höll sig i de områden som hörde till sätern och inom de områden som skulle betas. Vallkullan eller vallaren skulle leda djuren till bästa betet och hålla samman hjorden så de ej sprang hullet av sig i sökandet efter bättre bete (Montelius 1977:36). Vallaren skulle också hålla djuren borta från sätervallen och andra slåttervallar. Vidare skulle vallaren skydda djuren från rovdjur och insekter samt föra dem fram och tillbaka till sätern för mjölkning. Vallaren låg ibland vakt hos djuren om natten och fick hjälpa till på sätern med mjölkning och kärning, bära vatten och ved, sprida gödsel och liknande (Reinton 1955:383ff).

Mest användes barn och ungdomar, både pojkar och flickor, till vallare i Norge. Vanligen var de 10–15 år gamla men det kunde vara barn ner till sju års ålder (Reinton 1955:385). I tidigmedeltid var det vanligt med vuxna män som vallare. Detta omtalas t ex i Egil Skallagrims saga (Reinton 1955:383ff). Särskilt när småfä vallades i stora flockar var det vanligt med vuxna män som herdar. På Island vallades får ute såväl sommar som vinter. Sommarvallningen sköttes av ungdomar men den mera krävande vintervallningen sköttes av vuxna. I Norge hade vallarna med sig matsäck och återvände till sätern morgon och kväll. Någon matlagning ute i betesmarkerna förekom således ej (Reinton 1955:412).

I Oppedal före år 1800 lejdes herdar som vaktade 600–700 får var och som flyttade från läger till läger. Herdarna hade då små stenhyddor att övernatta i (Reinton 1955:346). I Simadalen ägde 19 man ca 400 får. Man slog sig ihop och lejde en vallare. Vid Langevatn satte man upp en vallarebod. Boden kallades Langevassbua och var "i likhet med andre gjeterbuer bygget på en topp, for at gjeteren derfra kunde holde utkik med smalen [här = fåren]" (Reinton 1955:172)

Rovdjur

De värsta rovdjuren var björn och varg, följt av lo och järv och i mindre mån räv och örn. Björnen räknades generellt för den största tamdjursdråparen (Reinton 1955:354). När rovdjuren var som vanligast hade man på flera ställen en vuxen man att vakta djuren om natten inne på sätervallen, i de fall där ladugård saknades (Reinton 1955:357). Att rovdjursfaran var ett reellt hot mot betesdjuren visar siffror från Leksand. Under tjugoårsperioden 1834–53 revs 410 kor, 135 kvigor, 35 oxar, 14 hästar och åtta fålar av rovdjur (Montelius 1977:36). Från 1500-talet finns uppgifter om att man gjorde upp flera eldar och drev kreaturen in mellan dem som skydd mot varg (Reinton 1955:359). Att göra upp eld var också ett välkänt

Fig 61. Timrad inhägnad mot rovdjuren. Lesje, Gudbramsdalen. Nu på Sandvigske Samlinger i Lillehammer, Norge. Efter Reinton 1955:362.
Timber fence to keep out wild animals. Lesje, Gudbramsdalen. Now at Sandvigske Samlinger in Lillehammer, Norway.

sätt att skydda sig mot björn. På grund av rovdjuren byggdes särskilt starka inhägnader för djuren av sten eller timmer (fig 61). På flera ställen fanns små vallarhus som kunde flyttas när inhägnaderna (no. *grinder*) flyttades. Ett exempel är ett s k *grindhus* [no.] från Øvre Telemark från 1785. Detta var stort nog för en person att ligga i och det hade medar så att det kunde flyttas (Reinton 1955:362).

Vallaren tillverkade ibland rangel av vidjor och järnskrot, använda till att skrämma bort rovdjur. Man blåste också i näverlurar, bockhorn och flöjter för att skrämma rovdjur, meddela sig med varandra samt locka på eller lugna tamdjuren (Reinton 1955:366ff).

På sätrarna fanns ibland hundar som först och främst skulle värna boskapen mot rovdjur. Den norska buhunden t ex följde, enligt en uppteckning från år 1753, kreaturen på fjället, drev samman dem och höll vakt när rovdjuren fanns i närheten. Hunden försågs ofta med ett pigghalsband som skydd mot vargen (Reinton 1955:373ff).

Sätervallen

Reinton menar att terrängläget på sätrarna antyder att de anlagts med tanke på slåttern (Reinton 1957:59). I anslutning till själva säterbyggnaderna finns mycket ofta en slåttervall, sätervallen, där hö skördats. Höet har ibland använts på sätern och ibland fraktats till hemgården. Slåttervallen var oftast inhägnad, och kunde omges av en stenmur, ett risgärde eller en hägnad som var en blandning av ris och sten (Reinton 1957:45). Vid hemmansklyvningen som tog fart i Norge på 1600-talet, skiftades inmarken och mycket ofta också sätervallen. Betet däremot fortsatte att vara samägt (Reinton 1957:7ff). I Värmland var sätervallen oftast skiftad mellan de enskilda delägarna redan före storskiftet (Eles 1975:244).

Att sätervallen gödslades var viktigt. Ibland fanns flyttbara hagar på sätervallen där djuren hölls instängda om nätterna. Hagarna flyttades systematiskt runt så hela vallen blev gödslad. Ibland fanns flera fasta hagar på vallen där djuren växelvis fick vara (Reinton 1957:47ff, Eles 1975:243f).

För att samla och värma kreatur och vallare tidiga, kalla vårkvällar och -nätter gjorde man upp eld vid sätern, på norska kallad *buelden*. Syftet var även att hålla ihop djuren och att vänja dem vid att söka sig till sätern när de skulle mjölkas. Buelden gjordes upp första dagen på sätern och många magiska föreställningar var kopplade till den (Reinton 1955:273).

Säterns byggnader

Sätervallens byggnader var enkla. Stuga, fähus och lada var standarduppsättningen. Vanligtvis fanns en sådan uppsättning för varje skifte som vallen var uppdelad i (i Sverige). Om så behövdes för att rymma höskörden från skiftet fanns flera lador. Kokhus var vanliga norrut i det svenska fäbodområdet

(Eles 1975:243). "Den primitivaste bostadstypen inom kärnområdet för det svenska fäbodbruket, är eldhuset. Det är en timrad enrumsbyggnad med gavelsvaleingång, väggfasta britsar, en öppen härd mitt i rummet och rököppning vid takåsen" (Eles 1975). Bostadshuset på sätern kallas annars säterboden ("bua") och är vanligen tvårummig. Den består av ett större rum där spisen finns, där mjölken bereds och där säterkullan sover och ett mindre, inre rum, där mjölken och dess produkter förvaras. Fähuset låg ofta vid vallens utkant, i direkt anslutning till dess omgivande stängsel, så att ena gaveln vette ut mot skogen och den andra in mot vallen. Dörr fanns då i vardera gaveln (Eles 1975:243).

Vinterfodret

Som tidigare nämnts var det vinterfodret som satte gränser för hur många djur man kunde ha. Förutom höet från sätervallen fanns små ängar kallade slogar [no. *utslått*] som låg spridda runt om i betesmarkerna. Dessa betraktades ofta som gårdens enskilda egendom medan skogsmarkerna fortfarande var allmänningsmark, långt innan de skiftats (Eles 1977:232, Montelius 1977:46). Ibland fanns särskilda små hus vid slogarna och ibland hade de eldstad (Reinton 1957:130). Det förekom även tillfälliga kojor av kvistar och löv vid slåtterplatsen. Det hände också att slåtterfolket övernattade under ett klippöverhäng eller under en stor sten. Ibland sov man under bar himmel och gjorde upp eld (Reinton 1957:133ff).

Slogarna gödslades inte eftersom de låg för långt bort. Det vanligaste var att dessa slogs vart annat år eller ändå mera sällan. Höet från slogarna lades i lador intill slåttermarken, sattes i stackar, vintersåtar eller vinterhässjor för att köras hem under vinterföre, ofta mellan jul och nyår. Vid sidan av hö var ris, kvistar och löv det viktigaste fodret från utmarkerna (Reinton 1957:143ff).

Betesmarken

Betesmarken som hörde till varje säterlag hade sina fasta gränser som oftast inte var utstakade utan endast kända av säterlagen. Gränserna anslöt till olika naturformationer (Reinton 1955:346). Det stora betesområdet som tillhörde en säter blev ofta indelat i mindre betesområden i Norge kallade bland annat *beiteryfter, løyte, gjaesler, reksler, råk, beite*. I Sverige kallades de ibland gässlor. Olika betesmarker användes olika tider på sommaren. På vissa ställen betade djuren längst bort från sätern tidigast på sommaren och kom sedan närmare. Gässlorna betades också olika tider på dagen och ofta hade de namn efter den tid på dagen då betet blev använt, t ex middagsbetet. Det fanns ofta en av tradition bestämd ordning för hur de olika gässlorna betades. Man kom tillbaka till den först betade gässlan först efter några dagar, ibland upp till fem eller sex. I Valdres hade man tre reksler till varje säter. Man betade en reksla per dag i fast följd. Vid Sjøsaeter i Sødra Gudbrandsdalen hade man sju råk och varje hade sitt särskilda lockställe där man lockade på djuren. I säterlag där det var samägo och sambete, betade djuren från de enskilda säterbolen i vissa gässlor i betesområdet enligt fasta regler. Vissa dagar i veckan hade t ex djuren från en viss gård tillgång till särskilt eftertraktad betesmark. Det finns också exempel på att betesmarkerna varit uppdelade mellan skilda brukare (Reinton 1955:346ff).

När djuren gick i bete hela dagen måste de vila i betesmarken. De lade sig på ett ställe och idisslade. Vallarna gav dem salt för att de skulle hålla sig stilla där. Korna fick till vana att komma till samma viloställe år från år. Marken blev upptrampad och gödslad. Mitt på var gärna en eldstad. Där gjorde vallarna upp eld, lade på granbarr och mossa så att det rök mycket. På så sätt blev korna kvitt broms och andra flygfä och lade sig lugnt att idissla en stund. Vallaren tog sig också en lur. Till gården Långerak hörde åtta sådana viloplatser (Reinton 1955:350 f). Från Leksands socken beskrivs också sådana viloplatser, kallade "standsta", "standmor", "standhol". Mitt på dagen gjorde kullan upp eld, "lade lite fuktig mossa på den uppflammande brasan, och i skydd av röken fick korna vila och idissla" (Montelius 1977:39). Ytterligare ett exempel på samma fenomen finns från Klarälvsdalen i Värmland. Här var betesmarken indelad i bestämda områden, som man växlade mellan allt efter som de blev avbetade. Mitt på dagen vilade kreatur och getare någon timme på en "ståerås" där man ofta gjorde en rökeld för att skydda djuren mot insekter (Eles 1975: 246). Från samiskt område är bruket att göra upp rökeldar för att freda renarna från insekter känt (Fjellström 1986:163) (fig 62).

Fig 62. Rökeldsanordning, souvas; under rykande torv och ris en eldhärd av tre radiellt lagda stockar, som under förbränningen kan skjutas samman. Efter Ruong 1982:91. *Smoke hearth, souvas: beneath the smoldering turf and branches is a hearth constructed of three logs, placed radially, which can be pushed together during burning.*

Flygfän skapade oro bland djuren och fick dem att magra, något som minskade mjölkproduktionen. Fäbromsen skadade också hudarna. Kreaturen skyr bromsen genom att skena. Bromsarna är särskilt aktiva varma stilla sommardagar. Djuren springer in i skuggan och till platser nära vatten, där flygfäna är mindre plågsamma och där de blir stående. Sådana platser som var fredade från flygfä kallades på norska ”*skinstøe*”. Det var mycket viktigt att ha sådana inom betesmarken och om de orättmätigt hägnades in resulterade det i rättssak (Reinton 1955:379f). Insekterna var en av anledningarna till att ladugårdar byggdes på säträrna. På många ställen fick djuren vistas inne i ladugården mitt på dagen när insektsplågan var som värst. Insekterna var en viktig anledning till att djuren ledsagades av vallare (Reinton 1955:380f).

Sammanfattande kommentarer

Ett syfte med att så ingående beskriva fäbodväsendet är att peka på den mångfald av lösningar som ryms inom ett system för markutnyttjande som bygger på samma principer i ett begränsat geografiskt område, i det här fallet att det funnits flera ekologiska nischer att utnyttja för betesdrift och foderinsamling. Fäbodväsendets huvudmål har varit att omvandla sommarens överflöd av foder till hållbara mejeriprodukter. Som vi sett blir sätern under sätersvistelsen den fasta punkt som djurhållningen kretsar kring och den övertar i så måtto hemgårdens roll. Bebyggelsen på sätern liknar den på hemgården, men allt är i mindre skala och de funktioner som är företrädda har samband med husdjurshållningen och dess behov. På sätern har människor övernattat, oftast är det här man har mjölkat och framställt mejeriprodukterna smör, ost och mese. Djuren har oftast övernattat utomhus, på sätervallen. Samma gård har ofta haft flera fäbodar, vilka ingått i intrikata system för markutnyttjande där hemgården och de olika säträrna ingått. Den exakta funktionen för säträrna har också varierat, med olika grader av bete respektive slåtter. Kvinnorna var de viktigaste personerna på fäbodarna där de tog hand om kreaturen och mejeriproduktionen. Män kunde delta i fäbodlivet som vallare, särskilt när det fanns mycket rovdjur. Även barn och ungdomar av båda könen kunde vara vallare. Betesmarkerna var indelade i mindre områden som avbetades systematiskt enligt ett bestämt schema. Inom varje sådant mindre område fanns fasta platser där djur och vallare vilat middag och där man gjort upp eld för att jaga bort flygfän. I betesmarkerna fanns också platser dit djuren gärna sökte sig och där insektsplågan var mindre intensiv. Även här kunde man göra upp rökeldar för att hålla insekterna på avstånd. Det har också funnits platser som i funktion liknat sätrar men där byggnader saknats. Ibland har här funnits inhägnader som skydd åt djuren, ibland en liten koja åt vallaren. På dessa platser har man mjölkat och det förekommer att man också förädlat mjölken på samma sätt som på sätern.

BETESDRIFT I DE SÖDRA BYLANDSKAPEN I SVERIGE

Etnologen Mátyás Szabó har givit en utförlig beskrivning av betesorganisationens olika utformning och särskilt då med herdeväsendet i fokus (Szabó 1970). Szabós beskrivning behandlar skandinaviskt område, liksom Mellaneuropa (här avses det historiska Tyskland) med fokus på tidsperioden 1700- och 1800-tal, före skiftenas införande. Det system som praktiserades i de södra bylandskapen uppvisar stora likheter med den kontinentala betesorganisationen i Danmark och det historiska Tyskland (Szabó 1970).

För svensk betesdrift söder om fäbodgränsen är detta den mest heltäckande beskrivningen och jag har använt den som huvudkälla. Szabós källor är etnologiska och historiska, något som innebär att framställningen ofta saknar mera ingående beskrivningar av arbetsmoment och den har heller inte någon speciell inriktning mot bruk och sedvänjor som kan avsätta fysiska spår.

Det finns många likheter mellan betesdriften i de södra bylandskapen och områdena norr om fäbodgränsen. En grundläggande skillnad är dock att betesdriften i norr utgått från fäboden medan den i söder utgått från hembyn. I historisk tid har vallarna återvänt till byn om kvällarna, övernattat här och återvänt till betesmarkerna nästa morgon. Mjölkning och omhändertagande av mjölken har då skett vid hemgården – hanteringen av mjölk under betessäsongen har alltså inte ingått i någon särskild arbetsorganisation. Detta har medfört att betets organisation har varit mindre komplicerad än i norr. En annan skillnad är att i de södra bylandskapen var herdeyrket specialiserat på djurarter och herdens förhållande till arbetsgivaren var rättsligt fixerat (Szabó 1970:195). I norr var betesdriftens centrala personer kvinnor medan de i söder varit män. I denna beskrivning av betesdriften i de södra bylandskapen har jag valt att mer ingående beskriva de punkter där de två betesorganisationerna skiljer sig åt.

Hinderdon och tjudring

Vallgång kan ske med vallhjon eller med mekaniska hjälpmedel. Bland de mekaniska hjälpmedlen finns en mängd olika typer av hinderdon, vilka har till syfte att begränsa djurens rörlighet så att de kan beta utan tillsyn. Vanligt var t ex att man band ihop frambenen på djuren (Szabó 1970:118ff). Inom fäbodområdet saknades nästan helt hinderdon för nötboskap, dels på grund av de rikliga fäbodbetena, dels därför att dessa redskap inte passade i samband med skogsbete (Szabó 1970:172). Det sista kan vara något att ta med i beräkningen när man funderar över förhistoriska betesstrategier.

För att begränsa djurens rörlighet kunde man också låta dem beta tjudrade, främst på inägomarken. Tjuderpålen fick flyttas 4–5 gånger per dag. Tjudring för bete har varit vanligt i Skandinavien och här haft en betydligt större omfattning än på kontinenten (Szabó 1970:113f).

En annan typ av vallgång utan vallare är hästhållningen som den bedrivits på Island och runt om i Norden. Hästarna, som är flockdjur, har fått ströva fritt inom stora områden. De har infångats antingen när de behövts som arbetskraft eller när de skulle tränas som riddjur. I de isländska sagorna beskrivs en sådan hästhållning, där hjorden bestått av ston, föl och en särskilt utvald hingst (Sundkvist 2001)

Valldriftens organisation

I Sydsverige varade betessäsongen från 1 maj till Mikaeli i början av oktober och man räknade allmänt med fem månaders betesgång så länge herdeinstitutionen existerade, till skillnad mot fäbodområdet där det vanliga var tre månaders betesgång. Oxar och ungboskap var dock ofta på bete ända fram till jul (Szabó 1970:219f).

Inom de södra bylandskapen har man oftast haft gemensam betesgång för byn under den tid när utmarkerna ännu var oskiftade. Gemensam betesgång kräver bland annat att djuren är märkta. Det kräver också att betesrätten för varje gård är noga reglerad. Betesrätten kunde beräknas enligt två system; antingen grundades den på vars och ens andel av inägomarken, eller också grundades den på det antal djur en gård kunde föda med eget foder under vintern. Det kan nämnas att från historisk tid upptogs hela 80% av byordningarna av regler kring betet. Det finns också områden i Sverige där byarna varit större men där varje gård ordnat med sin egen betesgång (Szabó 1970:14ff).

När vallningen löstes gemensamt släpptes de märkta djuren från flera gårdar ihop i en hjord. Vallningen kunde organiseras genom turgång bland djurens ägare, som då vaktade djuren i bestämd ordning. Den kunde också organiseras genom att en eller flera herdar anställdes. Norr om fäbodgränsen fanns sålunda storbyar med gemensamt ordnad betesgång och i de forna danska provinserna fanns yrkesherdar (Szabó 1970:178f).

Herden och hans arbete

Det äldsta skriftliga källmaterialet i Norden där betesdriften berörs, är de norska och isländska sagorna som är nedskrivna på 1200-talet men rör tidigare århundraden. Här omtalas herden som en träl, en vuxen man. Även i de äldsta svenska landskapslagarna står det att herden kunde vara en träl men vanligen omnämns han som en myndig person som kunde bötfällas. Ingenstans nämns kvinnor och barn som herdar (Myrdal 1999). Tidiga beskrivningar av vallning finns i ett par mirakelberättelser från senmedeltid. Under senmedeltid skedde en gradvis övergång från vuxna män som herdar till barn och kvinnor (Myrdal 1999:132ff). I Syd- och Mellaneuropa kan, från 1500-talet till 1800-talets slut, påvisas en vallningsorganisation bestående av pojkar i åldrarna 10–12 år. I slutet av 1600-talet och under 1700-talet kom föreskrifter om att kvinnliga vallhjon skulle användas istället för manliga. Källorna visar att bönderna ville ha tillbaka det gamla bruket med vallpojkar eftersom flickorna inte kunde försvara betesdjuren mot vargen (Szabó 1970:186). I Danmark fanns en vallningsorganisation av 12–17 år gamla pojkar. Detta hänger samman med byherdeinstitutionens upplösning efter skiftet när vallningen blev gårdarnas enskilda angelägenhet (Szabó 1970:187). De anställda pojkarna kom ofta från fattiga familjer. Det är värt att notera att vallbarnens plötsliga uppdykande i Mellaneuropa hänger samman med en övergång från halvextensiv beteskultur till stallskötsel (Szabó 1970:234).

Det finns exempel från Sydsverige där såväl män, kvinnor, flickor och pojkar varit vallare (fig 63). Ibland vallade flickorna på inägorna och männen i utmarken (Szabó 1970:94). Från fäbodområdet beskrivs rovdjuren som ett av de största hoten mot betesdjuren. Även i de södra landskapen och på kontinenten har rovdjuren tidigare varit ett hot mot betesdjuren. Det är därför inte ovanligt att män vallade djuren även när organisationen med manlig herde hade upphört. I Ydre i Östergötland var det en äldre erfaren man eller en djärv yngling som var gårdsherde fram till 1860-talet just på grund av vargfaran (Szabó 1970:94).

Szabó framhåller att vallorganisationen i Skåne och Danmark var klart kontinental. Byherdeinstitutionen tillkom på 1200-talet på kontinenten och herden har varit en vuxen man (Szabó 1970:101). Olika djurarter har skilda betesbehov och betesbeteende, något som gör att vissa arter betar mindre bra ihop, varför man ibland åtskilt djur av olika ålder och kön och de vallats av olika, specialiserade herdar. I iriska källor från mitten av 600-talet möter oss redan en sådan uppdelning där skilda djurarter har sina egna herdar, liksom i kontinentala källor från 700-talet (Hoff 1997:217f). Ett senare exempel är den lilla staden Grafenrehnfeld i Unterfranken, Tyskland där det år 1605 fanns åtta herdar: en koherde, en svinherde, en fölherde, två nattherdar för arbetsdjurens betesgång, två gåsherdar samt en ollonherde för svinen under ollonperioden (Szabó 1970:241). Linné berättar från sin skånska resa att det på Lundaslätten fanns herdar ”för vardera slaget av kreatur”. Han beskrev den betesdrift han såg: ”Hyrar eller herdar gingo här med fänaden och hade merendels en sadlad häst, som gick i bet bland korna, på vilken herdarna redo och körde boskapen tillsammans, att de ej skulle skingras, då de blevo jagade av styngen” (Szabó 1970:196 och där anförd litteratur).

Herdens arbete

Djuren åtföljdes i betesmarken av en eller flera herdar. Herdens uppgift var att försvara djuren mot rovdjur och tjuvar samt att se till att djuren fick att äta och dricka. På kontinenten fungerade herden som ett slags tidig veterinär och det var han som kastrerade handjuren. Under betesgång flådde herden döda djur samma dag de dog (Szabó 1970:259ff).

Hjordarnas storlek var bland annat beroende av typen av betesmark. Från kontinenten finns exempel på byherdar som

Fig 63. Vallgosse på Omberg. J. A. Winqvist 1841. Foto Nationalmuseum, Stockholm. *Shepherd boy at Omberg, Östergötland.*

ensamma följde och vaktade upp till 200 djur. Det finns också exempel på att ett dussin betesdjur ansågs tillfyllest (Szabó 1970).

En betesdag varade från soluppgång till solnedgång. Under dagen vallades djuren i bete. På kvällen återvände herden med djuren till hembyn där djuren mjölkades kväll och morgon, varefter en ny betesdag tog vid. På sina ställen bedrevs också nattbete. Särskilt gällde detta för hästar och hästherdar. När djuren betade i skogsmark kunde man ej hålla alltför stora hjordar, varför byarna generellt sett ej hade gemensam herde i sådana fall (Szabó 1970).

En metodisk betescirkulation har förekommit hela landet. Det gällde att med jämna mellanrum byta partier och begagna nya delar i allmänningen för att därigenom ge möjlighet för vegetationen att återhämta sig (Szabó 1970:106). På Lüneburger Heide finns ett beteskretslopp dokumenterat. Man kom gång på gång tillbaka till samma ställe. I hela Skandinavien har bromsen varit en plåga för djuren. En uppteckning från 1500-talet berättar om hur herdarna upptänder rykande bål av tjärhaltig fur för att fördriva insekterna.

Det vanliga var att herden varje dag fick med sig matsäck med dagens matranson. På kvällen kunde han bespisas av djurägarna enligt turordningsprincipen. I Mellaneuropa förekom det att herden vistades veckotal ute i betesmarkerna. Då kunde det ingå i lönen att han fick ta mjölken av något av de djur han vaktade och det förekom att djurägarna bar ut mat åt honom. I Szabós undersökningsområde har det knappast förekommit att herdar själva lagat mat ute i betesmarkerna under de senaste århundradena (Szabó 1970:277).

Vanligen återvände herden till byn på kvällen och tillbringade natten där. De privata herdarna var inhysta på den gård där de arbetade. Byherden bodde i samfällighetens speciella herdehus. Rätten att bo där ingick i lönen och de flesta samfälligheter ägde mer än ett herdehus. Herdehusen låg perifert i byn, bland daglönarhusen (Szabó 1970:278).

Herdens utrustning

Till herdens utrustning hörde enligt de svenska landskapslagarna stav, hatt och kappa (Myrdal 1999:132ff). "Från tidig medeltid är herdarna utrustade med särskiljande kläder och utrustning, främst stora kapuschonger som skyddade mot väder och vind. Senmedeltida bildframställningar visar mer varierade klädsel, med en del herdar klädda som vanliga bönder (Myrdal 1999:134).

Endast från Norge är det känt att herden i äldre tider hade effektiva stickvapen (Szabó 1970). I Mellaneuropa var det karaktäristiska herdevapnet under medeltiden herdeklubban. Herdeklubban var ett kastvapen med ena änden förtjockad. En specialversion var den krokiga herdestaven eller fårstaven. Herden använde, liksom i fäbodområdet, de två larminstrumenten lur och horn. Det äldsta kända vallhornet i Norden är från Visnum i Värmland och dateras till tiden mellan brons- och järnålder. Herden kunde också ha en ringstav för att driva boskapen genom oväsen (Szabó 1970:286ff). Reinton antar att de rangel har hittats i gravar från yngre järnåldern är föregångare till ringstavar (Reinton 1955:366f). Vallarnas utrustning bars i en särskild läderväska som "förutom den dagliga maten innehöll eldredskap och de små verktyg som vallhjonet använde vid sitt arbete under vallgången" (Szabó 1970:299).

Hunden

Vallhunden var den vuxne herdens följeslagare. Vallhundens uppgift var först och främst att skydda tamdjuren mot rovdjur men även att hålla betesdjuren samlade (Szabo 1970:278). I norskt fäbodväsen förekommer vallhundar endast sporadiskt under senare århundraden trots de många rovdjuren. I landskapslagarna tillmättes vallhunden högre värde än gårdshunden, men lägre än knähunden. Reinton menar, med hänvisning till Magnus Lagabötes landslag från år 1274, att hundens användning varit större under medeltiden än senare (Reinton 1955:351). Szabó anser att man i Skandinavien kan räkna med en särskild vallhund redan från bronsålder (Szabó 1970:281). På kontinenten omtalas vallhunden redan i de äldsta germanska folklagarna från 500-talet e Kr. Vallhundarna kunde ha tagghalsband som skydd mot rovdjur. Det äldsta kända tagghalsbandet från nordiskt område kommer från en av gravarna i Valsgärde från slutet av vikingatid (Szabó 1970:283ff).

Byarnas betesmarker

I Mellaneuropa liksom i Sverige fanns i historisk tid skilda typer av bete, dels på allmänningar och dels på inägomark. Inägomarkens bete reglerades noga i landskapslagarna och omfattade ängen, trädan och stubbåkern. Ängen betades under förutsättning att man inte skördade återväxten. På trädesåkrarna fanns ett näringsrikt bete som djuren fick tillgång till vid midsommar och även på stubbåkern var betet eftertraktat. Vid bete på inmarken följde en herde ofta med. Hans uppgift var då framför allt att hindra djuren från att komma åt grödan (Hoff 1997:219, Szabó 1970:97).

Under 1800-talets lopp utbredde sig beteshagsystemet. På Island fanns inhägnade betesfållor på ängen i vintergårdens närhet redan i tidigmedeltid. Det fornsvenska ordet "hoghi" talar enligt Szabó för att det redan tidigt funnits hagar också i Sverige (Szabó 1970:74).

Bland djuren kan man urskilja tre grupper med skilda betesbehov; mjölkdjur, arbetsdjur och ungdjur (Szabó 1970:86f). Enligt Szabó betade mjölkdjuren så nära gården som möjligt, därnäst arbetsdjur i oregelbunden användning. Längst bort betade ungboskap och får. Fårbetet var i regel på allmänningen. I Östsverige var en del av allmänningen avsatt för småfä – den s k svinvallen. På äldre kartor ser man ofta att även kalvbeten legat nära gårdarna. De skilda djurarternas naturliga beteendemönster och deras betespreferenser styr vilken typ av betesmark som är bäst lämpad för olika djur, vilka djur som kan beta tillsammans och vilka som kan beta efter varandra. Häst och ko betar t ex inte gärna efter får. Får och get kan beta tillsammans eftersom de har skilda preferenser samt kompletterar varandra var gäller beteende i en hjord. Mjölkkorna fick beta på allmänningarna och stubbåkrarna före andra djur. Därefter fick fåren beta de tussar som fanns kvar. Fåren betade annars mest långt från bebyggelse, ofta på mindervärdig, stenig och sandig, icke odlingsbar mark. Fårbetet var länge oskiftat. Samma sak gällde för svinbetet utom ollonskogarna (Szabó 1970:86ff).

De mera komplexa betesorganisationerna gällde framför allt betet på utmarken och allmänningarna. Så länge utmarkerna var oskiftade hade man gemensam betesgång. Boskapsskötsel kunde endast bedrivas som huvudnäring i trakter med vidsträckta betesallmänningar vilka ständigt låg för fäfot. Här samlades djur från flera byar. Laga skiftet satte punkt för utmarkernas gemensamma nyttjande såväl i Sverige som på kontinenten (Szabó 1970:72ff).

Samlingsplatser för djuren i betesmarkerna

Betessystemen kännetecknas under medeltid och nyare tid också av att det funnits vissa anordningar i betesmarkerna för betesdjurens instängning. Ett specialfall är de olika inhägnader som funnits nära byarna. Speciella fållor har t ex nyttjats i Skandinavien sedan medeltiden för att fördela kreatursspillningen jämt på odlingsmarkerna (Szabó 1970:61 och där anförd litteratur). Svinen betade under huvuddelen av året på en, oftast fuktig, del av allmänningen som kallades svinvallen och var belägen nära byn. De betade också på bygatan och nära gårdarna. För att skona markerna tillkom små inhägnader för svinen redan under 1400-talet (Szabó 1970:99).

Ute i betesmarken har funnits inhägnader som syftat till husdjurens skydd mot rovdjur, hårt väder och regn. De har varit platser där djuren kunnat samlas ihop under kontrollerade former i samband med t ex mjölkning, kastrering och märkning. De har också ibland tjänat som skyddade övernattningsplatser.

I Östeuropa har man till nyligen bevarat vindskydd bestående av ett par meter höga väggar av vass, som gav skydd åt djuren mot kalla vindar och som samtidigt fungerade som samlingsplats för djuren. I Mellaneuropa har sådana fållor använts för får och för svin på ollonbete. Även i de danska medeltidslagarna omtalas inhägnader för svin vilka inte legat ihop med övrig gårdsbebyggelse (Hoff 1997:63).

Från högmedeltida kontinentala utegångssystem beskrivs fållor bestående av fyra stolpar, flätade väggar och tak av halm. I Niedersachsen och Slesvig-Holstein använde man för fåren flyttbara flätade väggar, som kunde ställas upp på olika ställen efter behov. "Behovet av fårgödsel har tidigt framskapat en inhägnad av den lätta, flyttbara typen ...". Det har också funnits sådana fårskydd som haft flyttbara väggar. Mera substantiella skydd har utgjorts av t ex jordvallar, kända från Lüneburger Heide från 1800-talet. Skydden har fungerat som vindskydd och samlingsplats för djuren. Ofta drevs djuren till sådana platser om nätterna för att de skulle vara mera skyddade mot rovdjur. Det har också förekommit samlingsplatser för djuren där inhägnader saknats. Sådana platsers placering kunde vara angiven i betesförordningen. Även herden hade ibland en koja att övernatta i (Szabó 1970:93ff). Det vanligaste var emellertid att djuren fördes åter till hembyn om kvällen.

Sammanfattande kommentarer

Betesdriften i de södra bylandskapen har utgått från hembyarna och djuren har betat på allmänningsmark. Oftast har djuren återvänt till hembyn om kvällen. Mjölken och mjölkens omhändertagande har skett vid hemgården och ej varit integrerad i en separat organisation på samma sätt som i fäbodområdena. Här är det i stället själva betesdriften som varit föremål för en gemensam organisation. Djuren har förts i vall av en eller flera herdar, som under medeltid varit en vuxen man. Först i och med att man gått över från halvextensiv beteskultur till stallskötsel dyker vallbarn upp i Mellaneuropa.

Vallningsorganisationen i de södra bylandskapen har varit specialiserad. Olika djurarter och djur i skilda åldersgrupper och av olika kön kunde hållas åtskilda, åtföljda av var sin herde.

Herdarna hade under medeltiden dels en särskiljande klädsel, dels speciell utrustning. Här märks hornet, luren och ringstaven. Herdeklubbor var herdens kastvapen och en specialversion var den krokiga herdestaven. Till sin hjälp hade herden en hund.

Liksom i fäbodområdet var betesmarkerna ofta indelade i flera mindre områden där betet cirkulerade enligt ett fastställt schema. I betesmarken har funnits inhägnader som kunna skydda tamdjuren från rovdjur och dåligt väder. Dessa har ibland tjänat som övernattningsplatser och det förekom att herden hade en koja här. Det finns exempel på att inhägnaderna varit flyttbara, det finns också exempel på att de varit fasta och av mera beständigt material.

BETESORGANISATION I DEN MELLANSVENSKA SKOGSBYGDEN

Östergötland tillhör det område Szabó (1970) benämner den mellansvenska skogsbygden. Här har vallningen lösts enskilt, var gård ordnade sin egen vallning, antingen genom att gårdens folk vallade eller genom att någon person anställs för detta arbete. Szabós beskrivning av förhållanden här är ytterligt kortfattad och inflätad på olika ställen i beskrivningen av förhållandena i andra områden. Förutom den avvikande organisationen verkar det finnas stora likheter mellan det mellansvenska området och de södra bylandskapen.

Alltför stora hjordar kan ej hållas samlade i skogsmark och det privata betessystemet präglade främst skogsbygdernas ensamgårdar. En gård hade emellertid sällan så många djur att vallarnas arbetsförmåga utnyttjades helt, utan vallarna fick också andra arbetsuppgifter som kunde utföras under betesdagen.

Szabó menar att vallningen i hela Norden för 1000 år sedan skedde som i den mellansvenska skogsbygden, dvs med privata djurvaktare för varje gård. I lagtexten Lex Salica (ca 500 e Kr) omtalas lösgående betesdjur med respektive utan herde (Szabo 1970:186ff).

I de tidigaste germanska folklagarna skymtar fortfarande drag från en tid, när med herde menades en privatherde, som endast tjänade en herre. Hjordarnas storlek begränsades där till 12 betande djur (Szabó 1970:238).

MÖJLIGA ARKEOLOGISKA SPÅR AV BETESDRIFT

Utifrån tre skriftliga huvudkällor (Cribb 1991, Reinton 1955, 1957, 1961, Szabó 1970) har jag sammanställt beskrivningar av betesdrift i tre geografiskt skilda områden. Beskrivningarna kompletterar varandra, vad gäller tyngdpunkt i ämnesval och behandling av materialet. Genom att kombinera information från de olika undersökningarna framträder gemensamma drag och fenomen i betesdriften som borde vara möjliga att spåra arkeologiskt.

Betessystemens replipunkter

I alla de beskrivna betessystemen finns en central replipunkt, en plats varifrån betesdriften utgått. I de södra bylandskapen liksom i den mellansvenska skogsbygden har denna utgjorts av hemgården eller hembyn. I fäbodområdet har det varit sätern och i Främre Orienten nomadlägret. Platsernas funktion har varit liknande; människorna har övernattat här och till detta ändamål har det funnits hus, hyddor, tält eller liknande. Djuren har ofta tillbringat natten i anslutning till denna plats, i inhägnader eller i det fria och det har varit här man mjölkat djuren och vidareförädlat mjölken, kastrerat djur, klippt ull m m.

I en förhistorisk situation kan man tänka sig att hemgården fyllt alla dessa funktioner och att där dessutom finns spår av ytterligare funktioner som ej relateras till djuren eller djurhållningen. Djurhållningen skulle alltså i detta avseende mest ha liknat den i de sydliga bylandskapen och de mellansvenska skogsbygderna under medeltid och nyare tid. Man kan också tänka sig ett system liknande säterdrift, där det vid sidan av hemgårdarna finns platser med enkla specialutrustade byggnader, med funktioner enkom kopplade till betesdrift. Christopher Prescott (1993) har tolkat ett arkeologiskt material från yngre bronsålder och äldre järnålder från Sognefjord i Norge i termer av säterdrift. Tolkningen är starkt modellerad på historiskt säterbruk med dess mjölkhantering och arbetsfördelning mellan könen. Prescotts tolkning bygger på att man även i förhistorisk tid exploaterat de olika ekologiska nischer som skapas av de stora nivåskillnaderna i landskapet. Från norra Värmland finns indikationer på att säterdrift som fenomen här går tillbaka till vikingatid (Svensson 1998). Michael Olauson har föreslagit en tolkning som säter för en enstaka lokal i Södermanland, men diskuterar inga detaljer i markanvändningssystemet (Olausson 1995b).

Roger Cribb (1991) använder tre huvudaspekter som analytiska redskap för att förstå nomadernas materiella kultur, främst i själva nomadlägren. Den första aspekten berör i hur hög grad komponenter av den materiella kulturen finns permanent på en lokal som fasta installationer eller flyttas med från en plats till en annan. De viktigaste variablerna i detta hänseende är funktion, storlek och vikt. Den andra aspekten omfattar skalan från förgängligt till beständigt material, där föremål av förgängligt material antagligen kommer att förnyas kontinuerligt och sannolikt inte kommer att dyka upp som arkeologiskt material. Den tredje aspekten berör föremåls värde, där värdet mäts i termer av svårighet eller kostnad för att förvärva eller ersätta dem. Föremål med litet värde kommer antagligen att kastas och inte transporteras mellan olika platser. Om de är av beständigt material kommer de däremot att bli bevarade i en arkeologisk kontext. Med utgångspunkt i Cribbs modell samt Reintons, Szabós och Cribbs beskrivningar av skilda betessystem bedömer jag att förhistoriska spår på betesdriftens replipunkter skulle kunna innefatta några eller alla av följande:

Spår av fasta installationer

- Enkla hus, hyddor eller vindskydd som fungerat som skydd för människorna.
- Eldhärdar och kokgropar, spår av matlagning för människor (och djur?), spår av rökeldar åt djuren.
- Enstaka stolphål efter tjuderpålar, förvaringsbodar, torkställningar och liknande.
- Käpphål, stolphål eller liknande som utgör spår av inhägnader, vilka tjänat som skydd för husdjuren mot vilddjur och hårt väder.
- Trampade och uppgödslade ytor nära hyddor och härdar, spår av ytor där djuren vistats.
- Rester av stora förvaringskärl av keramik vilka lämnats kvar gång från gång som fasta installationer och ej förts fram och tillbaka.

Spår av mejeriproduktionen

- Keramik, fragment av kärl där några använts som mjölkfat, och några fungerat som förvaringskärl för mejeriprodukter.
- En stor härd, spår av den eld där man kokade eventuell mese.
- Primkitteln (vari mese kokades), hela eller delar av den. Här är den s k Vestlandkitteln en kandidat, liksom de stora järnkittlar som finns från vikingatid.

Annat

- Enkla bruksföremål med litet värde och av beständigt material, som t ex flinta- och kvartsavslag. Sannolikt kan man förvänta sig att dessa föremål är av allmän karaktär och inte specifika för betesdrift.

De spår jag beskrivit relaterar till flera olika faktorer – människornas behov av mat, vatten, värme och en sovplats, djurens behov av färskt bete och vatten, av att slippa besvärande insekter och av att skyddas från rovdjur samt av människans önskan att omvandla sommarens bete till hållbara mejeriprodukter och behovet av speciellt iordningställda och utrustade platser där detta kunde ske.

Betesmarkerna och de mindre replipunkterna

De flesta betessystem innebär att betesmarkerna delas in i passande stora områden och att betesdjur och vallare systematiskt växlar mellan dessa områden så att betets återväxt inte äventyras. Inom varje sådant mindre område verkar det ha funnits speciella viloplatser, där människor och djur vilat middag och ibland övernattat. Ofta har man gjort upp en eld här. Ett syfte härmed har varit att skapa rök som hållit besvärande insekter på avstånd. Det har också funnits andra speciella platser ute i betesmarkerna som varit uppskattade – det fanns platser där det fläktade och insekterna inte var så besvärliga och dit djuren gärna sökte sig. Även här kunde man göra upp eld för att skydda djuren från insekter. Från fäbodområdet finns uppteckningar om att vissa viloplatser angränsade till varandra så att vallare från skilda byar kunde träffas ibland vid middagsvilan.

Det finns också exempel på att vissa av de funktioner som funnits på hemgården eller sätern istället lokaliserats till en mindre replipunkt i betesmarken. Det förekommer att man byggt inhägnader där djuren fått övernatta. Dessa har fungerat som skydd från rovdjur och/eller dåligt väder. Hägnaderna har ibland varit flyttbara, ibland byggda av mera beständigt material. Ibland har här funnits någon enkel herdekoja i anslutning till inhägnaden.

Inhägnaderna har ibland fungerat som fasta mjölkningsplatser, men det finns också exempel på att sådana fasta mjölkningsplatser varit oinhägnade. Mjölken kunde antingen vidareförädlas på plats eller fraktas till hemgården/sätern för vidareförädling. I det första fallet har funnits en förvaringsbod för mjölk och mejeriprodukter och vidare bör finnas ordentliga spår av en eld – att koka mese tog många timmar.

I mathållningen på sentida sätrar ingick dels de mejeriprodukter man framställde, dels mat som färdigställts redan före avfärden till sätern. Herden fick i historisk tid med sig matsäck att förtäras under dagen – han återvände ju till hembyn om kvällen och fick sitt huvudmål där. Beroende på hur lång sammanhängande tid de förhistoriska vallarna tillbringat i betesmarken kan man tänka sig såväl att de lagat till viss mat, som att de ätit enbart matsäck.

Man kan emellertid inte utan vidare förutsätta att även förhistoriens betesdrift varit inriktad på mjölkproduktion. Från t ex Storbritannien finns exempel på skilda inriktningar hos äldre järnålderns djurhållning, där en inriktning varit enbart på köttproduktion (Hambledon 1999).

I ett betessystem där produktionsinriktningen varit kött och inte mjölk har vissa replipunkter sannolikt spelat en mindre roll eftersom man inte haft behov en plats med särskilda arrangemang som hänger samman med mjölkens hantering och vidareförädling. Om man tänker bort alla de anstalter som förandleds av mjölkhushållningen i ovanstående resonemang kommer det ändå att finnas sådant som borde ge upphov till arkeologiska spår. Människorna kommer att behöva sova och äta men behovet att återvända till en replipunkt för att mjölka eller bereda mejeriprodukter kommer då att saknas. Möjligheten till längre sammanhängande vistelser ute i betesmarkerna finns alltså. Djuren kommer fortfarande att behöva skyddas mot insekter och rovdjur. Betesmarken kommer fortfarande att behöva vara indelad i mindre områden för att befrämja gräsåterväxten och inom dessa kommer fortfarande att finnas behov av viloplatser m m. Det är dessutom tänkbart att dessa i högre grad används som övernattningsplatser. Dock måste påpekas att de arkeologiska spåren av betesdriftens replipunkter kommer att vara blygsamma och oftast ej längre synliga ovan mark.

Betesdriftens människor

Skriftliga källor och bildframställningar visar att det varit vuxna män som fungerat som herdar under medeltiden. Dessa har varit utrustade med särskiljande kläder och kunde också ha vallhorn eller lur samt herdestav och väska. Förhållandena i säterområdena känner vi inte. Kanske finns anledning att anta att kvinnor här spelat en framträdande roll, liksom i senare tid. Även barn och ungdomar av båda könen kunde längre fram i tid fungera som vallare. Vem som varit vallare i ett förhistoriskt betessystem bedömer jag vara extremt svårt att belägga arkeologiskt.

Endast några få arkeologiska fyndkategorier har diskuterats som direkta belägg på historisk betesdrift och vallgång. Föremålen är kopplade till vallarens person och förbindelsen till betesdrift har gjorts genom historiska analogier. Från tiden mellan brons- och järnålder finns fynd av ett vallhorn. I gravar från yngre järnålder hittas ibland rangel, av Reinton bedömda som föregångare till herdens ringstav. Herden var åtföljd i betesgången av hunden, vars främsta uppgift verkar ha varit att jaga iväg rovdjur. Till skydd mot dessa var hunden ibland utrustad med ett tagghalsband, sådana har hittats i gravar från vikingatid.

AVSLUTANDE KOMMENTARER

Någon mera principiell och heltäckande undersökning av betesdriften som fenomen i förhistorisk tid med utgångspunkt i arkeologiska material finns inte sedan tidigare. Endast den nordiska formen av transhumans, säterdrift, har tidigare diskuterats som en möjlig tolkning (L Larsson 1994, Olausson 1995b, Prescott 1993, Svensson 1998). Sannolikt beror detta på att betesdriftens större fasta replipunkter framträder tydligt i områden där det arkeologiska materialet annars är ganska sparsamt. Syftet med min genomgång av skriftliga källor har inte varit att finna färdiga modeller för yngre bronsålderns och äldre järnålderns betesdrift i Östergötland i dessa beskrivningar av senare tiders förhållanden. Jag har däremot syftat till att hitta element och företeelser som skulle kunna ge arkeologiska spår. Dessa idéer om möjliga arkeologiska spår kommer jag att använda i mina fortsatta undersökningar av den förhistoriska betesdriften i Östergötland.

KAPITEL 7

HÄRDARS ARKEOLOGISKA KONTEXTER

I föregående kapitel belystes betesdrift under historisk tid med några exempel. Betesdriftens platser, oavsett var i världen vi befinner oss och hur djurhållningens exakta organisation ser ut, har ett flertal gemensamma karaktäristika beroende på vissa grundläggande och givna förutsättningar. Ett genomgående tema på dessa platser är eld. Specificerade avsikter med elden har varit matlagning för vallfolket, värme åt människor och djur, eldsken för att skrämma bort rovdjur och flygfän, samt ibland för förädling av mjölk till andra mejeriprodukter. De arkeologiska spåren av elden i sådana sammanhang är härden eller ibland kokgropen.

I detta kapitel undersöks i vilka kontexter härdar förekommer och hur dessa kontexter är organiserade rumsligt med avseende på härdar och kokgropar. Syftet härmed är att skapa ett säkrare underlag för att bedöma kontexttillhörighet för enskilda härdar och härdområden. I kap 8 och 9 används resultaten från föreliggande kapitel för att med större precision identifiera gruppen ensamliggande härdar och härdgrupper. Vilken kontext härdar bedöms tillhöra påverkar också härdarnas primärtolkning och resultaten från detta kapitel kommer även på så sätt att integreras i resonemangen i följande kapitel.

De ensamliggande härdarna och härdgrupperna dateras företrädesvis till yngre bronsålder och äldre järnålder. Eftersom de är centrala i mina vidare resonemang har deras datering fått styra tidsramarna för detta kapitel.

HÄRDAR PÅ BOPLATSER

Trots att den typ av lokaler som oftast undersöks i södra och mellersta Sverige är boplatser, dvs delar av gårdar och byar, från äldre järnålder, har jag hittat få publicerade studier från de senaste femton åren som specifikt diskuterar härdar och kokgropar i denna kontext (se dock T Eriksson 1998a, 1998b, Fredriksson 1991, Hennius 2004, Streiffert 2001). De oftast citerade studierna av eldstäder på boplatser genomfördes istället under en tidigare period (t ex Myhre 1980, Tesch 1972).

I ett långt tidsperspektiv kan man se att anläggningsmönstret för eldstäder på boplatser förändras. Under äldre järnåldern förekommer generellt fler härdar på boplatser än under föregående och efterföljande period (Aspeborg 1997:15, L Carlie 1999:73). Under bronsåldern däremot förekommer generellt sett fler kokgropar på boplatserna. Jag tolkar det som att de nedgrävda härdarna övertagit kokgroparnas roll i matlagningen. Om det också betyder ett ändrat bruk vad gäller matberedning går inte att avgöra utan detaljerade studier inriktade på just denna fråga. Den yta som fungerat som gårdstun i vidare bemärkelse under äldre järnålder har också ofta varit stor, större än under bronsålder och yngre järnålder (Aspeborg 1997:12) och olika områden inom det stora tunet har haft sina speciella funktioner. Från denna tid är det vanligt att det finns ett eller flera härdområden på boplatserna. På boplatser finns två uppenbara arkeologiska kontexter för härdar; inne i hus och utanför. Huvuddelen av eldstäderna på boplatser från yngre bronsålder/äldre järnålder har legat utomhus.

Med utgångspunkt i den excerpering jag genomförde sommaren 2002 av Östergötlands länsmuseums arkiv samt rapportarkivet vid Riksantikvarieämbetet, UV Öst i Linköping har jag sökt mönster för hur boplatserna varit organiserade, med avseende på eldstäderna. I det östgötska materialet har jag identifierat följande principer för det rumsliga förhållandet mellan hus och härdar under äldre järnåldern (för bronsåldern fanns inget lätt tillgängligt underlagsmaterial):

Modell 1. Inne i husen, där det finns olika lägen för härdarna som systematiskt återkommer. För denna undersöknings syfte räcker det med att konstatera att en lokalisering för härdar på boplatser har varit inne i husen. Dessa härdar kommer inte att diskuteras vidare i detta kapitel.

Modell 2. Samlade i kanterna av en anläggningsfri gårdsplan, belägen framför husets ena långsida. I vissa fall visar de arkeologiska spåren att gårdsplanen varit inhägnad.

Modell 3. Härdar samlade i ett band parallellt med husets ena långsida (oftast den södra) på ett avstånd av 5–10 m från husväggen.

Modell 4. Samlade i en mindre grupp ca 5–10 m utanför husets ena gavel.

Modell 5. Samlade i en större grupp (fler än 25 härdar) en bit bort från huset.

Modell 6. Stora härdområden som är väl avgränsade samt ligger avskilt och ibland långt från bebyggelsen och vilka ofta kan förbindas med matlagnings- och/eller hantverksaktiviteter.

Exempel från Östergötland

Det enda säkra exemplet på *modell 2* var hus 3 vid Abbetorp i Rinna socken (Petersson 2004a). Hus 3 tolkades som bostadshus i en mindre gård från förromersk och tidig romersk järnålder. Söder om husets långvägg har funnits en inhägnad gårdsplan där ett 30-tal härdar och kokgropar har varit samlade utefter kanten på gårdsplanen (fig 82).

Bra exempel på *modell 3* är RAÄ 276, Borgs säteri i Borgs socken. Här fanns ett bostadshus i två faser från förromersk och romersk järnålder. Ett band av fem härdar låg 5 m utanför långväggen till hus 1 (Ulfhielm 1997). Ytterligare ett exempel är RAÄ 140, Blåsvädret i Vreta Klosters socken, där ett område med ett långhus daterat till romersk järnålder undersöktes (Fernholm 1982a). Husets utomhushärdar – ett 15-tal – verkar ha legat samlade i ett band mellan 5 och 15 m söder om långhusets vägg. Modell 3 är också företrädd på RAÄ 326 i Kallerstad i Linköpings stad, en boplats med fyra hus från förromersk och romersk järnålder där utomhushärdarna till hus 1 och hus 2, samt hus 4 var ordnade enligt denna modell (Wickman-Nydolf & Nydolf 1999a). Vidare är de publicerade husen från Järnstad i Stora Åby socken från romersk järnålder (fig 64) (T Carlsson 1999:34ff) och RAÄ 252, Lambohov i Slaka socken med ett hus från förromersk järnålder (M Larsson 1993a) exempel på denna rumsliga ordning.

Ett exempel på *modell 4* är RAÄ 251 i Lambohov, Slaka socken, där en boplats med två hus från förromersk järnålder undersöktes. Ett 15-tal härdar låg samlade i en grupp ca 20 m öster om gaveln till hus 1 (M Larsson 1993a). Vid boplatsen RAÄ 42 i Brunneby socken fanns två hus från förromersk järnålder. 10–15 m utanför östgaveln till hus III fanns ett tiotal glest spridda härdar (M Larsson 1994) (fig 65). Andra exempel på modell 4 fanns vid RAÄ 279 i Klinga, Borgs socken (hus 2), där en boplats med tyngdpunkt i dateringen till förromersk järnålder undersöktes (Skjöldebrand 1996a), vid RAÄ 186, Högby i Borgs socken i samband med ett hus daterat till äldre järnålder (Lindeblad 1995) samt vid RAÄ 42 i Brunneby socken i samband med hus III (M Larsson 1994).

Det fanns endast två exempel på *modell 5*. Hus 2 vid Abbetorp i Väderstad socken bedömdes som huvudbyggnad i en stor gård med datering till förromersk och tidig romersk järn-

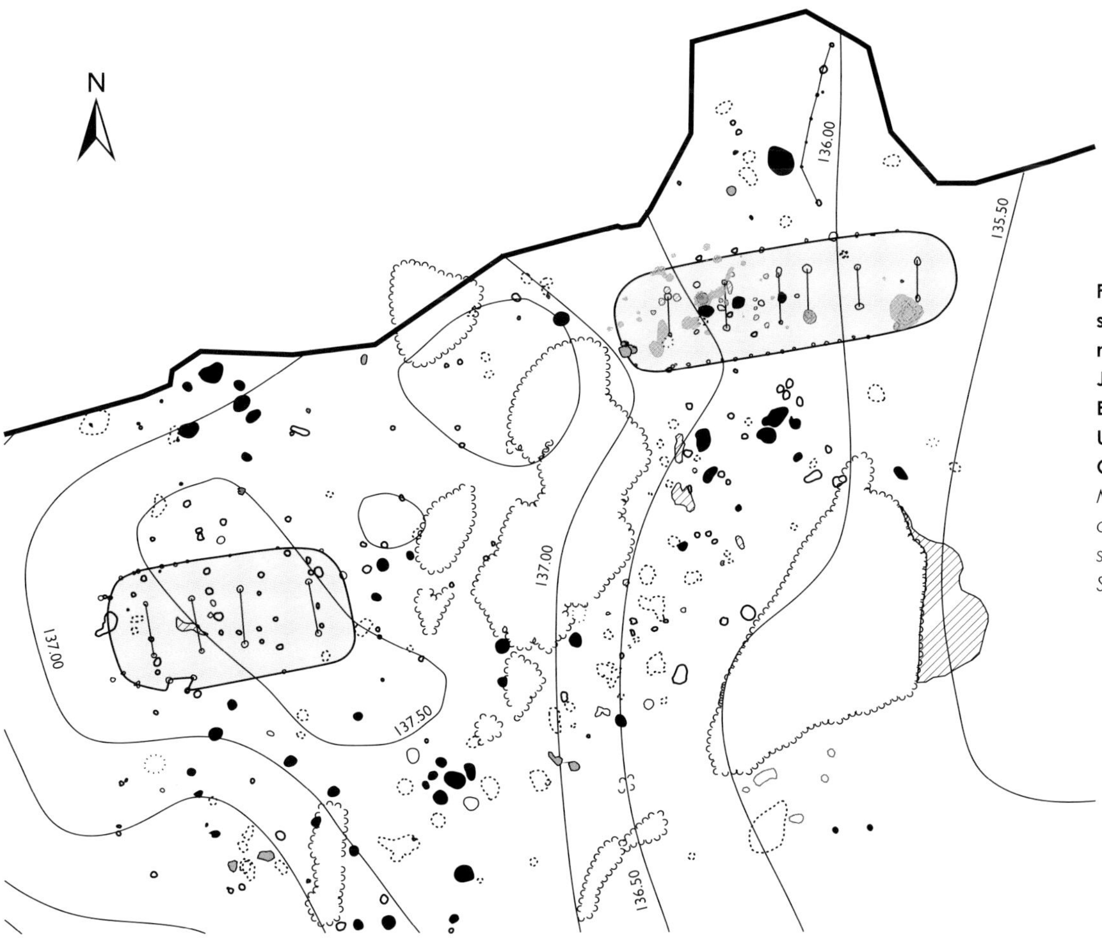

Fig 64. Modell 3 – härdar samlade i ett band parallellt med husets ena långsida. Järnstad, Stora Åby socken. Efter T Carlsson 1999:35. Uppgift om skala saknas. Grafik Lars Östlin.

Model 3 – hearths lying in a band parallel to one long side of the house. Järnstad, Stora Åby Parish.

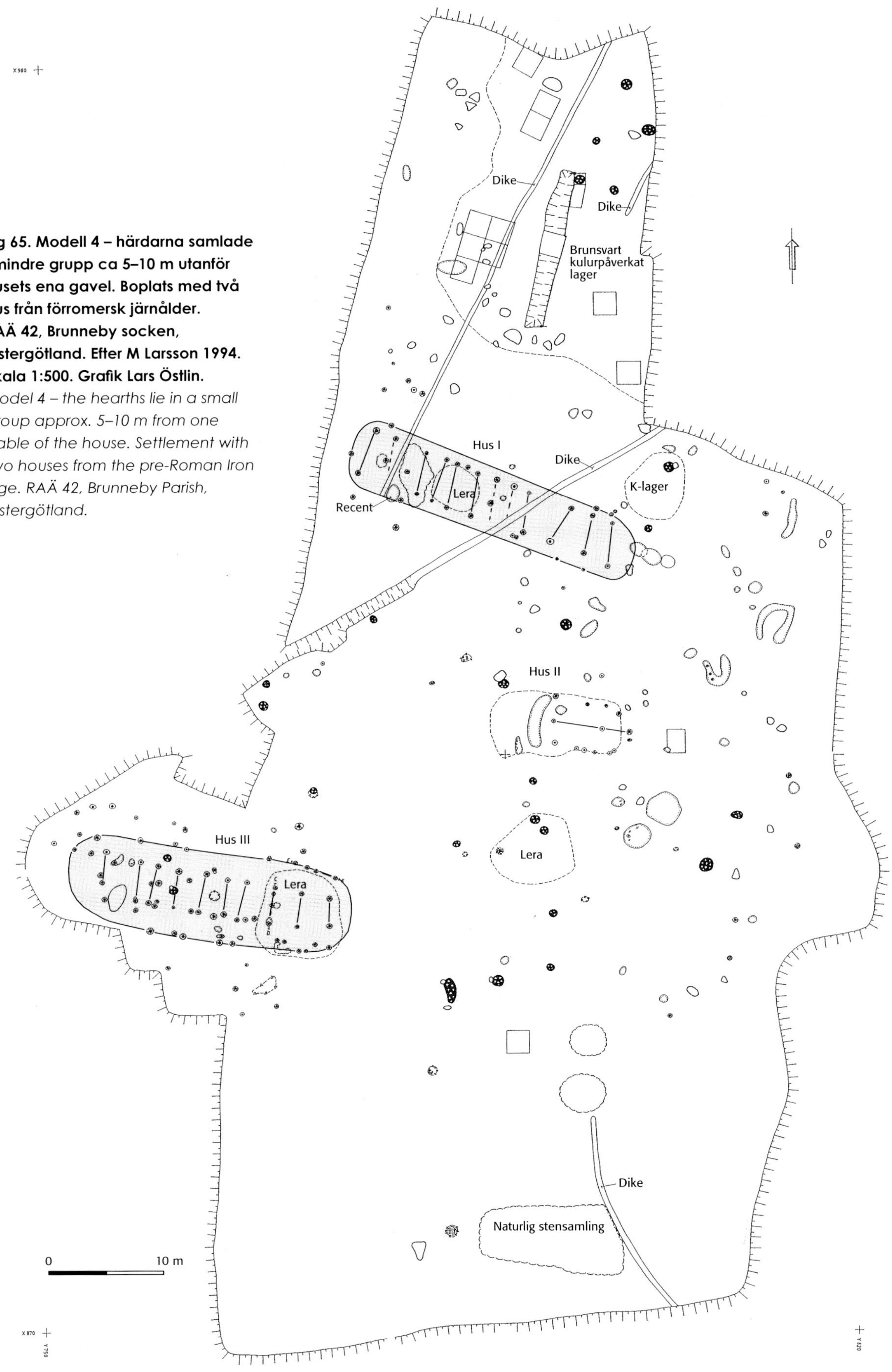

Fig 65. Modell 4 – härdarna samlade i mindre grupp ca 5–10 m utanför husets ena gavel. Boplats med två hus från förromersk järnålder. RAÄ 42, Brunneby socken, Östergötland. Efter M Larsson 1994. Skala 1:500. Grafik Lars Östlin.
Model 4 – the hearths lie in a small group approx. 5–10 m from one gable of the house. Settlement with two houses from the pre-Roman Iron Age. RAÄ 42, Brunneby Parish, Östergötland.

ålder (Petersson 2004a) (fig 82). Gården antogs ha haft en position högt upp i den lokala boplatshierarkien. Ca 20 m öster om husets gavel vidtog en stor och samlad härdgrupp om ca 70 härdar, belägna i ett topografiskt avgränsat område med många stora stenar. Härdarna antogs primärt ha varit förbundna med matlagning. Vid RAÄ 328, kvarteret Glaskulan i Linköpings stad undersöktes delar av en boplats med två hus från yngre romersk järnålder – folkvandringstid. Ca 25 m söder om hus II fanns ett ca 40x20 m stort inhägnat område med ett 40-tal härdar som var delvis samtida med husen (Hörfors & Persson 1995).

Modell 6 finns endast företrädd med två exempel. Ca 150 m nordöst om det stora boplatsområdet i kvarteret Glasrutan med huslämningar från en stor del av förhistorisk tid, ligger kvarteret Glaskulan, där en moränbunden yta med uppstickande berg undersöktes (A-L Nielsen 1999). Från förromersk och framför allt romersk tid finns ett hundratal härdar med spår av metallhantverk. Metallhantverket sattes i samband med ett övre socialt skikt som även indikeras av övrigt arkeologiskt material i området. En parallell, om än i mindre format, är område 10 vid Abbetorp där spår av såväl metallhantverk som sädeshantering har gjorts (fig 82). Området med ett 50-tal härdar har knutits till den stora gården där manbyggnaden (hus 2) legat ungefär 100 m från det bergiga impediment som dragit till sig härdaktiviteterna.

Det är mycket vanligt att man på en och samma boplats kan hitta flera modeller för härdarnas placering. Vanligast är att man hittar kombinationen av modell 2 och modell 3. Här presenteras några *blandade exempel*. Vid RAÄ 66, Linghem i Törnevalla socken undersöktes en boplats med ett treskeppigt långhus från romersk järnålder. Här låg ca 30 härdar i ett bandformigt stråk 5–15 m från husets södra långsida och ungefär 15 m väster om husets gavel fanns ytterligare en ansamling av ca 10 härdar (Hinze & Larsson 1985, Syse 1996). Vid Skälv, Stg 6717 i Borgs socken undersöktes en boplats från förromersk och romersk järnålder (fig 66). Ca 5 m utanför gaveln av hus 1 fanns en liten härdgrupp om tre härdar samt två ugnar. Ca 8 m söder om långsidan av samma hus fanns en gles härdgrupp med sex härdar och närmast huset fanns en anläggningsfri yta (Kaliff 1993). Vid det östra huset vid Järnstad i Stora Åby socken, daterat till romersk järnålder, fanns dels ett femtontal härdar spridda i området söder om huset, dels tre härdar omedelbart öster om husets gavel (T Carlsson 1999:35).

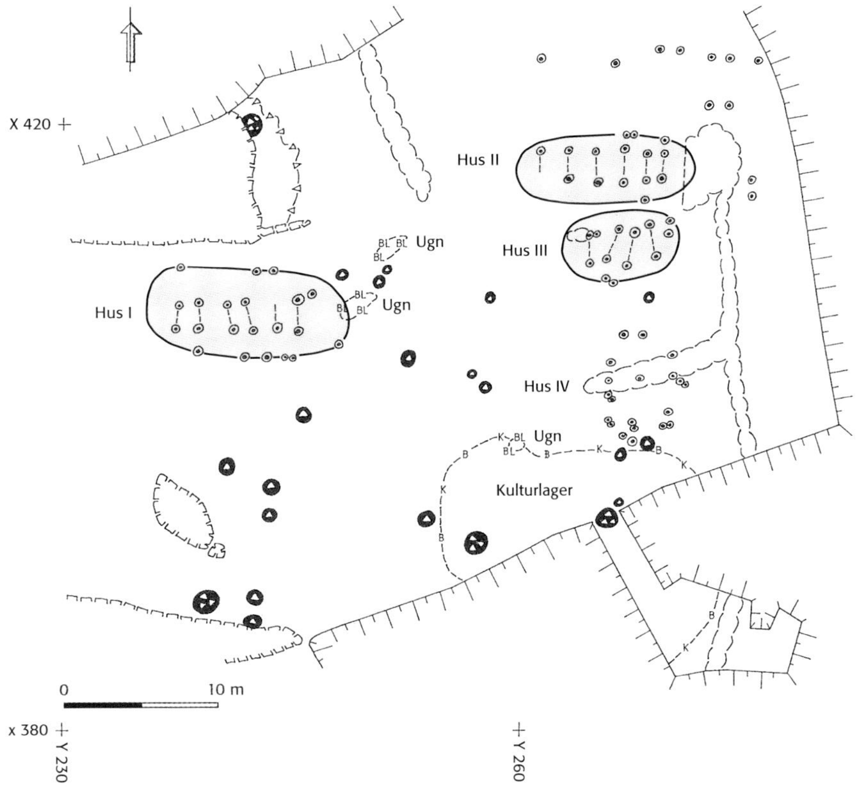

Fig 66. Kombination av modell 4 och 5. Boplats från förromersk och romersk järnålder. Stg 6717, Skälv, Borgs socken, Östergötland. Efter Kaliff 1993. Skala 1:500. Grafik Lars Östlin. *Combination of models 4 and 5. Settlement from the pre-Roman and Roman Iron Ages. Stg 6717, Skälv, Borg Parish, Östergötland.*

Diskussion av resultaten

Det källmaterial jag kunnat använda omfattar endast äldre järnåldern. För yngre bronsålder var antingen alltför små områden utgrävda eller också var grundmaterialet inte presenterat på ett sådant sätt att det utan ytterligare stora bearbetningar kunde användas. Under äldre järnåldern har det normala varit att härdar funnits inne i bostadshusen. Det har dessutom funnits härdar och härdgrupper utanför husen. Under yngre järnålder har det funnits mycket få utomhushärdar (se t ex Lindeblad 1995).

Bland utomhushärdarna är den vanligaste lösningen (11 fall) för härdarnas placering på gårdarna från förromersk och romersk järnålder i Östergötland att de ligger i ett 5–10 m brett band beläget ca 5–10 m från södra långväggen av huset (modell 3). Dessa grupper består vanligen av ett tiotal härdar men antalet varierar mellan enstaka till ett 30-tal. Det är möjligt att modell 3 kommit till som ett resultat av en inhägnad. I så fall har ett område om 5–10 m närmast husets långsida (och framsida) varit inhägnat. Vad som funnits här vet vi inte – köksträdgården kanske? Ytan närmast huset har i alla händelser varit så gott som anläggningsfri. Den näst vanligaste lösningen (7 fall) är att härdarna placeras utanför husets ena gavel (modell 4). Här varierar avståndet till gaveln mellan någon meter och ett 20-tal meter. Gruppernas storlek varierar också mellan enstaka härdar upp till 15. Det finns många exempel på att man använt både modell 3 och 4 (troligen samtidigt) vid en och samma gård. Det är värt att poängtera att de gårdar det handlar om inte har tolkats tillhöra det övre sociala skiktet i den lokala boplatshierarkien, på grund av faktorer som husens längd samt gårdstunens ringa storlek och komplexitet.

Modell 2, med eldstäder samlade kring kanterna av en inhägnad gårdsplan har endast ett säkert belägg i mitt material. Förmodligen har denna variant varit vanligare än min genomgång ger vid handen. Det är inte ofta spår av en hägnad har förutsättningar att bevaras, särskilt inte som de flesta undersökta huslämningar har legat i nutida åkermark.

För modell 5 och 6 har jag bara hittat ett respektive två belägg. Det torde bero på att det krävs att undersökningarna omfattat större ytor för att man ska kunna avgöra om ett perifert härdområde skall knytas till en viss bebyggelse. Det torde också bero på att sådana stora härdområden knyts till gårdar med en plats i toppen av den lokala sociala hierarkien och att det inte funnits så många sådana gårdar. Större områden avsatta för vardagsmatlagning – kanske sommarkök – har bäst förutsättning att finnas på stora gårdar. Även särskilda hantverksaktiviteter av olika typ verkar ha varit knutet till dessa.

Härdarna i modell 2–4 ligger i regel högst 15–20 m från husen. Man brukar ofta anta att härdar som påträffas vid mindre arkeologiska ingrepp tillhört utkanten av boplatser, och att om man bara grävde ut en liten större yta skulle man hitta husen. Bakom ett sådant förmodande ligger en bild av hur boplatsen är ordnad där de flesta härdar finns närmare husen och där härdfrekvensen avtar exponentiellt med avståndet från huset. Min undersökning, liksom för övrigt Streifferts och Erikssons (Streiffert 2001, T Eriksson 1998a, 1998b) visar att ett sådant schablonmässigt antagande är felaktigt och att härdarna i stället oftast ligger samlade i grupper i husens närhet. Endast vid större gårdar som tillhört det övre skiktet av den lokala boplatshierarkien verkar det ha funnits härdgrupper på längre avstånd från bebyggelsen – upp till 150 m har dokumenterats i det östgötska materialet.

Jämförelser

Jörgen Streiffert (2001) har undersökt hur boplatserna varit disponerade i Halland under bronsålder och äldre järnålder och urskiljer tendenser i placeringen av härdar och gropar under dessa perioder. Bronsålderns härdar, gropar och fynd spridda över stora ytor ser han som spår av en oreglerad hushållsstruktur (Streiffert 2001:55). Detta är ett resultat som inte har någon motsvarighet i östgötskt material, där t ex Pryssgårdsboplatsen från yngre bronsålder ger ett välordnat intryck med separata ytor för skilda aktiviteter. Under förromersk järnålder samlades anläggningarna i Streifferts undersökning i husens direkta närhet, och hushållen fick en klarare struktur med mer tydligt avsatta ytor för boende och andra verksamheter. Under romersk järnålder blir husen större. Utanför husen finns inte längre några eldstäder och Streiffert antar att det betyder att elden flyttat in i husen. Från äldre järnålder är det förhållandevis sällsynt med härdar i husen. Samma iakttagelse har gjorts för Västmanland och Uppland (T Eriksson 1998a:216). Kanske har härdarna varit så grunt nedgrävda att de plöjts bort eller också har de varit uppbyggda.

Från äldre järnålder finns i Halland en klar tendens att härdar och gropar samlades kring husen (Streiffert 2001:114f). Få låg inom tydligt avsatta gårdsytor. Härdar med smidesslagg har legat utanför husen, fast inte på något större avstånd. På äldre järnålderns bosättningar av långvarig karaktär (med flera om- och tillbyggnader), fanns ofta en inhägnad och anläggningsfri gårdsplan omedelbart framför gårdens huvudbyggnad. Härdar och gropar har legat i bandliknande koncentrationer, följande gårdsplanens kant och husets utsträckning. På bosättningar av kortvarig karaktär har inhägnade gårdsplaner saknats och härdar och gropar har varit spridda utan tydlig organiserande princip. Härdarna i husen var grunda; ca 0,1 m djupa. Utanför husen var de över 0,2 m djupa och invid byggnaderna vanligen ej mer än 0,2 m djupa. Härdarna i Streifferts undersökning hade vanligen rund planform (Streiffert 2001:122).

Thomas Eriksson har i ett boplatsmaterial från Västmanland och Uppland spårat härdar i tre lägen i förhållande till bebyggelsen (T Eriksson 1998a:223), där avståndet mellan hus och härd understiger 25 m:

- På en gårdsplan framför långsidan av huset.

- Utanför gaveln till långhuset.

- På naturliga terrasskanter och sluttningar utanför själva bebyggelsen. Eriksson menar att anledningen kan vara att man sökt göra härden så exponerad som möjligt, på höjdläge eller ned mot vatten (T Eriksson 1998a:224).

Åse Hedemark har studerat gårdsstrukturer i Mälardalen under järnåldern (Hedemark 1996:24ff). Hedemark såg en tendens till att härdområden ofta låg söder om långhusen bortom en mindre anläggningsfri yta som uppfattades som en gårdsplan. Hon såg även som ett allmänt drag att mindre härdgrupper låg vid husens långsidor (Hedemark 1996).

Som synes har det funnits liknande principer för rumslig organisation av boplatser under äldre järnålder i såväl Öst-, Väst- som Mellansverige.

Sammanfattning

Min analys av boplatsers rumsliga disposition resulterade i att sex modeller för placeringen av härdar/härdgrupper på äldre järnålderns boplatser har kunnat urskiljas. Flera av dessa förefaller kunna ha samband med boplatsernas placering i den lokala boplatshierarkien och särskilt tydligt var att stora härdområden indikerar boplatser i hierarkiernas översta skikt. Den vanligaste lösningen har varit att man placerat härdarna i ett band ca 10–15 m från husets södra långvägg så att en anläggningsfri yta uppstått. Sannolikt har denna yta begränsats av en hägnad. Denna lösning hittas framför allt på de ordinära boplatserna.

HÄRDAR PÅ GRAVFÄLT

Vid arkeologiska utredningar, förundersökningar och mindre undersökningar påträffas ofta härdar och gravar tillsammans. Det är oftast bara när större områden på och kring gravfält undersöks som man får ett material som kan ge säker information om sambandet mellan anläggningarna och möjlighet att studera om det finns återkommande rumsliga mönster.

Ett flertal forskare har noterat ett rumsligt samband mellan gravfält och eldstäder men de artiklar och uppsatser som berör sambandet gravar – härdar behandlar oftast ett eller två specifika gravfält. Någon systematisk undersökning av fenomenet har, mig veterligt, inte utförts och en generell bild av det saknas. Tolkningarna av härdarna i dessa sammanhang varierar. Jörgen Streiffert föreslår att de kanske utnyttjats för tillagning av offermåltider, eller att elden fyllt en funktion liknande den moderna seden att tända ljus på gravarna (Streiffert 2001:118). Titti Fendin föreslår att härdarna ingått i en övergångsrit från död till förnyelse (Fendin 2002:152f). Vid Roteberg i Sollentuna undersöktes härdar och stora kokgropar vid ett gravfält. Man har föreslagit att eldstäderna använts till matlagning "som måste ha varit av speciell karaktär" (Bäckström m fl 2000:44). Även Thomas Eriksson föreslår att vissa av härdar på gravfält har "anlagts i samband med ritualer kring gravläggningarna, t ex vid matberedning i samband med begravningen" (T Eriksson 1998a:227).

Vid Ringeby i Östergötland undersöktes ett stort gravfält från yngre bronsålder och äldsta delen av förromersk järnålder, karaktäriserat av att gravarna anlagts i olika grupper spridda över en stor yta (Kaliff 1995, Kaliff 1997). Förutom ett 70-tal gravgömmor fanns här skärvstenshögar, härdområden, plats för gravbål, rester av ett kulthus samt flera skålgropsförekomster. Platsen var vid den tiden en vattenomfluten ö. Kaliff tolkade spåren på den forna ön som ett integrerat komplex, sammankopplat med olika kultiska aktiviteter i anslutning till gravarna (Kaliff 1997). Kaliff har betonat eldens centrala roll i riterna under yngre bronsålder och äldre järnålder och han har visat på möjligheten av mycket komplicerade riter som involverat eld. Han har för skandinavisk förhistoria exemplifierat detta i diskussioner av stensättningar och skärvstenshögar. Han har påpekat att det också torde ha varit kopplat ett starkt element av fruktbarhetskult till de platser där gravar och gravfält byggts (Kaliff 1997, 2005a). I många fall kan man anta att områden har haft lång varaktighet som heliga områden – Dag Widholm diskuterar i sin avhandling fornlämningslokalerna vid Snäckedal och Hjortekrog i norra Småland utifrån begreppet "temenos" (Widholm 1998:1ff). Ett sådant resonemang innebär att man ser till de skilda riterna inom området och den helhet de bildar snarare än att fokusera endast på gravar och begravning (jfr också Artelius 2000).

För att få en uppfattning om det rumsliga sambandet mellan gravar och härdar i Östergötland, gick jag under juli 2002 igenom rapportarkivet vid RAÄ, UV Öst i Linköping samt arkivet i Östergötlands länsmuseum. Mitt underlagsmaterial är inte heltäckande för Östergötland men jag bedömer att det är stort nog för att vara representativt.

När större ytor avbanas på gravfält från yngre bronsålder och äldre järnålder framkommer i regel härdar som förefaller ha samband med gravarna. Det är vanligare att härdar hittas än motsatsen. Ibland tillhör härdarna underliggande boplatser eller utgörs av ensamliggande härdar utan samband med gravarna. Ofta har dock härdar, lika väl som gravöverbyggnader och begravningar ingått i de rituella uttrycken här och representerar specifika rituella handlingar. På dessa platser kan också finnas skålgropar liksom spår av offer, ibland på själva gravfälten (Nicklasson 1997:114, Lindeblad m fl 2004:37ff), ibland i anslutande områden och stundtals lokaliserade till större block (Biuw 1992:134f, Lindeblad m fl 2004:37ff). Fenomenet med härdar på gravfält verkar vara vanligare under yngre bronsålder och äldre järnålder än under yngre järnålder i Östergötland.

I det aktuella materialet har jag kunnat urskilja följande principer för det rumsliga förhållandet mellan härdar och gravar:

Modell 1. Härdarna ligger i ett särskilt område, separerat från gravfältet men i anslutning till detsamma. Härdområdet ligger gärna på en topografiskt avgränsad yta, t ex en avsats.

Modell 2. Härdarna koncentreras till gravfältets kanter och inramar helt eller delvis gravfältet. Denna modell innefattar även härdar koncentrerade intill bergssidor eller annan distinkt topografisk företeelse som begränsar gravfältet, eller delvis innesluts av det.

Modell 3. Härdar som ligger blandat med gravarna på gravfältet. Här kan urskiljas flera underkategorier.

a. Härdarna ligger under kantkedjan eller under kanten av gravarna. Ibland verkar härdarna ha tillkommit innan överbyggnaden varit på plats, ibland har förhållandet varit det motsatta.

b. Härdarna ligger under själva gravöverbyggnaden utan kontakt med kantkedjan och har tillkommit före överbyggnaden. Spridningsbilden visar att gravar och härdar har ett samband.

c. Härdarna ligger utanför graven men i dess närhet (0–ca 10 meters avstånd). Spridningsbilden visar att de bör ha samband med varandra.

Modell 4. Gravfält som saknar härdar.

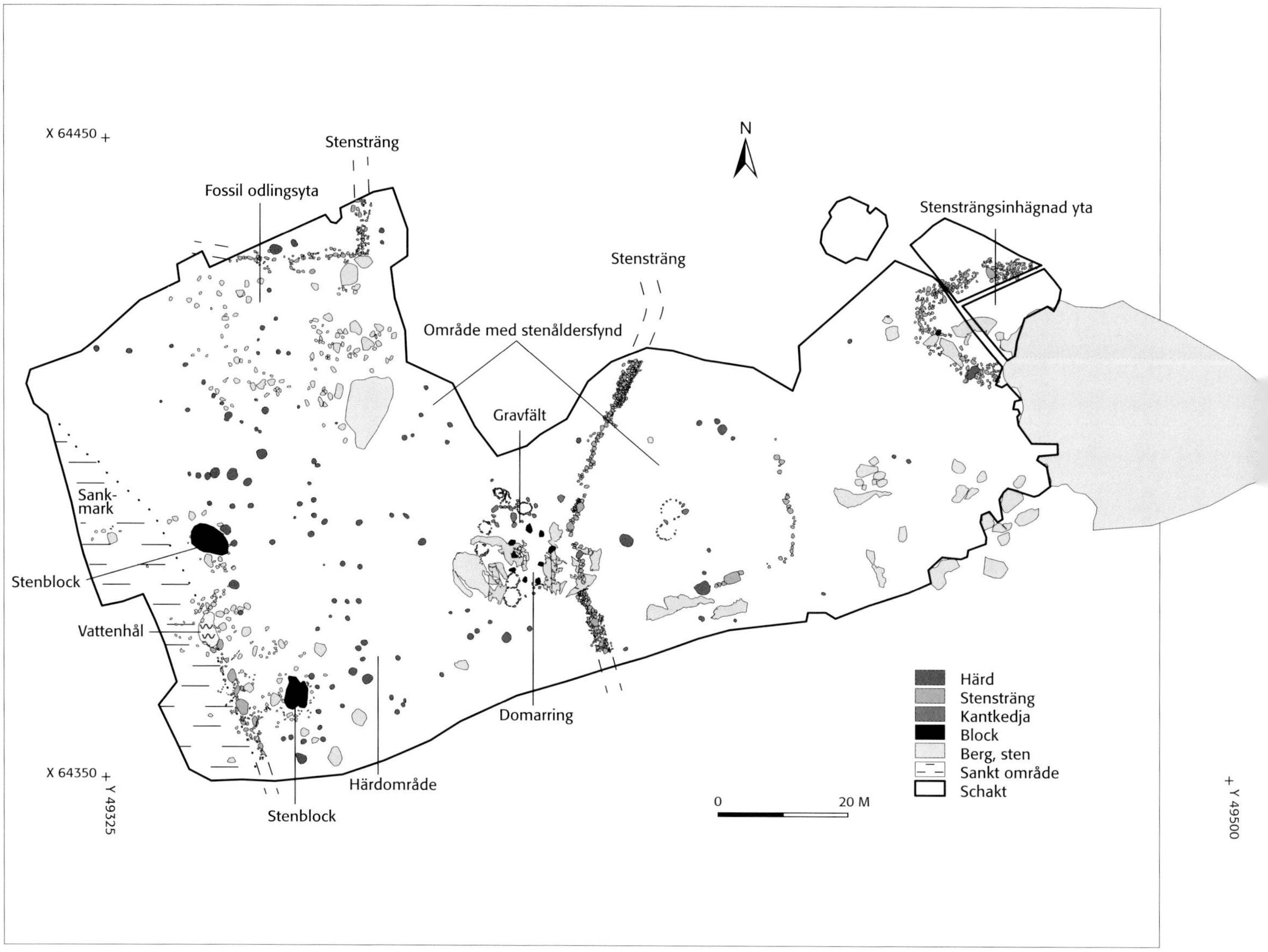

Fig 67. Modell 1 – härdarna belägna i särskilt område, separerat från gravfältet men i anslutning till detta. Det rituella området (7) vid Abbetorp, Rinna och Väderstads socknar, Östergötland. Efter Petersson 2004a. Skala 1:1000. Grafik Lars Östlin. *Model 1 – the hearths lie in a special area, separated from the cemetery but close to it. The ritual area (7) at Abbetorp, Rinna and Väderstad Parishes, Östergötland.*

Exempel från Östergötland

Klingagravfältet kan tjäna som typexempel på *modell 1* för det rumsliga förhållandet mellan gravar och härdar (Stålbom 1994). Här fanns en 50x15 m stor, stenröjd sandig platå med 25 härdar, belägen i en nordöstsluttning i anslutning till gravfältet. Härdarnas tidsomfång följer gravfältets; yngre bronsålder till vendeltid. Dessutom fanns ca 25 härdar *på* själva gravfältet. Ett tiotal av dessa låg under stensättningar, antingen under kanten eller längre in under stenfyllningen. Några få återfanns i positioner precis i kanten på samma sätt som observerades vid Fiskeby utanför Norrköping (se nedan). De flesta av härdarna på gravfältet låg dock spridda utanför och emellan gravarna. Inom det rituella området vid Abbetorp utanför Väderstad möter oss samma princip för organisation av det rituella området som vid Klinga (Petersson 2004a). Här fanns i höjdläge ett gravfält med datering till yngre romersk järnålder och folkvandringstid. På en sandig platå, ca 60x35 m, fanns ungefär 125 härdar som var samtidiga med gravfältet. Det är värt att notera att vid Abbetorp fanns *inga* härdar på gravfältet (fig 67). Att samla härdarna i ett separat område i anslutning till gravfältet verkar ha varit en ganska vanlig organisationsprincip, särskilt för lite större gravfält. Ytterligare exempel från Östergötland är Skälv i Borgs socken, där de äldsta gravarna var från yngre bronsålder och de yngsta från 300-talet e Kr (Kaliff 1993), Hulje RAÄ 234–236 i Mjölby socken med kontinuitet från yngre bronsålder in i romersk järnålder men mest intensivt använt under förromersk järnålder då man anlagt omarkerade flatmarksgravar (T Carlsson m fl 1997:52ff) och Ringeby med huvudsaklig användningstid i yngre bronsålder (Kaliff 1995, 1997).

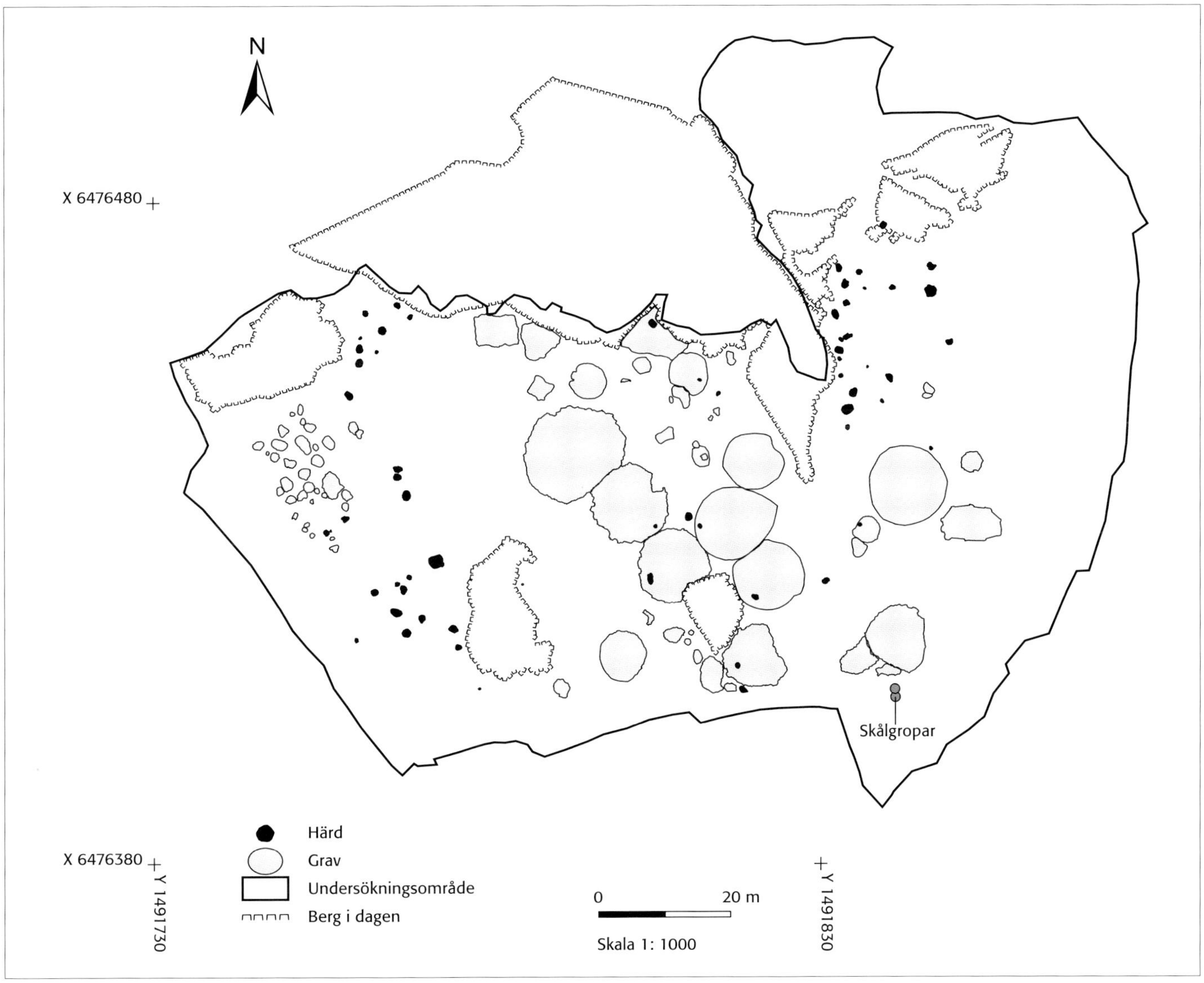

Fig 68. Modell 2 – härdarna koncentreras till gravfältets kanter. Gravfältet vid SAAB, RAÄ 125, Vårdsbergs socken, Östergötland. Efter Menander m fl 2003. Skala 1:1000. Grafik Lars Östlin. *Model 2 – the hearths are concentrated to the edges of the cemetery. Cemetery at SAAB, RAÄ 125, Vårdsberg Parish, Östergötland.*

Fig 69. Modell 3 – härdar ligger blandat med gravar på gravfältet. Gravfätet vid Fiskeby, Östra Eneby socken, Östergötland. Efter Lundström 1970. Skala 1:1000. Grafik Lars Östlin.
Model 3 – hearths are intermixed with graves in the cemetery. Cemetery at Fiskeby, Östra Eneby Parish, Östergötland.

RAÄ 125 i Vårdsbergs socken är ett utmärkt exempel på *modell 2*. Gravfältet bestod av två gravgrupper, den östra med datering från förromersk järnålder till och med folkvandringstid samt den västra med dateringstyngdpunkt i folkvandringstid (Menander m fl 2003). Norr om den östra gravgruppen fanns ett tjugotal härdar som huvudsakligen följde den bergssida som avgränsade området åt väster. Väster om och nedanför den höjdplatå där den östra gravgruppen låg, fanns ett band av ca 25 härdar som följde höjdplatåns kant. Ser man enbart till den östra delen var den så gott som inramad av ett stråk av härdar som följde gravfältets kanter (fig 68) (Menander m fl 2003). Vid RAÄ 317, Tallboda i Linköping (Ljung m fl 1995) antyds en rumslig disposition där flatmarksgravar låg samlade i en tät grupp med härdar i kanten just utanför gravgruppen. Gravfältet dateras till yngre bronsålder – äldre järnålder. Vid RAÄ 50 och 234, Lundby i Väderstads socken (Petersson 2001a:9ff, Zetterlund & Helander 1995) undersöktes delar av ett gravfält, sannolikt med kontinuitet från yngre bronsålder till och med folkvandringstid. Utefter kanterna av ett större berg, som begränsade gravfältet i söder, fanns ett tiotal härdar (Petersson 2001a:95ff).

Modell 3 var särskilt tydlig på Fiskebygravfältet utanför Norrköping (Lundström 1970) (fig 69). Av de 45 härdar (inklusive härdgropar) som finns markerade på gravfältskartan låg 21 i kanten av en grav eller alldeles innanför kanten (modell 3a). Ytterligare ett tiotal låg utan kontakt med kanten under gravöverbyggnaderna (modell 3b). Övriga härdar låg mellan gravarna (modell 3c). Av Lundströms beskrivning framgår att härdarna i kanterna ibland låg stratigrafiskt under kantkedjan eller gravöverbyggnadens fyllning och så var oftast fallet för de härdar som låg längre in under gravöverbyggnaderna. Härdarna under överbyggnaderna kan således ibland ha tillkommit innan både kantkedja och fyllning kommit på plats men efter att gravöverbyggnadens storlek och begränsning bestämts; härdarna som låg precis under kanten talar för detta. Dessa härdar är också ett starkt argument för att härdarna haft en roll i riterna kring begravning eller i förekommande fall, riterna i samband med bygget av gravöverbyggnaden (det finns ju fall med tomma gravar). Bland gravarna vid Fiskeby som har härdar under kanten är fyra odaterade, en från yngre bronsålder, en från övergången bronsålder/järnålderns period III och sex från järnålderns period III (dvs 150 f Kr – Kr f) (Lundström 1970).

Att härdar ligger nära gravar är mycket vanligt liksom att de ligger mellan gravar på gravfält. När endast mindre delar av gravfält undersöks hittas mycket ofta härdar i sådana positioner. Sådana delundersökningar säger ofta inget om de överordnade principerna för den rumsliga dispositionen. Ett exempel kan vara RAÄ 85 i Domkyrkoförsamlingen och Berga församling i Linköping där delar av ett större, skadat gravfält från yngre bronsålder och äldre järnålder undersöktes och där härdar kom fram mellan gravarna (Östmark 1981). RAÄ 19a vid Tornby i Styrstads socken var sannolikt ursprungligen del av ett större sammanhängande gravfält. Här framkom en härd strax utanför kanten av en grav (Fernholm 1984).

Förutom på de stora undersökta gravfälten finns också undersökningar som berört ensamliggande gravar eller mindre gravgrupper. Det rumsliga förhållandet mellan grav och härd är tydligare, men det är svårare att fastställa ett säkert samband. Det är i alla händelser mycket vanligt att enstaka härdar påträffas under eller alldeles intill sådana gravar och jag tycker att man får anta ett funktionellt samband i många fall. Det betyder att de ritualer som inbegripit härdar och begravning inte varit begränsad bara till de större gravfälten.

Vid RAÄ 144a vid Himna i Linghem undersöktes en gravgrupp bestående av tre runda stensättningar med förhöjd mittpackning, daterade till romersk järnålder eller folkvandringstid. Under två av dessa fanns härdar. En härd låg under eller alldeles utanför brämet av den ena stensättningen där en härd också låg längre in under överbyggnaden. Även i den andra stensättningen hittades en härd inne under överbyggnaden (C Nilsson 1979).

Vid RAÄ 2 i Kaga socken undersöktes en hög som varit 16x13 m och ca 1 m hög. Högens centralgrav hade blivit plundrad, men en grav i sekundärt läge daterades till romersk järnålder. Kring högen, på ett avstånd av 2–4 m, framkom fyra härdar (Jacobsson 1994). Dessa tolkades som boplatsspår men inget talar egentligen mot att de skulle tillhöra det rituella sammanhanget. Vid RAÄ 43 i Ask i Kimstads socken fanns en gravgrupp om två gravar, en rund stensättning och en rest sten. I området framkom ett tunt kulturlager med bl a fynd av keramik och vidare sex härdar. Härdarna låg spridda mellan gravarna inom tio meter från dem och såväl härdar som kulturlager bedömdes kunna ingå i den rituella kontexten (fig 70) (Ängeby 1994a). Vid RAÄ 40 i Vreta Klosters socken undersöktes en gravgrupp bestående av en kvadratiskt och en rund stensättning. Den senare daterades till tidig vendeltid. En härd och ett sotlager framkom en respektive sex meter från gravarna (Fernholm 1987b). RAÄ 144 i Törnvalla socken var en gravgrupp som ursprungligen bestått av två stensättningar, varav en undersökts. Den undersökta stensättningen var rund och hade mittblock samt var fyndtom. Ca en meter söder om stensättningen framkom en härd (M Larsson 1993c).

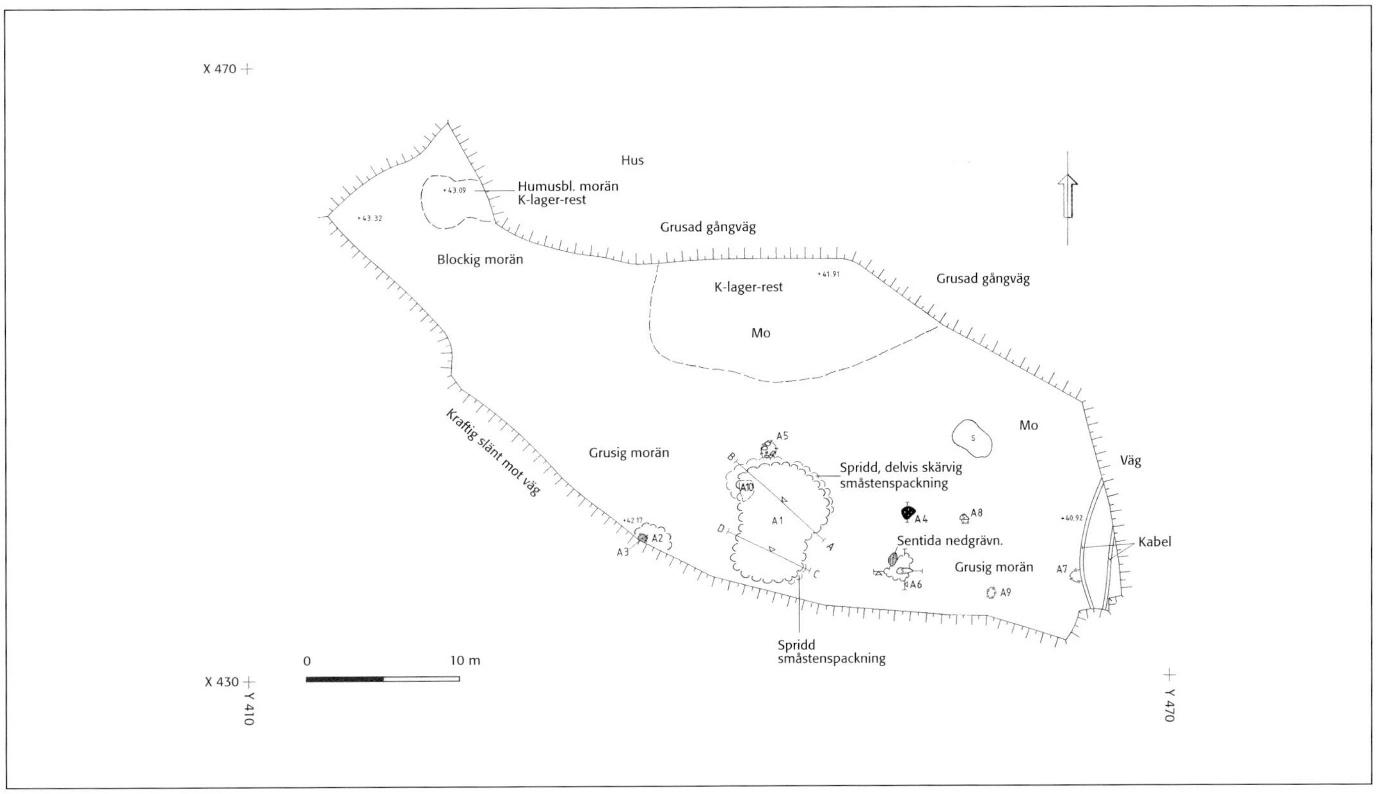

Fig 70. Modell 3. Gravgruppen vid RAÄ 43, Ask, Kimstads socken, Östergötland. Efter Ängeby 1994a. Skala 1:500. Grafik Lars Östlin.
Model 3. Grave group at RAÄ 43, Ask, Kimstad Parish, Östergötland.

Ett exempel på *modell 4* är det delvis undersökta gravfältet RAÄ 12 vid Bådestorp i Kvillinge socken, daterat till vendel- och vikingatid. Här framkom bland 33 gravar endast två härdar (Gezelius 1959). Vid Vilhelmsberg, RAÄ 15 i Kvillinge socken undersöktes ett 60-tal vendeltida gravar som ingick i ett större gravfält, sannolikt med datering till yngre järnålder. Här framkom inga härdar som hade samband med gravarna (Petersson & Ulfhielm 2000). Vid undersökningarna av gravfältet RAÄ 117, Västra Bökestad i Linköpings stad, daterat till vendel- och vikingatid framkom endast enstaka härdar som eventuellt kunde ha samband med gravfältet (Helander & Zetterlund 1997). Det finns även enstaka undersökningar av gravfält från äldre järnålder där inga härdar framkommit – t ex Gattorp i Vist socken där härdar saknades (Ullén 1984, 1996). Fenomenet att större gravfält saknar härdar verkar i hög grad tillhöra yngre järnåldern.

Diskussion av resultaten

Modell 1, 2 och 3 innebär att härdar och gravar separerats rumsligt och tilldelats skilda ytor. Det betyder att ytorna har haft skilt rituellt innehåll, dvs vissa handlingar har utförts inom sina speciellt avsatta områden. Det betyder också att härdarna inte knyts rumsligt till enskilda gravar, utan till hela gravfältet. Kanske har det viktiga varit platsen i sig som då kan tolkas som ett rituellt område innehållande spår av varierade aktiviteter, snarare än ett gravfält där tolkningsfokus ska läggas på begravningarna. Modell 4, 5 och 6 innebär att det funnits ett intimt samband mellan bestämda gravar och bestämda härdar. Det som skett i anknytning till härdarna har relaterat till gravarna och gravöverbyggnaderna. Vissa riter har haft samband med begravningstillfällena eller i varje fall de tillfällen när gravöverbyggnaderna uppförts, andra riter verkar ha utförts efter att överbyggnaderna kommit på plats. Att tala om någon typ av förfäderskult eller riter som involverat förfäderna, verkar relevant i sammanhanget (se t ex Kaliff 1997, Lundström 1970) men det arkeologiska materialet visar att bruket torde ha varit betydligt mer komplext än så.

Det är ovanligt att man finner helt renodlade exempel på dessa principer för rumslig organisation. När principen varit att samla härdar i ett separat område eller längs gravfältets kanter är trenden att det finns betydligt färre härdar inne på själva gravfältet, under och emellan gravarna än när inget separat område finns.

Det kronologiska sambandet mellan gravar och härdar på enskilda lokaler är lättare att reda ut när principer för rumslig organisation identifierats. Det finns härdar som torde ha anlagts i samband med att överbyggnaden tillkommit men innan denna ännu kommit på plats. Det finns också härdar som ligger i närheten av en viss överbyggnad och relaterar till denna samt förefaller ha tillkommit efter att överbyggnaden uppförts. Dessutom finns härdar som inte verkar relatera till en viss överbyggnad, särskilt de som är samlade i ett separat härdområde, utan som istället verkar ha samband med gravfältet i stort eller platsen som sådan. För dessa kan det kronologiska sambandet med gravarna bara skisseras i grova drag.

Denna korta genomgång av rumsliga och kronologiska samband mellan gravar och härdar visar att härdar ingår i de rituella uttrycken på de flesta gravfält från yngre bronsålder och äldre järnålder, däremot inte från yngre järnålder. De olika rumsliga organisationsprinciperna kan betyda att riterna varierat mellan olika platser – om detta i sin tur kan knytas till skilda trosföreställningar, hierarkiska faktorer, bero på lokala sedvänjor eller kronologi är ämne för en egen avhandling.

Jämförelser

Det finns alltså inte minsta tvekan om att härdar på gravfält från yngre bronsålder och äldre järnålder ofta tillhör den rituella sfären. Från andra delar av Syd- och Mellansverige finns exempel på samma lokaliseringsprinciper av härdar på gravfält som i Östergötland. På ett undersökt gravfält vid Sannarp i Halland låg härdarna "likt ett brett band utmed gravfältets sydvästra del" (Streiffert 2001:118). Ett annat exempel kommer från Eksåsgravfältet i Härads socken, Södermanland, där ett band av härdar inramade ett gravfält från yngre bronsålder och förromersk järnålder (Runcis 1998:11ff). Thomas Eriksson ger exempel på att härdar ligger samlade i ett område för sig invid gravfältet på Dragonbacken i Övergrans socken, Uppland, medan Granebergsgravfältet i Litslena socken, Uppland, snarast är ett exempel på härdar insprängda emellan gravarna (T Eriksson 1998a:225ff).

Sammanfattning

Härdar förekommer på huvuddelen av yngre bronsålderns och äldre järnålderns gravfält, däremot inte på yngre järnålderns gravfält. Min analys har avslöjat två huvudprinciper för deras placering. Den ena principen innebär att härdar och gravar har hållits åtskilda och att härdarna samlats i separata områden eller längs gravfältets kanter. Den andra principen innebär att härdar och gravar ligger blandade på gravfältet, där det ibland finns ett tydligt samband mellan specifika gravar och härdar. På gravfälten har antingen den ena eller den andra huvudprincipen tillämpats. Jag har inte undersökt i vad mån valet av princip är kronologiskt betingat.

ELDKULTPLATSER

I början av 1990-talet publicerade Raimond Thörn två uppsatser som omedelbart kom att påverka tolkningen av härdar och kokgropar (Thörn 1993, 1994). Thörn menade att vissa platser med härdar och kokgropar kunde ses som rituella, där anläggningarna hade samband med eldkulten "som ingått som en beståndsdel i den mycket komplexa religiösa föreställningsvärlden under den yngre bronsåldern, där dyrkan av solen torde ha varit av central betydelse" (Thörn 1993:48).

De platser Thörn diskuterade antogs ha fungerat som regionala kultplatser och han uteslöt boplatsnära fyndplatser av den anledning att "fornlämningskategorin ej bör vara lokaliserad mitt i ett samtida boplatsområde, om denna skall hänföras till ett regionalt kultiskt sammanhang" (Thörn 1993:7 och där anförd litteratur). I en artikel från 1996 menar Thörn att "det tillgängliga materialet kan inrymma sakralt bruk på både hushållsnivå och regional nivå. Ett stort antal eldstäder torde här vara en indikator på eldofferbruk på regional nivå, där ... lokalerna Zedau och Rønninge Søgård får stå som exempel" (Thörn 1996:141). Thörn var i sin tolkning starkt influerad av Sigrid Heidelk-Schachts forskning kring eldkultplatser (Heidelk-Schacht 1989) och applicerade hennes kriterier för eldkultplats på ett material från norra Europa. Med utgångspunkt i sin egen undersökning förde han fram följande kriterier på eldkultplatser:

- Högt topografiskt läge med hög exponeringsgrad.
- Närhet till vatten (vattendrag, sjö, eller liknande inom ca 500 m).
- Avsides läge i förhållande till boplats (mer än 100 m från boplats) eller relativ närhet till gravplats.
- Stort antal eldstäder (fler än 30).
- De enskilda eldstädernas form och fyllningens karaktär; runda anläggningar med diametern 1 m och djupet 0,6 m. Innehåll av skörbränd eller obränd sten och träkol.
- Fyndknapphet.
- Datering företrädesvis till yngre bronsåldern men även äldre järnåldern.

Heidelk-Schacht urskiljer tre typer av eldkultplatser, oreglerade, enkelt reglerade och komplext reglerade (fig 71). Thörn menar att grupperna enkelt reglerade och komplext reglerade eldkultplatser innehåller de säkraste spåren av rituella handlingar (Thörn 1996). Han stöder sig här på Berta Stjernquist som poängterar betydelsen av en källkritisk hållning vid arbete med religiöst material. "I det forskningshistoriska perspektivet framträder varierande attityder till religionsforskningen beroende på den osäkerhet man känner i tolkningssituationer. Man kan lätt misslyckas och materialet kan missbrukas beroende på de psykologiska moment som ingår. Det krävs en stark källkritik vid behandlingen av allt okänt och oklart förhistoriskt material" och om en sådan utövas innebär det att det kommer att finnas en kärna av källkritiskt väl prövat material att arbeta med (Stjernquist 1989:57f). Thörn menar

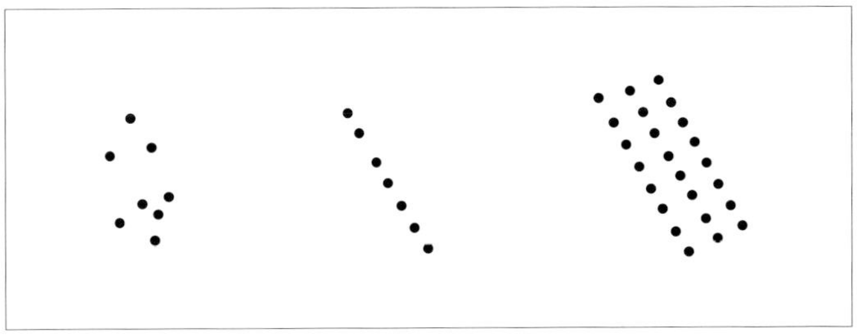

Fig 71. Oreglerad, enkelt reglerad och komplext reglerad fyndplats. Efter Björk 1998:75. Grafik Lars Östlin. *Random, simple regulated and complex regulated locales.*

alltså inte att gruppen oreglerade fyndplatser inte innehåller eldkultplatser, däremot menar han att denna grupp även kan innehålla platser med andra tolkningar. Thörn menar däremot att just det faktum att platser är reglerade markant skiljer dem åt från icke sakrala eldstadslokaler, och att han får fram ett mer högkvalitativt underlagsmaterial genom att utesluta de oreglerade platserna (Thörn 1993:25). Thörns inställning till det arkeologiska källmaterialet och det sätt han väljer en strategi för att analysera det finner jag mycket tilltalande.

Flera forskare har kritiserat Thörn och menat att hans krav är alltför stränga. Man har även velat räkna de oreglerade platserna som rituella (se t ex Björk 1998, Eklund 2001, Hylén 2002) och t ex Eklund sänker kravet från minst 30 anläggningar till minst tio. Problemet med de oreglerade platserna är att inget av kriterierna är exklusivt för en rituell plats, inte ens om alla kriterier skulle uppfyllas, något som kan medföra en besvärande brist på stringens i tolkningsresonemangen. Det finns fortfarande en mängd tolkningar som ligger i andra sfärer än den rituella och där platserna skulle kunna höra hemma.

Thörns arbeten tar endast fasta på en aspekt av tolkningen, nämligen kontexten. Härdarnas primärtolkning har han inte arbetat med i någon större utsträckning. Han bedömer emellertid att de använts till "rituell matlagning, där människorna erhållit sin del och gudarna sin. Dessa ritualer har ägt rum en eller två gånger om året och då ingått i någon form av övergångsrit" (Thörn 1996:140). Det cykliska eldofferbruket föreslår Thörn t ex kan ha varit knutet till övergångsriter i samband med puberteten. Thörns undersökning omfattade 27 reglerade lokaler (Thörn 1993). Sedan dess har framkommit ytterligare reglerade platser i Sydskandinavien (t ex Björk 1998, Eklund 2001, Kjær Kristensen 2004, Hadevik & Gidlöv 2003:41f).

I det här sammanhanget finns anledning att nämna en speciell grupp av härdar som uppträder i rader och med lika inbördes avstånd, men som för den skull inte kan kallas rituell. De förekommer inom samiskt område (Bergman 1988). Deras form har klara paralleller i den samiska härden, "*arran*". I Rackträskområdet fördelar härdarna sig på ett större antal grupper med 20–50 eldstäder i varje. "Inom respektive grupp uppträder i sin tur mindre grupper om 3–5 härdar vardera. Eldstäderna har då lagts i rad på jämna avstånd, ofta 5–10 m, från varandra"

(Bergman 1988:134). De större grupperna förklaras som bosättningsmönster liknande de skogs- eller fjällsamiska med korta flyttningar inom väl avgränsade områden och visten som beboddes endast en del av året, men årsvis återkommande. De små grupperna om 3–5 härdar får sin förklaring vid en jämförelse med den samiska sitan. En ”*sita*” var en enhet som kunde bestå av tre till fem kärnfamiljer, ibland fler, med var sina kåtaplatser. Familjerna flyttade tillsammans och bosatte sig på samma visten, där kåtorna uppfördes nära varandra. Rackträskområdet hade spår av användning från 900-talet e Kr till 1800-talet (Bergman 1988).

Sammanfattning

I det östgötska materialet finns inga härdområden som kan betecknas som eldkultplatser enligt de kriterier som uppställts av Raymond Thörn (1993, 1994).

HÄRDAR I ANSLUTNING TILL FOSSILA ÅKERYTOR

Det har tidigare iakttagits att härdar ofta framkommer vid undersökningar av fossil åkermark med förhistorisk datering. Här måste man skilja på, å ena sidan de härdar som ligger i anslutning till åkerkanter eller röjningsrösen och sålunda har ett möjligt rumsligt samband med åkerytorna, å andra sidan de härdar som ligger spritt på åkerytorna och vars funktionella samband med de fossila åkerytorna är svårt att fastställa. I detta avsnitt behandlar jag de förstnämnda.

Härdar som framkommit i anslutning till åkerkanter har uppmärksammats vid undersökningar av fossila åkerytor från yngre bronsålder och äldre järnålder (Elfstrand 1996, Ericsson 1995:31f, Olausson 1995a:184, 1995b:48, Streiffert 2001:117, Welinder 1998:137). Det finns all anledning att förmoda att de också har ett funktionellt samband med åkerytorna. De kan ha anlagts längs åkerkanterna i samband med arbete på åkrarna. Härdarna skulle också kunna ha anlagts på själva åkerytorna under en period när åkern legat i träda eller under en årstid då ingen gröda funnits på åkern. Man har också menat att härdarna intill åkerkanter kan ha använts vid frostbekämpning. Värme och rök har satt luftlagren i rörelse och hindrat frosten från att förstöra grödorna (Streiffert 2001: 117). Jörgen Streiffert, liksom Alf Ericsson, menar också att en uppgift för härdarna kan ha varit att skapa aska för gödsling av odlingsytorna (Ericsson 1995 och 2000, Streiffert 2001). Enligt denna hypotes gödslades de boplatsnära åkrarna med stallgödsel medan de perifert liggande åkrarna gödslades med aska (Streiffert 2001:118). Trädesperioden kan, i analogi med historiskt kända exempel (Riddersporre 1995) ha kombinerats med att ytan använts för bete och härdarna skulle i så fall kunna ha samband med djurhållningen. Även andra aktiviteter skulle teoretiskt sett kunna knytas till dessa härdar. Det finns flera invändningar mot att knyta de härdar som undersökts i anslutning till fossila åkerytor till gödning med aska. För det första är de nedgrävda och för det andra innehåller de stora mängder skärvsten. En sådan stenfylld härd ger upphov till en mycket begränsad mängd aska, som dessutom är onödigt krånglig att ta upp och sprida på åkern. Härdarnas stratigrafi visar dessutom ofta att de inte rensats ut efter den sista eldningen. Ett betydligt enklare sätt att framställa aska är att elda direkt på åkerjorden samt att inte blanda bålet med sten. Askinnehållet i de fossila åkerjordslagren i perifera åkerytor bedömer jag istället härrör från upprepade avsvedjningar i ett system där ytans användning växlat mellan åker och bete.

Det är intressant att notera att härdar kring åkerkanter och i anslutning till röjningsrösen regelmässigt uppträder i samband med extensivt odlade åkerytor, vilka varit perifert belägna i förhållande till de förhistoriska gårdarna (Elfstrand 1996, Ericsson 1995, Olausson 1995a). De arkeologiska undersökningarna av dessa åkrar pekar mot att åkrarna odlats under kort tid, på vissa platser vid upprepade tillfällen, och utan tillförsel av kreatursgödsel. Under de perioder åkerytorna ej odlats finns starka indikationer på att områdena använts som bete. Att härdarnas placering tar hänsyn till åkerytornas form visar att åkerytorna varit synliga och meningsfulla när härdarna anlades. Det är rimligt att anta att åkerytorna antingen var brukade eller att man avsåg att åter bruka dem, samt att man inte önskade ytterligare stenanhopningar i åkermarken, något som stenfyllda härdar skulle ha medfört. I ett av fallen kopplas härdarna till trädesperioderna. ”Förekomsten av härdar i anslutning till fossila åkrar kan ... förklaras som ett resultat av ett extensivt jordbruk med ambulerande åkrar i ett delvis trädbevuxet beteslandskap. Härdarna har sannolikt tillkommit i samband med vallning, mjölkning och andra aktiviteter som var kopplade till boskapsskötseln” (Ericsson 1995:31f). Olausson anser dessutom att man kan se härdarna som representanter för ”olika former av hushållsaktiviteter som flyttat ut ... under sommarhalvåret, skördetid osv ...” (Olausson 1995b:48).

Alf Ericsson har undersökt en lokal vid Hugelsta i Södermanland (Ericsson 1995, 2000). Här fanns två näraliggande fossila åkerytor som stenröjdes under bronsålder och därefter brukades periodiskt i ett system av långtidsträda fram tills de övergavs under yngre järnålder (fig 72). När ytorna inte odlades användes de som bete och det är i samband med betesdriften som Ericsson bedömer att härdarna tillkommit. Mest intensivt utnyttjades området under romersk järnålder. Åkerytorna och anslutande områden avbanades vid undersökningen och ett 50-tal härdar framkom, dels i de två åkerytor, där de anlagts under trädesperioder, dels samlade på en landtunga mellan de forna åkerytorna. Keramik hittades också. Ericsson menar att härdarna och keramiken kan ha samband med perioder när hela ytan använts som bete. Åkerytorna låg inte i anslutning till någon samtida boplats, den närmaste gårdslämningen från äldre järnålder låg 300 m därifrån (Ericsson 2000:37).

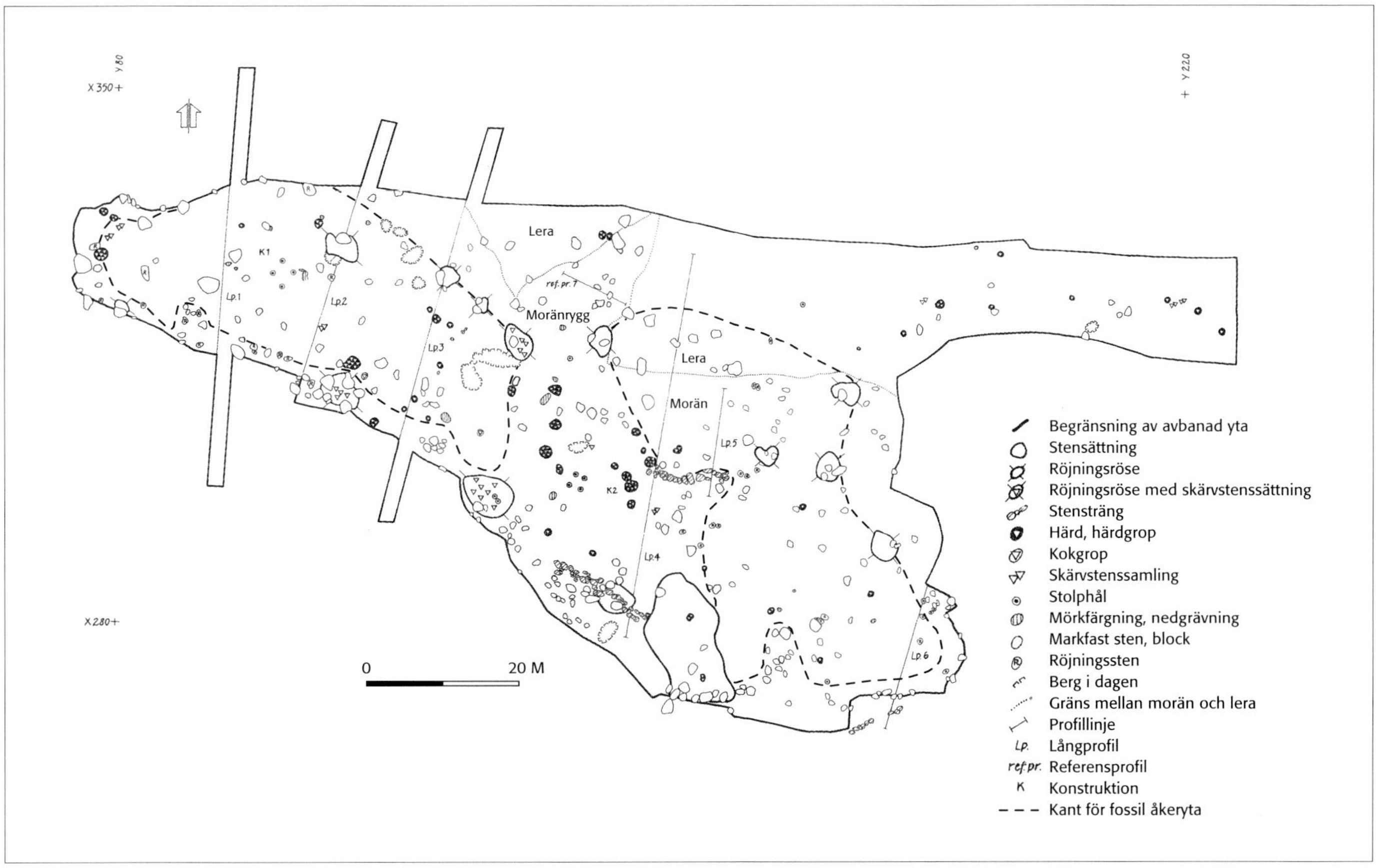

Fig 72. De fossila åkerytorna vid Hugelsta, Södermanland. Observera det icke odlade området emellan de två åkerytorna, där huvuddelen av härdarna var belägna. Efter Ericsson 2000. Skala 1:1000. Grafik Lars Östlin. *The fossil fields at Hugelsta, Södermanland. Note the uncultivated area between the two fields, where the majority of hearths were situated.*

Vid en undersökning i Kallerstad, Linköpings stad (RAÄ 139:2) år 2003 framkom en liten gård från romersk järnålder med tre intilliggande fossila åkerytor. På den ena åkerytan fanns ett 20-tal härdar, samlade i en grupp utanför gaveln på ett av husen (modell 4). Uppenbarligen har härdarna tillkommit under en period när denna yta ej brukats som åkermark (Elfstrand muntl, 2005a). I kanten av de andra två åkerytorna fanns sammanlagt tre härdar.

Det förefaller som att gödslade och boplatsnära förhistoriska åkrar inte på samma sätt som perifert belägna åkrar uppvisar härdar längs åkerkanterna. Det sannolikt mest välundersökta exemplet på gödslade åkrar (från förromersk tid) i Norden kommer från Store Vildmose i Danmark där en yta av ca 4700 m² har avbanats (V Nielsen 1993:78ff). Här finns endast några få härdar i åkerkanterna. Vid Frotorp undersöktes ett överodlat åkersystem av boplatsnära och välgödslade åkrar med bandparcellform från förromersk järnålder. Här framkom inga härdar i åkerkanterna (T Eriksson m fl 1995:38ff). Samma iakttagelser gjordes vid en undersökning av en forntida åker vid Mölletofta i norra Skåne (Wallin muntl). Inte heller vid de intensivodlade åkrarna vid Abbetorp framkom några härdar i åkerkanter. Kanske är det så att härdar i åkerkanter primärt återfinns vid extensivodlade åkrar och att härdarna framför allt är en funktion av avståndet från boplatsen. Att härdar i åkerkanter inte i samma utsträckning återfinns vid boplatsnära lägen talar också mot en generell tolkning av härdarna som värmekälla för frostbekämpning i analogi med senare tiders bruk. Huvuddelen av grödan bör ha odlats på de boplatsnära åkrarna som haft betydligt längre platskontinuitet än de extensiva. Man borde följaktligen ha hittat flest sådana härdar här om detta varit härdarnas syfte.

Sammanfattning

Härdar lokaliserade till kanterna av förhistoriska fossila åkerytor, verkar vara ett fenomen som hör samman med de mera extensivt odlade åkrar som legat på ett längre avstånd från boplatserna. Härdarnas funktion knyts primärt till tillfällen när man varit här och arbetat. De verkar förekomma framför allt under äldre järnålder.

ENSAMLIGGANDE HÄRDAR OCH HÄRDGRUPPER

Härdar eller härdgrupper spridda i landskapet utan fysisk närhet till samtida boplatser, gravar eller fossila åkrar är ett välkänt fenomen från perioden yngre bronsålder och äldre järnålder. Fenomenet ges ofta olika innebörd beroende på om det rör sig om få eller många härdar.

Det finns en tendens att tolka alla ensamliggande härdgrupper som samlingsplatser, där syftet med samlingarna varit rituellt. Ett problem är att tolkningen förutsätter en samtidighet hos anläggningarna som ofta varken kan beläggas eller motsägas av det arkeologiska materialet, men som heller inte diskuteras särskilt ingående. Ofta specificeras inte vari riterna bestått. Eldsbergalokalen i södra Halland, där kokgropar med spår av sädesrostning framkom, tolkades av Tina Fors (1999) som en samlingsplats, en tolkning som ofta framförs för liknande platser med många kokgropar. "Kanske konsumerades en tillagad sädbaserad föda gemensamt av en större grupp människor vid någon sammankomst ... En möjlighet är att groparna är lämningar efter större sammankomster som kan ha haft samband med gravbyggande eller efterföljande ceremonier." (Fors 1999:34). Även Håkan Hylén, för att ta ytterligare ett exempel, menar att härdgrupper är spår av samlingsplatser (Hylén 2002). Hyléns undersökning berör norra Småland och materialet dateras till ca 600 f Kr fram till ca 500 e Kr med tonvikt på århundradena närmast före Kr f. På en av hans lokaler framkom fragment av ett mycket stort förvaringskärl. Hylén menar att härdarna genom sin mängd och placering på ytor med god exponering i landskapet har skapat en "associativ länk" till bygden runtom ett härdområde och "utgjort sociala markörer för en identitet, till vilken man kunde koppla bygden" (Hylén 2002). Han menar vidare att härdområdena "utgjort ytor för sociala gruppaktiviteter" där tankar och idéer utbytts och där man rett ut frågor av rättslig art, särskilt nämns regleringar av arvsrätten. Hylén ser en viktig anledning till förekomsten av dessa härdområden i uppkomsten av en förändrad ägostruktur, vilken anses ha ägt rum under århundradena närmast före Kristi födelse. Denna förändring anser han innebar att det privata ägandet av mark blev viktigare (Hylén 2002). Hylén tillskriver med andra ord härdområdena en tingsplatsliknande funktion.

Det är svårt att argumentera mot Hyléns tolkning, eftersom det inte finns något i det arkeologiska materialet som exklusivt pekar mot denna tolkning. Det finns dock jämförelsematerial som ligger nära både i tid och i geografi vilket talar mot en sådan tolkning. Stefan Brink har analyserat tre kända tingsplatser och en förmodad tingsplats i Mellansverige (Brink 2004). Tre av dessa har under medeltiden varit tingsplatser för ett hundare. Brink identifierar flera gemensamma drag hos tingsplatserna. Centralt tycks vara förekomsten av en storhög, ibland omgiven av ytterligare gravar. I storhögens närhet finns en eller flera runstenar. Det kommunikativa läget har också varit centralt. Här har funnits en väg, ofta finns också ett vattendrag. Vägen har ofta kantats av resta stenar. Brink menar att tingsplatserna, som också fungerat som samlingsplatser, utgjort en stabil företeelse i det vikingatida landskapet. De platser Brink relaterar utmärks av ett imposant terrängläge, vilket ytterligare förbättrats genom diverse manipulationer. Bengt Elfstrand har utifrån arkeologiska och historiska källor argumenterat för att Nässja domarring i västra Östergötland samt den år 1990 undersökta skeppssättningen i kvarteret Paragrafen, Linköping (Stång) varit platser där landsting hållits åtminstone från vikingatid (Elfstrand 1998, 2004). Dessa anläggningar är de största kända skeppssättningarna i Östergötland, kring 50 m långa. Elfstrands argumentering för att de representerar tingsplatser bygger på att det endast finns några få mycket stora skeppssättningar i varje landskap, att de inte byggts för att innehålla begravningar samt att de ligger nära gravfält som avviker i karaktär från det stora flertalet. Vidare har de legat fördelaktigt ur kommunikationshänseende, nära vatten samt i ett distinkt topografiskt läge. Skeppssättningen vid Stång har legat på krönet av en distinkt höjdsträckning ca 100 m från den medeltida s k Eriksgatuleden, nära den plats där denna torde ha korsat Stångån. Vidare låg skeppssättningen på mark som senare tillhört kungsgården Stång. Nära skeppssättningen har funnits ytterligare gravar och runstenar. Domarringen vid Nässja utnyttjades som tingsplats för Dals och Aska härader i sen tid (Elfstrand 1998, 2004). Liksom de platser Brink beskrivit, utmärks de antagna tingsplatserna vid Nässja och Stång av distinkta terränglägen vilka manipulerats samt kommunikativt fördelaktiga lägen. Birgit Arrhenius (2004) menar visserligen att hundare och till dem kopplade tingsplatser i Mälardalen etablerades kring 500 e Kr men även i den skiktade sociala organisation man anar redan från och med förromersk period bör ha funnits behov av samlingsplatser av institutionell karaktär, just för rättsskipning och liknande på en nivå över den lokala. Jag ser ingen anledning till att flera av huvuddragen hos de platser Brink respektive Elfstrand diskuterat som vikingatida tingsplatser inte skulle kunna vara överförbara till äldre järnålder. Dessa platser bör ha haft ett kommunikativt fördelaktigt läge samt ett distinkt topografiskt läge som ytterligare förstärkts genom manipulationer av olika typer. Platser som saknar alla dessa karaktäristiska och dit man har svårigheter att lämna en vägbeskrivning har jag mycket svårt att se som tingsplatser under äldre järnålder.

Thomas Eriksson (1998b) menar att ensamliggande härdar kan ha fungerat som gränsmarkeringar och för att hävda revir. Han menar att de anlagts för att synas (inte på platser från vilka man ser vida ikring). I Uppland och Västmanland dateras sådana härdar framför allt till 200 f Kr–500 e Kr, en tid då många nya gårdar förefaller att ha grundats. I de medeltida landskapslagarna omtalas att eldar och röken från dessa användes för att staka ut gränser (T Eriksson 1998b:22). Man kan dock misstänka att det rör sig om skogsmarker, där röken syntes över skogstopparna i områden med begränsad sikt. En härd blir fort övervuxen och som enda gränsmarkering bäddar den för osämja grannar emellan. Gårdens gränser var så viktiga i bondesamhället att det finns omfattande folklore kring dem – personer som orättfärdigt flyttade gränsmarkeringar gick t ex igen. Idén att man skulle hävda revir genom att anlägga eldar under äldre järnåldern i Mellansverige anser jag bygger på en överdrivet primitiv bild av tidens samhällsorganisation och rättsystem.

Ensamliggande härdar och härdgrupper som fenomen har för sydligaste Sveriges del uppmärksammats av Sten Tesch (1993). Han tolkar platserna som tillfälliga lägerplatser "temporary camp sites" i en ekonomi där även åretruntboplatser "year-round sites" och årstidsbundna boplatser "seasonal sites" ingår. Vid lägerplatserna hittas ofta ett antal härdar med innehåll av skärvsten, däremot inga lämningar av hus. Antalet lägerplatser ökar märkbart i Sydsverige under yngre bronsålder och är också högt under romersk järnålder. Tesch anser att de tillkommit i samband med att "man sökt sig allt längre bort från boplatserna i jakt på bete, foder och liknande". Tesch antyder sålunda ett samband med betesdrift och djurhållning men utvecklar det inte vidare. Härdarnas specifika syfte i sammanhanget diskuterar han inte (Tesch 1993).

Christopher Prescott har också uppmärksammat fenomenet med ensamliggande härdar i ett norskt material från äldre järnålder. Han menade att de bäst tolkas som "an expression of pastoral use, and as remains of a shepard´s smudge pit or protective fire" (Prescott 1995:186).

Sammanfattning

Ensamliggande härdar och härdgrupper verkar förekomma under perioden yngre bronsålder och äldre järnålder. De har givits mycket varierande tolkning. Under senare år är det många som velat tolka dem som spår av samlingsplatser, tingsplatser och liknande. Man har också föreslagit att de varit gränsmarkeringar samt tjänat till att hävda revir. Flera forskare har tolkat dem som tillfälliga lägerplatser, ibland för utmarksaktiviteter i största allmänhet och ibland specifikt kopplade till de pastorala näringarna. Diskussionerna rörande deras tolkning fortsätter i kap 8 och 9.

SAMMANFATTANDE ANALYS

Min genomgång av härdar i olika arkeologiska kontexter visar att härdarna, under perioden yngre bronsålder och äldre järnålder, lokaliserats enligt vissa givna principer på boplatser och gravfält. Ofta kan principerna vara svåra att urskilja om man enbart utgår från några få lokaler – det kan verka som om slumpen styrt var härdarna anlagts – men med ett större underlagsmaterial framträder vissa mönster.

Mina olika analyser av boplatsmaterial har resulterat i att kriterier för boplatsens placering i den sociala hierarkien har kunnat identifieras. Kriterierna bygger inte på föremålsfynd utan på boplatsens utformning. Ett sådant kriterium på boplatser i det översta skiktet i lokala boplatshierarkier är förekomsten av stora specialiserade härdområden. Här har jag identifierat två olika typer av sådana härdområden. Särskilt stor indiciekraft har förekomst av stora samlade härdområden, belägna på visst avstånd från bebyggelsen, och med spår av specialiserat hantverk. Anledningen till att de tillmätts extra stort bevisvärde är att de är relativt tydliga i det arkeologiska materialet och således inte lätt förväxlas med andra fenomen. Den andra typen av härdområden som knyts till högstatusboplatser är större härdgrupper vilka saknar spår av hantverk, och skulle kunna vara spår av sommartida utomhusmatlagning. Mindre härdområden med liknande belägenhet förekommer på de ordinära boplatserna. Avsaknad av stora specialiserade härdområden är således en indikation på en ordinär boplats. Det finns emellertid en lokalisering av härdarna som framför allt verkar höra samman med ordinära boplatser, även om den också ibland förekommer på högstatusboplatser. Här ligger härdarna i ett band ca 5 – 10 m från södra långväggen av ett treskeppigt långhus. Närmast huset har funnits ett anläggningsfritt område. Utformningen antyder att det anläggningsfria området varit inhägnat. En intressant möjlighet att undersöka vidare är om detta varit platsen för tidens köksträdgårdar.

I Östergötland finns härdar på de flesta undersökta gravfält från yngre bronsålder och äldre järnålder. Härdarna är ordnade enligt vissa tydliga principer. Den ena huvudprincipen är att gravarna inte blandas med härdarna på gravfältet utan att härdarna samlas i separata områden eller längs gravfältets kanter. Den andra huvudprincipen är att gravar och härdar ligger blandade på gravfältet och att det finns ett tydligt samband mellan enskilda gravar och härdar. Det finns inga exempel på att man tillämpat båda principerna i liknande omfattning på samma gravfält. Antingen den ena eller den andra principen har dominerat och ofta uteslutit den andra. Min analys visar att gravfälten varit rituella områden med specifik och förutbestämd utformning, vilken rimligen haft samband med riterna på platserna. Sambandet mellan gravar och härdar har varit så starkt under perioden att det ofta finns härdar knutna till ensamliggande gravar eller mindre gravgrupper.

Min genomgång av härdar i olika arkeologiska kontexter har visat att fenomenet härdar har en tidsmässig avgränsning. Vanligast verkar de ha varit under äldre järnålder men börjar förekomma i relativt stort antal redan under yngre bronsålder. Min undersökning omfattar ingen analys av under vilken del av den nu nämnda perioden härdar varit vanligast i respektive kontext, något som förmodligen skulle kasta ytterligare ljus på fenomenet härdar. Däremot förefaller det som att härdarnas uppträdande och försvinnande är synkront i de flesta av de relaterade kontexterna. Särskilt tydligt är det för kontexterna boplatser och gravfält.

På äldre järnålderns boplatser har jag kunnat identifiera sex principer för att organisera härdarna i förhållande till bebyggelsen. På yngre järnålderns boplatser finns härdarna huvudsakligen inne i bostadshuset. Den mängd av utomhushärdar vi känner sedan tidigare perioden lyser här med sin frånvaro och endast enstaka härdar har anlagts utomhus. Man har antagit att matlagning, från att ha kunnat försiggå såväl utomhus som inomhus, nu enbart kommit att förläggas inomhus – i bostadshuset. Härdens utformning ändras också, den blir större och har ofta varit upphöjd från golvet på en eldpall. De specialiserade hantverksaktiviteter som kunnat beläggas inom särskilda (härd-) områden på äldre järnålderns boplatser saknas också och även dessa flyttar inomhus – nu uppträder t ex smedjor.

Synkront med att härdar försvinner från boplatsernas utomhusytor, försvinner de också från gravfälten. För äldre järnålder kunde jag identifiera klara mönster för härdarnas placering på gravfälten. De aktiviteter som genererat dem har ingått som en fast del i riterna här. På yngre järnålderns gravfält saknas härdar, något som visar att även denna aspekt av riterna ändrats i och med yngre järnålder. Även ensamliggande härdar och härdgrupper ansluter till dessa kronologiska förändringar.

Härdar försvinner med andra ord någorlunda synkront från flera olika arkeologiska kontexter. Samtidigt med detta sker en förflyttning av bebyggelsen från äldre järnålderns boplatslägen till de medeltida bytomterna där den tidigare utspridda bebyggelsen verkar koncentreras. Det är svårt att inte se ett samband mellan denna förflyttning och härdarnas försvinnande även om orsakssambandet inte är klarlagt.

KAPITEL 8

ENSAMLIGGANDE HÄRDAR OCH HÄRDGRUPPER

Härdarnas arkeologiska kontext, som skärskådades i föregående kapitel, representerar en mera övergripande tolkningsnivå. I detta kapitel undersöker jag härdarnas primärtolkning, dvs deras grundläggande användning och funktion. Syftet med undersökningen är söka bättre förstå de ensamliggande härdarna och härdgrupperna som kännetecknas av att man inte kunnat knyta dem till någon särskild arkeologisk kontext. De ligger således inte i närheten av samtida boplatser, gravar, åkerkanter eller tillhör andra uppenbara kontexter. Några tidigare försök till systematisk undersökning av dessa anläggningars kontext har inte gjorts även om flera förslag finns.

Källmaterialet i denna undersökning består av ett större antal härdar från fyra skilda sammanhang i västra Östergötland; två områden inom samma boplats där huvudaktiviteten av sammanhanget att döma bör ha varit matlagning och matberedning, ett rituellt område samt ensamliggande härdar och härdgrupper. Skilda variabler som relaterar till härdarnas morfologi och innehåll så som längd, stratigrafi och cerealieinnehåll för att nämna några, har jämförts mellan de olika kontexterna. De detaljerade analyserna har medfört att det har blivit möjligt att föreslå bättre underbyggda primärtolkningar för härdarna. Undersökningen visar att det finns skillnad i användning av härdarna mellan de olika kontexterna. Den pekar också mot att de ensamliggande härdarnas huvudsyfte varit matlagning. Denna specifika matlagning förefaller ha skett på fasta replipunkter i betesmarken, i ett system av välorganiserad betesdrift under yngre bronsålder och äldre järnålder.

KATEGORISERING OCH TYPINDELNING AV HÄRDANLÄGGNINGAR

Vid arkeologiska undersökningar görs vanligen en första kategorisering av framkomna anläggningar. Oftast utgör härdar, kokgropar och ugnar några av huvudkategorierna. Knarrström och Olsson har lanserat begreppet *härdanläggning* som en samlande typbestämning som betecknar flera ytligt sett likartade anläggningar med anknytning till eld och/eller värme, så som kokgropar, ugnar, härdar och härdbottnar (Knarrström & Olsson 2000:22) och jag använder mig av det här. Ugnar är ur arkeologisk synvinkel tämligen väl avgränsade mot härdar och kokgropar. De är en kategori som ägnats mycket studium, har en egen terminologi, egna undertyper, ofta väldefinierade användningsområden och specifika funktioner varför jag inte diskuterar dessa vidare här. Däremot kan det ofta vara svårt att särskilja mellan härdar och kokgropar. Kriterierna för anläggningstyperna varierar också mellan olika undersökningar. Raimond Thörn har använt samlingsbeteckningen *eldstad* för de två kategorierna (Thörn 1996:136), något som jag ansluter mig till i denna text.

Det är vanligt att man dessutom skiljer på *härdar, härdgropar* och *härdbottnar/härdrester*. Den gängse uppdelningen mellan härdar och härdgropar går tillbaka på S-O Lindquists uppdelning av härdanläggningar vid Halleby i Östergötland. Härdar betecknade de eldplatser som anlagts på markytan och härdgropar avsåg nedgrävda härdar med en stor mängd eldsprängd sten (Lindquist 1968:80f). På den enskilda undersökningen skiljer man numera ofta rent konkret på härdar och härdgropar genom att den första kategorin omfattar härdar intill ett visst djup och de djupare härdarna kallas härdgropar. Grunden till Lindquists indelning, om härden ursprungligen varit ytanlagd eller nedgrävd, verkar i många undersökningar ha försvunnit som bedömningskriterium. Detta är dock den innebörd jag lägger i begreppen ytanlagd respektive nedgrävd härd (härdgrop). Med härdbotten eller härdrest brukar man avse en rest av en härd/härdgrop, ofta belägen i plöjd åkermark. Beteckningen antyder att man inte anser sig kunna bedöma anläggningens ursprungliga utseende. I plöjd åkermark bör alla härdar per definition vara härdrester, sannolikt rester av nedgrävda härdar. Kriterierna för vad som räknas som härd, härdgrop, härdbotten och härdrest varierar från undersökning till undersökning, liksom vilka typer som används i kategoriseringen. Thomas Erikssons definitioner av vad som är härdar respektive kokgropar (från brons- och järnålder) ansluter till den kategoriindelning som ofta används (T Eriksson 1998b). Härdar är oftast runda eller ovala, mellan 0,6 och 2 m långa samt nedgrävda i marken. De innehåller kol och sot och dessutom ofta skärvsten. Härdarna har haft en lång rad av praktiska funktioner, främst som ljus- och värmekälla men användes också för olika typer av hantverk, där upphettning behövdes (T Eriksson 1998b).

Kokgropar anses ha fyllt en mera specialiserad funktion för matlagning (T Eriksson 1998b). De är djupare nedgrävda och fyllda med skärvsten och skörbränd sten. I vissa fall har stenarna värmts upp i gropen, i andra fall i en härd bredvid. Syftet har varit att tillaga mat genom att lägga ned den bland de upphettade stenarna och sedan täcka över det hela. Stora kokgropar var mycket vanliga under bronsåldern, men förekom även senare (T Eriksson 1998b:20). För att särskilja mellan härdar och kokgropar där båda anläggningarna innehåller skärvsten förekommer det också att endast de anläggningar som saknar kol eller har ytterst lite kolinnehåll och saknar kollins, benämns som kokgropar (t ex Lindgren-Hertz 1998:101). I min undersökning används begreppet kokgrop i denna betydelse.

Det kan sammanfattningsvis konstateras att kategoriseringen innebär generella problem vad gäller jämförelser, dels eftersom kategoriernas innehåll varierar från undersökning till undersökning, dels eftersom det finns många anläggningar som inte så lätt låter sig kategoriseras. Den typindelning man vanligtvis gör av eldstäder i härdar respektive kokgropar förefaller ofta fullständigt meningslös om typerna antas syfta på skillnader i primärfunktion och användning. Min litteraturgenomgång visar t ex att en grop med ett kollager i botten och ett skärvstenslager ovanpå detta, kan ha exakt samma funktion som en grop fylld med skärvsten men utan sot- och koliblandning i fyllningen. Ett detaljerat kategoriserande av anläggningarna utan en fördjupad diskussion av primärfunktion tjänar inget arkeologiskt syfte.

VARIABLER SOM RELATERAR TILL ELDSTÄDERNAS URSPRUNGLIGA FUNKTION

Med ledning av eldningsexperiment, arkeologiska studier samt etnografiska och historiska exempel, anser jag att man kan särskilja några grundläggande morfologiska variabler som avspeglar eldstädernas tillkomst-, användnings- och övergivandehistoria och vilka ibland kan ha samband med deras funktion. De variabler jag anger syftar således på grupperna härdar och kokgropar där gränserna mellan kategorierna är minst sagt flytande och varierande.

- Om eldstaden har varit ytanlagd eller nedgrävd.
- Om den innehåller skärvsten eller ej.
- Om man har eldat i den eller om man eldat vid sidan av och flyttat ner varma stenar i den. Anläggningen kommer i första fallet att innehålla relativt stora mängder sot och kol och i det andra fallet mycket små mängder.
- Stratigrafisk uppbyggnad, dvs hur skärvstenen ligger i förhållande till kol och sot.
- Anläggningens storlek och hur mycket skärvsten den innehåller.
- Förekomst av cerealier.
- Förekomst av särskilda konstruktionsdetaljer.
- Förekomst av speciella fynd.

En variabel som kan studeras och är viktig för tolkningen, men som strängt taget hör hemma i en annan kategori är återanvändning.

Diskussion av kriterierna

I detta avsnitt diskuteras närmare de ovan angivna variablerna hos eldstäder. Jag redogör för exempel från andra kulturer och experiment som visar på vilket sätt enskilda variabler kan vara ett uttryck för en bestämd tolkningsaspekt. En anläggning behöver inte ha haft samma funktion under hela sin brukningstid men det är det sista användningstillfället som är det tydligaste vid en arkeologisk undersökning. Beskrivningarna nedan är stundtals mycket ingående, beroende på att vissa detaljer kan vara av betydelse för att förstå mitt val av undersökningsstrategi och tolkning av resultaten.

Ytanlagda respektive nedgrävda härdar samt härdarnas djup

Det finns all anledning att anta att de ytanlagda och de nedgrävda härdarna återspeglar två funktionellt åtskilda kategorier. H A Groenendijk (1986) framhåller att ytanlagda härdar innebär ineffektiv användning av eld i så måtto att de kräver mer bränsle än de nedgrävda. Från de ytanlagda härdarna strålar värmen ut och kan endast hållas kvar genom en stenkonstruktion och en ytanlagd härd behöver alltid skydd emot väderpåverkan (Groenendijk 1986:99). För nedgrävda härdar begränsas väderpåverkan till inledningsskedet, när det behövs lite vinddrag. När de öppna flammorna övergått till glöd kan mat tillagas i härdgropen. Värmen strålar ej ut från en nedgrävd härd utan elden är instängd, hög temperatur kombineras med låg bränsleåtgång och veden kan glöda i timmar (Groenendijk 1986).

Både S-O Lindquist (1968) och Sten Tesch (1972) har bedömt att skillnaden mellan ytanlagd respektive nedgrävd är den viktigaste morfologiska variabeln med klar koppling till funktion, hos en eldstad. Tesch har kommenterat detta: ”Påtagligast är skillnaden mellan de ytliga och grunda anläggningarna, som närmast verkar ämnade att avge värme till omgivningen, och de djupa som ganska visst varit använda vid matlagning och mera speciella funktioner” (Tesch 1972:25). En iakttagelse som Tesch betonade var att flera nedgrävda härdar i hans undersökning hade dragkanaler i botten, skapade av parallellt lagda pinnar och grenar.

Ett källkritiskt problem är att ytanlagda härdar saknar förutsättningar att bevaras i plöjd åkermark. En modern plog har ett plogdjup på ca 0,3 m. Under härdar brukar sanden vara rödbränd ytterligare ca 5 cm (Lindquist 1968). I lerig mark är intrycket snarast att det rödbrända bara omfattar ett par, tre centimeter. De rödbrända fläckar och tunna härdbottnar som påträffas under en modern ploggång bör därför härröra från ursprungligen nedgrävda härdar, som förstörts genom plöjning. En indelning av härdar respektive härdgropar i betydelsen ursprungligen ytanlagd respektive nedgrävd är med andra ord inte relevant i de partier av en undersökning som ligger i plöjd åkermark. Det är egentligen endast i aldrig odlad mark vi kan få en uppfattning om hur vanliga de ytanlagda härdarna kan tänkas ha varit. Även här får man nog tänka sig att spåren av många ytanlagda härdar inte kommer att upptäckas. När elden endast resulterat i en liten fläck rödbränd jord är sannolikheten att den ska uppmärksammas inte så stor.

Förekomst respektive avsaknad av skärvsten i eldstäder

Om en eldstad innehåller skärvsten eller ej är en annan grundläggande variabel som kan vara relevant för funktion. Upphettad sten fungerar som ett värmemagasin. Harald Hvarfner gjorde ett kokgropsexperiment med utgångspunkt i en undersökt kokgrop där stora delar av bränslet var förkolnat och man därför kunde se hur det ursprungligen legat (Norberg 1996:13 och där anförd litteratur). I experimentet lade man torv ovanpå den upphettade skärvstenen i gropen för att kontrollera förbränningens hastighet. Förbränningen pågick i åtta timmar innan den slocknade och skärvstenen förblev värmegivande i ett dygn. Försöket visade att eldning i groparna är bränslebesparande, och att en stark hetta utvecklas (Norberg 1996). Ett annat experiment har visat att en nedgrävd härd svalnar två till tre gånger långsammare än en ytanlagd (Vikkula 1993:29 f). Skärvsten i en eldstad visar generellt på att man eftersträvat en långvarig värmeavgivning utan flammor.

Grith Lerche (1969) har i en ofta citerad artikel beskrivit matlagning i kokgrop i Nya Guineas högland, där sötpotatis anrättades. Ett 40-tal knytnävsstora stenar av vulkanisk bergart insamlades. I marken grävdes en grop, ca 0,5 m i diameter och ej mer än 0,2 m djup. I botten av gropen gjordes upp en eld. Över gropen lade man ut en ram av träpinnar, ca 0,7 m i diameter. Härpå lades ett lager av ved där pinnarna hade samma riktning och över detta lades ytterligare ett lager ved, vinkelrätt mot det första. På denna plattform lades de insamlade stenarna i ett ca 0,15 m tjockt lager. När elden brann ut föll stenarna ner i gropen. De flesta togs upp med hjälp av en kluven käpp. En del av stenarna lades i ett litet bål som tänts alldeles intill gropen, medan andra lades i en bunke och kvickt svalnade. De stenar som jämte träkol var kvar i gropen jämnades till. Ett lager blad lades på stenarna, därefter ett lager av heta stenar tagna ur det lilla bålet vid sidan av gropen. Här på lades maten som skulle kokas. Fem – sex varma stenar placerades ovanpå maten. Det hela övertäcktes av blad, fler varma stenar och gräs. Kokgropen stängdes med grästorvor som lades med gräset neråt. Maten var färdig efter ungefär en timme. Gropen öppnades och de översta stenarna kastades åt sidan och endast stenarna i botten blev kvar i gropen. Sådana kokgropar kunde anläggas ute i det fria men också inne i hus. Ofta låg en stensatt huvudeldstad centralt i husen medan kokgroparna med skörbrända stenar låg mellan eldstaden och väggarna.

Gropformade anläggningar med koksten har också använts för ångkokning t ex genom att man stänkt vatten på de olika lagren i kokgropen (Lerche 1969) eller genom att gropens insida fodrats med t ex skinn och vatten hällts ner i den (Norberg 1996:11f och där anförd litteratur).

Under större delen av förhistorisk och historisk tid har fett i maten varit en bristvara, till skillnad från nu (Spång 1986). Fett kunde sparas i form av smör och delar av södra Sverige skattade i smör under medeltiden. Jägarfolk i cirkumpolära områden steker ogärna maten direkt på elden, eftersom fettet då går förlorat. Man föredrar kokning för att spadet då också kan förtäras. Beredning av mat i kokgrop ger enligt Spång heller inga nämnvärda fettförluster, eftersom processen kan hållas vid jämn låg temperatur samtidigt som den är instängd (Spång 1986:58). Här kan man notera att hos sentida (jägar-) folk har kokning mest skett på boplatser där tillgången på färsk mat varit stor, dvs det var färsk mat man kokade. Kött som konserverats, torkats, frysts eller jästs konsumerades direkt utan kokning (Spång 1986:50 och där anförd litteratur).

Olika typer av sten har skilda egenskaper. Från Nordamerika finns uppgifter om att en viss typ av kvartsit föredrogs som koksten, eftersom andra typer av sten ansågs ge maten dålig smak. Man förde med sig koksten dit man flyttade eftersom den rätta stenarten inte fanns överallt (Norberg 1996:10 och där anförd litteratur).

Så långt har förekomst av skärvsten i eldstäder diskuterats. Avsaknad av skärvsten kan emellertid också, beroende på den arkeologiska kontexten, indikera en viss tolkning. I flera av husgrunderna på L'anse of Meadow på New Foundland fanns nedgrävda gropar som endast innehöll kol och sot men saknade skärvsten (Myhre 1980:200 och där anförd litteratur). Dessa tolkades om glödkammare, där glöd förvarades över natten. Sådana glödkammare är vanliga i husgrunderna från tidig medeltid på Island och Grönland och finns också i Norge, i husgrunder från vikingatid och medeltid. Myhre anser att de också kan ha varit relativt vanliga i hus från äldre järnålder (Myhre 1980).

Kol- och sotinnehåll

I gropar med skärvsten är det mycket vanligt att man låter förekomst eller avsaknad av större mängder kol vara den faktor som avgör om en anläggning skall klassas som härd/härdgrop eller kokgrop. Härdgrop innebär i detta fall en grop där man eldat och där stenar oftast placerats på veden för att upphettas. Stenarna har fått ligga kvar i gropen när de blivit heta och i de fall man berett mat här har den lagts ovanpå stenlagret (och eventuellt täckts med ytterligare sten).
Kokgrop innebär enligt denna terminologi att man gjort upp eld vid sidan av gropen och värmt stenarna här varefter de flyttats över till gropen där matlagning skett på liknande sätt som i härdgropen (såvitt det inte rör sig om kokgropar med specialiserad funktion). Arkeologiskt är detta två anläggningstyper som ser helt olika ut. Groparnas tillkomsthistoria skiljer sig åt genom att man eldat i den ena, men inte i den andra. Deras användningssätt kan dock ha varit identiskt. För mig förefaller det i alla händelser som att båda anläggningstyperna kan ha tjänat samma generella syfte – vardagsmatlagning. Tidsmässigt hör kokgropar (enligt denna definition) framför allt hemma i bronsåldern medan härdgropar framför allt hör hemma i äldre järnåldern. Det finns anledning att anta att kokgroparnas roll under äldre järnålder övertas av de nedgrävda härdarna.

I själva begreppet kokgrop ligger en tolkning av funktion, som är missvisande, eftersom de nedgrävda härdarna som vi sett kan tjäna exakt samma syfte. Man har menat att kokgroparna har haft ett snävare användningsfält än härdarna. Inget av detta stämmer. Skillnaden ligger, som vi sett, i anläggningarnas tillkomsthistoria, inte nödvändigtvis i hur de använts.

Redan Henrik Thrane påpekade det tveksamma i begreppet kokgrop, och menade att det var mera relevant att se och definiera kokgroparna som en särskild typ av energikälla som var energisnål och gav en långsam och jämn värme (Thrane 1974:105ff). Sven Isaksson menar att kokgropar egentligen inte speglar något mer än den pyrotekniska kunskapen att värme kan bevaras i sten, vilket sparar tid, arbete, bränsle och ger en långvarig värme utan rök och lågor (Isaksson 1996:139). Kritiken av den begreppsförvirring som råder mellan begreppen härd, härdgrop, härdbotten, härdrest och kokgrop har upprepats av snart sagt var och en som studerat företeelserna på ett fördjupat sätt (t ex Claesson 1998, Gustafson 1993, Knarrström & Olsson 2000).

Lösningen på detta problem är naturligtvis att man är medveten att de olika begreppen endast är operationella kategorier, som i bästa fall hänsyftar på en viss tillkomsthistoria eller användningshistoria men som också mest kan ha samband med vad som hänt anläggningen efter att den kommit ur bruk. Om man noga specificerar vad man vid varje undersökning avser med de olika kategorierna bör det inte innebära några problem.

Stratigrafisk uppbyggnad och återanvändning

Den mest inflytelserika detaljstudien av eldstäder torde vara Bjørn Myhres analys av eldstäderna som framkom inne i de fyra husgrunderna vid Ullandhaugboplatsen från 300–550 e Kr. Utomhuseldstäder exkluderades alltså från studien. Myhre delade in eldstäderna i fyra grupper med utgångspunkt i stratigrafin och fyllningens innehåll (Myhre 1980:193).

a) Eldstäder som ej innehöll skörbränd sten men träkol eller träkolhaltig jord.

b) Eldstäder som innehöll spridda skörbrända stenar och träkol.

c) Eldstäder som innehöll ett jämt lager av skörbrända stenar med ett träkolslager under.

d) Eldstäder som bara innehöll skörbrända stenar nästan utan träkolsinblandning.

Myhre menar att eldstädernas olika former och typer troligen avspeglar olika användning och kanske olika funktion. Typ a, eldstäder utan skörbränd sten, tolkas som huvudeldstäder i hus, där det har varit en öppen eld. Dessa har framför allt syftat till att ge värme och ljus och i mindre grad ingått i den matlagningsprocess som involverat koksten. Eldstäder av typ c, med ett jämnt lager av skörbränd sten över ett träkolslager har varit uppvärmningsplats för koksten. Eldstäder av typ b, med spridd skärvsten, kan vara uppvärmningsställen för kokstenar där de flesta stenarna eller maten har tagits upp. Eldstäder av typ d användes till att förvara uppvärmd koksten i, sten som värmts upp i en näraliggande härd och som flyttades härifrån till förvaringsgropen (typ d) och sedan vidare till kokgroparna (Myhre 1980). Myhres tolkning av de konkreta handlingarna förbundna med eldstäderna vid Ullandhaug har starkt influerats av Lerches beskrivning av matlagning i kokgrop på Nya Guinea (Lerche 1969). Styrkan i Myhres härdstudie är att han har visat att det går att hitta funktionella kategorier med utgångspunkt i morfologiska variabler även för eldstäderna.

Eldstäders profil är ofta den viktigaste källan när man vill avgöra om en anläggning återanvänts. Här kan lagerbilden ibland peka mot otvetydig återanvändning. Att enbart utifrån stenarnas utseende bedöma om en eldstad varit återanvänd kan vara vanskligt. Ett norskt kokgropsexperiment visade att ingen av stenarna i en kokgrop sprack vid första användningen, utan de kunde användas 2–3 gånger innan de gick sönder (Norberg 1996:13 och där anförd litteratur). Inne i hus och i husens närhet tyder lagerbilden i eldstäderna ofta på omfattade återanvändning.

Anläggningens storlek och skärvstensinnehåll

En analys av härdarna på Granebergsboplatsen i Litslena socken, Uppland, gjord av Thomas Eriksson visar att variablerna storlek och skärvstensinnehåll kan vara relevanta för ursprunglig funktion (T Eriksson 1998a:220ff). På boplatsen fanns sex till sju långhus och två staklador samt härdar samlade i fem grupper. Boplatsen daterades till perioden 200-tal f Kr till övergången till vendeltid. Utifrån variablerna storlek och skärvstensinnehåll delades härdarna in i fyra grupper:

1. Härdar med en längd under 1 m och skärvstensinnehåll på upp till 60 kg. Djupet understeg 0,1 m.

2. Samma kriterier som grupp 1 men med ett djup på 0,1–0,23 m.

3. Härdar med längd mellan 1,0 och 1,75 m och med skärvstensinnehåll på upp till 100 kg.

4. Stora flacka härdar som var mellan 1,75 och 3 m långa.

Härdarna i grupp 1 och 2 återfanns endast utomhus. För dessa härdar föreslog Eriksson en funktion som matlagningshärdar. Grupp 3 fanns både inom- och utomhus. I flera av dessa härdar påträffades keramik. Eriksson antog att de använts för såväl värme som matlagning. I två av dem fanns sintrade flata skivor av bränd lera. Innehållet tydde på att man använt härdarna till någon aktivitet som fordrat starkare värme men Eriksson framförde inga förslag härpå. Provtagning gjorde att gjuteriverksamhet och järnhantering kunde uteslutas. Härdarna i grupp 4 har alla legat utomhus och hittades framför allt samlade kring en bergsklack (T Eriksson 1998a). Det är intressant att notera att Eriksson inte använde lagerföljd som kriterium för sin indelning. Han undersökning visar istället att andra morfologiska kriterier kan användas i en funktionsanalys av härdar.

Claes Fredriksson har gjort en statistisk bearbetning av eldstäderna på boplatsen på Genesmon i Ångermanland, där en gårdsanläggning daterad till 100–600-tal e Kr undersöktes (Fredriksson 1991, Ramqvist 1983). Hans analys omfattade 83 eldstäder, där både härdar och kokgropar finns representerade. Fredriksson har gjort korrelations- och clusteranalyser av åtta variabler; längd, bredd, djup, volym, skörbränd sten, bränd lera, brända ben och slagg. Resultatet av clusteranalysen blev en uppdelning av eldstäderna i två huvudgrupper som relaterar till storleksvariablerna och skärvstensinnehållet. Den ena gruppen dominerades av mindre eldstäder som koncentrerades i och i direkt anslutning till husen. Den andra huvudgruppen innefattade de stora eldstäderna som innehöll mycket skärvsten. De låg spridda över boplatsen och uppvisade inga direkta koncentrationer. De två huvudgrupperna kunde delas upp i tio undergrupper, där sex gav en antydan om ett mönster i eldstädernas spridning och indikerade en indelning av gårdsplatsen i aktivitetsytor (Fredriksson 1991).

Claes Fredriksson och Thomas Eriksson har identifierat liknande mönster med mindre och större eldstäder respektive härdar med delvis skild spridning på två undersökta boplatser med likartad datering (yngre romersk järnålder och folkvandringstid). De mindre anläggningarna förbands med matlagning och de större med specialiserade aktiviteter. Resultaten kan jämföras med Grith Lerches beskrivning av kokgropsmatlagning från Nya Guinea där det framgår att kokgroparna för matlagning inte varit speciellt stora (Lerche 1969).

Förekomst av cerealier

Endast i en studie diskuteras förekomst av cerealier i eldstaden som en indikation på funktion. Det gäller Eldsberga i södra Halland där det framkom axdelar från ett spelt- eller skalvete, sannolikt emmer, i två kokgropar (Viklund 2003:78). Dessa tolkades som använda för att rosta säd som sedan sållats ren över anläggningen (Fors 1999:31). Tina Fors har föreslagit att rostningen kan ha skett genom att ett vidjegaller placerats över kokgropen (Fors 1999). Det kan också ha använts vida kärl som placerats på värmekällan. Säden har därefter lagts i kärlen eller på vidjegallret och under rostningen rördes det om. Efter rostningen gnuggades axdelarna bort och säden sållades ren, kanske i såll av tunna läderremmar och det är vid detta moment som ax- och skaldelar hamnat i groparna vid Eldsberga (Fors 1999:32f).

Skalvete även kallat speltvete (omfattande emmer, enkorn och spelt) har ett hårt skal kring sädeskornet till skillnad från naket spannmål. ”För att människor ska kunna äta bröd, gröt eller någonting överhuvudtaget, berett på speltveten, måste de hårda vassa ax- och skaldelarna tas bort, de försvinner inte vid tröskningen. Ett sätt är att rosta säden efter tröskningen och före malningen” (Viklund 2003:79). För att säden inte ska spricka utförs rostningen sakta och under en till två timmar. En konsekvens av att frigöra denna typ av sädeskorn från skalen är att de därefter inte kan lagras någon längre tid utan att ta skada (Fors 1999). Därför är det troligt att säden för den vardagliga förbrukningen rostades efter hand i mindre kokgropar i närheten av bostaden eller där den tröskade säden förvarades (Fors 1999:34).

Kokgropar är framför allt ett bronsåldersfenomen. Från och med förromersk järnålder försvinner kokgropar i hög grad ur det arkeologiska materialet och istället hittas nedgrävda härdar innehållande skärvsten samt rikligt med sot och kol. Makrofossilanalyser visar att skalkorn varit den dominerande grödan under äldre järnålder (Viklund 1998a:132) och skalkorn är ett sädesslag som med fördel kan torkas och rostas inför skalning och malning, bl a eftersom agnarna då lättare kan avlägsnas. Det finns arkeologiska belägg för rostning av korn; ett danskt fynd av grovmalet, skarpkantat korn med datering till romersk järnålder (Curwen 1938:151f). Avsaknaden av kokgropar på många av äldre järnålderns boplatser betyder (i den mån kokgropar regelbundet varit förbundna med sädesrostning) att sädesrostningen måste ha gått till på ett annat sätt och i en annan typ av anläggningar än under bronsåldern. I historisk tid har man torkat och rostat skalkorn bl a på hällar men även genom att rulla runt heta stenar bland säd i stora trätråg (Viklund 2003:79). Jag föreslår emellertid att de nedgrävda härdarna med ett lager skärvsten över ett kollager kan ha tjänat samma funktion som kokgroparna när väl elden brunnit ut. Att så många härdar på boplatser uppvisar just denna stratigrafiska uppbyggnad tyder på att den process de representerar just bestått i att stenarna fått avge värme till något som placerats på eller över stenbädden. Det färdigpreparerade objektet har lyfts bort utan att stenarna och kolet nämnvärt rubbats. Detta utesluter att sådana härdar använts till matlagning på det sätt som beskrivits av Grith Lerche (1969) från Nya Guinea, där matpaketet även övertäckts med upphettade stenar. I det sistnämnda fallet borde den stratigrafiska bilden bli en blandning av sot, kol och skörbränd sten, åtminstone i anläggningens topp. Jag föreslår alltså att fynd av cerealier i härdar i första hand skall tolkas som spår av sädesrostning, inte som spill från matlagning.

Förekomst av särskilda konstruktionsdetaljer

Jan Melander har i en artikel diskuterat en anläggningstyp som förekommer i norra Sveriges inland och som han benämner torkugn (Melander 1986). Påfallande ofta ligger de i närheten av fångstgropar och nutida jaktpass, ibland också på boplatser nära fångstgropssystem och Melander menar att de har ett funktionellt samband med fångstgropar från järnåldern. Före undersökning liknar de ofta fångstgropar. Torkugnarna har nedgrävt bottenplan, i regel rektangulära till formen men i enstaka fall kvadratiska. I ugnarnas botten finns ett ca 0,1 m tjockt kollager och på detta finns ett 0,15–0,35 m tjockt lager av skärvsten. Bottenplanet varierar i storlek mellan 0,6x1,8 m och 2,0x3,8 m och är omgivet av en kantvall av sand, där också skärvsten kan förekomma. Experiment visade att stark värme kommer att utvecklas under en lång tidsrymd i ugnarna, varför man antagit att det som skulle tillredas inte placerats direkt på stenarna (Melander 1986:114 och där anförd litteratur). Melander slöt sig, med ledning av storleken på ugnarna samt deras närhet till fångstgropar, till att de använts framför allt som torkugnar för älgkött. För att torkningen ska vara effektiv bör köttet styckas i mindre bitar, vilka sedan hängs upp i en ställning över ugnen. Anläggningarna dateras till järnåldern, med tyngdpunkt dels i slutet av romersk järnålder, dels i 700- och början av 800-talet. De flesta ugnarna varierar i storlek inom 1,8–2,5x1–1,5 m och Melander antog att detta motsvarar den storlek som behövs för att torka köttet från en älg eller eventuellt en ren (Melander 1986). De speciella konstruktionsdetaljer man kan peka på här är det relativt stora rektangulära bottenplanet, skärvstenslagret samt eventuella spår av torkställningar.

Lerhärdar eller lerpallar är anläggningar för bakning som finns framför allt i långhus från 100–300-talen e Kr i Mellannorrland (Fredriksson 1991:8, Pedersen & Widgren 1998:399). De utgörs av långsträckta härdar med en stenpackning täckt av lera. Man eldade på lerplattan och sopade den därefter ren, varpå man gräddade brödet på den varma lerplattan. Det förekommer att man hittar en stenplatta i botten av nedgrävda härdar. Ett sådant arrangemang kan också ha använts för bakning.

Vid Fosie IV fanns några få härdar av en särskild typ, stora och avlånga med en längd av intill 5,6 m och daterade till järnåldern. Dessa tolkades som avlånga "ångningsanläggningar" där träbalkar kunde värmas och ångas under böjning, varefter de antagit den böjda formen. Böjträet sattes i samband med långhus med konvexa rader av stolphål till takbärande stolpar med samma datering som långhärdarna; vendeltid (Björhem & Säfvestad 1993:116ff).

Förekomst av speciella fynd

Speciella fynd i eller i anslutning till eldstäder kan ibland vara indikationer på deras användning. Vid smide hettas ämnet upp i en ässja. Vid undersökning av ässjor hittas ibland slagg och dessa fynd är ofta det enda som skiljer ässjor från vanliga härdar. En härd där ingen slagg tillvaratas kan följaktligen ändå ha varit en ässja – slaggen kan ibland vara av närmast mikroskopisk storlek, något som gör att den lätt förbises om inte speciella undersökningsmetoder används.

Den vanliga keramiken från yngre bronsålder och äldre järnålder har bränts i temperaturer upp till 900/1000 °C. Den vanliga bränningsmetoden under hela förhistorien har varit bränning i öppen eld med full syretillförsel, s k oxidationsbränning. Kärlen har staplats på marken, sannolikt ovanpå ett lager av grenar, bark och dylikt. Man kan även ha utnyttjat en grund grop och haft ett underlag av stenar (Lindahl 2002:30ff). Det är sällan några kärl går sönder vid bränning. En härd av denna typ kan därför sällan skiljas från andra härdar i det arkeologiska materialet (Stilborg muntl). Fynd av keramik som gått sönder vid bränningen skulle dock kunna indikera anläggningens funktion.

HÄRDAR I VÄSTRA ÖSTERGÖTLAND – EN DETALJSTUDIE

Det finns två huvudprinciper för att studera härdar; kvalitativa och kvantitativa. Ett kvalitativt synsätt skulle betyda att en enskild härd kan avtvingas så mycket information att man skulle kunna fastställa exakt i vilket syfte/vilken arbetsprocess den använts - alltså en mera detaljerad tolkning än ljus och värme. Under lyckliga omständigheter kan sådana arkeologiska objekt förekomma. En mycket välbevarad och tydlig anläggning kan ge en tolkningsnyckel till en mängd liknande anläggningar som antingen är mindre välbevarade eller där centrala företeelser har ett mindre tydligt arkeologiskt uttryck.

I fall där det gäller arkeologiska massmaterial finns också möjligheten att använda kvantitativa, statistiskt grundade metoder som kan generera nya data att bygga tolkningarna på. Ett kvantitativt arbetssätt innebär att man behandlar härdarna som en statistisk population. Den statistiska utsagan baserar sig på gruppen som helhet, ej på de enskilda härdarna var för sig. Den kvantitativa metoden är i min analys på intet vis renodlad, jag har dels strävat efter ett så högkvalitativt underlagsmaterial som möjligt, dels genom kvalitativa bedömningar bestämt vilka härdar som ingår i en viss grupp. Även tolkningarna av det kvantifierade resultatet är kvalitativa och resonerande.

De variabler man kan arbeta med vad gäller härdar är morfologi, härdarnas innehåll samt deras kontext. Det rör sig i själva verket om två skilda skalnivåer där morfologi och innehåll relaterar till primärtolkning och kontexten till tolkning på en högre nivå. Morfologiska variabler kan t ex vara längd, bredd, djup och form. Källmaterialet till studier av morfologi, innehåll och kontext skapas vid den arkeologiska undersökningen genom val av undersöknings-, provtagnings- och dokumentationsstrategi. Analyser av morfologi och innehåll är speciellt beroende av detta. Därför är det särskilt viktigt att utforma en mycket konkret undersökningsstrategi redan innan undersökningarna börjat eller senast i deras inledningsskede, samt vara beredd att modifiera den under undersökningens gång, beroende på hur väl den svarar mot de arkeologiska lämningarnas karaktär. Detta förhållande betyder också att det oftast innebär betydande problem att använda källmaterial från undersökningar där särskilda strategier ej tillämpats. Man kan inte räkna med att alla de variabler man själv önskar studera kommer att ha registrerats och i fältarbetet har man kanske inte arbetat aktivt med den arkeologiska kontexten på det sätt den egna analysen kräver. På grund av detta omfattar min analys av härdar i detta kapitel endast undersökningar där jag själv varit projektledare eller på annat sätt involverad och där liknande undersöknings- och dokumentationsstrategier som på mina undersökningar tillämpats.

Den arkeologiska kontexten liksom de morfologiska variablerna är på ett plan beroende av den arkeologiska undersökningen och hur den har utförts. Medvetenhet om vad som kan vara kontext respektive relevanta morfologiska variabler kan skapas genom analogier med, eller i varje fall inspiration från, etnologiska och etnografiska berättelser liksom från en rad andra håll och är således beroende också av detta.

Fig 73. Nedgrävd härd under utgrävning. Foto Gunilla Wickman-Nydolf. *Sunken hearth during excavation.*

Introduktion till detaljstudien

Huvudsyftet med denna detaljstudie av härdar är att söka finna en tolkning och kontext för de ensamliggande härdar och härdgrupper som ofta framkommer vid olika markingrepp. Jag har tills vidare som hypotes att huvuddelen av härdarna ingår i en speciell arkeologisk kontext som hittills varit svårtolkad. Studien syftar också till att söka få fram mera detaljerade och välunderbyggda primärtolkningar av härdar generellt. Dessutom syftar den till att karaktärisera härdar i skilda arkeologiska kontexter med utgångspunkt i primärtolkningarna och att med hjälp av primärtolkningarna ytterligare belysa platsernas kontext.

Det material jag kommer att använda mig av i denna analys härrör från arkeologiska undersökningar utförda söder och öster om Väderstads samhälle åren 1992–98. I samband härmed kom för första gången i regionen en serie platser som skulle kunna karakteriseras som s k ”off site archaeology” (Dunnell 1992) att undersökas på ett ingående sätt. Det rörde sig om lokaler med fossil åkermark där enstaka härdar framkom på alla undersökningar. Spår av odling, boplatser, gravar eller andra omedelbart tolkningsbara företeelser, som varit samtida med härdarna, saknades.

Lokalerna låg inom ett 7 km långt avsnitt där vägen löper igenom den kuperade övergångszonen mellan Östgötaslätten, en av Sveriges bästa jordbruksmarker, och skogmarkerna söder härom. Inom övergångszonen finns mindre ytor av de flesta marktyper; berg i dagen, morän som är omväxlande grusig och siltig, lera liksom sankmarker.

Vid undersökningarna av fossil åkermark i västra Östergötland var, som tidigare nämnts, tolkningen av de härdar som ofta dök upp i eller i anslutning till de fossila åkerytorna en prioriterad fråga (Petersson & Elfstrand u å). Vid undersökningarna av boplats och rituellt område vid Abbetorp utgjorde eldstäder och speciellt härdar en prioriterad kategori. På de nu nämnda undersökningarna ägnades eldstäder och särskilt härdar speciell uppmärksamhet i fält, undersöktes noga och dokumenterades ingående (fig 73). Fältundersökningarna jämte provtagning utformades och omformades med tanke på att om möjligt styrka vissa tolkningsalternativ och eliminera andra. Resultatet av detta arbetssätt har visat sig mycket värdefullt i det fortsatta arbetet med härdarna.

En förutsättning för min studie har varit att undersökningarna omfattats av ett likartat förhållningssätt till härdar som anläggningskategori och en likartad dokumentationsstrategi. Vilka variabler som har dokumenterats varierar något mellan olika undersökningar, varför underlagsmaterialets omfattning varierar mellan de olika variablerna. Nedan presenteras undersökningarna närmare.

Lokal	Antal härdar
RAÄ 157, Krakstad, Hogstads sn	1
RAÄ 166, Mörby, Hogstads sn	4
RAÄ 170, Stora Ljuna, Hogstads sn	7
RAÄ 171, etapp 1, Katthemmet,	–
Hogstads sn	2
RAÄ 171, etapp 2, Katthemmet,	–
Hogstads sn	1
Omr 9, Abbetorp, Rinna sn m fl	2
Omr 13, Abbetorp, Rinna sn m fl	1
RAÄ 172 m fl, Väderstads sn	5
RAÄ 245, Ekhaga, Väderstads sn	7
RAÄ 248 m fl, Väderstads sn	19
RAÄ 275, Storlyckan,Väderstads sn	2 + 2 kokgropar
RAÄ 279, Bäckaskog, Väderstads sn	2 + 1 kokgrop
Summa	**53 st (+ 3 kokgropar)**

Figur 74. De lokaler med ensamliggande härdar och härdgrupper som framkom vid undersökningarna inför ombyggnaden av väg E4 mellan Mjölby och Väderstad. Efter Elfstrand 2005b, Petersson 2001a, Petersson 2004a, Ericsson m fl 1999, Ulfhielm 1998, Ericsson & Franzén 2006, Molin m fl 1999, Molin & Larsson 1999.
Sites where isolated hearths were found during excavations prior to the rebuilding of Motorway E4 between Mjölby and Väderstad.

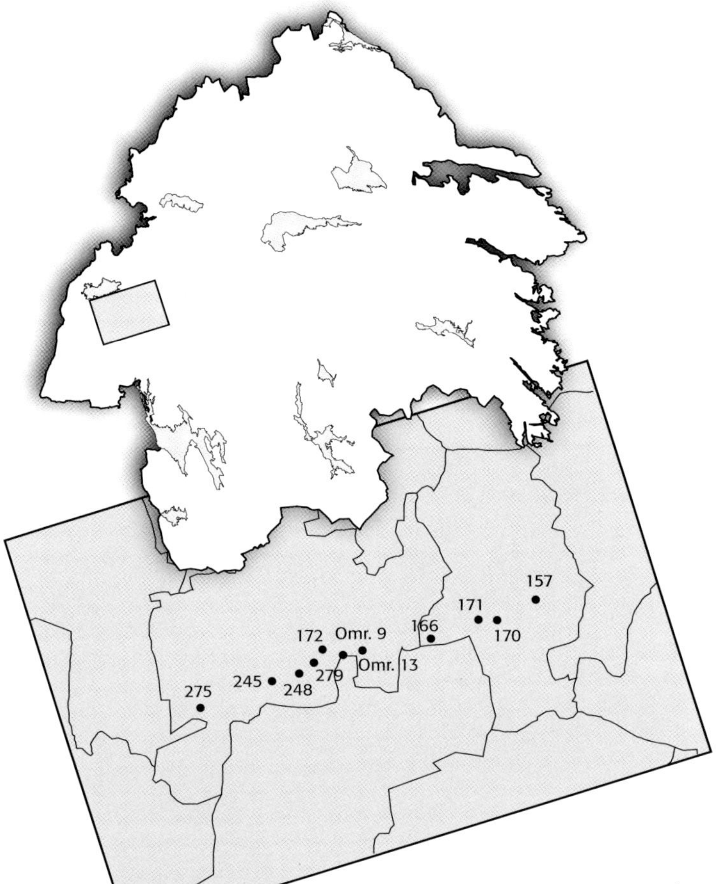

Figur 75. De lokaler som ingår i undersökningen är markerade med respektive nummer i Fornminnesregistret, se vidare fig 74. Grafik Lars Östlin. *The sites included in the investigation. The nubers are ancient monument registration numbers (RAÄ), see further fig 74.*

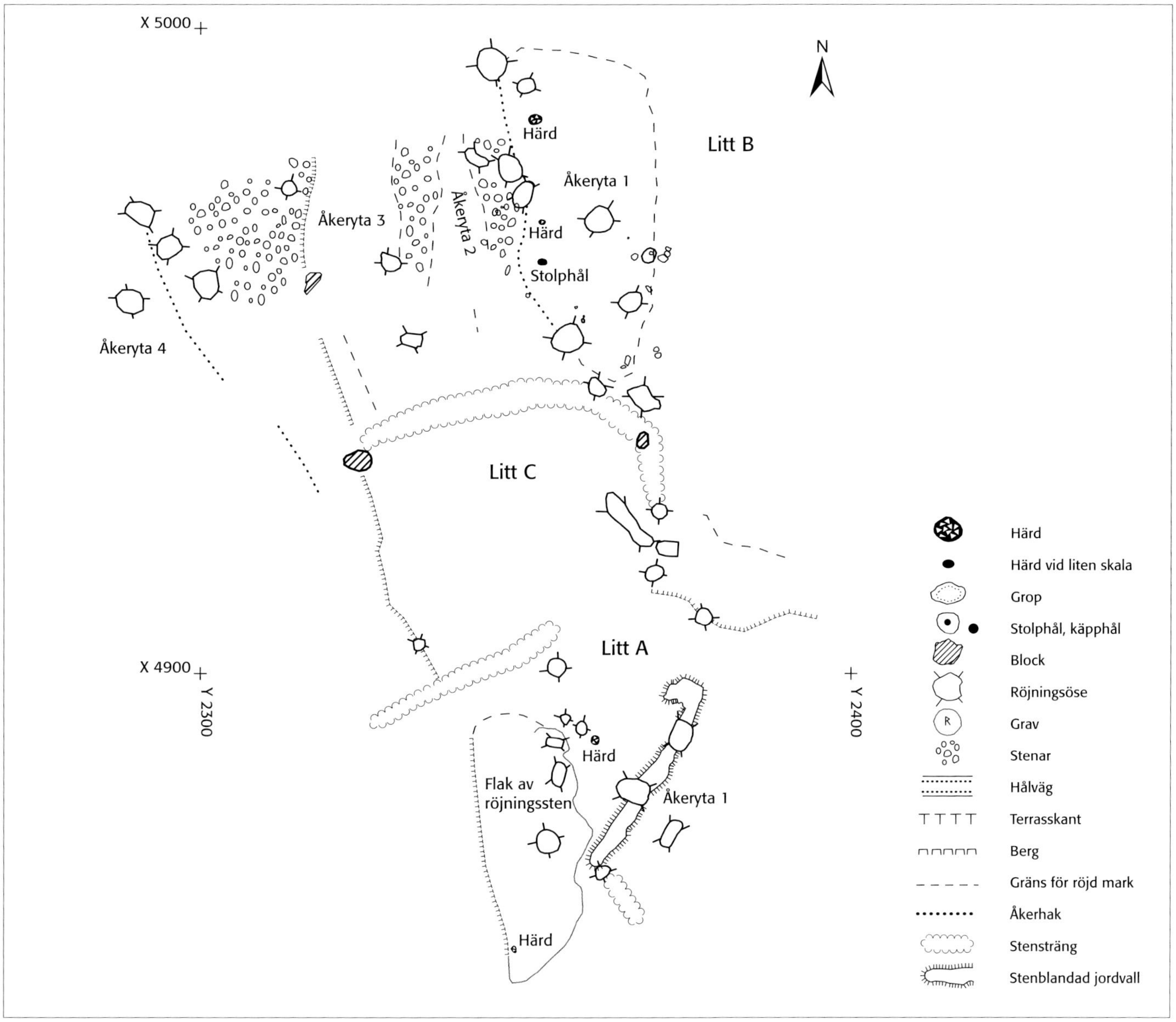

Figur 76. Fossila former och anläggningar framkomna vid arkeologisk undersökning. RAÄ 166, Lundby, Hogstads socken, Östergötland. Efter Petersson 2001a:18. Skala 1:1000. Grafik Lars Östlin. *Fossil forms and features found during excavation. RAÄ 166, Lundby, Hogstad Parish, Östergötland.*

De ensamliggande härdarna och härdgrupperna

I samband med E4-undersökningarna mellan Mjölby och Väderstad undersöktes 12 lokaler med fossil åkermark (fig 74–75). Arbetena med denna fornlämningstyp innefattade ett betydande moment av metodutveckling såväl vad gäller fältarbete som tolkning (se vidare Petersson 1999a, 2001a). På de flesta lokaler framkom ett tidsmässigt flerskiktat landskap med spår av upprepad odling, huvudsakligen dock från historisk tid med tyngdpunkt i medeltid och tidig modern tid. Odlingen har huvudsakligen varit av tillfällig, extensiv art och områdena har varit belägna utanför de medeltida byarnas intensivodlade inägomark (Ericsson m fl 1999, M Larsson & Molin 1998, Petersson 1996, 1999a, 2001a, Ulfhielm 1998). På en av lokalerna framkom belägg för röjning (eventuellt i samband med odling) i senneolitikum/äldre bronsålder (Petersson 1999a:67ff) men för övrigt framkom inga omedelbart tolkningsbara belägg för förhistorisk odling. Under de perioder områdena inte nyttjats för sädesodling har de under långa perioder utnyttjats som betesmark. På samtliga undersökta lokaler med fossil åkermark fanns enstaka härdar eller härdgrupper på eller bredvid de fossila åkerytor som undersöktes. Dessa verkar inte ha legat i omedelbar närhet till samtida boplatser, gravar, åkerytor eller andra arkeologiska företeelser. Detta kan sägas dels med utgångspunkt i den undersökningsmetod som användes, där det gamla åkerjordslagret i de fossila åkerytorna schaktades bort med grävmaskin och stora ytor således frilades, dels med ledning av topografiska förhållanden. Schakt från de arkeologiska utredningarna och förundersökningarna täckte också,

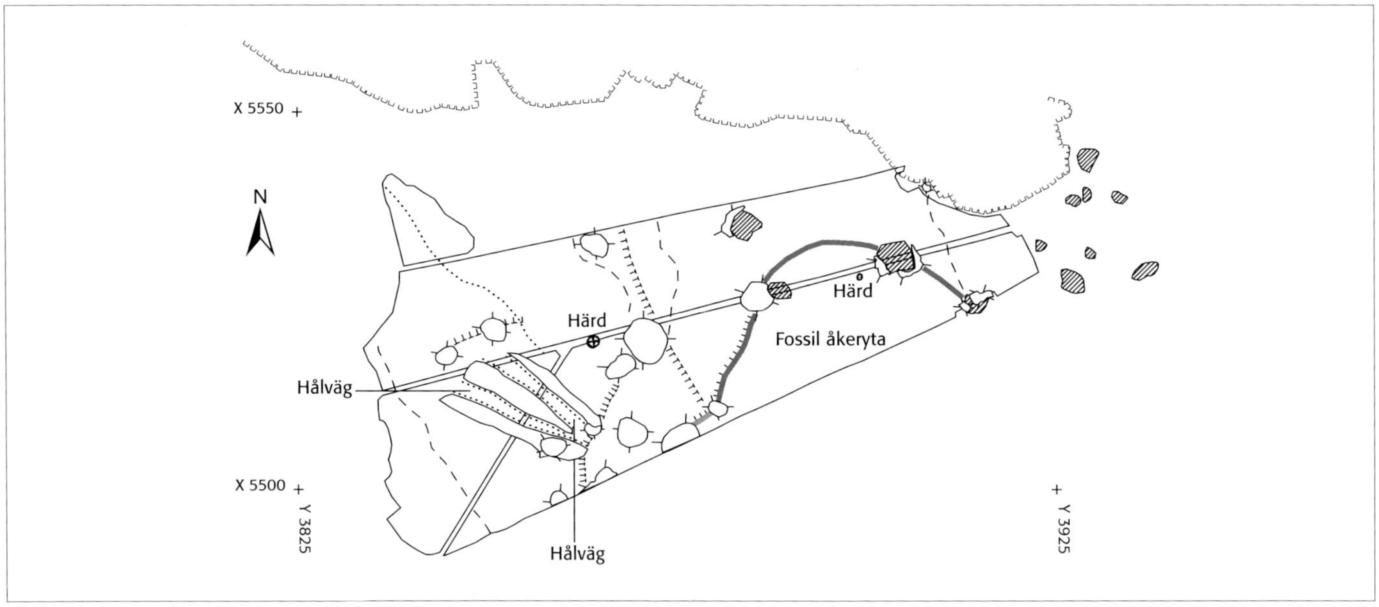

Figur 77. Fossila former och anläggningar framkomna vid arkeologisk undersökning. RAÄ 171, etapp 1, Katthemmet, Hogstads socken, Östergötland. Efter Petersson 2001a:59. Skala 1:1000. Teckenförklaring, se fig 78. Grafik Lars Östlin. *Fossil forms and features found during excavation. RAÄ 171, area 1, Katthemmet, Hogstad Parish, Östergötland.*

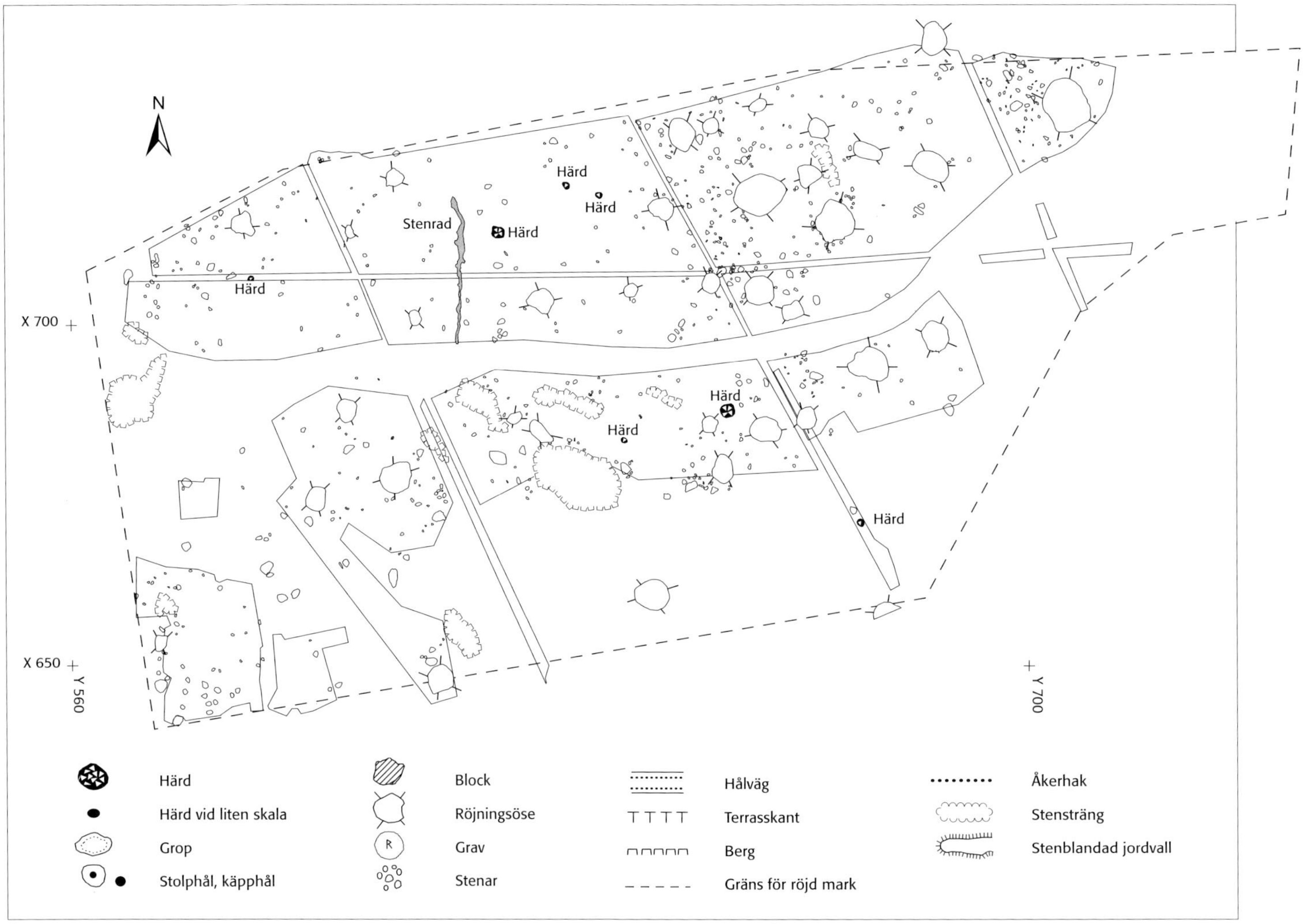

Figur 78. Område A. RAÄ 245, Ekhaga, Väderstads socken, Östergötland. Efter Ulfhielm 1998, fig 11. Skala 1:1000. Grafik Lars Östlin. *Area A. RAÄ 245, Ekhaga, Väderstad Parish, Östergötland.*

Figur 79. **^{14}C-dateringar från undersökningar av fossil åkermark. Alla dateringar från boplats- eller gravsammanhang har uteslutits ur diagrammet. Dateringarna härrör från följande lokaler:**
RAÄ 157 i Hogstads socken (Petersson 1996:10ff).
RAÄ 166 i Hogstads socken (Petersson 1999a:67).
RAÄ 170 och 171 i Hogstads socken (Petersson 2001a:49ff).
RAÄ 107 i Väderstads socken, delområde 13 (Ericsson m fl 1999:33ff).
RAÄ 227 i Väderstads socken, delområde 9 (Ericsson m fl 1999:33).
RAÄ 248 i Väderstads socken (Ericsson & Franzén 2006), efter Petersson 2001b:134. Grafik Lars Östlin.
^{14}C dates from investigations of fossil fields. All dates from settlement or burial contexts are excluded from the diagram. The dates come from the sites listed in Swedish above.

vid många lokaler, in de delar av närområdet där en boplats skulle kunna tänkas ha legat (Petersson m fl 1995, Petersson 1996, Zetterlund & Helander 1995) (fig 76–78). De boplatsnära åkrarna vid Abbetorpsboplatsen (inom område 10 och 11) räknas ej till denna grupp.

För att illustrera avsaknaden av tidsmässigt samband mellan odlingslämningarna och härdarna har jag sammanställt ^{14}C-dateringar från ett tiotal undersökningar i västra Östergötland som berört fossil åkermark, där liknande undersökningsmetoder använts (fig 79). I diagrammet har endast inkluderats dateringar på kol från två typer av sammanhang. För det första finns här kol som insamlats från själva åkerjordslagren i syfte att datera odlingsaktiviteten. Tanken bakom detta är att äldre odling ofta har föregåtts av röjningsbränning och att kolet blandats ner i åkerjordslagret vid jordbearbetningen. För det andra finns här kol från anläggningar (huvudsakligen härdar) som framkommit vid undersökningarna och som ej i fältsituationen kunnat knytas till boplatser, gravar, åkerytor eller liknande. Kolproverna har så gott som undantagslöst analyserats i tandemaccelerator vid Tandemlaboratoriet, Uppsala universitet.

I diagrammet framträder en mycket tydlig och samlad grupp av dateringar i senare delen av första årtusendet f Kr. En närmare analys av gruppen visar att alla dateringar, med ett undantag, härrör från härdar som framkommit vid undersökningarna. De yngre dateringarna, yngre järnålder, medeltid och nyare tid torde alla ha direkt samband med odlingsaktiviteterna och det kol som daterades antogs vara röjningskol (Petersson 2001a).

För att ytterligare undersöka dateringen av ensamliggande härdar och härdgrupper har jag sammanställt dateringarna på alla härdar som saknar tydlig arkeologisk kontext och som framkommit vid undersökningar av fossil åkermark inom E4-vägsträckningen mellan Mjölby och Väderstad (fig 80–81). I diagrammet har också inkluderats dateringar från två stenåldersboplatser i området, där större ytor avbanades och där enstaka härdar och kokgropar med datering till senare perioder framkom. Tyngdpunkten i dateringen av härdarna, ca 90%, ligger i perioden 800 f Kr – Kr f med enstaka tidigare och senare värden. Perioden när härdar anlagts på platser med fossil åkermark daterad till medeltid och nyare tid är alltså mycket väl avgränsad i Väderstadsområdet. Eftersom härdarnas datering är väl avgränsad i tid finns anledning att anta att de också kan knytas till ett specifikt sammanhang, en viss arkeologisk kontext.

Abbetorpsundersökningens härdar

Abbetorpsundersökningens härdar utgör det material jag valt att kontrastera de ensamliggande härdarna och härdgrupperna mot. Den specialstudie av härdar och kokgropar som genomfördes på Abbetorpslokalen söder om Väderstads samhälle var mycket omfattande och en tanke med den var just att så småningom kunna göra en sådan jämförelse (Petersson 2004d). Vid Abbetorpsundersökningen framkom närmare 400 härdar. En

Socken	Lokal (RAÄ)	Lab nr	Age BP	Std	Kal 1σ	Kal 2σ	Anmärkning
Hogstad	166	Ua-7013	2305	85	520–200 f Kr	800–100 f Kr	–
Hogstad	170	Ua-7391	2210	75	380–180 f Kr	400–50 f Kr	–
Hogstad	170	Ua-7392	2350	70	760–250 f Kr	800–200 f Kr	–
Hogstad	166	Ua-7648	2405	70	760–390 f Kr	770–380 f Kr	–
Hogstad	166	Ua-7649	2240	45	390–200 f Kr	400–190 f Kr	–
Hogstad	157	Ua-8544	1995	55	50 f Kr–80 e Kr	160 f Kr–130 e Kr	–
Hogstad	171	Ua-8645	2210	75	380–180 f Kr	400–50 f Kr	–
Hogstad	171	Ua-8648	2515	70	800–520 f Kr	800–410 f Kr	–
Rinna och Väderstad	288 m fl (omr 9)	Ua-8493	2475	55	770–430 f Kr	780–400 f Kr	–
Rinna och Väderstad	288 m fl (omr 9)	Ua-8597	2170	65	360–110 f Kr	390–50 f Kr	–
Rinna och Väderstad	288 m fl (omr 13)	Ua-8630	2345	55	520–260 f Kr	800–200 f Kr	–
Väderstad	275	Ua-8079	3160	80	1520–1310 f Kr	1700–1100 f Kr	Kokgrop
Väderstad	245	Ua-8949	2520	55	800–520 f Kr	800–410 f Kr	–
Väderstad	245	Ua-8950	2310	60	410 - 200 f Kr	800–150 f Kr	–
Väderstad	275	Ua-9107	2085	55	180 f Kr - Kr f	360 f Kr–60 e Kr	–
Väderstad	275	Ua-9108	2880	55	1190–940 f Kr	1260–900 f Kr	Kokgrop
Väderstad	245	Ua-9123	2455	70	760–410 f Kr	780–400 f Kr	–
Väderstad	245	Ua-9124	2355	70	760–260 f Kr	800–200 f Kr	–
Väderstad	245	Ua-9138	380	70	1440–1630 e Kr	1420–1650 e Kr	–
Väderstad	245	Ua-9142	2455	80	760–410 f Kr	790–400 f Kr	–
Väderstad	245	Ua-9144	2120	80	360 f Kr–Kr f	380 f Kr–30 e Kr	–
Väderstad	248	Ua-9278	2420	70	760–400 f Kr	770–390 f Kr	–
Väderstad	248	Ua-9295	2435	65	760–400 f Kr	770–390 f Kr	–
Väderstad	248	Ua-9297	2520	70	800–520 f Kr	800–410 f Kr	–
Väderstad	248	Ua-9466	2260	40	400–210 f Kr	400–200 f Kr	–
Väderstad	279	Ua-9508	2540	60	800–540 f Kr	810–410 f Kr	–
Väderstad	279	Ua-9593	2330	60	520–210 f Kr	800–200 f Kr	–
Väderstad	172	Ua-9656	2245	60	390–200 f Kr	410–160 f Kr	–
Väderstad	172	Ua-9659	2920	65	1260–1000 f Kr	1320–920 f Kr	–
Väderstad	172	Ua-9757	2100	65	210 f Kr–Kr f	360 f Kr–30 e Kr	–

Figur 80. ^{14}**C-dateringar från härdar i fossil åkermark. Underlaget härrör från följande lokaler:**
RAÄ 157 i Hogstads socken (Elfstrand 2005b).
RAÄ 166 i Hogstads socken (Petersson 2001a:11ff).
RAÄ 170 och 171, etapp 1 och 2, i Hogstads socken (Petersson 2001a:49ff).
RAÄ 107 i Väderstads socken, delområde 13 (Ericsson m fl 1999:33ff, Molin & Molin 2003).
RAÄ 172 m fl i Väderstads socken (Ericsson & Franzén 2006).
RAÄ 227 i Väderstads socken, delområde 9 (Ericsson m fl 1999:29ff, Petersson 2004a:68ff).
RAÄ 245 i Väderstads socken (Ulfhielm 1998:36).
RAÄ 248 m fl i Väderstads socken (Ericsson & Franzén 2006).
RAÄ 275 i Väderstads socken (Molin & Larsson 1999).
RAÄ 279 i Väderstads socken (Molin m fl 1999).
^{14}C dates from hearths in fossil fields. The dates come from the sites listed in Swedish above.

betydande del av dessa grävdes ut – drygt ett hundratal undersöktes minutiöst med små handverktyg medan ytterligare ca 175 grävdes med spade – och ett femtiotal ^{14}C-daterades. Alla kokgropar och ugnar undersöktes också. I undersökningsplanen fastslogs att en specialstudie av härdar skulle genomföras. Dess detaljer utformades när fältarbetena påbörjades och den modifierades efter första undersökningssäsongen. Specialstudien hade flera syften. Ett var att med hjälp av olika metoder och observationer söka belysa härdarnas funktion på ett mer detaljerat sätt. Ett annat var att på arkeologisk väg söka identifiera olika kategorier av härdar som varit funktionellt åtskilda. Den metod som användes var att kontrastera härdar belägna i områden

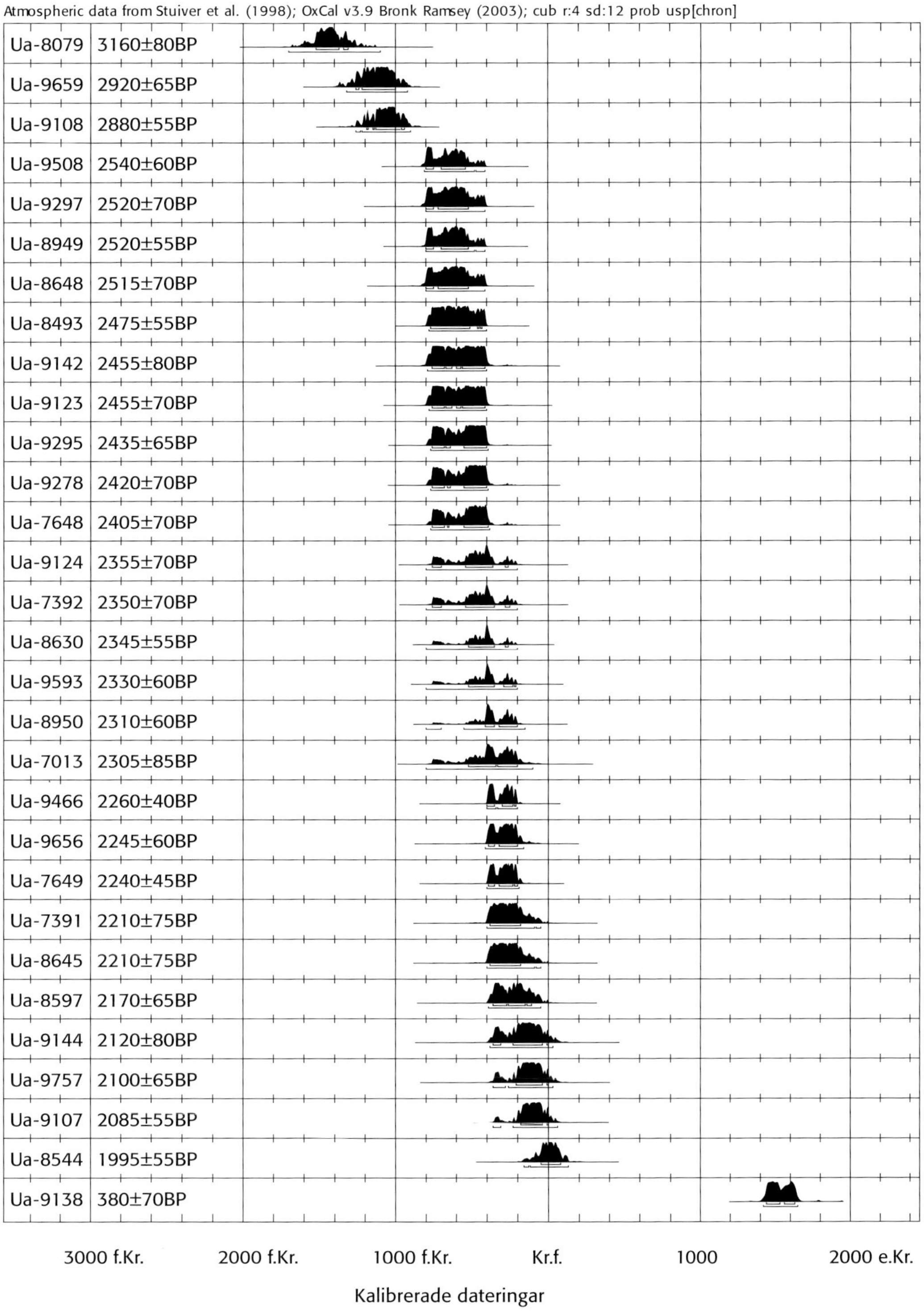

Figur 81. ¹⁴C-dateringar från härdar i fossil åkermark. Baserat på fig 80. Grafik Lars Östlin. *¹⁴C-dates from hearths in fossil fields. Based on fig 80.*

med skild arkeologisk tolkning mot varandra. På så sätt undersöktes hur fördelningen av olika variabler relaterade till härdarna, skilde sig åt mellan de olika områdena. De variabler som analyserades var planform, största diameter (som ett mått på storlek i plan), stenförekomst i plan, djup, profilform, fyllning och lagerföljd, stenarnas skärvighet, anläggningens steninnehåll (volym), förekomst av fynd, fosfatanalys, makrofossilanalys, vedartsanalys samt datering. Samma arbetslag undersökte alla härdar i fält, något som medförde en likartad bedömning och ett jämförbart material. En första analys av de skilda variablerna utfördes våren 1999 av Andreas Hennius (Hennius 2004). Alla analysresultat förelåg då ännu inte och härdar från område 7 blev därför kraftigt underrepresenterade vad gäller ¹⁴C-dateringar liksom makrofossil- och vedartsanalys, medan den för övriga variabler omfattade hela det undersökta härdmaterialet. I två senare publicerade studier, fanns alla analysresultat tillgängliga och resultaten byggde då på ungefär lika många härdar från varje område (Petersson 2001b, 2004d).

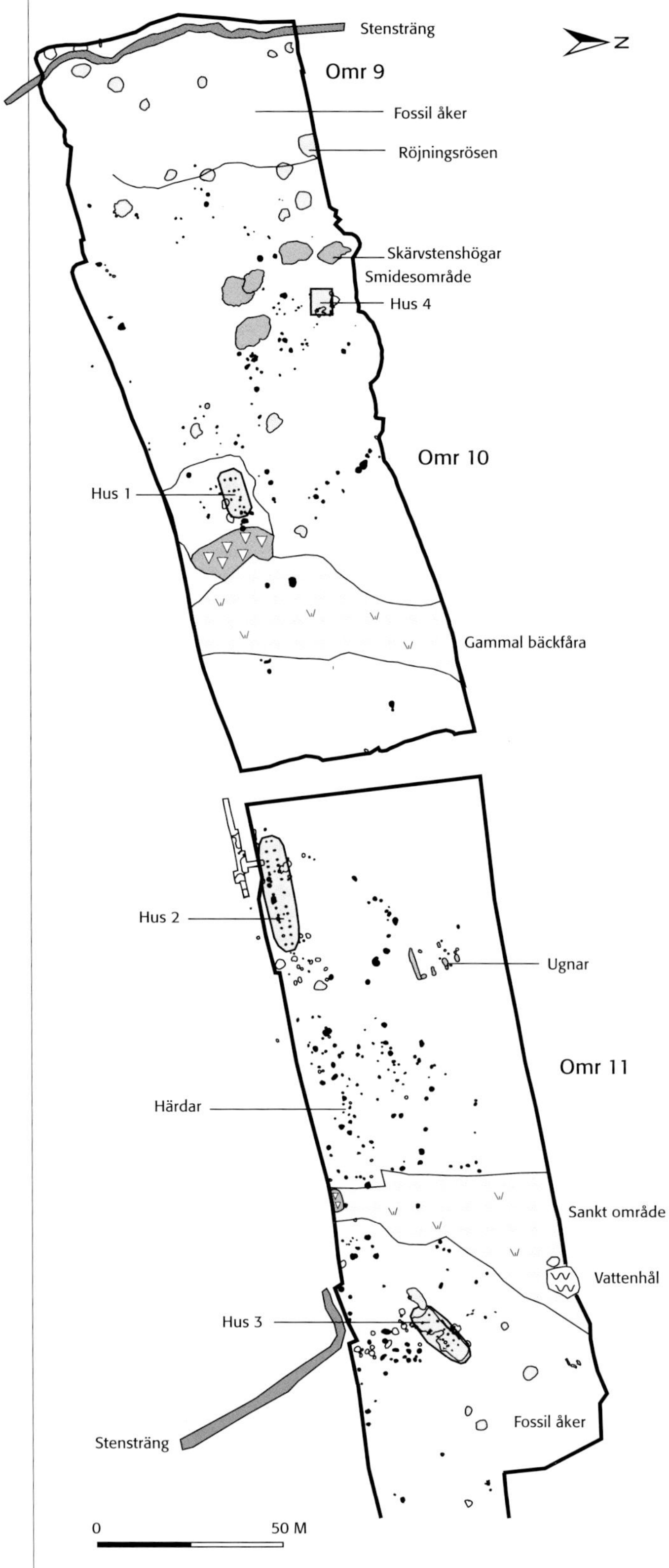

Fig 82. Område 9, 10 och 11, Abbetorp, RAÄ 288 m fl, Rinna och Väderstads socknar, Östergötland. Efter Petersson 2004a. Skala 1:2000. Grafik Lars Östlin. *The Abbetorp site, Rinna and Väderstad Parishes, Östergötland.*

Jag har i föreliggande studie valt att följa den indelning av härdarnas kontext som gjordes i samband med Hennius studie. Härdarna delades då in i tre större grupper där den arkeologiska tolkningen av områdena var förhållandevis klar. I föreliggande studie, där Abbetorpsmaterialet främst syftar till att vara jämförelsematerial för de ensamliggande härdarna, bedömer jag att uppdelningen av materialet i större områden snarast bidrar till att skapa klarhet och överblickbarhet.

Detaljstudiens uppläggning

I denna studie görs jämförelser mellan härdarna i tre arkeologiskt uttolkade kontexter vid Abbetorpslokalen (fig 8) samt gruppen ensamliggande härdar och härdgrupper. Nedan beskrivs kort de fyra grupperna härdar.

- Område 7 vid Abbetorpsundersökningen, där ca 125 härdar låg på en sandig avsats mellan ett gravfält och en offerplats vid sankmarken. Härdarna tolkades som en del av det rituella sammanhanget på platsen och hela område 7 tolkades i rituella termer. Inom området ^{14}C-daterades 12 härdar. Sju dateringar ligger i romersk järnålder och fyra i senare delen av yngre bronsålder (fig 67).

- Område 10 på Abbetorpsboplatsen, där ett hundratal härdar framkom spridda i området. Området har tolkats som ett område för speciella aktiviteter, bl a hantverk knutet till en gård i den lokala boplatshierarkiens topp, vars huvudbyggnad legat i område 11. I område 10 har utförts varierande arbetsuppgifter som ölbryggning, smide, sädestorkning och kanske tröskning. I området fanns också ett mindre treskeppigt långhus som sannolikt varit bostad för arbetsfolk och kanske trälar. Gårdens huvudbyggnad har legat i område 11. I området ^{14}C-daterades 18 härdar. En datering ligger i senare delen av yngre bronsålder och övriga i förromersk och romersk järnålder (fig 82).

- Område 11 på Abbetorpsboplatsen, med ca 150 härdar, där huvuddelen av materialet kommer från ett härdområde med ca 70 härdar. I område 11 låg huvudbyggnaden till en gård i den lokala boplatshierarkiens övre skikt (hus 2). Härdområdet är tolkat som matlagningsplats för vardagsmatlagning, kanske sommarkök knutet till denna gård. En del av härdarna i område 11 låg också i anslutning till ett treskeppigt långhus som varit bostadshus i en mindre gård (hus 3), och tolkades som knutna till vardagsmatlagning. I området ^{14}C-daterades 12 härdar. Tio dateringar ligger i förromersk och äldre romersk järnålder och två i senare delen av yngre bronsålder (fig 82).

- Ensamliggande härdar och härdgrupper vilka framkommit utan anknytning till samtida boplatser, gravfält, offerplatser eller åkrar. Deras arkeologiska kontext har varit svårtolkad. Genom att jämföra dem med härdarna vid Abbetorp, med uttolkad arkeologisk kontext, försöker jag att hitta ytterligare en nyckel till dessa lokalers tolkning. Underlagsmaterialet omfattar 53 härdar och tre kokgropar från 12 lokaler. På de ensamliggande härdlokalerna ^{14}C-daterades 28 härdar och två kokgropar. Deras datering faller huvudsakligen inom yngre bronsålder och förromersk järnålder (fig 74).

Anläggningstyper

I fig 83 visas en sammanställning av härdanläggningarna vid Abbetorp samt på de 12 ensamliggande härdlokaler som ingår i min undersökning. Två härdar, en i område 7 och en i område 10 vid Abbetorp, tolkades som ässjor, dels på grund av intilliggande fynd dels eftersom de innehöll smidesslagg. Dessa ingår ej i sammanställningen, ej heller i min analys.

Av sammanställningen framgår att kokgropar under förromersk järnålder förefaller vara ett fenomen som i första hand är knutet till fast bosättning och hus. Kokgroparna verkar ha samband med vardagsmatlagningen.

I område 11 låg huvuddelen av kokgroparna samlade på gårdsplanen framför hus 3 och även i omedelbar närhet till hus 2 fanns enstaka kokgropar. Inom det rituella område 7 framkom fem kokgropar, belägna på den sandiga avsatsen i anslutning till det södra blocket, nära sankmarken. Uppenbarligen fanns likheter mellan den dagliga matlagningen och matlagning i det rituella sammanhanget som gör att här fanns en liten andel kokgropar bland härdanläggningarna.

Ugnar, den tredje kategorin härdanläggningar, fanns företrädesvis inom boplatsområdet vid Abbetorp, men rester av en ugn framkom även under kantkedjan till en grav i område 7. Om ugnen funnits på stället eller om ugnsresterna deponerats här gick ej att avgöra.

Bland de ensamliggande härdlokalerna fanns, förutom härdar, endast tre kokgropar och ingen ugn. Jämförelserna kommer därför i fortsättningen att koncentreras till härdarna.

Kontext	Antal härdar (varav utgrävda)	Antal kokgropar	Antal ugnar
Omr 7	124 (113)	5	1
Omr 10	108 (100)	0	3
Omr 11	154 (62)	14	4
Ensamliggande härdlokaler (12 st)	53 (53)	3	0

Fig 83. Antalet härdanläggningar (härdar, kokgropar och ugnar) i de kontexter som ingår i detaljundersökningen. *Number of hearth features (i.e., hearths, cooking pits, and ovens) in the contexts included in the detailed study.*

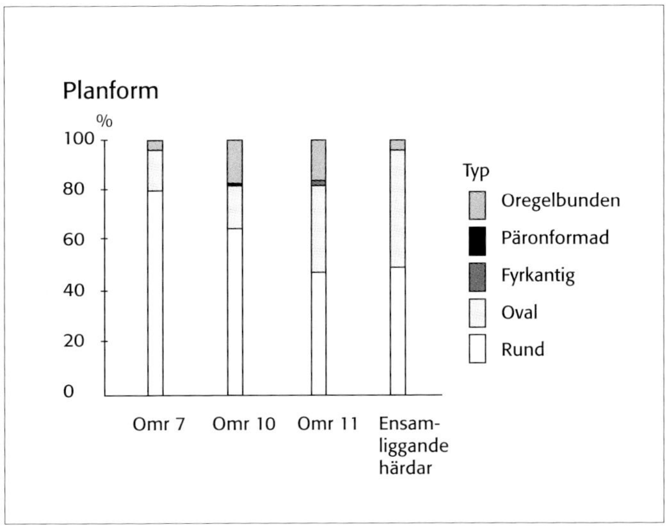

Fig 84. Härdarnas planform. Grafik Lars Östlin. *The hearths in plan.*

Planform

Härdarna har med utgångspunkt i planform delats in i följande grupper; rund, oval, fyrkantig (kvadratisk och rektangulär), päronformad och oregelbunden. När de runda och ovala härdarna adderas visar det sig att bland de ensamliggande härdarna och i det rituella område 7 var andelen förvånansvärt lika – ca 95% (fig 84). På boplatsen (i område 10 och 11) var också den sammanlagda andelen av runda och ovala härdar likartad – drygt 80%. På boplatsen fanns även en grupp av oregelbundna härdar, i vardera området ca 15% och i område 11 fanns också en liten grupp av kvadratiska härdar. Planformen tyder på större diversitet vad gäller primärfunktion på boplatsen jämfört med det rituella området och de ensamliggande härdarna.

I område 7 var andelen runda härdar särskilt hög – 80%, medan den bland de ensamliggande härdarna utgjorde ca 50%. I område 10 utgjorde dessa 65% och i område 11 knappt 50%. Den höga andelen runda härdar i område 7 kan ses som en indikation på att härdarna här ej återanvänts i någon högre grad men också som ett tecken på en uniform och regelmässig aktivitet, något som flera forskare ser som utmärkande för rituella aktiviteter som karaktäriseras av att idéinnehållet formar den upprepade ritens mönster (Kaliff 2005a, Streiffert 2001:118, Thörn 1996:137 och där anförd litteratur).

Längd

Vid Abbetorp dokumenterades alla härdarnas utseende efter avbaning. Därför har även de härdar som inte grävdes ut inkluderats i analysen av härdarnas längd (fig 85). Med längd avses diametern för runda härdar och det längsta tvärmåttet för ovala härdar. Vid Abbetorp blev resultaten rörande längd praktiskt taget identiska för område 10 och 11. Härdarna i område 7 avvek genom att vara mindre. Medianvärdet låg på 0,8 m i område 7 jämfört med 1,0 m i område 10 och 11, något

Kontext	Antal härdar	Variationsområde (m)	Q_1 (m)	Q_3 (m)	Median (m)	Medelvärde (m)
Omr 7	122	0,20–2,50	0,62	1,01	0,80	0,90
Omr 10	110	0,20–2,70	0,80	1,39	1,00	1,10
Omr 11	155	0,25–2,70	0,72	1,40	1,00	1,10
Ensamliggande härdar	52	0,15–6,00	0,61	1,18	0,94	1,08
Härdar innehållande cerealier i område 10 och 11	31	0,50–2,70	0,82	1,60	1,00	1,19

Fig 85. Härdarnas längd (m). Område 7, 10 och 11 avser Abbetorp, de ensamliggande härdarna avser lokalerna i fig 75.
Length of the hearths. Areas 7, 10 and 11 refer to Abbetorp; the isolated hearths refer to sites in fig 75.

som betyder att andelen mindre härdar var större i område 7. De ensamliggande härdarna hade ett medianvärde för längd på 0,94 m och anslöt därför mer till boplatsområdet än det rituella området. Resultatet av den statistiska bearbetningen av härdarnas längd blir att boplatsområdena 10 och 11 uppvisade en större andel stora härdar, medan det rituella område 7 och gruppen ensamliggande härdarna hade en större andel små härdar.

Längd är med andra ord i denna undersökning en variabel som är beroende av arkeologisk kontext. En tänkbar förklaring till resultaten skulle kunna vara graden av återanvändning. En rund härd som rensas ut med spade och återanvänds förlorar lätt sin runda form och blir asymmetrisk, något som vid undersökning kan uppfattas som oval. I boplatskontexten har troligen graden av återanvändning av härdarna varit större än i det rituella området och bland de ensamliggande härdarna. En annan förklaring till de två grupperna vad gäller längd kan vara att härdarnas primärfunktion delvis skilt sig åt mellan boplatsområdet å ena sida och det rituella området samt de ensamliggande härdarna å andra sidan. Samtidigt bör man notera att även om de två sistnämnda områdena liknade varandra, var de inte identiska. Skillnader har alltså funnits antingen den nu gällt graden av återanvändning eller funktion – eller, mera troligt, båda.

Lerches kokgropsstudie från Nya Guinea visar att kokgropar för vardagsmatlagning kan vara små, endast ca 0,5 m i diameter. Flera forskare har bedömt att de små kokgroparna (och härdgroparna) använts för vardagsmatlagning, medan de större fyllt andra, och kanske mer specialiserade, syften (T Eriksson 1998a:220ff, Fredriksson 1991). Streiffert menar att längre härdar har haft en mera specialiserad funktion. Som orsak till antagandet anger han att de på Sannarpsboplatsen i Halland låg mer avskilt i förhållande till bebyggelsen (Streiffert 2001:37). Kanske ska man tyda resultaten av undersökningen av härdarnas längd så att det är en kombination av återanvändning och mera diversifierade aktiviteter som återspeglas i de längre härdarna i område 10 och 11. Om samma förklaring ska ges till de ensamliggande härdarna är tveksamt.

De ensamliggande härdarna uppträder i mitt undersökningsområde under en period av drygt 1000 år. För att undersöka om det finns en kronologisk aspekt av härdarnas utformning har jag undersökt längden hos härdar daterade till yngre bronsålder respektive förromersk järnålder. Medianvärdet för längd hos de två grupperna är exakt det samma och det verkar alltså inte som utformningen ändrats över tid och därmed sannolikt heller inte funktionen.

Ytanlagda och nedgrävda härdar samt djup

Vid analysen av Abbetorpsundersökningens härdar indelades härdarna i två huvudkategorier, ytanlagda respektive nedgrävda. De två huvudkategorierna antogs spegla funktionellt åtskilda kategorier. På Abbetorpsboplatsen har det stora flertalet av de bevarade härdarna ursprungligen varit nedgrävda. Så har varit fallet även bland de ensamliggande härdarna.

Djup är en variabel som knappast är meningsfull att analysera i detta fall eftersom plöjningsgraden varierat. Man får nöja sig med att konstatera att ytanlagda härdar förekom vid Abbetorp i alla områden och att det finns exempel på ytanlagda härdar också i gruppen ensamliggande härdar.

Profilform

Vid Abbetorpsundersökningen delades härdarna in i fyra grupper med avseende på profilform (Hennius 2004), något som jag valt att behålla även i denna analys (fig 86). Typ 1 var skålformad, typ 2 rak och typ 3 en kombination av typ 1 och 2. Typ 4 hade oregelbunden profilform. En skålformad profil kan säkert ibland tolkas som ett tecken på att härden inte varit återanvänd. Vid återanvändning kan man ibland se att man delvis grävt om härden och att profilformen blivit mer ojämn. Typ 2 med sina raka nedgrävningskanter och sin plana botten tolkar jag som en specialhärd, anlagd för en viss typ av tillverkning eller beredning. De raka kanterna antyder att den kan ha varit grävd med spade. Typ 3 kan ha tillkommit genom att man stuckit spaden rakt ner i marken och tagit ett spadtag utan att luta spaden bakåt när man lyfter upp massorna. Profilform av typ 4 skulle kunna ha två orsaker. En kan vara att härden har återanvänts och att den ursprungliga profilformen förstörts. En annan kan vara att man berett något i härden som sedan lyfts upp ur den – kanske med hjälp av spade eller annat verktyg eftersom det bör ha varit mycket varmt nere i härden – och att man då kommit åt härdens kanter så att profilformen blivit mindre distinkt.

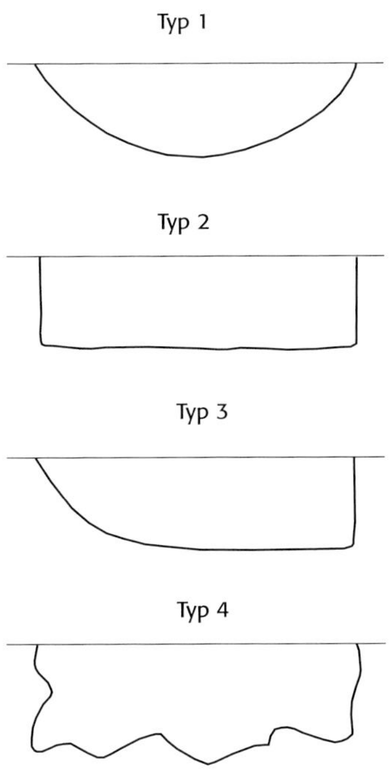

Fig 86.
Härdarnas profilform.
1. Skålformad.
2. Rak.
3. Kombination av 1 och 2.
4. Oregelbunden.
Efter Hennius 2004.
Grafik Lars Östlin.
The hearths in section.
1. Bowl-shaped.
2. Straight.
3. Combination of 1 and 2.
4. Irregular.

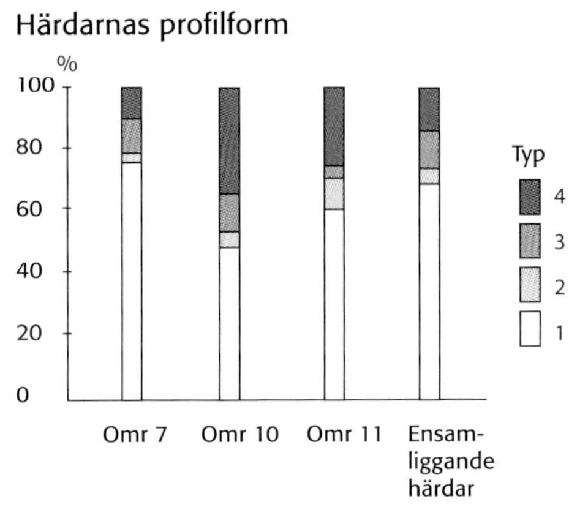

Fig 87. Härdar. Förekomst av de olika typerna för profilform i olika arkeologiska kontexter. Grafik Lars Östlin. *Hearths. Occurrence of the different types of sections in various archaeological contexts.*

I alla fyra kontexterna dominerade typ 1, den skålade profilformen (fig 87). Härdarna i område 7 hade den mest enhetliga profilformen med ca 80% härdar med skålad profil. Även i område 10 och 11 dominerade gruppen med skålformad profil med ca 50% respektive 60%. Gruppen med rak profilform, typ 2, var liten i samtliga områden, som mest ca 5% och andelen var obetydligt större för typ 3. Typ 4, härdar med oregelbunden profilform, var vanligast i område 10, ca 30%, och ca 25% i område 11 medan den i område 7 endast utgjorde ca 10%. Det rituella område 7 avvek med andra ord från boplatsdelen i Abbetorp genom en hög andel av härdar med skålformad profil och en låg andel av härdar med oregelbunden profilform. Oregelbunden profilform tolkas som ett tecken på återanvändning av härdar, något som verkar ha skett i liten grad i område 7.

Bland de ensamliggande härdarna var 70% skålformade (typ 1) och ungefär 12–14 % tillhörde typerna 3 och 4. De ensamliggande härdarna liknade det rituella området genom en hög andel skålformade härdar, men boplatsen genom en jämförbar andel av härdar av typ 3 och 4. Härdar av typ 4, med oregelbunden profilform, skall sannolikt i detta sammanhang ofta tolkas som återanvända.

Profilformen inom område 10 och 11 tyder på mer diversifierade aktiviteter än i område 7 och bland de ensamliggande härdarna.

Fyllning och lagerföljd

Lagerföljden är en av de variabler som visat sig mest användbara när man söker närmare studera vad de nedgrävda härdarna använts till. På Abbetorpsboplatsen indelades härdarna med ledning av lagerföljderna i fyra olika typer (Hennius 2004, Petersson 2004d:117f), som jag valt att behålla även i denna analys (fig 88–89). Indelningen var inspirerad av Myhres studie (Myhre 1980) men också ett resultat av iakttagelser i fält. För fullständighetens skull borde ytterligare två stratigrafiska typer ha ingått: nedgrävda härdar med fyllning av enbart sot och kol samt nedgrävda anläggningar med fyllning av skärvsten men mycket lite sot och kol. Den sistnämnda typen motsvarar definitionen kokgrop. Fördelen med att använda den indelning som använts vid bedömningen i fält övervägde dock och i materialet saknas dessutom härdar utan skärvsten. Antalet kokgropar var dessutom så få bland de ensamliggande härdarna att dessa som tidigare nämnts uteslutits ur analyserna.

Typ 1 utgöres av ett lager av skörbränd sten i botten av härdgropen med ett kol- och sotlager här ovan. Vid anläggandet av denna härdtyp har man börjat med att placera stenar i botten av härden och sedan eldat på dessa för att de ska bli varma. Förmodligen har man efter upphettning lyft stenarna ur härden för att använda dessa vid t ex matberedning. Typ 2 utgöres av en sot- och kollins under ett lager av skärvsten. Stenar har placerats ovanpå elden för att åstadkomma en bädd av varma stenar överst i anläggningen. Vikkula har föreslagit att man placerat de kalla stenarna på en risbädd vilken vilat på gropens kant och att man därefter eldat härunder. Risbädden kommer att kollapsa och de varma stenarna att falla ner i härdgropen (fig 90) (Vikkula 1993). Stenarna kan sedan ha fungerat som en grillbädd vid matlagning. Det är mycket tydligt att man i denna typ av härd lämnat stenarna kvar i härden och att syftet inte varit att senare flytta stenarna, då många av dem är spruckna och kvarlämnade på den plats där de sprack. Härdar av typ 3 har ett mycket mindre skärvstensinnehåll än de två första härdtyperna. Skärvsten ligger blandat med sot och kol. Det finns flera tänkbara förklaringar till dessa

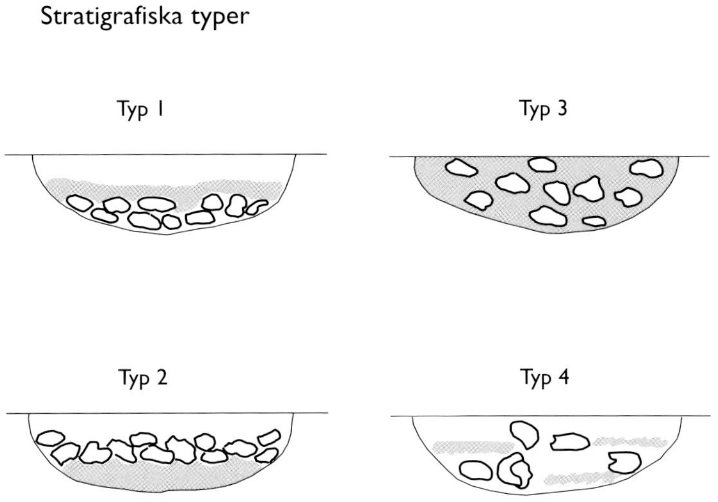

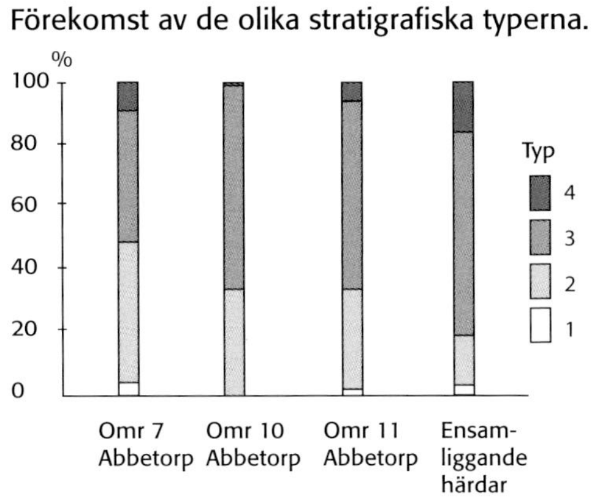

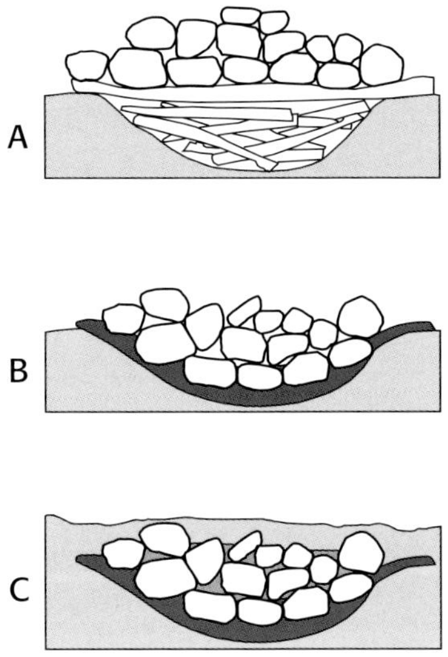

Fig 88. Ovan till vänster: Olika stratigrafiska typer av nedgrävda härdar. Grafik Lars Östlin.
Different stratigraphic types of sunken hearths.

Fig 89. Ovan till höger: Härdar. Förekomst av de olika stratigrafiska typerna i olika arkeologiska kontexter. Grafik Lars Östlin.
Hearths. Occurrence of the different stratigraphic types in various archaeological contexts.

Fig 90. Till höger: Uppbyggnad, kollaps och övertäckande av en nedgrävd härd. Efter Vikkula 1993:24. Grafik Lars Östlin.
Construction, collapse, and covering of sunken hearth.

härdars utseende. De varma stenarna kan ha lyfts ur härden för att användas på annat ställe. Stenarna kan ursprungligen ha legat packade kring t ex mat som tagits upp ur härden när den blivit färdig och därigenom givit härden ett ostrukturerat utseende. Typen kan också till stor del vara ett resultat av återanvändning, förutsatt att härden inte fullständigt rensas ur inför ett nytt användningstillfälle. Slutligen får man inte glömma att hos de flesta härdar belägna i plöjd åkermark har den översta delen av härden förstörts genom plöjning, något som kan ha bidragit till denna typ av utseende. Till typ 4 har förts de härdar som inte kan inpassas i någon av de övriga tre kategorierna (Hennius 2004).

De vanligast förekommande härdkategorierna inom samtliga delområden vid Abbetorp var typ 2 och typ 3 som tillsammans utgjorde över 90% av alla härdar (fig 89). Inom område 10 och 11, utgjorde typ 3 ca 75% av det totala antalet härdar. Det vanligaste sättet att laga varm mat förefaller alltså ha varit att man eldat i en grop, att stenar upphettats ovanpå elden och att stenarna fungerat som värmeelement vid matlagningen. Maten som skulle tillredas har placerats på eller över de heta stenarna. Att gropen skulle ha varit övertäckt av torv i analogi med Lerches iakttagelser (Lerche 1969) kunde inte beläggas. Vanligast har varit att maten, när den var färdig tagits upp ur härden på ett sådant sätt att stenar och kol blandats. Vanligt var också att samma härd återanvändes flera gånger. Område 7 (rituellt) skiljde sig från område 10 och 11 i så måtto att typ 2 utgjorde en större del av härdarna, ca 20%, och typ 3 ca 40%.

De ensamliggande härdarna kunde till stor del hänföras till typ 3, som utgjorde ca 80 % av det totala antalet ensamliggande härdar. Dessa härdar anslöt således, vad gäller fördelningen av olika stratigrafiska typer, mest till vad som hittades i område 11, där aktiviteten tolkats som hushållsinriktad med stort inslag av matlagning. Bland de ensamliggande härdarna framkom även tydligt återanvända härdar av både kategori 2 och 3.

Som jämförelse till Abbetorpsboplatsen kan nämnas en romartida boplats vid Linghems gård i Östergötland där härdarna analyserades med avseende på stratigrafisk typindelning (Hinze & Larsson 1985). Härdar av typ 2 och 3, liksom kokgropar, var ungefär lika vanliga vid båda boplatserna. Den näst vanligaste typen vid Linghem var härdar utan skärvsten, en typ som inte förekom vid Abbetorp.

Skärvstensinnehåll

Vid Abbetorpsundersökningen mättes stenvolymen i 36 av härdarna, vilka med få undantag var belägna inom boplatsområdet. Alla de mätta härdarna bedömdes tillhöra förromersk och romersk järnålder. Steninnehållet, som framför allt utgjordes av skärvsten, varierade från 6 liter till 284 liter. Medianvärdet låg på 58 liter, undre kvartil på 31 liter och övre kvartil på 84,5 liter. Bland de ensamliggande härdarna mättes steninnehållet hos de fyra härdarna vid Mörby (RAÄ 166 i Hogstads socken), där det varierade mellan 20 och 70 liter med ett medeltal på 42 liter och ett medianvärde på 40 liter. Antalet härdar där stenvolymen mättes är emellertid för få bland de ensamliggande härdarna för att vidare diskussion skall vara meningsfull. Bland de ensamliggande härdarna låg skärvstensinnehållet inom det intervall Thomas Eriksson angivit för matlagningshärdarna på Granebergsboplatsen (T Eriksson 1998a: 221).

Det finns flera källkritiska aspekter förbundna med härdars skärvstensinnehåll. I förhistorisk tid kan antingen härden ha blivit tömd, helt eller delvis, på skärvsten eller också helt enkelt lämnad med skärvstensinnehållet intakt. För att skärvstensinnehållet skall vara en relevant variabel bör man under utgrävandet av en härd ta ställning till om den blivit tömd eller ej så att endast likvärdiga härdar jämförs. Även härdars bevarandegrad inverkar på skärvstensvolymen.

Fynd

Fynd i härdar var vanligast inom boplatskontexterna, i område 10 och 11 vid Abbetorp, medan det rituella området liksom de ensamliggande härdarna var betydligt fyndfattigare. I två härdar vid Abbetorp gjordes fynd av slagg. Det rörde sig om smidesslagg och dessa anläggningar tolkades som ässjor.

Inom Abbetorpsboplatsen, område 10 och 11, var bränd lera den överlägset vanligaste fyndkategorin och förekom i 23% av härdarna (fig 91). I område 7 fanns bränd lera bara i 3% av härdarna och i de ensamliggande härdarna förekom överhuvudtaget ingen bränd lera. Bränd lera i härdar skulle kunna vara rester av konstruktionsdetaljer eller härröra från matlagning och betraktas som fynd. I denna undersökning förekom bränd lera i så små kvantiteter i härdarna att den bedömdes tillhöra kategorin fynd snarare än att vara konstruktionsdetaljer. Det har föreslagits att bränd lera i härdar skulle komma från matlagning där maten packats in i lera (Streiffert 2001:39). När den lerinpackade maten tagits upp ur härdarna borde detta ge upphov till en likartad stratigrafi, då framför allt typ 3. För att undersöka om detta kunde bestyrkas arkeologiskt har jag analyserat alla härdar med fynd av bränd lera på Abbetorpsboplatsens område 10 och 11 och jämfört med hela härdpopulationen i dessa områden. Analysen visar att fördelningen av olika typer vad gäller planform, profilform och lagerföljd väl ansluter till hela populationen inom område 10 och 11 (som mycket liknar varandra). Fynden av bränd lera kan således ej kopplas till särskilda typer av härdar. Om den brända leran har samband med matlagning har detta inte krävt särskilda anordningar som betytt att härdarna kommit att avvika från normalfallet. Det kan här noteras att det fanns mycket bränd lera och keramik i många av härdarna på den inhägnade gårdsplanen framför hus 3 vid Abbetorp och brända ben i några av dem (Hennius 2004:9). Härdarna där tillhörde den homogena profiltyp 3. Arkeologiskt är dessa tolkade som hushållshärdar för vardagsmatlagning och de gav intryck av att vara använda upprepade gånger under lång tid. Det är också slående att härdarna med bränd lera var vanligast i boplatskontexterna, något som också kan indikera att den brända leran har samband med matberedning/matlagning.

I härdarna i det rituella området samt i de ensamliggande härdarna var keramik den vanligaste fyndkategorin, vilken förekommer i 4% respektive 7% av härdarna. I boplatskontexten, område 10 och 11, fanns keramik i 7% av härdarna. Den begränsade mängden keramik kan kanske tolkas som att matlagning i kokkärl har förekommit endast i ganska liten omfattning. Det är också möjligt att tolka keramiken som rester av förvaringskärl.

Kontext	Keramik	Bränd lera	Brända ben	Glas	Slagen kvarts	Antal fyndförande härdar (st)	Andel fyndförande härdar bland de utgrävda (%)
Omr 7	5	3	2	1	-	9	8
Omr 10	8	20	6	-	-	26+2*	26
Omr 11	3	17	5	-	-	20	32
Ensamliggande härdar	4	-	-	-	2	6	12

Fig 91. Antal härdar som innehåller fynd av en viss kategori. * = Fynd framkom även ytligt i två härdar som inte grävdes ut.
*Number of hearths that contain finds of a certain category. * = Finds were also recovered in the surface of two unexcavated hearths.*

Förekommer fynd särskilt ofta i vissa typer av härdarna på boplatsen och kan detta användas för tolkningen av härdarnas primärfunktion? Jag har analyserat variablerna planform, längd, profilform och lagerföljd (stratigrafisk typ) hos de fyndförande härdarna och jämfört dessa med hela härdpopulationen i de respektive kontexterna. Analysen av härdarnas längd visar att fynd inte förekommer i de allra minsta härdarna. För övrigt skiljer sig inte de fyndförande härdarna i något avseende från härdpopulationen i stort i respektive kontext.

Makrofossiler

I Abbetorpsboplatsens område 10 och 11 innehöll ca 50% av de 77 provtagna härdarna cerealier (fig 93). En möjlig anledning till att man finner brända cerealier i härdar är att man hanterat säd i omedelbar anslutning till härdarna (se t ex Viklund 1998a: 90). Om härdarna och säden i dem ska ha ett direkt samband måste säden ha förädlats eller anrättats i härdarna. I annat fall berättar den endast om diet och odling, men inget om härden.

Om ett samband finns är det tänkbart att härdarna använts vid rostning av säd, något som krävts för att lättare kunna få loss agnarna på sädesslag med ett hårt fastsittande agnar som skalkorn och skalvete. När denna typ av sädeskorn frigjorts från skalen kan de inte lagras någon längre tid utan att ta skada, varför rostningen varit en återkommande arbetsuppgift (Fors 1999:33). Sädesrostning kräver försiktighet och det är rimligt att anta att en sådan återkommande syssla haft sina särskilda anordningar och skett på ett uniformt sätt inom boplatsen. Spåren bör bli likartade i de fall en härd överges efter rostning och ej återanvänds. En annan typ av matlagning med säd kan vara kokning av gröt eller soppa där säd varit en av ingredienserna. För detta behöver man ett kokkärl. Det finns också exempel på att sädeskärnorna rostats och sedan ätits utan vidare tillagning (Viklund 1998a:92). I samtliga dessa fall är det

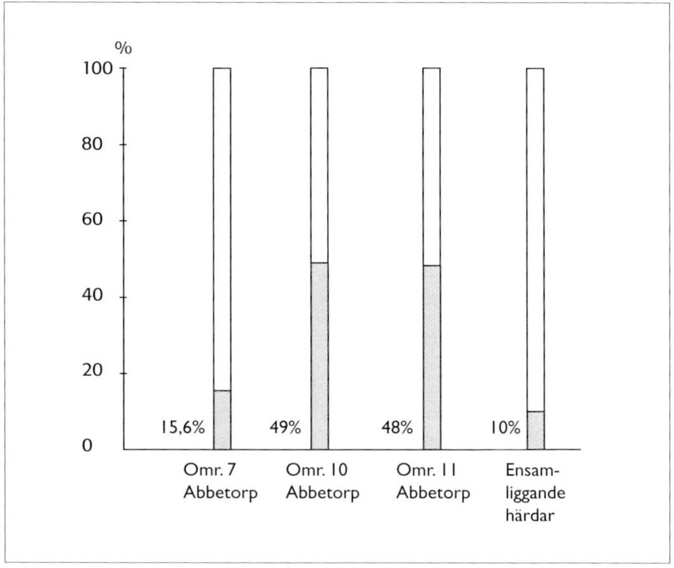

Fig 93. Förekomst av brända cerealier i provtagna härdar. Ges i procent av totala antalet härdar i varje kontext. Grafik Lars Östlin. *Presence of burned cereals in samples from hearths. Shown in percentage of total amount of hearths in each context.*

troligt att säd hanterats i anslutning till elden och tänkbart att sädeskorn fallit ner i elden.

För att undersöka dels om säden i härdarna har ett funktionellt samband med härdarna, dels vilka aktiviteter som kan tänkas ha resulterat i detta, har jag analyserat härdarna med cerealier i område 10 och 11 och jämfört dem med den samlade härdpopulationen i dessa områden. De variabler jag analyserat är längd, planform, profilform och lagerföljd (stratigrafisk typ). Fördelningen av härdarnas profilform samt de stratigrafiska härdtyperna liknar i mycket hög grad varandra i de två grupperna (fig 92). Härdarnas planform uppvisar tydliga skillnader mellan cerealiehärdarna och hela härdpopu-

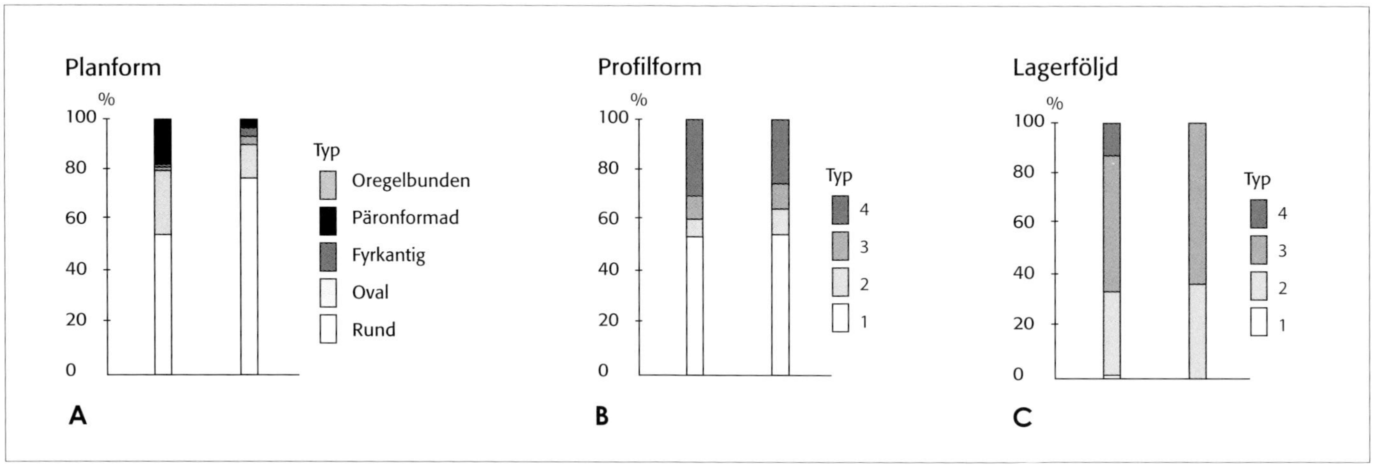

Figur 92. Jämförelse mellan hela härdpopulationen (vänstra stapeln) och cerealieförande härdar (högra stapeln) i områdena 10 och 11. A. Planform. B. Profilform (för typer se fig 86) C. Lagerföljd (för typer se fig 88). Grafik Lars Östlin. *Comparison between the entire hearth population (left column) and hearths containing cereals (right column) in areas 10 and 11. A. In plan. B. In section (for types, see fig 86). C. Layer sequence (for types, see fig 88).*

lationen. Det mest utmärkande är att andelen runda härdar var betydligt högre bland cerealiehärdarna (77%), ungefär lika stor som runda och ovala härdar tillsammans i hela populationen. Andelen oregelbundna härdar var däremot mycket låg (4%) jämfört med hela härdpopulationens (16%). Även härdarnas längd uppvisar klara avvikelser i gruppen cerealiehärdar, där andelen stora härdar var större än bland härdpopulationen i stort (fig 85). En stor andel av cerealiehärdarna på boplatsen var med andra ord runda och fler av dem var stora. Skillnaden mot hela härdpopulationen är markant och jag bedömer att det finns ett samband med cerealiehärdarnas speciella funktion. Resultaten visar att sädeshantering inneburit ett speciellt och väldefinierat arbetsmoment och att särskilda anordningar varit förbundna därmed. Ett sådant scenario passar bäst för aktiviteten rostning av säd i förbindelse med agnarnas avlägsnande. Man kan lätt föreställa sig någon slags anordning där säden kan bredas ut på en plan yta av något material (sannolikt dock ej sten eftersom platta hällar saknas i majoriteten av härdar) en bit över bädden av varma stenar.

I det rituellt präglade område 7 vid Abbetorp innehöll endast 15% av de provtagna härdarna brända cerealier. Mycket tyder på att den mat som tillagats i härdarna framför allt varit nötkött. I det osteologiska materialet från området saknas fisk- och fågelben, liksom ben av vilt medan nötben dominerar. Förutom cerealier saknas spår av vegetabiliska matvaror.

Av de ensamliggande härdarna provtogs tio för makrofossilanalys, ett alltför litet underlagsmaterial för att säkra slutsatser skall kunna dras. Endast en härd innehöll cerealier, närmare bestämt ett vetekorn (*Triticum sp.*). Det betyder att endast 10% av de ensamliggande härdarna i denna undersökning innehöll cerealier att jämföra med boplatsens ca 50% och de ca 15% i det rituella området. Detta indikerar att sädesrostning, av den typ som kunnat beläggas på boplatsen, inte försiggått vid de ensamliggande härdarna, inte heller verkar man ha kokat gröt eller annan mat som innehållit säd. Endast ett enstaka sädeskorn har sökt sig ner i en härd här. Några andra tecken på malning, som fynd av löpare och underliggare finns inte heller bland de ensamliggande härdarna, förutom vid RAÄ 245 i Väderstads socken, där en malstenslöpare och en underliggare framkom i området (Ulfhielm 1998:18). Platsen avvek från övriga lokaler genom förekomst av ett stort block med skålgropar. Om man konsumerat cerealier vid platserna med ensamliggande härdar har man antingen haft med sig färdigtorkad säd där agnarna redan tagits bort för tillredning på plats eller medfört mat innehållande cerealier (gröt, bröd). Det är tänkbart att dieten har varit en annan här än på boplatserna.

Vedart

Vedartsbestämning har utförts på huvuddelen av det kol som daterats från härdarna. Jag har gjort en sammanställning av förekomsten av olika träslag i härdar från olika arkeologiska kontexter (fig 94). Sammanställningen visar att ett större antal arter är företrädda i de ensamliggande härdarna än i härdarna vid Abbetorpsboplatsen. Jag tolkar detta så att vad det gäller de ensamliggande härdarna speglar de förekommande träslagen naturmiljön medan träslagen i härdarna på boplatsen är en reflektion av ett urval. Naturmiljön där de ensamliggande härdarna en gång anlagts skulle således ha utgjorts av ett relativt öppet beteslandskap med utspridda stora träd som släppt igenom så mycket ljus att även träd och buskar som är ljusälskande kunnat växa. Denna bild överensstämmer väl med den bild av naturmiljön som pollendiagrammen ger för perioden.

Taxa	Taxa (latin)	Ensamliggande härdar och härdgrupper	Omr 10, Abbetorp (specialiserade aktiviteter)	Omr 11, Abbetorp (bostäder, vardagsmatlagning)	Omr 7, Abbetorp (rituellt område)
Hassel	*Corylus avellana*	46%	–	16,5%	11%
Björk	*Betula sp.*	23%	18%	–	67%
Ask	*Fraxinus excelsior*	7,5%	–	–	11%
Lönn	*Acer platanoides*	7,5%	6%	–	–
Alm	*Ulmus sp.*	7,5%	–	–	–
Ek	*Quercus robur*	15%	24%	50%	22%
Lind	*Tilia cordata*	–	6%	–	–
Al	*Alnus sp.*	15%	24%	–	11%
Rönn	*Sorbus aucuparia*	7,5%	–	–	–
Asp/salix	*Populus tremula*	–	6	–	–
Salix sp.	*Salix sp.*	–	6%	16,5%	22%
Gran	*Picea abies*	15%	–	16,5%	–
Tall	*Pinus silvestris*	15%	41%	–	22%

Fig 94. Förekomst av olika träslag i härdar i olika arkeologiska kontexter. Baserat på vedartsbestämning av träkol. *Occurrence of different wood species in various archaeological contexts. Based on wood-species analysis of charcoal.*

På boplatsen var ek, tall och al vanligast i nu nämnd ordning. Från område 10 är åtta trädarter företrädda i härdarna men i område 11 endast fyra. På boplatsen har funnits minst tre hus att värma och när ved för bränsle tagit slut i dess omedelbara närhet har man fått söka sig längre bort. Då har man uppenbarligen föredragit vissa träd framför andra.

Från härdarna i det rituella område 7 finns sju vedarter företrädda. Även dessa kan vara en reflektion av den omedelbara omgivningen med en hög andel björk, följt av ek, tall och salix.

I de ensamliggande härdarna finns tio vedarter företrädda. Vanligast är hassel följt av björk, vilket gör att dessa härdar markant skiljer sig från härdarna i område 10 och 11 på Abbetorpsboplatsen. Hassel förekom i 45% av härdarna och björk i 23%. Hassel och björk räknas inom skogsforskningen till pionjärträden liksom arter av tall, lärk, en, al, asp, sälg och viden samt många ekarter. Pionjärträd invaderar kal mark som blottats genom t ex skogseld eller avverkning och de har höga ljuskrav och dålig förmåga att tåla trängsel. Sekundärträd, såsom gran, bok, alm och lind, etablerar sig i redan befintliga bestånd av pionjärträd och tränger på sikt ut dessa genom trängsel och beskuggning (Lundmark 1988:132ff). Hassel och björk förekommer i de ensamliggande härdarna genom hela perioden 1000 f Kr–Kr f och indikerar således ett tämligen öppet landskap, där pionjärträd kan trivas, under hela denna tid. Lagerås och Regnell menar att ett sådant gradvis öppnande av landskapet beror på omfattande vinterbete (Lagerås & Regnell 1999:265). Lagerås menar också att det inte kan ske utan en arbetsinsats av människor i form av t ex återkommande röjningar av sly och insamling av lövfoder (Lagerås muntl).

Särskilda konstruktionsdetaljer

Det kan finnas enskilda härdar där skilda konstruktionsdetaljer, eventuellt i kombination med fyllningens innehåll och/eller särskilda fynd, kan ge en direkt tolkningsnyckel. På Abbetorpsboplatsen fanns fyra härdar med en flat häll i botten av härden (A39147, A121836, A59468 samt A52216 i mitten) och ytterligare tre med en stenpackning i botten. En häll i botten kan fungera som underlag för sådant som behöver stå stadigt, det man främst tänker på är eldfasta matlagningskärl. En annan tänkbar användning är att hällen fungerat som bakhäll. Man har då eldat ovanpå hällen, sopat den ren från aska och därefter bakat brödet på den varma hällen. Hällen skulle också kunna fungerat som underlag vid sädesrostning. Ytterligare en tänkbar förklaring till hällarna skulle kunna vara att en häll som bottenplatta underlättar tömning och återanvändning av en härd. En stensatt botten skulle kunna ha samma förklaring.

På Abbetorpsboplatsen fanns tre härdar som avvek markant från resten. De var placerade på rad och deras planform var närmast kvadratisk med 1,2–1,5 meters sida. Härdarna var nedgrävda och i en av dem fanns i botten en häll, i en annan en fyrkantig stenpackning. Dessa härdar bör ha haft en specifik funktion. I uppbyggnad och utformning liknar de torkugnarna för kött som beskrivits av Jan Melander (1986). Lagerföljden med kol under ett skärvstenslager finns i två av de tre kvadratiska härdarna. Storleken stämmer med den av Melander angivna för att torka köttet från en större djurkropp. I anslutning till en av de kvadratiska härdarna fanns ett stolphål som skulle kunna härröra från någon konstruktion som haft samband med härdarna.

I gruppen ensamliggande härdar och härdgrupper finns inga härdar med speciella konstruktionsdetaljer.

Härdarnas primärtolkning i olika kontexter

I detta avsnitt diskuteras härdarnas primärtolkning kontext för kontext. Såväl skillnader som likheter framhålls.

Det rituella område 7 vid Abbetorp

Härdarna i det rituella område 7 vid Abbetorp, skiljer sig på de flesta punkter åt från härdarna på boplatsen. I område 7 fanns högst andel runda härdar (80%), de minsta härdarna, högst andel härdar med skålad profilform (typ 1), högst andel härdar med lagerföljd typ 2 (med ett lager skärvsten ovanpå ett kollager) och även dominans för denna lagerföljd inom område 7, samt få härdar med brända cerealier. Det finns ett samband mellan dessa faktorer även om det är av statistisk art snarare än kommer till uttryck i enskilda härdar. Sambandet tolkar jag dels som en hög andel av icke återanvända härdar, dels som ett funktionellt samband som pekar mot ensartade aktiviteter. Flera forskare har ansett att ensartade aktiviteter är ett typiskt drag för ett rituellt sammanhang (Kaliff 2005a, Streiffert 2001:118, Thörn 1996:137 och där anförd litteratur). Lagerföljd typ 2 ger dessutom en indikation av den typ av aktivitet härden representerar. De upphettade stenarna bildar en värmekälla med långvarig värmeavgivning, sannolikt för matlagning. Animalisk föda – kött från olika djur – eller rotfrukter och äpplen är tänkbara matvaror där man kan behöva långvarig värme. Framför allt är det dock beredning av kött som kräver långvarig värme och det osteologiska materialet i området pekar mot att det till övervägande del rört sig om nötkött. Även den relativa avsaknaden av brända cerealier pekar mot att säd inte förekommit i samband med aktiviteterna i det rituella området i någon större omfattning. I så fall har det rört sig om gröt som kokats någon annanstans eller färdigbakat bröd. Endast 4% av härdarna innehöll keramik, något som tolkats som att matlagning i kokkärl skett i mycket begränsad omfattning. Kanske rör det sig dessutom inte om kokkärl utan om förvaringskärl av olika typer. Endast 6% av härdarna innehöll bränd lera, vilket tolkats som spår av matlagning där maten packats in i lera. De födoämnen som framför allt kan tänkas komma i fråga är mindre djur som fågel, fisk o d, vilka dock inte förekommer i det osteologiska materialet från området. Den mat som anrättats inom det rituella området verkar framför allt ha varit kött – nötkött – som stekts i en härd på en bädd av varma stenar. Det har säkert också förekommit andra matvaror som konsumerats här men anrättats på annan plats. I området har också framkommit keramik härrörande från mindre kärl, vilka kan ha fungerat som dryckeskärl. Att alkoholhaltiga drycker – öl, mjöd – också förtärts i området är ingen djärv gissning.

Härdarnas vedbränsle hade sannolikt samlats in i den omedelbara omgivningen till område 7, något som visar att eldandet inte varit särskilt frekvent – annars borde det ha tagit slut i närmaste omgivningen. Om man fått gå längre bort är det troligt att man i högre grad valt ut vissa arter, så som skett på boplatsen. Även antalet härdar pekar mot begränsade eldningsaktiviteter – i snitt har tillkommit ungefär en ny härd vart tredje år. Att härdarna återanvänts betyder dock att de riter som inkluderat matlagning i härd förekommit oftare. Primärtolkningarna för härdarna i område 7 kan sammanfattas i sex punkter:

- Tillagning av framför allt nötkött på glödbädd i nedgrävd härd (vanligast).
- Tillagning av mindre köttstycken, fågel eller fisk genom att packa in dem i lera (liten omfattning).
- Matlagning i kokkärl, sannolikt mest soppkok (liten omfattning).
- Glödbädd – värmeelement.
- Återanvändning i lite omfattning.
- Ensartade aktiviteter i härdanläggningarna.

Boplatsområdena vid Abbetorp

Boplatsområdena vid Abbetorp, område 10 och 11, liknade i mycket varandra med 16% respektive 15% härdar med oregelbunden planform, något som skiljer dem från de andra kontexterna (medan andelen runda respektive ovala härdar skiljer sig åt områdena emellan). Det var på boplatsen de generellt största härdarna återfanns. Även om den skålade profilformen dominerade med 49% respektive 61% av härdarna, karaktäriserades boplatsområdet av att oregelbunden profilform (typ 4) var förhållandevis rikt företrädd med 33% respektive 25%. I båda områdena var lagerföljd typ 3 vanligast med 65% respektive 60%, något som tolkas som tecken på återanvändning eller att den färdigkokade maten (eller annat) tagits ur härden som då kommit att omröras. Återstående härdar uppvisade huvudsakligen lagerföljd typ 2. Fördelningen av artbestämda djurben var mycket lika i område 7 och område 10–11. Nöt dominerade och särskilt kraftigt i område 7 och 10. Nötkött bör ha varit det oftast konsumerade köttet och det är rimligt att tänka sig att det av mat för omedelbar konsumtion, mest varit nötkött som tillretts i de nedgrävda härdarna.

Bland de undersökta härdarna på boplatsen innehöll 7% keramik. Detta antyder att matlagning i kokkärl inte varit det vanligaste utan att matlagningen vanligen skett utan kokkärl – åtminstone av keramik. Detta skulle kunna förklara varför man hittar så lite keramik på boplatser från äldre järnåldern.

Fynden av bränd lera i 23% av härdarna kan också sannolikt kopplas till matlagning, där råvaran packats in i fuktig lera. Som nyss nämnts är det framför allt mindre djur som fågel, fisk och hare man tänker på i samband med detta förfarande, men det är även möjligt att stycka större djur och packa in delar i lera. På boplatsen framkom endast ett ben av fågel och för övrigt endast ben av domesticerade däggdjur. Den profilform som matlagning genom inpackning med lera borde generera är typ 2 och 3. Min analys visar dock ingen överrepresentation för dessa profiltyper bland härdarna med fynd av bränd lera.

Makrofossilanalyser har visat att ungefär hälften av alla härdar i de två områdena 10 och 11 innehöll brända cerealier. Detta har tolkats som att säd hanterats i anslutning till härdarna. Primärt sätter jag det i samband med regelbunden rostning av säd för hushållsbruk i syfte att lättare kunna avlägsna agnarna. Rostningen skulle, vad gäller lagerföljd, mycket väl kunna kopplas till härdarna av typ 2, där det värmemagasin som de varma stenarna utgjort varit väl lämpat för sädesrostning. Någon överrepresentation av typ 2 finns dock inte bland cerealiehärdarna jämfört med hela härdpopulationen på boplatsen. Däremot avviker cerealiehärdarna i form och storlek från härdarna i stort, något jag tolkar som att sädesrostning inneburit ett standardiserat och ofta återkommande arbetsmoment och att särskilda anordningar varit förbundna härmed.

Vedartsanalyser på vedbränslet i härdarna i område 10 och 11 visar att man inte använt alla sorters trä som vuxit i boplatsens närhet. Istället har ett urval gjorts vilket bestått främst av ek men även mycket tall och björk. Antagligen har all brännved närmast boplatsen tagit slut ganska fort och man har fått hämta ved längre bort. Då har man alltså framför allt valt vissa träslag.

Primärtolkningarna av härdarna i område 10 och 11 kan sammanfattas i tio punkter:

- Tillagning av kött, framför allt nötkött, på glödbädd i nedgrävd härd (vanligaste förfaringssättet).
- Tillagning av mindre köttstycken, fågel eller fisk genom att packa in dem i lera (ganska vanligt).
- Matlagning i kokkärl, sannolikt mest soppkok (liten omfattning).

- Sädesrostning (mycket vanligt).
- Bakning på häll i nedgrävd härd.
- Rökning av kött.
- Glödbädd – värmeelement.
- Smideshärd (ässja).
- Återanvändning i större omfattning.
- Diversifierade aktiviteter i härdanläggningarna.

De ensamliggande härdarna och härdgrupperna

De ensamliggande härdarna ömsom ansluter sig till, ömsom skiljer sig från, härdarna i område 7 som de dock liknar mer än härdarna på boplatsen. Bland de ensamliggande härdarna dominerade rund och oval planform med respektive 50% och 46%, varför de vad gäller planform bildar en egen grupp. Andelen runda är dock jämförbar med område 11. De ensamliggande härdarna ligger i storlek närmast det rituella området vad gäller fördelningen, medan medianvärdet ligger närmast boplatsområdet. Det är mer troligt att en rund härd inte är utrensad och återanvänd än en oval. Den runda formen antar lätt en oval form om härden rensas ut från ena sidan. Planformen kan alltså antyda att det finns en betydande andel av icke återanvända härdar, men även många återanvända. De ovala härdarna kan också representera en avsiktlig form som inte relaterar till återanvändning utan representerar en speciell och avgränsad funktion även i denna kontext.

Jämför man gruppen ensamliggande härdar med område 7 vad gäller andelen härdar med skålad profilform kontra rund planform, visar detta att något absolut samband inte finns. Andelen med skålad profilform är snarlik i de två områdena, medan område 7 innehöll betydligt högre andel runda härdar. Den skålformade botten är således inte enbart ett resultat av rund planform utan verkar även ha ett samband med oval planform. Den styrker en tolkning av oval planform i kombination med skålad profilform som en funktionell kategori.

Karaktäristiskt för de ensamliggande härdarna är den höga andelen med lagerföljd av typ 3 med kol, sot och skärvsten blandat i fyllningen. I detta avseende ansluter de ensamliggande härdarna mer till boplatsmaterialet än det rituella området vid Abbetorp. Typ 3 har i boplatskontexten antagits representera matlagning där härden fungerat ungefär som en kokgrop (se Lerche 1969) men även antagits kunna representera återanvändning. Om de ensamliggande härdarna företrädesvis hade syftat till att värma nu förstörda hyddor borde den förhärskande lagerföljden ha varit en annan – förslagsvis typ 2.

Man kan notera att bland fynden från de ensamliggande härdarna kommer fyra, dvs 2/3 av alla fynd, från samma lokal, RAÄ 248 i Väderstads socken, en lokal som innehöll 19 härdar. De fåtaliga fynden avslöjar ändå något om härdarnas funktion. I 7% av de ensamliggande härdarna framkom keramik, alltså exakt lika stor andel som bland boplatshärdarna. Det kan röra sig om delar av kokkärl, något som i så fall visar att matlagningen i detta avseende liknat den på boplatserna. Emellertid är en tolkning som rester av förvaringskärl mer sannolik här än i en boplatskontext, eftersom man kan ha haft behov av sådant som endast kan fraktas i en behållare även på dessa platser.

Bränd lera förekommer över huvud taget inte i de ensamliggande härdarna. Detta tolkas som att matlagningen varit mindre diversifierad vid dessa lokaler. Det är möjligt att detta betyder att dieten varit en annan vid de ensamliggande härdlokalerna än på boplatserna.

En mycket liten andel av de ensamliggande härdarna innehöll cerealier, att jämföra med Abbetorpsboplatsens härdar (område 10 och 11) där cirka hälften innehöll cerealier. Detta antyder att säd inte rostats eller torkats i de ensamliggande härdarna, medan så sannolikt skett på boplatsen. Detta antyder också att den typ av matlagning som skett ute i markerna har varit för omedelbar konsumtion.

Sammansättningen och mångfalden av träslag hos vedbränslet i de ensamliggande härdarna har tolkats som en spegling av naturmiljön, i motsats till härdarna på Abbetorpsboplatsen där vedartssammansättningen visade på ett urval. De ensamliggande härdarna har tillkommit i ett öppet och hävdat beteslandskap.

Min härdanalys visar att den aktivitet som huvudsakligen kan knytas till de ensamliggande härdarna är matlagning. Matlagningen har varit av en typ som även förekommit på boplatserna, men på boplatserna har det även förekommit andra typer av matberedning. Av lagerföljden att döma verkar det röra sig om matlagning där det anrättade tagits upp ur elden efter beredning. Sannolikt har det varit råvaror med längre tillagningstid, antagligen mest kött, kanske också fågel, fisk och rotsaker. Här finns inget benmaterial som kan ge någon indikation utan man får luta sig mot jämförelser med härdarna på boplatsen. Möjligen har man också anrättat mat genom att koka den i kokkärl, däremot inte genom lerinpackning.

Primärtolkningarna för de ensamliggande härdarna kan sammanfattas i fem punkter:

- Tillagning av mat, kanske mest kött, på glödbädd i nedgrävd härd (vanligast).
- Matlagning i kokkärl, sannolikt mest soppkok (liten omfattning).
- Glödbädd (liten omfattning).

- Återanvändning (liten omfattning).

- Ensartade aktiviteter i härdarna.

Sammanfattande iakttagelser rörande detaljstudien

Följande variabler i min undersökning var beroende av den arkeologiska kontexten: planform, längd, profilform, fyllning och lagerföljd, fyndfrekvens, makrofossilinnehåll och vedart på bränslet i härdarna. Ofta var härdarna i Abbetorpsboplatsens område 10 och 11 relativt lika. Detta gäller i viss mån för planformen med liknande frekvens av oregelbundna härdar, längd (fullständig överensstämmelse), profilform där områdena 10 och 11 liknade varandra mest bland de fyra härdkontexterna, fyllning och lagerföljd (mycket stor likhet) makrofossiler (mycket stor likhet) samt vedart (mycket stor likhet). Att härdarna inom område 10 och område 11 med liknande arkeologisk tolkning så gott som alltid samvarierade vad gäller de undersökta variablerna visar att det finns ett samband mellan morfologiska egenskaper och innehållet å ena sidan samt primärfunktion å den andra, liksom mellan härdarnas primärfunktion och den arkeologiska kontexten.

Härdarna i det rituella område 7 vid Abbetorp skilde sig på de flesta punkter åt från härdarna på boplatsen. De ensamliggande härdarna ömsom anslöt till, ömsom skilde sig från härdarna i område 7, som de dock liknade mer än härdarna på boplatsen. De har följaktligen haft vissa gemensamma drag vad gäller primäranvändning samtidigt som andra skilt sig. Bland de ensamliggande härdarna dominerade oval och rund planform med respektive 46% och 50%. Det är möjligt att dessa former representerar återanvända respektive icke återanvända härdar. Det är också möjligt att de ovala härdarna representerar en avsiktlig form som inte relaterar till återanvändning. En jämförelse av olika variabler pekar mot att detta gäller för en del av de ovala härdarna.

Längd och planform samvarierar i min undersökning. I område 7, som innehöll många runda härdar fanns också de minsta härdarna (dvs de med kortast längd). Det är följaktligen helt logiskt att de ensamliggande härdarna med hälften runda och hälften ovala härdar, längdmässigt låg mellan område 7 och den sammanhållna gruppen med område 10 och 11.

Bland de ensamliggande härdarna och härdarna i område 7 fanns högst andel av profilform typ 1, dvs skålformade härdar. I område 7 fanns också högst andel av runda härdar. Ett visst samband finns men detta är ej absolut. I område 10 och 11 var andelen av profilform 4, oregelbunden profilform, högst bland de fyra kontexterna. Den oregelbundna profilformen har tolkats som ett tecken på återanvändning.

En majoritet av de härdar som framkommer vid arkeologiska undersökningar är nedgrävda och endast ett fåtal ytanlagda (sannolikt beroende på plöjning i modern tid). De nedgrävda härdarna måste primärt ha anlagts under en tid av året då marken ej varit tjälad. Däremot kan de möjligen ha återanvänts under den kalla årstiden. Det skulle också kunna vara möjligt att de ytanlagda härdarna primärt representerar vinteraktiviteter.

Fynden av bränd lera visar att matlagning genom inpackning med lera har förekommit på boplatsen och i det rituella området, däremot ej i de ensamliggande härdarna. Matlagning i kokkärl verkar ha varit ungefär lika vanligt i alla undersökta kontexter, förutsatt att keramikfynden har samma ursprung i samtliga kontexter. Det vanligaste sättet att anrätta mat i de undersökta sammanhangen verkar ha varit utan kokkärl, i en nedgrävd härd med varma stenar.

På boplatsen förekom cerealier i hälften av alla härdar, något som tolkades som spår av sädesrostning i syfte att lättare kunna avlägsna agnarna. Cerealier var mycket sällsynta i både härdarna i det rituella området och i de ensamliggande härdarna.

De aktiviteter som kan anses relativt säkert belagda med direkt koppling till härdarna i denna undersökning är matberedning genom att placera råvarorna i en grop med varma stenar, matberedning genom inpackning av matvarorna i lera varefter de placerats i en grop med varma stenar, matlagning i kokkärl av keramik, sädesrostning, rökning av kött, bakning och smide. Lagerföljderna i härdarna inom de områden på Abbetorpsboplatsen där matlagning och matberedning relativt säkert kunnat beläggas har jämförts med lagerföljderna hos de ensamliggande härdarna där aktiviteten var okänd. Den typ av lagerföljd som var vanligast inom matlagningsområdet var också vanligast bland de ensamliggande härdarna.

De ensamliggande härdlokalernas arkeologiska kontext

Den tidsmässiga tyngdpunkten för fenomenet med ensamliggande härdar och härdgrupper i mitt fallstudieområde i västra Östergötland ligger i perioden 800 f Kr–Kr f. Från tidigare och senare perioder finns endast enstaka exempel från området. Genom att kombinera information från en mängd olika håll anser jag att man kan peka på en sannolik arkeologisk kontext för de ensamliggande härdarna och härdgrupperna. Jag menar att denna kontext är ett välorganiserat betessystem där platserna representerar fasta replipunkter.

Detaljstudien av härdar visar att den största skillnaden mellan de ensamliggande härdarna och härdgrupperna jämfört med boplatshärdarna är att de ensamliggande härdarnas användning har varit mera ensartad och mindre diversifierad. Aktiviteter som sädesrostning, bakning och smide som det finns starka indikationer på i boplatshärdarna, saknas helt bland de ensamliggande härdarna. Den dominerande konstruktionen bland de ensamliggande härdarna har varit nedgrävda härdar med fyllning där kol, sot och skärvsten ligger blandat. På Abbetorpsboplatsen, i två områden där matlagning varit huvudfunktionen var detta den vanligast förekommande härdtypen. Det är rimligt att anta att härdtypen har tjänat matlagningssyfte även i kontexten ensamliggande härdar. Här torde det mest vara kött som på detta sätt anrättats i de stenfyllda, nedgrävda härdarna. Matlagning i kokkärl kan ha varit ungefär lika vanligt som på boplatsen men matlagning med lerinpackning verkar inte ha förekommit på de ensamliggande härdlokalerna. På boplatsen innehöll ca 25% av härdarna bränd lera vilket antyder att detta här har varit ett ganska vanligt sätt att tillreda mat. Skillnaderna mellan boplatsen och de ensamliggande härdlokalerna kan tolkas som att man ätit en annan typ av mat när man vistats på de sistnämnda platserna jämfört med på boplatserna. Matlagningen verkar ha varit mindre komplicerad, kanske har maten också krävt mindre tillagning. Den relativa avsaknaden av brända cerealier antyder att säd inte rostats på dessa platser, något som kan indikera att matlagning i flera steg undvikits.

Andelen återanvända härdar verkar vara betydligt mindre än i boplatssammanhang. De funktioner för härdarna som gått att fastställa med tämligen stor säkerhet är som långvarig värmekälla och för matlagning. Bränslet i de ensamliggande härdarna har samlats in i härdarnas omedelbara närhet och artsammansättningen speglar det omgivande landskapet. Vedartsanalyser visar att de anlagts i ett relativt öppet beteslandskap. Själva det faktum att härdarna grävts ned i marken visar att de är spår av aktiviteter som tillhört den tid av året när marken inte varit tjälad. Detta betyder dock inte nödvändigtvis att områdena varit övergivna under den kalla årstiden, bara att spåren kan förväntas se annorlunda ut. De enstaka ytanlagda härdarna kan eventuellt representera vintertida aktiviteter. Spår av ytanlagda härdar har mycket begränsade förutsättningar att bevaras (särskilt om de saknat skärvsten – sten kan vara svårt att få tag i om vintern) och i områden som senare odlats finns inga tolkningsbara spår av dem.

De undersökta husen från yngre bronsålder och äldre järnålder i Östergötland saknar till största delen spår av fähus, något som pekar mot att en djurhållning med utegångsdrift året om varit förhärskande. Pollenanalyser visar att landskapet i västra Östergötland öppnades i hastigare takt från och med yngre bronsålder och att Östgötaslätten avskogades kring 700–600 f Kr (Göransson 1989, Pedersen & Widgren 1998). Landskapet har successivt blivit mer lövsalsliknande, med utspridda stora träd, ljusälskande undervegetation och öppna gläntor. Orsaken till landskapets omvandling anses ha varit intensifierad betesdrift och vissa forskare menar att för att få en så stor påverkan måste djuren ha betat utomhus även vintertid. Den stora påverkan som pollendiagrammen visar anses dessutom inte möjlig utan människans aktiva deltagande genom t ex slyröjning och lövfodertäkt för stödutfodring vintertid (Lagerås & Regnell 1999). En förändring av artsammansättningen hos de betande djuren har föreslagits som en bidragande orsak till förloppet (Pedersen & Widgren 1998), men det är inget som kunnat beläggas för Östergötlands del eftersom osteologiskt jämförelsematerial från äldre bronsålderns boplatser saknas. Pollendiagrammen visar alltså att det skett stora förändringar i betesdriften vid övergången till yngre bronsålder. Förändringarna i betesdriften har varit av sådan omfattning att de på relativt kort tid orsakat att landskapet omdanats.

Ska vi då tänka oss att denna massiva påverkan på landskapet inte resulterat i några arkeologiska spår utan enbart kan utläsas av pollendiagrammen? I mina ögon förefaller det inte rimligt. Samtidigt med att stark betespåverkan börjar kunna utläsas av pollendiagrammen uppträder de första ensamliggande härdarna och ungefär från den tid Östgötaslätten avskogats blir ensamliggande härdar och härdgrupper vanligt förekommande.

Fenomenet med de ensamliggande härdarna och härdgrupperna skulle kunna vara kopplat till allmänna aktiviteter som försiggått i markerna på visst avstånd från boplatserna som insamling av ved, insamling av råmaterial av olika typer, tjärframställning, kolning, bärplockning, jakt och fiske samt insamling av vinterfoder till husdjuren för att nämna några. En viktig faktor talar dock mot detta, nämligen att fenomenet i mitt undersökningsområde har en så klar tidsavgränsning till perioden 800 f Kr–Kr f. Om härdarna varit kopplade till aktiviteter av allmän art borde man kunna förvänta sig att det skulle finnas liknande spår från hela perioden från senneolitikum till nyare tid samt att dessa skulle vara proportionellt sett lika frekventa. Man borde alltså ha ett successivt ökande antal ensamliggande härdlokaler från denna period. Att så inte är fallet talar i mina ögon för att härdarna primärt varit kopplade till en specifik arkeologisk kontext, ej diversifierade kontexter av generell art. Jag ser det forntida landskapet framför allt som ett vardagslivets landskap och bedömer att den vanligaste orsaken till att man uppehållit sig utanför boplatserna varit vardagligt arbete av olika typer. Handlingar tillhöriga denna sfär bör rimligen ha avsatt arkeologiska spår i landskapet, även om sådana tolkningar inte varit i fokus under senare år. Följaktligen söker jag i första hand förklaringar till de ensamliggande härdarna och härdgrupperna inom vardagslivets och vardagssysslornas sfär.

Beskrivningar av historiska betessystem i Skandinavien visar att bete och insamling av vinterfoder varit de aktiviteter som mest påverkat landskapet. Bland de arbetsmoment och sysselsättningar som krävt att människor vistats i markerna är det dessa två som stått för huvudparten vid en gård (jfr Reinton 1955, Eles 1975, Montelius 1977). I västra Östergötland finns inga kända arkeologiska spår av extensiv odling från yngre bronsålder eller äldre järnålder, något som dock inte hindrar att sådan kan ha funnits i begränsad omfattning. Inte heller spåren av intensiv, boplatsnära odling är särskilt omfattande. Detta kan kanske tolkas som att djurhållningen varit den viktigaste delen av de agrara näringarna, i alla händelser verkar betesmarkerna ha omfattat en betydligt större del av gårdarnas domän än åkrarna.

De betessystem från historisk tid som jag beskrivit i ett tidigare kapitel har flera grundläggande drag gemensamma, vilket inspirerat till idéer om hur spår av förhistoriska betessystem skulle kunna ha sett ut. En av de viktigaste slutsatserna är att det är rimligt att anta att i den förhistoriska betesdriften har varje boskapshjord åtföljts av en eller flera herdar. Det finns flera anledningar till detta, betesmarkerna har i den period jag studerar fortfarande inte varit hägnade, de stora rovdjuren har fortfarande rört sig fritt i landskapet, boskapsstölder har sannolikt inte varit en okänd företeelse – för att nämna några. Landskapet har beskrivits som en lövsal med stora träd och undervegetation av ljusälskande arter. Om detta inneburit att sikten varit begränsad har detta varit en inskränkande faktor för boskapshjordarnas storlek. I betessystem från historisk tid är det vanligt att betesmarken varit indelad i mindre områden som systematiskt betats av ett efter ett. Inom varje sådant mindre område har funnits speciella viloplatser för herdar och djur för såväl middagsvila som nattvila (i betessystem som innefattar övernattningar). Sådana platser utmärks av särskilda terränglägen, närhet till vatten etc. Ibland är deras utmärkande drag att flygfän är mindre besvärliga just här. Denna typ av frekvent besökta platser bör ha funnits även i förhistoriska betessystem och de arrangemang man skulle kunna tänkas hitta spår av är matlagningseldar, rökeldar mot insekter, enkla hyddor etc. Förrådskärl av keramik skulle också kunna förekomma. Just beskrivningen av viloplatserna och de arkeologiska spår dessa skulle kunna ge upphov till, stämmer bra överens med de ensamliggande härdarna och härdgrupperna, och detta är alltså den tolkning jag föreslår för dem.

Hur har då betessystemet varit organiserat under yngre bronsålder och äldre järnålder i västra Östergötland? Något sätersystem för betesdriften har jag svårt att se i området. Avstånden till hemboplatsen är för korta och naturförutsättningarna med vitt skilda ekologiska nischer inom relativt korta avstånd saknas. Jag antar istället att hemgården utgjort den centrala punkten i betesdriften, inte en säter. Organisationen liknar i detta avseende betesdrift under historisk tid i Syd- och Mellansverige (Szabó 1970). Inom det direkta undersökningsområdet finns inga boplatser eller lösfynd från yngre bronsålder men Vistadboplatsen har legat endast 1,5 km nordväst om Abbetorp. Kanske har boplatserna generellt legat på nuvarande slätten snarare än i övergångszonen till skogsmarken, något som inneburit ett längre avstånd till betesmarkerna i övergångszonen. Under förromersk järnålder har en mängd nya boplatser tillkommit även i övergångszonen och det verkar ha funnits fler härdlokaler på kortare avstånd från boplatserna, ibland endast några hundra meter. Härdarna bedömer jag härstammar från tillfällen när man eldat för rök eller värme och ljus samt lagat mat i samband med vallning och betesdrift. Detta indikerar att man vistats utomhus även nattetid – om man återvänt till boplatsen varje natt är det mer sannolikt att man tagit med matsäck.

En faktor som tidigare har gjort det svårt att hitta en kontext till de ensamliggande härdarna har varit att kontexten inte varit bunden till en specifik plats där det funnits ytterligare konstruktioner av människohand som representerar huvudkontexten. Kontexten har istället utgjort en aktivitet som omfattat landskapet som helhet.

SAMMANFATTNING

I detta kapitel har jag gjort en mycket detaljerad analys av skilda variabler knutna till härdar i fyra olika arkeologiska kontexter; två boplatskontexter som liknar varandra och där matberedning bedömdes ha varit den vanligaste aktiviteten kopplad till härdarna, en rituell kontext samt ensamliggande härdar och härdgrupper vars arkeologiska kontext tidigare var okänd men vilken min avhandling syftar till att belysa.

Med detaljstudiens hjälp har jag kunnat visa att de ensamliggande härdarna framför allt använts till matlagning och som värmekälla. Jag föreslår att de representerar replipunkter i ett välorganiserat betessystem, där djuren vistats utomhus såväl vinter som sommar. Inom mitt begränsade undersökningsområde, ett sju kilometer långt utsnitt genom övergångsbygden mellan slätt och skog i västra Östergötland, förekommer dessa från perioden yngre bronsålder och förromersk järnålder. Pollenanalyser pekar mot att landskapet öppnas snabbare med början ca 1000 f Kr som ett resultat av hårt betestryck, troligen med utegångsdrift vinter som sommar i kombination med mänsklig påverkan sannolikt kopplad till djurhållning (lövtäkt, slyröjning etc). Långhusens utformning på boplatserna tyder på att djuren oftast inte varit stallade under längre perioder utan att utegångsdrift varit det förhärskande. De arkeologiska spår jag i kap 6 bedömt att välorganiserad betesdrift kan ge upphov till sammanfaller väl med de lokaler med ensamliggande härdar och härdgrupper som framkommit i västra Östergötland. Djuren har vaktats av herdar som sannolikt ofta övernattat med djuren i betesmarkerna. Vissa drag i den betesorganisation som möter oss fullt utvecklad kring 800 f Kr kan ha varit de samma genom hela perioden ungefär fram till Kristi födelse. Samma sak kan också gälla för de rättigheter till bete som sannolikt också utvecklats i samband med den nya betesorganisationen. Att samma platser besöks vid upprepade tillfällen under hela perioden talar för stabilitet.

KAPITEL 9

BETESDRIFTENS PLATSER

I föregående kapitel argumenterade jag för en tolkning av fenomenet med ensamliggande härdar och härdgrupper i västra Östergötland som lämningar efter systematisk och välorganiserad betesdrift. För att undersöka i vad mån fenomenet är av mer generell karaktär, geografiskt såväl som tidsmässigt, har jag undersökt i vilken utsträckning det finns spår som kan tolkas i dessa termer i övriga Östergötland.

Även i detta fall har underlaget till studien hämtats vid den genomgång som utfördes sommaren 2002 av rapportarkiven hos Östergötlands länsmuseum och Riksantikvarieämbetets undersökningsverksamhet, UV Öst i Linköping. Östergötlands länsmuseums arkiv innehåller rapporter över alla de undersökningar länsmuseet utfört, liksom de flesta undersökningar RAÄ utfört i länet. Rapportarkivet vid UV Öst innehåller de allra flesta rapporter som skrivits sedan kontoret etablerades 1989. Jag har också gått igenom Arkeologi i Sverige för åren 1969–1990 och sökt efter lokaler i Östergötland som skulle kunna ha samband med betesdrift.

Arkivgenomgången tog förhållandevis lång tid och jag bedömer att en genomgång av ATA skulle ha givit relativt få ytterligare lokaler. Det är sannolikt framför allt rapporter över äldre undersökningar utförda av RAÄ, som inte finns i de arkiv jag gått igenom. Troligen finns endast få lokaler av den typ jag söker i detta arkiv. Förändringen av Kulturminneslagen år 1989 medförde att arkeologisk utredning infördes som begrepp och att antalet arkeologiska markingrepp ökade drastiskt. Härmed ökade antalet undersökningar av objekt som ej var synliga ovan mark. Betesdriftens lokaler tillhör denna kategori, något som talar för att min bedömning av arkivsituationen är riktig.

URVAL

De lokaler jag sökte vid min arkivgenomgång har jag karaktäriserat på följande sätt:

Lokalerna skall kunna tolkas som replipunkter i ett system av välorganiserad betesdrift. De kan utgöras av ensamliggande härdar, härdgrupper eller andra anläggningar som kan sättas i samband med betesdrift.

Lokalerna tolkas som rastplatser och tillfälliga övernattningsplatser. De är alltså inte boplatser i den mening att man bott permanent där. Ett kriterium för urval vid arkivgenomgången har varit att minst en av anläggningarna på platsen skall kunna tolkas som en anordning för matberedning eller en värme-, ljus- eller rökkälla. Jag menar att dessa två faktorer representerar de två viktigaste företeelserna som kan knytas till dessa platser och som samtidigt kan lämna tolkningsbara arkeologiska spår.

Betesdriftens lokaler utgör tolkningsmässigt en grupp. De anläggningar som finns på dessa platser förekommer även i andra sammanhang där de vanligaste är boplatser och gravfält. De lokaler jag söker skall således inte vara del av samtidiga boplatser eller ligga intill gravar eller gravfält. De skall inte heller kunna tolkas som rituella härdar enligt de av Thörn uppställda kriterierna (Thörn 1993 och 1996).

Jag är medveten om att mitt urval sannolikt även kommer att innehålla en viss (mindre) del av lokaler som har annan tolkning än ett samband med betesdrift. Under den tid människan varit fastboende jordbrukare, minst från och med senneolitikum, utgår jag från att det funnits ett visst mått av vad man kan kalla ”utmarksaktiviteter” som ej haft med husdjuren att göra, t ex jakt, insamling och täkt. Ibland har detta säkert medfört att man eldat för mat och värme. Enstaka lämningar med huvudsakligen rituell innebörd kan säkert också finnas i materialet.

Boplatsbegreppet

För att särskilja de typer av lokaler jag söker har det blivit nödvändigt att definiera vad jag avser med ”boplats”, mesolitikum undantaget. I begreppet boplats inkluderas historisk bytomt. Det finns endast ett kriterium på boplats som måste uppfyllas i denna undersökning och det är att det ska ha funnits minst ett hus på platsen, vilket skall ha kunnat fungera som bostadshus.

Jag har valt att ur denna undersökning utesluta de lokaler där den undersökande arkeologen bedömt att anläggningarna tillhört periferin av en boplats vars centrum har legat utanför undersökningsområdet. Ofta grundar sig en sådan bedömning på att anläggningarna inom det undersökta området varit få och/eller legat glest i kombination med topografiska hänsyn – ett s k bra boplatsläge strax utanför undersökningsområdet har tänkts utgöra platsen för de forntida husen.

Klas-Göran Selinge har för fornminnesinventeringen definierat (stenålders-) boplatser som platser där fem avslag och/eller föremål hittats (Selinge 1969:9). På "bra boplatslägen" har det kunnat räcka med tre fynd av avslag och/eller föremål för att området skall klassificeras som boplats. Topografin har således också tillmätts stor vikt. Definitionen är av operationell natur och har legat till grund för huvuddelen av vad som förts in i Fornminnesregistret. Underlaget för bedömningen är sådant att det kan erhållas vid besiktningar av markytan eller inventering och ytplockning av nyplöjd åkermark. Vid en arkeologisk undersökning får man ett betydligt mer differentierat bedömningsunderlag som kan innehålla oändligt många fler variabler. Det säger sig själv att det inventeringstekniska begreppet "boplats" inte är överförbart på material som kommer fram vid en arkeologisk undersökning eftersom bedömningsunderlaget ser helt olika ut.

Vid min genomgång av undersökningsrapporter från Östergötland fick jag trots det intrycket av att inventeringens definition av "boplats" ibland starkt influerat den grävande arkeologin. Härdar, stolphål, kokgropar, gropar, kulturlager och mörkfärgningar har då oavsett kontext samlats under begreppet "boplatslämningar" eller "lämningar av boplatskaraktär" utan närmare diskussion av vad som avses med boplats. Det har bidragit till att rapporterna varit svårbedömda för mitt ändamål. Diskussioner förs sällan i rapporterna kring sammanhang som kan ha resulterat i få anläggningar. En orsak kan vara att dessa sammanhang kan vara svåra att uppfatta så länge man behandlar var lokal för sig.

Källkritiska problem kopplade till urvalet

Vid min arkivgenomgång hittade jag ett antal lokaler som kan ha samband med tidig betesdrift. Antalet var betydligt mindre än jag förväntat mig med utgångspunkt i situationen i västra Östergötland. Vad kan detta bero på?

En viktig anledning är att det är svårt att ombedöma de resultat som presenteras i utgrävningsrapporterna. När undersökande arkeolog ansett att de framkomna anläggningarna tillhör periferin av en boplats har jag inte inkluderat lokalen i mitt underlagsmaterial.

En annan faktor är själva undersökningsmetoden. De lokaler jag inkluderat är sådana att en rimlig bedömning är att det inte rör sig om en boplats eller närhet till ett gravfält. Vid utredning och förundersökning innebär det att man antingen ska ha dragit många löpmeter schakt (t ex ledningsschakt) eller dragit tätt med schakt inom en begränsad yta. För slutundersökning innebär det att en större yta skall ha avbanats.

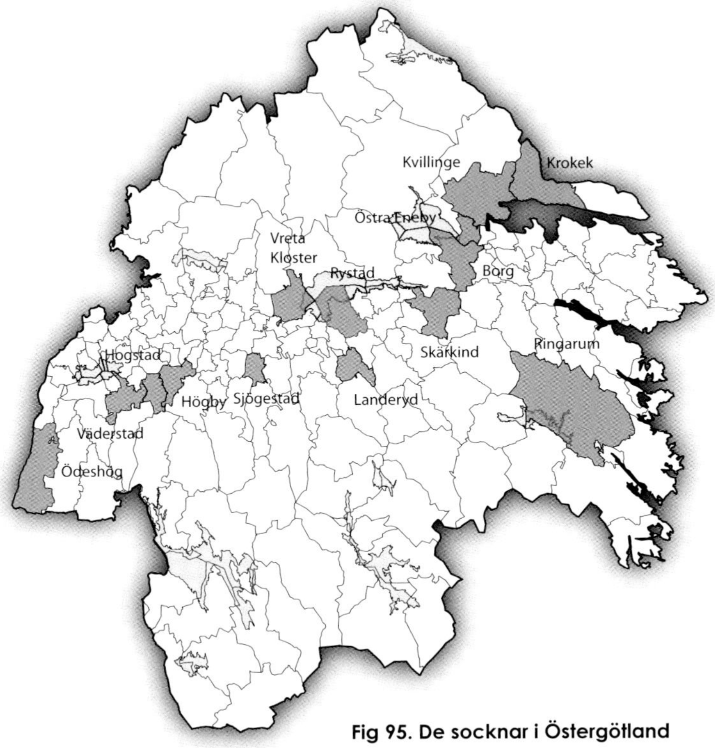

Fig 95. De socknar i Östergötland där betesdriftens platser belagts i denna undersökning är markerade på kartan. Grafik Lars Östlin.
Parishes in Östergötland where the sites in this investigation are located.

För utredning/förundersökning innebär det att många lokaler har bortfallit, eftersom alltför små ytor undersökts eller alltför få schakt dragits, varvid resultatet blivit svårbedömt ur min synvinkel. Ofta går inte lokaler, där få anläggningar framkommer vid utredning, vidare till förundersökning och slutundersökning. En stor del av de lokaler där mina arkeologiska kriterier för betesdriftens platser uppfylls har därför kommit fram vid utredningar eller förundersökningar där en serie schakt dragits.

Ett annat problem i samband med betesdriftens lokaler är att så få av dessa ^{14}C-daterats eller fynddaterats. I rapporterna anges ofta att det framkommit härdar "av äldre järnålderskaraktär" eller "med förhistorisk karaktär". Allt tyder på att det inte är möjligt att närmare tidfästa nedgrävda härdar med skärvsten med hjälp av okulära metoder, varför inte heller dessa lokaler har inkluderats i dateringsdiskussionerna.

En bidragande orsak till att härdar och andra anläggningar vid extensivt använda platser ej daterats är att de framkommit vid arkeologiska utredningar, vars syfte är att fastställa förekomsten av fast fornlämning, något som uppfylls i och med att t ex en nedgrävd härd framkommit. Även från förundersökningar saknas ofta dateringar av sådana platser. När bara några få anläggningar framkommer blir bedömningen ofta att inga vidare arkeologiska undersökningar anses nödvändiga. I sådana fall är det vanligt att man avstår från att ^{14}C-datera lokalen. En anledning tror jag är att man har saknat ett arkeologiskt sammanhang för de extensiva platserna och att det därför bedömts som mindre intressant att datera dem.

Socken	RAÄ nr	Lokal	Antal anläggningar	Antal härdar	Antal stolphål	Antal kokgropar	Antal gropar	Antal sotfläckar
Borg	–	Grönhult – Leverstad, södra uo	2	1	–	–	1	–
Borg	163	Boklund	18	17	–	–	–	–
Borg	197	Leverstad	2	2	–	–	–	–
Borg	210	Klinga	8	3	3	–	4	–
Dagsberg	–	Manheim 2:1, omr 22	2	2	–	–	–	–
Fornåsa	–	Tornby 8:2	4	2	1	–	–	–
Grebo	–	Grebo Prästgård 1:43	1	1	–	–	–	–
Hogstad	168	Mörby	14	–	–	–	–	–
Hogstad	170	Katthemmet	43	7	23	–	11	–
Horn	77	Fågelsrum 1:3	15	2	–	–	5	2
Högby	–	Ryttarhagen	20	19	1	–	–	–
Högby	243a–b	Högby	4	1	2	3	1	–
Jonsberg	–	Fyrskeda gård	1	–	–	1	–	–
Kaga	–	Sättuna 14:1	2	2	–	–	–	–
Kisa	–	Kv Maskrosen	2	2	–	–	–	–
Krokek	85	Gullvagnen	1	–	1	–	–	–
Krokek	87	Svintuna	3	2	–	–	1	–
Kullerstad	–	Kullerstad 8:3, UV 4	2	2	–	–	–	–
Kvillinge	–	Åbylänken, omr 2	3	1	2	–	–	–
Kvillinge	135	Björnviken 2:1	7	5	–	–	–	2
Landeryd	–	Ullstämma	2	1	–	1	–	–
Landeryd	–	Harvestad 9:1, omr B	1	1	–	–	–	–
Linköping	–	Kv Paragrafen, etapp 2	2	2	–	–	–	–
Linköping	324	Tornby	1	–	–	–	–	–
Linköping	87	Ekkällan 2331	27	2	13	2	7	1
Mjölby	243b	Stg 1400	1	1	–	–	–	–
Rappestad	–	Piparebo	2	2	–	–	–	–
Ringarum	–	Obj 5	1	1	–	–	–	–
Ringarum	–	UV 7	1	1	–	–	–	–
Risinge	284	Torstorp	4	–	1	–	–	2
Rystad	–	Gränsliden	2	2	–	–	–	–
Rystad	–	Stensätter 1:9	2	2	–	–	–	–
Sjögestad	–	Sålla 5:1	2	2	–	–	–	–
Sjögestad	–	Lunnevadsvägen	1	1	–	–	–	–
Skärkind	231	Kvästad 7:1	1	1	–	–	–	–
Skärkind	260	Bäckeby, SV omr	13	8	–	–	–	5
Skärkind	260	Bäckeby, NÖ omr	2	1	–	–	1	–
Skärkind	87	Viggeby	1	1	–	–	–	–
Stjärnorp	–	Roxenbaden 1:3	1	1	–	–	–	–
Sya	78	Päpplinge	12	12	–	–	–	–

Fig 96. Undersökta lokaler i Östergötland tolkade som samhöriga med välorganiserad betesdrift under perioden yngre bronsålder–medeltid (tabellen fortsätter på sid 174–175). *Investigated sites in Östergötland believed to reflect well-organised grazing practices in the Late Bronze Age–Middle Ages.*

Antal hyddor	Terräng	Markunderlag	Referens
–	Platå, begränsas i N av berg	Mjälig och grusig morän	Lindgren & Hedman 1994
–	Plan mark, vid vattenhål	Lera	Stålbom & Luthander 1994
–	Flackt parti i anslutning till bergsklack	Mjälig och grusig morän	Lindgren 1993
1	I bergsskreva	Mo, silt	Stålbom 1994
–	Lokalt krön	Lera	Ängeby 1989
–	Plant krön	Grus	Feldt 2001a
–	Svag S-sluttning av i ytan mycket stenig hagmark	Lera	T Carlsson 1997
–	Avsats i svag N-sluttning	Sand	Kaliff m fl 1997
1	Plan mark, ca 100 m från källa	Lera	Petersson 2001a
–	Platåliknande höjd (= lokalt krön)	Lera	Tagesson 1991
–	Plan mark i botten av dalgång	Lera	C Nilsson 1974
–	Låg flack höjd	Sand	M Larsson 1996a
–	Backkrön, härden insprängd mellan två stenar	Blockig morän	M Skoglund 1996
–	Krön	Framgår ej i rapporten	Ternström 1999
–	V-sluttning nedanför berg	Lerblandad morän	Helander 1991
–	Avsats i VSV-sluttning mot dalgång, nedanför berg	Sand	Färjare 1999
–	Lokal avsatsplatå i V-sluttning	Sand	M Larsson 1995
–	Svag V-sluttning	Lera	Skjöldebrand 1995
–	Svag sluttning	Lera	Beronius-Hjörpeland 1990
–	Plan mark, omgiven av sluttningar	Grusig morän	P Gustafsson 1996
–	Plan mark	Lera	Fernholm 1982b
–	Plan mark	Lera	Gruber 1999
–	Svag NNÖ-sluttning	Lera	Helander & Zetterlund 1995
1	Plan mark, vid vattenhål	Lera, mo	Wickman-Nydolf & Nydolf 1999b
–	Krön	Grusig morän	Ängeby 1994b
–	Svag V-sluttning	Sandmark	Elfstrand & Skjöldebrand 1996
–	SÖ-sluttning	Sand och sandblandad morän	A-L Nielsen 1991
–	Avsats i Ö-sluttning	Lera	Ericsson & Nilsson 2002
–	Sadelläge mellan två bergskrön	Morän	Ericsson & Nilsson 2002
–	Krönplatå	Lera	Skjöldebrand 1996b
–	Krön	Siltig morän	Ohlsén 2000a
–	Plan mark	Blockig morän	P E Nilsson 2001
–	Framgår ej i rapport	Sand	M Larsson 1990b
–	Plan mark	Lera	Österström 2001
–	Plan mark, invid stenblock	Lera	Claréus 1986
–	Invid bergvägg	Lera	Claréus m fl, u å
–	Plan mark invid bergvägg	Morängrus	Claréus m fl, u å
–	Plan mark	Framgår ej i rapport	Ullén 1990
–	Avsats i sluttning	Sand	P Nilsson 1999
–	V-sluttning, invid impediment	Lera	M Larsson 1993b

Socken	RAÄ nr	Lokal	Antal anläggningar	Antal härdar	Antal stolphål	Antal kokgropar	Antal gropar	Antal sotfläckar
Törnevalla	–	Ullälva 6:1 m fl	1	1	–	–	–	–
Vallerstad	66	Melstad 4:7	1	1	–	–	–	–
Vist	–	Bjärka Säby	1	–	–	–	1	–
Vreta Kloster	–	Kungsbro 1:344	3	3	–	–	–	–
Vreta Kloster	–	Berg 1:126	1	1	–	–	–	–
Vreta Kloster	–	Kungsbro 1:36	1	1	–	–	–	–
Vårdnäs	–	Bestorp 7:43	100	1	2	–	22	17
Vårdsberg	–	Viskeryd	3	2	–	1	–	–
Väderstad	–	Östad golfklubb, hål 14, sh 7	4	4	–	–	–	–
Väderstad	–	Östad golfklubb, hål 16, sh 11	1	1	–	–	–	–
Väderstad	–	Östad golfklubb, hål 10, sh 3	1	1	–	–	–	–
Väderstad	119	Östad golfklubb, hål 16, sh 14	3	3	–	–	–	–
Västerlösa	–	Linkelösa 1:1	1	1	–	–	–	–
Västra Stenby	–	Fågelstad	1	–	–	–	–	1
Västra Tollstad	–	Ålebäcken	3	1	–	–	2	–
Väversunda	11	Rävkullen	1	1	–	–	–	–
Åtvid	–	Håcklasjön, obj 1	1	1	–	–	–	–
Ödeshög	–	Sjöstorp 1:1	2	2	–	–	–	–
Ödeshög	–	Ödeshög 8:11	1	–	–	–	1	–
Örberga	–	Lilla Ullevi	1	1	–	–	–	–
Östra Eneby	–	Himmelstadlund	2	1	–	–	1	–
Östra Eneby	–	RV 51, Förbifart Svärtinge, DO 5	17	7	6	–	4	–
Östra Eneby	–	Fiskeby 1:1 m fl	18	2	3	–	13	–

Skillnaden är väldigt stor mellan mitt undersökningsområde i västra Östergötland (kap 8) och övriga Östergötland, vad gäller antal lokaler, säkerhet beträffande de enskilda lokalernas tolkning (boplats – icke boplats) samt dateringsunderlag. Min bedömning är att orsaken ligger i att det fanns en uttalad målsättning att studera just de härdar som ofta framkommer vid undersökningar av fossil åkermark redan när förundersökningarna för E4:an i västra Östergötland startade år 1994 (Petersson 1996:6). Då antogs att härdarna hade samband med forntida odling, inte betesdrift, men det har varit av mindre betydelse. Det viktiga är att härdarna redan från början utpekades som en intressant men problematisk anläggningskategori. Vid det stora flertalet av undersökningar i Östergötland har extensivt bruk av mark och därmed förbundna lämningar däremot inte stått i fokus. Målsättningarna har sällan berört extensiv markanvändning eller det agrara markutnyttjandet, förutom odling. De enstaka anläggningar som har framkommit har ofta ej tolkats som uttryck för ett självständigt fenomen, utan oftare framför allt som del av en boplats, något som gjort att mitt underlagsmaterial från övriga Östergötland blivit förhållandevis litet.

LOKALERNA

Vid min arkivgenomgång framkom ett sextiotal undersökta fornlämningslokaler som jag bedömt kan ha samband med betesdrift under perioden bronsålder – medeltid (fig 95–96). I de fall där undersökta områden ligger nära varandra och har givit liknande datering har jag räknat dessa som en lokal i min sammanställning. Frekvensdiagrammet (fig 97) visar att lokaler med en till två härdar är överlägset vanligast, samt att lokaler med sex eller fler anläggningar också är relativt vanliga. Detta illustrerar två skilda aspekter av fenomenet ensamliggande härdar och härdlokaler, där de stora lokalerna antas

Antal hyddor	Terräng	Markunderlag	Referens
–	Våtäng i svag N-sluttning	Lera	Borna 1989
–	Plan mark (mkt svag SÖ-sluttning)	Mo med inblandning av sten	Feldt 2002
–	Plan mark nära Stångån	Lera	Ohlsén 2000b
–	Svag Ö-sluttning	Grusig morän	M Larsson 1988
–	Avsats i N-sluttning	Framgår ej i rapport	Kaliff 1998a
–	Ö-sluttning	Framgår ej i rapport	Kaliff 1998b
–	S-sluttning	Lera	Hedman 1988
–	V-sluttning	Lera	Molin 2000
–	Svag SÖ-sluttning mellan två berg	Framgår ej av rapport	Ternström 2001a
–	Svag NV-sluttning	Framgår ej av rapport	Ternström 2001a
–	Avsats	Berg i dagen	Ternström 2001a
–	Plan mark	Framgår ej av rapport	Ternström 2003
–	Framgår ej i rapport	Moig morän	Lindberg 2002
–	Framgår ej i rapport	Lerblandad morän	A-L Nielsen 1997
–	Svag V-sluttning, vid bäck	Sand	P Karlsson 2000
–	Vid källa	Morän	Zetterlund 1999
–	Svag N-sluttning	Lera	P E Nilsson 2002
–	Plan mark	Mo	Björkhager 2001
–	Svag V-sluttning nära berg	Sand	Ternström 2001b
–	N-sluttning	Lera	Helander 1999
–	Framgår ej i rapport	Sand	T Carlsson 2001
–	Lokalt krön	Sandmark	M Larsson 1996b
–	Svag V-sluttning	Sand	P Nilsson 1996

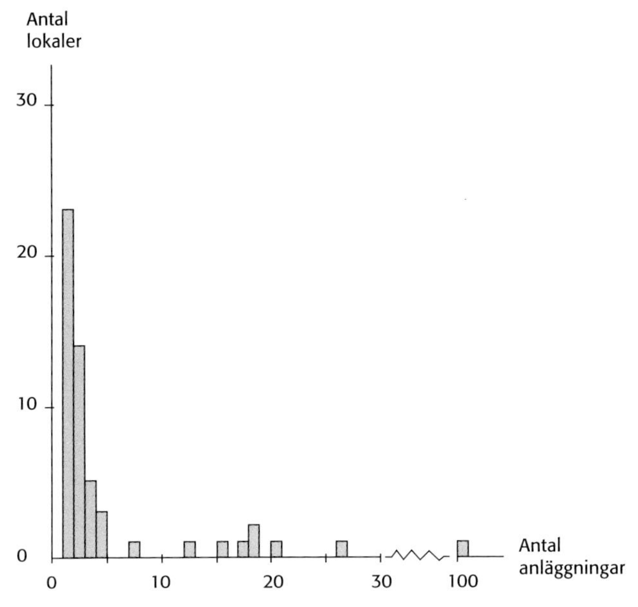

Fig 97. Antalet anläggningar per lokal. Grafik Lars Östlin.
Number of features per site.

representera betesorganisationens fasta replipunkter och de små antas representera mera slumpvis valda rastplatser. Med utgångspunkt i lokalernas storlek och de ingående anläggningarnas typ har jag delat in platserna i fem kategorier:

- Små härdlokaler (1–5 härdar).
- Små sammansatta lokaler (1–5 anläggningar varav minst en härd/kokgrop).
- Stora härdlokaler (6 ≤ härdar).
- Stora sammansatta lokaler (6 ≤ anläggningar varav minst en härd/kokgrop).
- Hyddlokaler.

Gränsen mellan små och stora lokaler är tämligen godtyckligt valt. Tanken bakom indelningen är att de små lokalerna representerar enstaka besök på platserna med de stora lokalerna och hyddlokalerna representerar fasta punkter med lång kontinuitet i användandet. Frekvensdiagrammet (fig 97) visar ingen skarp gräns men när lokalerna börjar innehålla ett tiotal anläggningar ska de definitivt räknas till de större. I diagrammet nedan presenteras antalet lokaler av olika typer i Östergötland. I diagrammet ingår inte de lokaler i östra Östergötland som innefattades i min fallstudie i föregående kapitel.

Typ av lokal	Antal
Små härdlokaler	32
Små sammansatta lokaler	13
Stora härdlokaler	1
Stora sammansatta lokaler	9
Hyddlokaler	3
Stenåldersboplatser med yngre härdar/anläggningar	5
Antal lokaler, summa	**63**

Fig 98. Lokalernas typmässiga fördelning. *The division of sites into types.*

Små lokaler

I min studie är 45 av lokalerna små och på 37 av dem fanns endast 1–2 anläggningar. Det är slående att av dessa utgörs 29 lokaler, mer än hälften av materialet, av härdlokaler med en eller två härdar. Bland de små sammansatta lokalerna finns en lokal med en enstaka kokgrop. För lokalerna med mer än en anläggning har jag vid min arkivgenomgång valt ut lokaler som innehöll minst en härd eftersom jag menar att den aktivitet som primärt kan spåras i det arkeologiska materialet på betesdriftens replipunkter är matlagning.

Det som har avsatt spår på flest platser i terrängen är, enligt min tolkning, de tillfälliga uppehåll som herdar gjort på platser som inte av tradition var utpekade som övernattningsplatser och där inga fasta installationer fanns. Kanske säger detta något om betestrycket under perioden. Kan det ha varit så hårt att man ofta tvingats rasta på nya ställen eftersom betet varit slut i anslutning till de etablerade rastplatserna?

Bland de små lokalerna finns många som har legat i anonyma terränglägen utan uppenbara lokaliserande faktorer. Ett typiskt exempel kommer från en utredning i Dagsbergs socken (Ängeby 1989) där ca 100 ha mark undersöktes genom att 40 schakt drogs. Schakten hade en sammanlagd längd av 968 m. I ett av schakten framkom två härdar på ett avstånd av 26 m från varandra. Ytterligare ett exempel är från Landeryds socken (Gruber 1999) där en enstaka härd framkom vid ledningsschaktning.

Ett intressant exempel på en enstaka härd kommer från Skärkinds socken (Claréus 1985). Här har en nedgrävd härd anlagts alldeles intill ett stort jordfast stenblock, beläget ca 30 m norr om en stensträng (RAÄ 231). Det ligger nära till hands att lokaliseringen hänger samman med att man sökt skydd för vinden bakom stenblocket (fig 99).

Vid Grönhult – Leverstad i Borgs socken avbanades ett område där tre anläggningar framkom (Lindgren & Hedman 1994). Området är ett bra exempel på det fenomen jag undersöker eftersom den avbanade ytan var stor och sammanhängande. Bedömningen att det rör sig om ensamliggande härdar blir följaktligen så säker som alls är möjligt.

Karaktäristiskt för de små lokalerna är att de innehåller anläggningar för matlagning, värme, ljus och rök. Detta är de enda tolkningsbara aktivitetsspåren här.

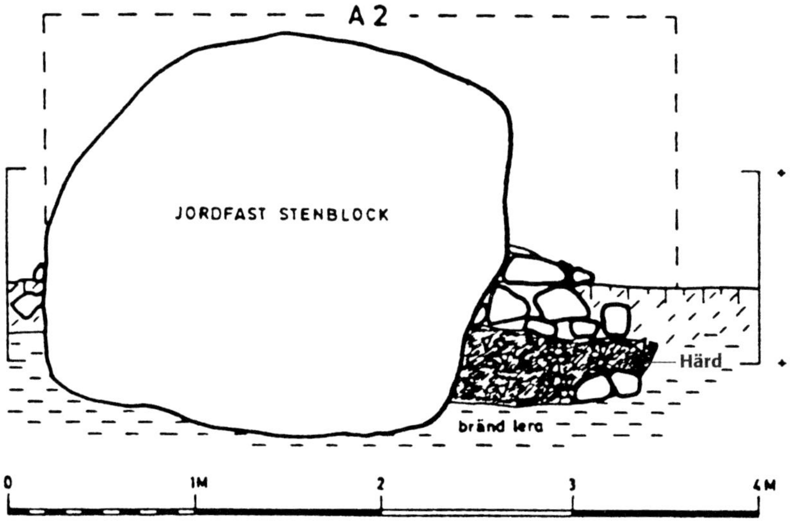

Fig 99. En ensamliggande härd intill ett stenblock. RAÄ 231, Skärkinds socken, Östergötland. Efter Claréus 1985. Skala 1:40. *An isolated hearth near an erratic boulder. RAÄ 231, Skärkind Parish, Östergötland.*

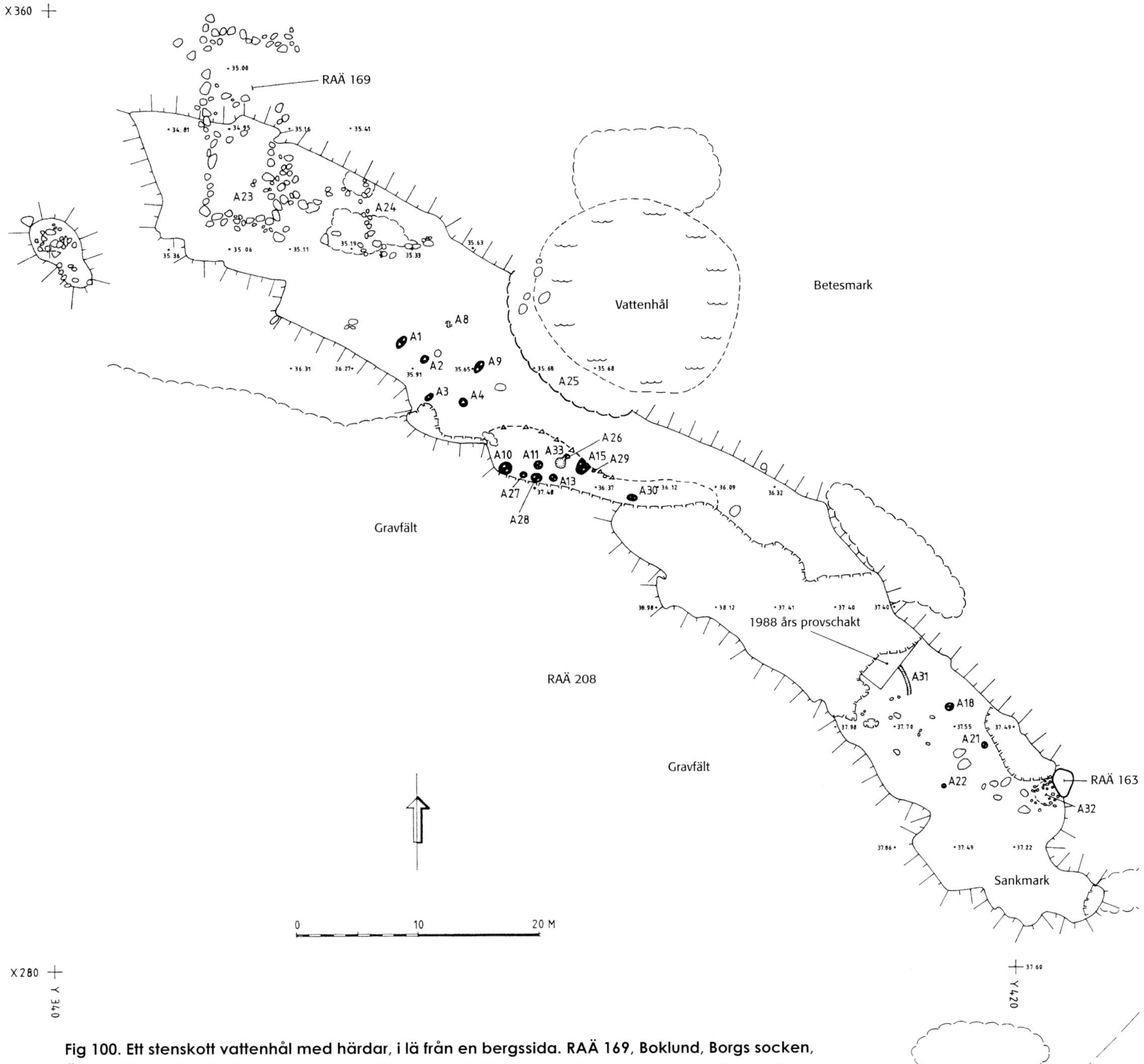

Fig 100. Ett stenskott vattenhål med härdar, i lä från en bergssida. RAÄ 169, Boklund, Borgs socken, Östergötland. Efter Stålbom & Luthander 1994. Skala 1:500. *A stone-lined water hole with hearths, at the sheltered side of a rocky hill. RAÄ 169, Boklund, Borg Parish, Östergötland.*

Stora lokaler

Bland de stora lokalerna varierar antalet anläggningar mellan 7 och 100. Medianvärdet för antal anläggningar ligger på 17,5. Stora lokaler med sex eller fler anläggningar visar på den stabila aspekten i betessystemet. Hit har man återvänt vid upprepade tillfällen under en längre tidsperiod och platserna har utgjort de fasta punkterna i betesorganisationen. Här finns oftast inte bara härdar utan också kokgropar, gropar och enstaka stolphål. Man har inte enbart lagat mat och tänt eldar för att hålla vilda djur borta. Ofta har det funnit fasta installationer på dessa platser, ibland i form av grävda vattenhål, vilka i enstaka fall stenskotts. Kanske har här funnits stolpbodar med liknande funktion som samiska niallor (små förvaringsbodar byggda på en stolpe). Det som har förvarats i stolpbodar har inte varit åtkomligt för vilda djur eller fåglar. Man har kunnat lämna t ex mat och foder här. Kanske kan en del av stolphålen ha ingått i anordningar för att hålla djuren instängda nattetid. Kanske har man också mjölkat vid dessa platser – enkla mjölkningsskjul kan ha funnits (se Lindman 1993:98f).

De flesta stora lokaler innehåller flera olika typer av anläggningar. Endast en renodlad härdlokal finns i gruppen, nämligen Päpplinge i Sya socken (M Larsson 1993b). Här fanns 12 härdar samlade inom ett område av ca 8x30 m med en koncentration i mitten av området. Det är svårt att avgöra om området varit del av en boplats, men jag har bedömt det som mera troligt att det är ett exempel på betesdriftens lokaler.

En intressant lokal som innehåller flera karaktäristiska drag är Boklund (RAÄ 169) i Borgs socken (Stålbom & Luthander 1994). Centralt på platsen låg ett stenskott vattenhål. Söder om detta undersöktes ett ca 10 m brett område som i sydsydväst avgränsades av ett berg. Inom området fanns 16 härdar, två sotfläckar som troligen också var rester av härdar, en grop samt en ränna. Härdarna låg framför allt i det 10 m breda området mellan vattenhålet och bergväggen. Här dokumenterades 14 av undersökningens härdar inom en yta av 10x25 m. I vattenhålets stenpackning påträffades svallad, sannolikt rabbad keramik, något som talat för att anläggningen existerat och varit vattenfylld redan under förhistorisk tid. Rabbad keramik, med datering till yngre bronsålder, påträffades även strax söder om vattenhålet. En mynningsskärva av ett kärl med utsvängd mynningsrand och stämpelornering, med datering till romersk järnålder, framkom också.

Platsen visar på två viktiga faktorer vid valet av en mera permanent rastplats. Det första är att behovet av färskvatten för såväl djur som människor ska tillgodoses. Här har vattenhålet stenskotts och en stenläggning har byggts intill det för att området skulle stå emot slitaget av djurens klövar. Det andra är att man valt en plats där man fått lä för vinden bakom en bergvägg (fig 100).

En annan stor lokal undersöktes i Vårdnäs socken. Inom ett ca 6500 m^2 stort sammanhängande område i en svag sydsluttning drogs ett flertal schakt och här dokumenterades en härd, två stolphål, en stensamling, 22 gropar, 17 sot- eller kolfläckar, 57 mörkfärgningar samt fem diken (troligen täckdiken). Två ^{14}C-dateringar pekar mot yngre järnålder respektive tidig medeltid. Lokalen tolkades som extensivt använd (Hedman 1988) och lämningarna kan tolkas som spår av betesdrift men kanske också av extensiv odling.

I Högby socken avbanades ett 600 m^2 stort område där 19 härdar och ett stenskott stolphål undersöktes. Området låg på en ytterst svag förhöjning i den plana marken i botten av en dalgång. Området tolkades som extensivt använt (C Nilsson 1974). Den plana marken i botten av en dalgång bör ha utgjort ett gott bete redan i förhistorisk tid, ett argument för en tolkning som en lokal kopplad till betesdrift.

Karaktäristiskt för stora lokaler är att de innehåller flera typer av anläggningar, där anordningar som kan användas för matlagning ingår. Ibland finns spår av fasta installationer, som stenskoning kring vattenhål, något som understryker att platserna haft en permanent och fastlagd roll i betesgångens organisering.

Hyddlokaler

På tre platser har framkommit lämningar efter en eller flera hyddor från perioden yngre bronsålder till yngre järnålder. Hyddlokalerna kan ses som en variant av de stora lokalerna med samma funktion som dessa i den organiserade betesdriften. Att hyddor byggts understryker ytterligare platsernas fastlagda roll i betesdriften. Hyddor kan jämföras med stenskodda vattenhål i så måtto att båda företeelserna är fasta installationer som visar en avsikt att i framtiden ofta återvända till platsen. På hyddlokalerna finns alltid härdar och ofta ytterligare stolp- och pinnhål samt gropar som vittnar om andra aktiviteter som vi bara kan ana.

En av de tydligaste hyddlokalerna är RAÄ 170 i Hogstads socken, belägen inom det område som omfattades av fallstudien i föregående kapitel (Petersson 2001a). Topografiskt utgjordes platsen av plan mark. Hyddan låg ca 100 m sydsydöst om en källa. På ömse sidor om källan finns skärvstenshögar (RAÄ 103b och 103c) och ca 20 m sydsydväst om källan finns en liten stensättning (RAÄ 103a). Från källan rinner en bäck åt norr och avståndet till hyddan var som kortast ca 50 m. Genom schaktningar vid utredning och förundersökning har uteslutits att det har funnits en samtida boplats i hyddområdets omedelbara närhet – området bör således inte ha utgjort en perifer del av en boplats. På platsen fanns spår av en U-formad hydda bestående av tio stolphål. Åtta av dessa var väggstolpar och två fanns i hyddans inre och åtminstone en kan ha ingått i hyddkonstruktionen. Utanför hyddan fanns sju härdar. I området fanns också ett flertal pinn- och stolphål samt gropar med en markant ansamling av anläggningar i området sydväst om hyddan, där två av härdarna låg. Stolp- och pinnhålen kan tolkas som spår av torkställningar, tjuderpålar, utfodringsbord och liknande. Platsen daterades till förromersk järnålder med tyngdpunkt i periodens första hälft (fig 102) (Petersson 2001a).

Lokal	Yttermått	Datering	Ingångsriktning	Form	Konstruktion
Borgs sn, Klinga (RAÄ 211)	5x3 m	Vikingatid	SÖ	Triangulär	Byggd i bergsskreva
Hogstads sn, Katthemmet (RAÄ 171)	3x3 m	Förromersk järnålder	VSV	U-formad	Stolphål bildar vägg
Linköping, Tornby (RAÄ 324)	5x5 m	Förromersk järnålder, vikingatid	SÖ	Halvcirkelformad	Stolphål bildar vägg

Fig 101. Östgötska hyddlokaler. Efter Stålbom 1994, Petersson 2001a, Wickman-Nydolf & Nydolf 1999b. *Hut sites in Östergötland.*

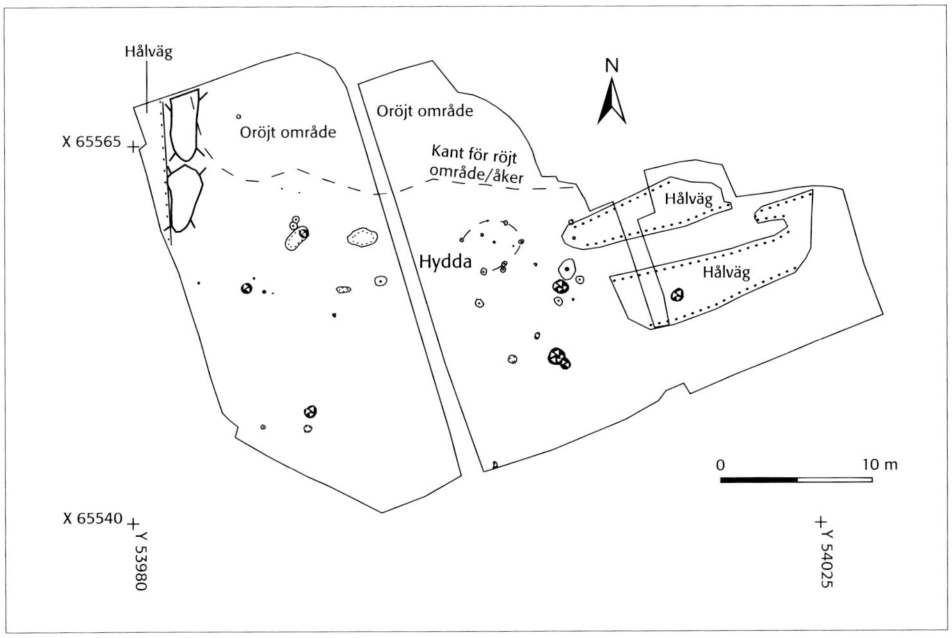

Fig 102. Område med en hydda. RAÄ 170, Hogstads socken, Östergötland. Efter Petersson 2001a. Skala 1:500. Grafik Lars Östlin.
Area with a hut. RAÄ 170, Hogstad Parish.

Fig 103. Vindskydd 3 invid ett igenfyllt vattenhål. Tornby bytomt (RAÄ 324), Linköping, Östergötland. Efter Wickman-Nydolf & Nydolf 1999b. Skala 1:500. Grafik Lars Östlin.
Wind shelter 3 near a filled water hole. Tornby village plot (RAÄ 324), Linköping, Östergötland.

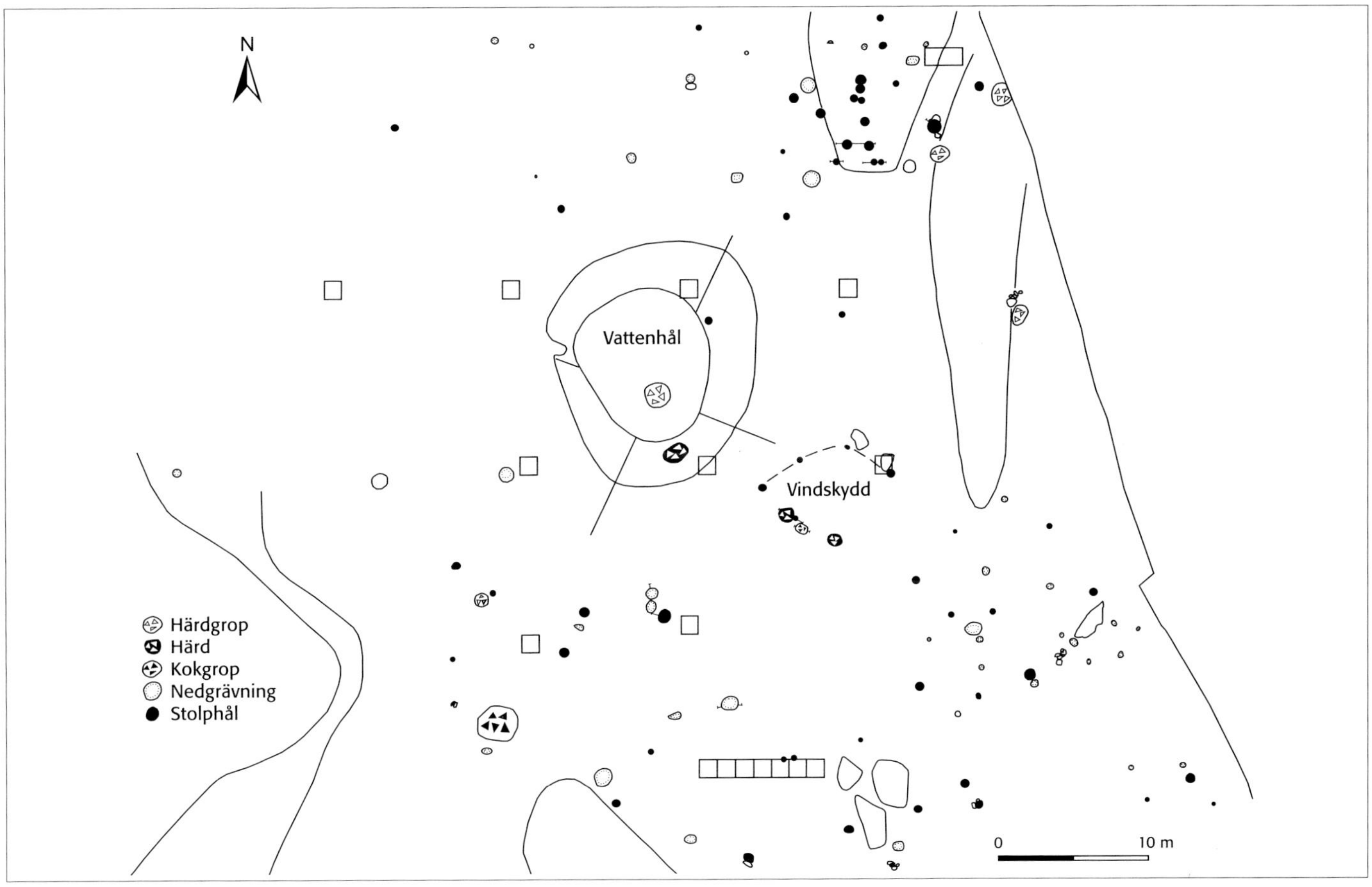

I närheten av Tornby bytomt i Linköpings stad undersöktes år 1990 delar av en boplats med datering till förromersk och romersk järnålder, med enstaka anläggningar och fynd daterade till mellan- och senneolitikum samt yngre bronsålder (Wickman-Nydolf & Nydolf 1999b). På boplatsen fanns tre vindskydd. Två av dem verkar ha varit samtidiga med järnåldersbebyggelsen på platsen. Vindskydd 3 däremot låg endast några meter från ett vattenhål i undersökningsområdets norra del. Vattenhålet har blivit igenfyllt och på denna fyllning fanns en härd (A506) vilken daterades till 755 – 392 f Kr. Vindskyddets lokalisering intill vattenhålet talar, enligt min bedömning, snarast för att det har haft samband med vattenhålet och har då en yngsta möjliga datering till yngre bronsålder. Vindskydd 3 vid Tornby skulle alltså kunna vara en plats som har samband med betesdrift (fig 103).

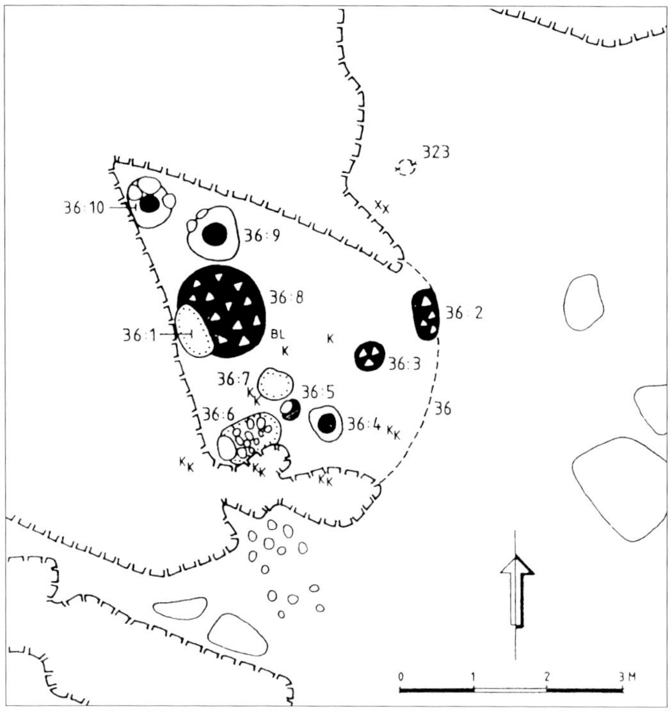

Fig 104. Hydda anlagd i en klippskreva. Klinga (RAÄ 211), Borgs socken, Östergötland. Efter Stålbom 1994:40. Skala 1:100.
Hut erected in a cliff crevice. Klinga (RAÄ 211), Borg Parish, Östergötland.

Vid Klinga (RAÄ 211) i Borgs socken framkom rester av en hydda anlagd i en klippskreva, daterad till vikingatid (Stålbom 1994:40). Den låg nära krönet av en bergsrygg och för dess konstruktion hade utnyttjats en djup klyfta i berget. Klyftan var triangulärt formad, ca 5 m djup och vid mynningen ca 3,5 m bred. Den bildades av lodräta, ca 2 m höga klippväggar med öppningen åt sydost. Inne i klyftan sluttade marken svagt mot öppningen. Marken bestod av ett fyndförande ljust kulturlager som fanns endast inne i klyftan och tolkades som ett golvlager. "Under och i kulturlagret fanns tio anläggningar; tre härdar, tre stolphål samt fyra gropar. En större härd fanns placerad inne i klyftan och två mindre vid klyftans mynning. Två stolphål fanns längst in i klyftan och ett vid mynningen. Alla gropar fanns längs med den västra bergväggen. Sannolikt är det frågan om förvaringsgropar. Vid den stora härden inne i klyftan påträffades keramik [ornerat svartgods med datering till sen vikingatid och tidig medeltid] och vävtyngdsfragment i golvlagret. Allt tyder på att anläggningen bör tolkas som en enklare bosättning – en jordkoja troligen för tillfälligt bruk, exempelvis tillfällig herdekoja, vindskyle eller liknande" (fig 104) (Stålbom 1994).

En hydda vid Västra Bökestad i Linköping visar att hyddformerna är allmänna och att liknande hyddor använts för vitt skilda aktiviteter. Hyddan, som låg utan anknytning till någon boplats har tolkats som samhörig med gjuteriverksamhet på platsen (Helander & Zetterlund 1997).

I sammanhanget finns anledning att nämna de framför allt tidigneolitiska hyddlokaler som under senare år uppmärksammats i bland annat Östergötland (Petersson 2004e:136f och där anförd litteratur). Topografiskt karaktäriseras lokalerna av att de ligger på en grusig eller sandig yta i närhet till vatten. Det rör sig om små lokaler med rester av en eller ett par hyddor samt några härdar, gropar och liknande. Ofta tyder spåren på att hyddorna inte varit samtidiga, däremot är de så kraftiga att man får förutsätta att de byggts med upprepad användning i tankarna. Platserna utmärks av att fyndmaterial saknas eller förekommer i mycket ringa omfattning. Jag har föreslagit att lokalernas uppträdande har samband med de nyintroducerade agrara näringarna. Platserna kan ha ingått i ett välstrukturerat betessystem och är, vad gäller lokalisering i landskapet, utformning och avsaknad av fyndmaterial en direkt parallell till de här beskrivna replipunkterna i det betessystem som varit förhärskande under yngre bronsålder och äldre järnålder (Petersson 2004e).

Härdar på stenåldersboplatser

Vid dateringar av särskilt härdar på stenåldersboplatser har man ofta erhållit ^{14}C-dateringar som är betydligt senare än fyndmaterialet indikerar. Vid min genomgång av östgötskt arkivmaterial har jag hittat fem exempel på detta. Flera forskare har kommenterat fenomenet (Olsson & Åkerlund 1987:24). Ann Segerberg påpekar också att dessa dateringar ofta faller i äldre järnåldern (Segerberg 1999:107 och där anförd litteratur).

Stenåldersboplatser ligger ofta i vad som benämns "bra boplatslägen", krön eller avsatser i sluttningar, ibland i närheten av vatten. Markunderlaget är oftast genomsläppligt, sand eller grus. Denna typ av platser har även kommit att utgöra rastplatser i ett senare beteslandskap. De "sena" dateringarna är oftast få. Uppenbarligen har det inte med enbart visuella metoder varit möjligt att skilja härdar (eller boplatsspår) från brons- och järnåldern från dem från stenåldern. Det är därför inte möjligt att avgöra hur stort det sena inslaget är på dessa lokaler. Man får nöja sig med att konstatera att det finns och att det åtminstone utgörs av de anläggningar som fått sena ^{14}C-dateringar.

PLATSERNAS TOPOGRAFI

Var i landskapet finns spåren efter betesdriftens platser? Finns några generella mönster som kan vara till hjälp för att lokalisera dem? Jag har använt undersökningsrapporternas beskrivningar av topografiskt läge för att undersöka detta. I några fall har det inte varit möjligt att få fram uppgifter om det topografiska läget och sådana lokaler har uteslutits ur studien av topografin. För att kunna göra en sammanställning över topografi har jag standardiserat topografisk belägenhet. De topografiska lägen jag särskiljer är krön (inklusive lokalt krön), sluttning, avsats i sluttning samt plan mark.

Topografi	1 anläggning	2 anläggningar	3 anläggningar	4 anläggningar	6 ≤ anläggningar	Hyddor	Stenåldersboplatser	Totalt
Krön, även lokalt	2	4	–	2	3	–	2	13
Sluttning	8	4	4	1	3	–	–	20
Avsats	4	–	–	–	–	1	3	8
Plan mark	6	4	1	–	4	2	–	17

Fig 105. Det topografiska läget hos betesdriftens platser. *The topographical location of organised grazing sites.*

Det vanligaste har varit att betesdriftens platser framkommit i sluttningar, följt av plan mark och först på tredje plats av krön. Samma förhållande gäller för de små lokalerna med 1–5 anläggningar. De stora lokalerna har oftast framkommit på plan mark, tätt följt av sluttning eller krön. Hyddlokalerna har oftast framkommit på plan mark. Om man betraktar stora lokaler och hyddlokaler som en gemensam grupp med många anläggningar är plan mark vanligast, följt av sluttning och krön.

Det finns 32 lokaler med 1–2 anläggningar, lokaler som ofta framkommit vid ledningsschaktning. Dessa kan representera någon slags normalfördelning av topografiskt läge eftersom de till stor del framkommit utan att s k "bra boplatslägen" utvalts på förhand. Lokalerna låg företrädesvis i sluttning, följt av plan mark och krön. Materialet torde alltså i det stora hela vara representativt med avseende på topografiskt läge.

Att betesdriftens replipunkter har anlagts på krön kan förklaras med att krönen är torrare vid regn och att man lättare kan ha uppsyn över djuren från en höjd. Likaså kan vinden bättre komma åt att fläkta på krön, något som skulle kunna vara fördelaktigt med tanke på insekter. Uppenbarligen är det inte dessa aspekter som oftast styrt lokaliseringen av betesdriftens replipunkter i Östergötland. Markunderlaget, med dominans för leriga jordar, antyder att betestillgången varit en av de viktigaste aspekterna. Detta kan också vara förklaringen till att så många av lokalerna ligger i sluttningar och på plan mark.

Närhet till vatten

Topografiskt sett finns en grupp lokaler som är särskilt intressanta, de har haft nära anknytning till vatten. En av de små härdlokalerna och en av de stora sammansatta lokalerna låg vid vattenhål, en liten lokal låg intill en källa och ytterligare en liten lokal låg på kanten till en bäckravin. En ensamliggande sotig grop framkom nära Stångån i Vists socken (Ohlsén 2000b). En hydda hade byggts intill ett vattenhål och en hydda hade anlagts nära en källa där en liten bäck rinner upp.

I betesdriftens landskap har vatten varit en nödvändighet och färskvattenförekomster har varit en viktig lokaliseringsfaktor. En undersökning i Vikingstad har visat detta – här fanns ett kulturlager i anslutning till ett vattenhål, något som talar för upprepat och flitigt bruk av vattenhålet (Feldt 2001b). Platser med dricksvatten har i alla tider utgjort givna rastplatser dit herdarna fört sina djur. Vattenhålet i Boklund i Borgs socken hade stenskotts, något som pekar på vattnets betydelse som lokaliseringsfaktor (Stålbom & Luthander 1994). Stenskoningen visar att man avsett att kontinuerligt återvända till platsen. Vattenhål har sannolikt börjat anläggas senast under yngre bronsålder när beteslandskapets funktionsmässiga indelning, sådan vi sedan känner den i 2000–2500 år, verkar ha tillkommit (se kap 10 och 11). Även vid Tornby i Linköping fanns ett vattenhål som stenskotts under yngre bronsålder eller tidigare och i anslutning till vattenhålet hade byggts en hydda (Wickman-Nydolf & Nydolf 1999b).

Att det finns så många lokaler som saknar omedelbar närhet till vatten betyder att andra faktorer kan ha vägt lika tungt eller tyngre. Å andra sidan har vatten inte varit en bristvara i Östergötland. Det har varit tätt mellan de små naturliga vattensamlingarna och vattendragen.

Vindskydd

Även belägenhet intill en bergssida är ett återkommande drag vad gäller närmiljön för betesdriftens lokaler. Fördelen med en sådan topografisk placering är att berget kan erbjuda lä. Fem av lokalerna låg alldeles invid berg – intill mer eller mindre branta och höga bergssidor. En av dessa var en hyddlokal. Dessutom låg också en stenåldersboplats med senare härdar alldeles intill ett berg. En ensamliggande härd låg som tidigare nämnts i lä bakom ett jordfast stenblock.

Markunderlag

Med undersökningsrapporterna som underlag har jag även gjort en sammanställning av markunderlag hos de undersökta lokalerna i mitt material. I några fall uppges inte markunderlag och det har heller inte funnits möjlighet att få fram detta på annat sätt, något som medfört att dessa lokaler bortfallit ur denna del av undersökningen.

Sammanställningen visar att betesdriftens lokaler i Östergötland oftast framkommit på lermark, drygt 40% av alla lokaler låg på detta markunderlag. Det näst vanligaste markunderlaget var sand och det tredje vanligaste grusig morän eller grus. Ungefär en tredjedel av lokalerna låg på dessa tre lättdränerade markunderlag. Enstaka lokaler hade andra markunderlag.

Mark underlag	1 anläggning	2 anläggningar	3 anläggningar	4 anläggningar	Många anläggningar	Hyddor	Stenålders-boplats	Totalt
Sand	3	3	1	–	2	–	4	13
Lera	9	5	2	1	6	2	–	25
Mo	1	2	–	–	–	1	–	4
Morän	4	–	–	–	–	–	–	4
Berg	1	–	–	–	–	–	–	1
Blockig morän	1	1	–	–	–	–	–	2
Grusig morän	1	2	1	1	2	–	1	8

Fig 106. Markunderlaget hos betesdriftens platser. *The type of soil at organised grazing sites.*

En förklaring till att så många av betesdriftens lokaler har hittats på lera är sannolikt att lermarkerna utgjort viktiga betesmarker under förhistorisk tid. Före de stora utdikningarna på 1800-talet fanns också betydligt fler sankmarker i slättområdet. En annan, bidragande orsak till att så många lokaler har framkommit på lera kan vara att Östergötlands centrala och mest exploaterade delar till stor del består av lermark, något som kanske kan ha givit materialet en missvisande slagsida mot lera.

DATERINGAR

Det finns ^{14}C-dateringar från 15 av de små lokalerna med 1–5 anläggningar, från fyra av de stora lokalerna (med fler än fem anläggningar) samt från de fem stenåldersboplatserna. Två av de stora lokalerna har fynddaterats. I detta avsnitt har jag valt att dels studera dateringen för olika kategorier av lokaler, dels en sammantagen datering.

En sammanställning av ^{14}C-dateringarna från de små lokalerna visar en spridning från äldre bronsålder till yngre järnålder med tyngdpunkt i yngre bronsålder och yngre järnålder (fig 107–108). Bland de stora lokalerna daterades en till yngre bronsålder, tre till yngre bronsålder och förromersk järnålder, en till yngre romersk järnålder och folkvandringstid samt en till yngre järnålder och tidig medeltid (fig 109). Hyddlokalernas datering hade en spännvidd minst från yngre bronsålder till vikingatid (fig 110). Dateringen för senare anläggningar som tolkats som spår av betesdrift, belägna på stenåldersboplatser spänner från yngre bronsålder och går in i vikingatid (fig 111).

I fig 112 sammanfattas dateringarna från betesdriftens platser i Östergötland. I de fall där dateringen av en lokal omspänner två närliggande tidsperioder har jag i tabellen angivet lokalens datering till den period där dateringen huvudsakligen faller. När två vitt skilda dateringar har erhållits är båda an-

Socken	Lokal	Provnr	Age BP	Std	1 σ	2 σ
Borg	Grönhult–Leverstad	St-11994	1220	70	690–900 e Kr	660–980 e Kr
Fornåsa	Tornby 8:2	Ua-18141	2460	65	760–410 f Kr	780–400 f Kr
Grebo	Grebo Prästgård 1:43	Ua-8736	1230	70	690–890 e Kr	660–970 e Kr
Jonsberg	Fyrskeda gård	Beta-89357	1190	60	720–950 e Kr	680–980 e Kr
Kvillinge	Åbylänken	St-12108	1560	150	340–650 e Kr	100–800 e Kr
Linköping	Kv Paragrafen, etapp 2	Beta-43843	3220	90	1610–1400 f Kr	1690–1290 f Kr
Linköping	Kv Paragrafen, etapp 2	Beta-43847	1450	90	440–680 e Kr	410–780 e Kr
Ringarum	Objekt V	Ua-26214	1255	70	680–870 e Kr	650–960 e Kr
Ringarum	UV 7	Ua-26216	1795	65	130–330 e Kr	80–390 e Kr
V Tollstad	Ålebäcken	Ua-25258	2900	60	1220–990 f Kr	1290–910 f Kr
Vallerstad	Melstad 4:7, RAÄ 66	Ua-17333	2745	70	980–820 f Kr	1070–790 f Kr
Vårdsberg	Viskeryd	Ua-25425	1835	55	80–250 e Kr	60–340 e Kr
Väderstad	Östad golfklubb, hål 14, sh 7	Ua-17196	1995	70	100 f Kr–120 e Kr	200 f Kr–140 e Kr
Väderstad	Östad golfklubb, hål 16, sh 14	Ua-17484	2540	70	800–520 f Kr	810–410 f Kr
Väderstad	Östad golfklubb, hål 16, sh 14	Ua-17483	2610	70	900–540 f Kr	950–400 f Kr
Ö. Eneby	Himmelstadlund	Ua-25401	2535	70	800 - 520 f Kr	810 - 410 f Kr

Fig 107. ^{14}C-dateringarna från de små lokalerna med 1–5 anläggningar. *^{14}C dates from the small sites with 1–5 features.*

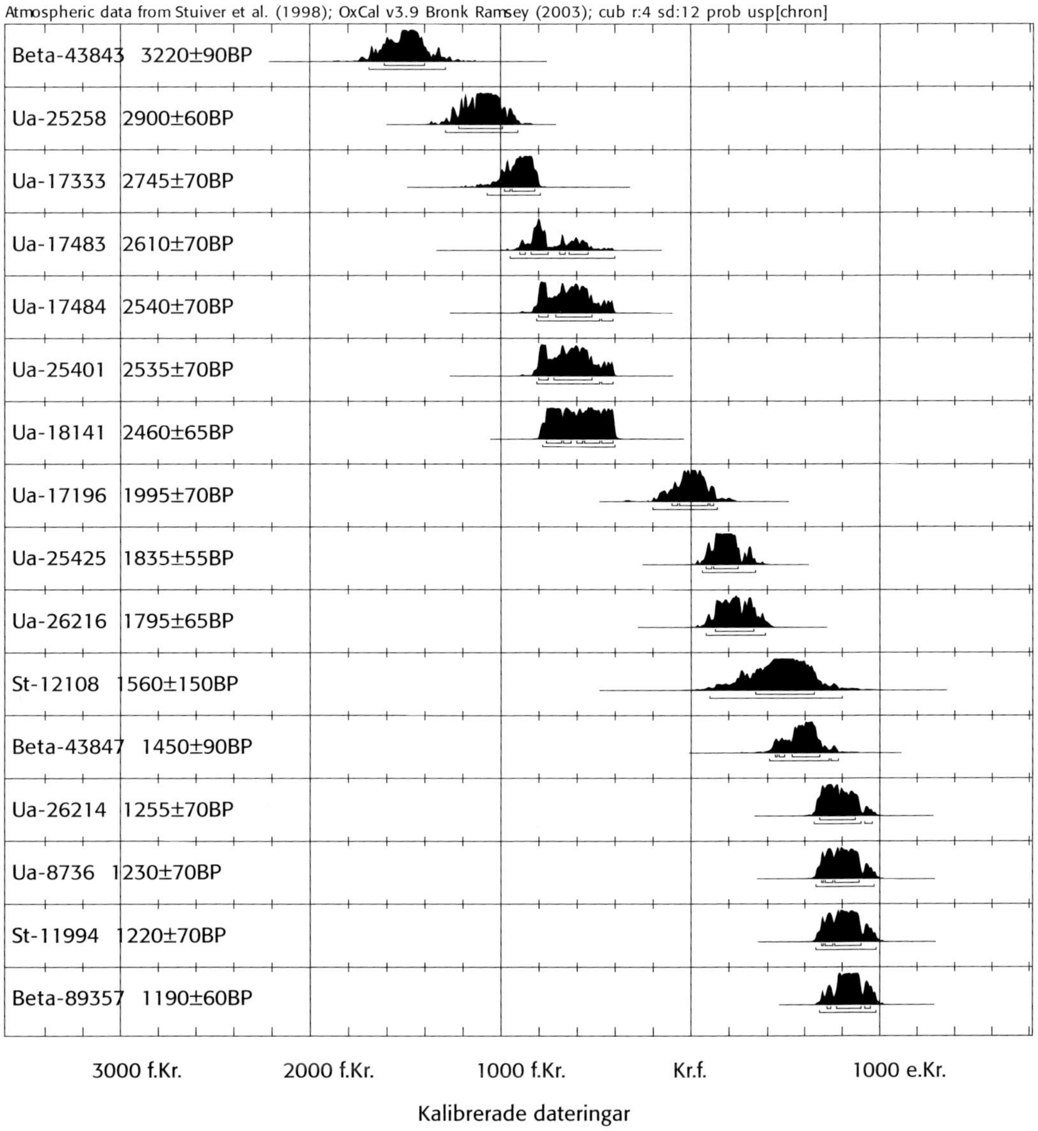

Fig 108. ^{14}C-dateringar från de små lokalerna med 1–5 anläggningar, efter fig 107. *^{14}C-dates from the small sites with 1–5 features, after fig 107.*

Lokal	**Datering**
Borgs sn, Boklund (RAÄ 163)	Yngre bronsålder och äldre järnålder, eventuellt romersk järnålder (fynd)
Högby sn, Ryttarhagen, Stg 1526	Yngre bronsålder – äldre järnålder (fynd av en facetterad löpare)
Kvillinge sn, Björnviken 2:1 (RAÄ 135)	Yngre bronsålder och äldre förromersk järnålder (^{14}C)
Linköping, Ekkällan 2331 (RAÄ 87)	Yngre bronsålder (^{14}C)
Sya sn, Päpplinge (RAÄ 78)	Mest yngre romersk järnålder och folkvandringstid (^{14}C)
Vårdnäs sn, Bestorp 7:43	Yngre järnålder och tidigmedeltid (^{14}C)

Fig 109. Datering av de stora lokalerna med mer än 5 anläggningar. The dates of the large sites.

Lokal	**Datering**
Borgs sn, Klinga (RAÄ 210)	Vikingatid
Hogstads sn, Katthemmet (RAÄ 170)	Förromersk järnålder
Linköping, Tornby (RAÄ 324)	Yngre bronsålder eller tidigare

Fig 110. Hyddlokalernas datering. The dates of the hut sites.

Lokal	Boplatsens datering	Typ av daterade yngre anläggningar	De yngre anläggningarnas ^{14}C- datering
Borgs sn, Leverstad (RAÄ 197)	Mesolitikum, strandlinjedaterad: 6000 BP	Två härdar	1300–1640 e Kr, 1300–1490 e Kr
Hogstads sn, Mörby (RAÄ 168)	Mesolitikum	Ett flertal härdar och gropar	En datering till yngre bronsålder, tre till förromersk järnålder
Högby sn, Högby (RAÄ 243a, b)	Mesolitikum, 8080–5525 f Kr	En härd, en grop	805–540 f Kr, 670–885 e Kr
Krokeks sn, Gullvagnen (RAÄ 85)	Mesolitikum, 7500–6750 f Kr	Stolphål (?)	530–780 e Kr
Krokeks sn, Svintuna (RAÄ 87)	Neolitikum (gropkeramisk boplats, Fagervik III)	Två härdar, en grop	755–390 f Kr, 750–385 f Kr, 480–380 f Kr

Fig 111. Dateringar från yngre anläggningar på stenåldersboplatser. *The dates of later features at Stone Age settlements.*

Datering	Små lokaler	Stora lokaler	Hyddlokaler	På stenåldersboplatser	Totalt
Äldre bronsålder	2	–	–	–	2
Yngre bronsålder	5	2	1	3	11
Förromersk järnålder	1	2	1	1	5
Romersk järnålder	2	1	–	–	3
Yngre järnålder	6	1	1	2	10
Medeltid	–	–	–	1	1

Fig 112. Sammanställning av dateringarna från betesdriftens platser i Östergötland. *Compilation of dates from organised grazing sites in Östergötland.*

givna i tabellen, något som gör att en lokal kan förekomma två gånger. I tabellen redovisas ej de dateringar från västra Östergötland som ingick i fallstudien i föregående kapitel, ej heller dateringarna från undersökningen vid Järnstad (Björkhager m fl 2002), eftersom det rör sig om undersökningar där härdar varit i fokus. Om dessa hade inkluderats i denna studie skulle resultaten ha förryckts.

Jämför man dateringarna av små lokaler (och hit räknas senare anläggningar på stenåldersboplatser) med dateringarna av stora lokaler och hyddlokaler visar det sig att de äldsta små lokalerna i mitt material dateras till äldre bronsålder medan de äldsta stora lokalerna och hyddlokalerna först uppträder i yngre bronsålder. Kronologisk tyngdpunkt för båda kategorierna ligger i perioden från och med yngre bronsålder till och med yngre järnålder, möjligen med en avmattning i romersk järnålder. Dateringarna motsäger inte att det kan röra sig om skilda typer av lokaler inom samma system för betesdrift.

Om man även tar med dateringarna från västra Östergötland i bedömningen förefaller yngre bronsålder och äldre järnålder vara den period när betesdriften lämnat flest spår, något som talar för att det rör sig om ett specifikt fenomen, sannolikt en speciell organisering av betesdriften. Att dateringarna på så tydligt sätt samlar sig till en avgränsad period talar mot att det rör sig om ordinära "utmarksaktiviteter" som man kan räkna med har funnits från och med att människan blivit fastboende jordbrukare. Om så varit fallet skulle man istället ha fått en utveckling mot fler och fler spår allteftersom befolkningen ökat i antal.

RESULTATENS REPRESENTATIVITET

Att ensamliggande härdar och härdgrupper skulle kunna vara uttryck för ett specifikt fenomen har inte påverkat uppläggning av majoriteten av de arkeologiska undersökningar som ligger till grund för denna studie. Detta betyder att såväl utredningar som förundersökningar har varit inriktade på boplatser och gravar, inte den välorganiserade betesdriftens mera blygsamma lämningar. Man bör vara medveten om detta, som en viktig källkritisk aspekt, när man söker efter mönster i den topografiska belägenheten och markunderlaget hos betesdriftens platser. Lokalernas topografiska läge och markunderlag är nämligen i hög grad en spegel av de lägen där man förväntar sig att hitta förhistoriska boplatser och gravar. Förväntningarna grundar sig i hög grad på erfarenheter från RAÄ:s fornminnesinventering. Särskilt gäller det stenåldersboplatsers topografiska lägen och markunderlag, som i hög grad har kommit att utgöra mall för förväntad topografisk belägenhet och markunderlag för boplatser från hela förhistorien. Denna mall har tidigare styrt vilka områden som vid utredning pekats ut som möjliga boplatslägen och det är i dessa områden som sökschakt i ett senare skede dragits. Senare års utgrävningar har visat att det även finns boplatser som ligger i avvikande terränglägen och på markunderlag man ej förväntat sig och arbetssättet vid utredning och förundersökning har ändrats. Eftersom underlagsmaterialet till stor del består av äldre undersökningar är det alltså möjligt att läget för betesdriftens platser delvis speglar känd och föråldrad kunskap rörande boplatslägen och att resultaten inte är helt tillförlitliga vad gäller den topografiska fördelningen – helt enkelt beroende på att de mera ovanliga terränglägena för boplatser tidigare inte kom att beröras av schaktningar. Det är dessutom mycket troligt att schaktkontroller eller liknande inte utförts i områden med blockig morän, en marktyp som skulle kunna vara underrepresenterad i materialet.

Samtidigt har särskilt enstaka härdar kommit fram vid ledningsschakt där olika typer av topografiska lägen och markunderlag genomkorsats av schakt. Här har alltså även sådant som inte är "bra boplatslägen" undersökts och resultaten härifrån kan vara en fingervisning rörande materialets representativitet. Det visar att de lägen där anläggningar framför allt framkom är på sluttning och plan mark och att detta gäller såväl de enstaka anläggningarna som lokaler med flera anläggningar. Det visar också att lera och sand dominerar som markunderlag och att markunderlaget är detsamma på de små platserna som de större. Med andra ord torde mitt material åtminstone till viss grad vara representativt för faktiska förhistoriska förhållanden.

GEOGRAFISK SPRIDNING I ÖSTERGÖTLAND

Innan man börjar diskutera geografisk spridning av betesdriftens lokaler i Östergötland måste man vara medveten om att exploateringarna till största delen varit koncentrerade till landskapets centrala delar, vilka i huvudsak antagits varit de centrala även under förhistorisk tid (Kaliff 1999a:46ff och där anförd litteratur).

En tendens vad gäller geografisk spridning är ändå synlig. Dateringar från yngre järnålder och medeltid av betesdriftens platser finns från Borg, Grebo, Jonsberg, Vårdnäs och Ringarums socknar liksom från övergångsbygden mellan slätt och skog i västra Östergötland (Hogstads, Väderstads och Stora Åby socknar). Dessa socknar ligger, förutom Borg, i bygder som inte räknas till de centrala i Östergötland under förhistorisk tid (Kaliff 1999a). Förutom från övergångsbygden mellan slätt och skog i västra Östergötland finns, i dessa områden, inga tidiga dateringar av betesdriftens lokaler.

En slutsats kan vara att de perifera bygderna inte var lika intensivt utnyttjade för bete som de centrala under yngre bronsålder och äldre järnålder. En annan slutsats kan vara att djurhållningen torde ha spelat en förhållandevis större roll i de perifera bygderna in i tidig medeltid (jfr Tollin 1999).

I övergångsbygden mellan Mjölby och Väderstad daterades de ensamliggande härdarna och härdgrupperna till yngre bronsålder och förromersk järnålder. Det finns endast någon enstaka härd med tidigare eller senare datering (se kap 8). I Järnstad i Stora Åby (RAÄ 73), som också ligger i övergångsbygden mellan slätt och skog ca 1,5 mil väster om Väderstad, undersöktes ett fyrtiotal härdar som låg i ett litet stensträngssystem intill en tidigare sankmark (Björkhager m fl 2002). Härdarna daterades huvudsakligen till romersk järnålder och folkvandringstid, något som sammanföll med dateringen av en närbelägen, undersökt boplats (Schönbäck muntl, 2001). En datering föll också i vardera yngre bronsålder och vikingatid. Här finns alltså två platser som representerar samma ekologiska nisch och där boplatserna (Abbetorp och Järnstad) verkar ha utnyttjat denna nisch på samma sätt, nämligen genom att koncentrera djurhållningen på nötkreatur. De ensamliggande härdarnas och härdgruppernas datering visar att betesmarkerna intensivutnyttjats under delvis skilda perioder. I Väderstadområdet är den välorganiserade betesdriften senare än etableringen av boplatser som Vistadboplatsen men tidigare än etableringen av boplatser som Abbetorpsboplatsen, med ett läge i randzonen mellan slätt och skog. Att det betessystem där replipunkter med härdar ingått verkar ha omvandlats kring Kristi födelse i Väderstadsområdet förklaras inte av att boplatserna försvunnit från området. Tvärtom har nu tillkommit ett antal mindre boplatser och boplatsstrukturen har således förtätats. I Järnstad däremot verkar härdarnas uppdykande i större mängd vara kopplat till den närbelägna boplatsens etablering. Tendensen att betessystemet uppträder redan under yngre bronsålder finns dock även här.

KRITERIER FÖR BETESDRIFTENS REPLIPUNKTER

Denna genomgång av ensamliggande härdar och härdgrupper samt hyddlokaler i Östergötland tillsammans med genomgången av samma anläggningstyper i västra Östergötland i förra kapitlet leder till att kriterier kan ställas upp för betesdriftens platser i landskapet, särskilt för perioden yngre bronsålder och förromersk järnålder.

- De flesta lokalerna innehåller en eller två anläggningar som kan sättas i samband med matlagning och/eller värme, ljus och rök. Det existerar också en relativt stor andel större lokaler med många anläggningar som oftast är av varierande typer, liksom enstaka lokaler med hyddor.
- De mindre liksom de större lokalerna ligger oftast i sluttning, på plan mark eller på krön medan hyddlokalerna oftast ligger på plan mark.
- Många lokaler ligger nära vatten i form av vattenhål, källor eller vattendrag.
- Många lokaler ligger vid en bergssida som skapat en plats i lä.
- Avsides läge i förhållande till samtida boplatser.
- Fyndknapphet.
- Mycket sparsam förekomst av cerealier i härdarna.

- Härdarna dateras huvudsakligen till perioden yngre bronsålder och förromersk järnålder men existerar såväl i tidigare som senare perioder.

SAMMANFATTNING

Sammanfattningsvis kan sägas att jag genom en arkivsökning fått fram ett antal undersökta lokaler med spår som jag tolkar i termer av betesdrift. Platserna kan uppvisa ensamliggande härdar och härdgrupper men det finns också lokaler med spår av t ex hyddor och stenskodda vattenhål, fasta installationer som visar att man haft för avsikt att återkomma vid upprepade tillfällen. Jag har delat upp platserna i små och stora lokaler. Små lokaler med 1–5 anläggningar, varav minst en härd/kokgrop, utgör ca 70% av lokalerna och på 59% av lokalerna fanns endast en eller två anläggningar. Dateringarna av lokalerna visar att intensiv betesdrift med herdar och fasta replipunkter funnits från och med yngre bronsålder till och med tidig medeltid i större delen av Östergötland. Tyngdpunkten ligger i yngre bronsålder och äldre järnålder. I detta överensstämmer dateringarna av betesdriftens lokaler i västra Östergötland i föregående kapitel, med dateringarna från landskapet i övrigt. De yngre perioderna kommer inte i samma utsträckning till uttryck i ^{14}C-diagrammet från mitt undersökningsområde i västra Östergötland, som i genomgången av material från hela Östergötland.

Min analys visar att betesdriftens platser kan återfinnas i de flesta terränglägen och de är ungefär lika vanliga på krön och plan mark som i sluttning. Placeringen i krön och sluttningar visar att det har varit viktigt med platser från vilka man haft utsikt, så man kunnat hålla uppsikt över betesdjuren. Det vanligaste markunderlaget var lera följt av sand och grus, något som visar att den viktigaste lokaliserande faktorn varit goda betesmarker. Ett återkommande drag är att lokalerna legat i lä intill en bergssida och även omedelbar närhet till vatten har ibland varit en lokaliserande faktor. Vatten har å andra sidan inte varit en bristvara i förhistoriens Östergötland och att så många av betesdriftens platser saknar omedelbar närhet till vatten visar kanske att vatten på de flesta ställen funnits att tillgå inom rimligt avstånd. Betesdriftens platser kan alltså finnas i de flesta terränglägen och på de flesta markunderlag, något som är värt att hålla i minnet i antikvariska sammanhang.

KAPITEL 10

BETESDRIFTENS LANDSKAP – STENSTRÄNGAR

I de senaste kapitlen har jag påvisat och analyserat specifika, särskilt viktiga platser i den förhistoriska betesdriften. Betesdriftens platser har existerat i ett landskap som formats av djur och människor. I de två följande kapitlen undersöker jag om det är möjligt att med hjälp av arkeologiskt källmaterial få fram mer kunskap om det landskap som utgjort förutsättningen för den påvisade betesdriften. Jag undersöker hur landskapet utnyttjades med avseende på betesdriften och framför allt om det har funnits skillnader i nyttjande mellan olika områden som en gård eller by haft att tillgå. I detta kapitel undersöker jag hur stensträngar och stensträngssystem i västra Östergötland kan användas för att belysa jordbrukets markanvändning i ett långtidsperspektiv.

Man har länge ansett att stensträngar och stensträngssystem huvudsakligen tillkommit under romersk järnålder och folkvandringstid (Cassel 1998:95f, Lindquist 1968:48, Widgren 1983:123, 1997, Pedersen & Widgren 1998:292) och att stensträngssystem generellt utgör ett fruset landskap från äldre järnåldern, en uppfattning som grundas på resultat från östra Östergötland.

Stensträngssystemens utformning i västra Östergötland skiljer sig från dem i östra och mellersta Östergötland. I början av 1990-talet hade ännu inte gjorts några arkeologiska undersökningar i västra Östergötland som berörde stensträngar. Stensträngssystemen här daterades i analogi med östra Östergötland, i den mån de alls diskuterades (Winberg 1986). Frågan om stensträngarnas och stensträngssystemens datering i västra Östergötland får vid denna tidpunkt betraktas som outredd. Vid undersökningarna i stensträngssystemet söder om Väderstad var därför ambitionen att datera alla stensträngar inom exploateringsområdet samt att söka fastställa och datera markanvändningen inom alla undersökta ytor (Ericsson m fl 1999, Petersson 2004a). En viktig uppgift var att reda ut det kronologiska och funktionella förhållandet mellan stensträngar och omgivande ytor. Det detaljerade källmaterialet som skapades vid de arkeologiska undersökningarna används här för att för det första datera stensträngarna och för det andra för att diskutera markanvändningen inom systemet. För ytterligare fem stensträngssystem i västra Östergötland presenteras jämförelser med historiska kartor. Resultaten pekar mot att det finns ett inslag av stensträngar i systemen som tillkommit senare än folkvandringstid och mest troligt under medeltid/tidig modern tid men möjligen också under vendel- och vikingatid. Hur stort detta yngre inslag är i enskilda stensträngssystem går inte att avgöra med utgångspunkt i dagens källäge och det är mest troligt att det varierar mellan olika stensträngssystem. Det är möjligt att det å ena sidan finns stensträngssystem med en huvudsaklig tillkomsttid i äldre järnålder och folkvandringstid och där huvudstrukturerna har samband med äldre järnålderns bebyggelsestruktur samt å andra sidan stensträngssystem med en huvudsaklig tillkomsttid i senare perioder (antagligen mest medeltid) och vars huvudstrukturer är ett uttryck för den bebyggelsestruktur som etableras i början av yngre järnålder. Undersökta stensträngssystem i västra Östergötland pekar i alla händelser mot att detta yngre inslag utgör en icke försumbar komponent i systemen. Detta betyder att det inte utan vidare är möjligt att använda stensträngssystemen i västra Östergötland som ett källmaterial för äldre järnålderns markanvändning.

STENSTRÄNGAR – VAD ÄR DET?

Stensträngar är den arkeologiska beteckningen på en speciell typ av raserade stenmurar. Termen hänsyftar på fornlämningstypens utseende – en sträng eller rad av stenar (fig 113). Stensträngar och stensträngssystem har under de sista trettio åren betraktats som typiska för romersk järnålder och folkvandringstid. Man har menat att stensträngssystemen började byggas under de två första århundradena efter Kristus och att de hängt samman med en expansiv bebyggelseutveckling med nyetablering av gårdar (Lindquist 1968, Widgren 1983). Övergivandet av stensträngssystemen, menar man, hänger samman med övergivandet av äldre järnålderns bebyggelselägen under yngre järnålderns första århundraden (Widgren 1997 och där anförd litteratur). Termen stensträng myntades på 1920-talet och används i Fornminnesregistret (FMR). Klas-Göran Selinge sammanställde år 1969 en handledning för Riksantikvarieämbetets

Fig 113. Stensträngen A54848, område 7 i Väderstadssystemet. Foto Maria Petersson. *Stone fence A54848, area 7, in the Väderstad system.*

Fig 114. Rekonstruktion av stenmur av typen ställd enkelmur. Efter Franzén 1994:17. *Reconstruction of stone wall of the type simple wall of aligned stones.*

fornminnesinventering vilken delvis byggde på äldre arbetsföreskrifter. De karaktäristika som här ges olika lämningstyper har i hög grad påverkat vad FMR kommit att innehålla. Stensträngar definieras här som

"I stor utsträckning rester efter gamla hägnader. Det anges om strängen är enkel eller dubbel eller eventuellt bestående av flera rader samt om den är en- eller flerskiktad" (Selinge 1969).

Vid arkeologiska undersökningar framstår stensträngar ofta som en rad av större stenar. I anslutning till stensträngarna kan finnas mindre stenar som antingen har ingått i de ursprungliga stenmurarna eller också består av röjningssten som kastats upp intill dessa under eller efter deras användningstid. Gert Franzén har rekonstruerat de enkelradiga stensträngarnas ursprungliga utseende på två sätt (Franzén 1994). En utgångspunkt var de s k ställgroparna, i vilka Franzén menade att stenarna ursprungligen stått. Den första typen benämns "*ställd enkelmur*" och har bestått av större stenar resta på högkant (fig 114). Dessa större stenar kilades fast med mindre stenar för att låsas i läge. Ovanpå placerades rader av mindre stenar. Den rekonstruerade ursprungshöjden för dessa hägnader är 0,8–0,9 m (Franzén 1994).

Den andra typen rekonstruerad stenhägnad kallar Franzén "*staplad enkelmur*" (fig 115). Här har större stenar lagts i botten och ovanpå dessa har staplats rader av successivt mindre stenar. Sådana murar har byggts i västra Sverige ända in i sen tid (Franzén 1994).

Det finns också stensträngar som vid inventering framstår som dubbelradiga. Franzén menar att dessa i själva verket torde vara spår av enkelradiga hägnader av typen ställd enkelmur. Han föreslår att stora sammanhängande partier av dessa murar fallit åt samma håll och att detta är anledningen till att de nu ser dubbelradiga ut. Franzén menar att man vid en arkeologisk undersökning kommer att återfinna den ena av stenraderna i de dubbelradiga stensträngarna på en högre nivå än den andra. Man kommer vidare att hitta endast en rad ställgropar, vilka hör samman med den rad stenar som ligger djupast (Franzén 1994). Det *finns* emellertid stensträngar vilkas ursprungliga konstruktion varit med dubbla rader stenar. En sådan undersöktes t ex vid Mörby (RAÄ 166) i Hogstads socken i Östergötland (Petersson 2001a) (fig 159). Här var det tydligt att den ursprungliga konstruktionen inkluderat två rader större stenar, vilka placerats på samma djup och vilka inpassats med varandra. Dessa stenar bör ha fungerat som fundament för en mur eller som underlag för en träöverbyggnad.

Just möjligheten att stensträngarna ibland kan ha haft en överbyggnad av trä är en rekonstruktionsmöjlighet som förtjänar att framhållas. Detta betyder att sådana strängar inte varit delar av en högre, raserad mur utan att de haft ett utseende som anslutit till det utseende de har idag. Exempel på just sådan konstruktion av hägnader finns från Estland in i modern tid (fig 116). Dateringar av anläggningstiden av dessa estländska stensträngar faller i perioden sen vikingatid – högmedeltid (Markus 2004:182f).

Ofta har röjningssten hopats längs stensträngarnas sidor liksom ovanpå dem. Utan arkeologisk undersökning är det svårt att avgöra om dessa stenar ingått i den ursprungliga hägnaden eller om det rör sig om röjningssten.

I det svenska landskapet finns många raserade stenmurar som ursprungligen byggts med skalmursteknik och tillhör modern tid – dessa lämningar har samband med skiftena (Stor-

Fig 115. Delvis nedfallen stenmur av typen staplad enkelmur. Efter Franzén 1994:17. *Partly collapsed stone wall of the type simple wall of piled stones.*

Fig 116. Stensträng med överbyggnad av trä från Österby, Nuckö, Estland. Foto G. Jakobsson, 1922. Nordiska museet.
Stone fence with wooden superstructure from Österby, Nuckö, Estonia.

skifte och Laga skifte) och räknas inte till gruppen stensträngar. Här finns dock ett problem eftersom det finns arkeologiskt undersökta skalmurar med en datering till äldre järnålder (Häggström m fl 2004).

Denna korta genomgång visar att de lämningar som samlats under beteckningen stensträngar i FMR sannolikt kan ha varierande ålder och konstruktion. I raserat tillstånd kommer stenmurar av olika typer att te sig tämligen lika, särskilt om röjningssten hopats ikring dem.

Ofta finns flera stensträngar samlade i s k stensträngssystem som ibland kan omfatta stora arealer. Termen stensträngssystem betecknar i FMR flera stensträngar, vilka ligger på ett avstånd från varandra som ej överstiger 50 m (Selinge 1969). Man har menat att stensträngssystemen representerar ett forntida markanvändningssystem där det funnits inhägnade ytor använda för bete, slåtter och åker, vilka varit åtskilda från större områden av utmark (Widgren 1997:41 och där anförd litteratur). Stensträngarnas funktion har i denna tolkning varit att inhägna/utestänga tamdjuren.

Det är också möjligt att vissa av stensträngarna ligger på äldre gränser, även om en undersökning av stensträngar i Tåby socken i östra Östergötland antyder att så inte är fallet här (M Johansson 1998). Kerstin Cassel har föreslagit att de gotländska stenhägnaderna skall ses som "ett väldigt nät av släktlinjer utlagda i landskapet där stenen leder längs mystiska vägar" och att de förbundit de forntida husen med förfädernas gravar (Cassel 1998:175).

Sven-Olof Lindquist utgick från antagen ursprunglig funktion hos stensträngarna när han kategoriserade dem (Lindquist 1968:11). De variabler han tog hänsyn till härvidlag var stensträngarnas utseende och deras läge. Han har delat upp dem i *hägnader* och *begränsningar*. Hägnader är stensträngar vars ursprungliga primärfunktion varit att hägna in/utestänga tamdjur. Stenmaterialet skall vara homogent och stenstorleken ungefär en mansbörda. Få eller inga mindre, knytnävstora stenar ska finnas, inte heller jord mellan stenarna. Begränsningar har istället tjänat som parcellbegränsningar antingen mellan två odlingsytor eller mellan en odlingsyta och ett intilliggande impediment. Lindquist kallar alla begränsningar för stensträngar; jordvallar och terrasser, stensatta eller icke, vidare stensträngar uppbyggda av en enkel rad med klumpstenar samt sådana som består av en stor mängd sten. Det gemensamma för denna heterogena grupp är enligt Lindquist att stensträngarna i sig själva inte kan ha bildat en hägnad. Lindquists terminologi ansluter inte till den som används i FMR. Det är den senare som används i detta arbete.

Med utgångspunkt i Väderstadssystemets generella utformning och stensträngarnas terrängläge har Mats Widgren bedömt att systemets huvudfunktion varit kopplad till husdjuren, med ytor för bete och fodertäkt som de viktigaste komponenterna, en bedömning jag ansluter mig till (Widgren 1996:26f). Alla de längre nord-syd gående stensträngarna som genomkorsade undersökningsområdet verkar ha anlagts i syfte att lätt kunna styra till vilka områden husdjuren skulle få tillträde genom att skapa fägator och hägna in betesmark och ängar. De omfattande arkeologiska undersökningarna som utförts här visar emellertid att samtliga dessa längre stensträngar i något skede fungerat som begränsning för odlad jord inom undersökningsområdet (Petersson 2004e). Det går inte att avgöra vilken som varit den ursprungliga funktionen för en viss stensträng eller snarare ett visst avsnitt av dessa långa stensträngar, eftersom systemet verkar ha successivt byggts om. En beteckning som hägnad eller begränsning på en stensträng kan endast gälla funktionen under en mycket begränsad tidsperiod och undersökningarna visar att funktionen i förhållande till markanvändning hos enskilda stensträngar växlat under den tid de existerat. När jag i fortsättningen använder termen hägnad är det i betydelsen ”utgöra stängsel” (SAOL).

I Östergötland finns stensträngar i ett öst-västligt stråk över landskapet. Man kan urskilja tre områden med särskilt många bevarade stensträngar och stensträngssystem; ett västligt, ett centralt och ett östligt (Winberg 1986:109). I det östliga området företogs de första undersökningarna av stensträngssystem under 1960-talet (Baudou 1973, Lindquist 1968) och Lindquists tolkning av dessa kom att bli vägledande för hur stensträngar kom att uppfattas. I det centrala området har ett flertal undersökningar utförts inom det tidigare militära övningsfältet vid Tinnerö under 1990-talet i regi av Östergötlands länsmuseum. Dessa är till en stor del opublicerade och en samlad, fördjupad bearbetning saknas (för en översikt se dock Hörfors 2002). Formmässigt ansluter stensträngssystemen i centrala Östergötland till det östliga området. I det västliga området utfördes de första undersökningarna av stensträngar under 1990-talets andra hälft (L Z Larsson m fl 1996, Ericsson m fl 1999, Petersson 2001a, Petersson 2004a) i samband med ombyggnaden av väg E4. Ett stort och välbevarat stensträngssystem söder om Väderstads samhälle skulle genomkorsas av vägen, något som aktualiserade forskningen kring stensträngar och stensträngssystem.

ÖSTRA ÖSTERGÖTLAND – TIDIGARE FORSKNING RÖRANDE STENSTRÄNGAR

I östra Östergötland är landskapet småbrutet; moränholmar växlar med dalgångar och mindre slättområden. Stensträngarna ligger i regel i gränser mellan olika jordarter. ”Något förenklat består inmarken av svallsand och lera, utnyttjade för odling och slåtter, dvs åker och äng. Utmarken som i stor utsträckning fanns på den svallade moränen utnyttjades som betesmark. Boplatserna finns i anslutning till stensträngarna och i regel där fägatorna strålar samman” (L Z Larsson m fl 1996:9). I stensträngsområdena finns även bevarade gravar, gravfält, husgrundsterrasser, fossila åkerytor, fägator och hålvägar.

Hallebylokalen i Skärkinds socken i östra Östergötland undersöktes under 1960-talet i ett gemensamt projekt av kulturgeografer och arkeologer (Baudou 1973, Lindquist 1968). Kulturgeografen Sven-Olof Lindquists tolkning kom att bli normbildande för hur stensträngssystemen kom att uppfattas vad gäller såväl datering som funktion (Lindquist 1968). Vid Halleby fanns rester av tre gårdar – en by (fig 117). Varje gårdstomt hade enligt Lindquist ursprungligen omgivits av en hägnad i form av en stensträng. Till byn hörde inägomark i form av två gärden om 22 respektive 28 ha, vilka inhägnats av stensträngar. Gärdena har innehållit såväl åker- som ängsmark. Inom gärdena fanns områden med fossila, bandformiga åkerparceller åtskilda av stensträngar, påförd röjningssten och jordbankar. Tre fägator ledde från bebyggelsen, ner till ett vattenhål samt till utmarken, där djuren betade (Lindquist 1968). Den bästa överblicken av dateringarna från Halleby ger en i efterhand gjord sammanställning av Gert Franzén. Från bebyggelsen finns ^{14}C-dateringar från Kr f till 700 e Kr med tyngdpunkt i dateringarna från 100-talets sista hälft till slutet av 600 talet e Kr (Franzén 1995:9).

Vid Halleby daterades stensträngarna huvudsakligen med hjälp av indirekta metoder, byggda på en serie antaganden. För det första antog Lindquist att de stensträngar som omgivit den undersökta bebyggelsen också haft ett funktionellt samband med den och att bägge företeelserna tillkommit samtidigt (Lindquist 1968:66). För det andra antog han att de fossila åkerytorna inom de två gärdena tillkommit samtidigt som gärdena inhägnats med stensträngar. Ytterligare ett antagande som hänger ihop med det sistnämnda var att de jordvallar och andra begränsningar som avgränsade de fossila åkerytorna tillkommit i samband med den första odlingen på platsen

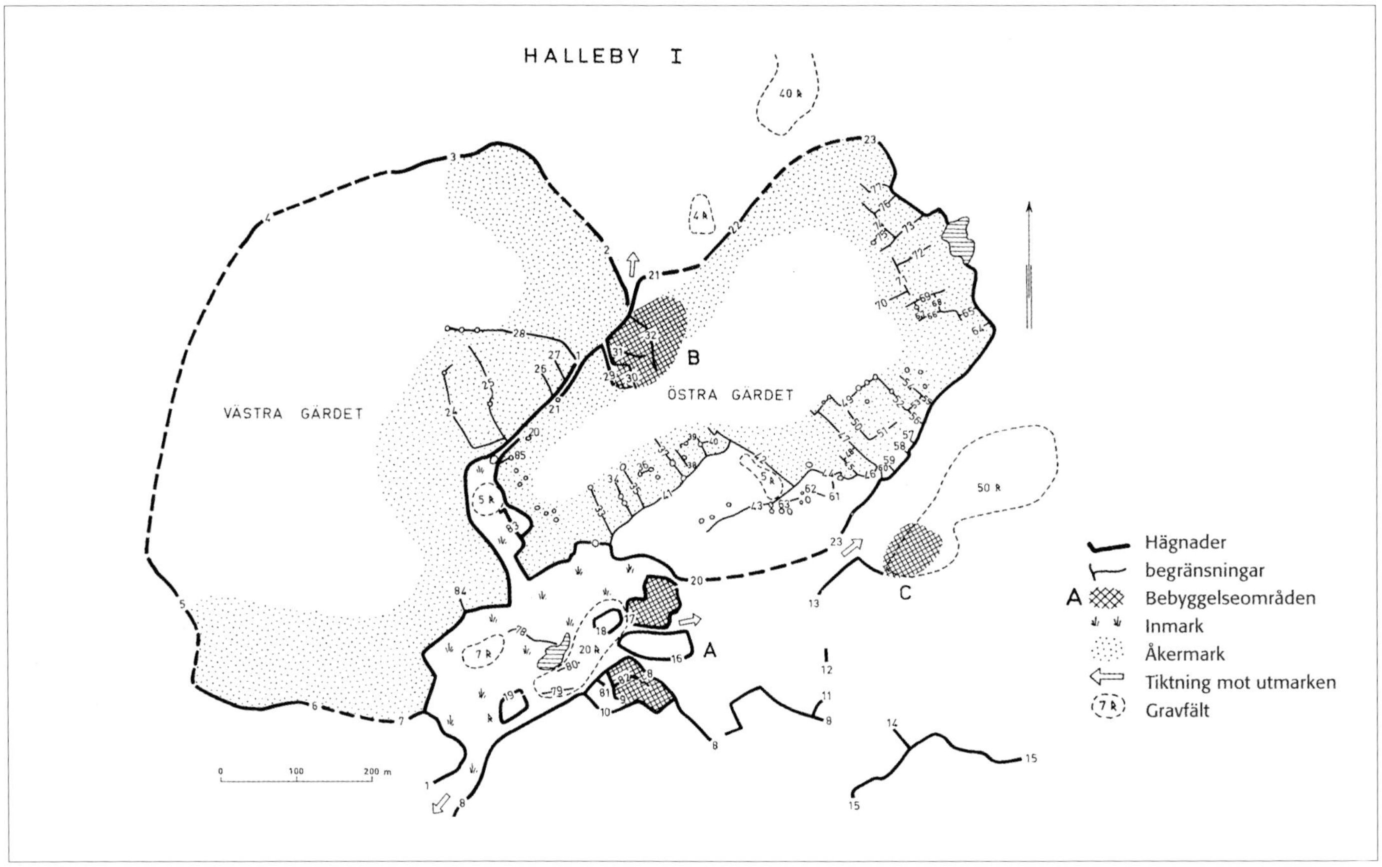

Fig 117. Stensträngar, boplats och markanvändning vid Halleby, Skärkinds socken, Östergötland. Skala 1:10 000. Efter Lindquist 1968:39.
Stone fences, settlement, and land usage at Halleby, Skärkind Parish, Östergötland.

och att kol från lägen under dem dels daterade odlingen av åkerytorna men även tillkomsttiden för den stensträng som omgivit gärdet. Lindquist daterade på detta sätt stensträngarnas tillkomsttid till romersk järnålder och folkvandringstid (Lindquist 1968:50ff). Lindquist antog också att stensträngarna kommit ur bruk vid samma tid som den undersökta bebyggelsen övergivits. Björn Helmfrid noterade också att en av stensträngarna överlagrades av en gravhög från yngre järnålder (Helmfrid 1969:105).

Arkeologen Evert Baudou, som också medverkade i Hallebyundersökningen, var kritisk till Lindquists slutsatser angående stensträngssystemens datering och funktion (Baudou 1973:10f). Kritiken gällde de grundläggande antagandena utan vilka Lindquists dateringsresonemang faller. Baudou menade att det ej bevisats att hägnaderna runt östra respektive västra gärdet är samtida med de nämnda åkerbegränsningarna, ej heller att alla delar av de långa gärdessträngarna vid Halleby är samtidiga eller att stora delar byggts vid samma tid. Tolkningen av stensträngarna vid Halleby som hägnader ansåg han också kunde ifrågasättas. Baudou ifrågasatte också Lindquists rekonstruktioner av bortodlade stensträngar utifrån lantmäteriakter (Baudou 1973:117ff). Lindquist menade att en datering av den centralt belägna bebyggelsen också daterar hägnaderna som han ansåg hörde samman med bebyggelsen (1968:66). Baudou menade att tolkningen av stensträngarna som tomtgränser inte var tillräckligt klarlagd, varvid det funktionella sambandet mellan bebyggelse och stensträng faller (Baudou 1973:123).

Baudou framhöll att stensträngen runt den undersökta yta C på boplatsen överlagrade en väg som ledde från bebyggelsen till ett närbeläget vattenhål. Han menade att denna stratigrafiska datering visade att stensträngen var yngre än bebyggelsen och att den tillhörde den bebyggelsestruktur som representeras av de historiska byarna (Baudou 1973:108ff). Baudou gjorde en begränsad kartstudie och hittade flera stensträngar som i sträckning överensstämde med gränser för markslag på historiska kartor. Han menar att "om sträckningen av en stensträng överensstämmer med en linje på en karta från historisk tid, så har stensträngen haft en funktion vid den tidpunkten. För påståendet att stensträngen är betydligt äldre, fodras då också något slag av bevis av daterande innebörd" (Baudou 1973:121). Baudou menade att stensträngarna huvudsakligen hängde samman med bybildningen, tidigast under yngre järnåldern och med all säkerhet under medeltiden (Baudou 1973:123). En livlig debatt uppstod rörande stensträngarnas funktion och datering. Lindquists tolkning kritiserades bl a av arkeologen Ulf Näsman för att vara alltför modellerad på historiska förhållanden (Näsman 1979:157ff). Näsman menade bl a att redan användandet av begreppen östra respektive västra gärdet alltför mycket för tanken till ett historiskt belagt odlingssystem. Lindquists ståndpunkt blev ändå den som kom att bli den allmänt vedertagna (Ambrosiani 1968, Helmfrid 1968 och 1969, Näsman 1976 samt Winberg 1983). Att det vid revideringen av den ekonomiska kartan framkom ytterligare stensträngar och andra fornlämningar vid Halleby (Winberg 1983) påverkade inte det genomslag Lindquists modell fick.

Lindquists slutsatser beträffande datering kom att ytterligare befästas genom kulturgeografen Mats Widgrens arbeten vid framför allt Fläret i Askeby socken, beläget ca 6 km från Halleby (Widgren 1983). Liksom Lindquist daterade Widgren stensträngssystemen huvudsakligen med utgångspunkt i ett antaget funktionellt samband mellan boplatser och stensträngar. Kolprov från boplatserna, tagna i de understa lagren och i härdar, gav en datering till Kr f–200 e Kr (Widgren 1983:67). Widgren kunde inte dokumentera några boplatser som var senare än sjätte århundradet och som bedömdes ha samband med stensträngarna.

Widgren sökte även datera stensträngarna stratigrafiskt och grävde därför elva schakt genom stensträngar. Han daterade stensträngarnas anläggningstid med utgångspunkt i underliggande daterbara lager (kulturlager). Dessa dateringar föll inom perioden yngre förromersk järnålder till 1400-tal e Kr. Lager och anläggningar som stratigrafiskt överlagrade stensträngarna fanns i fyra schakt och daterades till 100 f Kr–300 e Kr (Widgren 1983:67f). Vidare observerade Widgren tre lokaler där gravar av yngre järnålderstyp överlagrar stensträngar. Han nämner också två lokaler där stensträngar stratigrafiskt överlagrar gravar från yngre järnålder (Widgren 1983:108). Widgren konkluderar att stensträngar uppenbarligen fortfarande var i användning under yngre järnåldern men noterar att det är ett slående faktum att så många stora stensträngssystem uppvisar ett så tydligt brott redan under eller före yngre järnålder. "Territories, land use and many settlements were radically changed during a rather short period. This points to a clear break in the structure of the agrarian landscape" (Widgren 1983:108). Widgren daterar därför stensträngssystemens huvudsakliga anläggnings- och brukningstid till perioden 100–500 e Kr (Widgren 1983:129f).

Många forskare menar att stensträngssystemen i östra Östergötland hänger samman med ett specifikt markanvändningssystem, vilket slog igenom under de första århundradena efter Kristi födelse (Lindquist 1968, Pedersen & Widgren 1998, Widgren 1983, 1997). Den av Janken Myrdal diskuterade företeelsen "agrartekniskt komplex" (se kap 5) har ofta använts som förklaringsmodell för förändringarna under de första århundradena efter Kristi födelse i östra Östergötland. Inägomarken, som innehöll både åker och äng, inhägnades med stensträngar. Fägator, på ömse sidor hägnade med stensträngar, ledde från gårdsbebyggelsen, genom inägomarken och till utmarken vilken användes som gemensam betesmark. Genom hägnaderna förhindrades djuren från att orsaka skada på grödor och växande vinterfoder. Djuren hölls vinterstallade i fähus för att underlätta uppsamling av gödsel. Denna spreds sedan på åkrarna vilka från och med denna tid varit permanenta och odlade i ensäde. Ängar och höskörd har också ansetts tillhöra detta agrartekniska komplex. En ny mera effektiv typ av lie introducerades liksom räfsan. Även årder med separat bill tillhör enligt denna förklaringsmodell detta agrartekniska komplex (Myrdal 1988).

Mats Widgren rekonstruerade äldre järnålderns landskap i Fläretområdet med utgångspunkt i stensträngarna (fig 118). Fem gårdar bands här samman av ett gemensamt stensträngssystem med en fägata. Widgren drog därav slutsatsen att gårdarna organisatoriskt varit förenade i ett hägnadslag. Han ansåg att det också bör ha funnits en högre organisatorisk nivå där rätten till bete i utmarken bestämdes (Widgren 1983:123). Widgren (1997:56, 1998:292) framför hypotesen att stensträngsbyggandet inte var förknippat med en intensifiering av åkerbruket men däremot ändrades förutsättningarna för djurhållningen radikalt i och med detta. Han har senare föreslagit att stensträngarna representerar en period av jordbruksexpansion när ett överskott skapats genom djurhållningen. Överskottet gick till den romerska marknaden (Widgren 1998). Senare har han också övergivit den ostratifierade modellen för äldre järnålderns samhälle och föreslår istället att stensträngssystemen representerar en godsliknande struktur (Widgren 1998:291f).

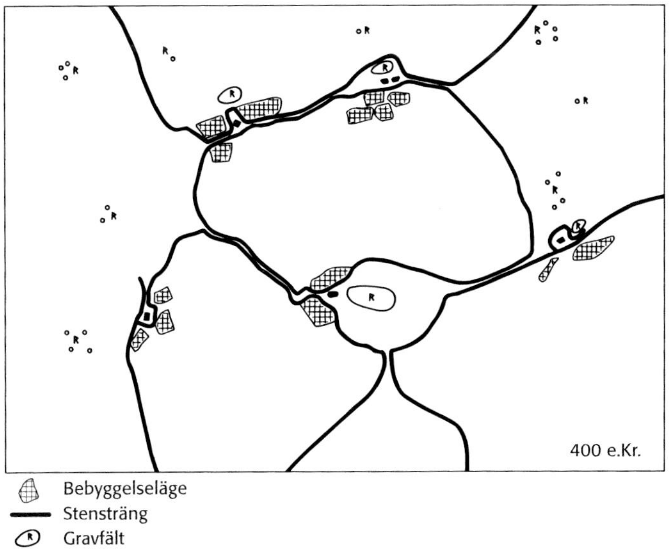

Fig 118. Rekonstruktion av bebyggelse och markanvändning i Fläretområdet, Askeby socken, Östergötland under romersk järnålder och folkvandringstid. Efter Pedersen & Widgren 1998:329.
Reconstruction of settlement and land usage in the Fläret area, Askeby Parish, Östergötland during the Roman Iron Age and Migration Period.

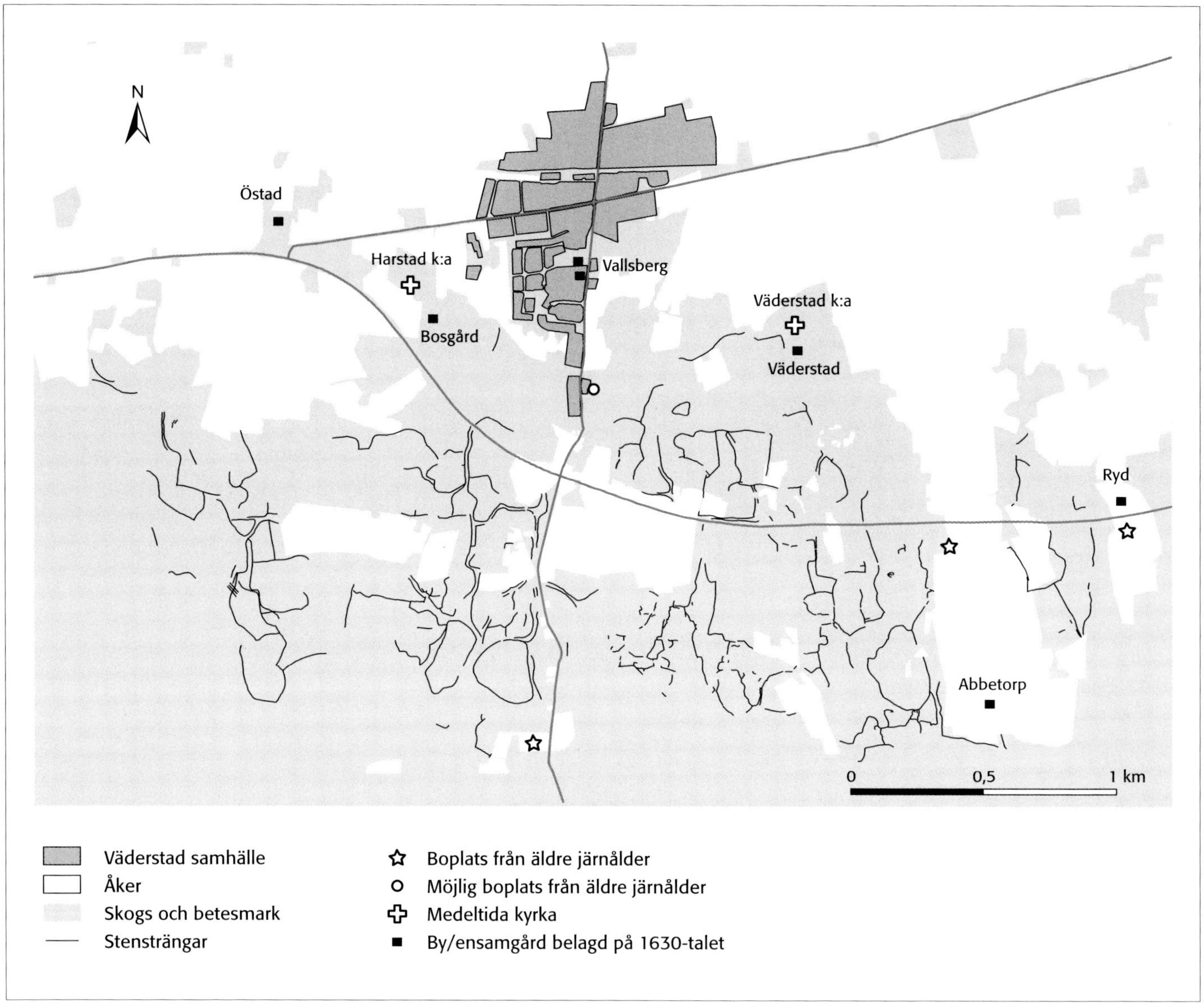

Fig 119. Stensträngssystemet söder om Väderstad samhälle. Skala 1:25 000. Efter Ericsson 2004:47. Grafik Lars Östlin. *The stone fence system south of the town of Väderstad.*

VÄSTRA ÖSTERGÖTLAND – NY KUNSKAP OM STENSTRÄNGAR

I västra Östergötland finns flera större stensträngssystem bevarade i övergångszonen mellan slätt och skog omedelbart söder om Östgötaslätten. Geologiskt utgörs området av en ca 500 m bred zon, söder om slättens leror och sandig-moiga morän. I övergångszonen förekommer lerig sandig-moig morän omväxlande med urberg, kärr och små ytor av glacial mjäla och grovmo (H Johansson 1980, Svantesson 1981). Dagens landskap är varierat med mindre partier av åker, skog och hagmark. Den zonering av landskapet som man ser i östra Östergötland avseende markslag och jordarter ser man inte lika påtagligt i västra Östergötland. Det förekommer att stensträngar separerar olika zoner men även att stensträngar skär igenom områden med samma jordart eller markslag. Man kan också notera att den markindelning stensträngssystemen i västra Östergötland representerar är betydligt mera finmaskig än i östra delen av landskapet. Inom stensträngssystemen i västra Östergötland finns fägator, fossila åkerytor, gravar och skålgropslokaler. Några husgrundsterrasser, som man finner inom östra och mellersta Östergötlands stensträngssystem, har (förutom ett undantag) ej registrerats i västra Östergötland över huvud taget.

Under 1990-talet undersöktes delar av ett stort och välbevarat stensträngssystem söder om Väderstads samhälle. Det var bevarat inom ett område på ca 4x1–1,5 km och omfattade ca 400 ha (fig 119). Om man tar hänsyn till bortodling kommer siffran för den areal vi kan rekonstruera närmare 500 ha (Ericsson 2002:85). Väderstadssystemet kännetecknas av ett antal långa stensträngar som i huvudsak är orienterade i nord-sydlig riktning. Dessa stensträngar löper ofta genom områden med samma jordart men tar ibland också hänsyn till topografiska

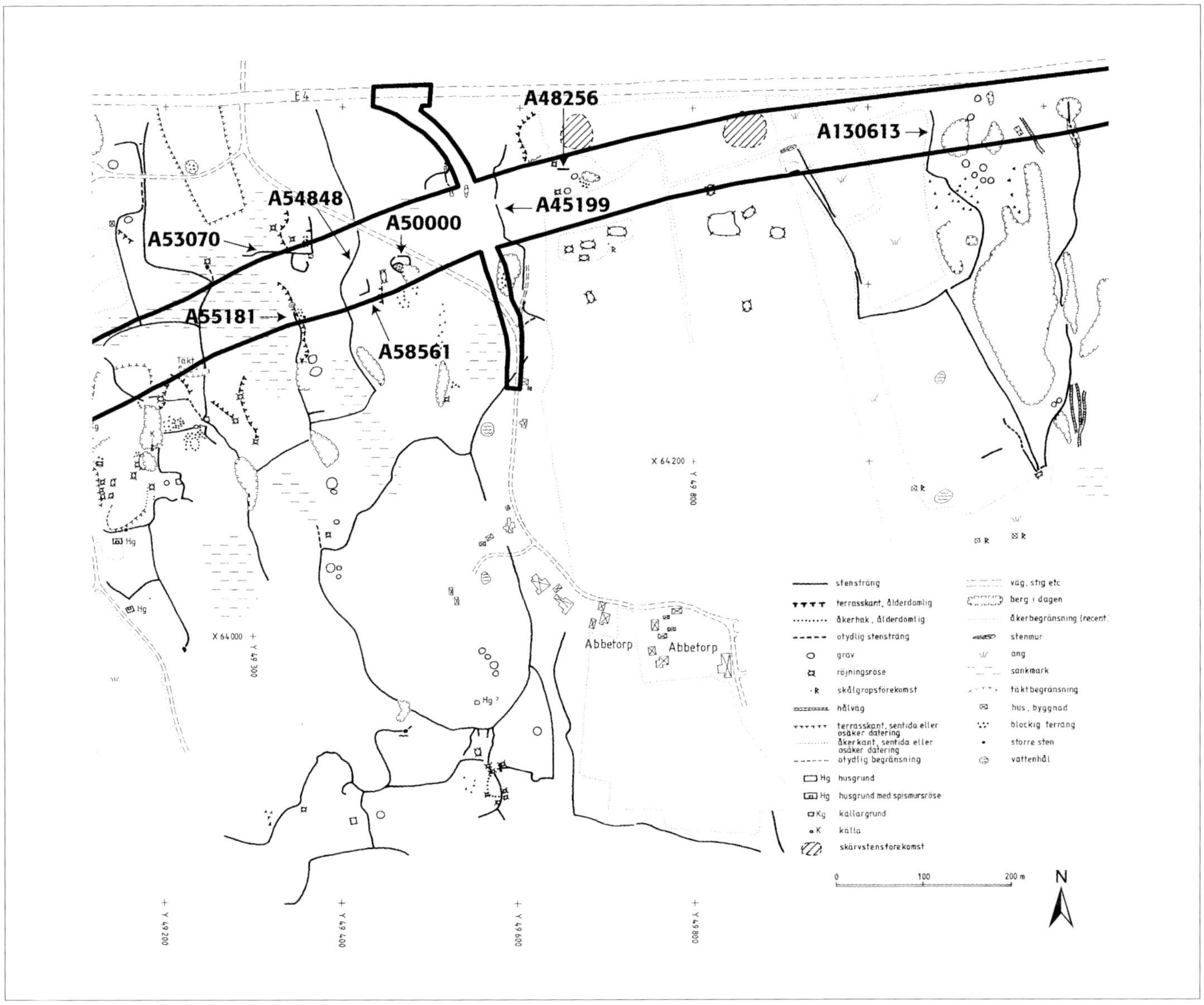

Fig 120. De undersökta stensträngarna i den östra delen av Väderstadssystemet (område 7–14). Skala 1:7500. Grafik Lars Östlin.
The investigated stone fences in the eastern part of the Väderstad system (areas 7–14).

och geologiska förutsättningar. I stensträngssystemet finns fädrev och hålvägar som också är orienterade i riktning nord-syd. Ett av grunddragen i Väderstadssystemet är de genomgående terrängkorridorerna med riktning nord-syd och med en bredd som ibland överstiger 100 m. Marken inom dessa är mestadels stenig och de har sannolikt främst utnyttjats för betesgång men också som kommunikationsstråk mellan slätt och skog. Inom stensträngssystemet finns också många ytor med oregelbunden form och en storlek varierande mellan 0,3 och 3 ha. Här finns ofta fossila odlingsspår. Framför allt i systemets södra delar finns inhägnade ytor med oregelbundet rundad form och en storlek av 5–7 ha. En sådan oval yta ligger väster om Abbetorp. Inom denna finns stensättningar, fossila åkerytor och en skärvstenshög, vilken kan indikera att det kan ha funnits förhistorisk bebyggelse inom ytan. Det har föreslagit att dessa ovala ytor tillkommit tidigt i stensträngssystemets historia och att varje sådan yta innehåller åker och äng till en forntida gård (Ericsson 1999:10, Widgren 1996:27). Tolkningen har klara paralleller till Lindquists tolkning av de betydligt större inhägnaderna vid Halleby.

Historiska kartor visar att området där Väderstadssystemet återfinns, nästan uteslutande använts som bete och äng från 1600-talets mitt och framåt. En analys av de naturliga förutsättningarna visar att området mest lämpat sig som bete – stora delar utgörs av torr, stenig och bergig mark. Det finns också stensträngar som hägnar in sanka partier och det är rimligt att anta att dessa använts för hötäkt och att hägnaderna syftat till att periodvis hålla djuren borta härifrån. Inom stensträngssystemet finns också fossila odlingsspår på många platser. De arkeologiska undersökningarna har dock visat att de flesta av dessa tillhör medeltiden eller senare (Ericsson 2004, Petersson 2004e).

Undersökningarna av stensträngssystemet söder om Väderstad skall emellertid inte ses som en isolerad företeelse. Istället kan de ses som en fortsättning av det metodutvecklingsprojekt för arkeologisk undersökning av fossil åkermark som inleddes år 1995 (Petersson 2001a). De undersökningsmetoder som användes i Väderstadssystemet var ett direkt resultat av erfarenheter från dessa tidigare undersökningar (Petersson 1996, 1999a, 2001a).

I det följande koncentrerar jag mig på den östra delen av Väderstadssystemet. Jag är mest förtrogen med detta material eftersom jag själv varit projektledare för dessa undersökningar (Petersson 2004a). I denna del av stensträngssystemet undersöktes åtta stensträngar (fig 120). Även de stensträngar som framkom vid andra E4-undersökningar där jag varit projektledare är i fokus. I slutet av kapitlet presenteras de undersökta stensträngar som utgjort mitt viktigaste källmaterial och grunderna för deras datering diskuteras ingående.

Undersökningarna av de västra delarna av Väderstadssystemet är i skrivande stund ännu opublicerade, något som betyder att det är omöjligt för mig att använda material därifrån annan än på ett mycket översiktligt vis (Ericsson & Franzén 2006). Mina resultat grundar sig på det underlagsmaterial jag haft att tillgå.

Stensträngarnas datering

Att datera stensträngar är förknippat med stora problem. Grunden ligger i att själva materialet i stensträngarna inte kan användas för att datera när stensträngarna uppförts och alla vedertagna dateringsmetoder är sålunda indirekta. Det finns kvalitativa skillnader mellan olika dateringsmetoder. Det finns dels de metoder där lager, anläggningar eller annat daterbart material som har ett direkt stratigrafiskt förhållande till stensträngen dateras. Det finns också metoder där dateringarna bygger på indirekta stratigrafiska förhållanden. Under vissa förhållanden kan de förstnämnda ha ett högre bevisvärde än de sistnämnda, vilket är orsaken till att det vid arkeologiska undersökningar läggs ner mycket arbete på att försöka hitta dateringsbart material i direkt stratigrafiskt förhållande till stensträngar.

Problemen förbundna med att datera stensträngar har stora metodiska likheter med de problem som finns med att datera fossila odlingsspår. Dateringarna bygger i hög grad på att en viss händelse antas ha samband med en stensträngs tillkomst, brukningstid eller övergivande och spår efter denna antagna händelse dateras. Här har jag valt att kort diskutera de dateringsmetoder som varit aktuella vid undersökningarna av västra Östergötlands stensträngssystem samt källkritiska problem förbundna med de olika dateringsmetoderna. Jag avser att återkomma med en fördjupad diskussion angående problemen förbundna med datering av odlingslämningar vid en senare tidpunkt (Petersson 1999d).

Redan i ett tidigt skede av E4-projektet i västra Östergötland fanns en uttalad målsättning att datera alla de 19 stensträngar som kom att beröras av de arkeologiska undersökningarna. Anledningen till detta var för det första att det totala antalet stensträngar vilka daterats med hjälp av ett direkt stratigrafiskt förhållande i Östergötland var litet; ännu vid mitten av 1990-talet var endast publicerat ett tiotal stensträngar, vilka på så sätt daterats med avseende på anläggningstid och ungefär hälften så många med avseende på den tid när de kommit ur bruk. För det andra härrörde de publicerade dateringarna från östra Östergötland och bl a med hänvisning till stensträngssystemens annorlunda formspråk fanns anledning att inte utan vidare förutsätta en identisk datering. En undersökning utförd år 1995 i västra Östergötland hade t ex givit en förmodat medeltida datering av en stensträng (Petersson 2001a:28ff). För det tredje hade förutsättningarna för en mera precis datering av stensträngar förbättrats sedan Halleby- och Fläretundersökningarna utfördes, i och med att AMS-metoden för ^{14}C-dateringar nu fanns att tillgå varvid även små mängder analysmaterial kan dateras.

Datering genom antaget funktionellt samband

Detta är den dateringsmetod som användes av S-O Lindquist när han daterade både enskilda stensträngar och hela stensträngssystemet vid Halleby (Lindquist 1968). Lindquist antog att stensträngar hägnade in de olika gårdarna vid Halleby, varför bebyggelsen daterade stensträngarna. Han antog att åkergärdena röjningsbrändes, parcellindelades och inhägnades vid samma tillfälle varför antaget röjningskol från åkerbegränsningarna daterade den inhägnande stensträngens tillkomsttid. Även Mats Widgren använder ett antaget funktionellt samband mellan bebyggelse och stensträngar som en av metoderna för att datera de sistnämnda (Widgren 1983). Baudous invändningar mot Lindquists dateringar av stensträngarna visar på problemen med metoden, han kunde inte se något funktionellt samband i de fall där Lindquist bedömt att så varit fallet.

Inom Väderstadssystemet är läget känt för tre boplatser från äldre järnåldern (Ericsson & Österström 1999, Helander & Zetterlund 2001, Petersson 2004a) och vidare finns i lämningar av en möjlig boplats från äldre järnåldern (Stålbom 1997) (fig 119). Alla dessa boplatser har framkommit vid arkeologiska undersökningar av varierande omfattning. För dessa boplatser kan inte fastställas något tydligt funktionellt samband med stensträngssystemet. Boplatsområdena omringas inte stensträngar så som var fallet vid Halleby. Inte verkar de generellt vara fokus för fägatorna i stensträngssystemet (se dock nedan).

I Väderstadssystemets sydvästra del finns en ansamling gravfält av äldre järnålderstyp (fig 161). De ligger i anslutning till större, ovala inhägnader. I gravfältens närhet mynnar flera fägator. Dessvärre är inte utformningen av stensträngssystemet sådant att det utan tvekan kan kopplas samman med gravfälten, även om möjligheten onekligen finns. Gravfältens placering i kombination med stensträngssystemets utformning utpekar heller inte otvetydigt ett visst boplatsläge. Ett klart samband mellan äldre järnålderns bebyggelsestruktur och stensträngssystemet kan således inte säkert beläggas heller i detta område.

Inom den östra delen av Väderstadssystemet finns ett exempel där denna dateringsmetod förefaller relevant. Det är stensträngen A58561 som delvis inhägnar ett gravfält från yngre romersk järnålder och folkvandringstid och vars funktionella samband med detta verkar tämligen klart.

Inom Väderstadssystemet finns också talrika odlingsytor, vilka begränsas av stensträngar. I de fall dessa undersökts arkeologiskt förefaller de framför allt ha odlats extensivt under perioden ca 1450–1650 e Kr. Stensträngarna och odlingsytorna förefaller på många platser vara intimt sammanlänkade och ett funktionellt samband förefaller möjligt. Stensträngar och åkerkanter följer ofta nära varandras form så att stensträngarna verkar ha fungerat som åkerbegränsningar. Enbart med utgångspunkt i det rumsliga förhållandet mellan stensträngar och åkerkanter är det dock också tänkbart att stensträngarna redan existerade när ytorna i fråga tagit i anspråk för odling och att odlingen så att säga respekterat stensträngarna. Endast genom arkeologiska undersökningar kan det fastställas om ett funktionellt samband verkligen funnits.

Datering av stensträngssystemet genom antaget funktionellt samband ger varierande dateringar beroende på vilken företeelse man antar att det ursprungligen har haft samband med.

Datering genom närhet

En vanlig metod att datera fornlämningar som i sig själva är svårdaterade är att datera dem genom närhet. Härmed avser jag återkommande rumsligt samband med andra fasta fornlämningar. I klartext betyder det att fornlämningar som ofta ligger i samband med varandra uppfattas ha ett tidsmässigt samband och lämningarna med känd datering får datera dem med okänd. I detta avsnitt undersöker jag konsekvenserna av att använda denna dateringsmetod för Väderstadssystemet.

Den äldsta kända boplatsen (förutom stenåldersboplatser) inom Väderstadssystemet är Abbetorpsboplatsen, ^{14}C-daterad till ca 400 f kr–400 e Kr och där perioden ca 400 f Kr–100 e Kr f utgör en tydlig äldsta fas (Petersson 2004a). Även den i stensträngssystemet perifert belägna Rydboplatsen har sannolikt en liknande datering (Helander & Zetterlund 2001). Boplatsen vid ”Lugnet” i stensträngssystemets södra del har daterats till yngre romersk järnålder och folkvandringstid, ca 120–550 e Kr (Ericsson & Österström 1999:7ff). Ett hundratal meter väster om boplatsen fanns en stensträng som antogs inhägna ett litet gärde vilket man antog hade funnits mellan bebyggelsen och stensträngen. Det funktionella sambandet mellan stensträng och boplats byggde i detta fall endast på antaganden eftersom någon undersökning av den förhistoriska markanvändningen inom ytan ifråga inte kunde utföras.

Om man använder återkommande rumsligt samband som dateringsprincip skulle boplatserna datera stensträngssystemets anläggningstid till ca 400 f Kr med en användningstid fram till ca 400 e Kr alternativt 550 e Kr.

Med tydlig koncentration till stensträngssystemet finns spridda mittblocksgravar, en fornlämningstyp vars datering allmänt brukar anges till yngre bronsålder (Å Hyenstrand 1984:61, C Nilsson 1987:97, Widholm 1998:105). Här finns också många gravar med en generell datering till äldre järnålder och enstaka domarringar med datering till folkvandringstid. Om man skulle datera stensträngssystemets anläggningstid genom närhet skulle man med ledning av gravbeståndet datera dess anläggningstid till yngre bronsålder och dess användningstid från och med yngre bronsålder till och med folkvandringstid.

Flera av de tidigare nämnda odlingsytorna vilka generellt dateras till senmedeltid/tidig modern tid förefaller inte ha något funktionellt samband med stensträngarna. Stensträngarna kan istället dateras genom närhet.

Om man sammanfattar resultatet av datering genom närhet ger denna metod en datering av stensträngarnas anläggningstid i Väderstadssystemet från och med yngre bronsålder till och med medeltidens slut, eventuellt in i nyare tid. En dateringslucka finns för vendeltid och vikingatid. Dateringen beror på vilken av de näraliggande fornlämningskategorierna man anser viktigast. Dateringsmetoden verkar därför inte vara särskilt användbar som ensam dateringsmetod. Man behöver en direkt kontextuell koppling mellan stensträngarna och de företeelser som skall datera dem för att säkerhet och precision skall kunna uppnås.

Stratigrafisk datering

Med stratigrafisk datering av en stensträng avses en datering där daterande lager, anläggningar, artefakter eller annat material har en direkt stratigrafisk relation till stensträngen. Under- respektive överlagrande anläggningar m m ger *terminus post quem* respektive *terminus ante quem* dateringar av en stensträng. Vid datering av antaget röjningskol från lägen under en stensträng bygger metoden visserligen på stratigrafiska grundantaganden men det finns också speciella källkritiska problem förbundna med denna metod varför den diskuteras i ett separat avsnitt nedan.

Det oftast citerade exemplet på stratigrafisk datering av en stensträng torde vara RAÄ 4, Röby i Slaka socken, Östergötland. Där hade en stensträng byggts över en rund, flack stensättning med mittpackning vilken saknade identifierbar gravgömma. Stensträngen omgavs av vallar av uppkastad skärvsten. Den bör ha anlagts mellan äldre romersk järnålder och utgången av folkvandringstid, dvs mellan 200 och 550 e Kr (C Nilsson 1976:22).

I den östra delen av Väderstadssystemet kunde tre stensträngar dateras stratigrafiskt. Stensträngen A54848 (område 7) låg stratigrafiskt över ett gravfält som varit i bruk under yngre romersk järnålder och folkvandringstid. Stensträngen A55181 (område 7) låg stratigrafiskt över lager daterad till yngre romersk järnålder och folkvandringstid (fig 147). Den tidigast möjliga dateringen av de två nu nämnda stensträngarna är vendeltid. Stensträngen A48256 (område 10) var anlagd på en gammal markyta och inlagrad i en skärvstenshög som börjat byggas kring Kristi födelse och kommit ur bruk senast ca 400 e Kr (fig 157). Den har ursprungligen inhägnat ett område på boplatsen som varit avsatt för speciella aktiviteter som t ex smide och som varit i bruk under hela romersk järnålder. Det finns ingen tvekan om stensträngens funktionella koppling till detta område och av stratigrafin framgår att den byggts i periodens början samt kommit ur bruk senast vid periodens slut.

Endast en av nio stensträngar i östra delen av Väderstadssystemet kunde säkert dateras med avseende på anläggnings- och raseringstid med hjälp av stratigrafiska metoder. För ytterligare två erhölls enbart *terminus post quem*. Dessa är intressanta eftersom de pekar mot en anläggningstid som inte är tidigare än vendeltid.

^{14}C-dateringar av antaget röjningskol

Det största källkritiska problemet förbundet med ^{14}C-datering av stensträngar, när man daterar kol som framkommit i lägen under stensträngar som ej härrör ur stratigrafiskt relaterade lager eller anläggningar, hänger samman med svårigheterna att fastställa kolets ursprung och arkeologiska kontext, ett problem som ofta påtalats och diskuterats i samband med odlingslämningar generellt (t ex Häggström 2005, Lagerås 2000, Lindman 1991, 1993). Det kan inte förutsättas att kolet har sammanband med någon händelse som kan relateras till stensträngen. Ibland sitter kol fast på undersidan av basstenarna i en stensträng. Man har då antagit att området röjningsbränts omedelbart innan stensträngen byggts. I sådana fall finns en kontextuell koppling mellan stensträng och kol och det är rimligt att som Lindquist (1968) i ett sådant fall anse att tidsskillnaden mellan de två händelserna är försumbar och att kolet daterar stensträngens uppförande. Oftast framkommer inte kol i sådana mängder som Lindquists beskrivning antyder, utan det brukar röra sig om enstaka eller glest förekommande fragment. Ofta hittas inte heller kolet i kontextuellt otvetydiga lägen utan i form av enstaka fragment under stenar, ibland några millimeter ner i jorden under en sten. De kontextuella förutsättningarna för kolet under stensträngar liknar kol i fossila odlingslager och en rimlig bedömning av kolets kontext förutsätter oftast, liksom vid undersökningar av fossil åkermark, att större områden avbanas och undersöks. Liksom vid undersökningar av fossil åkermark är det egentligen först genom att låta ^{14}C-analysera en serie kolprov av antaget röjningskol som man får ett underlag för att bedöma om ett enskilt kolfragment kan antas representera röjningsbränning eller ej. I idealiska fall bör man ta en sådan analysserie från varje stensträng som man försöker datera med antaget röjningskol. Man bör också bedöma denna analysserie i förhållande till dateringar från kringliggande områden. Vid undersökningarna i den östra delen av Väderstadssystemet var det så svårt att hitta kol från lägen under stensträngar att vi ofta fick nöja oss med några få (eller endast en) dateringar från varje stensträng (Petersson 2004b). Eftersom

Labnr	Age BP	Std	Kal 1σ	Kal 2σ	Vedart	Område	Anläggning	Provläge
Ua-9889	8880	70	8210–7920 f Kr	8240–7760 f Kr	Gran	7	A 54848, stensträng	Under rest sten i stensträng (i gravrest)
Ua-25494	8285	80	7480–7180 f Kr	7530–7080 f Kr	Tall	13	A130613, stensträng	Direkt under sten i stensträng
Ua-9890	2665	70	910–790 f Kr	1000–540 f Kr	Ek	7	A98252, härd	I härd, mitt under stort stenblock i stensträng A58561
Ua-9886	2625	65	900–590 f Kr	930–520 f Kr	Björk	7	A59195, härd	Från härd under stensträng A50000
Ua-25485	2375	65	760–380 f Kr	800–200 f Kr	Ask	7	A54253, härd	Från härd direkt under stensträng A53070
Ua-26018	2165	75	360–110 f Kr	390–40 f Kr	Al	7	A50000, stensträng	Under stensträng. Troligen utdraget från härd A60211
Ua-25140	910	60	1030–1190 e Kr	1010–1250 e Kr	Ek	7	A53070, stensträng	Under sten i stensträng
Ua-25484	390	70	1440–1630 e Kr	1420–1650 e Kr	Barrträd, troligen gran	7	A53070, stensträng	I åkerjord 0,5 m N om stensträng (stensträngen ligger här på åkerjord)
Ua-8494	315	70	1490–1650 e Kr	1400–1850 e Kr	(ej analyserat)	9	A45199, stensträng	Direkt under sten i stensträng
Ua-25032	280	60	1510–1800 e Kr	1450–1950 e Kr	Lövträd	9	A45199, stensträng	Direkt under stensträng
Ua-25139	225	60	1520–1950 e Kr	1490–1960 e Kr	Gran	9	Åkerjordslager	Alldeles invid stensträng A45199
Ua-9882	180	50	1650–1950 e Kr	1640–1960 e Kr	Gran	7	A54848, stensträng	Under sten i stensträng
Ua-9879	130	55	1670–1950 e Kr	1660–1960 e Kr	En	7	A50000, stensträng	Under sten i stensträngen

Fig 121. ^{14}C-dateringar relaterade till stensträngar i östra delen av Väderstadssystemet. *^{14}C dates related to stone fences in the eastern part of the Väderstad system.*

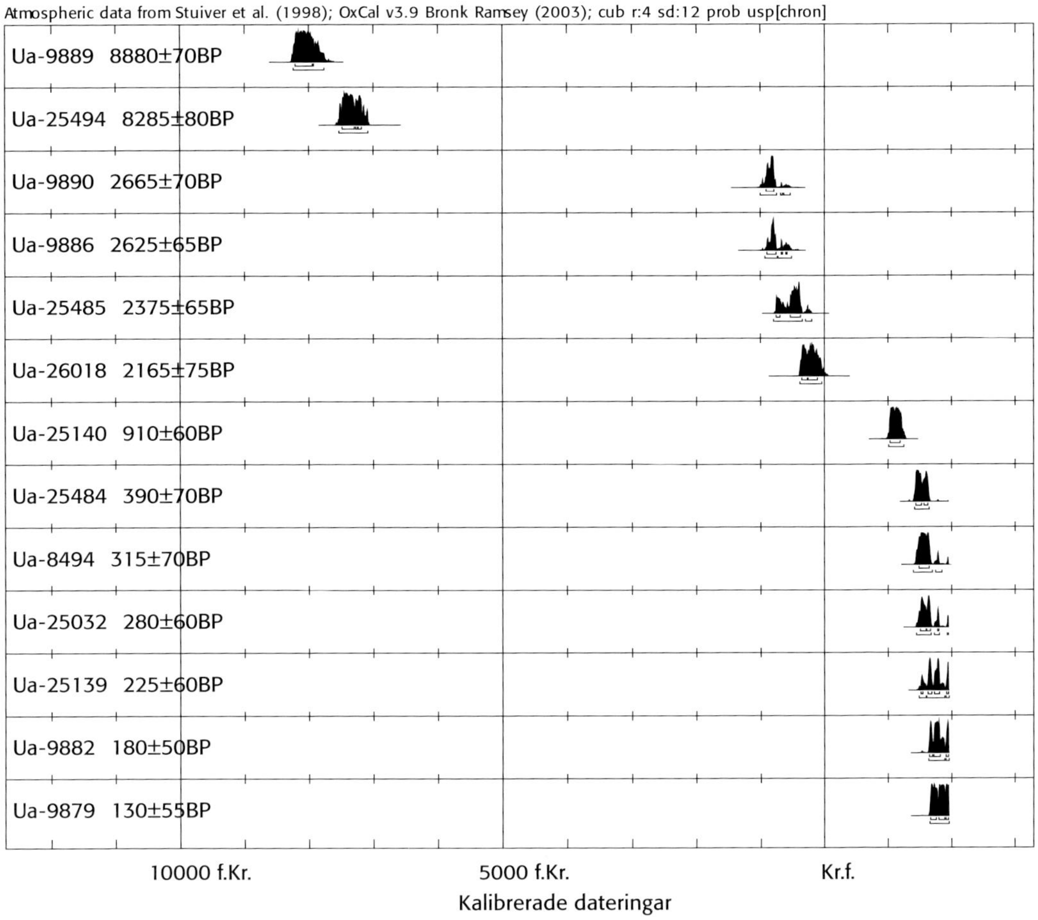

Fig 122. ¹⁴C-dateringar som har samband med stensträngar i östra delen av Väderstadssystemet. Efter tabellen i fig 121.
¹⁴C dates related to stone fences in the eastern part of the Väderstad system. Based on the table in fig 121.

det finns enstaka dateringar från ett större antal stensträngar ur samma stensträngssystem, kan detta ändå betraktas som en analysserie som har relevans för stensträngssystemets datering.

Ett argument som ofta framförs i diskussioner rörande kontexten för kol i samband med odlingslämningar hänger samman med bioturbation. Maskar, rötter och liknande gör att jorden flyttas och man kan inte vara säker på att enstaka kolfragment inte förflyttats genom dessa processer. Ursprunget på kol som bedömts ligga *in situ* i förhållande till det man önskat datera ifrågasätts. Per Lagerås konstaterar att bioturbation var en faktor som ej inverkat på kolet beläget i botten av röjningsrösena vid Hamneda (Lagerås 2000). Resultatet är i viss mån överförbart till stensträngar.

Gert Franzéns arbeten med rekonstruktioner av stensträngar har också satt fokus på vikten av att förstå hur stensträngarna ursprungligen varit konstruerade så att man rätt förstår kontexten för insamlade kolprov (Franzén 1994). Kolprover tagna under basstenar kan datera anläggningstid medan prov från lägen under kollapsade muravsnitt kan datera tidigast möjliga raseringstid. Ökad uppmärksamhet kring stensträngarnas ursprungliga konstruktion har också medfört att ett antal olika förhistoriska hägnadstyper av sten har identifierats.

Det visade sig vid undersökningarna i Väderstadssystemet att stensträngarna var svåra att datera med ¹⁴C-metoden. Det stora problemet var att hitta kol från lägen under stensträngarna, antingen det kom från underliggande anläggningar eller utgjordes av förmodat röjningskol. Tänkbara förklaringar till avsaknaden av kol kan vara att man inte röjningsbränt områdena innan stensträngarna byggts. Detta kan indikera att marken redan var så hårdbetad att landskapet var tämligen öppet. Det är också möjligt att även ett relativt välbetat landskap röjningsbränts vid ett sådant tillfälle men att kol då deponeras mera fläckvis samt i relativt liten omfattning. En annan tänkbar förklaring kan vara att stensträngarna grävts ner i marken när de anlagts (exempel på detta förfaringssätt finns från Öland, Fallgren muntl). Även om man röjningsbränt innan en sådan ststräng byggts kommer man inte att hitta röjningskol i primärläge under stensträngen, däremot kan kol ha fallit ner i anläggningsschaktet.

Om en ststräng anlagts i samband med att angränsade ytor efter röjningsbränning odlats upp, bör röjningskol vara inlagrat i det fossila åkerjordslagret. Dateringar av sådant kol kan datera stensträngens anläggningstid under förutsättning att det finns indicier på ett tidsmässigt samband. Det finns anledning att framhålla att metoden med stora ytavbaningar oftast är en förutsättning för att kunna klarlägga det funktionella och kronologiska sambandet mellan en ststräng och omgivande ytor.

Från Väderstadssystemets östra del finns 13 ^{14}C-analyser som syftar till att datera anläggningstiden för sex stensträngar (fig 121–122). Fyra av dessa dateringar härrör från härdar som legat direkt under stensträngar. Tre av dessa härdar daterades till yngre bronsålder och en till förromersk järnålder. Övrigt kol bedömdes som möjligt röjningskol. Av dessa ^{14}C-dateringar faller två i stenåldern, en i tidigmedeltid och övriga sex i senmedeltid eller senare.

Sammanfattningsvis kan sägas att försöken att datera stensträngarna med hjälp av ^{14}C-analyser av antaget röjningskol var förbundna med vissa problem. Det fanns kontextuella problem men även bristen på kol under stensträngarna var problematisk. När man skärskådar ^{14}C-dateringar av stensträngar från *hela* Väderstadssystemet visar det sig att av totalt 29 ^{14}C-dateringar ligger fyra i stenålder, tre i yngre bronsålder, tre i förromersk järnålder, fyra i romersk järnålder och folkvandringstid och 15 tillhör medeltid och nyare tid. Eftersom undersökningarna i västra delen av Väderstadssystemet ännu ej publicerats är dessa uppgifter preliminära. Detta är anledningen till att jag valt att ej redovisa de enskilda dateringarna av stensträngar från dessa undersökningar.

Dateringar till medeltid och nyare tid av antaget röjningskol från lägen under stensträngar är inte begränsade enbart till Väderstadssystemet. Under senare år har delar av stensträngssystemet i Järnstad i Stora Åby socken undersökts, liksom stensträngar vid Mörby (RAÄ 166) i Hogstads socken, vilka inte kunde knytas till något större system (Björkhager m fl 2002, Petersson 2001a). Vid dessa undersökningar låg fokus på fossil åkermark och därtill knutna anläggningar. Liknande metoder användes och dessa innefattade bl a stora ytavbaningar. Vid dessa undersökningar gav ^{14}C-analyser en datering av stensträngarna till medeltid och nyare tid. Man ska inte bortse från de kontextuella problemen förbundna med ^{14}C-dateringar av stensträngar där det daterade materialet är antaget röjningskol. Inte desto mindre tolkar jag resultaten av ^{14}C-analyserna som en indikation på att stensträngssystem kan innehålla en större andel yngre komponenter än vad som hittills oftast antagits. För att säkert kunna säga att så är fallet krävs dock ytterligare bevisning.

Datering med hjälp av historiska kartor

Ett sätt att söka datera stensträngar och stensträngssystem är genom att jämföra moderna karteringar av dessa (t ex FMR) med historiska kartor. Det historiska kartmaterialet utgör ett källmaterial för markanvändning som är oberoende av arkeologin. Jämförelser mellan historiskt och modernt kartmaterial innebär att det historiska kartmaterialet måste rektifieras. Vid rektifiering orienteras den äldre kartan i förhållande till den moderna och man försöker eliminera vinkelfel. Rektifiering innebär alltid en tolkning av den äldre kartan i förhållande till den moderna (Tollin 1991).

Stensträngssystemen i västra Östergötland är bevarade i områden som ej varit åker i historisk tid. Den geometriska jordebokens kartor är här de äldsta och går ofta tillbaka till 1638–39. Kartorna omfattar framför allt åkermark. Den betes- och ängsmark som legat närmast inägomarken och där stensträngssystemen ofta finns, är ytterst schematiskt och oprecist karterad i den mån den alls finns med på dessa kartor. Rektifiering av dessa partier är ofta omöjlig. De äldsta kartor där hela bydomänen finns karterad härrör ibland från slutet av 1600-talet men oftast är det först på storskifteskartorna från 1700-talets senare hälft som hela byarna finns karterade. Även på dessa kartor kan finnas betydande vinkelfel och andra felaktigheter, särskilt när det rör sig om områden långt från bytomten. De kartor som presenteras i detta kapitel är rektifierade utifrån markanvändningsgränser, fastighets- och bygränser, vägar och vattendrag. Resultatet varierar beroende på vad man utgår ifrån vid rektifieringen. Jag vill framhålla att rektifiering av äldre kartor innebär tolkning och så är i hög grad fallet för de områden som här ligger i fokus. Detta är anledningen till att vissa företeelser inom stensträngssystemen omtalas som sammanfallande med företeelser på de äldre kartorna även om den rektifiering jag presenterar inte visar en exakt samstämmighet. Formerna och terrängen kan då tala för att så ändå bör vara fallet.

Väderstadssystemet återfinns inom de historiska byarna Vistad, Väderstad, Vallsberg och Östad samt ensamgårdarna Abbetorp och Bosgård. De äldsta kartorna över området tillhör den geometriska jordeboken och är upprättade år 1638–39. Sammanhängande bevarade delar av stensträngssystemet är till stor del belägna söder om de områden som då karterades, huvudsakligen bebyggelsetomter och inägomark. Nästa samlade kartgeneration är storskifteskartorna från 1700-talets senare hälft. Det är i huvudsak dessa som legat till grund för de rektifierade historiska kartöverlägg som upprättats över området (L Z Larsson m fl 1996). Vid denna tid har hela byterritoriet skiftats och de tidigare okarterade sydliga delarna karteras nu. I det följande har jag undersökt samband mellan stensträngssystemet söder om Väderstad och varierande företeelser på de historiska kartorna (fig 123).

Gränser

Överensstämmelse mellan stensträngar och gränser på historiska kartor kan betyda att stensträngarna i fråga varit funktionella landskapselement vid tiden för karteringen. Det kan röra sig om ägogränser, bygränser eller gränser mellan olika markanvändning. Gränser mellan olika markanvändning, t ex mellan åker och bete, kan i grunden bero på de naturliga förutsättningarna. Möjligheten finns därför att sådana gränser består under mycket lång tid och kan ha sitt ursprung i ett system för markanvändning som föregått det som de historiska kartorna uttrycker. Om en yta återupptas till odling kan en

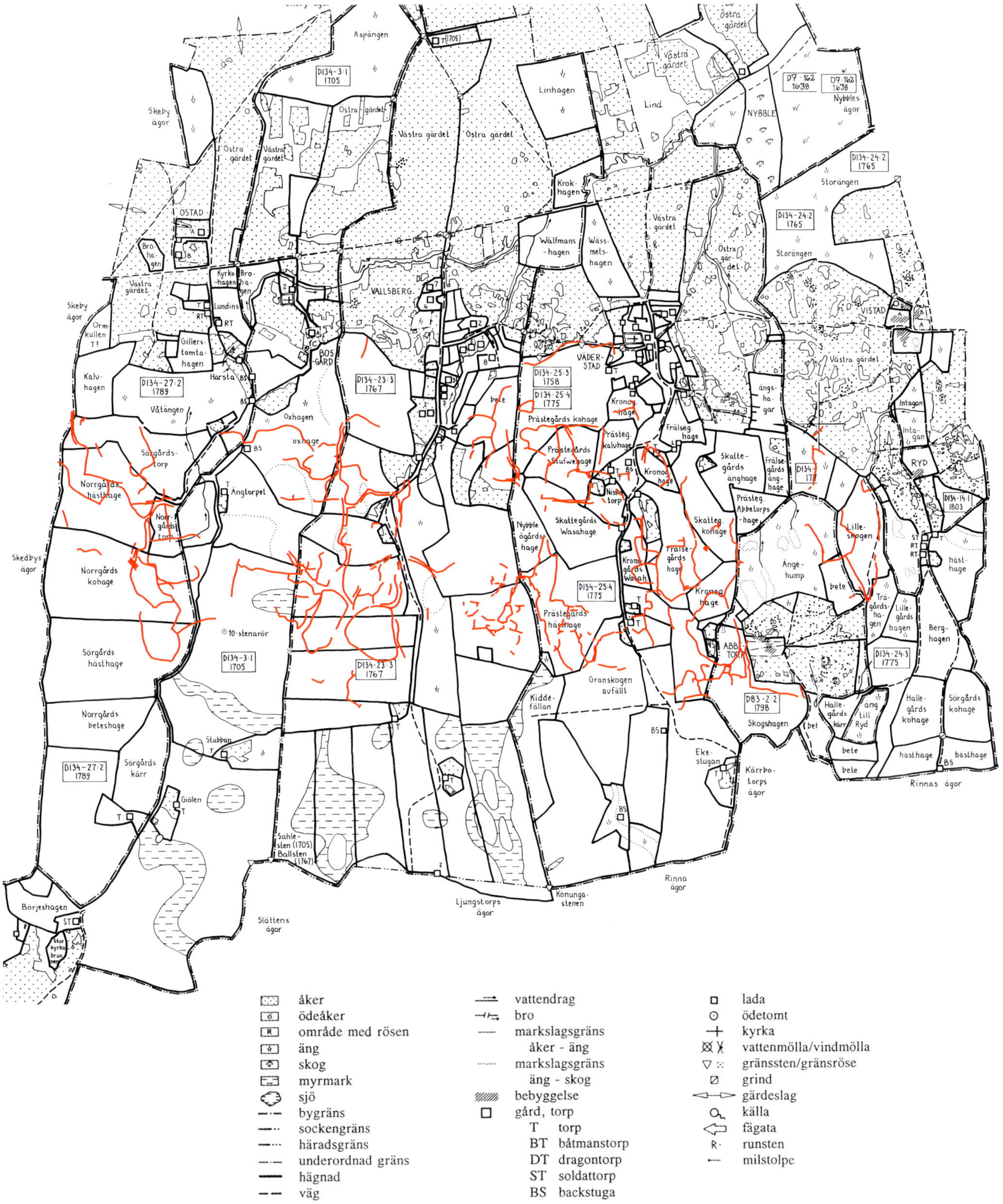

Fig 123. Stensträngssystemet söder om Väderstad. Stensträngar i rött och historisk markanvändning i svart. Historiskt kartöverlägg upprättat av Elisabeth Essen. Efter Widgren 1996:18ff. Skala 1:25 000. *The Väderstad system. Stone fences in red, and historical land usage in black. Historical map overlay by Elisabeth Essen.*

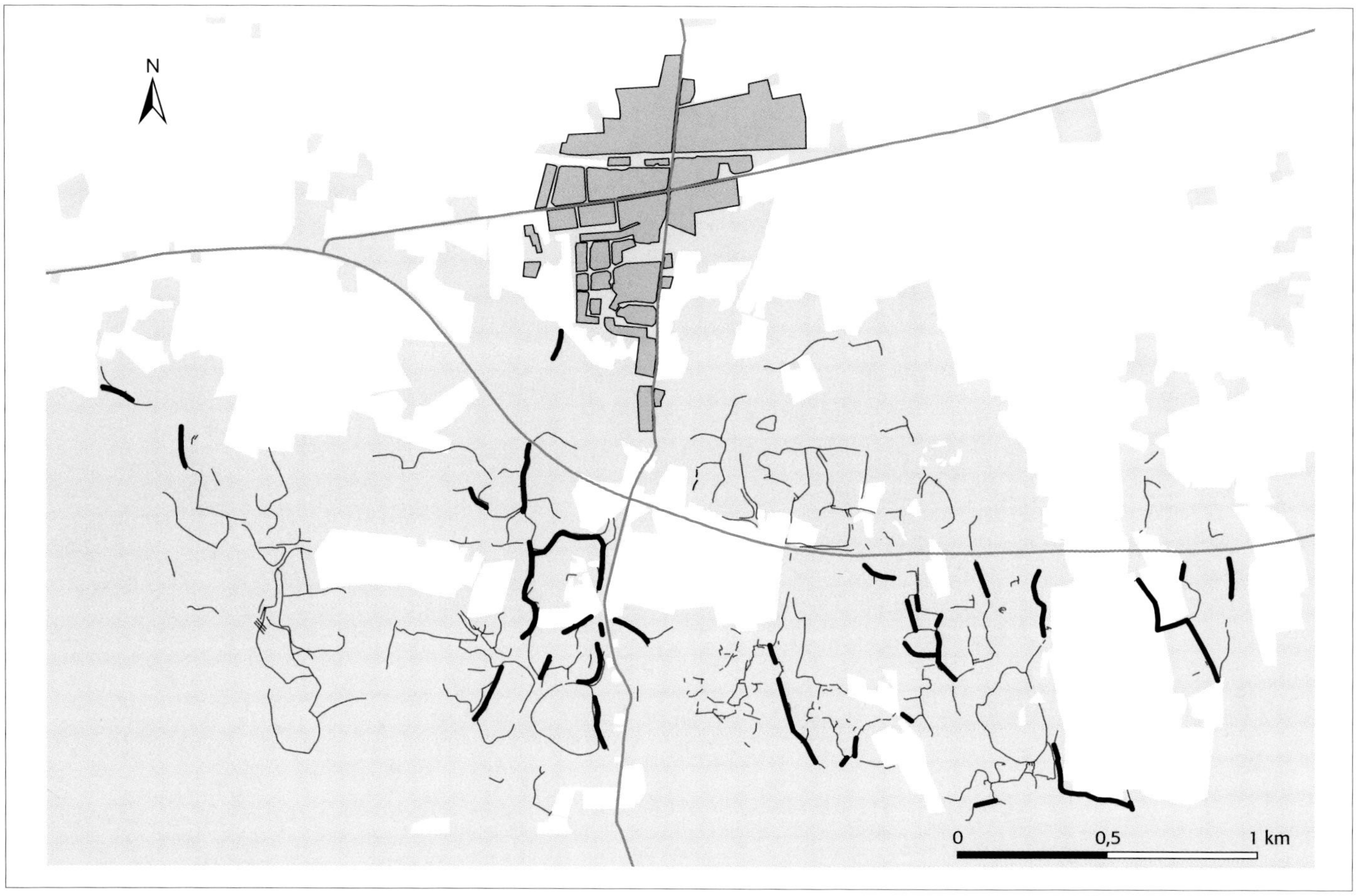

Fig 124. Väderstadssystemet. De stensträngar som sammanfaller med gränser (företrädesvis mellan olika markslag) på de historiska kartorna är markerade. Skala 1:25 000. Grafik Lars Östlin. *The Väderstad stone fence system. The stone fences that coincide with borders (especially between different types of land) on the historical maps are marked.*

sedan länge raserad stensträng ändå komma att ligga i en åkergräns i fall där de naturliga förutsättningarna sätter gränserna. Många sammanfallande gränser inom ett område pekar dock sannolikt mot ett större inslag av stensträngar tillhöriga den bebyggelsestruktur som kartorna avbildar.

Inom Väderstadssystemet finns i minst ett tiotal fall överensstämmelse mellan stensträngar och olika gränser på de historiska kartorna (fig 124). I tre fall rör det sig om gränser mellan de olika byarna, i resten av fallen rör det sig om gränser mellan olika gårdars ägor eller markanvändningsgränser. I två fall sammanfaller en stensträng med en gräns som etablerats i samband med laga skiftet inom Väderstad. De flesta stensträngar sammanfaller dock ej med gränser på de historiska kartorna.

Fägator

Jag har undersökt i vad mån stensträngssystemets fägator och företeelser på de historiska kartorna kan ha något samband. De företeelser som skulle kunna ha samband med fägator är i första hand bytomter och vägar, i andra hand gränser. Om det kan visas att fägatorna i ett stensträngssystem har samband med bytomterna och vägar som leder till bytomterna betyder det att man kan anta att det finns ett samband mellan stensträngssystemen och den historiska bebyggelsestrukturen. För Östergötlands del antas det att denna etablerats i perioden ca 400–600 e Kr. Det verkar som att huvuddelen av äldre järnålderns boplatslägen då till stor del övergivits och att bebyggelsen koncentrerats mot de platser som senare blir de historiska bytomterna. Endast en liten del av äldre järnålderns boplatser verkar ha haft platskontinuitet in i yngre järnålder och medeltid. Inom Väderstadssystemet är övergivandefasen av äldre järnålderns boplatser mycket tydlig. Eftersom undersökningar saknas i norra delen av stensträngssystemet antas att bebyggelsen här följt mönstret i Östergötland i stort. I så fall skulle någon eller några av de historiska bytomterna kunna ha sina rötter i äldre järnåldersboplatser men absolut inte en majoritet. I närheten av Vallsbergs bytomt har framkommit spår som möjligen skulle kunna höra till en boplats från äldre järnålder (Stålbom 1997), men som också skulle kunna tillhöra någon annan typ av kontext.

Det kan konstateras att huvudriktningen för fägatorna i området söder om Väderstad är nord-sydlig. Även om vissa sträckningar saknas kan sammanhängande passager med riktning nord-syd rekonstrueras. Dessa har varit förbindelseleder mellan den icke stensträngsinhägnade skogsmarken med blockrik morän, eller i vissa fall med områden i övergångszonen mellan skog och slätt, och norr härom liggande områden. Fägatorna sammanstrålar alltmer och blir allt färre ju längre norrut i stensträngssystemet man rör sig. I många fall mynnar dessa fägator ut i de byvägar eller fägator som finns markerade på de historiska kartorna. Dessa byvägar leder i sin tur till bytomterna. I Väderstadssystemet finns stensträngshägnade fägator som på detta vis leder till fyra av de sex historiska bebyggelselägena i stensträngssystemets norra del. Detta indikerar ett starkt samband mellan stensträngssystemet och den historiska bebyggelsestrukturen.

Endast ytterligare arkeologiska undersökningar i de historiska bebyggelselägena kan visa om byar och ensamgårdar i Väderstadsområdet följer det antagna mönstret från resten av Östergötland (Hedvall 1995:34) där huvuddelen av de historiska bebyggelselägena etableras i början av yngre järnålder eller om majoriteten av historiska bebyggelselägen här har sitt ursprung i äldre järnåldersboplatser. Tills vidare utgår jag emellertid från att bebyggelseutvecklingen i Väderstadsområdet följer övriga Östergötland och att Hedvalls sammanställning (1995:34) speglar faktiska förhållanden även här.

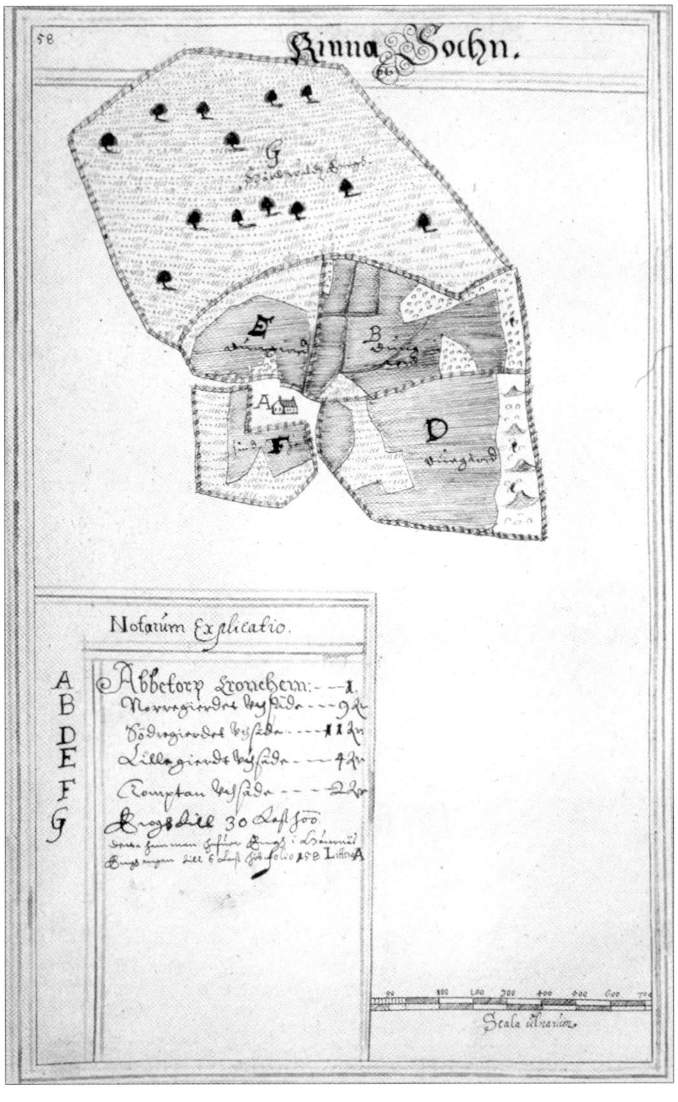

Fig 125. Abbetorp, Rinna socken. Geometriska jordebokens karta från år 1638–39. LMV, Gävle. Akt D83-2:D7:58. *The single farm at Abbetorp, Rinna Parish. Geometrical cadastral record of the years 1638–39.*

Ett exempel på ovannämnda samband finns vid Abbetorp, som på 1630-talet var en ensamgård. Man har antagit att det rör sig om ett medeltida avgärdatorp, dvs en enhet som avgränsats inom en moderbys mark under tidig medeltid (Widgren 1996:23). Ortnamnssuffixet -torp stöder en sådan tolkning, men detta kan också ha skett under vikingatid (M Eriksson 1982:489ff). Abbetorp karterades för den geometriska jordeboken år 1638–39 (fig 125). År 1695 karterades både inägo- och utägomark med stor precision. I samband med detaljkarteringen år 1995 framkom en stensträng som omsluter de södra delarna av 1695 års inägomark, liksom en stensträngshägnad fägata som anslutit till en väg, som i något förändrat läge leder till gårdstomten på 1600-talskartan (fig 126). Det finns också en stensträngshägnad fägata som leder från det nordöstra hörnet av inägomarken till den plats där det finns en grind markerad på 1695 års karta. På en karta från 1798 leder en väg från grindhålet till bebyggelsen och på den äldre kartan från 1695 finns en gräsbevuxen passage på vägens plats.

Abbetorp är ett bra exempel på samband mellan den historiska bebyggelsen och stensträngssystemets utformning. Eftersom Abbetorp bör ha anlagts under tidig medeltid (eller möjligen vikingatid) ger detta en fingervisning om en möjlig tidigaste anläggningstid för dessa stensträngar. Om detta är en korrekt tolkning av tillkomsttiden för stensträngarna vid Abbetorp pekar det mot tidigmedeltid som en möjlig anläggningsperiod för vissa stensträngar. Här finns också ett historiskt belagt expansionsförlopp (Lindkvist 1979).

Andra exempel på samband mellan företeelser på de historiska kartorna och stensträngssystemets utformning finns inom byn Vallsbergs ägor (fig 127). Här finns ett stensträngshägnat fägatsystem med riktning nord-syd och öst-väst, vilket återfinns delvis i anslutning till vägen som på äldre kartor delar Vallsbergs utmark i en östlig och en västlig del. Fägatans nordände ansluter helt till den väg som markerats på de historiska kartorna och som leder till Vallsbergs by. Även inom Östad finns ett samband mellan en fägata i stensträngssystemet och en brukningsväg som leder till bytomten på äldre kartor (fig 128). Denna brukningsväg grenar även av mot Bosgård och fägatan har således samband med två av stensträngssystemets medeltida gårds- och bylägen. Inom Väderstads by finns också exempel på en fägata i stensträngssystemet som förefaller ansluta till en brukningsväg som leder till bytomten (fig 129). Sydväst om bytomten finns på 1699 års karta en närmast rektangulär hage med distinkt form. Det finns rester av en fägata som genomkorsat hagen diagonalt, men vilken gjorts obrukbar i och med att området inhägnats.

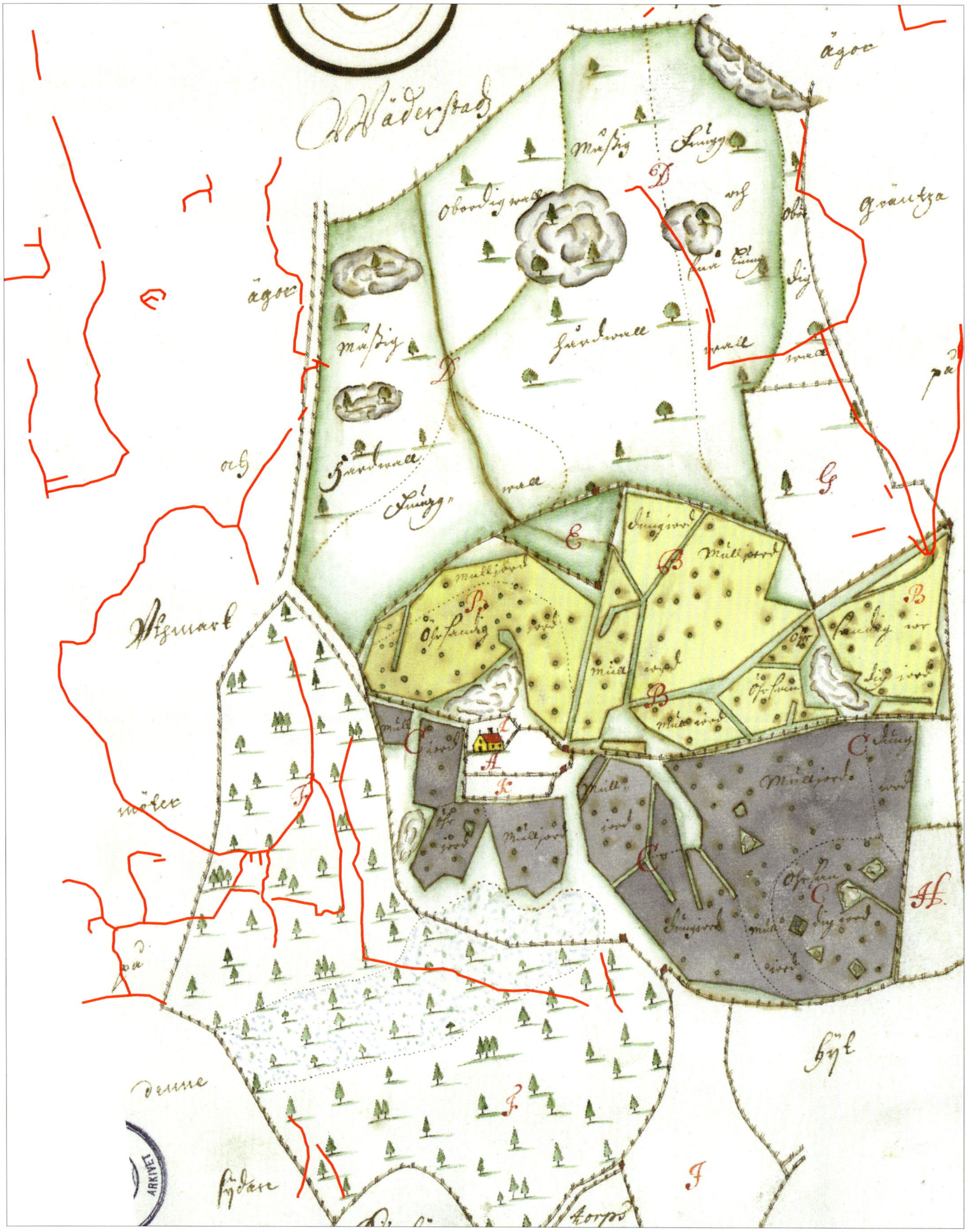

Fig 126. Abbetorp, Rinna socken. Stensträngar i rött. Karta från år 1695 i bakgrunden. LMV, Gävle. Akt D83-2:1. Skala 1:5000. Rektifiering Lars Lundqvist. *Stone fences in red overlie the rectified map of the single farm of Abbetorp, Rinna Parish, from 1695.*

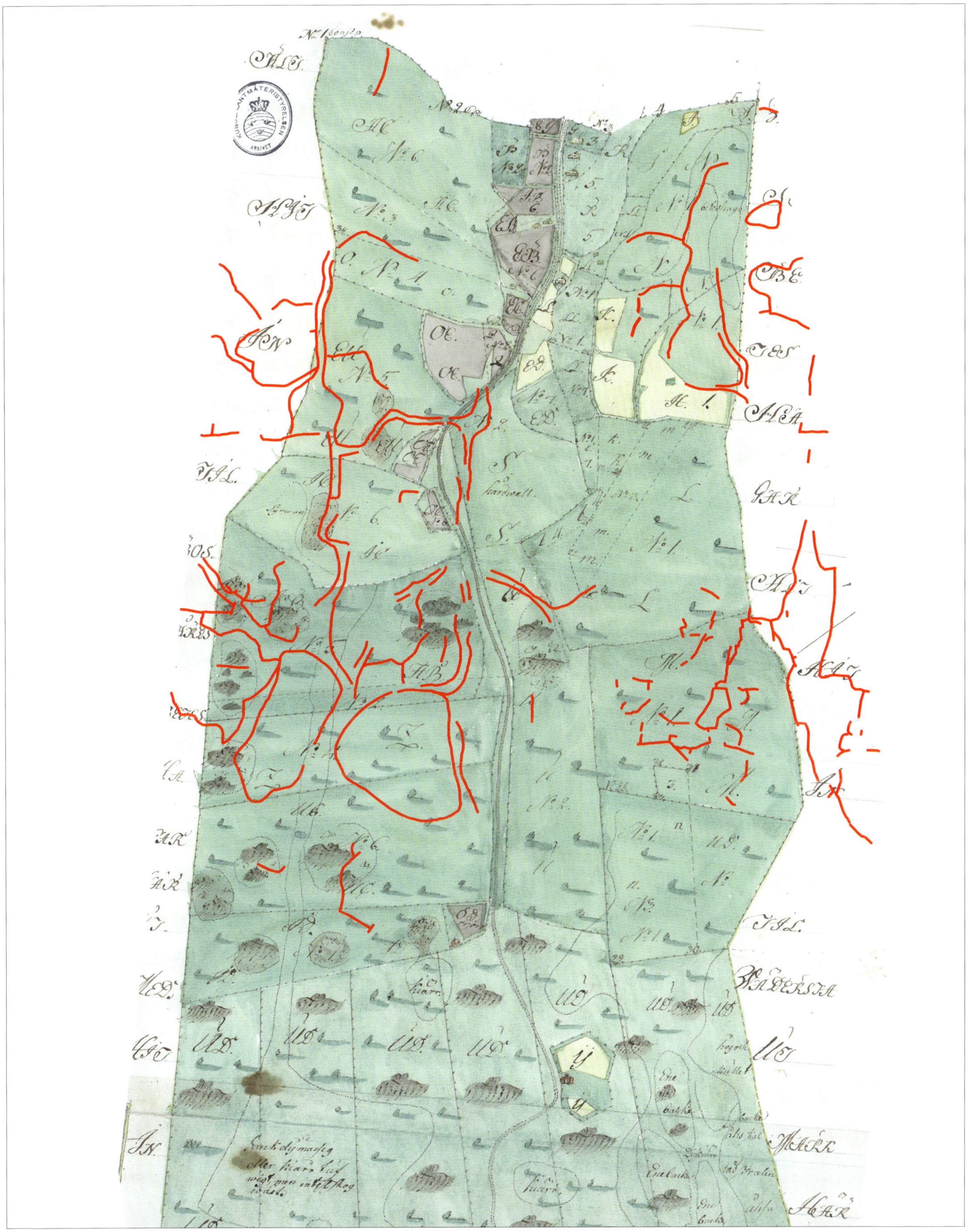

Fig 127. Vallsberg, Väderstads socken. Stensträngar i rött. Karta från år 1767 i bakgrunden. LMV, Gävle. Akt D134-23:3. Skala 1:10 000. Rektifiering Lars Lundqvist. *Stone fences in red overlie the rectified map of the village of Vallsberg, Väderstad Parish, from 1767.*

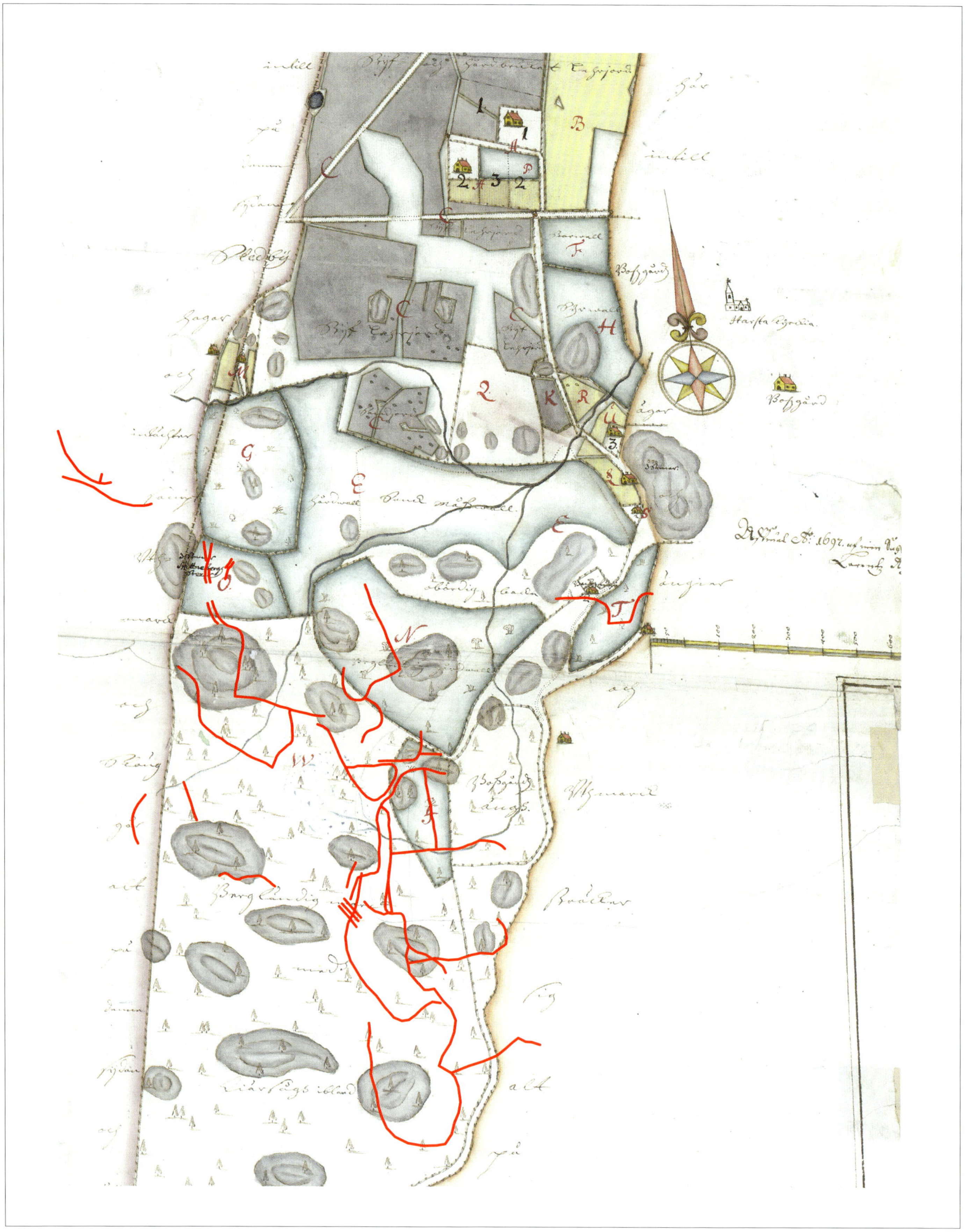

Fig 128. Östad, Väderstads socken. Stensträngar i rött. Karta från år 1697 i bakgrunden. LMV, Gävle. Akt D134-27:1. Skala 1:10 000. Rektifiering Lars Lundqvist. *Stone fences in red overlie the rectified map of the village of Östad, Väderstad Parish, from 1697.*

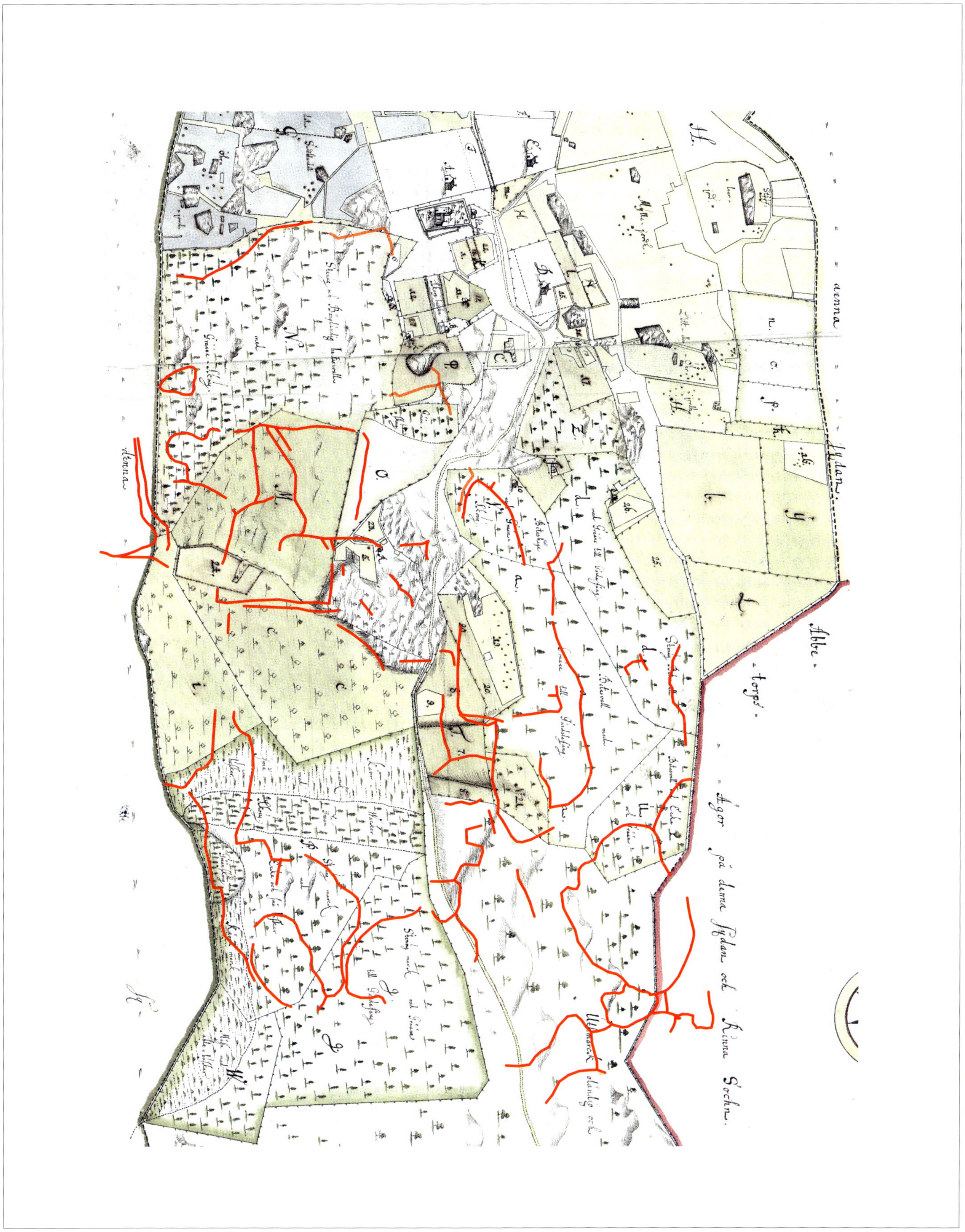

Fig 129. Väderstad by, Väderstads socken. Stensträngar i rött. Karta från år 1699 i bakgrunden. LMV, Gävle. Akt D134-25:1. Skala 1:10 000. Rektifiering Lars Lundqvist. *Stone fences in red overlie the rectified map of the village of Väderstad, Väderstad Parish, from 1699.*

Att det finns ett funktionellt samband mellan de stensträngshägnade fägatorna och en så hög andel av bytomterna inom Väderstadssystemet, antyder att det kan finna ett tidsmässigt samband mellan fägatorna och det historiska bebyggelsemönstret. Det finns emellertid också fägator där ett sådant samband inte kan fastställas. Ett problem är att stensträngssystemet är glest och söndertrasat i norr mot bytomterna.

Stensträngstäthet per ytenhet

Om man istället skärskådar tätheten av stensträngar inom Väderstadssystemet kan man särskilja fyra eller fem områden med särskilt hög stensträngstäthet, där stensträngarna inhägnar små ytor, 0,5–3 ha stora. Ett sådant område finns i den östra delen av Väderstads utägor. Här finns en mängd små, stensträngsinhägnade ytor, samtidigt som den historiska kartbilden karaktäriseras av en mängd hagar, där stensträngarna och hagarnas begränsningar ibland sammanfaller. Områdena med förtätningar ligger huvudsakligen inom domänen för enskilda byar och förtätningsområdena går inte över bygränserna. Detta kan tyda på att gränserna mellan byarnas utmarker varit etablerade under en period av stensträngsbyggande. Detta indikerar att det yngre inslaget bland stensträngarna är betydligt i sådana förtätade områden. Vid en jämförelse med den geometriska kartan från 1600-talets första hälft kan man konstatera att områden med stor stensträngstäthet ofta ligger utanför karterat område.

Sammansatt kontextuell datering

Det tillförlitligaste resultatet vad gäller stensträngarnas datering får man om man har möjlighet att använda flera olika, helst av varandra oberoende källor. Det finns flera exempel från Väderstadssystemet där flera olika dateringsmetoder använts. Ett exempel på detta är dateringen av stensträngen A45199 i område 9 inom Väderstadssystemet där dateringsresonemangen är komplexa och arkeologisk kontext är en viktig variabel (Petersson 2004b:28ff).

Stensträngen A45199 låg i anslutning till en fossil åkeryta vilken finns markerad på den geometriska jordebokens karta från 1638–39. Den arkeologiska undersökningen visade att odlingen i vissa avsnitt gått ända fram till stensträngen. Möjligheten finns att stensträngen fungerat som inhägnad för åkerytan. Det är också tänkbart att stensträngen varit raserad när odlingen påbörjats och att den fungerat som odlingshinder och att man därför odlat fram till den men inte längre. Tyngdpunkten för dateringarna av antaget röjningskol ur det fossila åkerjordslagret och under stensträngen (två analyser) låg från slutet av 1400-talet till 1600-talets mitt med ett eventuellt tidigare analysvärde i medeltidens mitt. Jag har bedömt att i detta fall finns en arkeologisk kontext som inte motsäger att stensträng och odling kan vara samtida och att det finns flera indicier som talar härför. Att inget kol med äldre datering framkom trots att en serie om sju prover analyserades, att området markerats som åker endast på 1638–39 års karta och ej senare, talar för en begränsad odlingsfas. Kolet från läge under stensträngen som har samma datering som odlingen talar enligt min mening för ett kronologiskt samband.

Stensträngarnas anläggningstid i Väderstadssystemet

Med utgångspunkt i ovanstående samt de diskussioner av enskilda stensträngar som finns i slutet av kapitlet presenteras här en sammanställning av dateringarna från den östra delen av Väderstadssystemet (Petersson 1999c, 2004b).

Fig 130 visar att det finns stensträngar med varierande tillkomsttid i den allra östligaste delen av Väderstadssystemet. Den äldsta säkert daterade stensträngen har anlagts under romersk järnålder och sannolikt kring Kristi födelse, flera har tillkommit senare än folkvandringstid och den yngsta torde vara medeltida. Stensträngar som fenomen är alltså en företeelse som förefaller ha en lång livslängd. Detta får naturligtvis konsekvenser för hur hela Väderstadssystemet skall bedömas.

Anl nr	Antagen datering av anläggningstid	Historiska kartbelägg	Använda dateringsmetoder
55181	Efter folkvandringstid, eventuellt medeltid	Indirekta kartbelägg, 1700-talets andra hälft	Stratigrafi
54848	Efter folkvandringstid, eventuellt medeltid	Norr om undersökningsområdet på 1775 års karta	Stratigrafi
58561	Yngre romersk järnålder/folkvandringstid	–	Antaget funktionellt samband
53070	Tidigmedeltid	–	Stratigrafi, ^{14}C-analys av antaget röjningskol
50000	Senare än förromersk järnålder, sannolikt yngre romersk järnålder/folkvandringstid eller medeltid/nyare tid	–	^{14}C-dateringar av underliggande anläggning och antaget röjningskol, kontextuellt samband med andra företeelser i området
45199	1390–1638 e Kr	Endast på 1638 års karta	^{14}C-datering av antaget röjningskol, kontextuellt samband med odling i området, historisk kartanalys
48257	Romersk järnålder sannolikt kring Kr f	–	Stratigrafi
13010	Medeltid/nyare tid?	Sammanfaller med gräns på 1775 års karta	Historisk kartanalys

Fig 130. Stensträngarnas antagna datering i östra delen av Väderstadssystemet. *The presumed dates of the stone fences in the eastern part of the Väderstad system.*

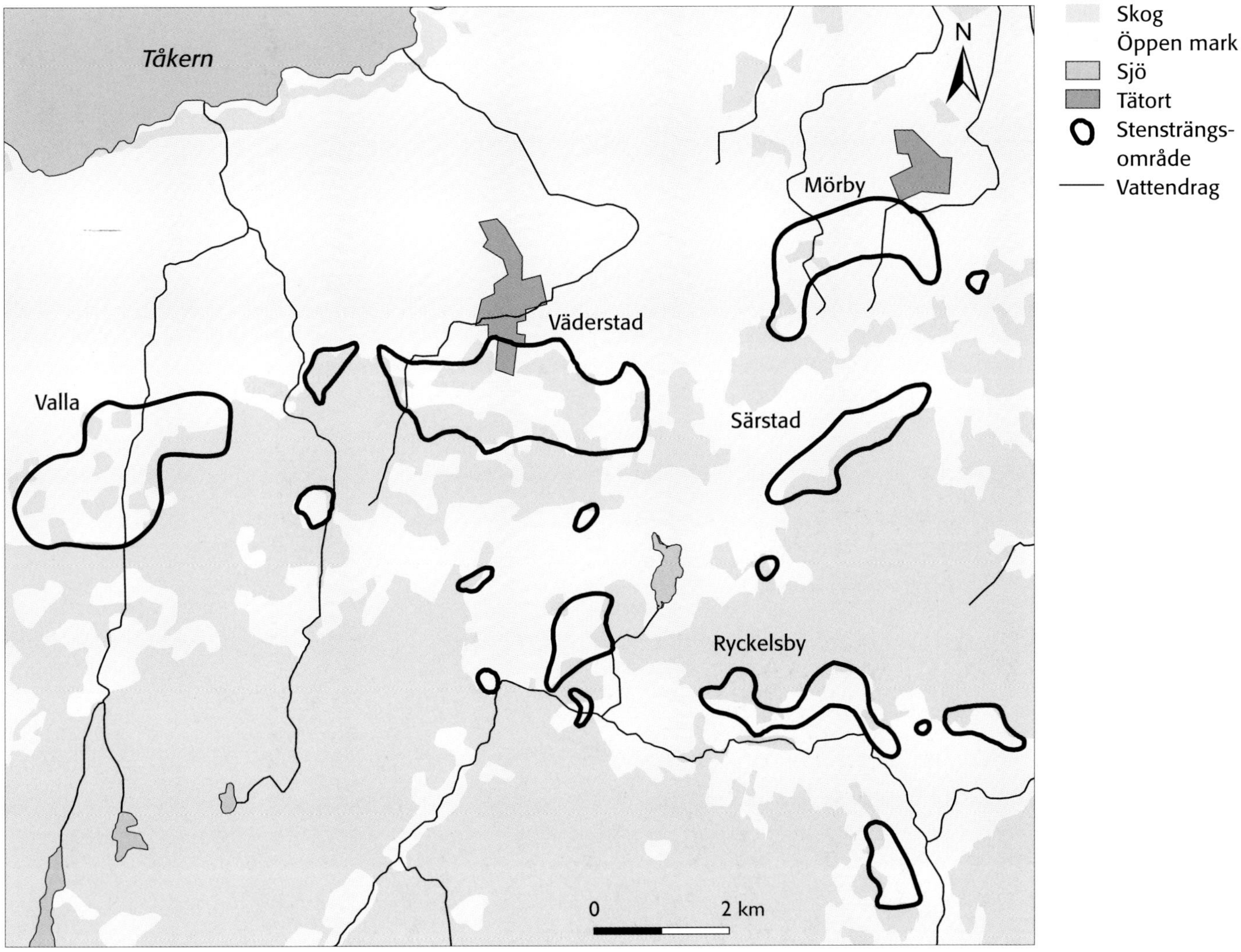

Fig 131. Stensträngssystemen i Mörby i Hogstads socken, Särstad i Rinna socken, Valla i Rök och Svanshals socknar, Järnstad i Stora Åby socken, Ryckelsby i Ekeby socken samt stensträngssystemet söder om Väderstad. Stensträngssystemet i Järnstad, Stora Åby socken ligger ca 10 km sydväst om Valla, utanför bild. Skala 1:100 000. Grafik Lars Östlin. *The stone fence systems in Mörby in Hogstad Parish, Särstad in Rinna Parish, Valla in Rök and Svanshals Parishes, Ryckelsby in Ekeby Parish, and the stone fence system south of Väderstad. The stone fence system in Järnstad in Stora Åby Parish, is situated some 10 kilometres southwest of Valla.*

STENSTRÄNGSSYSTEMEN I JÄRNSTAD, SÄRSTAD, RYCKELSBY, VALLA OCH MÖRBY

I detta avsnitt undersöker jag om det finns indikationer på ett yngre inslag även i andra stensträngssystem i västra Östergötland. Därför har jag gjort en jämförelse av stensträngssystemens utformning i förhållande till de historiska kartorna. Undersökningen omfattar de stensträngssystem som har tyngdpunkt i Järnstad i Stora Åby socken, Särstad i Rinna socken, Ryckelsby i Ekeby socken, Valla i Rök och Svanshals socknar och Mörby i Hogstads socken, (fig 131). För Mörby och Järnstad upprättades historiska kartöverlägg i samband med E4-undersökningarna (L Z Larsson 1992) och i analysen av Mörbysystemet har enbart dessa använts eftersom detta system är så fragmentariskt bevarat att det inte finns anledning att i detalj skärskåda de skilda kartgenerationerna. För övriga områden har använts de geometriska jordebokskartorna, i de fall sådana kartor finns. Dessa trakter tillhör de tidigast karterade och många av jordebokskartorna är från 1638–39. De geometriska jordebokskartorna omfattar framför allt inägomarken men även närmast intilliggande ängs- och betesmark. Från vissa av byarna/ensamgårdarna finns tidiga arealavmätningar från tiden kring år 1700, vidare har storskifteskartor från 1700-talets senare hälft använts samt laga skifteskartor från 1800-talet. I ett tidigt skede av min analys utgick jag från de originalkartor som förvarades hos Lantmäterimyndigheten i Linköping. Ofta rörde det sig om konceptkartor. I analysens senare skede har de digitala versionerna av historiska kartor förvarade i Lantmäteriverket i Gävle använts.

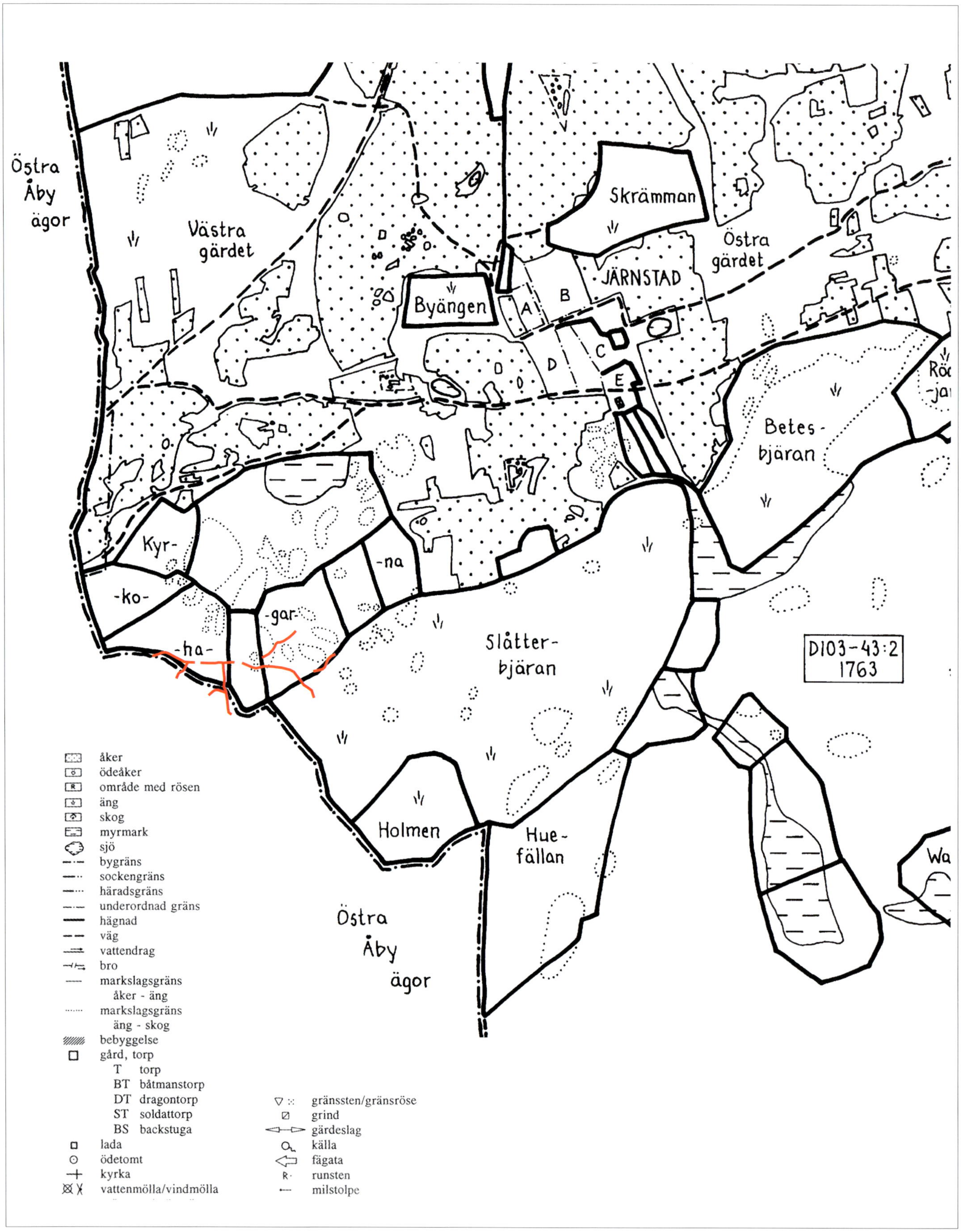

Fig 132. Stensträngssystemet i Järnstad, Stora Åby socken, Östergötland. Stensträngar i rött och historisk markanvändning i svart. Historiskt kartöverlägg upprättat av Elisabeth Essen. Skala 1:10 000. *The stone fence system in Järnstad, Stora Åby Parish, Östergötland.*

Järnstad

Vid Järnstad fanns ett stensträngssystem bevarat inom ett ca 350x150 m stort område, omfattande ca 3 ha. År 1997 undersöktes en 16 000 m^2 stor ytan inom Järnstadssystemet arkeologiskt (Björkhager m fl 2002). Stensträngssystemet bestod av en sammanbindande stensträng med riktning öst-väst samt härifrån åt söder utgående stensträngar som avgränsade separata ytor. Dessa var 0,4–1,2 ha stora (fig 132–133). Ytorna bar spår av att ha varit odlade och den fossila åkermarken undersöktes med metoder som anslöt till dem som användes inom Väderstadssystemet (Petersson 2004a). I tolkningen av lokalen utgick man från antagandet att stensträngarna tillhörde romersk järnålder och folkvandringstid och att de hade ett kronologiskt samband med en boplats belägen ca 200 m bort (RAÄ 159, Stora Åby socken). Man diskuterade inte möjligheten av en senare datering av undersökta stensträngar, trots att ^{14}C-dateringar i kombination med stratigrafier pekade mot denna möjlighet (Björkhager muntl).

Stensträngssystemet vid Järnstad låg helt inom ett område betecknat "Kyrkohagarna" på 1763 års karta. På kartan finns markerat ett flertal 0,1–2,8 ha stora hagar och en stensträng sammanföll helt med gränsen mellan två hagar på 1763 års karta. När den fossila åkerjorden avlägsnades framkom ett flertal spridda härdar som med få undantag var samtida med boplatsen. Någon direkt arkeologisk koppling till stensträngarna fanns ej utan härdarna torde ha haft samband med betesdrift i området. Stensträngarna i Järnstadssystemet inhägnade däremot fossila åkerytor vilka odlats i perioden från mitten av 1400-talet till mitten av 1600-talet e Kr. Odlingen torde ha varit extensiv med lite eller ingen gödsel, omväxlande med längre perioder av äng och bete. Markanvändningen i området kan tolkas som en parallell till den som belagts i bynära utägomark vid andra undersökningar i västra Östergötland (Ericsson 2004, Petersson 2001a, 2004c). De ytor stensträngarna inhägnat har varit förhållandevis små och det finns en funktionell koppling mellan stensträngarna och den medeltida odlingen.

Vid 1997 års arkeologiska undersökning ^{14}C-daterades två kolprov från lägen under stensträngen A9404 (Björkhager m fl 2002). Detta var den stensträng vars sträckning sammanföll med gränsen mellan två hagar på 1763 års karta. Båda ^{14}C-dateringarna tillhör perioden ca 1450–1650 e Kr. Av två profiler genom stensträngen A9404 framgår att kolet insamlades i det odlingslager som strängen var anlagd på och det rör sig sannolikt om röjningskol (fig 134). Av profiler framgår att även stensträngen A12012 en gång anlagts på odlad mark (fig 135). Odlingen har med hjälp av en serie ^{14}C-analyser daterats till senmedeltid/tidig modern tid. Det är naturligtvis möjligt att stensträngarna är rester av hägnader som anlagts efter att odlingen avslutats och att deras funktion enbart varit kopplad till djurhållningen. Av profilerna att döma går det inte att utesluta att odlingen fortsatt även efter att stensträngarna anlagts. I Väderstadssystemet verkar det t ex som om vissa stensträngar periodvis tjänat som inhägnad för åkrar och anlagts under den period när extensiva tillfällighetsodlingar varit som vanligast. Några indikationer på förhistoriska odlingsepisoder finns inte i det undersökta området vid Järnstad.

Fig 133. Det undersökta området i Järnstad, Stora Åby socken, Östergötland. Efter Björkhager m fl 2002:28. Uppgift om skala saknas.
The excavated area at Järnstad, Stora Åby Parish, Östergötland.

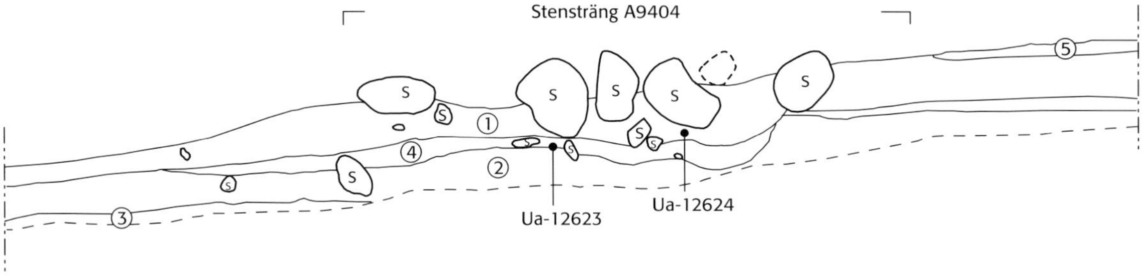

Fig 134. Stensträngen A9404. Profilen visar att stensträngen anlagts på odlad mark. Järnstad, Stora Åby socken, Östergötland. Skala 1:40. Grafik Lars Östlin. *The stone fence A9404. The section shows that this fence was originally erected on cultivated land.*

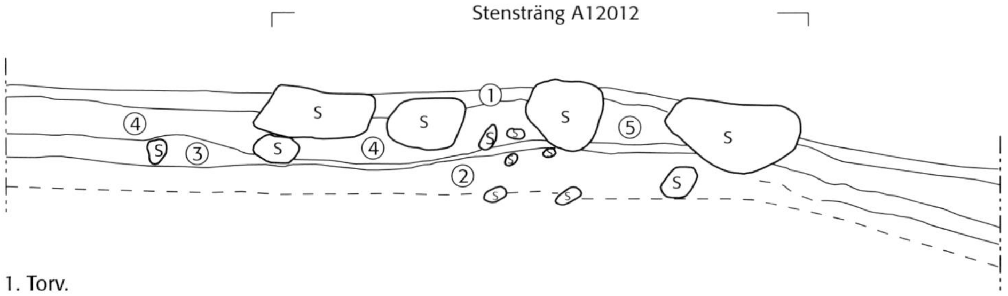

Fig 135. Stensträngen A12012. Profilen visar att stensträngen anlagts på odlad mark. Järnstad, Stora Åby socken, Östergötland. Skala 1:40. Grafik Lars Östlin. *The stone fence A12012. The section shows that this fence was originally erected on cultivated land.*

Särstad

Särstadssystemet finns bevarat inom ett ca 150 ha stort område. Centralt i Särstadssystemet finns en 1,5 km lång, sammanbindande fägata. Fägatan ligger idag i sin södra sträckning i gränsen mellan åkermark och skog. Från den centrala fägatan grenar fägator ut både åt norr och åt söder. Söder om fägatan finns en mängd inhägnade ytor, ca 0,5–3 ha stora. Flera av dessa har varit ytterligare uppdelade i mindre inhägnader (fig 136). Inom flera av inhägnaderna saknas helt odlingsspår – de bör ha varit kopplade till djurhållningen. Inga arkeologiska undersökningar har företagits inom Särstadssystemet.

Huvuddelen av Särstadssystemet återfinns inom den ägofigur som på den geometriska jordebokens karta från 1638 är betecknad "C", "Hårdvallsäng med ... skog". Denna ägofigur är så schablonmässigt avbildad att den inte låter sig säkert rektifieras, även om den förefaller vara identisk med ägofigurer som återfinns på senare kartor. Från år 1697 finns en arealavmätningskarta över Särstad. I byns nordvästra del finns en rektangulär ägofigur, ca 1100x500 m med riktning nordnordöst-sydsydväst, på kartan benämnd "D" och bestående av hårdvall. Söder om denna finns ett område uppdelat i sju hagar. Dessa två ägofigurer förefaller vara identiska med hårdvallsängen "C" på 1638 års karta. Samma ägofigurer återfinns också på 1773 års storskifteskarta men då är även den tidigare ägofiguren "D" uppdelad mellan olika brukare.

För presentationen av förhållandet mellan stensträngssystemet i Särstad och den historiska markanvändningen valdes 1773 års storskifteskarta som underlag (fig 137). Problemen med att rektifiera det område där stensträngssystemet huvudsakligen återfinns var mindre än för äldre kartor men för den skull alls inte obefintliga. Karteringen förefaller ha varit mindre

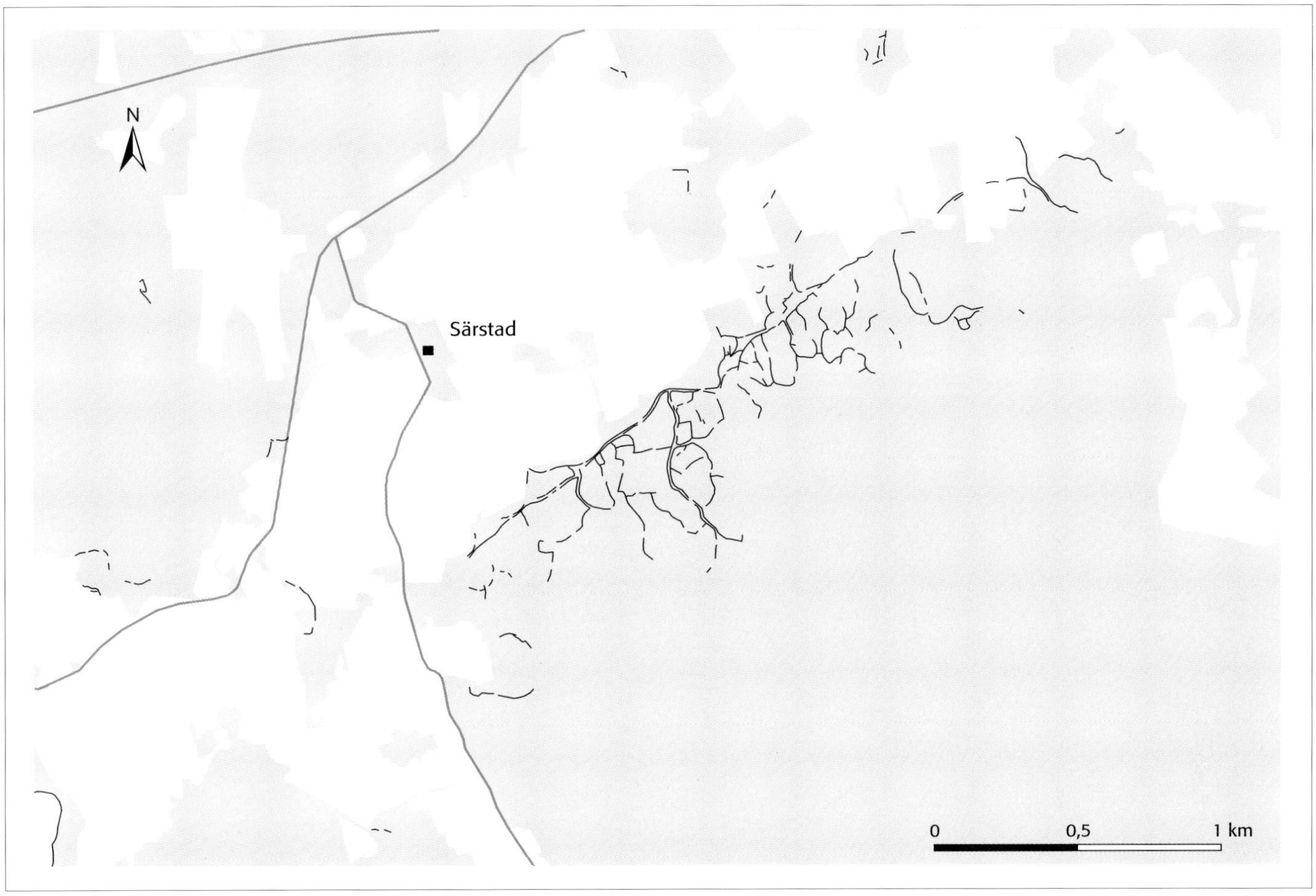

Fig 136. Stensträngssystemet i Särstad, Rinna socken, Östergötland. Den historiska bytomten markerad. Skala 1:25 000. Grafik Lars Östlin.
The stone fence system in Särstad, Rinna Parish, Östergötland. The historical village plot is marked.

noggrann i de delar av det aktuella området som legat längre bort från bytomten. Den långa fägata med riktning nordnordöst-sydsydväst som binder samman hela stensträngssystemet följer, utom i ett kort stycke, gränsen mellan hårdvallen "D" och söder härom liggande hagar på 1697 års karta och har i princip oförändrad dragning på 1773 års karta. Stensträngssystemets sammanbindande struktur har alltså nära överensstämmelse med en mycket distinkt form på de historiska kartorna. I fägatans västra del finns spår av en förgrening mot norr. Här strålar två stensträngar samman och bildar en fägata. Denna fägata ansluter i söder exakt till en väg som finns utmärkt på 1773 års storskifteskarta och som leder till Särstads bytomt.

Det är slående hur huvuddelen av de inhägnade ytorna i stensträngssystemet ligger söder om den sammanbindande fägatan, i det område där kartornas små särhägnade hagar uppträder. Endast i stensträngssystemets östra del finns spår av inhägnader norr om fägatan. Stensträngsinhägnaderna är ungefär 1–3 ha stora. Det förefaller också vara möjligt att rekonstruera ett mindre antal inhägnader som ursprungligen varit 4–5 ha men som senare uppdelats, varför området redan av denna omständighet verkar innehålla flera tidsskikt. För många av de små, uppdelade stensträngsinhägnaderna finns ett påtagligt samband med de historiska kartornas hagar. I öster finns några exempel på att kartans hagar kan innehålla fler än en stensträngsinhägnad men det verkar som att stensträngsinhägnaderna i flera fall inte korsar haggränserna utan håller sig inom karthagarna. I ett fåtal fall verkar kartans gränser mellan de olika hagarna sammanfalla med stensträngar.

Det finns en stark samstämmighet mellan fenomen som återfinns på de historiska kartorna och stensträngssystemets disposition. Detta indikerar någon typ av kronologiskt samband. Särskilt viktig i detta sammanhang bedömer jag den centrala fägatan, som går i en historisk markslagsgräns mellan hagmark och äng men också ansluter till en byväg som leder till den historiska bytomten. Även de små inhägnaderna söder om denna fägata visar en viss grad av samstämmighet med de historiska hagarnas gränser. Det finns flera sätt att tolka dessa påvisade samband. Oavsett vilket tolkningsalternativ man väljer kommer argumenten för dateringen att hänga samman med när man anser att bebyggelsen vid Särstad bytomt etablerats. Björn Winberg, som behandlat Särstadssystemet i en artikel, ansåg att äldre järnålderns bebyggelse ligger på höjdryggen utefter den centrala fägatan (Winberg 1986).

Fig 137. Stensträngssystemet i Särstad, Rinna socken, Östergötland. Stensträngar i rött. Storskifteskartan från år 1773 i bakgrunden. LMV, Gävle. Akt D83-68:5. Skala 1:10 000. Rektifiering Lars Lundqvist. *The stone fence system in Särstad, Rinna Parish, Östergötland. Stone fences in red overlie the rectified land reform map from 1773.*

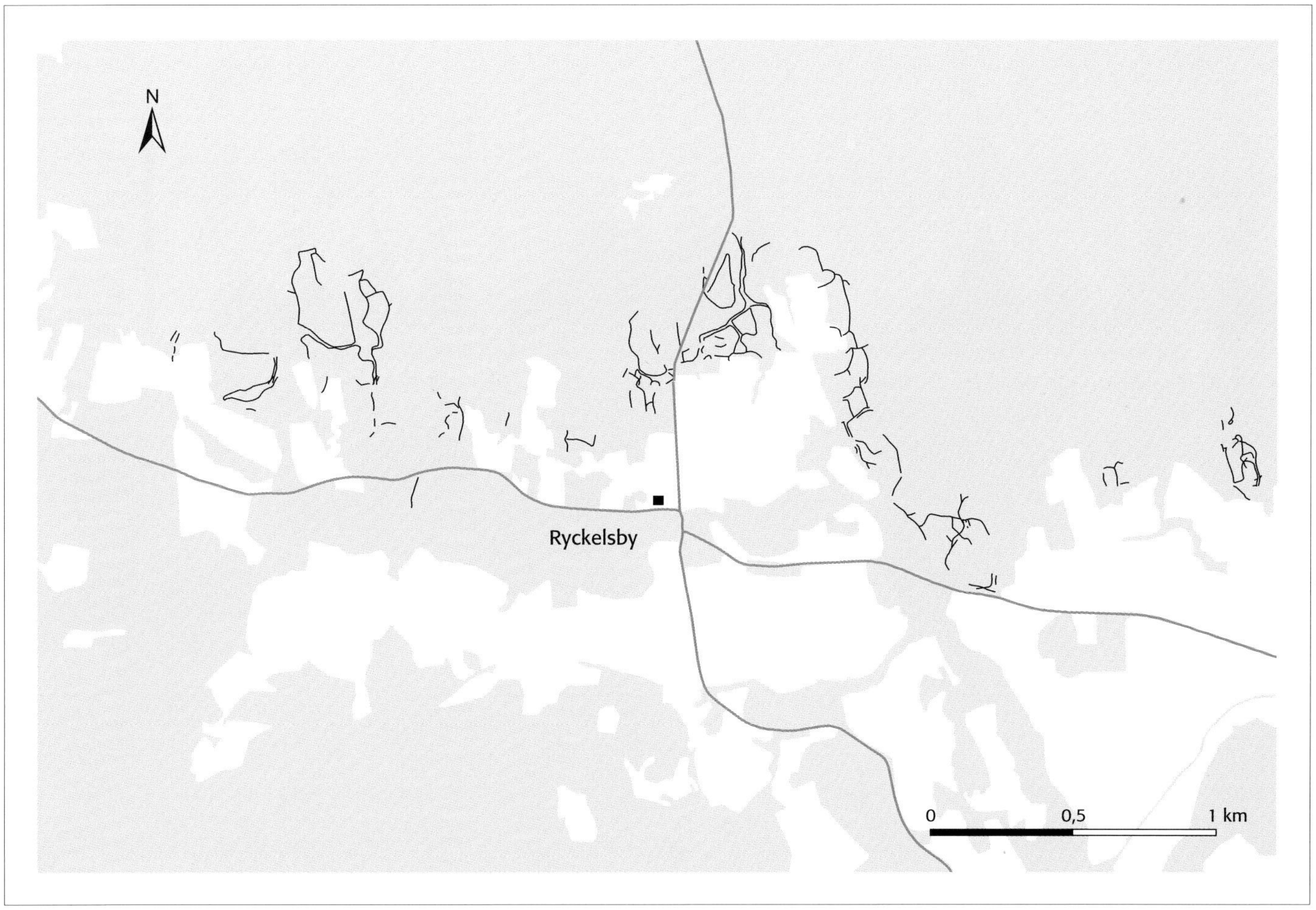

Fig 138. Stensträngssystemet i Ryckelsby, Ekeby socken, Östergötland. Den historiska bytomten markerad. Skala 1:25 000. Grafik Lars Östlin.
The stone fence system in Ryckelsby, Ekeby Parish, Östergötland. The historical village plot is indicated.

Ryckelsby

Stensträngssystemet i Ryckelsby finns bevarat inom ett ca 700x300 m stort område omfattande ca 21 ha (fig 138). Den del av systemet jag här diskuterar är koncentrerat till området norr om den historiska bytomten samt, i form av spridda stensträngar, till de västra delarna av byterritoriet och angränsande områden i byn Ljungby. Centralt i stensträngssystemet finns en ca 500 m lång fägata med riktning nord-syd, från vilken ytterligare fägator grenar ut (fig 139). Denna fägata mynnar i söder ut i en bred trattformad fägata, varifrån fägator leder i olika riktningar. Denna "tratt" har i sin tur riktning mot den historiska bytomten. I stensträngssystemet finns många inhägnade ytor, de flesta ca 2–3 ha stora. Rester efter några större ytor om 3,5–4,5 ha finns också, vilka är uppdelade i mindre ytor. Inom de inhägnade ytorna är marken ofta sluttande och ställvis blockig. Den uppvisar få odlingsspår. De odlingsspår som syns torde ej härröra från mera långvarig eller intensiv odling. Den tolkning man istället vill ge inhägnaderna är att de har samband med djurhållningen. I gränsen mellan Ryckelsby och Ljungby finns en fägata till vilken ansluter inhägnade ytor belägna inom Ljungby ägor.

På kartan till den geometriska jordeboken från år 1638 återfinns de centrala delarna av stensträngssystemet inom en inhägnad hårdvallsäng benämnd "D" (fig 140). Denna är ytterst schablonmässigt karterad och i det närmaste omöjlig att säkert rektifiera i sin norra del. För presentationen av sambandet mellan stensträngssystem och historisk markanvändning har därför valts storskifteskartan från år 1772 (fig 141). På 1772 års storskifteskarta har det norra gärdet utvidgats norrut och kommit att omfatta delar av det område som på 1638 års karta var den ovannämnda inhägnade hårdvallsängen ("D"). Ett mindre område norr härom har också skiftats, särhägnats och används som betesvall. Utefter en del av den norra gränsen av denna ägofigur finns en väg markerad på 1772 års karta och på laga skifteskartan från år1855 följer en väg utefter hela ägofigurens norra gräns. Stensträngssystemets centrala fägata följer denna gräns i en sträckning av 250 m. I norr grenar sig denna fägata och en del går norrut och verkar ha samband med en hålväg, vilken följer landsvägen mot Rinna. I söder ansluter denna 250 m långa fägata till den breda fägata som har riktning mot bytomten. Norr om bytomten finns en passage till utmarken, särskilt tydlig på 1638 års karta. Den

Fig 139. Ovan: Den centrala fägatan i Ryckelsbysystemet. Foto Maria Petersson. *The central cattle lane in the Ryckelsby system.*

Fig 140. Till höger: Den geometriska jordebokens karta från år 1638–39 över Ryckelsby, Ekeby socken, Östergötland. LMV, Gävle. Akt D19-76:D7:24-7. *Map from the geometrical cadastral record 1638–39 for Ryckelsby in Ekeby Parish.*

Fig 141. Motstående sida: Stensträngssystemet i Ryckelsby, Ekeby socken, Östergötland. Stensträngar i rött. Storskifteskartan från år 1772 i bakgrunden. LMV, Gävle. Akt D19-76:1. Skala 1:10 000. Rektifiering Lars Lundqvist. *The stone fence system in Ryckelsby, Ekeby Patrish, Östergötland. Stone fences in red overlie the rectified land reform map from 1772.*

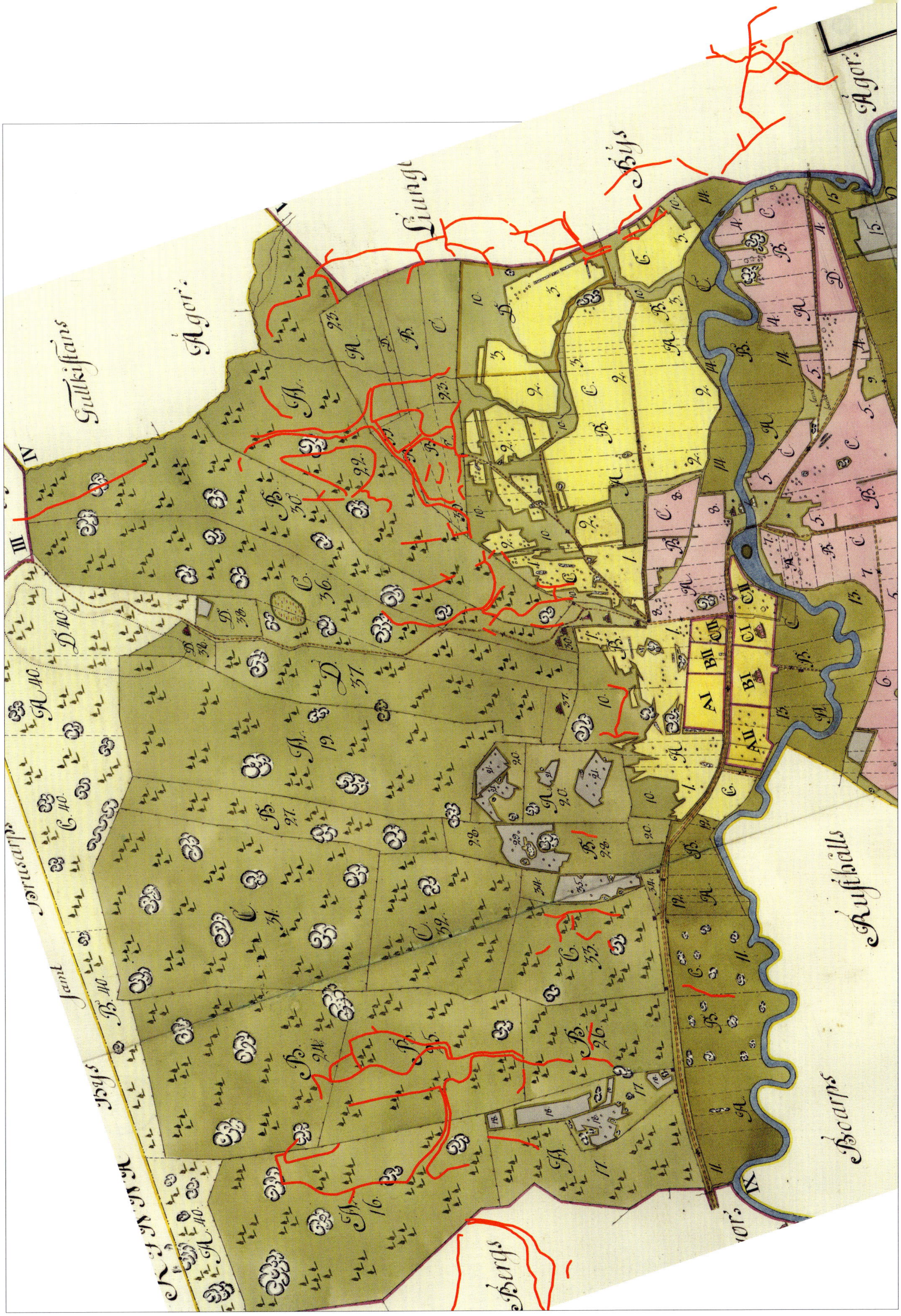
Gullkistans
Ägor
Liunge
Bys
Rusthålls
Boarps
Bergs
AI
AII
BI
BII
CI
CII

breda, sydligaste fägatan ansluter någorlunda till denna passage. I några fall sammanfaller också stensträngar med gränser mellan olika hagar eller markslag på de historiska kartorna.

I Ryckelsbys östra gräns, mot Ljungby finns en fägata som ansluter till en liten bäck och leder upp till en skogig höjdplatå. En väg markerad på 1772 års karta förefaller ansluta till denna fägata och en besiktning i fält visade att sambandet var tydligare än som framgick av FMR eftersom en hålväg som leder från bäcken till fägatan ej är registrerad. Även på 1638 års karta verkar åtminstone delar av denna väg existerat.

Inom Ryckelsby finns stor samstämmighet mellan särskilt den centrala fägatan i stensträngssystemet och gränsen mellan ängsmark och skogsmark, i vilken på 1700-talskartan löper en väg. Samband finns också mellan fägatan och den historiska bytomten, liksom mellan vissa andra element.

Valla

Stensträngssystemet i Valla finns bevarat inom ett ca 400 ha stort område (fig 142). Systemets tyngdpunkt ligger inom byn Valla men delar av det ligger också inom den historiska byn Kullen samt ensamgårdarna Hästäng, Kärr och Alsike. Systemet ligger inom en intill 2 km bred zon, belägen ca 500 m söder om dagens slätt. Den historiska markanvändningen som kan spåras på kartor tillbaka till ca 1700 har varit hag- och skogsmark med insprängda åkerlyckor. I Vadstena klosters jordebok från ca 1450 finns uppgifter om att det då fanns en ödeenhet inom Valla by, vilken användes som betesmark (Myrdal 2003:231 och där anförd litteratur). Myrdal nämner också att det var vanligt att ödegårdar användes som hästängar för ridhästar och stridshästar (Myrdal 2003:235f), något som osökt för tanken till gården Hästäng. Dessa uppgifter talar för att användningen som betesmark går betydligt längre tillbaka än de äldsta kartorna över området.

Stensträngssystemet vid Valla omfattar ett flertal rekonstruerbara stensträngsinhägnade ytor, 4–10 ha stora. I kanterna av ytorna finns ofta fägator. Fägatorna har en mycket påtaglig nord-sydlig orientering, med riktning mot slätten men det finns också fägator med riktning öst-väst. De mycket små inhägnaderna som finns t ex i Väderstadssystemet återfinns ej i Vallasystemet. Fler av de historiska bebyggelseenheterna har tillkommit efter den geometriska jordebokens tid och gränserna mellan byarna har varierat, något som försvårat kartjämförelser.

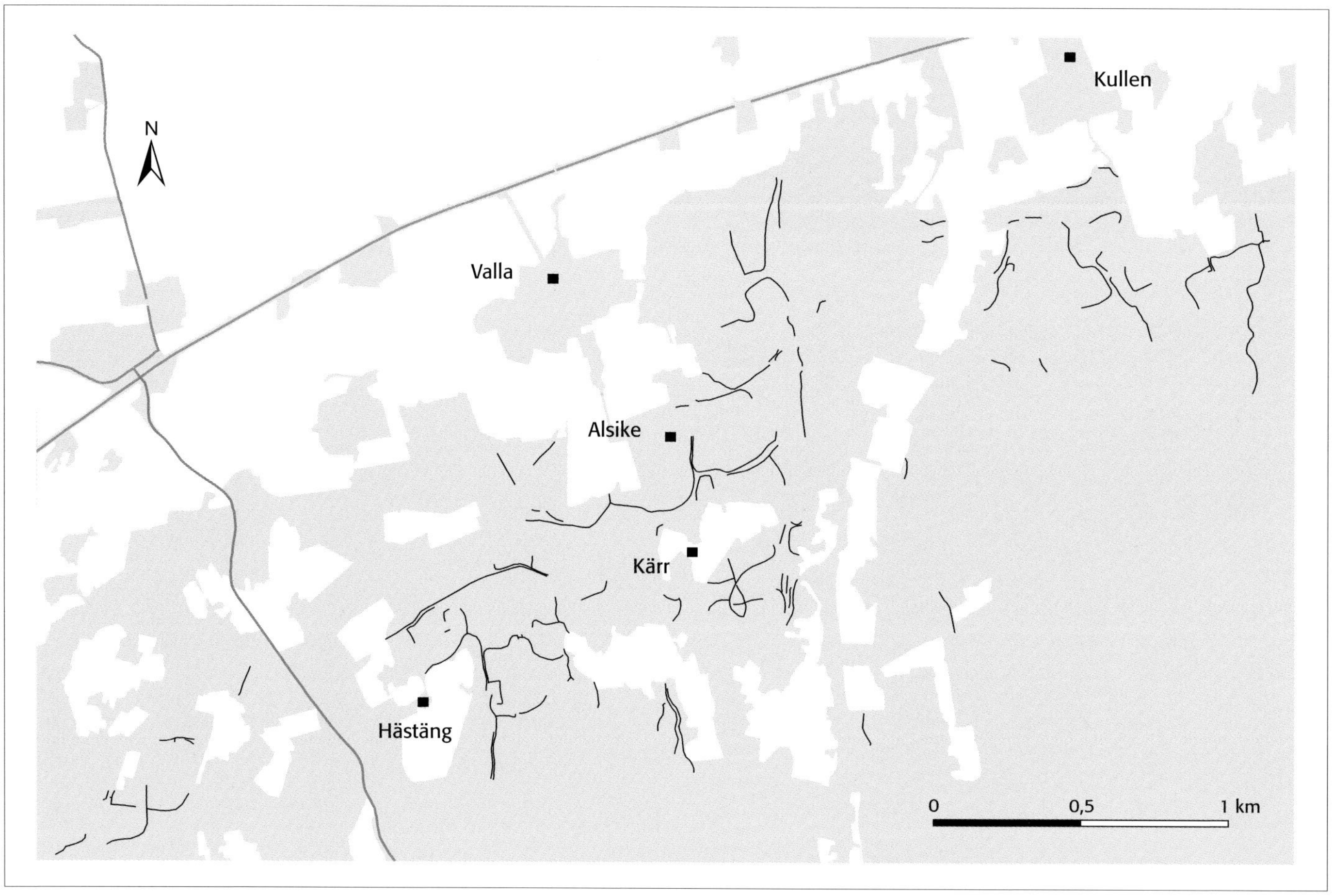

Fig 142. Stensträngssystemet i Valla, Rök och Svanshals socknar, Östergötland. De historiska gårds- och bytomterna markerade. Skala 1:25 000. Grafik Lars Östlin. *The Valla stone fence system in the parishes of Rök and Svanshals in Östergötland. The historical village plots are indicated.*

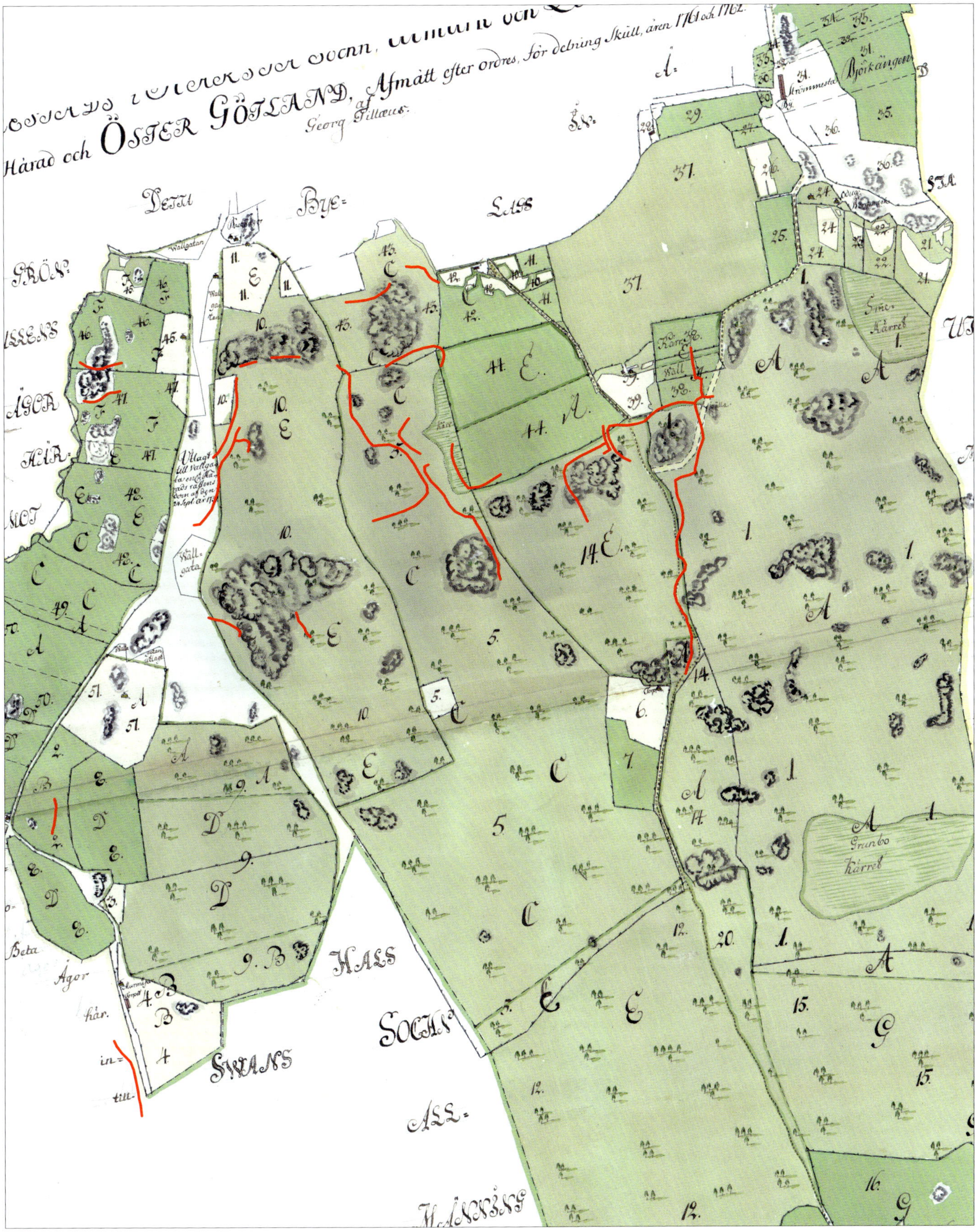

Fig 143. Del av stensträngssystemet i Valla, Rök och Svanshals socknar, Östergötland. Stensträngar i rött. Karta över Kullen från år 1762 i bakgrunden. LMV, Gävle. Akt D108-11:1. Skala 1:10 000. Rektifiering Lars Lundqvist. *Part of the stone fence system in Valla, Rök and Svanshals Parishes, Östergötland. Stone fences in red overlie the rectified map of the village of Kullen from 1762.*

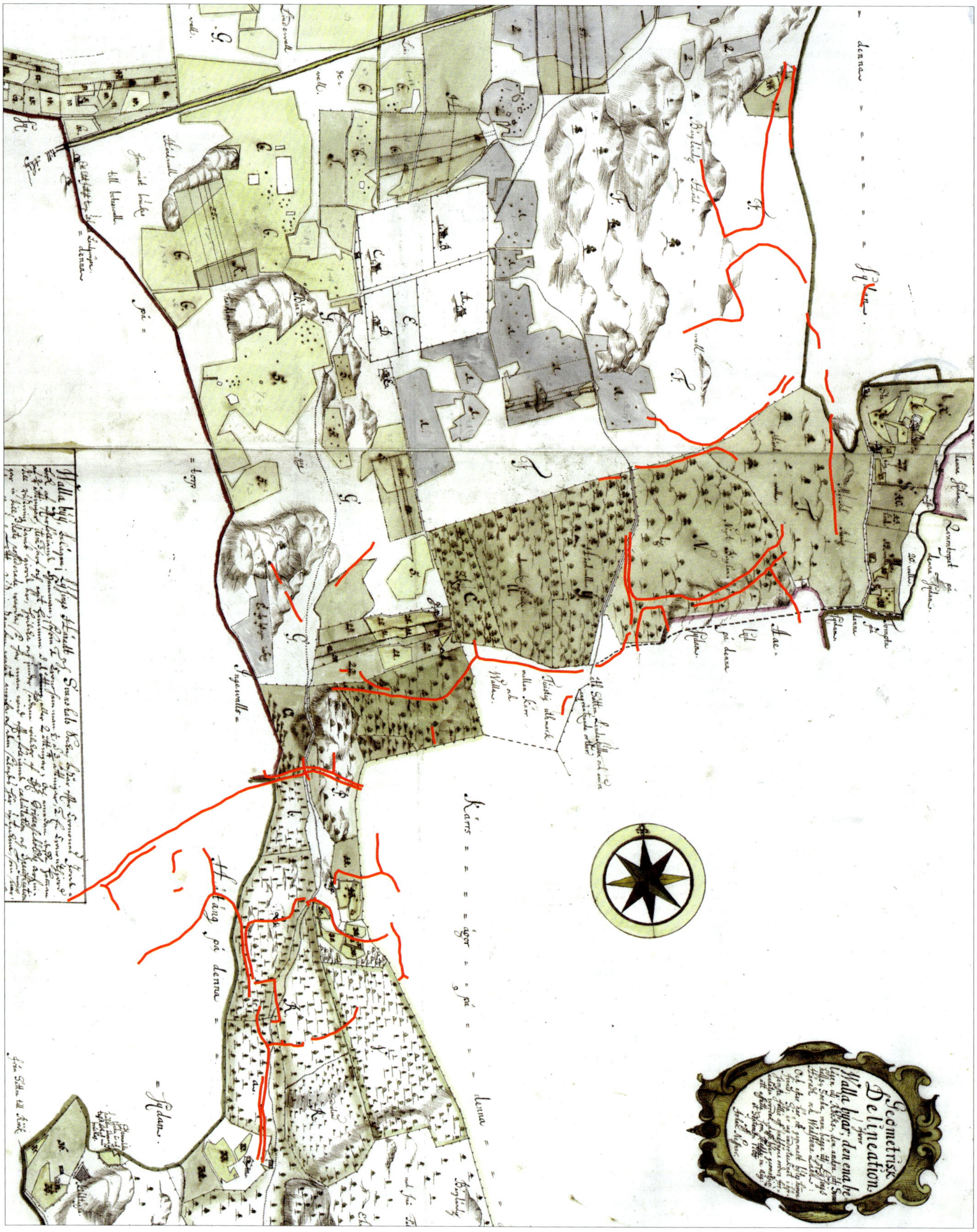

Fig 144. Del av stensträngssystemet i Valla, Rök och Svanshals socknar, Östergötland. Stensträngar i rött. Karta över Valla från år 1700 i bakgrunden. LMV, Gävle. Akt D87-45:1. Skala 1:10 000. Rektifiering Lars Lundqvist. *Part of the Valla stone fence system. Stone fences in red overlie the rectified map of the village of Valla from 1700.*

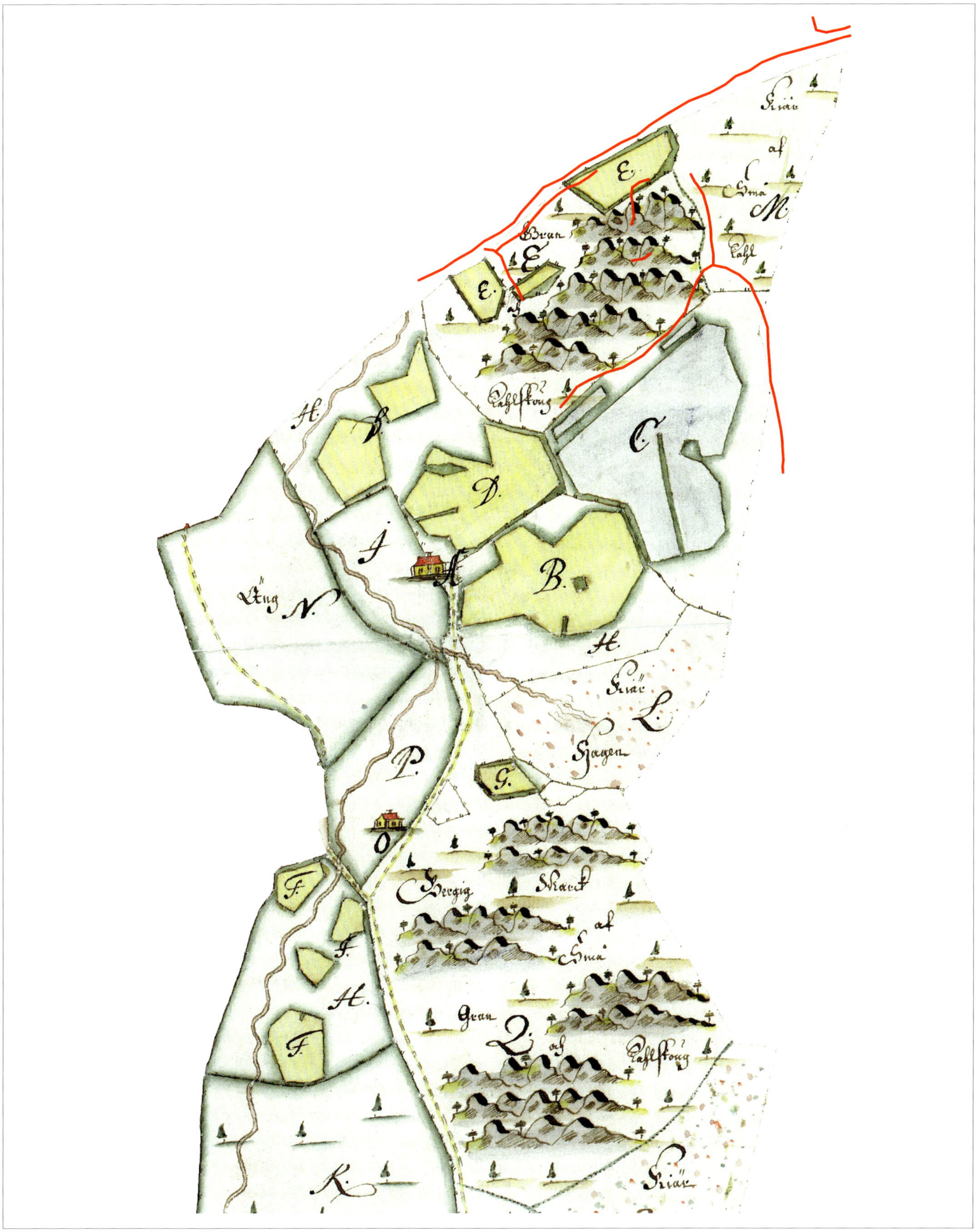

Fig 145. Del av stensträngssystemet i Valla, Rök och Svanshals socknar, Östergötland. Stensträngar i rött. Karta över Hästäng från år 1709 i bakgrunden. LMV, Gävle. Akt D87-19:1. Skala 1:5000. Rektifiering Lars Lundqvist. *Part of the Valla stone fence system. Stone fences in red overlie the rectified map of the single farm of Hästäng from 1709.*

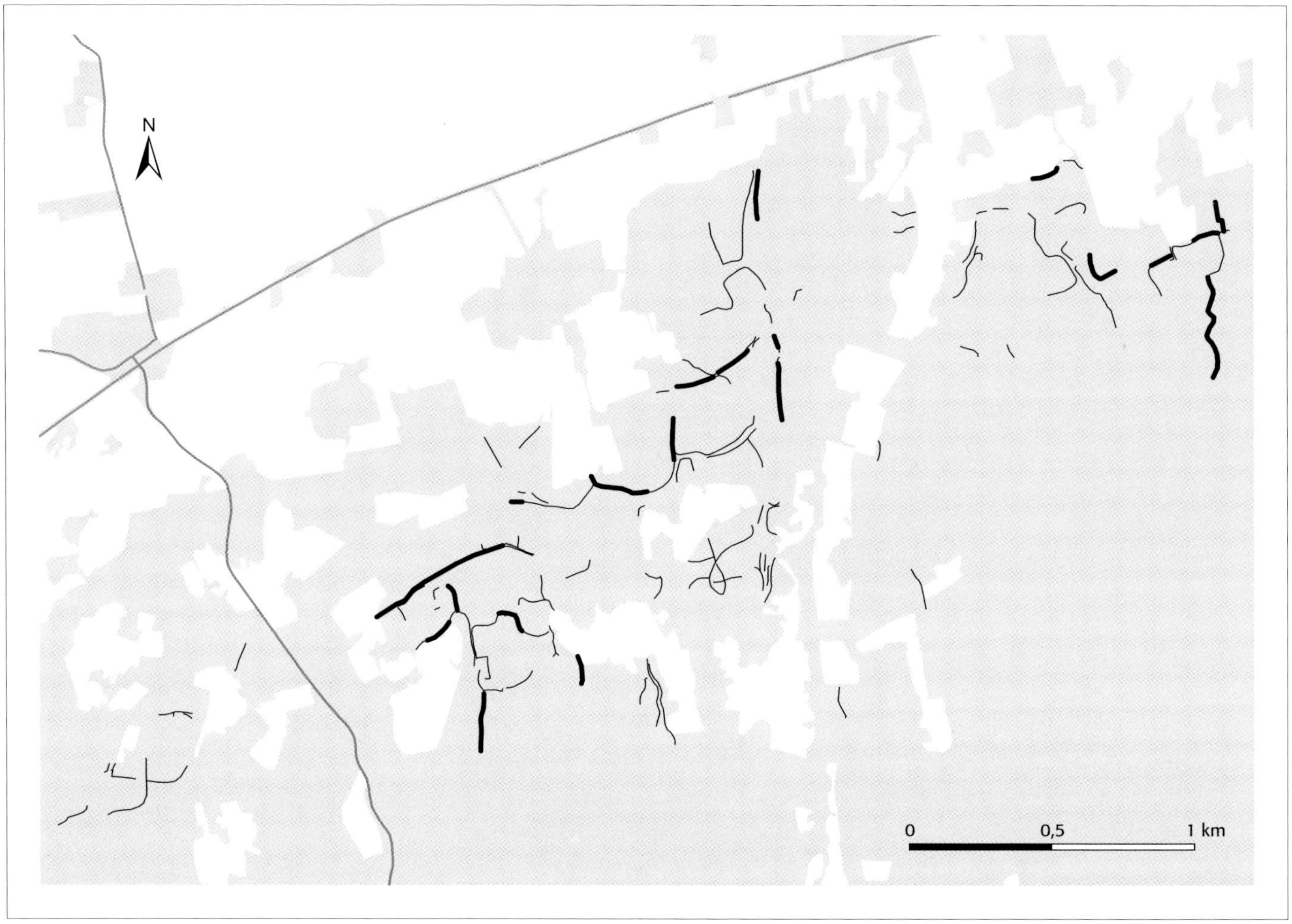

Fig 146. Vallasystemet. Sträckningar där stensträngar sammanfaller med gränser på de historiska kartorna är markerade med tjockare linjer. Skala 1:25 000. *The Valla system. Thicker lines indicate where stone fences coincide with borders on the historical maps.*

I Vallasystemet finns ett påtagligt rumsligt samband mellan fägator och de historiska bytomterna liksom mellan stensträngar och gränser av olika typer på de historiska kartorna. Vid Kullen finns t ex två fägator som har riktning mot Kullens gamla tomt (fig 143). Vid Valla finns ett liknande samband med två fägator som leder i riktning mot tomten från öster. På äldre kartor finns en ca 2 km lång väg från bytomtens östra del och ner till bydomänens södra delar, där den mynnar ut i ägogränsens sydvästra hörn, i landsvägen mellan Stora Åby och Göljeryd. En jämförelse visar att denna väg på kartan från år 1700 var mer vindlande och att den förefaller ha blivit rätad och bitvis flyttad när karteringarna inför storskiftet skedde år 1769–71. En fägata i stensträngssystemets södra del sammanfaller med den nu omtalade vägen (fig 144). En annan fägata sammanfaller med byn Vallas östgräns i norr. Ett av de tydligaste exemplen på sambandet mellan stensträngssystemet och den historiska bebyggelsen finns vid ensamgården Hästäng (fig 145). Här ligger en fägata utefter den norra gränsen. Vidare finns här överensstämmelse mellan stensträngar och åkerkanter på kartan.

Sambandet mellan stensträngar och gränser på de historiska kartorna gäller särskilt gränser mellan olika markslag men i några fall ligger stensträngarna i gränser mellan byar (fig 146). I Valla finns stensträngar som följer gränserna för flera hagar, och samtidigt ligger i en bygräns. Vid Kullen följer en stensträng den väg som leder från bytomten och söderut. Här finns också överensstämmelse mellan stensträngar och gränser mellan markslag på historiska kartor.

Inom Vallasystemet finns flera fägator i stensträngssystemet som leder mot de historiska bytomterna som ligger i kanten av slätten, Valla och Kullen. Det finns också flera fägator belägna i de historiska bygränserna. Koncentrerat till vissa områden finns också stor överensstämmelse mellan gränser mellan olika markslag och stensträngar.

Mörby

Stensträngssystemet i Mörby finns bevarat i form av spridda stensträngar, där vissa bildar mera sammanhängande figurer, inom ett område omfattande ca 560 ha. Inom Mörbysystemets västra del kan rekonstrueras en större inhägnad yta med en areal av strax under 30 ha. En annan inhägnad yta om minst 6 ha kan rekonstrueras. För det mycket fragmentariska Mörbysystemet har jag hittat två stensträngar som ligger i gränser på de historiska kartorna. Endast få fägator är bevarade och det är omöjligt att avgöra om de har samband med bytomtslägena eller ej.

Vid RAÄ 166 i Hogstads socken undersöktes två stensträngar som förefaller ha legat mitt emellan Mörby- och Särstadssystemet. En ursprungligen U-formad stensträng som inhägnade en liten åkeryta daterades med hjälp av röjningskol till hög-/senmedeltid. Den andra stensträngen framkom först efter avbaning av det fossila åkerjordslagret och begränsade tillsammans med en stenblandad jordbank, en fossil åkeryta. Med hjälp av röjningskol och stratigrafi fick den en sannolik datering till senare än 1000-talet e Kr och möjligen till 1300-talet (Petersson 2001a). Ingen av dessa stensträngar hade någon överensstämmelse med de historiska kartorna.

STENSTRÄNGSSYSTEMENS DATERING I VÄSTRA ÖSTERGÖTLAND

Här sammanfattas dateringarna av stensträngssystemen i västra Östergötland med utgångspunkt i tidigare presenterade delanalyser.

Kartanalyserna

I detta kapitel har jag jämfört sex stensträngssystem i västra Östergötland med historiska kartor över de byar där de ligger. Ett av dessa system (Mörbysystemet) var så fragmenterat att jämförelsen gav föga resultat och det diskuteras ej vidare här. I de övriga stensträngssystemen finns ofta en eller flera centrala, sammanbindande fägator, från vilka ibland utgår mindre fägator. Kring de centrala fägatorna ligger inhägnade ytor. I flera fall sammanfaller de centrala fägatorna med sträckningen på mindre vägar på de historiska kartorna. Ofta mynnar fägatorna i stensträngssystemen ut i brukningsvägar markerade på de historiska kartorna. Dessa vägar leder till de historiska bytomterna. Ett samband mellan stensträngssystemens fägator och de historiska kartornas små vägar finns i stensträngssystemen i Särstad, Ryckelsby, Valla och Väderstad. Därmed finns ett påvisbart samband mellan stensträngssystemen och de historiska bytomterna. Sambandet mellan fägator och bytomter är det starkaste dateringsargumentet som kommit ut av kartanalyserna.

Det är också slående hur stensträngssystemen ligger i det som varit bynära utägomark och som i historisk tid använts som äng och betesmark. I flera fall är områdena där stensträngssystemen ligger inritade på de geometriska jordebokskartorna och betecknade som hårdvallsäng. Karteringen av dessa områden är högst schematisk och det är först från kring år 1700 som det finns kartor användbara för detaljanalyser. I alla de undersökta stensträngssystemen finns exempel på att stensträngar och gränser för olika markslag markerade på de historiska kartorna sammanfaller. Det finns också exempel på att historiska gränser mellan olika hagar sammanfaller med stensträngar

Det finns i princip tre möjliga tolkningsalternativ av de samband jag påvisat mellan fägator i stensträngssystemen och de historiska bytomterna men även andra företeelser på historiska kartor.

1. Stensträngssystemen har samband med äldre järnålderns bebyggelsestruktur. En förutsättning för antagandet är att majoriteten av de historiska bytomterna har platskontinuitet från äldre järnåldern.

2. Stensträngssystemen har samband med en ny bebyggelsestruktur som etablerats i början av yngre järnålder och kommer till uttryck i de historiska bebyggelsetomterna. Majoriteten av dessa tomter har ej platskontinuitet från äldre järnålder.

3. I stensträngssystemen kan finnas såväl element som hör samman med den äldre som den yngre bebyggelsestrukturen. Andelen äldre respektive yngre element kan variera.

Tolkningen av det samband jag framhållit mellan fägator i stensträngssystem och bytomter är helt beroende av hur bebyggelseutvecklingen i Östergötland och inom de specifika stensträngssystemen uppfattas. Rikard Hedvalls sammanställning av dateringen av ett stort antal undersökta boplatser i Östergötland liksom senare undersökningsresultat talar starkt för att huvuddelen av äldre järnålderns bebyggelselägen överges i början av yngre järnålder och att bebyggelsen koncentreras mot de historiska bebyggelselägena (Hedvall 1995:34, Lindeblad & Tagesson 2005a, A-L Nielsen 2005). Det förefaller som om dessa till stor del inte tidigare varit bebyggda. Detta betyder att en mindre andel av de historiska bytomterna kommer att ha sitt ursprung i äldre järnåldern medan huvuddelen kommer att vara nyetablerade och uttryck för en ny bebyggelsestruktur.

Inom Väderstadssystemet finns sex historiska gårds- eller bytomter och för alla utom en ansluter stensträngssystemens fägator till brukningsvägar på historiska kartor vilka ledet till bytomterna (fig 119). För byn Ryd inom Väderstadssystemet finns relativt säkra belägg för platskontinuitet sedan järnålderns början och det är också möjligt, men högst osäkert, att samma förhållande råder i Vallsberg (Helander & Zetterlund 2001). Ryd ligger i utkanten av stensträngssystemet och det finns inga mera omfattande stensträngsstrukturer i byns omedelbara närhet. Det är alltså omöjligt att uttala sig om stensträngssystemets utformning i förhållande till denna äldre järnåldersboplats. Vid Fridhem, i södra kanten av Vallsbergs bytomt, framkom i ett smalt schakt anläggningar, vilka på grundval av sin karaktär daterades till äldre järnålder (Stålbom 1997). Vilken kontext anläggningarna tillhör – boplats eller något annat är dock omöjligt att avgöra. Om det rör sig om spår av en boplats skulle detta kunna betyda att Vallsbergs by hör till de medeltida byar inom Väderstadssystemet som har platskontinuitet från äldre järnålder. Fägatans samband med Vallsbergs bytomt kan således möjligen peka mot förbindelse med såväl äldre som yngre bebyggelsestrukturer. Övriga boplatser från äldre järnålder inom Väderstadssystemet är Abbetorpsboplatsen och Lugnetboplatsen. De bevarade stensträngarna vid Abbetorpsboplatsen pekar inte mot att stensträngssystemet här skulle vara utformat med boplatsen särskilt i åtanke men detta är å andra sidan svårt att definitivt avgöra p g a uppodlingen i området. Boplatsen vid Lugnet låg i stensträngssystemets södra utkant. En fägata mynnar drygt 100 m norr om boplatsen.

Ca 200 m öster om stensträngssystemet i Järnstad finns en delvis undersökt boplats (RAÄ 159, Stora Åby socken) vars dateringstyngdpunkt ligger i sen förromersk och romersk järnålder (Schönbeck 2001:129ff). Sammanbindande element mellan stensträngssystemet och boplatsen saknas. För stensträngssystemen i Valla, Ryckelsby och Särstad är läget för äldre järnålderns boplatser okänt.

Kanske är det inte främst med hjälp av fägatorna man ska söka finna ett samband med äldre järnålderns boplatser. Det har föreslagits att de ovala stensträngsinhägnade ytor, med en storlek av 5–7 ha, som kan rekonstrueras framför allt i Väderstadssystemets södra delar, skulle tillhöra ett tidigt skede av stensträngsbyggande. I analogi med tolkningen av t ex Halleby, har man föreslagit att dessa ytor skulle ha innehållit åker och äng (Ericsson 1999:10, Widgren 1996:27). Ett exempel på en sådan yta, innehållande gravar, ett skärvstensröse samt en fossil åkeryta, finns väster om Abbetorp. Ingen av dessa ytor har berörts av undersökningarna för vägombyggnaden och stensträngarna som omger dem har följaktligen inte heller kunnat dateras. Läget för de kända boplatserna från äldre järnålder inom Väderstadssystemet talar inte för den föreslagna tolkningen – för att så skulle ha varit fallet hade man velat se motsvarande ovala inhägnader i anslutning till dessa. Å andra sidan kan avsaknaden av ovala inhägnader i anslutning till de kända boplatserna ha andra förklaringar, t ex senare modifieringar av stensträngssystemet just i dessa områden. Med ledning av hittills publicerade resultat är det omöjligt att avgöra om dessa ytor har samband med äldre järnålderns bebyggelsestruktur eller ej.

Ofta har det ansetts att äldre järnålderns gravfält utvisar läget för periodens boplatser (Ambrosiani 1964). Exakt hur nära boplatserna gravar och gravfält har legat verkar dock ha varierat. I sydvästra delen av Väderstadssystemet finns en ansamling av gravfält och gravgrupper belägna inom ett 500 m stort område och öster härom finns ytterligare en liknande ansamling med gravfält (fig 161). Att med ledning av dessa gravfälts placering utpeka läget för samtida boplatser, med den precision som krävs för en kartanalys, är dessvärre inte möjligt. Gravfälten är dessutom inte undersökta, varför deras närmare datering är okänd. Den västra ansamlingen av gravfält ligger i anslutning till och inom några av de ovan nämnda, ovala stensträngsinhägnade ytorna. Flera fägator sammanstrålar vid dessa gravfält och det är möjligt att detta indikerar att en samtida boplats legat i området. Vid den östra ansamlingen av gravfält finns inga sammanstrålande fägator och heller inga stora ovala inhägnader utan stensträngssystemets utformning är här helt annorlunda än vid den västra gravfältsansamlingen. De ovala stensträngsinhägnaderna och gravfälten kan alltså inte visas ha ett otvetydigt funktionellt samband i Väderstadssystemet och den kronologiska relationen dem emellan får än så länge anses outredd. Inte heller i stensträngssystemen i Särstad, Ryckelsby eller Valla kan någon uppenbar funktionell koppling mellan stensträngar och gravfält beläggas.

Kartjämförelserna kan ge en främre gräns för stensträngsbyggandet. Fägatorna och de ytor som inhägnas av stensträngar finns huvudsakligen *inte* markerade på de historiska kartorna. Stensträngssystemen som helhet representerar alltså en vid denna tid övergiven markanvändning. Reminiscenser finns dock i form av sammanfallande markslagsgränser m m.

Sammanfattningsvis kan konstateras att i västra Östergötland pekar kartanalyserna mot att det finns ett tydligt samband mellan stensträngssystemen och den bebyggelsestruktur som uttrycks av de historiska gårds- och bytomterna. Sambandet med äldre järnålderns bebyggelsestruktur är inte lika uppenbart. En orsak är att vi inte känner läget för särskilt många av denna periods bebyggelselägen. Kartanalyserna pekar mot att de ovan presenterade modellerna 2 och/eller 3 beskriver sambandet mellan stensträngssystemen och bebyggelsen.

De arkeologiskt undersökta stensträngarna

Kan de arkeologiskt undersökta stensträngarna ge en mer detaljerad bild av stensträngssystemens kronologiska och morfologiska utveckling? Bland de arkeologiskt undersökta stensträngarna framträder två tydliga anläggnings- och brukningsperioder. I Väderstadssystemets östra del undersöktes några stensträngar som tillkommit under romersk järnålder/folkvandringstid. Dessa inringade små områden med specifik användning, dels ett mindre hantverksområde på Abbetorpsboplatsen, dels ett litet gravfält på samma lokal.

Övriga daterade stensträngar tillhörde den bebyggelsestruktur som etablerats under yngre järnåldern. Bland dessa fanns några stensträngar som stratigrafiskt kunde visas ha tillkommit efter folkvandringstid, alltså i vendeltid eller senare. Vidare fanns stensträngar som med en kombination av flera dateringsmetoder kunde visas tillhöra medeltid och/eller tidig modern tid. Två av dessa tillhörde Väderstadssystemet, en låg i Mörby i Hogstads socken (RAÄ 166) utan synbar anknytning till något större stensträngssystem och två tillhörde Järnstadssystemet. Exempel på stensträngar med säker datering till medeltid/tidig modern tid finns alltså från tre olika platser i västra Östergötland. Bland de säkert daterade stensträngarna i västra Östergötland tillhör majoriteten medeltid, särskilt senmedeltid, samt tidig modern tid. Betyder det också att stensträngssystemen i huvudsak har utformats under denna period? Ingen av de långa strukturerande stensträngarna i östra delen av Väderstadssystemet daterades till äldre järnålder medan däremot två till medeltid/tidig modern tid och två till tiden efter folkvandringstid, ovisst när, även om mycket talar för en datering till medeltid/tidig modern tid. Det är alltså möjligt att de strukturerande stensträngarna av denna typ utgör en medeltida komponent i stensträngssystemet. De undersökta stensträngarna kan också vara ett medeltida tillskott till en redan existerande struktur, där tidigare mönster följs. Även delar av fägatorna kan tillhöra denna period. Slutsatsen blir att stensträngssystemet söder om Väderstad torde innehålla en inte obetydlig andel relativt sent tillkomna stensträngar. Om hittills publicerat material är representativt skulle systemets struktur vara medeltida men så vittgående slutsatser går ej att dra enbart på grundval av detta.

Järnstadssystemet är det andra stensträngssystemet i västra Östergötland där omfattande arkeologiska undersökningar företagits. De två daterade stensträngarna från Järnstad tillhörde båda medeltid/tidig modern tid. Av stratigrafiska orsaker finns anledning att misstänka att hela detta stensträngssystem är av sent dato.

Ser vi enbart till de här diskuterade arkeologiskt undersökta stenträngarna pekar dateringarna mot två tidsperioder. För det första finns stensträngar från perioden romersk järnålder – folkvandringstid. För det andra finns daterade stensträngar från medeltiden och tidig modern tid. Från mellanliggande period saknas dateringar.

Sammanfattning av stensträngarnas datering i västra Östergötland

De två huvudmetoder jag använt för datering av stensträngar, kartanalyser och arkeologiska undersökningar, ger en samstämmig bild av grunddragen i stensträngssystemens datering i västra Östergötland. Båda dateringsmetoderna pekar mot att det finns ett starkt samband mellan stensträngssystemets struktur och den bebyggelsestruktur som etablerades i början av yngre järnålder. De arkeologiskt undersökta stensträngarna preciserar ett kronologiskt samband till medeltid/tidig modern tid.

De arkeologiskt undersökta stensträngarna visar att en viss andel av stensträngarna torde härröra från äldre järnålder. Sambandet mellan äldre järnålderns bebyggelsestruktur och stensträngssystemens struktur är inte lika klart i kartanalysen. Till stor del beror detta på att läget för äldre järnålderns boplatser inte är känt i någon större omfattning och det är därför svårt att bedöma om ett eventuellt samband uttrycks mest i fägatornas sträckning, de inhägnade ytornas läge eller gravfältens placering.

Med utgångspunkt i de analyser jag presenterat här bedömer jag att stensträngar och stensträngssystem skall tolkas som spår av stenhägnader från skiftande tider. Detta betyder att varje stensträngssystem har haft sin egen utveckling, beroende på de lokala förhållandena, även om generella trender verkar ha existerat. Jag håller det för troligt att det bland Östergötlands stensträngssystem kan finnas de som har sitt ursprung och sin huvudsakliga användningstid i äldre järnålder och folkvandringstid. Det finns också sannolikt de som i allt väsentligt skall knytas till den historiska bebyggelsestrukturen och som har betydande inslag från medeltid/nyare tid eller rent av tillkommit under denna period. Ett exempel på det sistnämnda kan vara Järnstadssystemet. En stor del av stensträngssystemen bedömer jag innehåller ett konglomerat av olika tider med varierande andel äldre respektive yngre former. Vallasystemet skulle t ex kunna vara ett exempel på en hög andel senare element. En förklaring till de morfologiska skillnaderna inom Väderstadssystemet skulle kunna vara att de sydvästra delarna är företrädesvis äldre medan de nordöstra delarna företrädesvis är yngre.

Hittills publicerade dateringar av stensträngar från västra Östergötland pekar mot att sådana byggts under äldre järnålder och folkvandringstid samt medeltid. Inom den undersökta östra delen av Väderstadssystemet har den äldre perioden endast belagts för stensträngar vars syfte varit att inhägna mindre områden med specifik funktion. De publicerade dateringarna pekar istället mot stensträngsbyggande under medeltid och tidig modern tid, under en period när markutnyttjandet i den bynära utägomarken intensifierats. Från denna tid finns belägg för extensiv odling i stora delar av dessa områden. En effekt av odlingen har varit att gräsväxten förbättrats under en följd av år efter en odlingsepisod.

Från vendel- och vikingatid saknas daterade stensträngar i området. Bland de flera hundra ^{14}C-prover som analyserats från E4-undersökningarna mellan Väderstad och Mjölby saknas också så gott som helt dateringar från vendel- eller vikingatid (och äldre bronsålder) medan särskilt äldre järnålder och medeltid/tidig modern tid är rikligt företrädda. I pollendiagram från Östergötland syns en nedgång av betestrycket under 400–600-talen (Pedersen & Widgren 1998:309ff) och många forskare har också tolkat in en nedgång i odlingsintensiteten under folkvandringstid i pollendiagrammen (Göransson 1989:402 och där angiven litteratur). Medeltidens början karaktäriseras enligt många forskare av en bebyggelseexpansion samt intensifiering av jordbruket (Lindkvist 1979, Myrdal 1999).

STENSTRÄNGSSYSTEMEN SOM KÄLLA TILL MARKANVÄNDNING

Vilka konsekvenser får då dessa vidare dateringsramar för stensträngar och stensträngssystem för vår bild av landskapet och bebyggelseutvecklingen men även djurhållningen i västra Östergötland? De redovisade resultaten innebär att det blir svårt att utan undersökning hävda en bestämd datering för en viss stensträng. Något som får mera vittgående konsekvenser är att det blir svårt att hävda att stensträngssystemen representerar fossila landskap från äldre järnåldern. I stället menar jag att man får anta att stensträngssystem kan utgöra ett konglomerat av lämningar från olika tider. Det är också sannolikt att det finns stensträngssystem, eller delar av stensträngssystem, som till övervägande del eller helt är från äldre järnåldern liksom de som helt eller till största delen är från medeltid/tidig modern tid.

Från äldre järnålder och folkvandringstid har i västra Östergötland endast belagts stensträngar som inhägnar mindre områden med specifik funktion. Det är emellertid inte uteslutet att mera storskaliga hägnadssystem ändå tillkommit under denna period. Det är möjligt att hägnader har byggts av trä, även om få trähägnader med denna datering framkommit i Östergötland och de som framkommit har legat inom boplatsområden. Det är också möjligt att de hittills publicerade stensträngarna i Väderstadssystemet legat i områden med övervägande yngre karaktär. Resultaten från undersökningarna i Järnstad och RAÄ 166, Hogstads socken visar dock att det yngre inslaget torde vara ett allmänt drag i dessa områden.

Att använda stensträngssystemen i västra Östergötland för en detaljerad analys av markanvändning under äldre järnåldern blir med hänvisning till resultaten i denna analys svårt. De arkeologiska undersökningarna visar att de synliga fossila odlingsspåren inom dessa områden nästa undantagslöst tillhör medeltid/tidig modern tid (t ex Petersson 2001a, 2004a, Ulfhielm 1998). En analys av vilka områden som varit bete respektive äng är också svårt med föreliggande källmaterial eftersom det är omöjligt att avgöra enskilda stensträngars ålder med ledning av systemens morfologi. Det är också omöjligt att fastställa de enskilda stensträngssystemens exakta storlek och utbredning under äldre järnålder/folkvandringstid i de fall en tidig fas har belagts.

Medeltid/tidig modern tid är den fas som dominerar i materialet, både i min kartanalys och bland utgrävda stensträngar. Om dateringarna skärskådas är det framför allt perioden efter den medeltida agrarkrisen som är aktuell. Uppenbarligen har denna period inneburit ett uppsving för de agrara näringarna (jfr Myrdal 1999). I stensträngssystemen finns odlingsytor som härrör från extensiv odling vilken tagit sin början under denna period. Stensträngarna kan ibland ha haft samband med denna odling. Stensträngar som har en yngre datering kan ibland inhägna våtmarker, något som torde visa på ett samband med ängsbruk och husdjurshållning. Över huvud taget finns i många av stensträngssystemen och kanske tydligast i Särstad, ett mycket klart samband med djurhållningen, där de små inhägnade ytorna framför allt bör ha tjänat som beteshagar för olika djur men möjligen även som ängar. Lika väl som det är svårt att bedöma hur stor del av stensträngssystemen som eventuellt tillhör en äldre fas är det svårt att bedöma hur stor del som är yngre. Det är också svårt att veta om det rör sig om en äldre struktur som varit i kontinuerligt bruk och vilken i medeltid utökats och byggts om eller om det rör sig om ett brott varefter bruket att bygga stenhägnader återupptagits.

Stensträngssystemen relaterar också till yngre järnålderns markanvändning i så måtto att man kan anta att de områden där systemen finns varit viktiga områden för djurhållningen även under denna period. Om nya stensträngar tillkommit under denna period kan inte avgöras. Det är möjligt att äldre stensträngssystem anpassats till yngre järnålderns bebyggelsestruktur, något som i så fall bör ha skett under yngre järnålder. Eftersom dateringar som visar på aktivitet inom områdena saknas får detta tills vidare vara en öppen fråga.

Oavsett hur det är med kronologin inom enskilda stensträngssystem sammanfaller de områden där stensträngarna finns i hög grad med de områden som i historisk tid använts som ängsmark och bynära betesmark. Här finns en kontinuitet i markanvändningen såtillvida att dessa marker mest använts för ändamål kopplade till djurhållningen. I vissa områden kan stensträngarna sannolikt användas för att visa att det rör sig om en kontinuitet som sträcker sig tillbaka åtminstone till tiden strax efter Kristi födelse. I andra områden, där stensträngssystemen huvudsakligen verkar bestå av yngre strukturer går den påvisbara kontinuiteten inte tillbaka till förhistorisk tid. För Vallasystemet finns historiska källor som visar att åtminstone delar av området använts som bete sedan efter den medeltida agrarkrisen (Myrdal 2003:231).

Mats Widgren menar att stensträngarna är ett uttryck för att man kring 100 e Kr infört en typ av jordbruk där åkerbruk och djurhållning har sammanflätats på ett sätt som tidigare ej varit fallet (Widgren 1997:40ff). Man har räknat med ett samband mellan ängar, systematisk höskörd och mera utbredd vinterstallning av kreatur i fähus. I detta arbete har tidigare visats att det saknas belägg för utbredd vinterstallning av kreatur under äldre järnåldern i Östergötland. En konsekvens av analyserna i detta kapitel blir att vi också saknar säkra indikationer på utbrett och allmänt förekommande ängsbruk från äldre järnålder i västra Östergötland om vi menar att stensträngssystem från äldre järnålder är en sådan säker indikation. Man har räknat med att höskörd på hårdvallsängar (dvs torra ängar) där höet har betydligt högre näringsvärde än på sanka ängar, kommit först i medeltidens början (Widgren 1983) även om det i södra Sverige finns indikationer på att sådan höskörd kan ha förekommit redan under romersk järnålder (Lagerås

2000). Kanske hänger en mer allmän introduktion av ängar, höskörd och vinterstallning av nötkreatur samman med en tidigmedeltida intensifiering av husdjurshållningen som eventuellt också avspeglar sig i djurbensmaterialet och också kan ha inkluderat höskörd på hårdvallsängar.

Jag vill betona att den generellt större spännvidden av stensträngssystemens datering och framför allt det större inslaget av stensträngar tillhöriga senare perioder än som tidigare antagits, sannolikt medeltid och/eller (mindre troligt) yngre järnålder, primärt gäller västra Östergötland. Vid platser som Halleby och Fläret i östra Östergötland förefaller sambandet mellan stensträngar och boplatser från romersk järnålder och folkvandringstid tydligare. Även här ligger emellertid en betydande del av de ^{14}C-analyser som utfördes på antaget röjningskol från den fossila åkermarken och från lägen under stensträngar i medeltid och tidig nyare tid (Lindquist 1968, Widgren 1983). Detta visar klart att odlingsaktiviteter försiggått i områdena under denna period. Lindquist menar att det medeltida kolet från Halleby har samband med nyodling medan kolet från nyare tid har samband med ängsfagning (Lindquist 1968:60). Undersökningarna utmed E4:an i västra Östergötland visar dock att så sannolikt inte är fallet utan att det rör sig om utbredd odling av mera tillfällig natur. Antagligen får man räkna med ett visst, varierande inslag av stensträngar från de historiska byarnas tid även i östra Östergötlands stensträngssystem. Baudou gick ett steg längre och bedömde att stensträngarna vid Halleby primärt hade samband med etableringen av de historiska byarna (Baudou 1973:121). Så långtgående slutsatser tycker jag är svårt att dra utan egna kompletterande arkeologiska undersökningar och fördjupade kartanalyser.

Sammanfattningsvis kan konstateras att stensträngssystemen inte utan vidare kan betraktas som ett fossilt landskap från äldre järnålder där den forntida markanvändningen för separata ytor kan tolkas. Däremot kan konstateras att stensträngssystemen ligger inom de områden som varit av särskild vikt för djurhållningen under perioden 1600-tal–1800-tal. Genom stensträngssystemen kan områdenas särskilda status i djurhållningen föras tillbaka till yngre järnålder och i vissa områden även till romersk järnålder/folkvandringstid.

ARKEOLOGISKT UNDERSÖKTA STENSTRÄNGAR

I detta avsnitt ges en detaljerad presentation av de undersökta stensträngar som utgör det viktigaste källmaterialet i detta kapitel. Eftersom jag är väl förtrogen med detta material spelar det en framträdande plats i mina resonemang kring stensträngarnas datering. Stensträngarna ifråga låg i de östra delarna av Väderstadssystemet samt på lokalen RAÄ 166 i Hogstads socken (Petersson 2001a, 2004a). Tonvikten nedan ligger i att utförligt presentera de iakttagelser, överväganden och analysresultat som ligger till grund för de enskilda stensträngarnas datering.

Väderstadssystemets östra del

A55181

Stensträngen A55181 var en enradig stensträng med obetydliga mängder påförd röjningssten (fig 147). Den tillhör ej de långa nord-syd gående stensträngarna som bildar huvudstrukturerna i Väderstadssystemet, utan utgör istället en inre finfördelning relaterande till en sådan huvudstruktur och ansluter till systemets nord-sydliga huvudriktning. Stensträngen A55181 sammanfaller inte med några gränser på historiska kartor. I söder ansluter den emellertid till en stensträng med riktning nordöst-sydväst, vilken sammanfaller med en gräns på 1775 års karta mellan två hagar.

Fig 147. Stensträngen A55181, område 7 i Väderstadssystemet var anlagd på kulturlager från romersk järnålder och folkvandringstid. Foto Karin Lindeblad. *Stone fence A55181, area 7, in the Väderstad system was erected on cultural layers from the Roman Iron Age and Migration Period.*

Stensträngen A55181 låg stratigrafiskt över ett lager vilket daterats till romersk järnålder och folkvandringstid med hjälp fynd och ^{14}C-analyser. Stensträngen följer kanten av en våtmark. På andra sidan våtmarken (i område 6) finns också en stensträng som i någon mån följer våtmarkskanten. En fullständig inhägnad av våtmarken rör det sig dock inte om. Stensträngen låg i gränsen mellan en sandig avsats som varit extensivt odlad under perioden ca 1450–1650 e Kr och våtmarken och den skilde alltså olika markunderlag åt. Omedelbart norr om stensträngen fanns en terrasskant i gränsen mellan avsatsen och sankmarken. Detta kan tala för ett funktionellt samband mellan stensträngen och terrasskanten. Stensträngen skulle inom undersökningsområdet kunna ha utgjort en åkeravslutning - en terrasskant. Stensträngen har i alla händelser legat längst ut på terrasskanten och närmast fungerat som en stenskoning för denna. I anslutning till stensträngen fanns ett vattenhål, vilket av stratigrafiska skäl måste ha tillkommit efter folkvandringstid. Från avsatsen fanns en nedgång till vattenhålet kantad av stenar. Denna lilla fägata ingick också i stensträngen A55181.

Sammanfattningsvis angående stensträngen A55181:s datering kan konstateras att den på stratigrafiska grunder torde ha anlagts senare än folkvandringstid. Iakttagelserna i samband med vattenhålet visar också att den tidigast möjliga anläggningstiden är vendeltid. Om stensträngen istället har tillkommit i samband med den extensiva odlingen i området bör den dateras till ca 1450–1650 e Kr.

A54848

Stensträngen A55181 var en enradig stensträng med bitvis betydande mängder påförd röjningssten. Det undersökta avsnittet var del av en av de långa, nord-syd gående stensträngarna som bildar huvudstrukturen i Väderstadssystemet. I norr sammanfaller den i ett kort avsnitt till en gräns mellan två hagar på 1775 års karta och i söder ansluter den till en stensträng med riktning nordöst-sydväst, vilken sammanfaller med en gräns på 1775 års karta mellan två hagar. Huvudsakligen fanns samma slags markunderlag på ömse sidor om stensträngen.

Den undersökta stensträngen löpte rakt över ett gravfält daterat till yngre romersk järnålder och folkvandringstid (fig 113). Stensträngen bedömdes ligga stratigrafiskt över gravfältet. Under en bassten i stensträngen framkom en röd glaspärla, något som ytterligare poängterar detta stratigrafiska förhållande.

Det var mycket svårt att hitta lämpligt kol för analyser under stensträngen A54848. Två analyserade kolprover finns från lägen under stensträngen. Det ena gav en datering till 7000-tal f Kr och det andra till nyare tid. Den mesolitiska dateringen kommer från ett prov under den mest imposanta av stensträngens stenar, mitt på gravfältet. Dateringen till nyare tid (Ua-70031) är från ett prov taget söder om gravfältet, direkt under en av stensträngens basstenar. Söder om gravfältet fanns röjningssten på ömse sidor av stensträngen, och norr om gravfältet fanns även röjningssten ovanpå stensträngen. Området har varit extensivt odlat under perioden ca 1450–1650 e Kr men även senare. Det fanns odlingsspår på båda sidor om stensträngen men om den anlagts på åkerjord eller ej kunde inte säkert avgöras. Att röjningssten lagrats på stensträngen visar att den bör ha varit raserad senast i samband med sista odlingstillfället i området, vilket infallit någon gång under perioden 1600-tal till nutid.

Sammanfattningsvis angående stensträngen A54848:s datering kan konstateras att den på stratigrafiska grunder torde ha anlagts senare än folkvandringstid, efter att gravfältet kommit ur bruk. En ^{14}C-dateringen till nyare tid hänsyftar på aktiviteter under denna period men att utifrån endast ett enstaka prov datera stensträngen låter sig inte göras.

A58561

Stensträngen A58561 var starkt skadad av åkerbruk, bäst bevarad var den i ett litet parti i sydväst. Den har varit enradig.

Stensträngen inhägnade den östra delen av gravfältet i område 7. Formmässigt verkar den ha haft samband med gravfältet och den är sannolikt anlagd under den period gravfältet användes, dvs yngre romersk järnålder och folkvandringstid (fig 67). Stensträngen låg över en härd som daterats till yngre bronsålder. Över härden hade ett tunt torvlager hunnit bildas innan en stor sten som ingick i stensträngen lagts på. Stensträngens norra del var delvis förstörd, sannolikt av odling. Området är senast odlat under perioden 1600-tal till nutid. Stensträngen återfinns ej på historiska kartor.

Sammanfattningsvis kan konstateras att stensträngen A58561 torde ha tillkommit och varit i funktion under perioden yngre romersk järnålder – folkvandringstid. Här kan särskilt poängteras att denna sträng plöjts bort vid senare odling medan strängen A54848, som varit ungefär av samma dimensioner inte plöjts bort. Detta skulle kunna indikera att A54848 har tillkommit och varit i funktion vid tiden för den tidigaste belagda extensiva odlingen i området daterad till perioden ca 1450–1650 e Kr.

A53070

Stensträngen A53070 var enradig. Längs dess kanter fanns ett visst mått av påförd röjningssten. Stensträngen var vinkelböjd och överkorsade en naturligt skålad yta (fig 67). Den tillhör ej de långa nord-syd gående stensträngarna som bildar huvudstrukturerna i Väderstadssystemet och saknar fysisk och formmässig anknytning till dessa. Markunderlaget var detsamma på ömse sidor av stensträngen och på båda sidor fanns också spår av odling. Området har varit extensivt odlat under perioden ca 1450–1650 e Kr. Stensträngen låg mitt i en yta som är markerad som beteshage på 1775 års karta.

Det var svårt att hitta kol för datering från lägen under stensträngen A53070. En härd under stensträngen har ^{14}C-daterats till 760–380 f Kr (Ua-25485). Kol från ett läge under en bassten har ^{14}C-daterats till 1040–1200 e Kr (Ua-25140). Detta kol bedömdes vid undersökningen kunna vara röjningskol (fig 148).

Söder om stensträngen fanns härdar som kopplades till de rituella aktiviteterna i området, daterade till yngre romersk järnålder och folkvandringstid. En ^{14}C-dateringen från förundersökningen indikerar att de funnits även norr om stensträngen, något som starkt antyder att stensträngen A53070 har tillkommit efter att de rituella aktiviteterna i området upphört.

Sammanfattningsvis kan konstateras att denna stensträng ligger lösryckt från stensträngssystemets huvudstruktur. Att det framkommit spår av de rituella aktiviteterna i form av härdar på ömse sidor om stensträngen antyder att den är yngre än dessa och har vendeltid som tidigast möjliga anläggningstid. En ^{14}C-datering antyder att den skulle kunna vara tidigmedeltida. Detta skulle kunna betyda att stensträngen är ett uttryck för den från historiska källor kända expansionsfasen under tidigmedeltid.

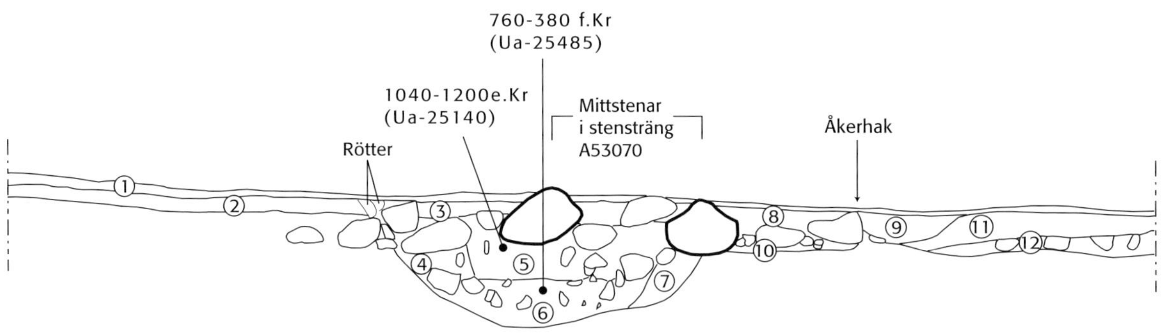

1. Grästorv.
2. Ljus, gulbrun sand (natur).
3. Gråbrun sand (natur).
4. Gråbrun sand (härden A54253).
5. Mörk, gråbrun sand (härden A54253).
6. Mörk, sotig, gråbrun sand (härden A54253).
7. Gulbrun sand (härden A54253).
8. Gråbrun sand (natur).
9. Fossilt åkerjordslager. Som lager 8 men mindre grått.
10. Gulbrun sand.
11. Torvig, gråbrun sand (natur).
12. Ljus, gråbrun sand (natur?)

Fig 148. Stensträngen A53070, område 7, Väderstadssystemet. Skala 1:40. Grafik Lars Östlin. Efter Petersson 2004a:162.
Stone fence A53070, area 7, in the Väderstad system.

Fig 149. Stensträngen A50000 inhägnade en yta intill ett litet berg. Område 7, Väderstadssystemet. Norr uppåt i bild. Foto Metria. *Stone fence A50000 enclosed an area beside a small, rocky hill. Area 7 in the Väderstad system. North upward in the picture.*

A50000

Stensträngen A5000 inhägnade en 23x15 m stor yta intill ett mindre berg (fig 149). Stensträngen var bågformad och har antagligen, i bägge ändar, anslutit mot ett berg så att en inhägnad yta bildats. Stensträngen A50000 förföll i huvudsak ha varit enradig. På stensträngens norra del fanns betydande mängder påförd röjningssten (fig 150). I norr fanns en öppning i stensträngen. Öppningens västra sida flankerades av en stor sten (som närmast hade karaktären av en grindstolpe). Stensträngen kan i sin norra del ha varit dubbel- eller flerradig. Den stensträngsinhägnade ytan återfinns inte på några historiska kartor och låg i ett område betecknat som hagmark på 1775 års karta. Den låg utan fysisk kontakt med andra stensträngar.

Stensträngen A50000 överlagrade två härdar, där den ena ^{14}C-daterades till yngre bronsålder. Ett kolprov taget från ett läge under stensträngen och 1,3 m nordväst om den andra härden daterades till förromersk järnålder och det bedömdes troligt att detta kolstycke härrörde från härden.

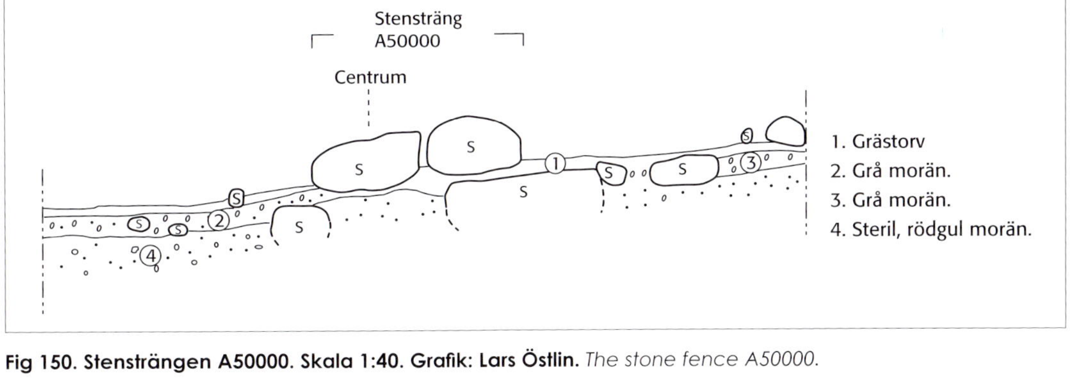

Fig 150. Stensträngen A50000. Skala 1:40. Grafik: Lars Östlin. *The stone fence A50000.*

Omedelbart utanför stensträngen, invid ett stort markfast block som ingick i densamma, framkom ett stolphål som tolkats som samhörigt med de rituella aktiviteterna i området och vilket ^{14}C-daterats till 340–540 e Kr (Ua-25145). Från ytans inre finns en datering nära stensträngen till 1680–1940 e Kr (Ua-9879). Inom den inhägnade ytan var fosfathalterna förhöjda, något som skulle kunna tala för en funktion som boskapsfålla. Funktionen i sig ger dock ingen vägledning för datering. Stensträngen här har alltså tillkommit efter förromersk järnålder, den kan vara samtidig med offernedläggelserna i område 7 dvs från yngre romersk järnålder och folkvandringstid, men kan också ha tillkommit senare och inte ha något samband härmed. Från medeltid är känt att det funnits inhägnader ute i betesmarkerna där djuren kunnat övernatta (Hoff 1997).

Sammanfattningsvis kan konstateras att dateringen av stensträngen A50000 hänger samman med vilken tolkning man väljer att ge den. Det går att hitta argument för att datera den till yngre romersk järnålder – folkvandringstid men också till medeltid.

A45199

Stensträngen A45199 var en i huvudsak enkelradig stensträng, vilken dock i centrala avsnitt föreföll dubbelradig. I anslutning till stensträngen fanns måttliga mängder röjningssten. Det undersökta avsnittet stensträng ingick i en av de långa nord-syd gående stensträngarna som utgör Väderstadssystemets huvudstruktur. Stensträngen begränsade en D-formad åkeryta, vilken finns markerad med "F" på den geometriska jordebokens karta från 1638–39. Ytterligare tre ytor är markerade med "F" på denna karta, men endast den nu diskuterade ytan samt ytterligare en är skrafferade med beteckningen för åkermark. I beskrivningen under "F" står "Ängshagar"(fig 151). Redan år 1699 var området med åkerytan förvandlat till betesmark, en markanvändning som sedan, av kartmaterialet att döma, varit obruten till relativt sen tid. Jag har antagit att stensträngens datering har samband med åkerytan och presenterar därför hela denna kontext nedan.

Den D-formade åkerytan i område 9 vid Abbetorp var ca 55 m lång och 35 m bred och låg i en svag östsluttning (fig 152). I nederkant begränsades åkerytan av en stenskodd terrasskant och i ovankant av stensträngen A45199. Stensträngen låg inom undersökningsområdet, förutom i ett avsnitt i söder, på gränsen mellan två markslag och markunderlag; den odlingsbara marken av grusig och sandig morän respektive ett bergigt område som ej varit möjligt att odla. Utanför åkerytan fortsatte stensträngen åt norr respektive söder och här fanns samma markunderlag på ömse sidor av stensträngen och dessutom spår av samma markanvändning. På åkerytan och längs dess kanter fanns enstaka röjningsrösen. Ca 4 m från stensträngen fanns ett åkerhak som följde stensträngens bågiga form – det fanns en möjlighet att det fanns ett funktionellt och därmed tidsmässigt samband mellan stensträng och odling (fig 152–154). I zonen mellan åkerhaket och stensträngen fanns dessutom möjligheten att äldre åkerjordslager skulle kunna vara bevarade under förutsättning att åkern i ett tidigt skede gått ända fram till stensträngen.

Vid undersökningarna tillämpades den metodik som utarbetats vid undersökningarna inför E4:ans breddning mellan Mjölby och Väderstad under åren 1994 – 96 (se Petersson 1999a och 2001a). För fältarbetet innebar detta en betoning på vissa moment. Dessa var långprofiler genom hela fossila åkerytor och andra fossila element för studier av stratigrafier samt för

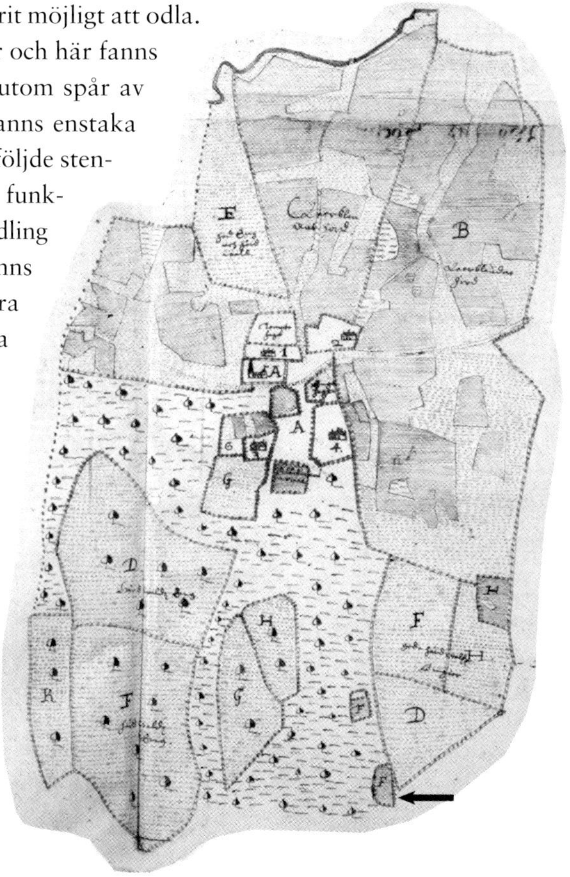

Fig 151. Den geometriska jordebokens karta från år 1638–39 över Väderstad, Väderstads socken, Östergötland. Observera åkerytan F vid pilen. LMV, Gävle. Akt D134-25:D7:158-61.
Väderstad village. Geometrical map from 1638–39. Note field F at the arrow.

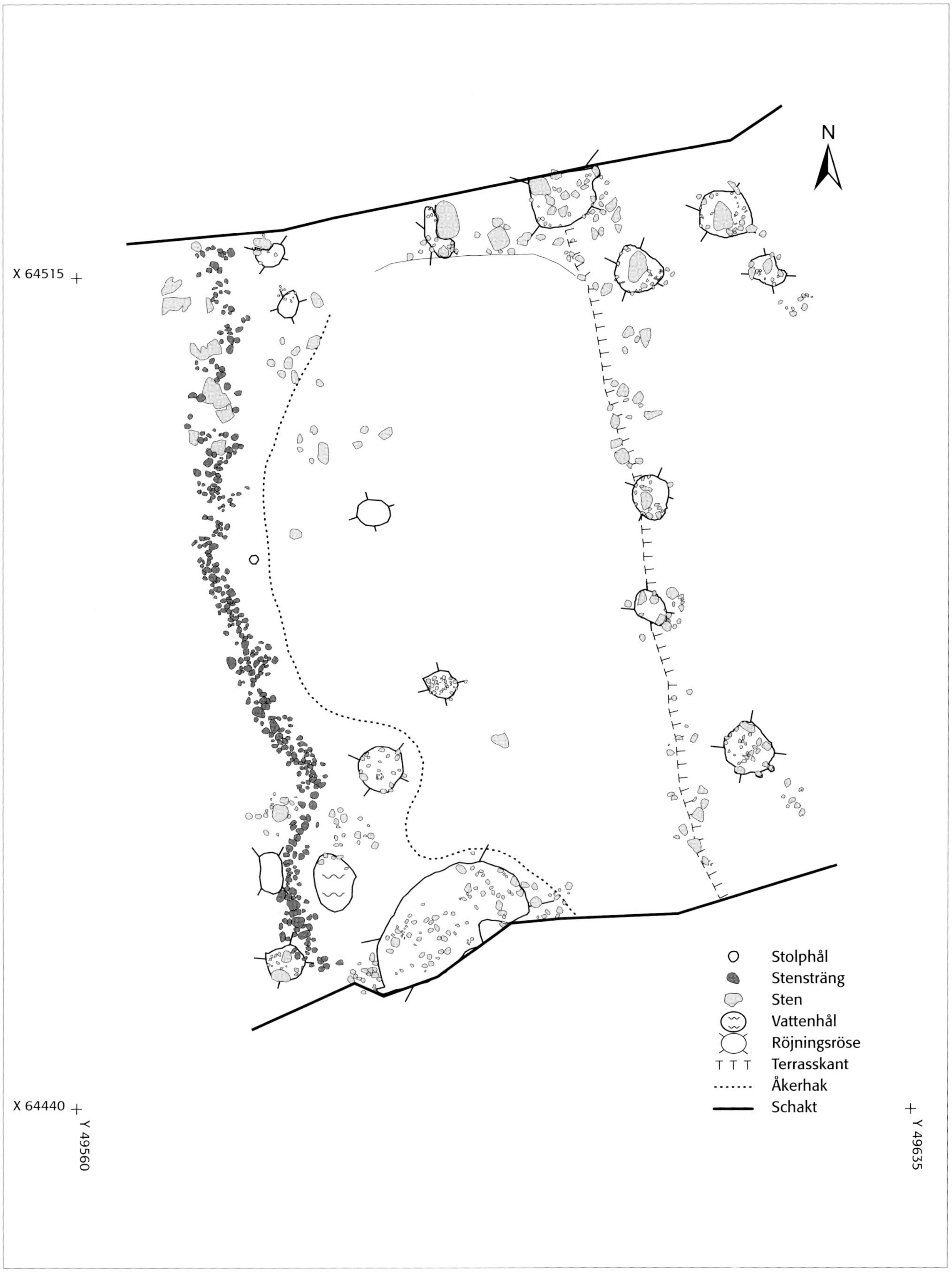

Fig 152. Den fossila åkerytan i område 9, Väderstadssystemet. Fossila markformer som karterats samt former och anläggningar som kommit fram vid avbaning och undersökning. Skala 1:500. Grafik Lars Östlin. Efter Petersson 2004c:70. *The fossil field in area 9, Väderstad system. Fossil ground forms that were mapped, as well as forms and features found during soil stripping and excavation.*

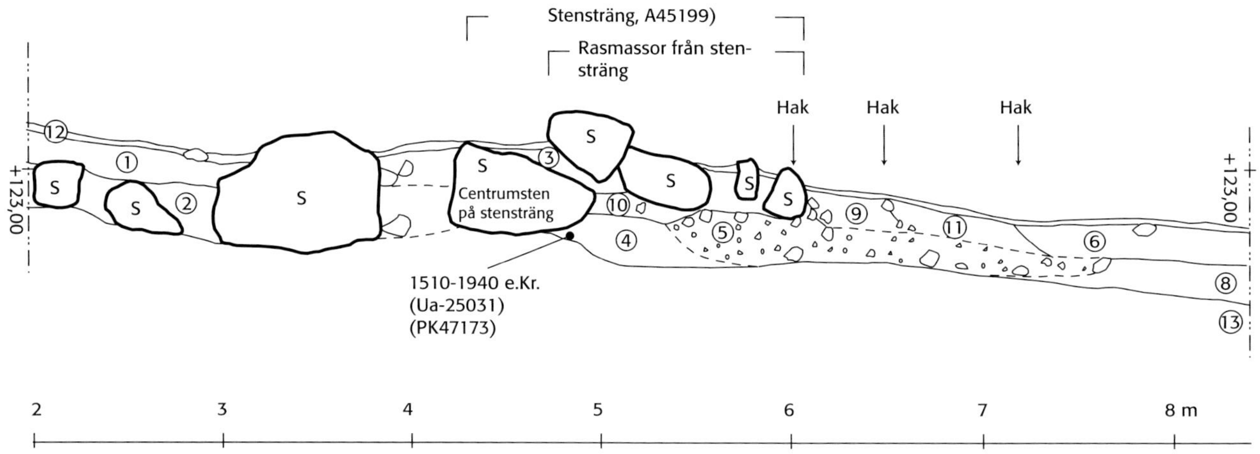

1. Rödbrun sand. Ej åkerjord.
2. Som lager 1 men brunare. Ej åkerjord.
3. Humös rödaktig sand. Löst material.
4. Rödgråbrun sand.
5. Som lager 4 men med grusig sand och mindre stenar. Steril.
6. Gråbrun sand. Åkerjordslager.
7. –
8. Rödbrun steril sand.
9. Som lager 3 men ljusare. Troligen åkerjordslager.
10. Brun humusblandad sand med enstaka kol. Åkerjordslager, eventuellt samma som lager 9 men lager 9 kan vara äldre.
11. Brunaktig sand. Åkerjordslager.
12. Grästorv.
13. Steril alv.

Fig 153. Stensträngen A45199, område 9 i Väderstadssystemet. Skala 1:40. Efter Petersson 2004c:163. Grafik Lars Östlin.
Section through stone fence A45199, area 9, in the Väderstad system.

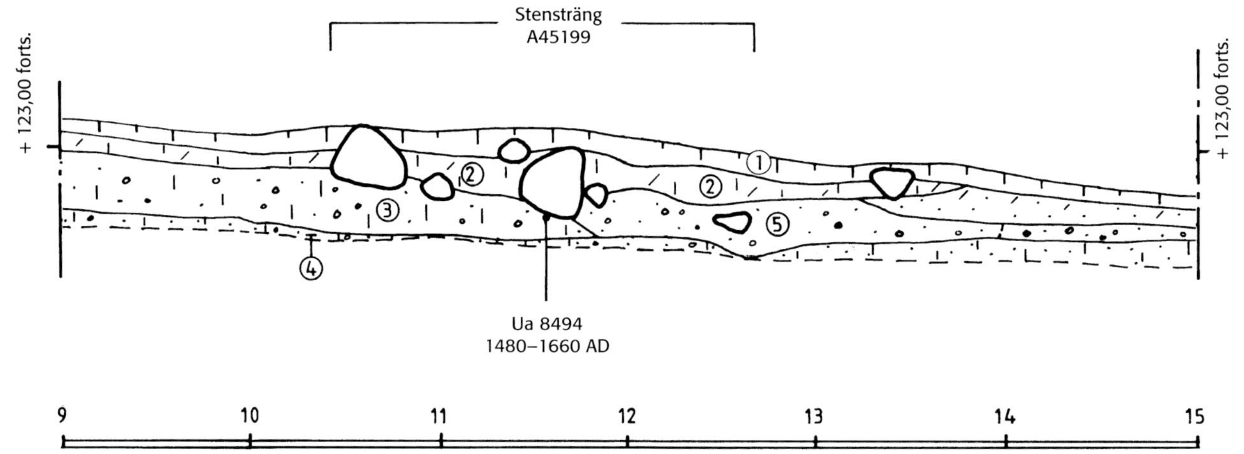

1. Vegetationsskikt.
2. Humusinblandad mo.
3. Gulröd/brun grusig moig sand med småsten.
4. Gulbeige grusig moig sand. Steril.
5. Brunbeige grusig sand med något småsten.

Fig 154. Stensträngen A45199, område 9 i Väderstadssystemet. Skala 1:40. Efter Ericsson m fl 1999, fig 23.
Stone fence A45199, area 9, in the Väderstad system.

Lab nr	Age BP	Std	Kal 1σ	Kal 2σ	Vedart	Provläge
Ua-8490	475	70	1320–1610 e Kr	1300–1640 e Kr	Gran	I botten av åkerlager
Ua-25031	350	55	1480–1640 e Kr	1440–1650 e Kr	Barrträd, troligen gran	Under röjningsröse A45020
Ua-8492	350	65	1470–1640 e Kr	1430–1660 e Kr	Gran	I botten av åkerjordslager
Ua-8491	320	75	1480–1650 e Kr	1400–1950 e Kr	En	I toppen av det sterila, under åkerlager
Ua-8494	315	70	1490–1650 e Kr	1400–1850 e Kr	–	Direkt under sten i stensträng A45199
Ua-25032	280	60	1510–1800 e Kr	1450–1950 e Kr	Lövträd	Direkt under stensträng A45199
Ua-25139	225	60	1520–1950 e Kr	1490–1960 e Kr	Gran	Ca 1 m från stensträng A45199 i icke odlad mark

Fig 155. **^{14}C-dateringar från den fossila åkerytan i område 9 i Väderstadssystemet. Efter Petersson 2004c:72.**
Table with ^{14}C dates from the fossil field in area 9 in the Väderstad system.

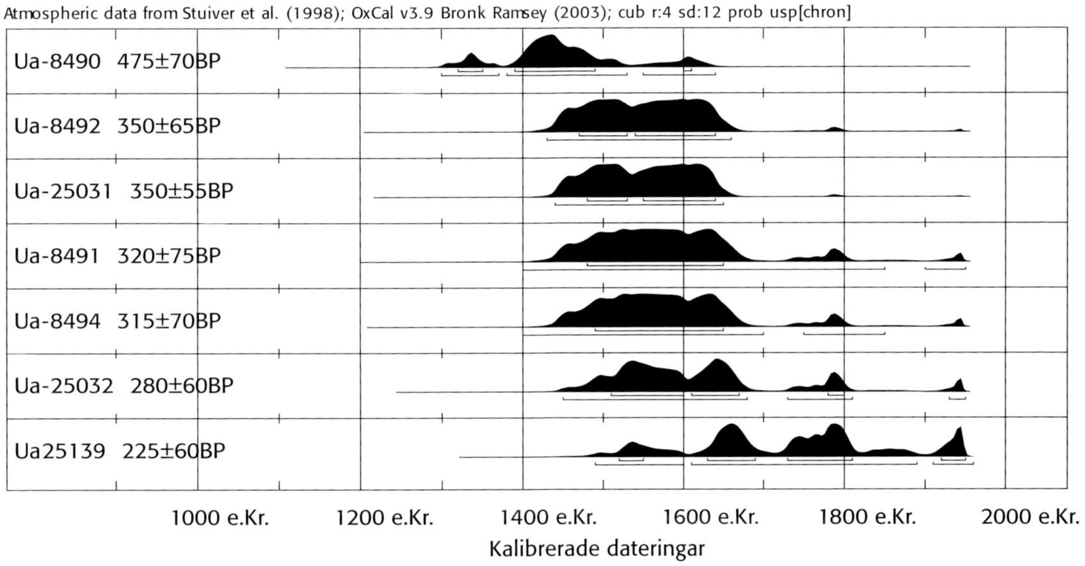

Fig 156. **^{14}C-dateringar från den fossila åkerytan i område 9 i Väderstadssystemet. Efter tabellen i fig 155.**
Diagram with ^{14}C dates from the fossil field in area 9 in the Väderstad system. Based on the table in fig 155.

provtagning för naturvetenskapliga analyser, totalavbaning av hela de fossila åkerytorna, där det gamla ploglagret togs bort så att stenröjningsmönstret framträdde samt dokumentation av den avbanade ytan med lodfoto (tornfoto eller flygfoto). Återkommande studier av de historiska kartorna var också ett viktigt moment.

Från hela området finns sju ^{14}C-dateringar vilka kommer från kol ur det fossila åkerjordslagret varav två från lägen under stensträngen (fig 155–156). Alla dessa faller i senmedeltid och tidigmodern tid. En brandröjningsfas får anses belagd genom fem ^{14}C-analyser, daterade ungefär till perioden från mitten av 1400-talet till mitten av 1600-talet. En datering kan möjligen peka mot något tidigare brandröjningsaktiviteter, men kan även tillhöra den förhärskande dateringsperioden. Från yngre romersk järnålder och folkvandringstid, den period som traditionellt ansetts vara stensträngarnas anläggnings- och brukningstid, saknas ^{14}C-dateringar helt.

Om kolet i åkerjordslagret hänsyftar på odlingsfasen begynnelse kan kartmaterialet kanske ge upplysningar om dess slut. Området är betecknat som åkermark 1638–39 men inte senare. Odlingen i området kan utifrån detta beräknas ha hållit på i knappt 250 år. Det är också möjligt att odlingen under denna tid växlat med bete, något som emellertid inte kan utläsa av kartmaterialet, men möjligen indikeras av förekomsten av flera separata odlingslager ovanpå varandra. Särskilt en av dateringarna från undersökningen indikerar en något senare brandröjningsfas, vilken i så fall inte lämnat några spår i kartmaterialet. Jag tolkar källmaterialet så att område 9 brandröjts inför odling i slutet av medeltiden. I samband härmed har en stensträng uppförts, vilken syftat till att hägna in åkerytan så att djur från omgivande betesmarker inte kunnat skada grödan. Under odlingen bör hela åkerytan ha varit hägnad. Det är möjligt att denna hägnad helt bestått av sten. Det fanns tillräckligt med sten i röjningsrösena och på terrasskanten för att hela åkerytan ursprungligen skulle kunna ha varit hägnad med sten. Det är också en möjlighet att hägnaden i åkerns östra kant varit av trä, även om några sådana spår inte framkom vid undersökningen. Området har omväxlande odlats och använts som betesmark. Den mest intensiva användningsperioden omfattade ca 200–250 år, då odlingen åtminstone periodvis skett med gödseltillförsel.

Det finns också ett annat möjligt samband mellan stensträngen och odlingen, nämligen att odlingen i efterhand tagit hänsyn till stensträngens form. Detta är dock mindre sannolikt eftersom stensträngen, när den geometriska jordebokskartan upprättades 1638–39, bör ha varit ett funktionellt landskapselement vilket syftat till att hägna in åkerytan.

A48256

Stensträngen A48256 var enkelradig. Den inhägnade en mindre yta inom boplatsområdet i område 10. Hela område 10 har varit avsatt för speciella aktiviteter. Till den inhägnade ytan koncentrerades spåren av smide med bl a några ässjor. Vidare fanns här tre skärvstenshögar (de enda som framkom vid undersökningen) samt spår av en enkel byggnad (hus 4), tolkad som kopplad till hantverket. Stensträngen har inget samband med strukturer som återfinns på historiska kartor. Den låg utan fysisk kontakt med andra stensträngar.

Stensträngen A48256 låg på en äldre markyta och framkom under skärvstenshögarna A6001 samt A6003 och A6014 (fig 157–158). Den äldsta fasen inom detta område är daterad till tiden för Kristi födelse, vilket torde vara en datering av stensträngens äldsta möjliga anläggningstid. Stensträngen övertäcktes av skärvsten i de båda skärvstenshögarna A6001 och A6003, vilket betyder att den har kommit ur bruk under den tid skärvsten producerats här, dvs senare delen av romersk järnålder.

Sammanfattningsvis kan konstateras att stensträngen A48256 har kunnat dateras genom stratigrafiska iakttagelser. Den har anlagts tidigast kring Kristi födelse och kommit ur bruk någon gång under yngre romersk järnålder.

A130613

Stensträngen A130613 var en enkelradig stensträng. Det undersökta avsnittet ingår i en av de långa nord-syd gående stensträngar som bildar Väderstadssystemets huvudstruktur. Det undersökta avsnittet låg i gränsen mellan lerig plan mark och bergig mark. Stensträngen sammanfaller i ett långt avsnitt med gränsen mellan ängsmark och skogsmark på de historiska kartorna. Den sammanfaller också, i detta avsnitt, med gränsen mellan Abbetorp och Ryd.

Det var stora problem att finna daterbart material från ett läge under denna stensträng. En ^{14}C-analys finns, av kol insamlat några centimeter ner i den sterila sanden direkt under en bassten i stensträngen. Resultatet gav en datering till 7000-tal f Kr.

RAÄ 166, Mörby, Hogstads socken, Östergötland

A1758

Vid RAÄ 166 i Hogstads socken, Östergötland undersöktes 1995 en fossil åkeryta vilken begränsades av två stensträngar som bildade en hästskoform (Petersson 2001a) (fig 76). På historiska kartor från 1715 och 1764–65, de äldsta karteringarna över området, är området markerat som granbevuxen beteshage. Varken stensträngarna eller den hästskoformade åkerytan överensstämmer med några former som finns på de historiska kartorna. Stensträngarna i fråga ligger långt från andra kända stensträngar, 200 m respektive 400 m. Avståndet till Mörby gamla tomt är en kilometer.

Fig 157. Stensträng A48256 låg på en fossil markyta och överlagrades av skärvstenshögen A6003. Foto Göran Gruber. Efter Petersson 2004b:32.
The stone fence A48256 was situated on fossil ground and overlaid by a heap of fire-cracked stones.

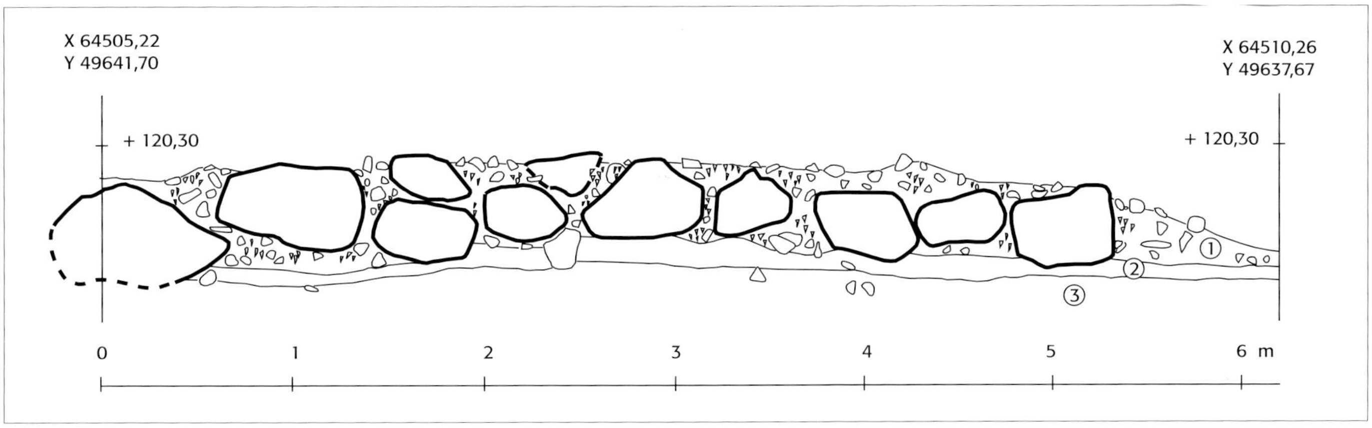

Fig 158. Västprofil genom skärvstenshögen A6003. Observera att stensträngen A48256 var inlagrad i skärvstenshögen. Skala 1:40. Grafik Lars Östlin.
Section through the stone fence A48256.

Den stensträngsinhägnade åkerytan var 38x42 m. I norr, öster och delvis i söder begränsades den av stensträngarna A395 och A1758. Endast delar av den sistnämnda berördes av den arkeologiska undersökningen. Stensträngarna kan ursprungligen ha omslutit åkerytan i en obruten hästskoform. Söder om den stensträngsinhägnade ytan fanns fossil åkermark där flera olika faser kunde urskiljas med ledning av odlingslämningarnas inbördes rumsliga förhållande, stratigrafier samt ^{14}C-dateringar. Norr om den stensträngsinhägnade åkerytan fanns flera smala, bandformiga fossila åkerytor. Några av dessa förefaller ursprungligen ha anslutit mot stensträngen A1758 och

Fig 159. Stensträngen A1758 ingick i en inhägnad vid RAÄ 166, Hogstad socken, Östergötland. Lägg märke till de dubbla raderna av basstenar i stensträngens norra del samt röjningsstenen som hopats längs stensträngens sidor. Efter Petersson 2001a:29.
Stone fence A1758 was part of an enclosure at RAÄ 166, Hogstad Parish, Östergötland. Note the double rows of foundation stones in the northern part of the stone fence, and the clearance stones piled alongside the fence.

det verkar som om de ingått i samma markutnyttjandesystem. Stensträngen bör med ledning av detta resonemang vara tidigare eller samtida som odlingen i området.

Tydligast var den undersökta stensträngens (A1758) konstruktion i söder. Dess fundament hade bestått av en eller två stenar i bredd som gett stensträngen en ursprunglig bredd på ca 2 m (fig 159). Dessa fundamentstenar var 0,6–1,2 m stora. Ställvis mellan dessa stora stenar fanns luckor som ifyllts med 0,1–0,2 m stora stenar. Både norr och söder om strängen fanns stenmaterial som tolkades som utrasat från den ursprungliga stenhägnaden. Med ledning av detta uppskattades dess ursprungliga höjd till ca 0,5–0,6 m. En del av stenmaterialet intill stensträngen tolkades också som röjningssten.

Vid undersökningen lades en långprofil genom stensträngens södra del (fig 160). Härav framgick att stensträngen anlagts på ett åkerjordslager av gråbrun starkt sandblandad humus. Åkerjordslagret anslöt till åkerytan innanför stensträngsinhägnaden. Utanför stensträngen fanns inga åkerjordslager. Direkt under mittstenarna till stensträngen A1758 framkom dessvärre inget kol. Däremot tillvaratogs ett kolprov alldeles utanför stensträngen, i ett jordlager som bedömdes ej ha varit åkermark men kolet skulle kunna härröra från röjningsbränning av själva åkerytan (fig 160). Detta daterades till 1340–1440 e Kr (Ua-7667). En något senare odlingsfas representeras av två dateringar inne på åkerytan, 1530–1780 e Kr (Ua-7665) samt 1500–1660 e Kr (Ua-7666). En ännu senare odlingsfas kan möjligen representeras av fynden av rödgods i röjningsröset A1807. Det finns emellertid källkritiska problem förbundna med datering av enstaka kolfragment ur åkerjordslager. Det är att föredra att arbeta med en större serie ^{14}C-analyser i sådana sammanhang (Petersson 1999d). Här finns en kronologisk samstämmighet mellan dateringarna i den stensträngsinhägnade ytan och dateringar från området norr härom men också med dateringar från det södra området.

Odlingen inom området bedömdes till dels ha varit av relativt tillfällig, extensiv art, särskilt inom den stensträngsinhägnade ytan och de bandformade åkrarna norr härom. Ett visst inslag av gödsel kunde dock beläggas. Inom området i stort kunde flera faser av röjningsbränning åtföljda av odling beläggas med hjälp av stratigrafiska iakttagelser i kombination med ^{14}C-dateringar av antaget röjningskol. Tydliga var de inom perioden från 1300-talet e Kr och framåt men även från medeltidens tidigare århundraden finns enstaka dateringar vilka bedömts kunna hänga samman med röjningsaktiviteter i området.

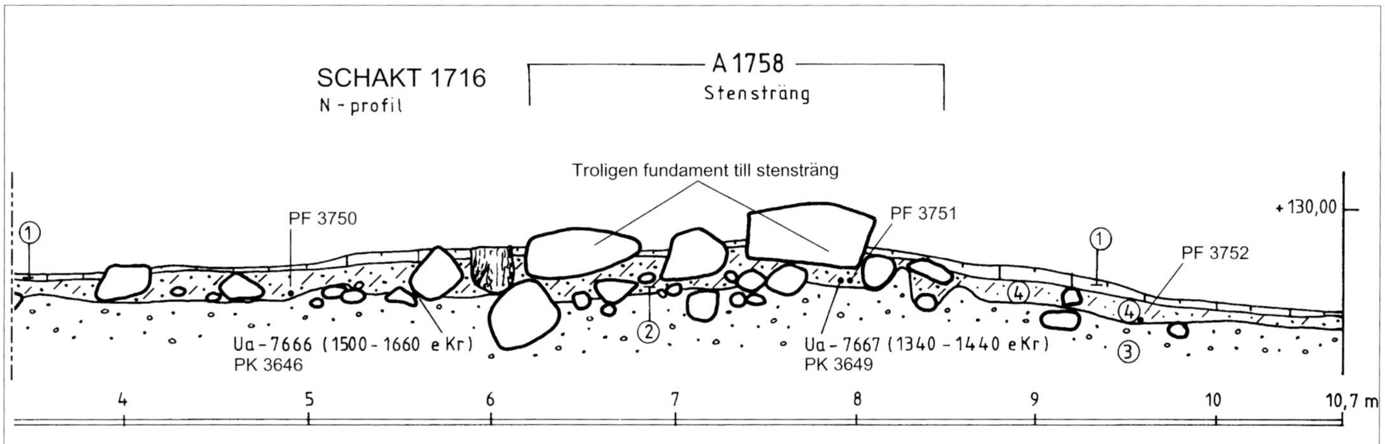

1. Grästorv.
2. Gråbrun starkt sandblandad humus, gammal åkermark.
3. Gulbrun steril morän av sand, grus och 0,05–0,1 m stora stenar.
4. Gråbrun humusblandad sand, oskarp gräns mot det sterila.

Fig 160. Norrprofil genom stensträngen A1758. RAÄ 166, Hogstads socken, Östergötland. Skala 1:40. Efter Petersson 2001a:48.
Section through the stone fence A1758. RAÄ 166 Hogstad Parish, Östergötland.

KAPITEL 11

BETESDRIFTENS LANDSKAP – GRAVAR

I föregående kapitel konstaterades att det inte är okomplicerat att använda stensträngssystem som underlag för tolkning av förhistorisk markanvändning. Det verkar som stensträngssystemen i västra Östergötland anlagts under en lång period. Det torde finnas stensträngssystem som i huvudsak tillkommit och använts under romersk järnålder och folkvandringstid. Det torde också finnas stensträngssystem som huvudsakligen har samband med den bebyggelsestruktur som etablerades i början av yngre järnålder. Undersökningsresultat tyder på att dessa kan vara till huvudsak medeltida. Många stensträngssystem torde också innehålla en blandning av yngre och äldre element. Stensträngssystemen i västra Östergötland är med andra ord inte utan vidare användbara för analyser av jordbrukets markanvändning under äldre järnålder eller tidigare.

I detta kapitel undersöker jag i vad mån de förhistoriska gravarna kan användas som källmaterial i en analys av det förhistoriska jordbrukslandskapets funktionella indelning i västra Östergötland. Ett samband mellan utbredningen av stensträngssystemet söder om Väderstad och de förhistoriska gravarna och gravfälten har tidigare noterats (Ericsson 2002:89). Här undersöks om sambandet är begränsat till detta område eller om det finns ett mera allmänt samband mellan stensträngssystemen och spridningen av förhistoriska gravar.

Mina undersökningar visar att det i de flesta av stensträngssystemen i västra Östergötland finns en stark samstämmighet mellan stensträngssystemens utbredning och spridningen av förhistoriska gravar. Man har kontinuerligt och utan avbrott, från och med yngre bronsålder till och med folkvandringstid, valt att placera gravarna i de områden där stensträngssystemen finns. Det är samma områden som jag i föregående kapitel kunde visa har fungerat som djurhållningens centrala produktionsmark, ibland med belägg ända från romersk järnålder och fram i nyare tid, i andra fall från och med yngre järnålder och framåt. Inom dessa områden har lokaler med en eller två gravar utgjort ett separat fenomen, sannolikt med ett idéinnehåll som avvikit jämfört med andra gravlokaler. Jag bedömer att det faktum att gravarnas utbredning sammanfaller med stensträngssystemens visar att områdena även haft en speciell status och funktion under yngre bronsålder och äldre järnålder. Min tolkning är att funktionen även i denna period varit som boskapsskötselns centrala produktionsmark.

KÄLLMATERIALET

Som ett första led i denna analys har jag sammanställt spridningskartor som visar förhållandet mellan förhistoriska gravar och gravfält samt de stensträngssystem som behandlades i föregående kapitel. Dessa är stensträngssystemet söder om Väderstad samhälle, Särstad i Rinna socken, Ryckelsby i Ekeby socken samt Vallasystemet i Svanshals, Rök och Kumla socknar. För att ett eventuellt rumsligt samband mellan stensträngar och gravar ska framgå har jag undersökt hela de socknar där systemen finns, även om endast utsnitt presenteras här. Mitt källmaterial är Fornminnesregistret (FMR). Under juli och augusti år 2003 gick jag igenom den à jourhållna kopia av FMR som finns hos RAÄ, UV Öst, Linköping för ovannämnda socknar och för de områden stensträngssystemen omfattar gjordes en andra genomgång i augusti år 2005. Det finns två källkritiska huvudproblem förbundna med användandet av FMR i detta sammanhang. Det ena är materialets representativitet, det andra är dateringen av skilda gravformer.

Representativitet

Det finns tre viktiga aspekter av representativitet, vilka påverkar den spridningsbild man får för fornlämningar när man använder FMR som källmaterial. Den första hänger samman med hur stor andel som bevarats av de fornlämningar som en gång funnits. För gravar är det framför allt åkerbruket som har decimerat det ursprungliga antalet. På Östgötaslätten i västra delen av landskapet finns t ex nästan inga gravfält från yngre järnålder, något som med största sannolikhet beror på just bortodling. I skogsmark finns problem med det moderna skogsbruket där skogsmaskiner kan förstöra fornlämningarna. Hittills är de dock oftare bevarade i skogen än i fullåkersbygderna. I de socknar jag analyserat finns ofta såväl fullåkersbygd som skogsmark (ofta gammal betesmark), något som innebär att bevarandegraden för olika typer av lämningar kan vara väldigt varierande inom samma socken.

Den andra aspekten av representativitetsproblemet hänger samman med hur stor andel av bevarade fornlämningar som återfunnits. RAÄ:s fornminnesinventering har haft olika s k täckningsgrad, dvs den inventerade arealen per dagsverke har varierat i olika områden, något som påverkat hur många fornlämningar som kommit att registreras. Inventerarens skicklighet och vana har inverkat på resultatet liksom de bedömningar som utförts i fält av inventerare och platsledare (och som varierat mellan olika individer trots normerande föreskrifter).

Den tredje aspekten av representativitetsproblemet hänger samman med hur företeelser har definierats och därefter beskrivits i FMR. I min undersökning har det varit viktigt att ernå tidsupplösning i gravmaterialet genom att i FMR kunna urskilja gravformer med specifik datering. Ett relativt tillförlitligt analysresultat härvidlag, kräver dels att de gravformer som väljs ut för studium är karaktäristiska och lätta att identifiera i en fältsituation, dels att de utvalda gravformerna har anlagts under en känd och avgränsad tidsperiod. Det är en fördel om de redan i föreskrifterna för FMR identifierats som en egen specifik gravform. Klassificering och bedömning har då redan skett i fält och behöver inte ske i efterhand utifrån beskrivningen i FMR. När vissa konstruktionsdetaljer istället karaktäriserar en viss gravtyp med specifik datering osv, vilken ej utgör en egen huvudkategori i FMR, tvingas man att göra en sekundärbedömning utifrån beskrivningen i FMR, något som gör bedömningen mindre säker.

SPRIDNINGSKARTORNA

I detta avsnitt diskuteras spridningen av förhistoriska gravar och gravfält i förhållande till stensträngssystemen i västra Östergötland. Förhållandena i de enskilda stensträngssystemen diskuteras nedan.

Väderstadssystemet

Väderstadssystemet är beläget inom randbygden mellan slätt och skog (fig 161). Norr om stensträngssystemet vidtar Östgötaslätten. Här är möjligt att delar av stensträngssystemet blivit bortodlade. Även gravar och gravfält saknas till största delen i fullåkersbygden. Det är istället områdena söder, väster och öster om stensträngssystemet som kan ge upplysningar om relationen mellan stensträngar och gravar. Det är helt uppenbart att gravar och gravfält koncentreras till området där

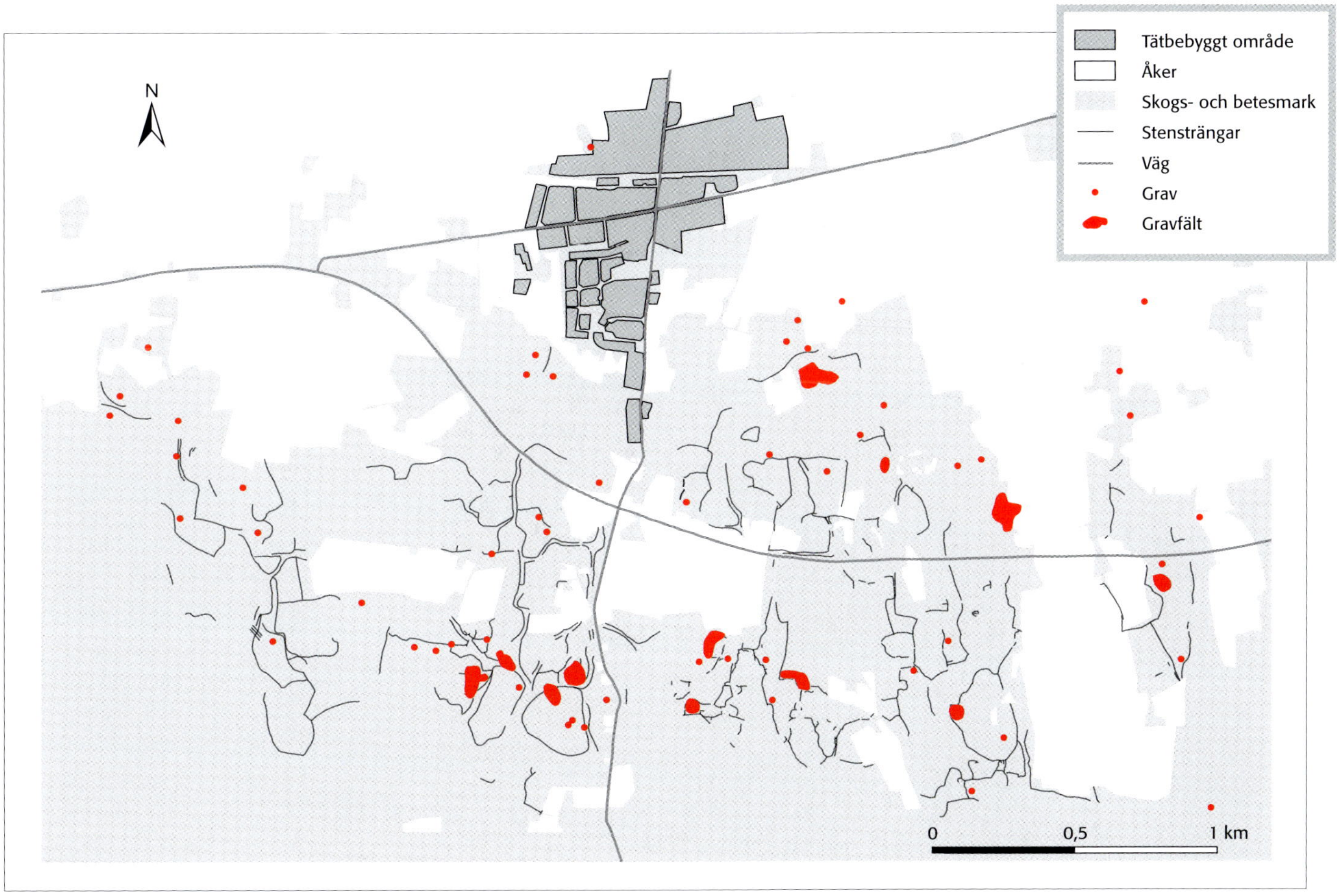

Fig 161. Väderstadssystemet. Förhållandet mellan gravar och stensträngar inom delar av Väderstads och Rinna socknar. Skala 1:25 000. Grafik Lars Östlin. *The Väderstad system. The relationship between graves and stone fences in parts of Väderstad and Rinna Parishes.*

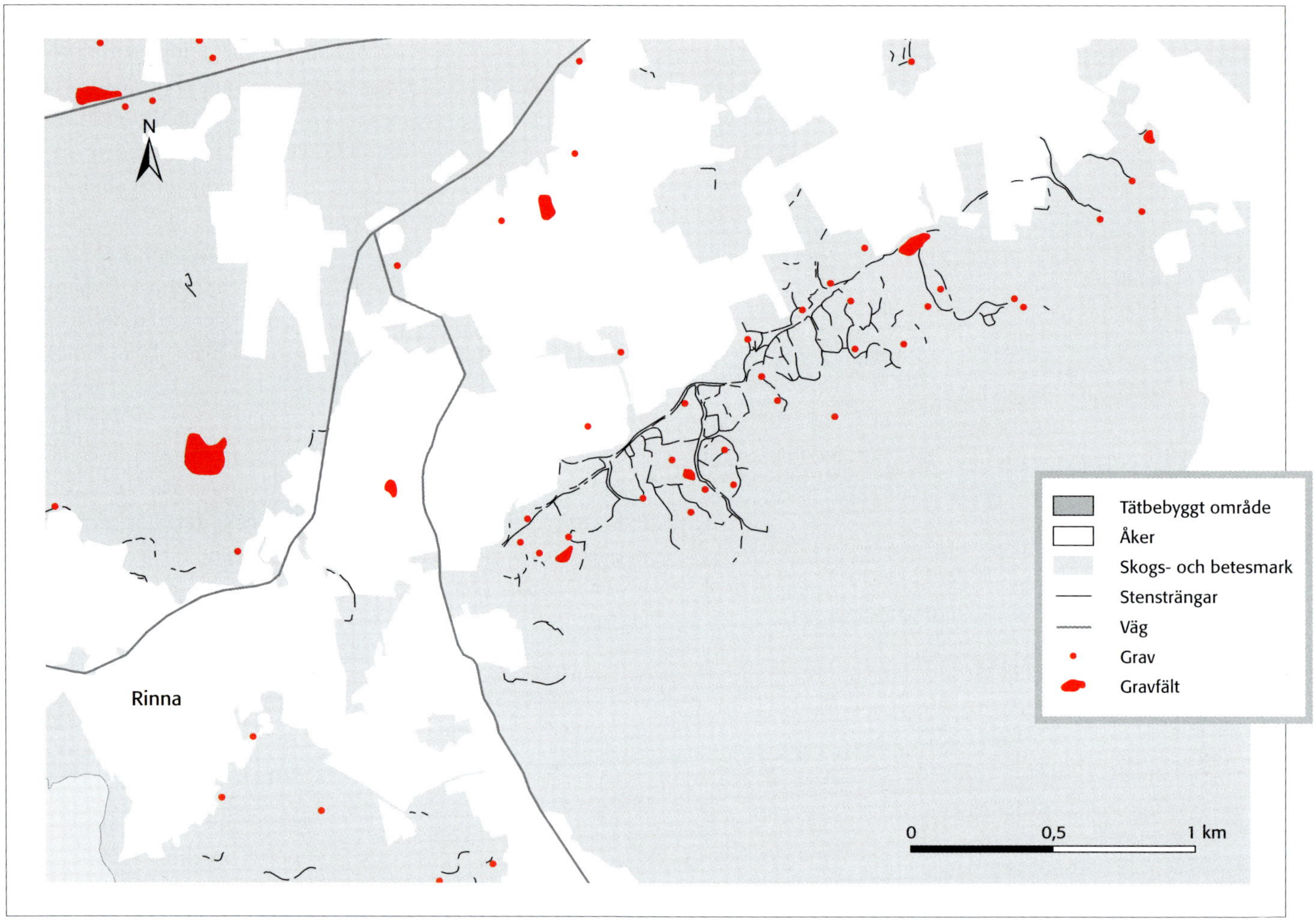

Fig 162. Särstadssystemet. Förhållande mellan gravar och stensträngar inom delar av Rinna socken. Skala 1:25 000. Grafik Lars Östlin.
The Särstad system. The relationship between graves and stone fences in parts of Rinna Parish.

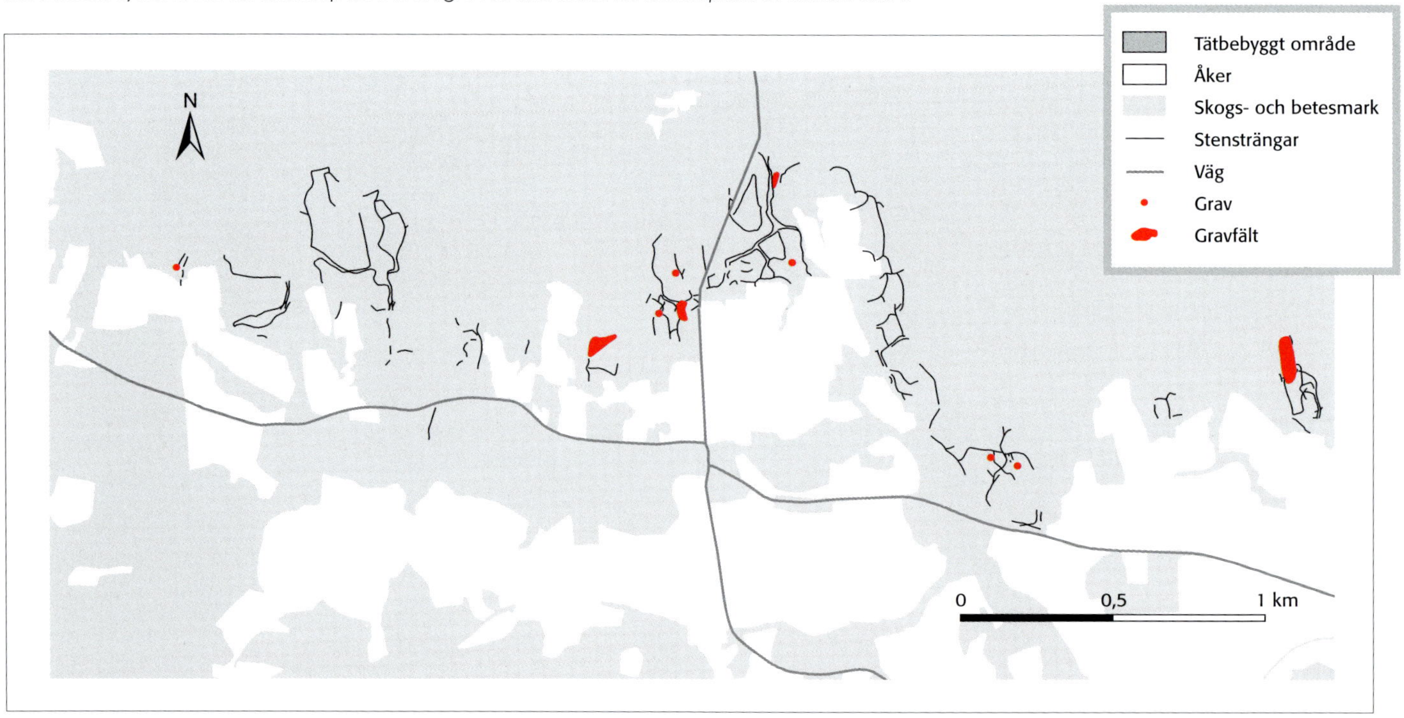

Fig 163. Ryckelsbysystemet. Förhållande mellan gravar och stensträngar inom delar av Ekeby socken. Skala 1:25 000. Grafik Lars Östlin.
The Ryckelsby system. The relationship between graves and stone fences in parts of Ekeby Parish.

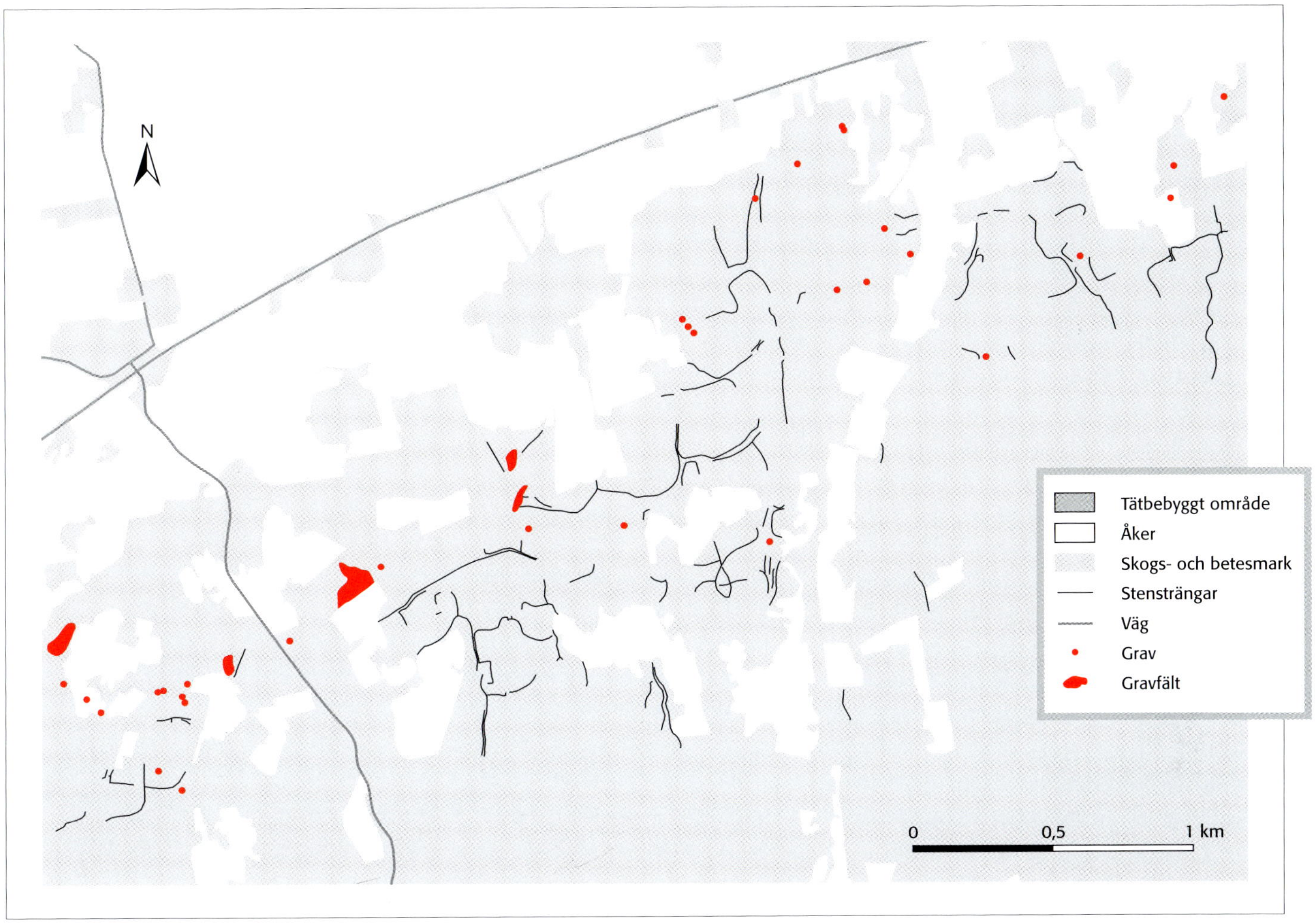

Fig 164. Vallasystemet. Förhållande mellan gravar och stensträngar inom delar av Svanshals, Rök och Kumla socknar. Skala 1:25 000. Grafik Lars Östlin. *The Valla system. The relationship between graves and stone fences in parts of Svanshals, Rök and Kumla Parishes.*

stensträngarna finns. Såväl söder, öster och väster om stensträngssystemet, i områden som inte är eller har varit odlade, saknas på det hela taget gravar.

Särstadssystemet

Särstadssystemet ligger i nutida hagmark samt äldre igenplanterad hagmark (fig 162). Omedelbart norr om systemet är marken uppodlad och det kan inte uteslutas att delar här blivit bortodlade även om här finns både gravar och gravfält samt enstaka stensträngar. Det är emellertid uppenbart att gravar och gravfält framför allt koncentreras till det område där stensträngssystemet finns. I områdena söder, väster och öster om stensträngssystemet, där marken inte varit odlad, saknas annat än enstaka gravar.

Ryckelsbysystemet

Ryckelsbysystemets centrala delar ligger omedelbart norr om den historiska inägomarken (fig 163). Stensträngssystemets östra delar ligger i nutida betesmark medan dess västra delar delvis ligger i skogsmark. Stensträngarna i systemets västra delar innebär en mindre grad av finfördelning av marken än i resten av systemet. Även i Ryckelsby är det påtagligt hur stensträngssystemet utgör det område till vilket de förhistoriska gravarna koncentreras. Även här finns emellertid enstaka gravar belägna utanför stensträngssystemet, t ex i området omedelbart söder om Svartån.

Vallasystemet

Vallasystemet ligger i områdena söder om Östgötaslätten (fig 164). Dess norra del ligger i nutida hagmark medan dess södra del ligger i skogsmark. Systemet uppvisar inte samma finfördelning av marken som Väderstadssystemet. Slätten norr om stensträngssystemet är idag fullåkersbygd med få bevarade fornlämningar. Vid Valla finns en stor samstämmighet mellan stensträngssystemets och de förhistoriska gravarnas utbredning. Samtidigt finns partier i stensträngssystemet där gravar saknas.

Syntes

I de områden som ansluter till stensträngssystemen och som nu brukas som åkermark är bortodling en faktor att räkna med och dessa områden säger egentligen inget om relationen mellan gravar och stensträngar. I de områden som däremot inte varit odlade och som ansluter till stensträngssystemen skulle man förvänta sig att hitta gravar i samma omfattning som inom stensträngssystemen under förutsättning att gravarna inte medvetet lokaliserades till särskilda områden, nämligen de områden där stensträngar förekommer. Att gravarna och gravfälten är så starkt koncentrerade till just de områden där stensträngssystemen finns antyder ett samband.

Jag har i föregående kapitel visat att just de specifika områden där stensträngssystemen anlagts torde ha utgjort den centrala och viktigaste produktionsmarken för husdjursekonomin, ibland från romersk järnålder och framåt, ibland från yngre järnålder och fram i medeltid och nyare tid. En orsak till detta bör ha varit de ursprungligen naturgivna förutsättningarna men i valet mellan att använda områdena för åkerbruk eller betes- och ängsmark finns även andra faktorer som kan ha påverkat. Tradition kan vara en sådan faktor.

Det markavsnitt som särskilts genom att gravar placerats inom det under en period av minst 1500 år, är detsamma som det inom vilket man indelat marken med hjälp av hägnader i sten – stensträngar. Jag menar att det rumsliga sambandet i detta fall kan indikera en liknande ekonomisk roll för markavsnitten ifråga. Jag föreslår alltså att markanvändningen inom området varit liknande från och med yngre bronsålder och ända in i modern tid. För att kunna belägga kontinuitet vad gäller bruket att placera gravarna inom de områden där stensträngssystemen finns, är det nödvändigt att tidsskikta gravmaterialet.

GRAVARNA INOM STENSTRÄNGSSYSTEMEN

I fig 165 har jag i tabellarisk form förtecknat förekomsten av olika gravformer inom de här diskuterade stensträngssystemen (enligt FMR).

Gravformernas datering

Nedan diskuteras kort hur de gravformer som förekommer inom stensträngssystemen i västra Östergötland dateras. Åke Hyenstrand har framhållit vikten av att upprätta regionala eller till och med lokala gravfältskronologier (Å Hyenstrand 1984) och studier har visat att likartade gravtyper inom olika delar av landet uppvisar regionala variationer beträffande anläggningstid (t ex A Carlie 1994:43). Det finns två större undersökningar av gravar på östgötskt område där FMR, och därmed gravöverbyggnadernas utseende i markytan har använts som utgångspunkt för kronologiska studier (Selinge 1986, Winberg 1986). Björn Winbergs undersökning berör gravfält och gravgrupper där minst två av de studerade gravtyperna är företrädda, medan Klas-Göran Selinges undersökning omfattar gravfält. Båda forskarna identifierade två grupper av gravformer, tillhöriga äldre järnåldern respektive yngre järnåldern.

Det finns flera analyser av olika gravformers datering i Östergötland, där man utgått från arkeologiskt utgrävda gravar och gravfält (M Carlsson 1990, Ekman 1987, Å Hyenstrand 1984, Korsfeldt 1992, Lundström 1970, C Nilsson 1987, Slöjdare 1973). Catharina Nilssons undersökning är förmodligen fortfarande den mest heltäckande medan Katarina Korsfeldts framför allt behandlar gravöverbyggnadernas form i relation till datering.

Hällkistor tillhör senneolitikum/äldre bronsålder. I Östergötland har de använts till efterbegravningar under hela äldre bronsålder (C Nilsson 1987:85). Ensamliggande rösen och röseliknande stensättningar har av Nilsson givits en datering till bronsålder. Selinge var mindre precis och menade att dessa gravformer huvudsakligen ska dateras till tiden före järnålder och Winberg var av samma åsikt vad gäller rösen (Selinge 1986:85, Winberg 1986:112f). Stensättningar med mittblock och grovt stenmaterial tillhör enligt Winberg tiden före järnålder och enligt flera andra forskare dateras de allmänt till yngre bronsålder (Å Hyenstrand 1984:61, C Nilsson 1987:97, Widholm 1998:105).

Treuddar finns i två utföranden, övertorvade med starkt insvängda sidor och oftast belägna på gravfält samt sådana med kal stenfyllning, vilka ofta är ensamliggande eller ligger ihop med enstaka andra gravar. Selinges analys gav vid handen att de sistnämnda är äldre än de övertorvade, vilka dateras till yngre järnålder (Selinge 1986:85ff). Åtta arkeologiskt undersökta treuddar i Östergötland har daterats med hjälp av fynd eller ^{14}C-analys. Dateringarna ligger i perioden yngre romersk järnålder – vikingatid, med tyngdpunkt i vikingatiden (M Carlsson 1990, Helander & Zetterlund 1997, Petersson & Ulfhielm 2000).

Både Selinge (1986) och Winberg (1986) räknade kvadratiska stensättningar till äldre järnåldersgruppen. Winbergs sambandsanalys visade att de kvadratiska stensättningarna är den enda gravform som mittblocksgravarna har ett redovisningsbart samband med. Han menade därför att de kvadratiska stensättningarna kan vara den fornlämningstyp i den äldre järnålderskombinationen som man tidigast börjat anlägga (Winberg 1986:114). Arkeologiska undersökningar i Östergötland hade år 1987 omfattat 40 kvadratiska stensättningar. Endast två av dessa kunde fynddateras. Dateringarna låg i romersk järnålder, kring ca 100 respektive 200 e Kr (C Nilsson 1987:87). I Östergötland har ytterligare två kvadratiska stensättningar daterats sedan dess. Dateringarna föll i sen förromersk järnålder, 150 f Kr–Kr f, (Ullén 1996:28) respektive folkvandringstid (Menander muntl).

Större delen av det forntida gravmaterialet i FMR är registrerat som stensättningar och då främst runda stensättningar (Å Hyenstrand 1984:61). Runda stensättningar har anlagts från

Stensträngs-system	Hällkista	Röse	Röseliknande stensättning	Stensättning med mittblock	Treudd	Rund sten-sättning	Kvadratisk stensättning	Rest sten	Domarring	Hög
Särstad	–	–	–	X	X	X	X	X	X	–
Ryckelsby	X	X	X	X	–	X	X	–	–	–
Valla	X	–	–	X	X	X	X	–	–	–
Väderstad	–	X	X	X	X	X	X	X	X	X

Fig 165. Förekomst av skilda gravformer inom de undersökta stensträngssystemen i västra Östergötland. *Occurrence of different grave types in the investigated stone fence systems in western Östergötland.*

yngre bronsålder och under hela järnåldern. Beroende på material och konstruktionsdetaljer kan de ibland ges en snävare datering. Övertorvade stensättningar med fyllning av jord eller jordblandad sten skiljer sig dateringsmässigt från stensättningar med jordfri fyllning. Den förstnämnda typen brukar företrädesvis dateras till yngre järnålder (Å Hyenstrand 1984:61, Selinge 1986, Winberg 1986). Karaktäristiskt för de yngre stensättningarna är att de bör vara små och något välvda (Selinge 1986:85).

Selinge och Winberg daterar runda stensättningar med naken stenfyllning (och ibland kantkedja) till yngre bronsålder och äldre järnålder medan de av arkeologiska undersökningar att döma verkar kunna förekomma fram till åtminstone vendeltid (Korsfeldt 1992:26f, C Nilsson 1987, Petersson & Ulfhielm 2000). Stora runda stensättningar med stora, grovstениga, enskiktade packningar, ofta med fyllning och bräm av småsten uppträder under perioden 100–300 e Kr.

En variant av stensättning som är typisk för Östergötland benämns ibland "rund stensättning med förhöjt mittparti och mittröse". Typen är flack och begränsas av en vällagd kantkedja. I centrum finns oftast ett oregelbundet mittröse av större stenblock och runt detta löper en vallformad förhöjning, vars yta ibland gjorts jämn genom en beläggning av småsten och grus. Mellan förhöjningens ytterkant och kantkedjan finns ett plant brätte av smärre stenar, dock utan avjämnande gruslager (Lundström 1970:33). Catharina Nilssons undersökning tydde på att typen först börjat uppträda kring Kristi födelse (C Nilsson 1987:87) men på Fiskebygravfältet fanns den i obruten kronologisk serie från ca 150 f Kr–600 e Kr (Lundström 1970:56) och den förromerska dateringen har bekräftats av senare undersökningar (Helander & Zetterlund 1997). Tyngdpunkten verkar dock ligga i romersk järnålder. Det är ofta svårt att avgöra om det verkligen rör sig om den distinkta gravform som beskrivits av C Nilsson (1987) och Lundström (1970) enbart utifrån beskrivningen i FMR.

Catharina Nilsson daterade resta stenar på östgötska gravfält till förromersk och romersk järnålder (C Nilsson 1987:97) medan Katarina Korsfeldt daterade gravar markerade med resta stenar till romersk järnålder (Korsfeldt 1992:16). Undersökningen av Klingagravfältet i Borgs socken bekräftade dock Nilssons äldre datering (Stålbom 1994:33).

Domarringar hade i Winbergs analys lika starkt samband med äldre järnålderns gravkombinationer som med den yngre järnålderns. Selinge bedömde domarringar som osäkra tidsindikatorer eftersom de uppträder i både äldre och yngre gravkombinationer (Winberg 1986, Selinge 1986). I Östergötland finns mig veterligt endast en undersökt domarring, daterad till folkvandringstid och belägen på ett gravfält (Lindeblad m fl 2004). Undersökningar i andra län har givit dateringar av domarringar på gravfält till yngre romersk järnålder, folkvandringstid, vendel- och vikingatid med stor övervikt för de två äldsta perioderna (Ekman 1987:21ff, Varenius 1985:19).

I slättbygden kring sjöarna Tåkern och Roxen är stora högar den klart framträdande gravformen under äldre bronsålder (C Nilsson 1987:85, Å Hyenstrand 1984:54). Yngre järnålderns högar är mindre och ligger oftast på gravfält. Ett fåtal östgötska storhögar har undersökts och daterats till yngre järnålder (Kaliff 1999a:104ff).

Sammanfattar man resultaten så långt av min genomgång av dateringen av de gravformer som finns inom fyra stensträngssystem i västra Östergötland uppträder här gravar allt från senneolitikum till folkvandringstid. I två av stensträngssystemen finns hällkistor (i högar), vilka dateras till senneolitikum/äldre bronsålder. Gravformer med sannolik datering till yngre bronsålder som uppträder i stenträngssystemen är enstaka rösen, röseliknande stensättningar och mittblocksgravar. Rösena och de röseliknande stensättningarna förekommer här i små och stora gravgrupper samt på gravfält. Utifrån FMR är det omöjligt att avgöra hur stor andel av gravarna med mittblock som också har grov stenfyllning och således torde ha tillkommit under yngre bronsåldern. Egna stickprov visar dock att sådana finns. Det finns ingen gravform som enbart och otvetydigt tillhör förromersk järnålder. Winbergs sambandsanalys tyder på att kvadratiska stensättningar tillhör denna period (Winberg 1986), medan de få säkert daterade gravarna av denna typ pekar mot en senare datering. Kvadratiska stensättningar förekommer företrädesvis ensamliggande och i mindre gravgrupper men finns även på gravfälten i de undersökta områdena. Vällagda stensättningar med mittstensättning tillhör företrädesvis romersk järnålder, men förekommer såväl tidigare som senare. Det verkar som typen förekommer i alla stensträngssystem i min undersökning men det är problematiskt att utifrån FMR avgöra om det verkligen rör sig om denna specifika gravform. Oftast kan en säker bestämning endast ske i samband med en arkeologisk undersökning. Treuddar med kal stenfyllning är i västra Östergötlands stensträngssystem företrädesvis ensamliggande men ingår även i små gravgrupper. Gravtypen dateras av Selinge (1986) till äldre järnålder. Resta stenar dateras till förromersk och romersk järnålder och förekommer företrädesvis på gravfält i två av de fyra stensträngssystemen i min undersökning. Den enda hög som finns i de undersökta stensträngssystemen har en diameter av tio meter och ligger i en gravgrupp tillsammans med en kvadratisk och en rund stensättning. Domarringar finns inom två av de analyserade stensträngssystemen. De ligger företrädesvis på gravfält, något som torde datera dem till romersk järnålder/folkvandringstid. Detta är den yngsta säkert daterbara gravformen inom stensträngssystemen. Vissa gravformer som förekommer inom stensträngssystemen har anlagts under en lång tid och kan även tillhöra vendeltid.

Sammanfattningsvis kan konstateras att det kontinuerliga bruket att anlägga gravar inom de områden där stensträngssystemen finns, av bevarade gravar att döma inleds i senneolitikum och fortgår åtminstone till och med folkvandringstid. Från och med yngre bronsålder verkar bruket att bygga utspridda gravar inom dessa områden att ta sin början och seden fortgår sannolikt t om folkvandringstid.

Ensam- och parliggande gravar

Inom de fyra här analyserade stensträngssystemen i västra Östergötland finns en slående hög andel av gravlokaler med endast en eller två gravar (gravöverbyggnader) – hela 76% av det totala antalet gravlokaler (fig 166). Jag menar att dessa två typer av lokaler utgör ett separat fenomen, vilket är skilt från gravfält och större gravgrupper. Det är möjligt att även gravgrupper om tre gravar ska räknas till denna kategori, men för ett mera stringent resultat diskuteras dessa lokaler ej här. Som ett separat fenomen är det möjligt att det är avgränsat i tid och att det har haft ett speciellt idéinnehåll.

De ensam- och parliggande gravarnas datering

Flera forskare menar att vissa typer av ensamliggande gravar sannolikt har en tidigare datering än samma typ belägen på gravfält (Å Hyenstrand 1984:61, Selinge 1986:85ff). Om så är fallet i Östergötland skulle det betyda att gravarna skulle stå mer i samklang med bebyggelseutvecklingen i stort. Tore Artelius (1993) har visat att terrängläge, formspråk och ett ensamt läge i förhållande till andra gravar kan vara en starkare kronologisk variabel än gravöverbyggnadens form (Artelius 1993). Hans undersökning av ^{14}C-daterade domarringar i Västsverige har visat att det finns en grupp bestående av ofta ensamliggande domarringar, ofta lite större än genomsnittet och med flera stenar samt belägna på krön i järnålderns randbygd, som har en dateringsförankring i yngsta bronsålder och äldsta järnålder. En andra grupp domarringar har mindre diameter och färre antal stenar i konstruktionen. De påträffas i gravfältsmiljöer belägna i bygder som varit centrala under yngre järnålder och ligger i kombination med gravtyper som i allmänhet börjat anläggas först under romersk järnålder (Artelius 1993:52).

Det är möjligt att Artelius resonemang är överförbart på andra gravformer. Min studie visar att de gravtyper som dominerar fenomenet med ensam- och parliggande gravar är runda stensättningar, kvadratiska stensättningar samt treuddar i nu nämnd ordning. Den enda gravform de kvadratiska stensättningarna kombineras med är runda stensättningar, något som förekommer på 41% av lokalerna med två gravar inom de socknar där stensträngssystemen förekommer. Jag bedömer det sannolikt att de runda stensättningarna i dessa fall anlagts ungefär samtidigt som de kvadratiska. På 37% av lokalerna med två gravar utgörs dessa av två runda stensättningar (Petersson 2005). Björn Winbergs studie, där även mindre lokaler ingick (dock ej ensamliggande gravar), tyder på att många kvadratiska stensättningar torde ha tillkommit under förromersk järnålder, kanske även i sen bronsålder (Winberg 1986). Därför föreslår jag att runda stensättningar, kvadratiska stensättningar samt treuddar i de fall där de är ensamliggande eller ligger i

Stensträngssystem	Lokaler med 1 grav	Lokaler med 2 gravar	Lokaler med 3 gravar	Lokaler med 4 gravar	Gravfält eller gravgrupp med flera än 4 gravar
Valla	11	3	2	–	3
Ryckelsby	23	8	3	2	3
Särstad	19	10	2	2	4
Väderstad	39	12	7	4	12
Summa	**92**	**33**	**14**	**8**	**22**
Procentandel av alla gravlokaler n = 169	**56**	**20**	**8**	**5**	**13**

Fig 166. Frekvens av gravlokaler av olika storlek inom de analyserande stensträngssystemen. *Frequency of burial sites of different sizes in the investigated stone fence systems.*

gravgrupper om två, utgör ett generellt äldre skikt av fornlämningar med datering företrädesvis till förromersk järnålder. På grund av att de studier som publicerats rörande gravformernas datering i Östergötland företrädesvis grundar sig på gravfält kan hypotesen inte säkert beläggas (Korsfeldt 1992, Lundström 1970, C Nilsson 1987, Selinge 1986).

Möjligheten finns emellertid att den tradition som involverat dessa gravformer, ensamliggande eller två och två, fortlevt under hela äldre järnåldern samt folkvandringstid även om tyngdpunkten legat i förromersk järnålder. Samma tradition att lokalisera spridda gravar till detta specifika område verkar ha funnits redan under yngre bronsålder men har då involverat mittblocksgravar. Hällkistorna i två av de fyra undersökta stensträngsområdena antyder att sedvänjan kan ha sina rötter i senneolitikum. Traditionen att placera gravar och gravfält inom dessa specifika terrängavsnitt upphörde först i och med den förändring som skett i början av yngre järnåldern. Först då övergavs betesmarkerna som de områden där man anlagt gravar. Istället verkar närhet till åkermark och bebyggelse blivit lokaliserande på ett annat sätt än tidigare.

Ensam- och parliggande gravars idéinnehåll

Och nu till frågan om det idégods som varit knutet till den ovan beskrivna gruppen av ensam- och parliggande gravar av vissa specifika typer. Det har ibland framförts att gravarna en gång tjänat som revirmarkeringar (C Nilsson 1987:104). En sådan idé förutsätter att det finns tveksamheter kring dispositionsrätten till marken. Ett argument mot denna idé är att man genom att anlägga gravarna inom den centrala betesmarken under förromersk järnålder, följt en sedvänja som varit utbredd redan tidigare, under yngre bronsåldern. Under förromersk järnålder har sedvänjan omformats, formaliserats och utvecklats till ett mera komplicerat bruk. Ett annat argument mot idén med revirmarkering är att nyanläggandet av boplatser ofta skett inom redan existerande boplatsers marker, med all sannolikhet i samförstånd med dessa, varför frågor rörande nyttjanderätten till marken redan torde ha varit lösta när de nya enheterna tillkom. En annan förutsättning för revirmarkering skulle kunna vara att det funnits kringströvande människor på jakt efter ny jordbruksmark, mot vilka man funnit det för gott att märka ut sin egen mark. Ett sådant scenario förefaller ej troligt för järnåldern.

En variant av revirmarkering är gränsmarkering, en tolkning som också framförts för ensamliggande gravar (D Carlsson 1979, C Nilsson 1987). En närmare titt på stensträngsområdet söder om Väderstad (fig 161) visar att de ensam- och parliggande gravarna inte har något tydligt samband med enskilda stensträngar utan ligger spridda i hela stensträngssystemet. Inte heller i de tre andra stensträngssystemen jag har studerat får denna idé något stöd. I stensträngssystemen i Väderstad, Särstad och Ryckelsby är det särskilt tydligt att gravförekomsten upphör abrupt när man kommer utanför stensträngssystemet. Om man skulle tänka sig en viktig gräns i dessa områden skulle det vara gränsen mellan den hävdade betesmarken och markerna utanför. Inte heller denna gräns markeras av gravar. Sambandet mellan gravar och mark förefaller snarare betingat av typen av markanvändning än markindelning med avseende på ägo- eller förfoganderätt. Att gravförekomsten upphör tvärt utanför stensträngssystemen i Väderstad, Särstad och Ryckelsby och avtar betydligt i Valla stöder denna idé. I analogi med senare markanvändning inom dessa specifika markavsnitt (markerade av stensträngssystemens utbredning) antar jag att markanvändningen under yngre bronsålder, äldre järnålder och folkvandringstid i huvudsak varit kopplad till djurhållningens behov.

En slutsats av detta resonemang blir alltså att mycket tyder på att det funnits en specifik typ av gravlokaler som haft stark koppling till vissa terrängavsnitt i betesdriftens landskap. Karaktäristiskt för lokalerna är att de innehåller en eller två gravar av vissa bestämda former. Karaktäristiskt är också att lokalerna är spridda inom de områden där stensträngssystemen finns. Principen för dessa lokaler är alltså att sprida gravarna inom ett specificerat större område, något som står i motsats till principen för gravfält, nämligen att samla gravarna på en plats. Medan de spridda lokalerna sannolikt anlagts från yngre bronsålder till folkvandringstid men koncentrerats markant till förromersk järnålder, finns ingen sådan koncentration i tid dokumenterad för gravfälten men frågan ha ej detaljstuderats.

I föregående kapitel kunde jag visa att de områden där stensträngssystemen finns ibland har utgjort centrala områden inom betesdriften från romersk järnålder till nyare tid. Ibland kan sambandet med djurhållningen endast beläggas från yngre järnålder och framåt. Gravarnas utbredning, som sammanfaller med stensträngssystemens, pekar mot att dessa terrängavsnitt har haft en speciell roll även under den period som representeras av gravarna. Jag bedömer att den ekonomiska rollen, liksom senare, varit som betesdriftens centrala produktionsmark. Detta har varit boplatsernas och senare byarnas närområden som primärt varit relaterade till, och anpassade för, djurhållningens behov. Marken har använts till lövtäkt och senare höslåtter samt specialiserat bete för utvalda grupper djur. Det är också möjligt att vinterbetet koncentrerats hit. Särskilt karaktärsdanande för områdena har säkert lövtäkten varit (Rackham 1976, 2002, Slotte 2000). Genom denna har träden omformats på ett karaktäristiskt vis och en speciell flora har gynnats. Inom sådana områden kan såväl lövtäkt och hötäkt som bete samsas. Lövtäkt kräver planerad skötsel av träden, något som gör att det förefaller rimligt att anta att dispositionsrätten till dessa områden varit löst redan under yngre bronsålder.

Det finns ett påtagligt kronologiskt samband mellan seden att sprida gravar inom betesdriftens primära produktionsmark och spåren av den välorganiserade betesdriften. Ungefär samtidigt som de tidigaste spåren av den välorganiserade betesdriften dyker upp i början av yngre bronsåldern, tar också seden att anlägga enstaka spridda gravar inom djurhållningens viktigaste marker sin egentliga början. Betesdriftens platser i Östergötlands centrala delar har kronologisk tyngdpunkt i yngre bronsålder och förromersk järnålder och det är också den period vilken majoriteten av de ensam- och parliggande gravlokalerna torde tillhöra. Sambandet mellan betesmark och gravar ser således annorlunda ut, beroende på om det gäller de små, speciella gravlokalerna eller gravfälten. Det finns eventuellt också ett kronologiskt samband mellan de små, speciella gravlokalerna och vissa stensträngssystem. Det är möjligt att ungefär samtidigt som den huvudsakliga anläggningsperioden för de små, speciella gravlokalerna slutar och betesdriftens platser kommer ur bruk, börjar man i vissa områden anlägga stensträngssystem.

För gravfälten verkar det vara nog att lokalisera dem till betesdriftens centrala produktionsmark. För de små, speciella gravlokalerna har det funnits uppfattningar som för det första styrt lokaliseringen av gravarna till betesdriftens centrala produktionsmark. För det andra har dessa uppfattningar särskilt under förromersk järnålder styrt antalet gravar per lokal till en, två eller möjligen tre samt för det tredje omfattat vilka typer av gravformer som skulle förekomma på dessa lokaler. De små, speciella lokalerna representerar ett specialiserat och väldefinierat rituellt bruk, sannolikt med precist idéinnehåll.

Det finns också ett kronologiskt samband mellan seden att sprida gravar inom betesdriftens primära produktionsmark och bebyggelseutvecklingen i Östergötland. Viktiga perioder för bebyggelseexpansion verkar vara övergången mellan äldre och yngre bronsålder samt övergången mellan yngre bronsålder och äldre järnålder. Den förstnämnda expansionsperioden sammanfaller med den tid då de första spridda gravarna inom betesdriftens centrala områden dyker upp. Den andra expansionsfasen sammanfaller med uppträdandet av spridda, ensam- eller parliggande gravar i fastställda kombinationer inom betesmarken. Kring Kristi födelse tillkommer ytterligare boplatser, samtidigt som sedvänjan med spridda gravar i betesmarken upphör eller mattas av betydligt.

Mitt syfte med denna studie har inte varit att problematisera gravbegreppet. Det är emellertid helt tydligt att det funnits skilt idéinnehåll bland å ena sidan ensam- och parliggande gravar av typerna rund stensättning, kvadratisk stensättning och treudd samt å andra sidan gravfält och andra gravgrupper. Bland undersökta kvadratiska stensättningar var majoriteten helt fyndtomma och saknade spår av gravläggning (C Nilsson 1987:87). Samma sak gäller antagligen för ensam- och parliggande treuddar och runda stensättningarna, även om detta inte är systematiskt undersökt. En aspekt av anläggningarna är sålunda att de anlagts inom de markavsnitt som var särskilt värdefulla för djurhållningen samt att de i majoriteten av fall saknar spår av begravningar. Förutom att ensam- och parliggande gravar har haft ett särskilt idéinnehåll finns stor anledning att anta att de också utgör ett fenomen som i huvudsak är avgränsat i tid. Jag finner det sannolikt att fenomenet framför allt hör hemma i förromersk järnålder eftersom kvadratiska stensättningar förefaller ha sin huvudsakliga datering till denna period (Winberg 1986). Termen grav blir i detta sammanhang närmast operationell (jfr Kaliff 1997, 2005b).

SAMMANFATTNING

Min undersökning visar att synen på boskapsskötselns centrala produktionsmark i områden där stensträngssystem finns innehållit element av konstans under perioden från yngre bronsålder till folkvandringstid. Gravar; ensamliggande, i gravgrupper och i gravfält, lokaliserades till denna del av gårdarnas/byarnas domäner under hela perioden. Området utanför, som i analogi med områden i östra Östergötland (Widgren 1983) samt av mina undersökningar av betesdriftens platser att döma (kap 9), också torde ha använts som bete, innehåller inte gravar i samma omfattning. Det kan noteras att områdena utanför stensträngssystemen i de områden som ej ansluter till dagens åkermark är nära nog helt tomma på gravar. Områdena med gravar har således haft ett annat idéinnehåll och betraktats på ett annat sätt än områdena utan gravar.

KAPITEL 12

SAMMANFATTANDE DISKUSSION

Detta sammanfattande kapitel har jag valt att dela upp i två delar. Den första delen innehåller en beskrivning av området söder om Väderstad där jag försökt väva samman resultaten från de separata analyser som presenterats i avhandlingens skilda kapitel. De flesta av dessa analyser har dessutom givit upphov till ytterligare frågeställningar som relaterar till den materialgrupp som undersökts eller de frågor som skärskådats. Dessa har ibland berörts i respektive kapitel och diskuteras inte vidare här.

I den andra delen av sammanfattningen snuddar jag vid frågor som har samband med djurhållningens roll i ekonomin och sociala förhållanden förbundna med djurhållningen. De frågor som tas upp här har inte kunnat belysas enbart utifrån en eller ett par materialgrupper. Behandlingen av dem är mycket översiktlig men jag tycker det är intressant att peka på olika möjligheter att gå vidare med frågor förbundna med djurhållning och betesdrift.

VÄDERSTADSOMRÅDET – EN FALLSTUDIE AV BETESDRIFT I ETT LÅNGTIDSPERSPEKTIV

Här sammanfattas resultaten från de separata analyser av olika aspekter av boskapsskötsel och betesdrift som tidigare presenterats. De östra delarna av Väderstadssystemet liksom de lokaler med fossil åkermark som undersökts i västra Östergötland och där jag varit projektledare har utgjort det viktigaste källmaterialet i min avhandling. Därför har jag valt att sammanfatta och diskutera mina resultat med utgångspunkt i området söder om Väderstad.

Ur östgötsk synvinkel utgör området ett representativt mikrokosmos, kanske är det också representativt ur ett mellansvenskt perspektiv. Vad gäller bebyggelseutvecklingen verkar området ansluta till den generella utvecklingen i Östergötland. Även vad gäller husdjurshållningen verkar området i mycket vara representativt.

I fig 167 visas en sammanställning av dateringar från Väderstadsområdet av företeelser jag undersökt i samband med betesdriftens landskap här.

Betessystemet

I övergången mellan äldre och yngre bronsålder uppträder de tidigaste ensamliggande härdarna och härdlokalerna som jag kopplat till ett nytt system för betesdrift. Kring 800 f Kr verkar det nya betessystemet vara både väletablerat och spritt. Liknande arkeologiska uttryck finns sedan fram till medeltidens början. I Östergötlands centrala bygder verkar betessystemet ha sin kronologiska tyngdpunkt i yngre bronsålder och förromersk järnålder och det är dessa perioder som är företrädda i området söder om Väderstad. Under romersk järnålder syns en märkbar minskning av antalet kända lokaler. Från yngre järnålder finns åter fler belägg men dessa härrör till övervägande del från perifera bygder.

Utmärkande för betessystemet är att huvudstrategin har varit utegångsdrift året om samt att det funnits fasta replipunkter i landskapet, till vilka man har återkommit gång på gång. De vanligaste arkeologiska spåren av replipunkterna är nedgrävda härdar, fyllda med kol och skärvsten. Dessa torde ha använts framför allt till matlagning. Replipunkterna ligger ofta i närheten av vatten, gärna i lä från en bergssida. Ibland finns här vattenhål vars kanter stenskotts och det finns också exempel på att hyddor byggts på dessa platser. Dateringarna visar att replipunkterna använts vid upprepade tillfällen, ibland under betessystemets hela varaktighet. Detta antyder att det funnits överenskommelser rörande betesrättigheterna och kontinuitet av någon typ därvidlag. Djuren har vallats i bete av herdar och det verkar som djur och människor övernattat ute i betesmarkerna, även när dessa inte legat speciellt långt från hemgården. På övernattningsplatserna har man anlagt nedgrävda härdar under den tid av året när marken inte varit frusen. I härdarna har herdarna lagat mat. Det är även tänkbart att härdarna haft en roll i mejerihanteringen även om det kanske är mindre sannolikt. Paralleller, med enkla platser där mjölkning skett och mjölken tagits omhand, finns emellertid från sen tid från norskt område (Reinton 1955). Platserna kan också ha fungerat vintertid men de säkra arkeologiska spåren som kan härröra från den tjälade årstiden är få. Ytanlagda härdar, som ursprungligen ej varit nedgrävda, är en typ av lämningar som kan ha tillkom-

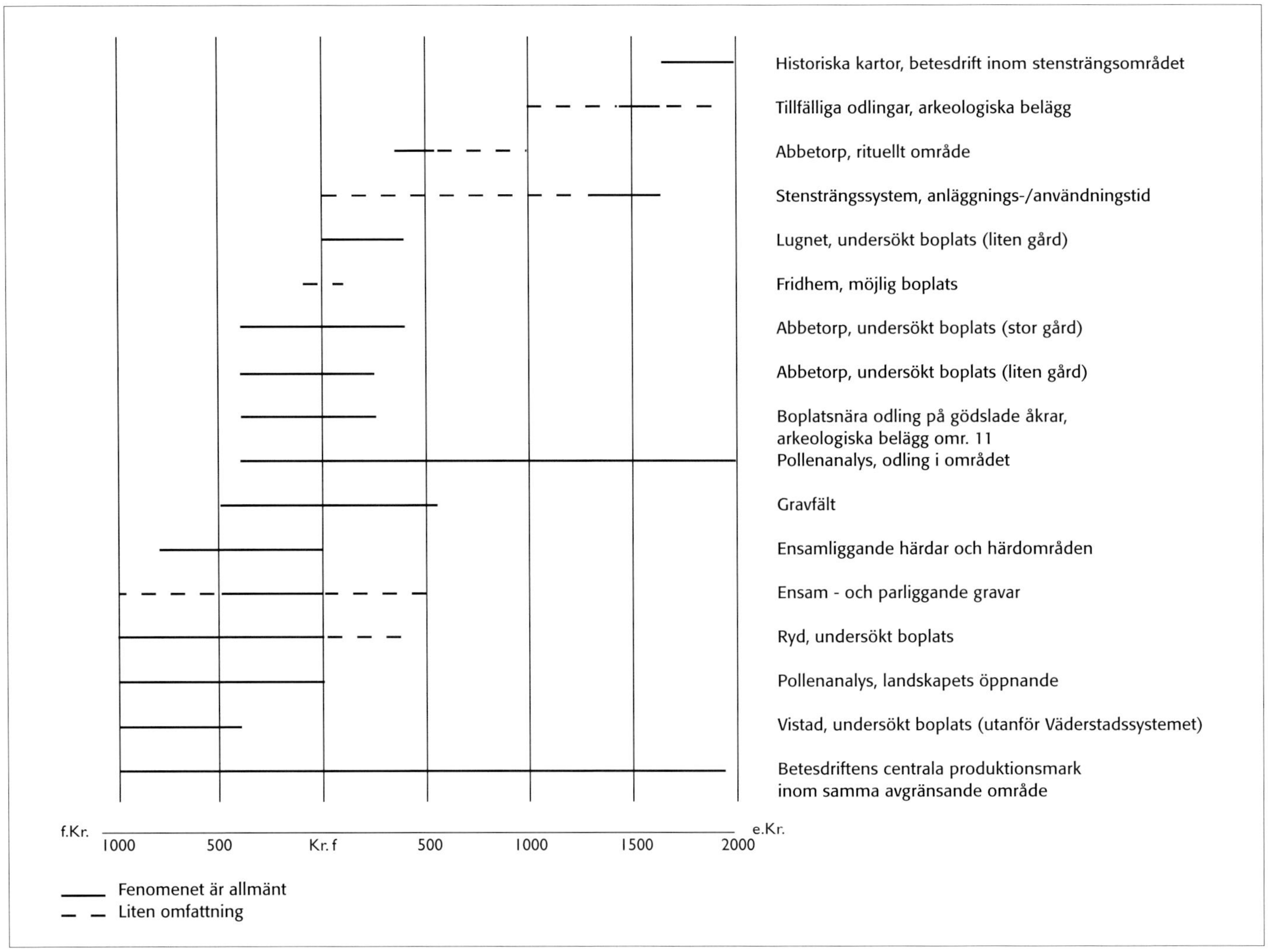

Fig 167. Sammanställning av dateringarna av skilda företeelser inom det område där Väderstadssystemet är beläget. Efter Ericsson m fl 1999, Ericsson & Österström 1999, Göransson 1989, Helander & Zetterlund 2001, T B Larsson 1993, Petersson 2004a, Ranheden 1999, Stålbom 1997. Grafik Lars Östlin. *Compilation of dates of various phenomena in the area where the Väderstad system is located.*

mit under vintern. Det är också möjligt att vinterns betesdrift varit mer koncentrerad på områdena närmast boplatserna.

Pollendiagrammen

Samtidigt som de första arkeologiska spåren av betessystemet uppträder i övergången mellan äldre och yngre bronsålder, syns kraftigt accelererande tecken i pollendiagrammen från Östergötland på att landskapet blivit allt öppnare (Göransson 1989, Ranheden 1999). Ett motsvarande förlopp har registrerats i andra delar av södra Sverige (Welinder 1998:187). Östgötaslätten avskogades kring 700–600 f Kr (Welinder 1998:193). I Väderstadsdiagrammet framstår spåren av mänsklig närvaro som väl utvecklade kring 400–300 f Kr, i samband med att flera boplatser har tillkommit inom området (Ranheden 1999). Inom Ystadsprojektet såg man en ökning av antalet betande djur som en viktig orsak till avskogning (Welinder 1998:187f). Per Lagerås och Mats Regnell menar att avskogningen och landskapets öppnande inte kunnat ske så snabbt om inte människan varit behjälplig och om djuren inte fått beta utomhus vintertid (Lagerås & Regnell 1999).

En bidragande förklaring som givits till vegetationens förändring är att artsammansättningen hos husdjursstocken hade ändrats. På Öland, Gotland och mindre uttalat i Mellansverige menar man sig se en ökning av andelen får på bekostnad av nöt, som inleds i och med yngre bronsålder och kulminerar under romersk järnålder (Carlsson 1979, Pedersen & Widgren 1998). I djurbensmaterialet från Östergötland syns ingen sådan förändring i husdjursstockens sammansättning utan denna är stabil under yngre bronsålder och järnålder. De boplatser som hör hemma i toppen av de lokala boplatshierarkierna har generellt sett högre andel nöt och häst än boplatser längre ner i hierarkien. Detta är något som inte ändras under hela perioden yngre bronsålder till yngre järnålder/tidig medeltid. Ändrad artsammansättning hos husdjuren förklarar således sannolikt inte det hårdare betestrycket och den fortlöpande avskogningen.

Bebyggelsen

Under yngre bronsålder verkar de boplatser varifrån betesdriften i Väderstadsområdet utgått ha legat i kanten av nuvarande Östgötaslätten eller en bit in på slätten. Ett exempel på en sådan boplats, det enda vi känner i området, är Vistadboplatsen. Denna verkar, på grund av sin utformning, ha varit en större boplats med en position i toppen av en eventuell lokal boplatshierarki.

I övergången mellan yngre bronsålder och äldre järnålder har skett en radikal ökning av antalet boplatser och det verkar som att moränmarkerna söder om Östgötaslätten nu tas i bruk (Göransson 1989). Det är också från denna tid de första kända boplatserna från den undersökta perioden anlagts i övergångsbygden mellan slätt och skog i området söder om Väderstad. Exempel på detta är boplatserna vid Abbetorp, Ryd och en möjlig boplats vid Fridhem nära Vallsberg (Petersson 2004a, Helander & Zetterlund 2001, Stålbom 1997). Denna bebyggelseexpansion verkar ha skett inom givna ramar i samförstånd med redan existerande bosättningar. De nya boplatserna verkar ha utgått från, och reproducerat, en redan existerande social ordning, något som visas av att det finns både stora och små gårdar bland de nyanlagda.

De tre århundradena före Kristi födelse har utgjort en expansionsfas då många nya boplatser har tillkommit. I Väderstadssystemet är boplatsen vid Lugnet, anlagd kring Kristi födelse, ett exempel på detta. Boplatsen Lugnet representerar en liten gård, tolkad som underställd en större, tidigare etablerad gård. Dessa båda bebyggelseexpansioner verkar ha skett som en förtätning av det existerande bebyggelsemönstret. Ett tecken på detta är att äldre boplatser oftast inte upphör utan har platskontinuitet över expansionsperioderna. Det verkar ganska klart att det vid denna tid funnits byar (jfr Fallgren 1993). Däremot kan det ibland vara svårt att arkeologiskt avgöra vilka boplatser som ingått i samma bygemenskap, liksom exakt vilka byggnader på en boplats som utgjort egna enheter och vilka som ingått i en större gård. Lämningarna på den stora Pryssgårdsboplatsen tyder på att det funnits byar även under yngre bronsåldern (Borna-Ahlkvist 2002).

Från de östgötska boplatserna daterade till yngre bronsåldern finns inga säkra tecken på att djuren vistats i fähus i någon större omfattning under vintern. Det finns däremot några få exempel på att djuren troligen fått komma inomhus under korta perioder, kanske i extrema situationer. Från förromersk järnålder finns några få belägg på att djuren vistats inomhus men det rör sig inte om fähus av historisk modell. Snarare handlar det om inomhusvistelse under kortare perioder men under ordnade former. De flesta gårdar saknar dock alla spår av att djuren vistats inomhus och utegångsdrift har varit det förhärskande under yngre bronsålder och förromersk järnålder. Från tiden kring Kristi födelse finns enstaka exempel på långhus med fähusdel där spåren skulle kunna tolkas som ett resultat av fähusdrift som liknar den i historisk tid, dvs med en längre period av vinterstallning och speciella byggnadstekniska lösningar för djur och utgödsling. Under både romersk järnålder och folkvandringstid torde dock utegångsdrift, liksom tidigare, ha varit den förhärskande strategin.

Som ett resultat av detta arbete har vissa drag hos undersökta boplatser kunnat identifieras, vilka grovt kan indikera positionen i en lokal boplatshierarki. Högstatusboplatserna har ett större gårdstun, flera hus på tunet, större bostadshus samt en mer komplex utformning av gårdstunet, där skilda aktiviteter har sina tydligt åsatta områden. I bostadshusen kan finnas ett halliknande mittrum. Ett karaktäristiskt drag, i alla fall under vissa perioder, kan vara att husdjuren helt saknat tillträde till bostadshuset. På boplatserna finns ofta stora härdområden för vardagsmatlagning inklusive sädesrostning, specialiserade matberedningsområden med ugnar och andra ovanliga anläggningar. Vidare finns specialiserade hantverksområden med många härdar, ofta med spår av järnhantering (smide eller järnframställning) och ibland med skärvstenshögar som t ex kan indikera ölbryggning. Det förekommer ibland spår av enklare byggnader på dessa hantverksområden, kopplade till hantverket. På högstatusboplatserna finns också ofta ett rituellt område med skålgropar, härdar och spår av offer. Ofta finns spår av järnhantering inom detta område och det förekommer ibland spår av enklare byggnader. I benmaterialet från högstatusboplatserna finns en hög andel fragment av nöt och häst. Makrofossilmaterialet kan innehålla en hög andel vete i förhållande till korn (Petersson 2002). Lokalerna kännetecknas av lång platskontinuitet, ofta från slutet av bronsålder till början av yngre järnålder.

De ordinära boplatserna har små gårdstun och saknar spår av specialiserade aktiviteter. Den aktivitet som oftast kan beläggas är matlagning. Oftast består gårdarna av endast ett, betydligt mindre, treskeppigt hus. Härdarna ligger ibland samlade längs kanterna av en anläggningsfri gårdsplan eller i ett band ca 10–15 m söder om långhusväggen, framför en anläggningsfri yta. I benmaterialet från de ordinära boplatserna finns hög andel får/get och låg andel nöt- och hästbensfragment. I makrofossilmaterialet dominerar korn över vete. Det förekommer att de ordinära boplatserna har kort platskontinuitet. Gruppen ordinära boplatser torde omfatta flera sociala nivåer, vilka ej kunnat urskiljas med utgångspunkt i de kriterier som här belysts. De nu beskrivna kriterierna för boplatsers position i den lokala boplatshierarkien har applicerats på de boplatser som framkommit i Väderstadssystemet. Den stora gården vid Abbetorp representerar en högstatusboplats medan övriga boplatser enligt detta synsätt karaktäriseras som ordinära.

Vid den stora gården vid Abbetorp fanns rester av ett stort bostadshus vilket innehållit ett centralt rum av representativ karaktär, bostadsdel samt ekonomidel. Det föreföll som om husdjuren helt saknat tillträde till denna byggnad. Till gården har hört ett mindre treskeppigt hus med två avdelningar. Bostadsdelen kan ha varit avsedd för tjänstefolk, trälar och liknande. I ekonomidelen verkar husdjuren ha kunnat vistas vid behov, även om det inte funnits fasta arrangemang indikerande längre sammanhängande perioder av fähusvistelse. Kanske är den separation mellan människor och djur som vi ser vid Abbetorp typisk för de högre sociala skikten under perioden.

Vid den lilla gården vid Abbetorp fanns spår av en inhägnad gårdsplan framför huset, från vilken djuren varit utestängda. Husdjuren hade emellertid sin särskilda plats utanför långhusets ena gavel där det fanns spår av ett anslutande skärmtak. Detta har sannolikt varit platsen för eventuell mjölkning och kanske viss utfodring vintertid. Gaveln i denna ände av huset har haft en mindre solid utformning så att husdjuren lättare kunnat släppas in i ekonomidelen vid behov. Även i detta hus saknades spår av fasta arrangemang för djuren, vilket tolkades som ett tecken på att inomhusvistelse vintertid för djurens del inte varit regel. Även i det långhus som undersöktes vid Ryd tolkades den ena delen som ekonomidel, dit djuren haft tillträde vid behov. Huset vid Lugnet var endast bevarat i form av stolphål och några säkra tecken på vilken djurhållningsstrategi det representerade fanns inte. Undersökarna bedömde, huvudsakligen beroende på att huset var orienterat nord-syd, att det rörde sig om en uthusbyggnad.

Vid de två undersökta gårdarna vid Abbetorp verkar husdjursskötseln varit inriktad på nötkreatur. Om tyngdpunkten legat mer på kött än mjölk är svårt att bedöma. Kanske betessystemets utformning, med huvudsakligen utegångsdrift, talar för att kött varit av större vikt än mjölk. Konsumtion av nötkött har varit förbundet med boplatser tillhöriga det övre sociala skiktet i den lokala boplatshierarkien. Det verkar som om den stora gården vid Abbetorp även influerat djurhållningen vid den mindre gården. De naturliga förutsättningarna i området har möjligen också främjat en inriktning på nöt.

Det nya betessystemet som kommit i bruk i början av yngre bronsålder har inneburit att människan omformat landskapet med djurens hjälp. En anledning till att införa den nya betesorganisationen kan ha varit att det allt eftersom kommit att finnas allt fler boplatser och att man tvingats utnyttja betet mera effektivt. Andra förklaringar kan vara en delvis förändrad inriktning på djurhållningen, t ex mot en större specialisering eller effektivare mjölkhushållning. Det är möjligt att betesdriften varit en angelägenhet för den enskilda gården. Det är också möjligt att den varit en gemensam angelägenhet för t ex en hel by och att den omfattats av en särskild organisation. De små gårdarna i Väderstadssystemet antyder att det senare kan ha varit fallet.

Den centrala betesmarken

Med hjälp av en analys av äldre kartor kombinerad med arkeologiska dateringar av fossila landskapselement och analyser av spridningen av fasta fornlämningar menar jag mig ha identifierat specifika områden som från och med yngre bronsålder blir de mest centrala och värdefulla markerna för djurhållningen såväl vad gäller bete som fodertäkt.

Inom ett flertal områden i västra Östergötland finns större sammanhängande stensträngssystem bevarade. I östra Östergötland har dessa traditionellt daterats till romersk järnålder och folkvandringstid och man har betraktat stensträngssystemen som fossila landskap från denna tid. I västra Östergötland verkar det emellertid helt klarlagt att det finns flera stensträngssystem vars struktur har samband med den bebyggelsestruktur som etablerats under yngre järnålder och där det verkar som medeltiden varit en viktig tillkomsttid för stensträngar. Sambandet med äldre järnålderns bebyggelsestruktur har varit svårare att fastställa eftersom läget för tidens boplatser är okänt i de flesta stensträngssystem. Jag har generellt antagit att det finns såväl yngre som äldre komponenter i de flesta stensträngssystem men att det också finns stensträngssystem med övervägande äldre strukturer lika väl som de där de yngre strukturerna överväger. På grund av stensträngssystemens komplexa tillkomsthistoria är svårigheterna stora att använda dem för detaljerade analyser av förhistorisk och medeltida markanvändning.

Delar av stensträngssystemet söder om Väderstad kan eventuellt ha samband med äldre järnålderns bebyggelsestruktur. De inhägnade ovala ytorna vilka framför allt är bevarade i systemets södra och sydvästra delar skulle då kunna representera ett sådant samband. Detta har dock ej varit möjligt att utreda på grundval av hittills publicerat material. Det finns också viktiga strukturer som förefaller ha samband med yngre järnålderns bebyggelsestruktur. Vissa av fägatorna samt vissa av de långa stensträngarna med riktning nord-syd är exempel på detta. Dessa yngre element är sannolikt framför allt bevarade i stensträngssystemets norra och nordöstra delar. Av undersökta stensträngar att döma förefaller medeltiden att vara den huvudsakliga tillkomsttiden för dessa yngre element.

Stensträngssystemen i västra Östergötland, inklusive Väderstadssystemet, är framför allt ett uttryck för en intensiv djurhållning. De inhägnade ytorna torde ha fungerat som ängsmarker liksom beteshagar för olika grupper djur, indelade efter t ex ålder och kön. På 1600-talskartorna är områdena markerade som ängsmark (hårdvallsäng), i den mån de alls har karterats. På 1700-talskartorna är de markerade som beteshagar, omväxlande med ängsmark. Här finns alltså en kontinuitet i markanvändning från medeltid till nyare tid. Det finns anledning att anta att den markanvändning som existerat under medeltiden i stora drag varit den samma som under yngre järnålder. Att bebyggelsen legat fast under hela denna period, låt vara med vissa tillskott i form av torpbebyggelse, är ett starkt argument härför. Det eventuella äldre inslaget i stensträngssysystemen antyder att denna markanvändning kan föras tillbaka till tiden kring Kristi födelse.

Spridningen av de förhistoriska gravarna visar att det funnits en sedvänja att koncentrera gravarna till de områden där stensträngssystemen finns. Denna sedvänja tar sin början under yngre bronsålder, varefter den fortsätter fram till och med folkvandringstid. Inom dessa områden har man anlagt gravfält, sannolikt under hela tidsperioden. Man har också skapat en speciell typ av standardiserade platser genom att anlägga ensam- eller parliggande gravar av typerna rund stensättning, kvadratisk stensättning och treudd, företrädesvis på små lokala krön. Det finns omständigheter som pekar mot att dessa standardiserade platser framför allt tillkommit under förromersk järnålder (Winberg 1986) men det är möjligt att seden tagit sin början redan i yngre bronsålder och då involverat delvis andra gravformer (som mittblocksgravar) samt fortlevt mera sparsamt ända fram i folkvandringstid. En stor del av dessa anläggningar saknar såväl begravningar som fynd. Att anläggningarna ändå tillhör den rituella sfären torde vara ställt utom all tvekan, liksom deras koppling till betesdriftens centrala produktionsmarker. Att enbart beteckna platserna som gravlokaler är sannolikt missvisande om man avser att beskriva hela det idéinnehåll som ursprungligen varit kopplat till dem (jfr Kaliff 2005b). Eftersom dessa små standardiserade platser så väl håller sig inom gränserna för stensträngssystemen har jag bedömt att här finns ett samband som jag menar inte har bestått i att stensträngarna och de standardiserade platserna har tillkommit eller varit i bruk samtidigt. Istället har sambandet att göra med jordbrukets markanvändning inom området. Att detta har varit djurhållningens mest centrala och viktigaste områden under en tidsrymd av nästan 3000 år ser jag som den förenande länken mellan stensträngar och standardiserade platser med gravar.

Förutom gravfälten och de standardiserade platserna med en eller två gravar, har djurhållningens centrala produktionsmarker sannolikt särskilt sig genom en speciell, lätt igenkännlig flora som varit ett resultat av hävd. Inom dessa områden, som bedöms ha legat i boplatsernas omedelbara närhet, har man sannolikt bedrivit systematisk lövfodertäkt, något som bör ha givit träd och buskar ett karaktäristiskt utseende. Dessutom antar jag att dessa områden betats särskilt intensivt; en betesgynnad flora bör ha funnits på marken under och mellan de hamlade träden.

Det är intressant att notera att storleken på det område som utgör betesdriftens centrala produktionsmark inte har ändrats trots bebyggelseexpansioner med en mängd nya boplatser både i övergången mellan yngre bronsålder och äldre järnålder och i århundradena före Kristi födelse. Detta, mer än något annat, talar för att expansionen skett inom givna geografiska och sociala ramar där de naturgivna förutsättningarna också spelat in. Andra materialgrupper talar för att anläggandet av nya boplatser i övergången mellan yngre bronsålder och äldre järnålder inneburit en intensifiering av betesdriften inom de givna områdena. Inte heller den stora bebyggelseomflyttning som skett i början av yngre järnålder när de äldre, spridda bebyggelselägena övergavs och bebyggelsen flyttade samman mot de historiskt kända bytomterna, verkar ha inneburit en förändring av markutnyttjandet av områdena i fråga. De har fortsatt att vara de viktigaste markerna för djurhållningen. I de områden där stensträngssystem har funnits sedan tidigare är det möjligt att de modifierats för att passa en ändrad bebyggelsestruktur. Däremot sker en ändring av dessa områdens status i och med att man upphör att anlägga gravar inom dem i början av yngre järnålder.

Betesdriftens förändringar kring Kristi födelse

Sammanställningen av dateringar i fig 167 visar att det verkar ha skett ett flertal förändringar vid tiden kring Kristi födelse. Spåren efter det välorganiserade betessystemet med fasta replipunkter i landskapet där vattning av djur, matlagning, ibland övernattning i en liten koja samt eventuellt beredning av mejeriprodukter kunnat ske, upphör i centrala Östergötland kring denna tid och så är fallet även i området söder om Väderstad. Det finns bara en större lokal, Järnstad i Stora Åby socken, som är senare. Jag bedömer därför att betessystemet på de flesta platser sannolikt omvandlas på något avgörande sätt kring Kristi födelse. Vad säger oss då arkeologin om denna omvandling? Det verkar inte som strategin med utegångsdrift året om ändrats i någon väsentlig grad. Visserligen uppträder de första riktigt tydliga fähusen vid denna tid men utegångsdrift fortfar att vara huvudstrategin på flertalet undersökta boplatser i Östergötland. Så är fallet även på de undersökta boplatserna i Väderstadsområdet.

Min studie av stensträngssystemen och deras datering ger vid handen att det är möjligt att man börjat anlägga stensträngssystem under äldre järnålder, men i vilken omfattning är okänt. Det verkar klarlagt att viktiga strukturer i många stensträngssystem har samband med den bebyggelsestruktur som etablerats under yngre järnålder och arkeologiska undersökningar visar att områden av varierande storlek inom stensträngssystemen hägnats med stenmurar under medeltid. Om det alltså tillkommit hägnader i större markområden kring Kristi födelse skulle en omläggning av betesdriften mot mera bete inom inhägnade hagar, till dels kunna förklara försvinnandet av betesdriftens replipunkter vid denna tid. En annan tänkbar förklaring till att betesdriftens tydliga replipunkter försvinner i centrala Östergötland, skulle kunna vara att betesdriftens organisation knyts fastare till boplatserna och integreras mer i livet på boplatserna. Herdarna skulle då inte längre ha tillrett sina måltider ute i betesmarkerna utan ätit medhavd (kall) matsäck och i högre grad, kanske som regel, återvänt till boplatserna om kvällarna för att övernatta där. I Väderstadssystemet har vid denna tid tillkommit boplatsen vid Lugnet, tolkad som en liten, eventuellt ej självförsörjande enhet, vilken varit underställd en större gård. Tillkomsten av sådana gårdar har inneburit en förtätning av bebyggelsen. Det har föreslagits att gårdar som Lugnet varit hem för herdar, vilka vallat även de stora gårdarnas boskapshjordar (Widgren 1996). Det är omöjligt att avgöra vilket orsakssammanhang, om något, som finns mellan tillkomsten av gårdar som denna, och den förändring av betesdriftens organisation som fornlämningsmaterialet antyder.

En annan tänkbar orsak till förändringarna i betets organisation skulle kunna vara en intensifiering av sädesodlingen, där djuren hållits i särskilda fållor under nätterna för att gödsla odlingsmarken. Ytterligare en tänkbar orsak skulle kunna vara en ändrad inriktning i djurhållningen, där en större tonvikt än tidigare lagts på mjölkhushållningen och där man börjat att systematiskt mjölka och bereda mjölken vid hemgårdarna. Oavsett på vilket sätt betesdriften ändrats och vilka orsakerna varit, och sannolikt rör det sig om flera samverkande orsaker, verkar det stå helt klart att de områden som tidigare utgjort de centrala betesmarkerna och som haft en alldeles särskild status i landskapet, fortsätter att användas på samma sätt. Bruket att förlägga gravfälten till dessa områden fortlever. Däremot upphör man sannolikt vid denna tid så gott som helt att skapa de standardiserade platser som utmärkte dessa områden under förromersk period, där en eller två gravar av vissa bestämda typer anlades tillsammans företrädesvis på mindre krön – dateringen av platserna är dock ej helt klar. Områdenas speciella status som gått utöver att vara betesmark och uttryckts genom att gravar och gravfält förlagts just hit, har alltså fortlevt. Även betet utanför dessa centrala områden lär ha fortsatt – den tidens verkliga skogsbeten bör fortsatt ha funnits.

Intressant att notera är att bruket att placera gravar och gravfält inom dessa djurhållningens centrala områden helt upphört ungefär samtidigt som den tidigare spridda bebyggelsen flyttat samman mot de platser där de medeltida bytomterna senare återfinns. För Väderstadssystemets del betyder det att bebyggelsen flyttar till lägen i kanten av Östgötaslätten. Det mesta tyder på att markanvändningen inom dessa områden förblivit tämligen oförändrad även under yngre järnålder. I och med att man slutade anlägga gravar inom områdena kan man ändå dra slutsatsen att någon aspekt av hur de uppfattades, som inte enbart har haft med ekonomi att göra, har ändrats.

Härmed lämnar jag den del av sammanfattningen som har Väderstadssystemet och figur 167 som sammanhållande element.

JORDBRUKETS INRIKTNING

I detta avsnitt diskuteras betydelsen av åkerbruk respektive husdjurshållning under äldre järnålder med utgångspunkt i tidigare redovisade resultat. Roger Cribb definierar pastoralister som ”those who are chiefly dependent on their herds of domestic stock for subsistence” (Cribb 1991:17) och där anförd litteratur), dvs de som är huvudsakligen beroende av sina tamdjurshjordar för sin försörjning. Det är vanligt att åkerbruk bedrivits jämsides med husdjurshållning även om produktionsinriktningen varit pastoral. T B Larsson menar att under bronsålder och äldre järnålder bedrevs bägge inriktningarna samtidigt men att betoningen på den ena eller den andra kan ha skiftat (T B Larsson 1986:138). Etnologen Håkan Eles menar att för den bofaste svenske bonden gav boskapens avkastning i större delen av Sverige under historisk tid ett viktigare bidrag till försörjningen än vad jorden kunde ge. Boskapen spelade alltså mestadels den största rollen (Eles 1975:231). Enligt Cribbs definition skulle svenskt jordbruk i huvuddelen av landet kunna anses pastoralt långt fram i tiden.

Det finns en samstämmighet hos skilda forskare kring att dieten under åtminstone yngre bronsålder och järnålder varit animaliebaserad i mycket högre grad än senare. Detta betyder att man för beräkningar av åker- och betesarealer inte utan vidare kan stöda sig på analogier från historisk tid. Utegångsdrift kan troligen heller inte jämföras arealmässigt med en djurhållningsstrategi som inbegriper vinterstallning med höfoder. Trots att analyser av halten av vissa typer av kol- och kväveatomer i människoskelettet tyder på att man under neolitikum och bronsålder åt relativt lite mat från åkrarna samt att boskapen gav mera mat än åkrarna (Lidén 1996, Welinder 1998:170f) anser Stig Welinder ändå att det egentligen är oklart om produkter från boskapen överlag dominerade kosthållet under perioden. Han påpekar att ”även ganska små åkrar ger mycket mat jämfört med bronsålderns kor, vars slaktvikt och mjölkmängder var små” (Welinder 1998:189).

Ett sätt att försöka skatta betydelsen av åkerbruk respektive boskapsskötsel är att göra en uppskattning av åkerareal i förhållande till betesmarkens areal vid ett visst givet tillfälle.

En utgångspunkt kan vara bevarade fossila åkerytor och åkersystem, men sådana är inte kända i Östergötland, varken från bronsålder eller från förromersk järnålder. Det har hävdats att åkerbruket under denna tid skett på ett sådant sätt att det inte lämnat bestående spår i markytan (Welinder 1998:178) – däremot har mindre fossila åkerytor framkommit vid arkeologiska undersökningar. Kanske betyder själva avsaknaden av bevarade fossila åkersystem att åkerbruket varit av mindre betydelse. Först från romersk järnålder har man räknat med att det finns bevarade fossila åkerformer, i stensträngssystemen i östra Östergötland. Flera forskare har med utgångspunkt i fossila landskapselement, fornlämningsbild, historiska analogier, antaget kaloriintag m m sökt uppskatta gårdarnas och de odlade ytornas storlek under romersk järnålder och folkvandringstid samt förhållandet mellan animalier och vegetabilier i kosten (Abel 1962, D Carlsson 1979:154, Edgren & Herschend 1982, Elfstrand 2005a, Hannerberg 1971:87f, Widgren 1983:79). Mats Widgren har t ex beräknat att en gård i stensträngssystemen i östra Östergötland under romersk järnålder/folkvandringstid har haft en åkerareal om 3 ha odlat i ensäde, 30 ha äng och minst 30 ha betesmark, totalt 63 ha men sannolikt det dubbla, samt en boskapshjord om 15 nötkreatursenheter (Widgren 1983:79). Edgren och Herschend har analyserat öländska förhållanden och ansluter sig till Widgrens beräkning av den totala gårdsarealen på ca 60 ha men menar att antalet djur på Öland varit större (Edgren & Herschend 1982:19). På Gotland räknar Dan Carlsson för samma period med en samtidigt odlad åkerareal om 1,5 ha och en genomsnittlig inägomark om 18 ha (D Carlsson 1979:154).

Det finns flera problem med att använda västra Östergötlands stensträngssystem och synliga fossila åkerformer inom dem för arealberäkningar av äldre järnålderns åker-, ängs- och betesmark. För det första är det på intet vis utrett vilka komponenter i stensträngssystemen som tillhör äldre järnålder och vilka som är senare. För det andra har arkeologiska undersökningar under senare år visat att synliga fossila åkerformer i dessa miljöer ofta är medeltida.

Vid undersökningarna inom Väderstadssystemet har emellertid framkommit fossila odlingslämningar vilka ej varit synliga i markytan före undersökning. Ca 30 m väster om bostadshuset i den stora gården vid Abbetorp (hus 2), framkom fossila odlingsspår, vilka bedömdes tillhöra förromersk järnålder. Här har i en sluttning funnits terrasserade åkerytor med en maximal utbredning av ca 125x50 m (6250 m^2, dvs ungefär 0,6 ha), vilka varit gödslade. Hur stor del av denna yta som varit samtidigt odlad var omöjligt att avgöra. Vidare fanns i anslutning till den lilla gården vid Abbetorp (hus 3) en fossil åkeryta om ca 45x25 m (1125 m^2) vilken varit gödslad med boplatsavfall och använts under förromersk och äldre romersk järnålder. Om man antar att åkrarna legat i bebyggelsens omedelbara närhet finns med tanke på läget för de ytor som avbanades, möjligheten att ytterligare åkerytor tillhört de två gårdarna. Vad gäller den lilla gården har de närmaste ytorna norr, väster och öster om gården undersökts. Söder om den har funnits ett sankt område. Såvitt inte åkerytorna legat på ett större avstånd från gården förefaller den sammanlagda åkerarealen att ha varit högst blygsam. Detta kan ställas i relation till Bengt Elfstrands resultat från en mindre gård vid Kallerstad i Linköping, där han under förromersk järnålder bedömt att den samtidigt odlade åkerarealen omfattat ca 700 m^2 och under romersk järnålder ca 700 m^2 alternativt ca 1400m^2 (Elfstrand muntl, 2005a: 135f). I detta område bedömer Elfstrand att varje gård under äldre järnålder omfattat en areal av 14–16 ha (Elfstrand 2005a: 117). Vid Mjärdevi i Linköping bedömde Elfstrand att den samtidigt odlade åkerytan för en gård uppgått till ca 1800 m^2 (Elfstrand 2005a:135, Elfstrand & Hennius 2006). De redovisade resultaten antyder att åkerarealen varit liten, något som pekar mot att boskapsskötsel i vissa områden spelat en mycket stor roll i näringsekonomin. Om eller hur detta relaterar till sociala faktorer är en outredd fråga.

Det arkeologiska materialet i kombination med pollenanalys kan inte ge ett säkert svar på frågan om jordbruket under den välorganiserade betesdriftens tid – yngre bronsålder och förromersk järnålder – kan benämnas som pastoralism i den mening t ex Roger Cribb (1991) lagt i begreppet, även om mycket talar för detta. Det finns all anledning att poängtera att den vikt djurhållningen spelat i näringsekonomin verkar ha varierat mellan olika platser under samma tid bl a beroende på naturliga förutsättningar. Sammansättningen av djurbensmaterialet med en ovanligt stor andel nöt på några boplatser i västra Östergötland illustrerar detta. Det faktum att betesdriften varit så välorganiserad och att den varit så intensiv och omfattande att den helt omvandlat landskapet från skogigt till öppet tyder på att djurhållningen haft en mycket viktig roll. Att betesdriftens centrala produktionsmarker haft en helt speciell status som även varit förbunden med rituella företeelser pekar i samma riktning liksom det faktum att det främst är djurhållningen, inte åkerbruket som bestämt boplatsernas utformning.

DJURHÅLLNINGENS INRIKTNING

Pastoralism kan bedrivas med två skilda huvudinriktningar, antingen med inriktning på köttproduktion eller med inriktning på sekundära produkter, som t ex mjölk, mejeriprodukter, blod, ull, hår, dragkraft och transport (Prescott 1993:163). Ofta har djurhållningen gått ut på att optimera både kött och sekundära produkter. Det bästa sättet att avgöra den pastorala inriktningen hos forntida jordbrukssamhällen är genom ålders- och könsbestämning av djurbenen från de skilda tamdjursarterna (Hambledon 1999) men djurbensmaterialet från de östgötska boplatserna är så dåligt bevarat att detta ej varit möjligt. Djurbenen från en liten förromersk gård vid Lambohov i Slaka socken antyder dock att man här har sökt optimera såväl kött som sekundära produkter från nöt, medan får och gris varit köttproducenter (F Johansson 1993:37ff). På de större gårdarna och i delar av västra Östergötland visar bevarade djurben att man företrädesvis har hållit nötkreatur.

Szabó menar att speciella organisationsformer för betesutnyttjande och vallningens organisation först uppträder när djuren börjar användas mångsidigt som kött- och mjölkleverantörer och som arbetskraft (Szabó 1970:36f), något som skulle kunna indikera att den betesorganisation jag spårat i Östergötland under yngre bronsålder och äldre järnålder har en sådan diversifierad inriktning. Samtidigt bör man hålla i minnet att mjölknivåerna varierat under året och att man antagligen får räkna med att korna sinade under vinterperioden (Myrdal 1999).

De exempel på pastoralism med inriktning mot mejeriprodukter som jag stött på i litteraturen karaktäriseras av att det finns specifika platser för mjölkens omhändertagande och vidareförädling. Karaktäristiskt verkar vara att dessa platser uppvisar komplexa arrangemang förbundna med detta syfte. Ofta utförs de arbetsuppgifter som hör samman med mjölkhushållningen på en plats som är central i betessystemet, antingen det rör sig om hemgården eller en säter. Betesdriftens platser i Östergötland innehåller endast i undantagsfall andra anläggningar än härdar. Det är mycket tveksamt om dessa enkla platser verkligen spelat en central roll i en omfattande och systematisk mjölkhantering och -förädling. Några föremålsfynd som skulle stödja en sådan tolkning finns inte. Däremot är det fullt tänkbart att de större lokalerna som innehåller flera olika typer av anläggningar, har kunnat spela en sådan roll. Dessa är dock mycket få. De nedgrävda, stenfyllda härdarna som karaktäriserar betesdriftens platser bör i det stora hela ha varit förbundna med matlagning. Att de överhuvudtaget existerar indikerar starkt att man under sommarsäsongen inte återvänt till hemgården om nätterna. Sannolikt talar dessa omständigheter för att den välorganiserade betesdriften under perioden yngre bronsålder och förromersk järnålder inte haft huvudinriktning mot mejeriprodukter. Dessa har förmodligen spelat en mindre framträdande roll. Inriktningen torde istället ha varit mot kött eller inneburit ett försök att optimera såväl kött som mjölk.

Samtidigt är det möjligt att den geografiskt varierande artfördelningen med stor andel nöt i västra Östergötlands randbygd är ett uttryck för att olika inriktningar funnits; en där man sökt optimera både kött och sekundära produkter troligen särskilt vanlig på de små gårdarna, och en specialiserad, eventuellt mera köttinriktad eller inriktad mest på sekundära produkter och vanligast på de stora gårdarna men även inom vissa geografiska områden. Här finns anledning att erinra om den överskottsproduktion av hudar och skinn som flera forskare menat legat till grund för ett överskott under romersk järnålder (Elfstrand 1995, Hagberg 1967, Kaliff 1999a, Widgren 1998).

När de nedgrävda härdarna försvinner från betesmarkerna kring Kristi födelse har detta tolkats som ett tecken på en förändring i djurhållningen. Jag har föreslagit att betesorganisationen knyts fastare till och integreras med livet på boplatserna. En orsak till detta menar jag kan vara en ökad tonvikt på mjölkhushållning, där djuren förts till hemgården om kvällen och stannat över natten i anslutning härtill. Såväl mjölkning som förädling av densamma antar jag nu har skett på hemgården. Däremot talar allt för att huvudstrategin för djurhållningen fortsatt varit utegångsdrift. Jag har föreslagit att vinterstallning av nötboskap är en företeelse som blir allmänt utbredd först betydligt senare.

HUSDJURENS SOCIALA VÄRDE

I samband med Ystadsprojektet beräknade man, utifrån graden av landskapets öppenhet, att boskapshjordarna var 5–10 gånger så stora som behovet för den dagliga försörjningen av kött och mjölk under yngre bronsåldern (Welinder 1998:187f). Även om man inte godtar de premisser som ligger bakom beräkningen som uppskattad folkmängd, intensiv varuutväxling för att erhålla bronser, idéer om hur betet varit ordnat etc (jfr Lagerås & Regnell 1999), förefaller ändå antalet djur ha varit betydande och så verkar ha varit fallet även i Östergötland. Det finns antagligen anledning att anta att det legat viss prestige i att ha många djur men som Gudrun Dahl och Anders Hjort påpekat har detta aldrig varit ett självändamål, försörjningsmässiga hänsyn kommer i första rummet (Dahl & Hjort 1976:16f). För det första representerar en större tamdjurshjord ett högre mått av trygghet – även om det blir dåligt med bete eller djuren drabbas av epidemier innebär en större hjord att det är större sannolikhet att några av djuren överlever. Den andra viktiga och självklara poängen är att ett hushåll med en stor tamdjursstock potentiellt sett har större kvantiteter kött till sin disposition – även om huvudinriktningen skulle vara på sekundärprodukter. De platser i mitt undersökningsmaterial som ligger högst upp i de lokala sociala hierarkierna utmärker sig för en förhållandevis större andel fragment av nötben – under hela perioden från yngre bronsålder till yngre järnålder/tidigmedeltid. Jag tror att detta kan tolkas så att det sociala mervärde Dahl och Hjort talar om under denna period varit kopplat till just nöt. Welinder har på grundval av gravar med könsbestämda skelett och etnografiska paralleller kommit fram till liknande slutsatser (Welinder 1998:203ff). Han menar att den till nötboskapen knutna statusen i första hand tycks ha varit knuten till männen. Han menar också "att de traditionellt välkända könsrollerna också med avseende på värderingar kanske utformades speciellt under senneolitikum och äldre bronsålder, då användningen av årder blev vanlig och stora boskapshjordar tycks ha vallats i ett allt öppnare landskap" (Welinder 1998:226). Arbetsfördelningen mellan könen kan dock variera i skilda pastorala samhällen. För att ge denna fråga en rättvis belysning hade det varit nödvändigt att också ta in arkeologiskt undersökta gravar och föremålsfynd från boplatser som källmaterial, något som inte varit möjligt inom ramen för föreliggande arbete.

Jag tolkar inte den högre andelen nöt i benmaterialet på vissa boplatser i Östergötland primärt som ett resultat av enstaka fester ordnade i syfte att ernå eller befästa en hög social prestige eller liknande. I stället menar jag att den är ett resultat av vardagskosten och att den på dessa platser innehållit en högre andel kött och sannolikt också andra animalier. I de familjer detta gäller kommer sannolikt en större andel av barnen att kunna överleva till vuxen ålder. Man kommer mera sällan än övriga att drabbas av svältperioder i samband med missväxt och epidemier bland tamboskapen. Under perioder när maten tryter, finns möjligheten att i stället för svält välja att slakta några djur ur boskapshjorden. Som ett resultat av detta kommer medlemmarna i sådana familjer att vara längre, dvs ha högre medellängd som grupp betraktat än i lägre samhällsklasser, något som danska studier av gravmaterial från järnåldern visar (Jansen Sellevold m fl 1984), även om man där inte kunnat koppla arkeologiskt boplatsmaterial som indikerar diet till sina resonemang.

SLUTORD

I början av avhandlingen diskuterade jag ingående hur arkeologiskt källmaterial kommer till och hur denna process inverkar på materialets källvärde. Jag framhöll särskilt arkeologens roll som skapare av sitt eget källmaterial. Hanterandet av olika källor och bedömningen av deras källvärde återkommer sedan i de flesta avhandlingskapitel. Jag har analyserat olika källmaterial som bedömdes kunna belysa skilda aspekter av djurhållning och betesdrift under perioden yngre bronsålder och äldre järnålder, med särskilt fokus på förromersk järnålder. Analysernas tidsomfång har emellertid berott på källmaterialens karaktär och ibland även kommit att omfatta yngre järnålder och medeltid. En grupp av källmaterial har utgjorts av arkeologiskt undersökta boplatser, vilka belyst spåren av djurhållningen där. En andra, mer disparat grupp av källmaterial har relaterat till betesdriftens landskap. Här finns arkeologiskt undersökta lokaler, fornlämningar som framkommit vid inventering, historiska kartor och pollenanalyser. Var och en av de separata analyser som ingår i avhandlingen har givit upphov till en mängd nya frågor. Många av dessa framstod som sidospår i förhållande till huvudtemat i denna avhandling och har lämnats därhän. Det finns också mera övergripande frågor som bäst belyses med hjälp av flera olika källmaterial. Flera av dessa har berörts tidigare och några har diskuterats i detta kapitel. Den inriktning man haft på jordbruket – boskapsskötsel och åkerbruk – har inverkat på en hel rad aspekter av det forntida livet. Detta är något jag endast snuddat vid här. De frågor jag koncentrerat mig på har ofta hänförts till näringsekonomin, något som inte varit i forskningens fokus under senare år. Det betyder att det funnits möjlighet att närma sig dessa frågor med stöd av nytt källmaterial – det senaste årtiondets stora exploateringsundersökningar – men också utifrån ett delvis nytt teoretiskt perspektiv, influerat av postprocessuell forskning.

SUMMARY

TRANSLATION LAURA WRANG

CHAPTER 1. INTRODUCTION

The aim of this thesis is to analyse and describe animal husbandry and its organisation in the Late Bronze Age and Early Iron Age with the help of a multifaceted archaeological material. During these time periods, the focus on livestock management and agriculture affected many different aspects of people's lives without, for that matter, being determinative. The thesis therefore also aims to illuminate the role of animal husbandry in the prehistoric society.

Landscape, animals and people are the three components in all grazing systems. The landscape sets the limits in combination with human and animal needs. People and animals can change the landscape so that the limits for what is possible are altered.

The thesis consists of several more or less separate analyses of different source materials that illuminate various aspects of prehistoric animal husbandry. The source materials can be grouped into three distinct archaeological contexts:

- Settlements, the permanent sites where people lived and had their houses.
- Places in the grazing system, located at varying distances from the settlements.
- The pastoral landscape, which consists of the entire landscape where livestock and people were active during grazing.

Individually the different source-material groups illuminate one or more aspects of animal husbandry. When all the results are compiled, however, a more comprehensive and nuanced picture emerges.

The settlements were the fixed points from which animal husbandry was initiated and steered during the time periods in question. They also were the places in the landscape where many livestock-related activities were focused. In my thesis I have therefore analysed the layout of settlements with regard to livestock management, and in particular the three-aisled longhouses. In addition, animal bone material has been analysed to glean information on the type of animal husbandry at different types of sites.

Although the archaeological traces of animal husbandry are concentrated to the settlements, it is still the landscape, not the settlements, which formed the basis of the husbandry. It was there the livestock grazed and stayed for the main part of the year. Studies published on historical grazing systems show that grazing can leave traces in the landscape in the form of different features used by livestock and people. The traces are often concentrated to certain locations that served as bases in the grazing system; they were places to which people repeatedly returned. On the basis of the published studies, I discuss the archaeological criteria that might identify these places. One chapter takes the form of a case study, where the criteria are applied to a material from western Östergötland. To examine the geographical and chronological spread of this phenomenon, I have also studied relevant material from the rest of Östergötland.

The analyses in this thesis comprise, in the first hand, an area south and east of the town of Väderstad in western Östergötland; in some cases the study area was enlarged to include other areas as well. I chose this study area because in the 1990s I served as project leader for several, large archaeological excavations prior to the rebuilding of motorway E4 between Mjölby and Väderstad. The area includes several sites with fossil fields that were investigated partly with new methods (Petersson 1999a, 2001a). An area with a large and well-preserved stone fence system south of Väderstad town was also excavated since the projected motorway cut straight through it. Here, stone fences and fossil fields were investigated, as well as a large settlement site called Abbetorp and a ritual area with a burial-ground and traces of sacrificial activities (Petersson 1999b, 2004a). In the excavations of fossil fields, sporadic hearths were found; they were dated to the Late Bronze Age and Early Iron Age, but they could not be linked to a specific archaeological context. This source material has set the chronological scope for the thesis. A detailed analysis, for which the

Abbetorp hearths served as comparative material, showed that the field hearths could possibly be interpreted in the context of grazing. This sparked my interest to study further the various aspects of animal husbandry during the time periods. In addition, a review of the literature showed that no previous attempts had been made to give a composite picture of the aspects of prehistoric animal husbandry.

CHAPTER 2. ARCHAEOLOGICAL SOURCE MATERIAL

In the present work, the archaeological source material plays a major role. Since it varies in type and quality depending on different conditions, the source material is a central component. In order to evaluate an archaeological source material it is important to be aware of the factors that influence and shape it. The basic factor, which sets the framework for further work, is the concrete material, that is, the concrete traces of earlier actions. Within the limits set by these concrete traces, it is the archaeologist who creates the archaeological source material with the aid of theoretical and practical work. In chapter 2 the concrete traces are discussed together with the primary interpretations made during the archaeological excavation. The different factors that influence the value of a material as a source are also considered.

An archaeological excavation generates, among other things, documentary material and interpretations. *The concrete material* is usually the remains of past human actions, but sometimes it also includes the remains of natural processes. By *primary interpretations* is meant the basic interpretations of the concrete material made in connection with fieldwork and also during the writing of the report. They imply an attempt to understand past actions on a micro-level, and they form a basis for further interpretation. In the thesis, there are several investigations that deal with this micro-level.

CHAPTER 3. LANDSCAPE AND SETTLEMENT DEVELOPMENT

Chapter 3 presents a brief summary of Östergötland's prehistory, with special attention to western Östergötland. The purpose is to describe the contexts that apply to animal husbandry. Therefore, I have chosen to focus on settlement and landscape. The summary rests mainly on compilations and analyses of archaeologically investigated sites, since the analyses in the thesis are based on such material (Hedvall 1995; L K Larsson 2005; C Nilsson 1987). Dated settlements and burial-grounds are especially significant here, but pollen analyses have also contributed information on the landscape (Göransson 1989; Ranheden 1999).

The different types of source material show surprisingly siilar pictures with respect to the changes in settlement development and land use. The following periods of change can be discerned in the material:

- The Late Neolithic – Early Bronze Age, when the use of the landscape changed due to a marked increase in slash-and-burn agriculture. At the same time, very few new settlements were formed.

- The transition between the Early and the Late Bronze Age, when the number of settlements increased. The process of opening up the landscape accelerated markedly at the same time as grazing intensified. New burial-grounds were also established at this time.

- The transition between the Late Bronze Age and pre-Roman Iron Age, c. 600–500 BC, which represents one of the greatest changes in the settlement pattern due to the formation of many new settlements. During the same period, a large number of new burial-grounds were established. Pollen analyses show an increase in the extent of grazing grounds; the extent of cultivation also increased, and the moraine lands south of the Östgöta plain were now taken into use.

- The period from the 3rd century BC to BC is once again a time of expansion, with many new settlements. During the same period many new burial-grounds were established.

- The period of the 2nd and 3rd centuries AD is, according to many scholars, the time when the majority of stone fence systems were formed along with the settlements connected to them. In the source material there are no new settlements from this time, but a small number of new burial-grounds are discernible.

- The period AD 400–600, when many Early Iron Age settlements were abandoned and new ones were formed, the latter most likely at the same places where the medieval village plots are found. At the same time there are examples of settlements that did not move but instead kept their Early Iron Age locality throughout the Late Iron Age and Middle Ages. This was also a time when many burial-grounds were abandoned. The restructuring coincides with a decrease in cultivation signals in pollen diagrams and an increase in grazing grounds.

- The transition between the Viking Age and Early Middle Ages, when a rather large number of settlements were abandoned, including many that had been formed at the start of the Viking Age. Also at this time, the existing infrastructure within the village plots was regulated. A large number of burial-grounds were abandoned during this period, a process that had started already in the 9th and 10th centuries. The period is characterised by a marked increase in cereal cultivation and forest fires, which has been linked to the cultivation of new land and the slash-and-burn method.

CHAPTER 4. ANIMAL BONES FROM SETTLEMENTS

In this chapter an analysis is done to see whether the composition of livestock differs among the sites and during different time periods, and if so, what it depends on. The analysis comprises bones from cattle, sheep/goats, pigs and horses. These domestic species are focused on because they occur at all 14 sites that have provided the 17 separate bone materials in the analysis. In my analysis, two more or less independent variables are used. The first is the animal bone materials from different types of sites in Östergötland; I study the fragment percentage of the different materials, which had previously been osteologically identified. The second variable is the archaeological interpretation of the sites from which the osteological materials originate, in other words the type of site. The site types are as follows: ordinary settlement, high-status settlement, crafts place, and ritual place (though not graves or burial-grounds). Yet another variable is discussed, namely the chronological one. Preliminary results have been published in an English-language article (Petersson 2004f). The results show that the type of site, regardless of dating, is the factor that has the greatest influence on the animal bone composition. Especially noticeable is the high percentage of cow and horse at high-status settlements. Another factor that strongly influences the species composition is the natural preconditions, something that is clear when comparing materials from western Östergötland with those of central Östergötland. The chronological variable can be used to trace long-term processes that do not depend on the specificity of sites but instead reflect more general trends. Only one such trend was evident in the Östergötland materials, namely the increase in the percentage of pig during the Viking Age/Early Middle Ages. The following is a short summary of the results from the different types of sites in the analysis.

Ordinary settlements are, in the long run, characterised by the fact that the percentage of cow lies in the lower portion of the standard interval, or is low when compared to results compiled from all the sites regardless of type. The percentage of sheep/goat also usually lies within the standard interval, with a tendency toward the upper half, and the same applies to the percentage of pig. With regard to horse, the percentage lies within the standard interval with an emphasis on the lower half, or else is below it. If farms of different sizes are part of the materials from the ordinary settlements – and one can assume so – the species composition seems to be the same for all the farms during a very long period of time, regardless of the farm's size and regardless of the social level it belongs to in the region (with the exception of the highest level). What does vary, however, is the number of animals at farms belonging to different levels of the settlement hierarchy when seen in the total perspective. It is possible that the species distribution is the same at farms except for those on the highest level, and that instead the difference lies in the *number* of animals.

High-status settlements during the Late Bronze Age and up to the Early Middle Ages are characterised by a high percentage of cow. These settlements also have a high percentage of horse. Further, they show a rather even distribution in the percentage of sheep/goat, which mainly lies within the standard interval, and a markedly low percentage of pig.

I have linked the high percentage of cow to a different type of diet in comparison to that of the ordinary settlements. In connection with this, scholars have noticed a link between Roman import objects, a large number of grave-goods, and the body length of buried individuals regardless of sex. The results concern the pre-Roman and Roman Iron Ages in Denmark (Jansen Sellevold *et al.* 1984). The greater body length has, in this context, been interpreted to mean that these individuals were spared from bouts of starvation and malnutrition when they were growing up. I view the large percentage of cow bone fragments at high-status settlements in Östergötland as an indication that animal products made up a greater share of the diet. Starting with the Late Iron Age, the horse is linked to an aristocratic warrior ideal according to written sources, but even earlier it has a special position among animals buried in graves. Presumably this is why high-status settlements have a large percentage of horse bones.

The ritual places do not have a characteristic animal bone composition in the same way as the ordinary and the high-status settlements. There are ritual places that show roughly the same composition as the ordinary settlements, while others are more similar to the high-status settlements. There are also ritual sites that differ completely from other sites with regard to the composition of domestic animal bones.

The bone material from the *crafts place* at Herrebro is most similar in composition to the ordinary settlements/villages from the Late Iron Age/Early Middle Ages. Perhaps this is because the individuals who frequented Herrebro did not have a prominent social position, and therefore their diet was more similar to the food eaten at ordinary settlements than at high-status ones. The crafts place at Strandvägen 1 in Motala has a markedly high percentage of pig. This is possibly a reflection of the site's close proximity to a town-like environment, but the distribution is also similar to the contemporaneous, high-status environment of Stora Ullevi outside Linköping.

CHAPTER 5. LIVESTOCK MANAGEMENT ON THE FARM

This chapter investigates to what extent animal husbandry has influenced the layout of settlements in Östergötland during the Late Bronze Age, Early Iron Age and Migration Period. The analyses focus above all on the archaeological traces of livestock management in the three-aisled longhouses. My investigation comprises 97 archaeologically excavated longhouses in Östergötland. The point of departure is the relevant source material along with existing archaeological research and comparisons with ethnological materials concerning the influence of livestock management on wooden buildings. On the basis of all these materials, I have selected a number of archaeologically observable variables that may be linked to the presence of animals in three-aisled houses:

- Absence of a hearth, or only a small hearth, in one area of the house.
- Traces of stalls in the barn area.
- More closely and more evenly spaced posts in the barn area.
- More closely and more irregularly spaced posts combined with a higher degree of post replacement in the barn area than in the living area.
- Partition wall between the living area and the barn area.
- Separate entrance to the barn area.
- Clay floor or stone paving in the byre area or in connection to it.
- Sunken floor in the barn area.
- Manure gully or manure/latrine pit in the barn area.
- Remains of cultural layer inside and outside the barn area.
- High phosphate content.
- Distribution of finds.
- Distribution of plant remains (macrofossil).
- Houses built on a slope, with the barn area on the lowest part.

Based on these criteria, my investigation shows that traces of animals in longhouses can be described in terms of a sliding scale: at one end of the scale are longhouses with a clearly identifiable byre area, and at the other end are longhouses to which the animals probably did not have access. In the material there is a possible byre from the Bronze Age. From the pre-Roman Iron Age come the first, relatively certain byres (five certain and two possible), but the byre activity seems much more extensive in character than later. Regarding the Roman Iron Age, there are three certain byres and one possible. Among them are the earliest byres with traces of the kind of activity we know from historical time: namely, that the animals were kept indoors for long, continuous periods. Equally interesting is that there are also well-preserved longhouses, from all the time periods, in which the animals were apparently not allowed. Only about 10% of the longhouses in my investigation have areas interpreted as byres. The results indicate that outdoor livestock keeping was the most common form during the entire Late Bronze Age and Early Iron Age in Östergötland.

CHAPTER 6. GRAZING PRACTICES IN ETHNOLOGICAL, ETHNOGRAPHICAL AND ETHNOARCHAEOLOGICAL SOURCES

How, then, was grazing organised during the Late Bronze Age and Early Iron Age in Östergötland? At least during the Late Bronze Age and pre-Roman Iron Age there were no large-scale enclosures in the landscape. This may in certain areas have been the case all the way up to the Early Middle Ages as well. Most likely the animals were followed by shepherds, who tended them. In this chapter three different grazing systems are discussed in detail on the basis of some comprehensive monographs. The first is an ethnoarchaeological investigation of pastoral nomadism in the Middle East, conducted by the archaeologist Roger Cribb (1991). The ethnoarchaeological orientation of the study makes it especially interesting, since the emphasis is on observations of phenomena that leave physical traces. The second investigation concerns the shieling system in Norway during the 18th, 19th and 20th centuries, which is described in great depth by the ethnologist Lars Reinton (Reinton 1955, 1957, 1961). The third investigation was carried out by the ethnologist Mátyás Szabó, who has given a thorough account of the different forms of organised grazing with particular attention to shepherds (Szabó 1970). Szabó's account covers especially southern Scandinavia and central Europe (which here refers to the historical Germany) and the time of the 18th and 19th centuries before land reforms were instigated. In light of these three investigations, I have concluded that the prehistoric traces of the bases used in the grazing system may consist of several or all of the following:

Traces of permanent fixtures:

- Simple houses, huts or wind shelters used as protection for people.
- Hearths and cooking pits, traces of having made food for people (and animals?), traces of smoke hearths for animals.
- Sporadic post-holes from hitching posts, storage huts, drying racks, and similar structures.
- Pole-holes, post-holes, or similar features left from enclosures that protected the livestock from wild animals and severe weather.

- Trampled and manured areas near huts and hearths, traces of surfaces where animals had been.

- Remains of large storage vessels made of pottery, which were permanent fixtures at the site, left there time and again and not transported to and from it.

Traces of dairy production:

- Pottery: fragments of pots, some of which had been used as milk dishes and some as storage vessels for dairy products.

- A large hearth, traces of the fire where whey may have been cooked.

- The vessel in which whey products were cooked.

Other:

- Simple utility objects of little value and of durable material, such as flint and quartz flakes. Presumably these objects were in general use and not only used in grazing practices.

The traces described above relate to several different factors – people's need of food, water, warmth, and a place to sleep; animals' need of fresh feed and water, and for protection from annoying insects and wild animals; people's desire to transform the results of summer grazing into dairy products, and a need for specially arranged and equipped places where this could be carried out.

CHAPTER 7. HEARTHS AND THEIR ARCHAEOLOGICAL CONTEXTS

My study shows that a common theme for grazing places is that of fire. The archaeological traces of fire in this connection consist of hearths or occasional cooking pits. In this chapter I investigate the contexts in which hearths occur and how these contexts are organised spatially with regard to hearths and cooking pits. The purpose is to create a more solid basis for interpreting the contexts of isolated hearths and hearth areas. In chapters 8 and 9, the results from the present chapter are used in order to identify, with greater precision, the isolated hearths and hearth groups that are dated to the Late Bronze Age and Early Iron Age. Hearths occur in the following contexts: at settlements, burial-grounds, fire-cult places, in connection to fossil fields, and as isolated hearths and hearth groups.

In the material from Östergötland, I have identified the following principles for the spatial relationship between houses and hearths at Early Iron Age *settlements*: 1. Inside the house. 2. Hearths grouped at the edges of a feature-free yard, situated in front of one long side of the house. 3. Hearths lying in a band parallel to one long side of the house (often the south side) at a distance of 5–10 m from the house wall. 4. Assembled in a small group c. 5–10 m outside one gable of the house. 5. Assembled in a larger group (more than 25 hearths) at a distance from the house. 6. Large hearth areas that are well demarcated, that lie isolated and sometimes far from a settlement, and that often can be linked to cooking and/or handcraft activities.

When large surfaces are stripped at *burial-grounds* from the Late Bronze Age and Early Iron Age, hearths usually turn up that have a connection to the graves. It is more common to find hearths than not. The hearths were often part of the ritual expressions at the burial-ground in the same manner as the burials and superstructures of the graves, and they represent specific ritual actions. In my material I have distinguished the following principles for the spatial relationship between hearths and graves: 1. The hearths lie in a special area, separate from the burial-ground but in connection to it. 2. The hearths are concentrated to the edges of the burial-ground, and totally or partially enclose it. 3. Hearths are intermixed with the graves at the burial-ground. 4. Burial-grounds that lack hearths.

CHAPTER 8. ISOLATED HEARTHS AND HEARTH GROUPS

The hearths' archaeological contexts represent a more comprehensive level of interpretation. In this chapter I study the primary interpretation of the hearths, that is, their basic use and purpose. The aim of the study is to better understand the isolated hearths and hearth groups that are characterised by the fact that they could not be linked to a particular archaeological context. They are not, in other words, situated near contemporaneous settlements, graves, field edges, or other discernible remains. There are no previous attempts to systematically study these hearths' contexts, even though several suggestions have been put forth. Parts of my study have been presented in an English-language article (Petersson 2001b).

The source material consists of a large number of hearths from four different archaeological contexts in western Östergötland: namely, two areas within the Abbetorp settlement where the main activities seem to be cooking and food preparation; a ritual area; and isolated hearths and hearth groups. Different variables related to the morphology and contents of the hearths have been used to make comparisons between the different contexts.

These variables consist of the hearth plan, length, section and stratigraphy, as well as the amount of stones in the hearth (volume), the presence of finds, macrofossil analysis, and wood species identification. The detailed analyses have made it possible to suggest better and more reliable primary interpretations for the hearths. The study revealed that the use of hearths differs among the various contexts. It showed that the following primary interpretations characterise the isolated hearths and hearth groups:

- Making food, perhaps mostly meat, on a bed of embers in a sunken hearth.

- Making food in cooking vessels, probably mainly by boiling (on a small scale).

- Bed of embers (on a small scale).

- Reuse (on a small scale).

- Similar activities in hearths.

The study also indicates that the isolated hearths were mainly for the purpose of cooking food. This cooking seems to have been done at permanent bases on the grazing grounds, within a system of well-organised grazing during the Late Bronze Age and Early Iron Age.

CHAPTER 9. PLACES IN THE GRAZING SYSTEM

To find out if places in the well-organised grazing system are general in character, geographically as well as temporally, I studied remains in the rest of Östergötland to see if they could be interpreted in a similar way. Searching the archives, I found more than sixty excavated sites that I judged to be linked to grazing in the period from the Bronze Age to the Middle Ages. Based on the number of features and their character, these sites can be divided into the following categories:

- Small hearth sites (1–5 hearths).

- Small, composite sites (1–5 features, at least one of which is a hearth/cooking pit).

- Large hearth sites (6 ≤ hearths).

- Large, composite sites (6 ≤ features, at least one of which is a hearth/cooking pit).

- Hut sites.

Sites with one to two hearths were by far the most common, and sites with six or more features were also fairly common. This illustrates two different aspects of the phenomenon of isolated hearths and hearth sites – the large sites represent permanent bases in the grazing system, and the small sites represent more randomly chosen rest stops. Most sites were located on a slope, and next in line were sites on flat ground and on a crest. The most common soil type was clay; about 40% of all sites had clay ground. The second most common soil type was sand, and the third was gravel moraine or gravel. The deciding factor for choosing a site was probably access to good grazing ground. Clay land makes excellent grazing ground. Close proximity to water was also a deciding factor, but to a lesser extent. Shelter beside a rocky hill, to stave off the wind, was another factor seen repeatedly in the material. The dates of the sites range from the middle of the Bronze Age to the Middle Ages, with the main emphasis on the Late Bronze Age, pre-Roman Iron Age, Late Iron Age, and to a lesser degree the Roman Iron Age. Geographically, the sites with the later dates are located above all in the periphery of the landscape, whereas the sites from the Late Bronze Age and Early Iron Age are in the central parts of the landscape.

CHAPTER 10. THE GRAZING SYSTEM'S LANDSCAPE – STONE FENCES

In this chapter I focus on stone fences and stone fence systems in western Östergötland. The aim is to see whether they can illuminate agricultural land use in a long-term perspective. A long-standing belief is that the stone fences almost without exception were built in the Roman Iron Age and Migration Period (Cassel 1998; Lindquist 1968; Pedersen & Widgren 1998:292; Widgren 1983, 1997) and that the stone fence systems basically compose a 'frozen landscape' from the Early Iron Age, a viewpoint based on results from eastern Östergötland. The stone fence systems in western Östergötland generally have a different form than those in the eastern and central parts of the province, and there is actually no reason to assume a similar date for them. This is my starting point in chapter 10, and the emphasis is on the discussion of the dating. An early English-language version of this chapter is scheduled for publication (Petersson 2006).

In the 1990s, parts of the large, connected, stone fence system south of Väderstad in western Östergötland were subject to archaeological excavation. More than ten stone fences are included in the excavation results published so far, and they are discussed in my thesis. According to stratigraphic dating, several of the stone fences in the Väderstad system were erected no earlier than the Vendel Period. It is also clear that a section of one of these fences was in use as late as the 17th century. The only stone fences dated to the Early Iron Age have enclosed small areas that had special functions. One such fence enclosed a small crafts area at the Abbetorp settlement, and was dated to the Roman Iron Age. Another fence enclosed a burial-ground dated to the late Roman Iron Age and Migration Period, and it was assumed to be contemporaneous with the burial-ground.

I have also compared the morphology of four stone fence systems in western Östergötland with historical maps from the 1630s and onward. According to the results, in all of these systems there are cattle lanes that link to the village roads leading to the historical village plots. Thus the stone fence systems show a strong connection with the historical settlement structure, the main outlines of which are assumed to date to the transition between the Early and the Late Iron Age (see chap. 3).

The conclusion to draw from the published material from western Östergötland is that some stone fences were erected in the Roman Iron Age and Migration Period for the purpose of enclosing small areas with special functions. Whether there also occurred a large-scale land division during this period is a question that cannot be answered on the basis of current source material. It has, however, been confirmed that long, structuring, stone fences were erected during the Vendel Period or later, and there are indications that at least some fences were built in the Middle Ages. In my opinion, the cattle lanes in the stone fence systems originated during the Vendel Period or later, or in any case were modified and adapted for the settlement structure that formed in the transition between the Early and Late Iron Ages. In my judgement, western Östergötland's stone fence systems have a significant component from time periods later than the Migration Period, most likely from the Middle Ages. Therefore, the stone fence systems in western Östergötland should not be viewed as a frozen landscape from the Early Iron Age, but instead as a conglomerate of different time periods.

CHAPTER 11. THE GRAZING SYSTEM'S LANDSCAPE – GRAVES

This chapter comprises an analysis of the prehistoric agricultural landscape's functional division in western Östergötland. My source material consists of prehistoric graves in the region. In four areas in western Östergötland that have stone fence systems, I studied the distribution of prehistoric graves and burial-grounds. According to the results, the limits of the distribution of stone fence systems – in areas where the limits were not ploughed away – coincide fairly well with the limits of the areas where prehistoric graves occur. The grave types that regularly occur in these areas most likely date to the Late Bronze Age – Migration Period. A study of the size distribution of burial sites within the stone fence systems shows that 76% consists of sites with one or two graves. In my view these two types of sites form a distinct phenomenon, separate from burial-grounds and larger grave groups, and they have a somewhat different ideological content from them. The grave types that dominate the phenomenon of single- and pair-lying graves are circular stone-settings, four-sided stone-settings, and triangular stone-settings with concave sides, respectively. Judging by the grave types, the majority of these sites derive from the pre-Roman Iron Age, but the phenomenon seems to have lasted up to and including the Migration Period. The custom of placing graves and burial-grounds within the parts of terrain that also have stone fences, did not cease until the Vendel Period. It was first then that grazing grounds were abandoned as areas for establishing graves. Instead, the proximity to cultivated land and settlement became decisive when choosing locations, in a different way than earlier.

The areas with stone fence systems comprised the central lands within the grazing system in the Late Iron Age, Middle Ages, and more recent time. The distribution of the graves, which coincides with that of the stone fence systems, indicates that these terrain sections had a special role even during the time represented by the graves, i.e., from the middle of the Bronze Age up to and including the Migration Period. In my view, these areas had an economic role as the central production grounds in the grazing system, just as they did in later time. For the settlements, and later the villages, they constituted the immediate surroundings, which were primarily related and adapted to the needs within livestock management. They were used for leaf fodder and later on haymaking as well as specialised grazing for select groups of animals. It is also possible that winter grazing was concentrated to these areas. Most likely they were used intensively in earlier time as well. Leaf-fodder collecting was probably especially characteristic of these areas (Rackham 1976, 2002; Slotte 2000).

CHAPTER 12. SUMMARISING DISCUSSION

In this chapter, I weave together all the results from the separate analyses presented in the other chapters in an attempt to give a description of the area south of Väderstad. In the transition between the Early and the Late Bronze Age, the earliest isolated hearths and hearth sites appear, which I have linked to a new system for grazing. By 800 BC, the new grazing system seems to be well established and well spread. Similar archaeological expressions are found all the way up to the start of the Middle Ages. In the central settled areas of Östergötland, the grazing system seems to have its chronological high time in the Late Bronze Age and pre-Roman Iron Age, and it is these periods that are represented in the area south of Väderstad. One possible reason for introducing the new grazing system is that many more settlements had formed over time, which made it necessary to exploit the grazing grounds in a more effective way. Another explanation may be a partial change in animal husbandry, for example a change toward greater specialisation or more effective milk production.

Characteristic for the system is a strategy of keeping animals outdoors the year round, as well as the existence of permanent bases in the landscape to which one returned repeatedly. The most common archaeological remains of the bases are sunken hearths filled with charcoal and fire-cracked stones. They were probably used for cooking food. The animals were tended by shepherds, and it seems that both animals and people overnighted in the grazing grounds, even in cases when the grounds were relatively close to home. At the overnight places, sunken hearths were dug during seasons when the ground wasn't frozen.

In the hearths, the shepherds cooked food. Possibly the hearths also had a role in dairy production, even though this seems less likely. Within the Väderstad system there are traces of the grazing organisation's large, permanent bases, with many hearths found at one and the same place, but there are also isolated hearths that represent more temporary rest stops.

At the same time as the first archaeological traces of the grazing system appear in the transition between the Early and the Late Bronze Age, highly accelerated signals show up in pollen diagrams from Östergötland, indicating that the landscape had become more open (Göransson 1989; Ranheden 1999). Per Lagerås and Mats Regnell claim that deforestation and the opening up of the landscape could not occur so rapidly if people had not helped the process along and if livestock had not grazed outdoors during winter (Lagerås & Regnell 1999). In the animal bone material from Östergötland, there is no visible change in the composition of livestock; instead it seems stable during the Late Bronze Age and Iron Age. A change in the species composition of animals thus cannot explain the more intensive grazing and the ongoing deforestation.

During the Late Bronze Age, the settlements involved in the organised grazing were probably located at the edge of the present-day Östgöta plain or a distance into the plain. In the transition between the Late Bronze Age and Early Iron Age there was a radical increase in the number of settlements, and the moraine lands south of the Östgöta plain appear to have been taken into use at this time. Also during this time, the first known settlements from the time periods in question were formed in the transition zone between plain and forest in the area south of Väderstad. Examples of this include the settlements of Abbetorp, Ryd, and a possible settlement at Fridhem (Petersson 2004a; Helander & Zetterlund 2001; Stålbom 1997). At Abbetorp there were remains of two farms: a larger farm that is believed to belong to the upper stratum of the local social hierarchy, and a smaller subordinate farm. At both these farms the livestock management was focused on cattle, to judge by the animal bone material. Traces of byre areas are lacking in the longhouses, even though some of the animals could have been stabled in the barn area in two of the three excavated houses. The larger, dominating farm appears to have had influence over the livestock management at the smaller farm. The focus on cattle probably can be explained in part by the local social conditions, but also by the natural preconditions. Livestock management at a neighbouring settlement (Järnstad) with similar natural preconditions was also focused on cattle.

The three centuries before the birth of Christ comprise a time of expansion when many new settlements were formed. In the Väderstad system, the settlement at Lugnet is an example of this. The settlement expansion in the transition between the Late Bronze Age and Early Iron Age took place within a given framework. The new settlements seemed to have started with, and reproduced, an already existing social order, something that is evidenced by the presence of both large and small farms among the new.

With the help of a retrogressive map analysis, together with archaeological dating of fossil landscape elements and analyses of the distribution of ancient monuments, I have identified specific areas that, starting in the Late Bronze Age, become the most central and valuable lands for livestock management with regard to both grazing and fodder collecting. The distribution of the prehistoric graves shows a custom of concentrating graves to the areas where the stone fence systems later came to be built. Here, burial sites were established with one or two graves, and only certain forms of grave superstructures were constructed. Thus there is a clear link between the grazing system's landscape and certain types of burial sites.

In the Väderstad area several changes seemed to have occurred at the time of the birth of Christ. The traces of the well-organised grazing system with permanent bases in the landscape cease in central Östergötland around this time, and the same applies to the area south of Väderstad. The first stone fences were built at this time, even though the stone fence system as such may be of a later date. Material published so far speaks for a much later date for many of the stone fences in the Väderstad system. A conceivable reason for the changes in the organisation of grazing may be that cereal cultivation became intensified, and the animals were kept in special pens during the night in order to fertilise the cultivated land (near the settlements). Another possible reason could be a change in the animal husbandry, where greater focus than earlier was placed on milk production and people began to milk the cows systematically and prepare milk on the home farms. Yet the special status of the areas, which went beyond their role as grazing grounds, and which was expressed by establishing graves and burial-grounds there, continued to live on.

REFERENSER

Förkortningar

BAR	British Archaeological Reports. Oxford.
KLNM	Kulturhistoriskt lexikon för nordisk medeltid från vikingatid till reformationstid. Malmö. 1982.
LMV	Lantmäteriverket, Gävle.
KVHAA	Kungliga Vitterhets Historie och Antikvitets Akademien. Stockholm.
RAÄ	Riksantikvarieämbetet. Stockholm.
RAÄ, UV	Riksantikvarieämbetet, Undersökningsverksamheten.
SAOL	Svenska Akademiens Ordlista. Stockholm. 1986.
SAU	Societas Archaeologica Upsaliensis. Uppsala.
SHM	Statens Historiska Museum. Stockholm.

Abel, W. 1962. *Geschichte der deutschen Landwirtschaft vom frühen Mittelalter bis zum 19. Jarhundert.* Deutsche Agrargeschichte II. Stuttgart.

Algers, B. 1998. Hälsa och beteende i fähus och ute. K. Viklund, R. Engelmark & J. Linderholm (red). *Fähus från bronsålder till idag. Stallning och utegångsdrift i långtidsperspektiv.* Skrifter om skogs- och lantbrukshistoria 12. Stockholm, s 111–117.

Ambrosiani, B. 1964. *Fornlämningar och bebyggelse. Studier i Attunalands och Södertörns förhistoria.* Stockholm.

Ambrosiani, B. 1968. Recension av Lindquist, S-O., Det förhistoriska kulturlandskapet i östra Östergötland. Hallebyundersökningen I–II, *Fornvännen* 63, s 301–306.

Arbman 1945. *Käringsjön. Studier i halländsk järnålder.* KVAAhandlingar del 59:1. Stockholm.

Arén, E. 1992. Rekonstruktion av ett långhus – har vi något att lära av det? *Västmanlands Fornminnesförening och Västmanlands Läns Museums Årsskrift.* Västerås, s 117–132.

Arrhenius, B. 1990. Fosfat och spårämnesanalys som hjälpmedel vid bebyggelseanalys. *Bebyggelsehistorisk tidskrift.* Nr 19, s 63–77.

Arrhenius, B. 2004. Det forntida Sveariket – en myt eller en arkeologisk realitet. *KVHAA. Årsbok 2004,* s 203–227.

Artelius, T. 1993. Domarringar i Västsverige – kronologi och topografi. *Arkeologi i Sverige.* 2. RAÄ. Stockholm, s 39–54.

Artelius, T. 2000. *Bortglömda föreställningar. Begravningsritual och begravningsplats i halländsk yngre järnålder.* RAÄ, Arkeologiska undersökningar. Skrifter 36. Stockholm. Gotarc series B Gothenburg archaeological theses 15. Göteborg.

Aspeborg, H, 1997. Anläggningsfrekvenser i tid och rum. P. Frölund, H. Aspeborg, L-I. Larsson, T. Eriksson & L. Karlenby (red), *Boplatser i Uppsala och Västmanlands län, del II. Rapport över ett FoU-projekt.* RAÄ, UV Uppsala rapport 1997:23. Uppsala, s 11–18.

Backe, M., Edgren, B. & Herschend, F. 1993. Bones thrown into a water-hole. G. Arwidsson, A-M Hansson, L Holmquist Olausson, B M Johansson, M Klockhoff, K Lidén & H-Å Nordström. *Sources and resources: studies in honour of Birgit Arrhenius. PACT* 38 – III.6. Rixensart, s 327–342.

Baudou, E. 1973. *Arkeologiska undersökningar på Halleby. Del 1. Hallebyundersökningen II.* Acta Universitatis Stockholmiensis, Studies in North-European Archaeology 3. Stockholm.

Berggren, Å. & Burström, M. 2002. *Reflexiv fältarkeologi? Återsken av ett seminarium.* RAÄ. Stockholm. Malmö kulturmiljö. Malmö.

Bergman, I. 1988. Det samiska boplatskomplexet vid Rackträsk, Arjeplog. E. Baudou (red). *Arkeologi i norr 1.* Arkeologiska institutionen, Umeå universitet. Umeå, s 129–143.

Bergvall, M., Persson, J., Sjöqvist, E. & Åkesson, P. 1986. *Att elda med ben.* Människa – natur – teknologi 3. Institutet för förhistorisk teknologi, Bäckedals folkhögskola. Bäckedal.

Beronius-Hjörpeland, L. 1990. *Rapport. Förundersökning. Östergötland, Kvillinge sn, Norrköpings kommun, "Åbylänken" vid Björnviken 2:1 samt Ströja gamla tomt. Dnr 957/89*. RAÄ, UV Mitt. Stockholm.
Biuw, A. 1992. *Norra Spånga. Bebyggelse och samhälle under järnåldern*. Monografier utgivna av Stockholms stad 76. Stockholm.
Björhem, N. & Säfvestad, U. 1993. *Fosie IV. Bebyggelsen under brons- och järnålder*. Malmöfynd 6. Malmö.
Björk, T. 1998. Härdar på rad. Om spåren efter en kultplats från bronsåldern. *Fornvännen* 93, s 73–79.
Björkhager, V. 2001. *Arkeologisk förundersökning. Sjöstorp 1:1, Ödeshögs socken, Ödeshögs kommun, Östergötlands län*. Östergötlands länsmuseum. Rapport 124:2001. Linköping.
Björkhager, V., Ohlsén, M. & Ranheden, H. 2002. *Järnstad ett fossilt odlingslandskap. RAÄ 73, Stora Åby socken, Ödeshögs kommun, Östergötland*. Östergötlands länsmuseum. Rapport 5:2000. Linköping.
Björnhag, G. & Myrdal J. 1994. Nötkreaturens produktion och utfodring enligt 1500-talets kungsgårdsräkenskaper. J. Myrdal & S. Sten (red). *Svenska husdjur från medeltid till våra dagar*. Skrifter om skogs- och lantbrukshistoria 5. Stockholm, s 75–96.
Borna, H. 1989. *Antikvarisk kontroll. Östergötland, Törnevalla socken, Reva 1:8 samt Ullälva 6:1 m fl. Rapport*. RAÄ, Byrån för arkeologiska undersökningar, UV Mitt. Stockholm.
Borna-Ahlkvist, H. 1998. Huskatalog. H. Borna-Ahlkvist, L. Lindgren-Hertz & U. Stålbom 1998. *Pryssgården. Från stenålder till medeltid. Arkeologisk slutundersökning, RAÄ 166 och 167, Östra Eneby socken, Norrköpings kommun, Östergötland*. RAÄ, Avdelningen för arkeologiska undersökningar. Rapport UV Linköping 1998:13. Linköping, s 167–258.
Borna-Ahlkvist, H. 2002. *Hällristarnas hem. Gårdsbebyggelse och struktur i Pryssgården under bronsålder*. RAÄ, Arkeologiska Undersökningar. Skrifter 42. Stockholm.
Borna-Ahlkvist, H., Lindgren-Hertz, L. & Stålbom, U. 1998. *Pryssgården. Från stenålder till medeltid. Arkeologisk slutundersökning, RAÄ 166 och 167, Östra Eneby socken, Norrköpings kommun, Östergötland*. RAÄ, Avdelningen för arkeologiska undersökningar. Rapport UV Linköping 1998:13. Linköping.
Brink, S. 2004. Mytologiska rum och eskatologiska föreställningar i det vikingatida Norden. A. Andrén, K. Jennbert & C. Raudvere (red). *Ordning mot kaos – studier av nordisk förkristen kosmologi*. Vägar till Midgård 4. Lund, s 291–316.
Browall, H. 2003. *Det forntida Alvastra*. The museum of National Antiquities/Stockholm Monographs 6. Stockholm.
Byström, J. 2005. *Grundkurs i statistik*. Stockholm.
Bäckström, Y. 2000. Osteologisk analys. J. Ljungkvist (red). *I maktens närhet. Två boplatsundersökningar i Gamla Uppsala. RAÄ 285, Norra Gärdet. RAÄ 547, Matsgården, Gamla Uppsala socken, Uppland*. SAU skrifter nr 1. Uppsala, s 44–51.
Bäckström, Y., Hulth, H. & Wikborg, J. 2000. *Eldstäder och gravar i Roteberg, Sollentuna. Arkeologisk slutundersökning. Rapport. Uppland, Sollentuna socken, Roteberg, Kvarteret Ruletten, RAÄ 364:1, 364:4, 364:5*. SAU Skrifter 2. Uppsala.
Carlie, A. 1994. *På arkeologins bakgård. En bebyggelsearkeologisk undersökning i norra Skånes inland baserad på synliga gravar*. Acta Archaeologica Lundensia. Series in 8°. No. 22. Lund.
Carlie, A. 1998. Käringsjön. A fertile sacrificial site from the late Roman Iron Age in south-west Sweden. *Current Swedish Archaeology*. Vol 6, s 17–37.
Carlie, L. 1999. *Bebyggelsens mångfald. En studie av södra Hallands järnåldersgårdar baserad på arkeologiska och historiska källor*. Hallands Länsmuseers Skriftserie No 10. Halmstad.
Carlsson, D. 1979. *Kulturlandskapets utveckling på Gotland. En studie av jordbruks- och bebyggelseförändringar under järnåldern*. Kulturgeografiska Institutionen, Stockholms Universitet. Meddelanden B 49. Stockholm..
Carlsson, M. 1990. *En studie av undersökta treuddar i Mälardalen och Östergötland*. Uppsats i påbyggnadskurs i arkeologi vid Stockholms universitet. Vt 1990. Stockholm.
Carlsson, T. 1997. *Grebo B6. En arkeologisk förundersökning av en stensträng. Grebo prästgård 1:43 och Melskog 1:1, Grebo socken, Åtvidabergs kommun, Östergötland*. RAÄ, Avdelningen för arkeologiska undersökningar. Rapport UV Linköping 1997:48. Linköping.
Carlsson, T. 1999. Rumslig disponering – organisationen på äldre järnålderns boplatser i Östergötland. A. Kaliff (red). *Olika perspektiv på en arkeologisk undersökning i västra Östergötland*. RAÄ, Avdelningen för arkeologiska undersökningar. Skrifter nr 28. Linköping, s 29–41.
Carlsson, T. 2001. *Förundersökning. En bronsåldershärd vid Himmelstadslunds hällristningsområde. Kabelschakt vid Lundatorpsvägen i Norrköping, Östra Eneby socken, Norrköpings kommun. Dnr 422-4999-1999*. RAÄ, Avdelningen för arkeologiska undersökningar. Rapport UV Öst 2001:3. Linköping.
Carlsson, T. 2004a. *Mesolitikum och yngre järnålder på Strandvägen 1. Östergötland, Motala stad och kommun, RAÄ 173. Arkeologisk slutundersökning. Dnr 423-1891-2000*. RAÄ, Avdelningen för arkeologiska undersökningar. UV Öst. Dokumentation av fältarbetsfasen 2004:2. Linköping.

Carlsson, T. 2004b. Varför letade ni just här? T. Carlsson (red). *Mötesplats Motala – de första 8000 åren.* Linköping, s 12–14.

Carlsson, T., Kaliff, A., Molin, A., Molin, F. & Sundberg, K. 1997. *Hulje. Boplats, skärvsten och gravar. E4-syd, RAÄ 89, Högby socken samt RAÄ 234–236 och RAÄ 246, Mjölby socken, Östergötland.* RAÄ, Avdelningen för arkeologiska undersökningar, Rapport UV Linköping 1996:63. Linköping.

Carlsson, T., Lindeblad, K. & Nielsen A-L. 2001. *Boplats och by. Bebyggelseutveckling i Stora Ullevi 200–1600 e Kr. Arkeologisk undersökning. Linköpings stad och kommun, Östergötland. Dnr 421-1461-1998.* RAÄ, Avdelningen för arkeologiska undersökningar. Rapport UV Öst 2001:5. Linköping.

Cassel, K. 1998. *Från grav till gård. Romersk järnålder på Gotland.* Stockholm Studies in Archaeology 16. Stockholm.

Chadwick, A. 2003. Post-processualism, professionalization and archaeological methodologies. Towards reflective and radical practice. *Archaeological Dialogues* 10 (1), s 97–117.

Claesson, P. 1998. Kokgropar från järnåldern vid Sunningeleden. P. Claesson, R. Hernek & K. Lindholm. *Gravar och kokgropar vid Sunningesund. Arkeologiska undersökningar för motorvägen Lerbo – Torp. Del 2.* RAÄ och Bohusläns museum. Arkeologiska resultat. UV Väst Rapport 1998:3. Kungsbacka.

Claréus, C. 1985. *Rapport. Arkeologisk undersökning av del av stensträng, fornlämning 231 samt nyupptäckt härd. Kvästad 7:1, Skärkinds socken, Norrköpings kommun. Dnr 3292/85.* RAÄ. Stockholm.

Claréus, C., Nilsson, C. & Ullén, I. u å. *Grav och boplats, bytomt och odlingsrösen samt äldre vägbank. Prov- del och slutundersökningar längs E4:an. Delen Bäckeby – Lövstad storskog, Skärkinds och Kimstads socknar, Östergötland. Dnr 3426/83.* RAÄ, Avdelningen för arkeologiska undersökningar. ATA.

Cornell, P. & Fahlander, F. 2002. *Social praktik och stumma monument. Introduktion till mikroarkeologi.* Göteborg.

Cribb, R. 1991. *Nomads in archaeology.* Cambridge.

Curwen, C. 1938. Early agriculture in Denmark. *Antiquity.* Vol XII. 1938, s 133–151.

Dahl, G. & Hjort, A. 1976. *Having herds. Pastoral herd growth and household economy.* Stockholm studies in social anthropology 2. Stockholm.

Dunér, J. & Mutikainen, M. 1998. *Boplatslämningar, stensträngar och hålvägar norr om Åshusby. Arlandabanan. Uppland, Norrsunda socken, RAÄ 93, 105 och 185–187. Dnr 4881/92.* RAÄ. Avdelningen för arkeologiska undersökningar. UV Mitt, Rapport 1998:28. Stockholm.

Dunnell, R. 1992. The notion site. J. Rossignol & L. Wandsnider (red). *Space, time and archaeological landscapes.* New York, s 21–41.

Edgren, B. & Herschend, F. 1982. Arkeologisk ekonomi och ekonomisk arkeologi. Ett försök till beskrivning av det öländska jordbrukets förutsättningar under äldre järnålder. *Fornvännen* 77, s 7–21.

Ekberg, A. 1979. *Boplatsen i Mjärdevi, Slaka sn. En specialrapport över boplatsdelen av fornlämning 73, 74, Mjärdevi 12:1, Slaka sn, Östergötland. Diarienr. 2647–78. ATA.*

Eklund, S. 2001. Eldsprängd sten i grop och hög. G. Magnusson (red). *Möre historien om ett Småland.* Kalmar läns museum. Kalmar, s 257–276.

Ekman, T. 1987. *Domarringar i tid och rum – tvådimensionell statistik analys.* Uppsats i påbyggnadskurs i arkeologi, särskilt nordeuropeisk, vid Stockholms universitet. Framlagd vt 1987. Stockholm.

Eles, H. 1975. Sätrar i Värmland. G. Bergengren, H. Henriksson & M. Szabó (red). *Sista lasset in.* Studier tillägnade Albert Eskeröd 9 maj 1974. Stockholm, s 231–252.

Elfstrand, B. 1995. Läderproduktion – kanske en binäring och handelsvara i Södermanland och Östergötland och skärvstensrösenas roll i sammanhanget. M Larsson & A Toll (red). *Samhällsstruktur och förändring under bronsåldern. Rapport från ett seminarium 29–30 september 1994 på Norrköpings stadsmuseum i samarbetet med Riksantikvarieämbetet UV Linköping.* RAÄ, Arkeologiska undersökningar. Skrifter nr 11. Norrköping, s 24–32.

Elfstrand, B. 1996. *Äldre odling och kolning i Tyttinge och Glia. Grödingebanan. Södermanland, Grödinge och Ytterjärna socknar, RAÄ 150, 590, 591. Arkeologisk förundersökning och undersökning.* RAÄ, Rapport UV Stockholm 1996:82. Stockholm.

Elfstrand, B. 1998. Skeppssättningen vid Stångebro. H. Nilsson (red). *Stångebro – händelser kring vattnet. Meddelanden från Östergötlands länsmuseum.* Linköping, s 47–69.

Elfstrand, B. 2004. Vättern och västra Östergötland. G. Mörkfors, A. Löfgren Ek, A-C. Feldt & M. Ohlsén (red). *Kulten – makten – människan. Arkeologi i Östergötland.* Meddelanden från Östergötlands länsmuseum. Linköping, s 21–40.

Elfstrand, B. 2005a. Bondeliv före Linköping – några exempel från äldre järnåldern. A. Kaliff & G. Tagesson (red). *Liunga. Kaupinga. Kulturhistoria i Linköpingsbygden.* RAÄ, Arkeologiska undersökningar, Skrifter 60. Stockholm, s 110–145.

Elfstrand, E. 2005b. *Jordbruk och jakt vid två våtmarker. Arkeologisk undersökning och delundersökning – E4. Del 1. Odling vid Krakstad våtmark. RAÄ 157, Krakstad 3:1, Hogstads socken, Mjölby kommun, Östergötland. Dnr 421-2347-1996.* RAÄ, Avdelningen för arkeologiska undersökningar. Rapport UV Öst 2005:58. Linköping, s 4–81.

Elfstrand, E. & Hennius, A. 2006. *Mjärdevi – järnålder i högteknologiskt centrum. RAÄ 224, Lambohov 2:20, Mjärdevi 14:2, Slaka socken, Linköpings kommun, Östergötland. Arkeologisk slutundersökning. Dnr 423-826-2001.* RAÄ, Avdelningen för arkeologiska undersökningar. Rapport 2005:76. Linköping (under arbete).

Elfstrand, B. & Skjöldebrand, M. 1996. *En "tuegrav". Hålvägar och boplatslämningar utmed riksväg 32. Sträckan Sörby – Hulje – Borneholm. Mjölby och Högby socken, Mjölby kommun, Östergötland.* RAÄ, Avdelningen för arkeologiska undersökningar. Rapport UV Linköping 1996:52. Linköping.

Engelmark, R. 1992. A review of the farming economy in South Scania based on botanical evidence. L. Larsson, J. Callmert & B. Stjernquist (red). *The archaeology of the cultural landscape. Field work and research in a south Swedish rural region.* Acta Archaeologica Lundensia. Series in 4°. No 19. Lund, s 369–376.

Engelmark, R. 1993. Makrofossilanalyser från Fosie IV. N. Björhem & U. Säfvestad. *Fosie IV. Bebyggelsen under brons- och järnålder.* Malmöfynd 6. Malmö, s 406–407.

Engelmark, R. 1998. Fähus i förhistorien. En miljöhistorisk introduktion. K. Viklund, R. Engelmark & J. Linderholm (red). *Fähus från bronsålder till idag. Stallning och utegångsdrift i långtidsperspektiv.* Skrifter om skogs- och lantbrukshistoria 12. Stockholm, s 7–13.

Ericsson, A. 1995. Stensträngar i Uppland och fossila åkrar i Södermanland. *Äldre järnålder i stensträngsmiljö. Internt seminarium vid UV Linköping. Vadstena – Väderstad 6–7 april 1994.* RAÄ, Byrån för arkeologiska undersökningar. UV Linköping 1995:31. Linköping, s 24–33.

Ericsson, A. 1999. Stensträngssystemet söder om Väderstad. A. Ericsson, M. Petersson, & H. Ranheden. *Stensträngssystem söder om Väderstads samhälle. Arkeologisk förundersökning, del 2. E4, delsträckan Väderstad – Stora Åby, Väderstads och Rinna socknar, Mjölby och Boxholm kommuner, Östergötland.* RAÄ, Avdelningen för arkeologiska undersökningar. Rapport UV Öst 1999:45. Linköping, s 7–10.

Ericsson, A. 2000. *Forntida jordbruk och begravningsriter i Hugelsta. E20, Södermanland, Eskilstuna stadsområden, Grönsta 2:20, RAÄ 215 och 298. Arkeologisk förundersökning och undersökning.* RAÄ, Avdelningen för arkeologiska undersökningar. Rapport UV Mitt 2000:46. Stockholm.

Ericsson, A. 2002. Järnålderns hägnadssamhälle – framväxten och upplösningen i Väderstad. A-C. Feldt & G. Mörkfors (red). *Hemmet – trakten – världen. Arkeologi i Östergötland.* Meddelanden från Östergötlands länsmuseum. Linköping, s 83–106.

Ericsson, A. 2004. Medeltida odling på utmarker: krisfenomen eller överskottsproduktion? *Tidskrift, arkeologi i sydöstra Sverige* 2004/4, s 41–70.

Ericsson, A. & Franzén, G. 2006. *Hägnadsmurar och rydskogar. Stensträngsområdet söder om Väderstads samhälle delområde 1, 2, 3, 4 & 6. Agrarhistoriska undersökningar på utmarker till byarna Vallsberg och Väderstad. RAÄ 172, 253 & 263, Väderstads socken, Mjölby kommun, Östergötland. Arkeologisk undersökning – Väderstadsprojektet. Dnr 421-3277-1997, 421-800-1998.* RAÄ, Avdelningen för arkeologiska undersökningar. Rapport UV Öst 2005:70. Linköping (under arbete).

Ericson, A. & Nilsson, P. E. 2002. *Bondebygd och forntidskust. E22 Valdemarsvik – Söderköping, Ringarums och Skönberga socknar, Valdemarsviks och Söderköpings kommuner, Östergötland. Arkeologiska utredningar, Etapp 2 och förundersökningar. Dnr 422-876-2001.* RAÄ, Avdelningen för arkeologiska undersökningar. UV Öst Rapport 2002:37. Linköping.

Ericsson, A., Petersson, M. & Ranheden, H. 1999. *Stensträngssystem söder om Väderstads samhälle. Arkeologisk förundersökning, del 2. E4, delsträckan Väderstad – Stora Åby, Väderstads och Rinna socknar, Mjölby och Boxholm kommuner, Östergötland.* RAÄ, Avdelningen för arkeologiska undersökningar. Rapport UV Öst 1999:45. Linköping.

Ericsson, A. & Österström, K. 1999. *Lugnet. Boplatslämningar från äldre järnålder och mesolitikum. RAÄ 280, Väderstads socken, Mjölby kommun, Östergötland. Arkeologisk undersökning – Väderstadsprojektet.* RAÄ, Avdelningen för arkeologiska undersökningar. Rapport UV Öst 1999:13. Linköping.

Eriksson, M. 1982. Uppslagsordet torp, -torp. *KLNM*, s 489–495.

Eriksson, T. 1998a. Egen härd är guld värd - härdar från äldre järnålder i sydvästra Uppland. K. Andersson (red.). *Suionum hic civitates. Nya undersökningar kring norra Mälardalens äldre järnålder.* OPIA 19. Uppsala, s 211–237.

Eriksson, T. 1998b. Härdar och boplatser. *Blick för Bergslagen. Årsbok för UV Bergslagen* 1998. RAÄ. Avdelningen för arkeologiska undersökningar. Örebro, s 17–23.

Eriksson, T., Fagerlund, D. & Rosborg, B. 1995. Järnåldersbönder i Frotorp. *Äldre järnålder i stensträngsmiljö. Internt seminarium vid UV Linköping. Vadstena – Väderstad 6–7 april 1994.* RAÄ, Byrån för arkeologiska undersökningar. UV Linköping 1995:31, s 38–43.

Ethelberg, P. 2000. Bronzealderen. P. Ethelberg, E. Jørgensen, D. Meier & D. Robinson. *Det sønderjyske landbrugs historie. Sten- og bronzealder.* Haderslev, s 135–280.

Ethelberg, P. 2003. Gården og landsbyen i jernalder og vikingetid (500 f. Kr. – 1000 e. Kr.). P. Ethelberg, N. Hardt, B. Poulsen & A. B. Sørensen. *Det sønderjyske landbrugs historie. Jernalder, Vikingetid & middelalder.* Haderslev, s 123–373.

Evanni, L. 1989. *Osteologisk rapport. Östergötland, Borgs och Löts socknar, Herrebro, Fornl. 51. Dnr 5027/88.* ATA.
Fabech, C. & Ringtved, J. 1995. Magtens geografi i Sydskandinavien – om kulturlandskab, produktion og bebyggelsemønster. H. Resi (red). *Produksjon og samfunn. Om erverv, spesialisering og bosetning i Norden i 1. årtusind e. Kr. Beretning fra 2. nordiske jernaldersymposium på Granavolden 7–10 mai 1992.* Varia 30. Oldsaksamling, Oslo, s 11–37.
Fahlander, F. 2003. *A materiality of serial practice.* A microarchaeology of burial. Gotarc Serie B, No 23. Göteborg.
Fallgren, J-H. 1993. The concept of the village. *Current Swedish Archaeology.* Vol 1, s 59–86.
Feldt, A-C. 2001a. *Arkeologisk utredning etapp 1 och 2. Stensträngar och boplatslämningar vid kalkbrottet. Tornby 8:2, Fornåsa socken, Motala kommun, Östergötlands län.* Östergötlands länsmuseum, Rapport 104:2001. Linköping.
Feldt, A-C. 2001b. *Arkeologisk förundersökning och antikvarisk kontroll. Brobyledningen, etapp 1. Från Aspegården till Skogaholm. Vikingstads socken, Linköpings kommun, Östergötlands län.* Östergötlands länsmuseum. Rapport 79:2001. Linköping.
Feldt, A-C. 2002. *En medeltida ödegård på Melstad bys utmark. Arkeologisk forskningsundersökning. Delrapport 2. RAÄ 66, Melstad 4:7, Vallerstads socken, Mjölby kommun, Östergötlands län.* Östergötlands länsmuseum. Rapport 27:2002. Linköping.
Fendin, T. 2002. I sanden röd. Övergångshandlingar vid Hallandsåsen under tidig järnålder. A. Carlie (red). *Skånska regioner.* RAÄ, Arkeologiska undersökningar. Skrifter No 40. Stockholm, s 117–163.
Fernholm, R. 1982a. *Blåsvädret. Ett gravfält och en boplats från äldre järnålder. Fornlämning 140, Blåsvädret, Vreta Klosters socken, Östergötland.* RAÄ, Rapport UV 1982:45. Stockholm.
Fernholm, R. 1982b. *Rapport. Provundersökning. Ullstämma, Landeryds sn, Östergötland. 1981.* ATA.
Fernholm, R. 1984. *Ett järnåldersgravfält vid Tornby i Styrstad. Fornlämning 19a, stadsäga 7292, Styrstads socken, Östergötland.* RAÄ och SHM. Rapport UV 1984:37. Stockholm.
Fernholm, R. 1987a. Brons- och järnåldersboplatser i Östergötland. UV:s undersökningar under åren 1967–1984. T. Andrae, M. Hasselmo & K. Lamm (red). *7000 år på 20 år. Arkeologiska undersökningar i Mellansverige.* Stockholm, s 57–78.
Fernholm, R. 1987b. *Vendeltida gravar i Vreta Klosters sn. Fornlämningarna 40, del av 41 och 151, Brunnbyområdet, Vreta Klosters sn, Östergötland. Arkeologisk undersökning 1982.* RAÄ och SHM. Rapport UV 1987:13. Stockholm.
Fjellström, P. 1986. *Samernas samhälle i tradition och nutid.* Stockholm.
Fors, T. 1999. Rostningsgropar från bronsåldern. T. Artelius, E. Englund & L. Ersgård (red). *Kring västsvenska hus – boendets organisation i förhistorisk och historisk tid.* Gotarc Serie C. Arkeologiska Skrifter No 22. Göteborg, s 27–35.
Franzén, G. 1994. *Stensträngen som arkeologiskt objekt. Exemplet Tinnerö i Östergötland.* Uppsats i påbyggnadskurs i arkeologi ht 1994. Stockholms universitet. Stockholm.
Franzén, G. 1995. *Halleby på nytt sätt sett.* Uppsats i fördjupningskurs i arkeologi vid Stockholms universitet VT -95. Stockholm.
Fredriksson, C. 1991. *Järnåldershärdar. Funktionsstudie av 83 undersökta härdar på Genesmon, RAÄ 22, Själevads socken, Ångermanland.* C-uppsats i arkeologi, VT -91. Umeå universitet, Institutionen för arkeologi. Umeå
Färjare, A. 1999. *Gullvangen. En mesolitisk inlandsboplats i norra Kolmården. Östergötland, Krokeks socken, Kolmården 1:1, RAÄ 85.* RAÄ, Avdelningen för arkeologiska undersökningar, UV Mitt, Rapport 1999:17. Stockholm.
Gansum, T. 2004. *Hauger som konstruksjoner – arkeologiske forventninger gjennom 200 år.* Gotarc Serie B. Gothenburg Archaeological Thesis No 33. Göteborg.
Gerritsen, F. 1999. The cultural biography of Iron Age houses and the long-term transformation of settlement patterns in the southern Netherlands. C. Fabech & J. Ringtved (red). *Settlement and Landscape. Proceedings of a conference in Århus, Denmark, May 4–7 1998.* Jutland Archaeological Society. Århus, s 139–148.
Gezelius, L. 1959. *Rapport över arkeologiska undersökningar på gravfältet nr 12 vid Bådstorp 1:11, Kvillinge sn, Östergötland. 1959. Del 1. Text, schaktplan och fotografier.* ATA.
Groenendijk, H. A. 1986. Mesolithic hearth-pits in the Veerkoloniën (Prov. Groningen, The Netherlands), defining a specific use of fire in the Mesolithic. *Paleohistoria 29.* Acta communicationes instituti bio-archaeologici universitatis Groninganae. Groningen, s 85–100.
Gruber, G. 1999. *Stensättningar vid vägen till Nybro. Harvestad 9:1, Landeryds socken, Linköpings kommun, Östergötland. Arkeologisk förundersökning.* RAÄ, Avdelningen för arkeologiska undersökningar. Rapport UV Öst 1999:49. Linköping.
Gruber, G. 2004. Resultat, område 11. M. Petersson (red). *Abbetorp – ett landskapsutsnitt under 6000 år. Arkeologisk undersökning av en boplats, ett gravfält, en offerplats, stensträngar och fossil åkermark. RAÄ 288 m fl, Abbetorp 1:2 och 1:10, Rinna socken, Boxholms kommun. RAÄ 241 m fl, Väderstad 1:2 och 5:1, Väderstads socken, Mjölby kommun, Östergötland. Dnr 421-3277-1997, 421-800-1998.* RAÄ, Avdelningen för arkeologiska undersökningar. Rapport UV Öst 2002:43. Linköping, s 94–110.
Gruber, G. & Larsson L K. 2006. Skärvstenshögar i Östergötland. Manuskript.

Gruber, G. & Petersson, M. 2004. Analysresultat. M. Petersson (red). *Abbetorp – ett landskapsutsnitt under 6000 år. Arkeologisk undersökning av en boplats, ett gravfält, en offerplats, stensträngar och fossil åkermark. RAÄ 288 m fl, Abbetorp 1:2 och 1:10, Rinna socken, Boxholms kommun. RAÄ 241 m fl, Väderstad 1:2 och 5:1, Väderstads socken, Mjölby kommun, Östergötland. Dnr 421-3277-1997, 421-800-1998.* RAÄ, Avdelningen för arkeologiska undersökningar. Rapport UV Öst 2002:43. Linköping, s 122–133.

Gruber, G., Petersson, M & Österström, K. 2004. Resultat, område 10. M. Petersson (red). *Abbetorp – ett landskapsutsnitt under 6000 år. Arkeologisk undersökning av en boplats, ett gravfält, en offerplats, stensträngar och fossil åkermark. RAÄ 288 m fl, Abbetorp 1:2 och 1:10, Rinna socken, Boxholms kommun. RAÄ 241 m fl, Väderstad 1:2 och 5:1, Väderstads socken, Mjölby kommun, Östergötland. Dnr 421-3277-1997, 421-800-1998.* RAÄ, Avdelningen för arkeologiska undersökningar. Rapport UV Öst 2002:43. Linköping, s 73–93.

Gruber, G. & Österström, K. 2004. Huskatalog. M. Petersson (red). *Abbetorp – ett landskapsutsnitt under 6000 år. Arkeologisk undersökning av en boplats, ett gravfält, en offerplats, stensträngar och fossil åkermark. RAÄ 288 m fl, Abbetorp 1:2 och 1:10, Rinna socken, Boxholms kommun. RAÄ 241 m fl, Väderstad 1:2 och 5:1, Väderstads socken, Mjölby kommun, Östergötland. Dnr 421-3277-1997, 421-800-1998.* RAÄ, Avdelningen för arkeologiska undersökningar. Rapport UV Öst 2002:43. Linköping, s 149–153.

Gräslund, B. 1974. *Relativ datering. Om kronologisk metod i nordisk arkeologi.* TOR Vol. XVI. Uppsala.

Gräslund, B. 1989. Den arkeologiska teorins uppgift och bruk. *Fornvännen* 84, s 47–50.

Gräslund, B. 1990. Teori, empiri och språk – en kommentar till Leif Gren, Frands Herschend och Bjørnar Olsen. *Fornvännen* 85, s 120–122.

Gustafson, L. 1993. De ulykksalige "kokegropene" – eller Språkets tyranni. *Nicolay.* Nr 61/1-93, s 30–32.

Gustafsson, P. 1996. *Arkeologisk förundersökning och undersökning. Björkviken 2:1. Östergötland, Kvillinge socken, RAÄ 135.* RAÄ, Arkeologiska undersökningar, UV Stockholm, Rapport 1996:44. Stockholm.

Gustafsson, S. 1995. *Fosie IV. Jordbrukets förändring och utveckling från senneolitikum till yngre järnålder.* Stadsantikvarisk avdelning, Malmö Museer. Rapport nr 5. Malmö.

Göransson, H. 1989. Dags mosse – Östergötlands förhistoriska kalender. *Svensk Botanisk Tidskrift* 83, s 371–407.

Göthberg, H. 2000. *Bebyggelse i förändring. Uppland från slutet av yngre bronsålder till tidig medeltid.* OPIA 25. Uppsala.

Göthberg, H., Kyhlberg, O. & Vinberg, A. 1995. *Hus och gård. Katalogdel. Hus & gård i det förurbana samhället – Rapport från ett sektorsforskningsprojekt vid Riksantikvarieämbetet.* RAÄ, Arkeologiska undersökningar. Skrifter nr 13. Stockholm.

Hadevik, & Gidlöv 2003. *Öresundsförbindelsen. Fosie 11A–D samt Broläge Larsbovägen. Rapport över arkeologisk slutundersökning.* Rapport Nr 22. Malmö Kulturmiljö. Malmö.

Hagberg, U. E. 1967. *The archaeology of Skedemosse. I–II.* Stockholm.

Hambledon, E. 1999. *Animal husbandry regimes in Iron Age Britain. A comparative study of faunal assemblages from British Iron Age sites.* BAR, British Series 282.

Hamilton, J. 2001. *En gård från folkvandringstid i Arninge. Arkeologisk undersökning. Väg 264, Arningevägen, Uppland, Täby socken, Arninge 4:1, 4:2, RAÄ 63, 317 och 335.* RAÄ, Arkeologiska undersökningar, Dokumentation av fältarbetsfasen, UV Mitt 2001:1. Stockholm.

Hannerberg, D. 1971. *Svenskt agrarsamhälle under 1200 år. Gård och åker. Skörd och boskap.* Stockholm.

Harris, E. 1979. *Principles of archaeological stratigraphy.* London.

Hedeager, L. 1988. Jernalderens landbruk. C. Bjørn (red). *Det danske landbrugs historie I. Oldtid og middelalder.* Odense, s 146–163.

Hedeager, L. 1989. *Danmarks jernalder. Mellem stamme og stat.* Aarhus.

Hedelin, H. 1987. *En osteologisk analys av benmaterial från fornborgarna Gullborg, Tingstad socken, Östergötland; Baldersborg, Halla socken, Västergötland samt brandgravar och husgrunder från Angarn, Vallentuna socken, Uppland inom ramen för projektet "Upplands fornborgar".* Uppsats i osteologi II. HT 1987. Osteologiska Forskningslaboratoriet, Stockholms universitet. Stockholm.

Hedelin, H. 1990. *Osteologisk analys av ett benmaterial från Herrebro, RAÄ 51, Borgs och Löts sn, Östergötland. Dnr 5027/88.* SHM Rapport. Stockholm.

Hedemark, Å. 1996. *Gårdsstrukturer i Mälardalen under järnåldern.* Arkeologiska institutionen, Uppsala universitet, CD-uppsats. Uppsala.

Hed Jakobsson, A. 2003. *Smältdeglars härskare och Jerusalems tillskyndare. Berättelser om vikingatid och tidig medeltid.* Stockholm studies in archaeology 25. Stockholm.

Hedman, A. 1988. *Rapport. För- och slutundersökningar av förmodade boplatslämningar. Östergötland, Vårdnäs socken, Bestorp 7:43, Öster I och II.* RAÄ, Byrån för arkeologiska undersökningar, UV Mitt, Stockholm.

Hedman, A. 1992. *Fosfatkartering som arkeologisk metod – en introduktion.* RAÄ. Stockholm.

Hedman, A. u å. *Rapport. Undersökning, Östergötland, Rappestads socken Linköpings kommun, Fågelberg/Fålåsa, Fornlämning 32.* ATA.

Hedvall, R. 1995. Agrarbebyggelse i Östergötland under järnålder och medeltid. *Medeltida agrarbebyggelse och exploateringsarkeologi – kunskapspotential och problemformulering. Artiklar från seminariet på Lövsta Bruk, november 1993.* RAÄ, UV Stockholm, Rapport 1995:20. Stockholm, s 33–37.

Hegardt, J. 1997. *Relativ betydelse. Individualitet och totalitet i arkeologisk kulturteori.* OPIA 12. Uppsala.

Heidelk-Schacht, S. 1989. Jungbronzezeitliche und früheisenzeitliche Kultfeuerplätze im Norden der DDR. F. Schlette & D. Kaufmann (red). *Religion und Kult im ur- und frühgeschichtlicher Zeit.* Berlin, s 225–240.

Helander, A. 1991. *Rapport. Arkeologisk utredning. Östergötland, Kisa socken, Kinda kommun, Kvarteret Maskrosen.* RAÄ, Byrån för arkeologiska undersökningar, UV Mitt. Stockholm.

Helander, A. 1999. *Arkeologisk förundersökning och utredning. Elkabelarbeten sträckan Vadstena – Nässja. Örberga och Strå socknar, Vadstena stad och kommun, Östergötland.* RAÄ, Avdelningen för arkeologiska undersökningar. Rapport UV Öst 1999:4. Linköping.

Helander, A. & Zetterlund, P. 1995. *Paragrafen. Arkeologisk undersökning av gravfält och boplats i Kv Paragrafen och Stg 1759. Linköpings stad, Linköpings kommun, Östergötland. Del 1.* RAÄ, Avdelningen för arkeologiska undersökningar, UV Linköping 1995:46. Linköping.

Helander, A. & Zetterlund, P. 1997. *Västra Bökestad. Gravfält och bronsgjuteri. Arkeologisk slutundersökning. RAÄ 117 – 118, Linköpings stad och kommun, Östergötland.* RAÄ, Avdelningen för arkeologiska undersökningar. Rapport UV Linköping 1997:24. Linköping.

Helander, A. & Zetterlund, P. 2001. *En boplats i stensträngsbygdens utkant. Ryd 1:4, RAÄ 281, Väderstads socken, Mjölby kommun, Östergötland. Arkeologisk undersökning – Väderstadsprojektet. Dnr 421-3277-1997.* RAÄ, Avdelningen för arkeologiska undersökningar, Rapport UV Öst 2001:1. Linköping.

Helmfrid, S. 1968. Recension av Lindquist, S-O. , Det förhistoriska kulturlandskapet i östra Östergötland. *Svensk Geografisk Årsbok* 44, s 192–193.

Helmfrid, S. 1969. Nya metoder inom bebyggelseforskningen. Recension av Lindquist, S-O., Det förhistoriska kulturlandskapet i östra Östergötland. *Historisk tidskrift* 1969, s 101–108.

Hennius, A. 2004. Ingen rök utan eld. Härdar från äldre järnålder i västra Östergötland. Petersson, M. (red). *Abbetorp – ett landskapsutsnitt under 6000 år. Arkeologisk undersökning av en boplats, ett gravfält, en offerplats, stensträngar och fossil åkermark. RAÄ 288 m fl, Abbetorp 1:2 och 1:10, Rinna socken, Boxholms kommun. RAÄ 241 m fl, Väderstad 1:2 och 5:1, Väderstads socken, Mjölby kommun, Östergötland. Dnr 421-3277-1997, 421-800-1998.* RAÄ, Avdelningen för arkeologiska undersökningar. Rapport UV Öst 2002:43. Linköping.

Herschend, F. 1988. *Gräv där de stod. Om arkeologins kunskapsteori och metodiska normer.* SAU. Uppsala.

Herschend, F. 1998. *I förhållande till arkeologi.* OPIA 18. Uppsala.

Herschend, F. 1999. Det sydskandinaviska samhället. K. Andersson & F. Herschend. 1999. *Germanerna och Rom.* OPIA 13. Uppsala, s 77–101.

Hinze, D. & Larsson, T.B. 1985. Gravar och bebyggelse vid Linghems gård. *Östergötland* 1983/84. Linköping, s 97–113.

Hodder, I. 1997. 'Always momentary, fluid and flexible': towards a reflexive excavation methodology. *Antiquity* 71, s 691–700.

Hodder, I. 2000. Developing a reflexive method in archaeology. Hodder, I. (red) *Towards reflexive method in archaeology: the example at Catal höyük.* McDonald Institute Monographs. BIAA Monograph no. 28. Cambridge. s 3–14.

Hoff, A. 1997. *Lov og landskab. Landskabslovenes bidrag til forståelsen af landbrugs- og landskabsudviklingen i Danmark ca 900–1250.* Århus.

Hultgård, A. 1996. Fornskandinavisk kult – finns det skriftliga källor? K. Engdahl & A. Kaliff (red). *Religion från stenålder till medeltid. Artiklar baserade på Religionsarkeologiska nätverksgruppens konferens på Lövstadbruk den 1 – 3 december 1995.* RAÄ, Arkeologiska undersökningar. Skrifter nr 19. Stockholm, s 25–57.

Hvass, S. 1985. Hodde. *Et vestjysk landsbysamfund fra aeldre jernalder.* Arkeologiske studier. Vol VII. Köpenhamn.

Hyenstrand, E. 1996. Diskussion kring redovisning av fosfatanalys – exemplet Härad. H. Ranheden, E. Hyenstrand, M. Jakobsson, J. Rönnby & A. Nilsson. *Metodstudier och tolkningsmöjligheter.* RAÄ, Avdelningen för arkeologiska undersökningar. Skrifter nr 20. Stockholm, s 29–51.

Hyenstrand, Å. 1984. *Fasta fornlämningar och arkeologiska regioner.* RAÄ och SHM. Rapport RAÄ 1984:7. Stockholm.

Hylén, H. 2002. Ett brinnande intresse för sammanhang. Några tankar kring tolkningar av härdområden från äldre järnålder i norra Småland. D. Widholm (red). *Tidskrift. Arkeologi i sydöstra Småland.* 2002/2, s 75–81.

Häggström, L. 2005. *Landskapsutnyttjande, bete och odling på Sydsvenska höglandet under äldre järnålder. Exemplet Öggestorp.* Gotarc. Gothenburg Archaeological Theses. No 34. Jönköpings länsmuseum. Jönköping.

Häggström, L., Baran, J., Ericsson, A. & Murray, A. 2004. The dating and interpretation of a field wall in Öggestorp. *Current Swedish Archaeology.* Vol 12, s 43–60.

Hörfors, O. 2002. Tinnerö – kulturlandskap, jordbruksstruktur och bosättningsstruktur i stensträngsbygdens Östergötland. A-C. Feldt & G. Mörkfors (red). *Hemmet – trakten – världen. Arkeologi i Östergötland*. Meddelanden från Östergötlands länsmuseum. Linköping, s 175–194.

Hörfors, O. & Persson, H. 1995. *En boplats från äldre järnålder vid IKEA. Arkeologisk undersökning 1992. Fornlämning nr 328, Kv Glasrutan (NV-del), Linköpings S:t Lars socken, Östergötland*. Rapport, Östergötlands Länsmuseum. Linköping.

Isaksson, S. 1996. Cooking pits in the light of lipid analysis. *Proceedings from the 6th Nordic conference on the application of scientific methods in archaeology, Esbjerg 1993*. Arkæologiske rapporter; Esbjerg 1. Esbjerg, s 139–152.

Jacobsson, T. 1994. *Arkeologisk undersökning. Gerstorp. Östergötland, Kaga socken, Gerstorp. Hög, boplatslämningar och sentida smedja. RAÄ 2*. RAÄ. Byrån för arkeologiska undersökningar. Rapport UV Linköping 1994:53. Linköping.

Jansen Sellevold, B., Lund Hansen, U. & Balslev Jørgensen, J. 1984. *Iron Age man in Denmark*. Prehistoric man in Denmark, Vol III. Köpenhamn

Jennbert, K. 2002. Djuren i nordisk förkristen ritual och myt. K. Jennbert, A. Andrén & C. Raudvere (red). *Plats och praxis. Studier av nordisk förkristen ritual*. Vägar till Midgård 2. Lund, s 105–133.

Johansson, F. 1993. Osteologisk analys. M. Larsson 1993a. *Arkeologisk undersökning. Lambohov. Östergötland, Slaka socken, RAÄ 251–253*. RAÄ. Byrån för arkeologiska undersökningar. UV Linköping. Linköping, s 37–42.

Johansson, H. 1980. *Jordartskartan 8 F Linköping SV. Beskrivning till jordartskartan Linköping SV*. SGU. Uppsala.

Johansson, M. 1998. *Kartanalyser av: Järnåldersterritorier i socknarna Tåby & Kuddby, Östergötland*. C-uppsats i kulturgeografi. Höstterminen 1998. Kulturgeografiska institutionen, Stockholms universitet. Stockholm.

Jonsson, L. 1996. Osteologisk analys; Rester av djurben från Pryssgården, Östra Eneby sn, Östergötland. Utförd av Leif Jonsson, Arkeologisk naturvetenskapligt laboratorium vid Göteborgs universitet. H. Borna-Ahlkvist, L. Lindgren-Hertz & U. Stålbom 1998. *Pryssgården. Från stenålder till medeltid. Arkeologisk slutundersökning, RAÄ 166 och 167, Östra Eneby socken, Norrköpings kommun, Östergötland*. RAÄ, Avdelningen för arkeologiska undersökningar. Rapport UV Linköping 1998:13. Linköping, s 159–161 och Bilaga II:6.

Jonsson, L. 1997. "Sopor" och "kult". Benrester av djur från en vikingatida och en medeltida storgård i Borgs socken i Östergötland. Lindeblad, K. & Nielsen A-L. *Kungens gods i Borg. Om utgrävningarna vid Borgs säteri i Östergötland*. RAÄ Rapport UV Linköping 1997:12. Linköping, s 107–109 och bilaga.

Kaliff, A. 1993. *Skälv – en gård och ett gårdsgravfält från äldre järnålder*. RAÄ och SHM. Rapport UV 1992:9. Stockholm.

Kaliff, A. 1995. *Ringeby. En kult- och gravplats från yngre bronsålder. Arkeologisk undersökning. RAÄ 6, Kvillinge socken, Norrköpings kommun, Östergötland*. RAÄ. Avdelningen för arkeologiska undersökningar. Rapport UV Linköping 1995:51. Linköping.

Kaliff, A. 1997. *Grav och kultplats. Eskatologiska föreställningar under yngre bronsålder och äldre järnålder i Östergötland*. Aun 24. Uppsala.

Kaliff, A. 1998a. *Arkeologisk förundersökning. Berg 126, Vreta Kloster socken, Linköpings kommun, Östergötland*. RAÄ, Avdelningen för arkeologiska undersökningar. Rapport UV Linköping 1998:27. Linköping.

Kaliff, A. 1998b. *Arkeologisk utredning och förundersökning. Fastigheterna Kungsbro 1:750 m fl, Vreta kloster socken, Linköpings kommun, Östergötland*. RAÄ, Avdelningen för arkeologiska undersökningar. Rapport UV Linköping 1998:28. Linköping.

Kaliff, A. 1999a. *Arkeologi i Östergötland. Scener ur ett landskaps förhistoria*. OPIA 20. Uppsala.

Kaliff, A. 1999b. Ritual och vardagsliv i boplatsmiljö. A. Kaliff (red). *Olika perspektiv på en arkeologisk undersökning i västra Östergötland* RAÄ, Avdelningen för arkeologiska undersökningar. Skrifter nr 28. Linköping, s 70–86.

Kaliff, A. 2001. *Gothic connections. Contacts between eastern Scandinavia and the southern Baltic coast 1000 BC–500 AD*. OPIA 26. Uppsala.

Kaliff, A. 2003. Uppslagsordet Rituale. *Reallexikon der Germanischer Altertumskunde*. Berlin, s 47–52.

Kaliff, A. 2005a. The Vedic Agni and Scandinavian fire rituals. A possible connection. *Current Swedish Archaeology*. Vol 13, s 77–97.

Kaliff, A. 2005b. The grave as concept and phenomenon. Reflektions on the relation between archaeological terminology and interpretation. T. Artelius & F. Svanberg (red). *Dealing with the dead. Archaeological perspectives on prehistoric Scandinavian burial rites*. Stockholm, s 125–142.

Kaliff, A., Carlsson, T., Molin, F. & Sundberg, K. 1997. *Mörby. Östergötlands äldsta boplats. Arkeologisk slutundersökning, RAÄ 168, Hogstads socken, Mjölby kommun, Östergötland*. RAÄ, Avdelningen för arkeologiska undersökningar. Rapport UV Linköping 1997:38. Linköping.

Karlenby, L. 1996. *Ullevi – en boplats under 4000 år. Arkeologiska undersökningar, RAÄ 161, RAÄ 322, Kvarteret Glasrutan 2, Linköpings kommun, Östergötland*. RAÄ, UV Uppsala. Rapport 1996:53. Uppsala.

Karlsson, P. 2000. *Arkeologisk förundersökning. Ålebäcken vid Alvastra. Elkabeldragning vid Ålebäcken, Alvastra, Västra Tollstad socken, Ödeshögs kommun. Dnr 422-1686-1999*. RAÄ, Avdelningen för arkeologiska undersökningar. Rapport UV Öst 2000:9. Linköping.

Kjær Kristensen, I. 2004. Rad og række. *SKALK*. Nr 2, s 11–13.

Knarrström, A. & Olsson M. 2000. *Boplatser och härdområden vid Bårslöv. Skåne, Välluv och Bårslöv socknar, väg 109. Arkeologisk undersökning.* RAÄ, Avdelningen för arkeologiska undersökningar. UV Syd Rapport 2000:61. Lund.

Korsfeldt, K. 1992. *Östgötskt gravskick. Yngre bronsålder och äldre järnålder.* Uppsats CD. Institutionen för arkeologi. Uppsala Universitet. Vt 1992. Uppsala.

Kristiansen, K. 1988. Landet åbnes. C. Bjørn (red). *Det danske landbrugs historie I. Oldtid og middelalder.* Odense, s 69–106.

Kristiansen, K. 1998. *Europe before history.* Cambridge.

Kyhlberg, O. 1993. Kvantitativ analys av fosfatdata. *Arkeologi i Sverige.* 2. RAÄ. Stockholm, s 77–98.

Lagerås, P. 2000. Järnålderns odlingssystem och landskapets långsiktiga förändring. Hamnedas röjningsröseområden i ett paleoekologiskt perspektiv. P. Lagerås (red). *Arkeologi och paleoarkeologi i sydvästra Småland. Tio artiklar från Hamnedaprojektet.* RAÄ. Avdelningen för arkeologiska undersökningar. Skrifter No 34. Lund, s 167–229.

Lagerås, P. & Regnell, M. 1999. Agrar förändring under sydsvensk bronsålder. En diskussion om skenbara samband och olösta gåtor. M. Olausson (red). *Spiralens öga. Tjugo artiklar kring aktuell bronsåldersforskning.* RAÄ, Avdelningen för arkeologiska undersökningar. Skrifter nr 25. Stockholm, s 263–276

Larsson, L. 1994. Säterdrift i sydskandinavisk neolitikum? R. Jensen (red). *Odlingslandskap och fångstmark. En vänbok till Klas-Göran Selinge.* Stockholm, s 211–220.

Larsson, L. K. 2005. Begravas i föränderlighetens tid. A. Kaliff & G. Tagesson (red). *Liunga. Kaupinga. Kulturhistoria i Linköpingsbygden.* RAÄ, Arkeologiska undersökningar, Skrifter nr 60. Stockholm, s 66–109.

Larsson, L. Z. 1992. *Arkeologisk utredning etapp 1 – Del 1. Mjölby – Stora Åby. Väg E4. Östergötland. Mjölby, Hogstad, Väderstad, Rök och Stora Åby socknar. Dnr 5992/92.* RAÄ, Byrån för arkeologiska undersökningar. UV Linköping. Linköping.

Larsson, L. Z., Jönsson, B. & Widgren, M. 1996. *Kartering av stensträngssystemet söder om Väderstads samhälle, Arkeologisk förundersökning, del 1. E4 delsträckan Väderstad – Stora Åby. Ryd, Abbetorp, Väderstad och Vallsberg i Väderstads och Rinna socknar, Mjölby och Boxholms kommuner, Östergötland.* RAÄ, Avdelningen för arkeologiska undersökningar. Rapport UV Linköping 1996:28. Linköping.

Larsson, M. 1988. *Rapport. Förundersökning. Östergötland, Vreta Klosters sn, Kungsbro 1:344. Dnr 2429/88.* RAÄ, Byrån för arkeologiska undersökningar, UV Mitt. Stocholm.

Larsson, M 1990a. *Arkeologisk undersökning. Östergötland, Sankt Johannes socken, Norrköping, Kvarteret Sällskapsdansen, Navestad, Fornlämning 120.* RAÄ, Byrån för arkeologiska undersökningar. Rapport, UV Mitt, Stockholm.

Larsson, M. 1990b. *Rapport. Antikvarisk kontroll. Östergötland, Sjögestad socken, Sålla 5:1.* RAÄ, Byrån för arkeologiska undersökningar, UV Mitt. Stockholm.

Larsson, M. 1993a. *Arkeologisk undersökning. Lambohov. Östergötland, Slaka socken, RAÄ 251–253.* RAÄ. Byrån för arkeologiska undersökningar. UV Linköping. Linköping.

Larsson, M. 1993b. *Arkeologisk undersökning. Päpplinge, RAÄ 78, Sya socken, Mjölby kommun, Östergötland. Dnr 5685/93.* RAÄ, Byrån för arkeologiska undersökningar. Rapport UV Linköping. Linköping.

Larsson, M. 1993c. *Arkeologisk förundersökning och slutundersökning. Ullälva 5:1, RAÄ 144, Törnevalla socken, Linköpings kommun, Östergötland. Dnr 478/91.* RAÄ, Byrån för arkeologiska undersökningar. Rapport UV Linköping. Linköping.

Larsson, M. 1994. *Sten- och järnåldershus vid Brunneby. Arkeologisk undersökning, RAÄ 42 och 128, Brunneby socken, Motala kommun, Östergötland.* RAÄ, Byrån för arkeologiska undersökningar. Rapport UV Linköping 1994:1. Linköping.

Larsson, M. 1995. *Arkeologisk undersökning. Svintuna. En gropkeramisk boplats med hyddlämning. Svintuna 2:6, RAÄ 87, Krokeks socken, Norrköpings kommun, Östergötland.* RAÄ, Byrån för arkeologiska undersökningar. Rapport UV Linköping 1995:8. Linköping.

Larsson, M. 1996a. *Högby. Mesolitiska och senneolitiska boplatser vid Högby i Östergötland.* RAÄ, Avdelningen för arkeologiska undersökningar. UV Linköping, Rapport 1996:23. Linköping.

Larsson, M. 1996b. *Arkeologisk utredning, etapp 2. RV 51. Förbifart Svärtinge. Östra Eneby socken, Norrköpings kommun, Östergötland.* RAÄ, Avdelningen för arkeologiska undersökningar. Rapport UV Linköping 1996:32. Linköping.

Larsson, M. 1997a. Från stenålder till bronsålder i västra Östergötland – en introduktion. Riksväg 50. L. Z. Larsson, P. Nilsson & A. Ulfhielm. *Arkeologisk utredning, etapp 1. Del 1. Jönköping – Örebro, delen Ödeshög – Motala. Östergötland.* RAÄ, Avdelningen för arkeologiska undersökningar. Rapport UV Linköping 1997:3. Linköping, s 10–19.

Larsson, M. 1997b. *En järnåldersgård vid Hogstad. Arkeologisk förundersökning. RAÄ 172, Lilla Ljuna 3:1, Hogstads socken, Mjölby kommun, Östergötland.* RAÄ, Avdelningen för arkeologiska undersökningar. Rapport UV Linköping 1997:49. Linköping.

Larsson, M. & Molin, A. 1998. *Nyhem. Stenåldershydda och medeltida röjningsrösen. Arkeologisk slutundersökning. RAÄ 274, Nyhem, Väderstads socken, Mjölby kommun, Östergötland.* RAÄ, Avdelningen för arkeologiska undersökningar. Rapport UV Linköping 1998:23. Linköping.

Larsson, S. 2000. *Stadens dolda kulturskikt. Lundaarkeologins förutsättningar och förståelsehorisonter uttryckt genom praxis för källmaterialsproduktion 1890–1990.* Archaeologica Lundensia Investigationes de antiqvitatibus urbis lundae. IX. Lund.

Larsson, T. B. 1986. *The Bronze Age metal work in southern Sweden. Aspects of social and spatial organization 1800–500 B.C.* Archaeology and environment 6. University of Umeå. Department of Archaeology. Umeå.

Larsson, T. B. 1990. 2500-årig östgötagård inhägnad med palissad. *Populär arkeologi* 2, s 2–6.

Larsson, T. B. 1993. *Vistad. Kring en befäst gård i Östergötland och östersjökontakter under yngre bronsålder.* Studia Archaeologica Universitatis Umensis 4. Umeå.

Larsson, T. B. & Hulthén, B. 2004. *Vistad '88 revisited. Ceramological analyses and Lusatian connections.* Archaeology and environment 8. University of Umeå, Department of archaeology and sami studies. Umeå.

Lerche, G. 1969. Kokegruber i New Guineas højland. *KUML* 1969, s 195–209.

Lidén, K. 1996. *Prehistoric diet transitions. An archaeological perspective.* Archaeological Research laboratory, Stockholms Universitet. Stockholm.

Liedgren, L. 1992. *Hus och gård i Hälsingland. En studie av agrar bebyggelse och bebyggelseutveckling i norra Hälsingland Kr f–600 e Kr.* Studia Archaeologica Universitatis Umensis 2. Umeå.

Lindahl, A. 2002. Bränningsmetoder. A. Lindahl, D. Olausson & A. Carlie (red). *Keramik i Sydsverige – en handbok för arkeologer.* Keramiska forskningslaboratoriet: Monographs on Ceramics 1. University of Lund Institute of Archaeology: Report Series no. 81. Lund, s 30–35.

Lindberg, M. 2002. *Arkeologisk förundersökning. En härd med slagg i Linkelösa. Linkelösa 1:1, Västerlösa socken, Linköpings kommun, Östergötlands län.* Östergötlands länsmuseum. Rapport 30:2002. Linköping.

Lindeblad, K. 1995. *En järnåldersboplats vid Högby gamla tomt. Arkeologisk undersökning.* RAÄ. Byrån för arkeologiska undersökningar. Rapport UV Linköping 1995:22. Linköping.

Lindeblad, K. 1996. Borgs socken – förändringar i tid och rum 200 – 1200 e Kr. L. Lundqvist, K. Lindeblad, A-L. Nielsen & L. Ersgård. *Slöinge och Borg. Stormansgårdar i öst och väst.* RAÄ, Arkeologiska undersökningar. Skrifter nr 18. Stockholm, s 53–77.

Lindeblad, K. 2006. Manuskript till licenciatavhandling i medeltidsarkeologi, Lunds universitet.

Lindeblad, K. & Nielsen A-L. 1993. *Herrebro – hällristningar och marknad. Arkeologiska undersökningar av fornlämning 51 i Borgs socken, Östergötland.* RAÄ och SHM. Rapport UV 1993:9. Stockholm.

Lindeblad, K. & Nielsen, A-L. 1997. *Kungens gods i Borg. Om utgrävningarna vid Borgs säteri i Östergötland. Arkeologisk slutundersökning, Borgs säteri 6702, RAÄ 276, Borgs socken, Norrköpings kommun, Östergötland.* RAÄ, Avdelningen för arkeologiska undersökningar, Rapport UV Linköping 1997:12. Linköping.

Lindeblad, K., Petersson, M. & Österström, K. 2004. Resultat, område 10. M. Petersson (red). *Abbetorp – ett landskapsutsnitt under 6000 år. Arkeologisk undersökning av en boplats, ett gravfält, en offerplats, stensträngar och fossil åkermark. RAÄ 288 m fl, Abbetorp 1:2 och 1:10, Rinna socken, Boxholms kommun. RAÄ 241 m fl, Väderstad 1:2 och 5:1, Väderstads socken, Mjölby kommun, Östergötland. Dnr 421-3277-1997, 421-800-1998.* RAÄ, Avdelningen för arkeologiska undersökningar. Rapport UV Öst 2002:43. Linköping, s 73–93.

Lindeblad, K. & Tagesson, G. 2005a. Byn och staden. Stora Ullevi och Linköping. A. Kaliff & G. Tagesson (red). *Liunga. Kaupinga. Kulturhistoria i Linköpingsbygden.* RAÄ, Arkeologiska undersökningar, Skrifter 60. Stockholm, s 236–281.

Lindeblad, K. & Tagesson, G. 2005b. *Stora Ullevi Bytomt. Östergötland, S:t Lars socken, Linköpings stad, RAÄ 345. Arkeologisk slutundersökning. Dnr 423-1829-2003.* RAÄ, Avdelningen för arkeologiska undersökningar. UV Öst, dokumentation av fältarbetsfasen 2004. Linköping.

Linderholm, J. 1998. Fähus, markanalys och arkeologi – att studera dyngan i tiden och rummet. K. Viklund, R. Engelmark & J. Linderholm (red). *Fähus från bronsålder till idag. Stallning och utegångsdrift i långtidsperspektiv.* Skrifter om skogs- och lantbrukshistoria 12. Stockholm, s 22–27.

Lindgren, C. 1993. *Arkeologisk undersökning. Leverstad. Östergötland, Borgs socken, RAÄ 197. Dnr 5027/88.* RAÄ, Byrån för arkeologiska undersökningar. Rapport UV Stockholm 1993:32. Stockholm.

Lindgren, C. & Hedman, A. 1994. *Arkeologisk undersökning. Grönhult – Leverstad. Östergötland, Borgs och Löts socknar, Grönhult – Leverstad.* RAÄ, Byrån för arkeologiska undersökningar, Rapport UV Linköping 1994:42. Linköping.

Lindgren-Hertz, L. 1997. Farm and landscape. Variations on a theme in Östergötland. H. Andersson, P. Carelli & L. Ersgård (red). *Visions of the Past. Trends and Traditions in Swedish Medieval Archaeology.* Stockholm, s 43–72.

Lindgren-Hertz, L. 1998. Gropar på Pryssgården. H. Borna-Ahlkvist, L. Lindgren-Hertz & U. Stålbom 1998. *Pryssgården. Från stenålder till medeltid. Arkeologisk slutundersökning, RAÄ 166 och 167, Östra Eneby socken, Norrköpings kommun, Östergötland.* RAÄ, Avdelningen för arkeologiska undersökningar. Rapport UV Linköping 1998:13. Linköping, s 72–102.

Lindkvist, T. 1979. *Landborna i Norden under äldre medeltid.* Studia Historica Upsaliensia 110. Historiska Institutionen vid Uppsala Universitet. Uppsala.

Lindman, G. 1991. *Forntida svedjebruk. Om möjligheterna att spåra forntidens svedjebruk.* RAÄ, Arkeologiska undersökningar. Skrifter No 1. Kungsbacka.

Lindman, G. 1993. *Svedjebruket i Munkeröd. Ett exempel på periodiskt svedjebruk från yngre stenålder till medeltid i södra Bohusläns kustland.* RAÄ. Arkeologiska undersökningar. Skrifter No 3. Kungsbacka.

Lindquist, S-O. 1968. *Det förhistoriska kulturlandskapet i östra Östergötland. Hallebyundersökningen I.* Acta Universitatis Stockholmiensis. Studies in North-European Archaeology 2. Stockholm.

Lindqvist, Sune 1910. Ett "Frös-vi" i Nerike. *Fornvännen* 1910. Häfte 3 och 4, s 119–138.

Ljung, J-Å., Kihlstedt, B. & Lindgren C. 1995. *Bronsålder – äldre järnålder i Tallboda, stg 956, RAÄ 317, Linköpings stad och kommun, Östergötland. Arkeologisk undersökning.* RAÄ, Byrån för arkeologiska undersökningar. Rapport UV Linköping 1995:29. Linköping.

Lucas, A.T. 1989. *Cattle in ancient Ireland.* Studies in Irish Archaeology and History. Kilkenny.

Lucas, G. 2001. *Critical approaches to fieldwork. Contemporary and historical archaeological practice.* London.

Lundmark, J-E. 1988. *Skogsmarkens ekologi. Ståndortsanpassat skogsbruk. Del 2 – Tillämpning.* Skogsstyrelsen. Jönköping.

Lundström, P. 1970. *Gravfälten vid Fiskeby i Norrköping. Studier kring ett totalundersökt gravkomplex* I. KVHAA. Stockholm.

Løken, 1987. Driftsformer i folkevandringstidsgården i Rogaland. *Viking* 1987, s 79–97.

Markus, F. 2004. *Living on another shore. Early Scandinavian settlement on the north-western Estonian coast.* OPIA 36. Uppsala.

Melander, J. 1986. Torkugnar. *Studier i Norrländsk forntid II.* Acta bothniensia occidentalis. Skrifter i västerbottnisk kulturhistoria. Umeå, s 106–118.

Menander, H. 1999. Preliminär osteologisk bedömning. Bilaga 1. A-L. Nielsen. *Smide på en östgötsk gård från romersk järnålder. Fornlämning 162, kvarteret Glaskulan, Linköpings stad och kommun, Östergötland.* RAÄ, Avdelningen för arkeologiska undersökningar. Rapport UV Öst 1999:2. Linköping.

Menander, H., Molin, F., Helander, C, Larsson, L. K. & Rolöf, M. 2003. *Arkeologiska undersökningar vid Linköpings flygplats. RAÄ 123, 125 i Linköpings stad, RAÄ 17–18, 19, 267 i Vårdsbergs socken, Linköpings flygplats/Saabfältet, Tannefors 1:107, Linköpings kommun, Östergötland. Dnr 423-2741-2001, 423-2067-2002.* RAÄ. Avdelningen för arkeologiska undersökningar. UV Öst. Dokumentation av fältarbetsfasen 2003:3. Linköping.

Molander, B. 2000. *Kunskap i handling.* Uddevalla.

Molin, A. & Molin F. 2003. *En senneolitisk boplats vid Abbetorp. Arkeologiska undersökningar av en boplats samt fossila odlingslämningar. Arkeologisk undersökning – Väderstadsprojektet. Delområde 12 och 13, RAÄ 107, 231, 243, Vistad, Väderstads socken, RAÄ 299, Abbetorp, Rinna socken, Boxholm och Mjölby kommun, Östergötland.* RAÄ, Avdelningen för arkeologiska undersökningar. Rapport UV Öst 2003:29. Linköping.

Molin, F. 2000. *Mellan Degeryd och Viskeryd – boplatslämningar från äldre järnålder. Vårdsbergs socken, Linköpings kommun, Östergötland. Arkeologisk förundersökning. Dnr 422-5906-1999.* RAÄ, Avdelningen för arkeologiska undersökningar. Rapport UV Öst 2000:14. Linköping.

Molin, F. & Larsson, M. 1999. *Mesolitikum vid Storlyckan – hyddlämning och fyndmaterial. Arkeologisk slutundersökning, RAÄ 275, Storlyckan, Väderstads socken, Mjölby kommun, Östergötland.* RAÄ, Avdelningen för arkeologiska undersökningar. Rapport UV Öst 1999:1. Linköping.

Molin, F., Larsson, M. & Berggren A. 1999. *Bäckaskog under stenåldern – hus, hydda och kokgropar i kanten av en våtmark. Arkeologisk undersökning – Väderstadsprojektet. Delområde 5 samt del av område 6, RAÄ 279, Bäckaskog, Väderstads socken, Mjölby kommun, Östergötland.* RAÄ, Avdelningen för arkeologiska undersökningar. Rapport UV Öst 1999:27. Linköping.

Montelius, S. 1977. *Fäbodväsendet i övre Dalarna.* Stockholm.

Myhre, B. 1980. *Gårdsanlegget på Ullandhaug I. Gårdshus i jernalder og tidlig middelalder i Sørvest-Norge.* AmS-skrifter 4. Stavanger.

Myhre, B. 2002. Landbruk, landskap og samfunn 4000 f Kr–800 e Kr. B. Myhre & I. Øye. *Norges landbrukshistorie I. 4000 f Kr–1350 e Kr.* Oslo, s 12–213.

Myrdal, J. 1988. Agrarteknik och samhälle under två tusen år. U Näsman & J. Lund (red). *Folkevandringstiden i Norden. En krisetid mellem ældre og yngre jernalder. Rapport fra et bebyggelsesarkaeologisk forskersymposium i Degerhamn, Öland. d. 2–4 oktober 1985.* Aarhus, s 187–226.

Myrdal, J. 1999. *Det svenska jordbrukets historia. Jordbruket under feodalismen 1000–1700.* Stockholm.

Myrdal, J. 2003. *Digerdöden, pestvågor och ödeläggelse.* Sällskapet Runica et Mediævalia. Scripta minora 9. Stockholm.

Mårtensson, L. & Svala, C. 1998. Fähus som miljö. K. Viklund, R. Engelmark & J. Linderholm (red). *Fähus från bronsålder till idag. Stallning och utegångsdrift i långtidsperspektiv.* Skrifter om skogs- och lantbrukshistoria 12. Stockholm, s 86–103.

Nicklasson, P. 1997. *Svärdet ljuger inte. Vapenfynd från äldre järnålder på Sveriges fastland.* Acta Archaeologica Lundensia. Series prima in 4° N 22°. Lund.

Nielsen, A-L. 1991. *Rapport. Särskild arkeologisk utredning. Östergötland, Rappestad socken, Piparebo 1:5 och 1:8.* RAÄ, Byrån för arkeologiska undersökningar, UV Mitt. Stockholm.

Nielsen, A–L. 1996. Borg – enda centralplatsen i Norrköpingsbygden? L. Lundqvist, K. Lindeblad, A-L Nielsen & L. Ersgård. *Slöinge och Borg. Stormansgårdar i öst och väst.* RAÄ. Arkeologiska undersökningar. Skrifter nr 18. Stockholm, s 78–96.

Nielsen, A-L. 1997. *Arkeologisk förundersökning. Ny överföringsledning för renvatten mellan Motala och Fågelstad vattenverk. Västra Stenby socken, Motala kommun, Östergötland.* RAÄ, Avdelningen för arkeologiska undersökningar. Rapport UV Linköping 1997:54. Linköping.

Nielsen, A-L. 1998. *En tidig kristen grav och andra fornlämningar i anslutning till Götavirke. Västra Husby socken, Söderköpings kommun, Östergötland. Arkeologisk undersökning.* RAÄ, Avdelningen för arkeologiska undersökningar, Rapport UV Linköping 1998:9. Linköping.

Nielsen, A-L. 1999. *Smide på en östgötsk gård från romersk järnålder. Fornlämning 162, kvarteret Glaskulan, Linköpings stad och kommun, Östergötland.* RAÄ, Avdelningen för arkeologiska undersökningar. Rapport UV Öst 1999:2. Linköping.

Nielsen, A-L. 2001. Kultplats och kungsgård – vikingatid och medeltid i Borg. A-C Feldt & G. Mörkfors (red). *Hemmet – trakten – världen. Arkeologi i Östergötland.* Meddelanden från Östergötlands länsmuseum. Linköping, s 195–205.

Nielsen, A-L. 2005. Under Biltema och IKEA. Ullevi under 1500 år. A. Kaliff & G. Tagesson (red). *Liunga. Kaupinga. Kulturhistoria och arkeologi i Linköpingsbygden.* RAÄ, Arkeologiska undersökningar, Skrifter 60. Stockholm, s 204–235.

Nielsen, J. 2002. Flammernes bytte. *SKALK.* Nr 6, s 5–10.

Nielsen, V. 1993. *Jernalderens plöjning. Store Vildmose.* Hjörring.

Nilsson, C. 1974. *Rapport. Nyupptäckta boplatslämningar. Mjölby kn, Högby fs, Ryttarhagen, Stg 1526, Östergötland 1974.* RAÄ. Stockholm.

Nilsson, C. 1976. *Fornlämning 4, del av gravfält, stensträng och boplatslämningar. Röby, Slaka socken, Östergötland.* RAÄ Rapport 176 B 28. Stockholm.

Nilsson, C. 1979. *Fornlämning 144a, gravar, äldre järnålder, Himna, Vårdsbergs sn, Östergötland. Arkeologisk undersökning 1973–74.* RAÄ och SHM. Rapport UV 1979:53. Stockholm.

Nilsson, C. 1987. Gravundersökningar i Östergötland åren 1967–84. T. Andrae, M. Hasselmo & K. Lamm (red.) *7000 år på 20 år. Arkeologiska undersökningar i Mellansverige.* RAÄ. Stockholm, s 79–108.

Nilsson, P. 1996. *Arkeologisk utredning. Fiskeby 1:1 m fl. Norra Bråvallaområdet. Östra Eneby socken, Norrköpings kommun, Östergötland.* RAÄ, Avdelningen för arkeologiska undersökningar. Rapport UV Linköping 1996:30. Linköping.

Nilsson, P. 1999. *Arkeologisk utredning, Etapp 1 och 2, Roxenbaden 1:3, Stjärnorps socken, Linköpings kommun, Östergötland.* RAÄ, Avdelningen för arkeologiska undersökningar. Rapport UV Öst 1999:35. Linköping.

Nilsson, P. E. 2001. *Skålgropar och boplatslägen i Ekängen. Stensätter 1:9, Rystads socken, Linköpings kommun, Östergötland. Arkeologisk utredning. Dnr 421-1641-2001.* RAÄ, Avdelningen för arkeologiska undersökningar, Rapport UV Öst 2001:49. Linköping.

Nilsson, P. E. 2002. *Utredning etapp 2. Ett boplatsläge söder om Håcklasjön. Rv 35, sträckan Åtvidaberg – Överum, Åtvids socken, Åtvidabergs kommun. Dnr 421-3613-2001.* RAÄ, Avdelningen för arkeologiska undersökningar. Rapport UV Öst 2002:23. Linköping.

Norberg, E. 1996. *Gropanläggningar med uppvärmd sten. Konstruktioner och funktioner hos skärvstensgropar i Mellannorrlands inland under förhistorisk och historisk tid.* C-uppsats i arkeologi. Vårterminen 1996. Umeå universitet. Institutionen för arkeologi. Umeå.

Nordén, A. 1938. *Östergötlands järnålder. Monografier. Del 1. Enskilda fyndgrupper och problem. Häfte 2: Kolmården – V. Husbydalen – Fornborgarna.* Stockholm.

Nordman, A-M. 1997. Ett järnåldersgravfält i Byarum. M. Nordström & L. Varenius (red). *Det nära förflutna – om arkeologi i Jönköpings län.* Småländska kulturbilder 1997. Meddelanden från Jönköpings läns hembygdsförbund och Stiftelsen Jönköpings läns museum LXVII. Jönköping, s 120–131.

Näsman, U. 1976. Recension av Baudou, E., Arkeologiska undersökningar på Halleby. Del 1. Hallebyundersökningen II. *Fornvännen* 71, s 66–67.

Näsman, U. 1979. En arkeologs syn på kulturgeografisk grävningsmetod; med exempel särskilt från Mellansverige. H. Thrane (red). *Fra jernalder til middelalder. Beretning fra et symposium 17–19 maj 1979 afholdt af Odense Universitet.* Odense, s 152–176.

Ohlsén, M. 2000a. *Arkeologisk förundersökning. Tallboda, Gränsliden mellan Värdshusvägen och Vindarnas väg, Rystad socken, Linköpings kommun, Östergötlands län.* Östergötlands länsmuseum. Rapport 11:2000. Linköping.

Ohlsén, M. 2000b. *Arkeologisk förundersökning. Bjärka Säby, Vist socken, Linköpings kommun, Östergötlands län.* Östergötlands länsmuseum. Rapport 8:2000. Linköping.

Olausson, M. 1987. Hillforts, subsistence and economic centralisation A.D. 300–500 in Eastern Middle Sweden. G. Burenhult, A. Carlsson, Å. Hyenstrand & T. Sjøvold (red). *Theoretical approaches to artefacts, settlement and society. Studies in honour of Mats Malmer.* BAR International Series 366 (ii), s 399–417.

Olausson, M. 1995a. *Det inneslutna rummet – om kultiska hägnader, fornborgar och befästa gårdar i Uppland från 1300 f Kr till Kristi födelse.* RAÄ, Arkeologiska undersökningar. Skrifter nr 9. Stockholm.

Olausson, M. 1995b. Rössberga – en säter med röjningsrösen från yngre bronsålder till folkvandringstid. *Äldre järnålder i stensträngsmiljö. Internt seminarium vid UV Linköping. Vadstena – Väderstad 6–7 april 1994.* RAÄ, Byrån för arkeologiska undersökningar. UV Linköping 1995:31, s 44–51. Linköping.

Olausson, M, 1998, "Säg mig hur många djur du har ..." Om arkeologi och stallning. K. Viklund, R. Engelmark & J. Linderholm (red). *Fähus från bronsålder till idag. Stallning och utegångsdrift i långtidsperspektiv.* Skrifter om skogs- och lantbrukshistoria 12. Stockholm, s 28–56.

Olsson, E. & Åkerlund, A. 1987. Stenåldersundersökningar i östra Mellansverige. T. Andrae, M. Hasselmo & K. Lamm (red.) *7000 år på 20 år. Arkeologiska undersökningar i Mellansverige.* RAÄ. Stockholm, s 9–40.

Pedersen, E. A. & Widgren, M. 1998. Järnålder, 500 f Kr–1000 e Kr. S. Welinder, E. A. Pedersen & M. Widgren. *Det svenska jordbrukets historia. Jordbrukets första femtusen år. 4000 f Kr – 1000 e Kr.* Stockholm, s 239–459.

Petersson, M. 1996. *Arkeologiska förundersökningar av agrara lämningar. Väg E4 Mjölby – Väderstad. Mjölby, Hogstads och Väderstads socknar, Mjölby kommun, Östergötland.* RAÄ, Avdelningen för arkeologiska undersökningar. Rapport UV Linköping 1996:43. Linköping.

Petersson, M. 1999a. Ancient fields excavated. *Journal of European Archaeology.* Vol 2. Number 1, s 57–76

Petersson, M, 1999b. Abbetorp – settlement, cult site and burial ground. A preliminary presentation. C. Fabech & J. Ringtved (red). *Settlement and Landscape. Proceedings of a conference in Åhus, Denmark, May 4–7 1998.* Jutland Archaeological Society. Århus, s 395–404

Petersson, M. 1999c. Områdesbeskrivningar. Delområde 7–14. A. Ericsson, M. Petersson, & H. Ranheden. 1999. *Stensträngssystem söder om Väderstads samhälle. Arkeologisk förundersökning, del 2. E4, delsträckan Väderstad – Stora Åby, Väderstads och Rinna socknar, Mjölby och Boxholm kommuner, Östergötland.* RAÄ, Avdelningen för arkeologiska undersökningar. Rapport UV Öst 1999:45. Linköping, s 26–35.

Petersson, M. 1999d. Fossil åkermark – en metodstudie över arkeologisk undersökningsmetod. Manuskript.

Petersson, M. 2001a. *Tre åkerundersökningar i Östergötland. Arkeologiska undersökningar av fossil åkermark, gravar och boplatslämningar från äldre järnålder. RAÄ 166, Hogstads-Mörby 1:2 och 1:3, Hogstads socken, RAÄ 170, Stora Ljuna 4:1, Hogstads socken, RAÄ 171, Hogstads-Mörby 4:4, Hogstads socken, RAÄ 234, Lundby 1:3, Väderstads socken, Mjölby kommun, Östergötland.* RAÄ, Avdelningen för arkeologiska undersökningar. Rapport UV Öst 2001:33. Linköping.

Petersson, M. 2001b. Grazing and hearths in west Östergötland 1000–1 BC. T. Darvill. & M. Gojda (red.). *One Land, Many Landscapes. Papers from a session held at the European Association of Archaeologists Fifth Annual Meeting in Bournemouth 1999.* BAR International Series 987, s 125–145.

Petersson, M. 2002. Boskapsskötsel och ojämlikhet – Abbetorp under äldre järnålder. A-C. Feldt & G. Mörkfors (red). *Hemmet – trakten – världen. Arkeologi i Östergötland.* Meddelanden från Östergötlands länsmuseum. Linköping, s 107–128.

Petersson, M. (red). 2004a. *Abbetorp – ett landskapsutsnitt under 6000 år. Arkeologisk undersökning av en boplats, ett gravfält, en offerplats, stensträngar och fossil åkermark. RAÄ 288 m fl, Abbetorp 1:2 och 1:10, Rinna socken, Boxholms kommun. RAÄ 241 m fl, Väderstad 1:2 och 5:1, Väderstads socken, Mjölby kommun, Östergötland. Dnr 421-3277-1997, 421-800-1998.* RAÄ, Avdelningen för arkeologiska undersökningar. Rapport UV Öst 2002:43. Linköping.

Petersson, M. 2004b. Resultat, stensträngarna. M. Petersson (red). *Abbetorp – ett landskapsutsnitt under 6000 år. Arkeologisk undersökning av en boplats, ett gravfält, en offerplats, stensträngar och fossil åkermark. RAÄ 288 m fl, Abbetorp 1:2 och 1:10, Rinna socken, Boxholms kommun. RAÄ 241 m fl, Väderstad 1:2 och 5:1, Väderstads socken, Mjölby kommun, Östergötland. Dnr 421-3277-1997, 421-800-1998.* RAÄ, Avdelningen för arkeologiska undersökningar. Rapport UV Öst 2002:43. Linköping, s 28–34.

Petersson, M. 2004c. Resultat, område 9. M. Petersson (red). *Abbetorp – ett landskapsutsnitt under 6000 år. Arkeologisk undersökning av en boplats, ett gravfält, en offerplats, stensträngar och fossil åkermark. RAÄ 288 m fl, Abbetorp 1:2 och 1:10, Rinna socken, Boxholms kommun. RAÄ 241 m fl, Väderstad 1:2 och 5:1, Väderstads socken, Mjölby kommun, Östergötland. Dnr 421-3277-1997, 421-800-1998.* RAÄ, Avdelningen för arkeologiska undersökningar. Rapport UV Öst 2002:43. Linköping, s 68–72.

Petersson, M. 2004d. Resultat, härdarna. M. Petersson (red). *Abbetorp – ett landskapsutsnitt under 6000 år. Arkeologisk undersökning av en boplats, ett gravfält, en offerplats, stensträngar och fossil åkermark. RAÄ 288 m fl, Abbetorp 1:2 och 1:10, Rinna socken, Boxholms kommun. RAÄ 241 m fl, Väderstad 1:2 och 5:1, Väderstads socken, Mjölby kommun, Östergötland. Dnr 421-3277-1997, 421-800-1998.* RAÄ, Avdelningen för arkeologiska undersökningar. Rapport UV Öst 2002:43. Linköping, s 117–121.

Petersson, M. 2004e. Olika tidsskeden – en sammanfattande tolkning. M. Petersson (red). *Abbetorp – ett landskapsutsnitt under 6000 år. Arkeologisk undersökning av en boplats, ett gravfält, en offerplats, stensträngar och fossil åkermark. RAÄ 288 m fl, Abbetorp 1:2 och 1:10, Rinna socken, Boxholms kommun. RAÄ 241 m fl, Väderstad 1:2 och 5:1, Väderstads socken, Mjölby kommun, Östergötland. Dnr*

421-3277-1997, 421-800-1998. RAÄ, Avdelningen för arkeologiska undersökningar. Rapport UV Öst 2002:43. Linköping, s 134–148.

Petersson, M. 2004f. Animal husbandry and social hierarchies in Östergötland in the Pre Roman Iron Age. B. Santillo Fritzell (red) *PECUS. Man and animal in antiquity. Proceedings of the conference at the Swedish Institute in Rome, September 9–12, 2002*. Rom, s 225–234.

Petersson, M. 2005. Gravarna och produktionsmarken. En studie av sambandet mellan gravar och markanvändning. Manuskript.

Petersson, M. 2006. Stone walls in west Östergötland – their dating and it's consequences. Chadwick, A. M. (red). *Recent Approaches to the Archaeology of Land Allotment*. BAR International Series. (Under tryckning.)

Petersson, M. & Elfstrand, B. u å. *Projektbeskrivning rörande del av det arkeologiska arbetet inför ombyggnationen av E4:an S, sträckan Mjölby – Väderstad. Dnr 421-2088-1995*. ATA.

Petersson, M., Elfstrand, B., Helander, A. & Zetterlund, P. 1995. *Arkeologisk utredning, etapp 2. Väg E4, Mjölby – Väderstad. Mölbys, Hogstads och Väderstads socknar, Mjölby kommun, Östergötland*. RAÄ, Byrån för arkeologiska undersökningar. Rapport UV Linköping 1995:12. Linköping.

Petersson, M. & Ulfhielm, A. 2000. *Vilhelmsberg – ett gravfält från vendeltiden. Vilhelmsberg, Skälstad 1:12, Kvillinge socken, Norrköpings kommun, Östergötland. Dnr 6009/92*. RAÄ, Avdelningen för arkeologiska undersökningar. Rapport UV Öst 2000:10. Linköping.

Prescott, C. 1993. *From Stone Age to Iron Age. A study from Sogn, western Norway*. Bergen.

Prescott, C. 1995. Aspects of early pastoralism in Sogn, Norway. *Acta Archaeologica* vol 66, s 163–189.

Provan, D. M. J. 1971. Soil phosphate analysis as a tool in archaeology. *Norwegian Archaeological Review. NAR. Nr 4*, s 37–50.

Rackham, O. 1976. *Trees and woodland in the British landscape*. London.

Rackham, O. 2002. *The history of the countryside. The classical history of Britain's landscape, flora and fauna*. London.

Raihle, J. 1995. Fähuset före landsbygdsmejerierna. En etnologisk studie av byggandsskickets förändring och kvinnans arbetsplats i Jämtland och Härjedalen ca 1750–1880. *Bebyggelsehistorisk tidskrift*. Nr 29, s 47–64.

Ramqvist, P. 1983. Gene. *On the origin, function and development of sedentary Iron Age settlement in Northern Sweden*. Archaeology and environment 1. University of Umeå, Department of Archaeology. Umeå.

Ranheden, H. 1996. Makrofossilanalys. Funktionsbestämning av hus, en källkritisk studie. H. Ranheden, E. Hyenstrand, M. Jakobsson, J. Rönnby & A. Nilsson. *Metodstudier och tolkningsmöjligheter*. RAÄ, arkeologiska undersökningar. Skrifter nr 20. Stockholm, s 9–28.

Ranheden, H. 1999. Vegetationsutvecklingen i Väderstadsområdet – pollendiagrammet från Nyhem. A. Ericsson, M. Petersson, & H. Ranheden. 1999. *Stensträngssystem söder om Väderstads samhälle. Arkeologisk förundersökning, del 2. E4, delsträckan Väderstad – Stora Åby, Väderstads och Rinna socknar, Mjölby och Boxholm kommuner, Östergötland*. RAÄ, Avdelningen för arkeologiska undersökningar. Rapport UV Öst 1999:45, s 48–56.

Reinton, L. 1955. *Saeterbruket i Noreg 1. Saetertyper og driftsformer*. Oslo.

Reinton, L. 1957. *Saeterbruket i Noreg 2. Anna arbeid på saetra. Saetra i haustingsbruket og i matnøytsla elles*. Oslo.

Reinton, L. 1961. *Saeterbruket i Noreg 3*. Oslo.

Regnell, M. 2003. Charcoals from Uppåkra as indicator of leaf fodder. L. Larsson & B. Hårdh. *Centrality – regionality. The social structure of southern Sweden during the Iron Age*. Uppåkrastudier 7. Acta Archaeologica Lundensia. Series in 8°, No 40. Lund, s 105–115.

Riddersporre, M. 1995. *Bymarker i backspegeln. Odlingslandskapet före kartornas tid*. Meddelanden från Lunds universitets geografiska institutioner. Avhandling 124. Lund.

Runcis, J. 1998. RÄA 77:1 och 77:3 – gravfält och boplatslämningar. J. Dunér, A. Ericsson, L. Evanni & J. Runcis. *Resursutnyttjande och ritual – brottstycken från 3000 år vid Ekság. Södermanland, Härads socken, RAÄ 77:1, 77:3, 77:4, 78:1 och 78:3. Arkeologiska förundersökningar och undersökningar*. RAÄ, Arkeologiska undersökningar. UV Mitt. Rapport 1998:113, s 11–21.

Ruong, I. 1982. *Samerna i historien och nutiden*. Stockholm.

Schiffer, M. 1987. *Formation processes of the archaeological record*. Albuquerque.

Schnittger, B. 1909. Östergötlands fornborgar, Grävnotiser. *Meddelande från Östergötlands fornminnesförening*. Linköping, s 14–17.

Schön, D. 1983. *The reflective practitioner. How professionals think in action*. New York.

Schön, D. 1987. *Educating the reflective practitioner*. San Fransisco.

Schönbeck, M. 2001. En produkt av kunskapsimport – den förhistoriska järnframställningen i Järnstad. A-C Feldt & Mörkfors (red). *Hemmet – trakten – världen. Arkeologi i Östergötland*. Meddelanden från Östergötlands länsmuseum. Linköping, s 129–140.

Segerberg, A. 1999. *Bälinge mossar. Kustbor i Uppland under yngre stenåldern*. AUN 26. Uppsala.

Selinge, K-G. 1969. *Inventering av fasta fornlämningar. RAÄ. Fornminnesinventeringen. Arbetsföreskrifter*. Stockholm.

Selinge, K-G. 1986. Reviderad karta – reviderad forntid? Om

gravfält och bebyggelse på Vikbolandet. *Bebyggelsehistorisk tidskrift.* Nr 11, s 79–105.

Service, E. 1971. *Primitive social organization. An evolutionary perspective.* New York.

Sherratt, A. 1981. Plough and pastoralism: aspects of the secondary products revolution. I. Hodder, N. Hammond & G. Isaac (red). *Pattern of the past. Studies in honour of David Clarke.* Cambridge, s 261–306.

Sigvallius, B. 1996a. *Osteologi = läran om ben. Kompendium i osteologi för arkeologistuderande.* Stockholms universitet. Stockholm.

Sigvallius, B. 1996b. *Osteologisk undersökning av boplatslämningar och gravar på fornlämning 89 i Högby socken och fornlämningarna 234–236, samt 246 i Mjölby socken, Östergötland.* Rapportserie från Osteologiska enheten, SHM. Osteologisk rapport 1996:8. Stockholm.

Sigvallius, B. 1998. *Osteologisk undersökning av bränt och obränt boplatsmaterial från Järnstad, RAÄ 159, Stora Åby sn, Östergötland.* RAÄ, Rapport UV Mitt, Stockholm.

Sigvallius, B. 2000. Abbetorp. Osteologisk undersökning av bränt och obränt benmaterial från boplatser och gravar i Väderstads (RAÄ 241 m fl) och Rinna (RAÄ 288) socknar, Östergötland. RAÄ. Avdelningen för arkeologiska undersökningar, UV Mitt, Stockholm. M. Petersson (red). *Abbetorp – ett landskapsutsnitt under 6000 år. Arkeologisk undersökning av en boplats, ett gravfält, en offerplats, stensträngar och fossil åkermark. RAÄ 288 m fl, Abbetorp 1:2 och 1:10, Rinna socken, Boxholms kommun. RAÄ 241 m fl, Väderstad 1:2 och 5:1, Väderstads socken, Mjölby kommun, Östergötland. Dnr 421-3277-1997, 421-800-1998.* RAÄ, Avdelningen för arkeologiska undersökningar. Rapport UV Öst 2002:43. Linköping. Bilaga 4:7.

Sigvallius, B. 2001. Motala. *Osteologisk undersökning av benmaterial från boplats, stenålder till medeltid.* RAÄ, Avdelningen för arkeologiska undersökningar, UV Mitt. Rapport. Stockholm.

Skjöldebrand, M. 1995. *Arkeologisk utredning. Kullerstads villasamhälle, Kullerstads socken, Norrköpings kommun, Östergötland.* RAÄ, Avdelningen för arkeologiska undersökningar, UV Linköping 1995:62. Linköping.

Skjöldebrand, M. 1996a. *Klinga – boplatser från yngre bronsålder och äldre järnålder. Arkeologisk undersökning. RAÄ 279, Borgs socken, Norrköpings kommun, Östergötland.* RAÄ, Avdelningen för arkeologiska undersökningar. Rapport UV Linköping 1996:61. Linköping.

Skjöldebrand, M. 1996b. *Boplats, gravar och tegelbruk i Finspång. Arkeologisk förundersökning av RAÄ 243 samt arkeologisk utredning av RAÄ 297 och Objekt IX. Risinge socken, Finspångs kommun, Östergötland.* RAÄ, Avdelningen för arkeologiska undersökningar. UV Linköping 1996:10. Linköping.

Skoglund, M. 1996. *Rapport. Narvetorp – Önebo, Fyrskeda gård, Jonsbergs socken, Norrköpings kommun, Östergötland. Arkeologisk kontroll, Fornlämning RAÄ 39, 40 m fl, Maj 1995. Dnr 220/95.* Östergötlands länsmuseum. Linköping.

Skoglund, P. 2005. *Vardagens landskap – lokala perspektiv på bronsålderns materiella kultur.* Acta Archaeologica Lundensia Series in 8° No 49. Lund.

Slotte, H. 2000. *Lövtäkt i Sverige och på Åland. Metoder och påverkan på landskapet.* Acta Universitatis Agriculturae Sueciae. Agraria 236. Swedish university of agricultural sciences. Uppsala.

Slöjdare, Y. 1973. *Treuddar i södra Sverige.* Trebetygsuppsats i arkeologi, särskilt nordeuropeisk. Stockholms universitet. Stockholm.

Solli, B. 1989. *Dyrebein. Problemer og muligheter omkring et arkeologisk kilde materiale.* Varia 18. Universitetets Oldsakssamling. Oslo.

Spång, L. G. 1986. Stenåldersbostaden. *Studier i Norrländsk forntid II.* Acta bothniensia occidentalis. Skrifter i västerbottnisk kulturhistoria. Umeå, s 48–80.

Stenberger, M. 1971. *Det forntida Sverige.* Uppsala.

Stjernquist, B. 1985. A Votive Deposit from Arlösa, Southern Sweden. M. Backe, I. Bergman Hennix, L. Forsberg, L. Holm, L. Liedgren, A-K. Lindqvist, I-M. Mulk, M. Nejati, P. Perstrand & P. Ramqvist (red). *In Honorem Evert Baudou.* Archaeology and Environment 4. Department of Archaeology. University of Umeå. Umeå, s 143–154.

Stjernquist, B. 1989. Arkeologiskt material som belägg för religion. Tolkningen som problem. L. Larsson & B Wyszomirska (red). *Arkeologi och religion. Rapport från arkeologidagarna 16–18 januari 1989.* Report Series No 9. Institutionen för arkeologi. Lunds universitet. Lund, s 57–66.

Streiffert, J. 2001. *På gården. Rumslig organisation inom bosättningsytor och byggnader under bronsålder och äldre järnålder.* RAÄ, Arkeologiska undersökningar. Skrifter 35. Stockholm. Gotarc. serie C. Arkeologiska skrifter 37. Göteborg.

Sturluson, S. 1992. *Nordiska kungasagor. 1. Från Ynglingasagan till Olav Tryggvassons saga.* Stockholm.

Sturluson, S. 1993. *Nordiska kungasagor. 2. Olav den helige.* Stockholm.

Sturluson, S. 1994. *Nordiska kungasagor. 3. Magnus den gode till Magnus Erlingsson.* Stockholm.

Stålbom, U. 1994. *Klinga, ett gravfält. Slutundersökning av ett gravfält och bebyggelselämningar från bronsålder och äldre järnålder. Östergötland, Norrköpings kommun, Borgs socken, Klinga, STÄ 6352, Fornlämning 210.* RAÄ, Byrån för arkeologiska undersökningar, Rapport UV Linköping 1994:11. Linköping.

Stålbom, U. 1997. *Arkeologisk förundersökning. Antikvarisk kontroll för ny optokabel mellan Rinna och Väderstad. Boplats, äldre järnålder. Vallsberg 4:1 m fl, Väderstads socken,*

Mjölby kommun, Östergötland. RAÄ, Avdelningen för arkeologiska undersökningar. Rapport UV Linköping 1997:27. Linköping.

Stålbom, U. 1998a. Fynden från Pryssgården. H. Borna-Ahlkvist, L., Lindgren-Hertz & U. Stålbom 1998. *Pryssgården. Från stenålder till medeltid. Arkeologisk slutundersökning, RAÄ 166 och 167, Östra Eneby socken, Norrköpings kommun, Östergötland*. RAÄ, Avdelningen för arkeologiska undersökningar. Rapport UV Linköping 1998:13. Linköping, s 103–149.

Stålbom, U. 1998b. Waste or what? Rubbish pits or ceremonial deposits at the Pryssgården site in the Late Bronze Age. *Lund Archaeological Review*, vol 3, 1997, s 21–35.

Stålbom, U & Luthander, A. 1994. *Arkeologisk undersökning. Boklund. Stg 6341, RAÄ 163 och 169, Borgs socken, Norrköpings kommun, Östergötland*. RAÄ, Byrån för arkeologiska undersökningar. Rapport UV Linköping 1994:44.

Sundkvist, A. 1998. Rumsindelning i järnåldershus – mer än att finna mellanväggar? K. Andersson (red.). *Suionum hic civitates. Nya undersökningar kring norra Mälardalens äldre järnålder*. OPIA 19. Uppsala, s 167–187.

Sundkvist, A. 2001. *Hästarnas land. Aristokratisk hästhållning och ridkonst i Svealands yngre järnålder*. OPIA 28. Uppsala.

Sundqvist, O. 2003. Uppslagsordet Rituale. *Reallexikon der Germanischer Altertumskunde*. Berlin, s 32–47.

Svantesson, S-I. 1981. *Jordartskartan 8E Hjo SO. Beskrivning till jordartskartan Hjo SO*. SGU. Stockholm.

Svensson, E. 1998. *Människor i utmark*. Lund Studies in Medieval Archaeology 21. Lund.

Syse, B. 1996. *Rapport arkeologisk slutundersökning. RAÄ 66, Törnevalla sn, Östergötland*. RAÄ, Avdelningen för arkeologiska undersökningar, UV Uppsala. Uppsala.

Szabó, M. 1970. *Herdar och husdjur. En etnologisk studie över Skandinaviens och Mellaneuropas beteskultur och vallningsorganisation*. Nordiska Museets Handlingar 73. Stockholm.

Tagesson, G. 1991. *Rapport. Arkeologisk utredning 1991. Fågelsrum 1:3, intill fornlämning nr 77, Horns socken, Kinda kommun, Östergötland. Dnr 505/91B*. Östergötlands länsmuseum. Linköping.

Ternström, C. 1999. *Arkeologisk förundersökning. Sättuna, Gillberga och Alguvi, Kaga socken, Linköpings kommun, Östergötlands län*. Östergötlands länsmuseum. Rapport 16:1999. Linköping.

Ternström, C. 2001a. *Arkeologisk förundersökning. Östad golfklubb. Väderstad socken, Mjölby kommun, Östergötlands län*. Östergötlands länsmuseum. Rapport 23:2001. Linköping.

Ternström, C. 2001b. *Arkeologisk förundersökning. Ödeshög 8:11, Ödeshögs socken, Ödeshögs kommun, Östergötlands län. Östergötlands länsmuseum*. Rapport 96:2001. Linköping.

Ternström, C. 2003. *Arkeologisk slutundersökning. Paradisängen. Stensträng och härdar vid Östad golfklubb. Väderstads socken, Mjölby kommun, Östergötlands län*. Östergötlands länsmuseum. Rapport 21:2003. Linköping.

Tesch, S.1972. *Kring en järnåldersgård i Turinge socken, Södermanland*. 3-betygsuppsats i nordisk fornkunskap, vt 1972, Uppsala universitet. Uppsala.

Tesch, S. 1993. *Houses, Farmsteads and Long-term Changes. A regional study of prehistoric settlements in the Köpinge area, in Scania, southern Sweden*. Uppsala.

Thrane, H. 1974. Hundredvis af energikilder fra yngre broncealder. *Fynske minder*. Odense, s 96–114.

Thörn, R. 1993. *Eldstadssystem – fysiska spår av bronsålderskult. Ett försök att spåra kultplatser och kulturinfluenser*. C-uppsats i arkeologi, Lunds universitet, HT 1993. Lund.

Thörn, R. 1994. *Werner Krämer och europeiska eldofferplatser*. D-uppsats i arkeologi, Lunds universitet, VT 1994. Lund.

Thörn, R. 1996. Rituella eldar. Linjära, konkava och konvexa spår efter ritualer inom nord- och centraleuropeiska brons- och järnålderskulturer. K. Engdahl & A. Kaliff (red). *Religion från stenålder till medeltid*. RAÄ, Arkeologiska undersökningar. Skrifter nr 19. Linköping, s 135–148.

Tollin, C. 1991. *Ättebackar och ödegärden. De äldre lantmäterikartorna i kulturmiljövården*. Stockholm.

Tollin, C. 1999. *Rågångar, gränshallar och ägoområden. Rekonstruktion av fastighetsstruktur och bebyggelseutveckling i mellersta Småland under äldre medeltid*. Meddelanden nr 101. Kulturgeografiska institutionen, Stockholms universitet. Stockholm.

Ulfhielm, A. 1997. Gården från äldre järnålder, skede 2. K. Lindeblad & A-L. Nielsen *Kungens gods i Borg. Om utgrävningarna vid Borgs säteri i Östergötland. Arkeologisk slutundersökning, Borgs säteri 6702, RAÄ 276, Borgs socken, Norrköpings kommun, Östergötland*. RAÄ, Avdelningen för arkeologiska undersökningar, Rapport UV Linköping 1997:12. Linköping, s 25–29.

Ulfhielm, A. 1998. *Skålgropar, röjningsrösen och stensträng. Arkeologisk slutundersökning, RAÄ 245 och 277, Väderstads socken, Mjölby kommun Östergötland*. RAÄ, Avdelningen för arkeologiska undersökningar. Rapport UV Linköping 1998:20. Linköping.

Ullén, I 1984. *Ett gravfält från äldre järnålder vid Gattorp, Vist sn, Östergötland*. RAÄ och SHM. Rapport UV 1984:24. Stockholm.

Ullén, I. 1988. Bronsåldersbyn i Apalle. *Populär arkeologi*. Årg 6, Nr 4, s 18–21.

Ullén, I. 1990. *Rapport. Delundersökning. Östergötland, Gårdeby socken, Åkerby, Fornlämning 46 och Skärkinds socken, Viggeby, Fornlämning 47*. RAÄ. Byrån för arkeologiska undersökningar. UV Mitt. Stockholm

Ullén, I. 1996. *Halsring och krumkniv. RAÄ 20, Vist socken,*

Östergötland. RAÄ, Arkeologiska undersökningar, UV Linköping 1996:45. Linköping.

Varenius, L. 1985. "Krets av lagd eller rest sten" – domarringar i Jönköpings län. En sammanställning av arkeologiskt undersökta domarringar i Jönköpings län. *Småländska kulturbilder. Meddelande från Jönköpings läns hembygdsförbund och Stiftelsen Jönköpings läns museum.* Jönköping, s 15–21.

Welinder, S. 1998. Neoliticum – bronsålder, 3900–500 f Kr. S. Welinder, E. A. Pedersen & M. Widgren. *Det svenska jordbrukets historia. Jordbrukets första femtusen år. 4000 f Kr – 1000 e Kr.* Stockholm, s 13–236.

Wickman-Nydolf, G. & Nydolf, N-G. 1999a. *Fyra hus från äldsta järnålder. Boplats, förromersk – romersk järnålder. Arkeologisk undersökning. Stg 928, Kallerstad, RAÄ 326, Linköpings stad och kommun, Östergötland.* RAÄ. Avdelningen för arkeologiska undersökningar. Rapport UV Öst 1999:39. Linköping.

Wickman-Nydolf, G. & Nydolf, N-G. 1999b. *Äldre järnåldershus granne med Tornby bytomt. Arkeologisk undersökning på Tornby industriområde, Linköpings stad och kommun, Östergötland.* RAÄ. Avdelningen för arkeologiska undersökningar. Rapport UV Öst 1999:41. Linköping.

Widgren, M. 1983. *Settlement and farming systems in the early Iron Age. A study of fossil agrarian landscapes in Östergötland, Sweden.* Acta Universitatis Stockholmiensis 3. Stockholm.

Widgren, M. 1996. Stensträngssystemet i södra delen av Väderstads socken – en landskapshistorisk analys. L. Z. Larsson, B. Jönsson & M. Widgren 1996. *Kartering av stensträngssystemet söder om Väderstads samhälle, Arkeologisk förundersökning, del 1. E4 delsträckan Väderstad – Stora Åby. Ryd, Abbetorp, Väderstad och Vallsberg i Väderstads och Rinna socknar, Mjölby och Boxholms kommuner, Östergötland.* RAÄ, Avdelningen för arkeologiska undersökningar. Rapport UV Linköping 1996:28, s 16–27. Linköping.

Widgren, M. 1997. *Fossila landskap. En forskningsöversikt över odlingslandskapets utveckling från yngre bronsålder till tidig medeltid.* Kulturgeografiskt seminarium 1/97. Kulturgeografiska institutionen, Stockholms universitet. Stockholm.

Widgren, M. 1998. Kulturgeografernas bönder och arkeologernas guld – finns det någon väg till en syntes? L. Larsson & B. Hårdh (red). *Centrala platser centrala frågor. Samhällsstruktur under järnåldern.* En vänbok till Berta Stjernquist. Uppåkrastudier 1. Lund, s 281–296.

Widholm, D. 1998. *Rösen, ristningar och riter.* Acta Archaeologica Lundensia. Series Prima in 4 nr 23. Lund.

Wigh, B. 2000. *Osteologisk analys av djurben från Stora Ullevi, Linköpings kommun, Östergötland. Dnr 97/073.* ATA.

Wigh, B. 2001. *Animal husbandry in the viking age town of Birka and its hinterland.* Excavations in the Black Earth 1990–95. Birka studies volume 7. Stockholm.

Wigh, B. 2002. *Benen från en boplats vid Mjärdevi. En osteologisk analys av djurbensmaterial från Mjärdev, RAÄ 224, Lambohov 2:20, Slaka socken, Linköpings kommun, Östergötland.*

Wigh, B. 2004a. *Nyfunna djurben från Stora Ullevi. En osteologisk analys av ben från en bytomt vid Stora Ullevi, Linköpings stad, Östergötland.*

Wigh, B. 2004b. *Ben från äldre järnålderslämningar vid Stora Ullevi. En osteologisk analys av ben funna på en förmodad offerplats vid Stora Ullevi, Linköpings stad. Osteologisk analys av F. D. Bengt Wigh april 2004.*

Vikkula, A. 1993. The pit hearth of the Typpöpuisto type – a nonreusabel fireplace? *Fennoscandia archaeologica,* s 19–30.

Viklund, K, 1998a, *Cereals, Weeds and Crop Processing in Iron Age Sweden. Methodological and interpretive aspects of archaeobotanical evidence.* Archaeology and Environment 14. University of Umeå, Department of Archaeology, Environmental Archaeology Laboratory. Umeå.

Viklund, K, 1998b, Tidiga fähus – de arkeobotaniska beläggen. K. Viklund, R. Engelmark & J. Linderholm (red). *Fähus från bronsålder till idag. Stallning och utegångsdrift i långtidsperspektiv.* Skrifter om skogs- och lantbrukshistoria 12. Stockholm, s 14–21.

Viklund, K. 2003. Att skilja agnarna från vetet. Spår av forntida sädeshantering i södra Halland. *Utskrift* 7, s 76–85.

Viklund, K., Engelmark, R. & Linderholm, J. (red). 1998. *Fähus från bronsålder till idag. Stallning och utegångsdrift i långtidsperspektiv.* Skrifter om skogs- och lantbrukshistoria 12. Stockholm.

Viklund, K. & Linderholm, J. 1996. *Rapport. Pryssgården, Ö. Eneby sn, Östergötland. Miljöarkeologiska undersökningar 2. Makrofossilanalys mm, av jordprover från hus och gropar.* Arkeologiska institutionen vid Umeå universitet, Miljöarkeologiska laboratoriet. Umeå.

Winberg, B. 1983. Kring Hallebydiskussionen. *Arkeologi i Sverige* 1980. Rapport RAÄ 1983:3. Stockholm, s 57–63.

Winberg, B. 1986. Stensträngar och gravar som källmaterial vid studiet av järnålderns bebyggelse. *Bebyggelsehistorisk tidskrift.* Nr 11, s 106–120.

Vretemark, M. 1991. Djurbenen från Fornsigtuna. B. Anderssson, D. Damell & J. Norrman (red). *Fornsigtuna. En kungsgårds historia.* Upplands-Bro, s 78–82.

Vretemark, M. 1997. *Från ben till boskap. Kosthåll och djurhållning med utgångspunkt i medeltida benmaterial från Skara.* Skrifter från Länsmuseet Skara nr 25. Skara.

Zetterlund, P. 1999. *Arkeologisk förundersökning och utredning. Rävkullen. Ett nyfunnet skelettgravfält vid Omberg. Ombyggnad av högspänningsledning vid Väversunda Char-*

lottenborg, Väversunda, Postgården m fl, Väversunda socken, Vadstena kommun, Östergötland. RAÄ, Avdelningen för arkeologiska undersökningar. Rapport UV Öst 1999:12. Linköping.

Zetterlund, P. & Helander, A. 1995. *Arkeologiska förundersökningar av gravfält och boplatser. Väg E4 Mjölby – Väderstad, väg 32 och trafikplats Mjölby västra.* RAÄ, Avdelningen för arkeologiska undersökningar. Rapport UV Linköping 1995:38. Linköping.

Zimmermann, H. 1999. Why was cattle-stalling introduced in prehistory? The significance of byre and stable and of outwintering. C. Fabech & J. Ringtved (red). *Settlement and Landscape. Proceedings of a conference in Århus, Denmark, May 4–7 1998.* Jutland Archaeological Society. Århus, s 201–318.

Åhrlin, C. 1999. Om "husstallets" uppkomst och betydelse under bronsåldern ur ett sydskandinaviskt perspektiv. M. Olausson (red). *Spiralens öga. Tjugo artiklar kring aktuell bronsåldersforskning.* RAÄ. Avdelningen för arkeologiska undersökningar. Skrifter nr 25. Stockholm, s 291–308.

Äijä, K., Lindberg, H. & Schönbeck, M. 1996. *Tallboda. RAÄ 16, 18, 258, 269, 270, Rystad socken, Östergötland.* RAÄ, Arkeologiska undersökningar, UV Linköping, Rapport 1996:46. Linköping.

Ängeby, G. 1989. *Rapport. Arkeologisk utredning i form av specialinventering med provschakt. Östergötland, Dagsbergs socken, Norrköpings kommun, Manheim 2:1.* RAÄ, Byrån för arkeologiska undersökningar, UV Mitt. Stockholm.

Ängeby, G. 1994a. *Stensättning och rest sten i Kimstad. Fornlämning 43, Ask 1:4, 1:5, Kimstad, Kimstads socken, Östergötland.* RAÄ, Byrån för arkeologiska undersökningar, UV Linköping 1994:22. Linköping.

Ängeby, G. 1994b. *En treudd på Kungliga Livgrenadjärregementets mark. Arkeologisk utredning. Fornlämning 87, Ekkällan 2331, Linköpings stad (Sankt Lars socken), Linköpings kommun, Östergötland.* RAÄ, Byrån för arkeologiska undersökningar, Rapport UV Linköping 1994:25. Linköping.

Ängeby, G. 1999. Långhusets livstid – en diskussion kring järnåldershusets brukningstid och sociala funktioner utifrån ett månghundraårigt halländskt exempel. T. Artelius, E. Englund & L. Ersgård (red). *Kring västsvenska hus – boendets organisation i förhistorisk och historisk tid.* Gotarc Serie C. Arkeologiska Skrifter No 22. Göteborg, s 9–26.

Österström, K. 2001. *Arkeologi i Sjögesta. Sjögesta bytomt, UV 1 och Lunnevadsvägen, Arkeologisk förundersökning. Sjögestad 13:1, 4:35, Sjögestads socken, Linköpings kommun, Östergötland. Dnr 422-2-2001, 422-1943-2001.* RAÄ, Avdelningen för arkeologiska undersökningar. Rapport UV Öst 2001:54. Linköping.

Östmark, K. 1981. *Gravfält från järnåldern. Fornlämningarna 82 och 85, Domkyrkoförsamlingen och Berga församling, Linköping, Östergötland, Kartering och arkeologisk undersökning 1976.* RAÄ och SHM. Rapport UV 1981:2. Stockholm.

Øye, I. 1998. *Middelalderbyens agrare trekk.* Bryggens museum. Bergen.

Arkiv

ATA. Antikvariskt Topografiska Arkivet. Kungl. Vitterhets Historie och Antikvitets Akademien. Stockholm.

Fornminnesregistret (FMR), RAÄ, Stockholm.

Lantmäteriverkets forskningsarkiv (LMV), Gävle.

Lantmäterimyndigheten, Linköping.

Rapportarkivet, RAÄ, UV Öst, Linköping.

Östergötlands länsmuseum, arkiv, Linköping.

Muntliga uppgifter

Björkhager, Viktoria, arkeolog, Östergötlands Länsmuseum, Linköping.

Elfstrand, Bengt, arkeolog. RAÄ, UV Öst, Linköping.

Fallgren, Jan Henrik, doktorand, Institutionen för arkeologi och antik historia, Uppsala universitet.

Göthberg, Hans, fil. dr. Upplandsmuséet.

Kyhlberg, Ola, professor, Institutionen för Arkeologi och antik historia, Uppsala universitet.

Lagerås, Per, fil. dr. RAÄ, UV Syd, Lund.

Lindeblad, Karin, arkeolog, RAÄ, UV Öst, Linköping.

Menander, Hanna, arkeolog, RAÄ, UV Öst, Linköping.

Schönbeck, Mattias, arkeolog, Östergötlands länsmuseum.

Sigvallius, Berit, fil. dr. RAÄ, UV Mitt, Stockholm.

Stilborg, Ole, fil. dr. Keramiska forskningslaboratoriet, Lunds universitet.

Tagesson, Göran, fil. dr. RAÄ, UV Öst, Linköping.

Wallin, Lars, arkeolog, Wallin Kulturlandskap & Arkeologi, Lund.